中国古代建筑知识普及与传承系列丛书

中国古建筑辞解

以宋《营造法式》为线索

唐宋古建筑辞解

古建筑辞解

王贵祥 著

T A N G   S O N G

清华大学出版社
北京

图书在版编目（CIP）数据

唐宋古建筑辞解：以宋《营造法式》为线索 / 王贵祥著 . —北京 ：清华大学出版社，2023.9

（中国古代建筑知识普及与传承系列丛书 . 中国古建筑辞解）

ISBN 978-7-302-62861-3

Ⅰ. ①唐… Ⅱ. ①王… Ⅲ. ①建筑史–中国–唐宋时期 ②《营造法式》–研究 Ⅳ. ①TU-092.44

中国国家版本馆 CIP 数据核字（2023）第 034969 号

责任编辑：冯　乐
封面设计：吴丹娜
版式设计：谢晓翠
责任校对：王荣静
责任印制：杨　艳

出版发行：清华大学出版社
　　　　网　　　址：http://www.tup.com.cn, http://www.wqbook.com
　　　　地　　　址：北京清华大学学研大厦A座　　邮　　编：100084
　　　　社 总 机：010-83470000　　　　　　　邮　　购：010-62786544
　　　　投稿与读者服务：010-62776969, c-service@tup.tsinghua.edu.cn
　　　　质量反馈：010-62772015, zhiliang@tup.tsinghua.edu.cn
印 装 者：三河市春园印刷有限公司
经　　销：全国新华书店
开　　本：165mm×245mm　　　印　张：36.25　　　字　数：703千字
版　　次：2023年9月第1版　　　印　次：2023年9月第1次印刷
定　　价：229.00 元

产品编号：098039-01

献给关注中国古代建筑文化的人们

策　划：华润雪花啤酒（中国）有限公司

统　筹：清华大学建筑学院

主　持：王群　朱文一

执　行：王贵祥

资　助：清华大学建筑学院

华润雪花啤酒（中国）有限公司

参赞：

廖慧农　李菁　张弦　孙蕾

杨博　侯孝海　赵春武　张巍

张思琪　苑佳鹏

2008年年初，我们总算和清华大学完成了谈判，召开了一个小小的新闻发布会。面对一脸茫然的记者和不着边际的提问，我心里想，和清华大学的这项合作，真是很有必要。

在"大国""崛起"街谈巷议的背后，中国人不乏智慧、不乏决心、不乏激情，甚至不乏财力。但关键的是，我们缺少一点"独立性"，不论是我们的"产品"，还是我们的"思想"。没有"独立性"，就不会有"独特性"；没有"独特性"，连"识别"都无法建立。

我们最独特的东西，就是自己的文化了。学术界有一句话："建筑是一个民族文化的结晶。"梁思成先生说得稍客气一些："雄峙已数百年的古建筑，充沛艺术趣味的街市，为一民族文化之显著表现者。"当然我是在"断章取义"，把逗号改成了句号。这句话的结尾是："亦常在'改善'的旗帜之下完全牺牲。"

我们的初衷，是想为中国古建筑知识的普及做一点事情。通过专家给大众写书的方式，使中国古建筑知识得以普及和传承。当我们开始行动时，由我们自己的无知产生了两个惊奇：一是在这片天地里，有这么多的前辈和新秀在努力并富有成果地工作着；二是这个领域的研究经费是如此的窘迫，令我们瞠目结舌。

希望"中国古代建筑知识普及与传承系列丛书"的出版，能为中国古建筑知识的普及贡献一点力量；能让从事中国古建筑研究的前辈、新秀们的研究成果得到更多的宣扬；能为读者了解和认识中国古建筑提供一点工具；能为我们的"独立性"添砖加瓦。

王群
华润雪花啤酒（中国）有限公司总经理
2009年1月1日于北京

2008 年的一天，王贵祥教授告知有一项大合作正在谈判之中。华润雪花啤酒（中国）有限公司准备资助清华大学开展中国建筑研究与普及。资助总经费达 1000 万元之巨！这对于像中国传统建筑研究这样的纯理论领域而言，无异于天文数字。身为院长的我不敢怠慢，随即跟着王教授奔赴雪花总部，在公司的大会议室见到了王群总经理。他留给我的印象是慈眉善目，始终面带微笑。

从知道这项合作那天起，我就一直在琢磨一个问题：中国传统建筑还能与源自西方的啤酒产生关联？王总的微笑似乎给出了答案：建筑与啤酒之间似乎并无关联，但在雪花与清华联手之后，情况将会发生改变，中国传统建筑研究领域将会带有雪花啤酒深深的印记。

其后不久，签约仪式在清华大学隆重举行，我有机会再次见到王总。有一个场景令我记忆至今，王总在象征合作的揭幕牌上按下印章后，发现印上的墨色较浅，当即遗憾地一声叹息。我刹那间感悟到王总的性格。这是一位做事一丝不苟、追求完美的人。

对自己有严格要求的人，代表的是一个锐意进取的企业。这样一个企业，必然对合作者有同样严格的要求。而他的合作者也是这样的一个集体。清华大学建筑学院建筑历史与文物保护研究所，这个不大的集体，其背后的积累却可以一直追溯到 80 年前，在爱国志士朱启钤先生资助下创办的"中国营造学社"。60 年前，梁思成先生把这份事业带到清华，第一次系统地写出了中国人自己的建筑史。而今天，在王贵祥教授和他的年长或年轻的同事们，以及整个建筑史界的同人们的辛勤耕耘下，中国传统建筑研究领域硕果累累。又一股强大的力量！强强联合一定能出精品！

王群总经理与王贵祥教授，企业家与建筑家十指紧扣，成就了一次企业与文化的成功联姻，一次企业与教育的无间合作。今天这次联手，一定能开创中国传统建筑研究与普及的新局面！

朱文一

清华大学建筑学院院长

2009 年 1 月 22 日凌晨于清华园

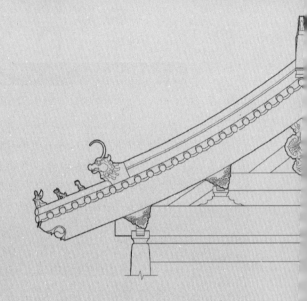

目 录

第六章
房屋梁柱体系：大木作梁架与柱额体系

导言 248

第八章
房屋屋顶营造（上）：屋盖、天花与平坐

导言 **376**

第九章
房屋屋顶营造（下）：瓦作制度、窑作制度

第十章
房屋装饰装修（上）：小木作制度

第十一章
房屋装饰装修（下）：彩画作制度

第一章 中国古代建筑名称一般

导言

　　延续数千年的中国建筑，其显而易见的两个特点：一是自秦汉以来两千年间，一以贯之、小有变化的基本结构与造型；二是在其发展历史上，连续而不断完善的以建筑组群为基本特征的建筑空间组织模式。

　　中国是一个文明古国，其悠久的历史，无论对于建筑本身，还是对与建筑有关的名词术语，都存在无数可能变数。历史上，一些术语出现了，另外一些术语消亡了；一些术语在某一地区的某种表述方式，在另外一些地区，却用了截然不同的术语表达；一些术语曾有这样的能指与所指，经过若干世代以后，其能指与所指，却在不经意间，悄悄发生变化。结果，人们面对古代建筑术语时，往往变得茫然不知所措。加之古代汉语本身的多义性，使许多一般性古代建筑术语，也变得令人难解其义。

　　正因为这一原因，宋代将作监李诫撰写官颁《营造法式》时，用了三卷篇幅，对一些当时读者可能混淆的建筑术语加以解释。这三卷分别是：

　　1.《营造法式·看详》；

　　2. 卷一，《营造法式·总释上》；

　　3. 卷二，《营造法式·总释下》。

　　由此也略可见有关建筑名词术语的解释与考订，在古代营造技术与艺术方面的重要性。

　　当然，处于传统中国社会历史发展进程中的宋代人，对于一般性古代建筑术语，应有更多了解，而其难以理解部分，主要是建筑本身技术性环节。故李诫的解释，多是在建筑设计与施工作法中一些技术性术语，如"取正、定平、材、栱"之类名词。对一般性建筑术语，如"宫、阙、殿、堂、楼、亭、台、榭、城、墙"之属，只是一般性涉及，没有也不必作十分深入讨论。

　　古代中国人，对于宫室、舍屋，以及房屋营造等方面名词术语，关注得并不充分。在古人书写的文本中，很难见到有系统运用或解释古代建筑名词术语之类的文字。除了在工匠之间口传相承之外，多少需要了解一点建筑营造知识及术语的，可能是那些以绘制房屋、宫室为主业的界画画家了。如宋代画家郭若虚所言："设或未识汉殿、吴殿、梁柱、斗栱、叉手、替木、熟柱、驼峰、方茎、额道、抱间、昂头、罗花罗幔、暗制绰幕、猢狲头、琥珀枋、龟头、虎座、飞檐、扑水、膊风、化废、垂鱼、惹草、当钩、曲脊之类，凭何以画屋木也。画者尚罕能精究。况观者乎？"[1]

从这段文字中也可大略窥知，宋代一般人，包括文人墨客，对于宫室、房屋之结构及装饰术语与词汇，知之甚浅。既然连专司屋木绘制的界画画家都"罕能精究"，一般人又何以能够了解熟悉？这或也是古代文献中，除了宋《营造法式》外，罕有涵盖较为丰富宫室房屋营造知识、技术，以及相关名词术语的文章与著述的原因所在？

现代汉语与古汉语间，已有很大区别，就现代建筑学学科而言，在其专业术语范围内，又融入大量从西方、日本外来文化中传入的术语及相关概念，故有关中国古代一般性建筑名词，会有更多术语，这使人们对古建筑各部分认知与解释，充满疑惑与混淆。因而，在对中国古建筑各部分构件及做法作尝试性诠释之前，对较常遇到的一些古建筑一般性术语加以解释，或许对理解其各部分构件及做法，有一定帮助。这或是本书中加入"建筑名称一般"这一章节原因所在。

由于中国古代建筑分类的模糊性，本章中的小节分割，也只是一个粗略的参考与引述性分划，并不具有十分明确逻辑关联性的建筑类型分类意义。

---

1. [宋] 郭若虚. 图画见闻志. 卷一. 叙制作楷模.

第一节　宫阙楼台

宫

　　宫，可能是汉字中最具形象感的一个字。与"室"字一样，"宫"字的宝盖头，象征了有屋顶的房屋，宝盖下面两个"口"字，恰像一个建筑群中，沿轴线布置的前后两座建筑，俨然是一个有屋顶矩形平面房屋组成的规制严整的建筑群。（图1-1）这种建筑群，上古时期，称为"宫"。

甲骨文	金　文	篆　文

图 1-1　"宫"字的古代字形结构

　　中国人自古将"宫"与"室"连在一起，《尚书》："敢有恒舞于宫，酣歌于室，时谓巫风。"[1]这里的宫，是指一个居住建筑群；室，则指这一建筑群中的房屋内部。《礼记》载："君子将营宫室。宗庙为先，厩库为次，居室为后。"[2]可知古人是把包括祭祀用的宗庙，后勤用的厩库，日常生活起居用的居室，统统纳入"宫室"这一范畴下。《尔雅》甚至将宫与室等同："宫谓之室，室谓之宫。"[3]也就是说，宫和室，有着几乎完全相同的意思。

　　习惯上，人们已将"宫"与帝王等统治者居所联系在一起，如皇宫、王宫。然而在古代社会，特别是上古三代及春秋、战国时期，"宫"可以指几乎所有人的居住场所。《礼记》云："儒有一亩之宫，环堵之室。"[4]将处于社会较低阶层的儒生居所，也称为"宫"。孟子在言"尧、舜既没，圣人之道衰，暴君代作。坏宫室以为污池，民无所安息；弃田以为园囿，使民不得衣食"[5]时，仍将普通百姓——民的居所，称作"宫室"。

　　《周礼》载："以本俗六安万民：一曰媺宫室，二曰族坟墓，三曰联兄弟，四曰

---

1. 尚书.商书.伊训第四.
2. 礼记.曲礼下第二.
3. 尔雅.释宫第五.
4. 礼记.儒行第四十一.
5. 孟子.卷六.滕文公下.

联师儒，五日联朋友，六日同衣服。"[1] 其中"媺"与美同义，媺宫室，即美宫室。这里的"美宫室"，意思不仅指居所美观，更指修造得坚固耐用。可知《周礼》所建议的能够安万民的六种风俗，第一就是百姓房屋既坚固耐用，又美观好看（媺宫室）。这里的"宫室"，也包括普罗大众居所。

《礼记》在提到"礼，始于谨夫妇，为宫室，辨外内。男子居外，女子居内，深宫固门，阍寺守之，男不入，女不出"[2] 时，仍是将"宫室"泛指既包括统治者，也包括平民在内一般性居处之所。

从更为准确的含义上说，"宫"指的是一个较大建筑空间范围，一个包括室内空间与室外庭院在内的完整建筑群。《周礼》有："室中度以几，堂上度以筵，宫中度以寻，野度以步，涂度以轨。"[3] 若将"涂"——道路，这种具体所指不算在内，这里至少提到"室""堂""宫""野"四个空间层次。"宫"恰指可以与"野"区分的那个建筑群。宫内有堂和室等更为细小空间划分。

宫更可能代表一个有围墙环绕，四周设有门房的空间："诸侯觐于天子，为宫方三百步，四门，……拜日于东门之外，……礼日于南门外，礼月与四渎于北门外，礼山川丘陵于西门外。"[4] 这个方三百步，四面有门的空间，就是一座"宫"。

宫也代表一个较小空间单元，如《礼记》："由命士以上，父子皆异宫。"[5] 意思是说，有命士以上地位的人，要与其父亲分开居住在不同小院内。

至迟到秦始皇一统天下，并建立秦帝国时，"宫"渐渐变成统治者居处空间的专用名词。如秦咸阳宫（图1-2）、阿房宫，西汉长安未央宫、长乐宫、建章宫等，都是规模宏大的建筑群。此后，"宫"这个词成为统治者居处空间专用语，如皇宫、王

图1-2 秦咸阳朝宫阿房宫建筑群推想图

---

1. 周礼 . 地官司徒第二 .
2. 礼记 . 内则第十二 .
3. 周礼 . 冬官考工记 .
4. 仪礼 . 觐礼第十 .
5. 礼记 . 内则第十二 .

宫等，与普通百姓居所，似乎再无关联。

秦汉以来中国建筑文化语境中，"宫"，除了用来专指帝后等统治者居处之所外，也可用在与宗教信仰有关建筑群中，如道教宫观，或佛教寺院等，如山西芮城元代道教建筑——永乐宫、北京佛教建筑——雍和宫。山西应县著名的佛宫寺释迦塔，其寺名用"佛宫"一词，也将寺院看作佛的宫殿。儒家信仰或一般民间信仰中一些祭祀建筑，如孔庙旁所设学校，一般称为"学宫"。地方信仰中出现的梓潼宫、文昌宫、天妃宫、天后宫等，都可归在这类具有宗教意味建筑范畴之中。

阙

阙，本来意义与"缺"相通，渐渐衍生出门阙的含义。门阙与通道相连接，其功能是一个通过性空间。

古代中国人对门有诸多定义，《尔雅》："阍谓之门，正门谓之应门，观谓之阙，宫中之门谓之闱，其小者谓之闺，小闺谓之阁。衖门谓之闳，门侧之堂谓之塾。"[1] 这里提到 7 种不同的门，阙仅是其中一种。

《尔雅注疏》对阙做了注解："阙在门两旁，中央阙然为道也。"[2] 这里表达了"阙"与"缺"的同义。阙不是一个独立的建筑物，而是对峙而立于门之两旁的两座建筑物，两座建筑中间为一个空缺，用来作为过往的通道。

《尔雅注疏》还对"观谓之阙"做了解释："然则其上县法象、其状魏魏然高大，谓之象魏；使人观之，谓之观也。是观与象魏、阙，一物而三名也。以门之两旁相对为双，故云双阙。"[3] 这里的"县"意为"悬"，"魏"意为"巍"，有高耸之意。其大意是说，统治者宫殿的门阙，在上部悬有高高的"法象"，使人远而视之，仰而观之，故可以将这座门阙称为"观"，或"象魏"。这或者就是"观谓之阙"的本来含义。

阙可能布置在帝王宫殿之前，如汉初《史记》载："萧丞相营作未央宫，立东阙、北阙、前殿、武库、太仓。高祖还，见宫阙壮甚，怒，……"[4] 未央宫位于汉长安城内的西南，故其主要宫门为东门与北门，这两座门各有一组阙，分别为东阙与北阙。由于阙的高大显眼，故人们往往将宫与阙关联在一起，称为"宫阙"，以象征帝王的居所。

---

1. 尔雅 . 释宫第五 .
2. 尔雅注疏 . 释宫第五 .
3. 尔雅注疏 . 释宫第五 .
4. 史记 . 卷八 . 高祖本纪 .

也有连称为"象阙"的，如《隋书》中形容隋炀帝建东都洛阳："浮桥跨洛，金门象阙，咸竦飞观。"[1] 这里描写的是隋代洛阳宫前的应天门，门前有双阙，故称"象阙""飞观"。

秦汉时期的阙，不仅是设置在帝王宫殿的门前，一些重要建筑群，如祭祀日月山川的庙宇，祭祀祖先的祠宇，或家族墓地，甚至衙署、住宅前都可能设阙，以昭显这一空间的隆重与显要。现存古阙中，如嵩山太室阙、少室阙、启母阙，四川雅安高颐阙等，都是汉代建筑遗存。

以四川雅安高颐阙为例，这是一组石构建筑，阙呈左右两侧对称布置，每一阙又各由一个主阙与一个子阙组合而成。阙体本身则有阙基、阙身与阙顶三部分组成。（图1-3）

至迟自隋代建洛阳宫殿，已将宫门前的双阙与宫廷正门结合在一起，形成一个"五凤楼"式的建筑样式。隋洛阳宫应天门就是一座五凤楼，唐代已出现五凤楼称谓。如《新唐书》中有载："玄宗在东都，酺五凤楼下，命三百里县令、刺史各以声乐集。"[2] 五代至北宋，沿用了隋唐时代的洛阳宫殿，宋代将洛阳称为西京，宫殿前有门阙，仍称五凤楼。据《宋史》："西京，……宫

图1-3　四川雅安高颐阙立面图

城周回九里三百步。城南三门：中曰五凤楼，东曰兴教，西曰光政。"[3]

北宋东京汴梁大内宫殿前延续了隋唐时这一五凤楼制度。辽代南京燕京城的宫殿前似也采用了这种五凤楼式样门阙建筑，据《辽史》记载："汉遣使来贡。庚午，御五凤楼观灯。"[4] 元大都城大内宫殿前门阙，据今人的研究，虽然未称为"五凤楼"，但其平面格局与建筑造型，与唐宋宫殿前五凤楼一脉相承。

明清两代北京紫禁城，正门南门为午门。午门平面为"凹"字形，正与唐宋宫殿前五凤楼平面形式相近，明清时代午门，也被称为"五凤楼"。如《明史》中提到，

1. [唐]魏征.隋书.卷二十四.志第十九.食货志.
2. [宋]欧阳修、宋祁.新唐书.卷一百九十四.列传第一百一十九.卓行传.
3. [元]脱脱等.宋史.卷八十五.志第三十八.地理一.
4. [元]脱脱等.辽史.卷八.本纪第八.景宗上.

崇祯"十六年正月丁酉，大风，五凤楼前门闩风断三截，……"[1]清代乾隆帝有御制《北红门外即景》诗："北红门外晓回銮，雨后春郊料峭寒。五凤楼高直北望，居庸遥列玉为峦。"[2]这里的五凤楼，指的正是清代紫禁城南的午门，其形制仍是将古代双阙与宫门合为一体的样态，只是造型上更为建筑化了。

堂

宋《营造法式·总释上》引："《说文》：堂，殿也。《释名》：堂，犹堂堂高显貌也。"[3]唐人编《艺文类聚》，或宋人编《太平御览》，也持完全相同解释。

其实，若细读《营造法式》可知，在古人那里，"堂"有两种解释。

第一种是堂之古义，即"台基"。这一解释见于《营造法式》："《墨子》：尧、舜堂高三尺。"[4]这一说法也见于《营造法式》："《周官考工记》：夏后氏世室，堂修二七，广四修一。商人重屋，堂修七寻，堂崇三尺。周人明堂，东西九筵，南北七筵，堂崇一筵。"[5]《营造法式》还引了："《礼记》：天子之堂九尺，诸侯七尺，大夫五尺，士三尺。"[6]显然，在上古时代看来，一堂之高，不过三尺，或一筵，最高如天子之堂的高度，也不过九尺而已。

也就是说，堂的古义，指的仅仅是建筑物的台基。这种解释在较晚时代似乎仍有余韵，只是所用的字已非"堂"，而是"隚"。如《营造法式》引："《义训》：殿基谓之隚（音堂）。"[7]"隚"与"堂"，古义相通，堂（或隚），即古代重要建筑物的台基。

第二种解释，见于汉代人史游《急就篇》所说："凡正室之有基者，则谓之堂。"[8]根据这种解释，"堂"有两个基本要素：

其一，堂是位于一个建筑群中轴线正室位置上的建筑；

其二，堂有高大台基，且本身也比较高显，如《营造法式》所引"《释名》，堂犹堂堂，高显貌也"[9]。

简言之，堂就是沿建筑群中轴线中央正室位置上布置的有台基的既高大又显赫的重要建筑物。（图1-4）第二种解释与现代人理解的"堂"已十分接近。

1.[清]张廷玉等.明史.卷三十.志第六.五行三.

2.[清]朱彝尊、于敏中.日下旧闻考.卷七十四.国朝苑囿.南苑一.

3.[宋]李诫.营造法式.卷一.总释上.

4.[宋]李诫.营造法式.卷一.总释上.

5.[宋]李诫.营造法式.卷一.总释上.

6.[宋]李诫.营造法式.卷一.总释上.

7.[宋]李诫.营造法式.卷二.总释下.

8.钦定四库全书.经部.小学类.字书之属.[汉]史游撰.[唐]颜师古注.急就篇.卷三.

9.[宋]李诫.营造法式.卷一.总释上.

图 1-4　汉长安未央宫前殿推想图

殿

　　古人定义中，堂与殿两个字经常会连用为"殿堂"，实际理解中，往往又将"堂"与"殿"作各自独立解释。汉代人史游撰《急就篇》，对室、殿、堂等概念分别做了解释："室，止谓一室耳；……殿，谓室之崇丽有殿鄂者也；凡正室之有基者，则谓之堂。"[1]

　　在汉代人那里，在"室、殿、堂"三个概念之间建立起某种联系："室"是最基本的空间单位，一个独立空间，称为"室"。无论是殿，还是堂，都可以纳入"室"的范畴。凡正室，且有台阶基座者，可以归在"堂"这一概念下；凡宏大崇丽且有"殿鄂"的室，可以称为"殿"。这样，在室这一基本空间概念下，可以找到堂与殿的联系与区别，由此衍生出"殿"的意义。

　　问题是，殿与堂如何区分，"殿鄂"又是什么意思？

　　从前文所引"堂，殿也"的解释来看，堂与殿有着难解难分的概念纠葛。《营造法式》中将殿的意义解释得比较容易理解："殿，大堂也。"[2]也就是说，殿就是规模宏大的堂。更确切地说，是规模宏大且有台基的正室。但这一解释并不全面。因为，在《营造法式》有关"殿"的解释中，还有一个关键之处令人不解，即所谓："殿，殿鄂也。"[3]这一解释显然与汉代人所写《急就篇》中"殿，谓室之崇丽有殿鄂者也"是一个意思。那么，这里的"殿鄂"究竟是什么意思？这可能也是区分殿堂与厅堂的关键性因素之一。

---

1. 钦定四库全书 . 经部 . 小学类 . 字书之属 . [汉] 史游撰 . [唐] 颜师古注 . 急就篇 . 卷三 .

2. [宋] 李诫 . 营造法式 . 卷一 . 总释上 .

3. [宋] 李诫 . 营造法式 . 卷一 . 总释上 .

为了解答这一问题，我们注意到一种观点，即认为"殿鄂"与《礼记正义》中的"沂鄂"是一个意思。如清代学者段玉裁《说文解字注》有关"堂"的解释中，谈道：

　　　　堂，殿也。殿者，击声也。假借为宫殿字者。释宫室曰：殿，有殿鄂也。殿鄂，即礼记注之沂鄂。《说文》作垠作圻。《释名》，释形体亦曰：臀，殿也。高厚有殿鄂也。……堂之所以称殿者，正谓前有陛，四缘皆高起，沂鄂显然，故名之殿。许以殿释堂者，以今释古也。古曰堂，汉以后曰殿。古上下皆称堂，汉上下皆称殿。至唐以后，人臣无有称殿者矣。初学记谓，殿之名，起于始皇纪，曰前殿。[1]

　　从这段话中，可以了解到，在古人那里，堂与殿有相同意思，殿最初的意义是从击打物体的声音中加以联想并引申而来的。而且，在殿中有一种被称之"殿鄂"的东西。殿鄂，又与古人有关《礼记》的解释中提到的"沂鄂"一词有关。仔细翻阅古代典籍，"沂鄂"一词，见于《礼记正义》。其书在解释《礼记·郊特牲第十一》中"丹漆雕几之美，素车之乘，尊其朴也"时，谈道："几，谓漆饰沂鄂也。"[2]

　　那么，什么是"沂鄂"呢？查一查《汉语大字典》。其中"沂"字条目中，对于"沂"有两个解释与我们的分析有关。一个是说，"沂"与"垠"意思相通，是"界限、边际"的意思；另一个意思是说，"沂"字与"鈜"字的意思相同，而"鈜"的意思是古代器物上花纹的凹下之处。显然，鈜，或沂，都是与器物之装饰纹样有关系的一个字。

　　再来看清代人的解释。清代人李光坡在《礼记述注》中，对于《礼记》中这段话的解释是："几，沂鄂也。谓不雕镂使有沂鄂也。"[3]这句话的意思是说，沂鄂是一种雕饰。但是，正确的做法是不要对日常使用的器物（或建筑物）加以雕镂漆饰而又能使其有沂鄂凹凸的装饰，才是人君应该采取的节俭做法。由此衍生出来的意思是说，有雕镂漆饰的建筑物，可以归在"殿"这一概念之下。

　　由这里的解释，可以知道，"殿鄂"就是"沂鄂"之意，而"沂鄂"，就是"装饰、雕饰"的意思。将这一解释用到前面文字，如"殿，谓室之崇丽有殿鄂者也"一语中，可以理解为："殿"，就是位于正堂位置上的高大宏丽而有雕刻等装饰的建筑物。

　　显然，其基本逻辑是：从汉代人史游《急就篇》中"凡正室之有基者，则谓之堂"中，我们可以先将"殿"归在"堂"的一种类型之下。也就是说，殿是"堂"的一种。但是，

---

1. 说文解字段注.下册.第725页.成都古籍书店影印本.1981年.
2. 礼记正义.卷二十六.郊特牲第十一.
3. 钦定四库全书.经部.礼类.礼记之属.[清]李光坡.礼记述注.卷二十二.

殿，除了属于具有位处"正室"之位，且有台基之"堂"的意义外，还有两个附加的意思：其一，从"殿，大堂也"中可知，殿是一种形制与规模都很宏大的"堂"；其二，从"殿，谓室之崇丽有殿鄂者也"中可知，殿的规模不仅宏大，而且在建筑物的表面上有雕镂与刻画的凹凸装饰，从而显得更为崇伟华丽。

简而言之，堂是位于中央正室位置上的建筑物，而殿则是规模宏大之堂，亦是有雕镂漆饰的堂。

这样一种解释，在宋人所撰类书《太平御览》中也得到印证，而且，在《太平御览》中还为"殿"另外附加一个特征：殿与堂的区别之一是，殿有可以登临其台基的"陛"，而堂虽然也有台基，却没有特别隆重的"陛级"：

> 《说文》曰：殿，堂之高大者也。又《释名》曰：殿，典也。挚虞《决疑要注》曰：凡太极殿，乃有陛，堂则有阶无陛也。右碱左平，平者，以文砖相亚次；碱者，为陛级也。九锡之礼，纳陛以登，谓受此陛以上。[1]

所谓陛，就是踏阶的意思。而阶，或可理解为台基。那么，按照《太平御览》的解释，堂，就是虽然有台基，但却没有登临台基的踏阶或"陛级"。古人将联系地面与建筑物台座顶面的通道分为两种：右碱（或作"墄"）左平。台基有陛级者，为"碱"。无陛级者，则称为"平"。重要的建筑物其实是既有"碱"，也有"平"的，即右碱左平。而有些等级稍低的建筑物，则只有"平"而无"碱"，这种建筑物就被归在了"堂"的范畴之下。

在这里，我们又找到一种区别"殿"与"堂"的方法。也就是说，"殿"不仅是雄伟高大的堂，而且，在殿之前是有专供登临殿之台基顶面的踏阶（陛）的。与之相反，"堂"没有专供登临台基的踏阶（陛），要到达"堂"的台基顶端，只能通过"平"。而所谓"平者，以文砖相亚次"，也就是用砖砌筑成为叠涩状的形态，以形成如搓衣板形状可以供车辆上下的坡道。建筑上称这种做法为"礓礤"（现代人往往简写为"礓磋"）。

当然，这样一种区别，似乎并不具有特别准确的意义。因为，古代人心目中高等级的建筑物，则既有踏阶（右碱），也有礓磋状的坡道（左平），从现存实例看，普通建筑物，一般也都有可以供人登临的踏阶。那么，这个有关殿与堂的定义是否还有别的解释呢？一种可能的解释是，我们将"陛"并不简单地理解为"踏阶"，而将其

1.[宋]李昉.太平御览.卷一百七十五.居处部三.殿.

意思延伸为与踏阶有密切联系，但却更为隆重的位于踏阶中央有雕刻装饰的"御路"。

这样，或可以将《太平御览》中的"陛"，与宫殿建筑殿堂前后踏阶中央那块充满山海云龙雕刻纹样的"御路石"联系在一起。（图1-5）如此，则可以将上面这段话理解为：凡是坐落在包含有中央"御路石"式踏阶的台基上的正室，可以称为"殿"（图1-6）；反之，凡是坐落在没有中央"御路石"，仅有踏阶或礓磋的台基上的正室，则谓之"堂"。

当然，在这一定义之下，还应该附加上前面所说的两个要素：殿是高大的堂；殿是有雕镂漆饰的大堂。

图 1-5 北京紫禁城保和殿后石刻御路

图 1-6 北京紫禁城正殿太和殿

楼

楼，一般指多层建筑物。但在古代中国，这一定义有一个逐渐形成的过程。早期文献《尔雅》云："陕而修曲曰楼。"[1] 这里的"陕"与"狭"相通。显然，这里的楼，既没有"高"，也没有"多层"之意，只有狭窄、修长、曲折的意思。《尔雅注疏》中则将之具体化为："凡台上有屋，狭长而屈曲者，曰楼。"[2] 其义中加上了"台上有屋"，已经接近后世所说楼的意思。

也许因为楼最初的含义是狭而修曲，《淮南子》中将"延楼"与"栈道"[3] 列为彼此相近的两种建筑形式。孟子则用"上宫"这个词指代建筑物的上层："孟子之滕，馆于上宫。"其疏曰："馆，舍也。上宫，楼也。孟子舍止宾客所馆之楼上也。"[4] 说明在孟子时代，只是将建筑物上层，称为"上宫"，而到了汉代，这种多层房屋，已经可以称作"楼"了。

孟子还曾说过："不揣其本而齐其末，方寸之木，可使高于岑楼。"[5] 后人注释这段话，其疏说："岑楼，山之锐峰也。"其注说："岑楼，山之锐岭。"[6] 两个意思其实一样，都说所谓岑楼，是尖锐的山峰。这里其实已暗含了高峻、挺拔之意。后人的解释，掺杂了后世的理解，如《朱熹集注》中提到岑楼："岑楼，楼之高锐似山者。"[7] 这里将楼已经看做了高而多层的建筑物。

说明至迟自战国时代起，楼已有了高而险峻的意思，进而也有了高而明敞的意思。《礼记》中有："可以居高明，可以远眺望。"其疏则曰："顺阳在上也。高明谓楼观也。"[8]

正因为楼有"高明"之意，古人又有了"仙人好楼居"的说法，如《三辅黄图》中有："且仙人好楼居，不极高显，神终不降也。于是上于长安作飞廉观，高四十丈，于甘泉作益延寿观，亦如之。"[9] 《三辅黄图》还引《关辅记》曰："建章宫北作凉风台，积木为楼。"[10] 这里其实是将形势高显的观或台，都称为了楼，而且还特别提到，古人的楼，是木结构建筑物。

---

1. 尔雅 . 释宫第五 .
2. [晋] 郭璞注 . [宋] 邢昺疏 . 尔雅注疏 . 卷五 . 释宫第五 .
3. 参见 [汉] 刘安 . 淮南子 . 卷八 . 本经训："大构驾，兴宫室，延楼栈道，鸡栖井幹，橘林欂栌，以相支持。"
4. [汉] 赵岐注 . [宋] 孙奭疏 . 孟子注疏 . 卷十四下 . 尽心章句下 .
5. 孟子 . 卷十二 . 告子下 .
6. [汉] 赵岐注 . [宋] 孙奭疏 . 孟子注疏 . 卷十二上 . 告子章句下 .
7. [宋] 朱熹 . 四书章句集注 . 孟子集注 . 卷十二 . 告子章句下 .
8. [汉] 郑玄注 . [唐] 孔颖达疏 . 礼记正义 . 卷十六 . 月令第六 .
9. 三辅黄图 . 卷五 . 观 .
10. 三辅黄图 . 卷五 . 台榭 .

战国时的列子也谈到楼，而且用了现代人意义上的"高楼"这个词："虞氏者，梁之富人也，家充殷盛，钱帛无量，财货无訾。登高楼，临大路，设乐陈酒，击博楼上。"[1]这里的高楼，应是指路边一座不止一层的高大建筑物。战国时荀子也提到"志爱公利，重楼疏堂。"[2]"重楼"，很明白指的就是多层建筑。

东汉时王充将楼看作高大建筑物："人坐楼台之上，察地之蝼蚁，尚不见其体，安能闻其声。何则？蝼蚁之体细，不若人形大，声音孔气，不能达也。今天之崇，高非直楼台，人体比于天，非若蝼蚁于人也。"[3]王充将楼与台看作是一类建筑。

很可能在较早时代城市中，已开始建造可以观察四方通衢的市楼，不过最初这种市楼，被称为候馆，如《周礼·地官·遗人》："五十里有市，市有候馆，候馆有积。"郑玄注："候馆，楼可以观望者也。"[4]可知在《周礼》写作的时代，市街上用于观望的多层建筑物，被称为"候馆"，而在郑玄所在的东汉时代，这种建筑已被称为"楼"。故这种候馆，也被称作"候楼"。《周礼注疏》："上旌于思次以令市，市师莅焉，而听大治大讼。（疏曰：郑司农云：'思，辞也。次，市中候楼也。立当为莅，莅，视也。'）"[5]后世之人，已将这种市中候楼，简称为"市楼"。

当古人将"楼"与"阁"联称为"楼阁"时，楼的概念已与现在人们对楼的理解十分接近了。《孟子注疏》："简子家在临水界，冢上气成楼阁。"[6]这里的楼阁，指的应是如海市蜃楼式的多层建筑物。《尔雅注疏》："《世本》曰：'禹作宫室，其台榭楼阁之异，门墉行步之名，皆自于宫。'故以'释宫'总之也。"[7]从这位注疏作者时代来看，台榭楼阁，大约属于比较接近的建筑类型，其本质上，都源自"宫"——居住类建筑物。这已经接近了楼阁建筑的本质，只是其形势较为高峻，且层数也较多而已。（图1-7）

由楼的这一释义出发，古代中国人又衍生出一些类似概念，如楼船、高楼等。《史记》中提到汉武帝："乃大修昆明池，列观环之。治楼船，高十余丈，旗帜加其上，甚壮。"[8]这应是一种有多层楼阁，远观十分壮观的船。

当然，后来衍生的概念中，还有诸如青楼、酒楼、茶楼之类称谓，其中"楼"的含义，与现代人所说的高而多层的建筑物没有多少区别了。

1.[战国] 列御寇. 列子. 说符第八.
2.[战国] 荀况. 荀子. 赋第二十六.
3.[东汉] 王充. 论衡. 卷四. 变虚篇第十七.
4.[汉] 郑玄注. [唐] 贾公彦疏. 周礼注疏. 卷十三.
5.[汉] 郑玄注. [唐] 贾公彦疏. 周礼注疏. 卷十四.
6.[汉] 赵岐注. [宋] 孙奭疏. 孟子注疏. 卷六上. 滕文公章句下.
7.[晋] 郭璞注. [宋] 邢昺疏. 尔雅注疏. 卷五. 释宫第五.
8.[汉] 司马迁. 史记. 卷三十. 平准书第八.

图 1-7 [唐] 佚名《京畿瑞雪图》中的楼

橹

橹是个多义词。如《春秋左传正义》提到："狄虒弥建大车之轮，而蒙之以甲，以为橹。狄虒弥，鲁人也。蒙，覆也。橹，大楯。"[1]这里的橹，指的似乎是古代战车上一种防御性装备。而《孟子注疏》中的："《周礼》掌五兵五楯，郑玄'五楯，干橹之属'。"[2]这里的橹，仍然说的是"楯"。两者比较，似乎都像是一种与"盾"接近的武器。

正因为有这种防御性功能，古代边防性城墙上也出现了橹："边方备胡寇，作高土橹，橹上作桔皋，桔皋头兜零以薪草置其中，常低之，有寇即火燃，举之以相告曰烽。

1.[晋]杜预注.[唐]孔颖达疏.春秋左传正义.卷三十一.襄十年.尽十二年.
2.[汉]赵岐注.[宋]孙奭疏.孟子注疏.卷九上.万章章句上.

又多积薪，寇至即燃之，以望其烟曰燧。"[1]这里的橹似乎是在城墙上再进一步加高的土墩，用来置薪燃火，以做烽燧之用。

唐人《艺文类聚》，将橹纳入建筑范畴："《释名》曰：橹，露上无覆屋也。"[2]宋人《太平御览》讲的似更清晰："《释名》曰：橹，露也；露上无覆屋也。"[3]这种上部暴露无屋顶覆盖的建筑物，与边墙上用作烽燧的土墩，在意思上已十分接近。

古人还将楼与橹联系在一起，称为"楼橹"。《后汉书》有："帝造战车，可驾数牛，上作楼橹，置于塞上，以拒匈奴。"[4]这里的橹，指的正是一种高峻而没有顶部覆盖物，可以用于远望的建筑，故称为望橹。古人将这种有望橹的车，称为楼车："登诸楼车，使呼宋而告之。楼车，车上望橹。"[5]因为其橹高显，露出车身，故称为楼橹。

古代城墙上所建用于防御目的的敌楼，也被称作橹或楼橹。《三国志》有："缮治京城，起楼橹，修器备以御敌。"[6]这里的楼橹，指的已是建于城墙之上，用于抵抗来犯之敌的敌楼了。其实，当人们谈论城墙上的楼橹时，这种楼橹究竟是有屋顶覆盖的楼，还是没有屋顶覆盖的橹，区分起来似乎已不是那么严格了。《晋书》载："武帝谋伐吴，诏濬修舟舰。濬乃作大船连舫，方百二十步，受二千余人。以木为城，起楼橹，开四出门，其上皆得驰马来往。"[7]虽然说的是一种大船，其形式却像是一座城，这种楼橹，仍然指的是城墙上的楼橹。

简而言之，橹虽然是一种类似露台的建筑物，但其功能主要是用于防御，其建造位置，或是在战船上，或是城墙上，抑或是在边墙上。（图1-8）如《旧五代史》中所云："浚池隍，修楼橹，旬浃之间，战守皆备。"[8]楼橹之修，主要目的是为了战守之备。

台

台之古字为"臺"。早在上古时代，台作为一种建筑形式已经出现。《尚书》中的："惟宫室、台榭、陂池、侈服，以残害于尔万姓。"[9]已将宫室与台榭相提并论。商代大广沙丘苑台，并有鹿台之设，商纣王："厚赋税以实鹿台之钱，而盈钜桥之粟。

1.[明]丘濬.大学衍义补.卷一百五十.守边固圉之略（上）.
2.[唐]欧阳询.艺文类聚.卷六十三.居处部三.橹.
3.[宋]李昉.太平御览.卷一百九十三.居处部二十一.橹（附）.
4.[南朝宋]范晔.后汉书.卷八十九.南匈奴列传第七十九.
5.[晋]杜预注.[唐]孔颖达疏.春秋左传正义.卷二十四.宣公十五年.
6.[南朝宋]裴松之注.三国志.卷五十一.吴书六.宗室传第六.
7.[唐]房玄龄等.晋书.卷四十二.列传第十二.王濬传.
8.[宋]薛居正.旧五代史.卷一百九（汉书）.列传六.
9.尚书.周书.泰誓上第一.

图 1-8　山西平遥城墙敌楼

益收狗马奇物，充仞宫室。益广沙丘苑台，多取野兽蜚鸟置其中。"[1]《诗经》中也提到周文王所建的灵台："经始灵台，经之营之。庶民攻之，不日成之。经始勿亟，庶民子来。"[2]

周代统治者就十分青睐高台建筑，如庄公："三十有一年春，筑台于郎。夏四月，薛伯卒。筑台于薛。六月，齐侯来献戎捷。秋，筑台于秦。"[3] 一年就建造了三座高台。

战国时的诸侯，也争相建造高台建筑，楚有章华台，燕有老姆台，齐景公亦建路寝之台。至战国晚期，强秦崛起，各国诸侯"皆欲割诸侯之地以予秦。秦成，高台榭，美宫室，听竽瑟之音，前有楼阙轩辕，后有长姣美人，国被秦患而不与其忧"。[4]（图 1-9）

秦始皇统一天下之后，又建章台、琅琊台。秦末战乱中，项羽还曾建盱台。汉初在未央宫建渐台。汉武帝时又建高达数十丈的柏梁台与通天台。曹魏时期，还曾建凌云台。

《尔雅》将台解释为："阇，台也。"[5] 其进一步的解释是："阇谓之台，有木者谓之榭。"[6] 可知，在古人那里，阇、台、榭，是十分相近的建筑类型。所谓阇，即

---

1. [汉] 司马迁 . 史记 . 卷三 . 殷本纪第三 .
2. 诗经 . 文王之什 . 灵台 .
3. 春秋左传 . 庄公三十一年 .
4. [汉] 司马迁 . 史记 . 卷六十九 . 苏秦列传第九 .
5. 尔雅 . 释言第二 .
6. 尔雅 . 释宫第五 .

北京故宫博物院藏战国铜器残片　　　　　　上海博物馆藏战国刻纹燕乐画像铜栖

图 1-9　战国铜匜上的高台建筑

城台之义。如《尔雅注疏》："积土四方而高者名台，即下云'四方而高者'也，一名阁。李巡云：'积土为之，所以观望。'《诗》云：'出其闉阇。'彼以阇为城台，于此台上有木起屋者名榭。"[1] 可知，台是一个意义更为宽泛的词。四方而高，即为台。与城墙相连属的台，可称为阇。在台上用木结构，建造遮风避雨的房屋者，即为榭。

阁

阁之古字为"閣"，似乎与门（門）有所关联。但古代"閣""閤"常常不分，閤有宫中小门之义，因閣之本义与"閤"相通，似亦有小门之义。《春秋公羊传注疏》中释"自闈而出者"语，其疏曰："闈者，宫中相通小门也。其小者谓之闱，小闱谓之阁。"[2] 这里的阁，是比闱、闱还要小的宫中小门。

将阁与门联系在一起，还有另外一种解释，据《尔雅》："积谓之杙，在墙者谓之楎，在地者谓之臬，大者谓之栱，长者谓之阁。"[3] 所谓杙、楎、臬之属，指的是一种木橛、木棍之类的东西，较大的木棍，被称作栱；较长的木棍，被称作阁。依据此义，有一说云，阁即古人置于门上以防门自合的木桩，有止扉功能。此据来自《尔雅》，然其原文为："阘谓之扉，所以止扉谓之阁。"[4]《尔雅注疏》中释之云："于门辟旁树长橛所以止扉者，名阁。"[5] 将这句话与"阁"联系在一起的，却是《春秋左传正义》："《尔雅》又云：'所以止扉谓之阁。'然《尔雅》本止扉之名。或作'阁'字，读者因改。"[6]

1.[晋]郭璞注.[宋]邢昺疏.尔雅注疏.释宫第五.
2.[汉]何休注.[唐]徐彦疏.春秋公羊传注疏.宣公卷十五.
3.尔雅.释宫第五.
4.尔雅.释宫第五.
5.[晋]郭璞注.[宋]邢昺疏.尔雅注疏.卷五.释宫第五.
6.[晋]杜预注.[唐]孔颖达疏.春秋左传正义.卷四十.襄三十年.尽三十一年.

然而，此说模棱两可。今人有将阁释作"止扉之木"者，似源于此。

阁还被看作是一种木板，若横置可以存物，如《礼记注疏》中有："阁，以板为之，度食物也。"[1]《礼记》中有："天子之阁，左达五，右达五。"[2]《周礼注疏》注之曰："案《内则》云：'天子之阁，左达五，右达五。'彼亦是置食处。今此不彻于阁者，但阁内别置新馔。"[3]都将阁释作庋存食物的木板。这里的阁，大约接近"搁"之义。

在古文中，阁常常与楼相连属，称为楼阁，说明阁也是一种多层建筑。《淮南子》中提到"高台层榭，接屋连阁，非不丽也"。[4]这里的阁，与台、榭、屋一样，都属于建筑物范畴。《尔雅注疏》中引："《世本》曰：'禹作宫室，其台榭楼阁之异，门塘行步之名，皆自于宫。'"[5]将台榭、楼阁相连属，并且都归在宫室的范畴之下，说明古人很早就将阁看作是一种可以用于起居生活的宫室类房屋，一种与楼十分相近的多层而高显的建筑。（图1-10）

阁有时又称为台阁，《说苑》中批评统治者："宫室台阁，连属增累。"[6]所谓台阁，似乎暗示了阁是一种比较高显，如"四方而高"的台式建筑。史籍中也有称周阁或阁道的，如秦始皇建咸阳宫："自雍门以东至泾、渭，殿屋复道周阁相属。"[7]周阁与复道一样，都可能是两层或更高，系环绕宫中主要殿屋的附属建筑。而秦始皇建阿房宫："周驰为阁道，自殿下直抵南山。表南山之巅以为阙。为复道，自阿房渡渭，属之咸阳，以象天极阁道绝汉抵营室也。"[8]这里的阁道，似乎与复道相似，都是连通性的多层建筑。

汉代司马相如《子虚赋》提到了曲阁："于是乎离宫别馆，弥山跨谷，高廊四注，重坐曲阁。"[9]既是"重坐曲阁"，就一定是二层以上的建筑。因是曲阁，有可能是布置在中心殿堂周围，平面呈曲折状，故曲阁与周阁一样，应该都属于一个建筑群中环绕主要殿堂布置的附属性建筑。

自汉代始，历代统治者的宫殿建筑群中，还陆续出现了东阁、西阁、北阁、南阁，这也从另外一个角度印证了周阁、曲阁的概念，即阁在大多数情况下，属于一个建筑群中环绕中心主要殿堂配置的附属性建筑。如北京明清紫禁城，在中轴线上的太和殿前广场两侧，对称布置有体仁阁、弘义阁。（图1-11）

1. 钦定四库全书. 经部. 礼类. 礼记之属. [汉]郑氏注. [唐]孔颖达疏. 礼记注疏. 卷二十八. 内则.
2. 礼记. 内则第十二.
3. [汉]郑玄注. [唐]贾公彦疏. 周礼注疏. 卷四.
4. [汉]刘安. 淮南子. 卷九. 主术训.
5. [晋]郭璞注. [宋]邢昺疏. 尔雅注疏. 卷五. 释宫第五.
6. [西汉]刘向. 说苑. 卷二十. 反质.
7. [汉]司马迁. 史记. 卷六. 秦始皇本纪第六.
8. [汉]司马迁. 史记. 卷六. 秦始皇本纪第六.
9. [汉]司马迁. 史记. 卷一百一十七. 司马相如列传第五十七.

图 1-10　[元]夏永《滕王阁图》

图 1-11　北京紫禁城太和殿前的弘义阁

　　此外，由于阁往往不会布置在一个建筑群的中心部位，而是布置在建筑后部较为隐秘的位置上，甚至还会出现所谓"秘阁"。历代宫殿中常有秘阁。一些比较私密性的场所，如紫禁城西路后侧的雨花阁，就属于专供皇帝礼佛的私阁。文人士夫家中的藏书阁，或普通百姓宅院中的闺阁，梳妆阁等，大致也可归在一个家庭居所中的秘阁之属。

自唐代以来的佛教寺院中，也多有楼阁之设，诸如唐代寺院中的弥勒阁、文殊阁，宋代寺院中的大悲阁、毗卢阁，以及钟阁、经阁，等等。与统治者的宫殿建筑群中一样，这些阁，往往也都是配属于寺院主殿的附属性建筑物。（图1-12）

宋《营造法式》将殿阁相连属，如谈到举屋制度："虽殿阁与厅堂及廊屋之类略有增加，大抵皆以四分举一为祖，正与经传相合。"[1]这里将殿阁、厅堂、廊屋

图1-12　河北正定隆兴寺慈氏阁

似乎分成了三种不同类型的建筑。通观《营造法式》，在北宋时代，殿阁或殿堂，大约属于等级比较高的建筑，厅堂则略逊之，廊屋，以及余屋的等级要低一些。古人将"殿阁"相连属，并视之为高等级建筑，但在《营造法式》中却未见有"殿楼"之称，这可能在一定程度上解释了为什么无论在宫殿还是在寺院中，高大而显要的建筑物，往往名之为"阁"，而较少称之为"楼"的原因所在。如佛教寺院中，与佛或菩萨有关的楼阁，多称阁，如弥勒阁、慈氏阁、千佛阁、观音阁等，而一般功能性的建筑，则多称楼，如三门楼、经藏楼、钟楼、鼓楼等，这或许在一定程度上，反映出阁在定义上，比楼的等级似乎要高一些。

然而，由于中国古代语言上的模糊性，尽管阁与楼是十分相似的建筑类型，但在很多情况下，一个建筑群中的楼与阁，也难以区分的十分清楚。如《徐霞客游记》描写白鹭书院："九县与郡学共十所，每所楼六楹。其内由桥门而进，正堂曰正学堂，中楼曰明德堂；后阁三层，下列诸贤神位，中曰'天开紫气'，上曰'云章'。阁楼回环，而阁杰耸，较之白鹿，迥然大观也。"[2]这里虽然提到了中楼、后阁，还描述了阁楼回环，而阁杰耸，但究竟是从位置上，还是从造型上、高度上区分阁与楼，都似乎是了无头绪。

---

1. [宋]李诚.营造法式.营造法式看详.
2. [明]徐弘祖.徐霞客游记.江右游日记.

第二节 馆驿寺观

馆

古文中的馆有两种写法，一为馆（館），从食；一为舘，从舍。前者较为多见，后者偶有见之，有时两字似乎可以相互通假。无论如何，由这两个字形可知，在古人看来，馆的功能至少有两个，一是提供果腹的食物，二是提供栖息的住所，从这一意义上讲，馆似是一接待性建筑空间。

在古文中，用的较多的是"馆（館）"，故《艺文类聚》引："《说文》曰：馆，客舍也。"[1]《太平御览》也有类似的说法："《说文》云：馆，客舍也。从食，官声。"[2]

其实，《周礼》中早已对与馆有关的建筑类型，做了比较详细的定义："凡宾客、会同、师役，掌其道路之委积。凡国野之道，十里有庐，庐有饮食；三十里有宿，宿有路室，路室有委；五十里有市，市有候馆，候馆有积。凡委积之事，巡而比之，以时颁之。"[3] 这里其实涉及了几个概念：道路、宾客、庐宿、候馆、委积。也就是说，早在周代，在郊野的道路上，每10里会有提供饮食的庐所，每30里有提供住宿的路室，每50里有人口聚集，可以进行交易的市集。而在每一市集中，应设有"候馆"，馆内有委积的物资，提供过路之人的基本生活需求。"候馆"者，似有等候之义，或有季候之义，似在适当的季候，等候过往人物，以提供饮食与住宿。这多少有点类似于后世的宾馆。

《太平御览》中更引："《广雅·释宫》云：馆，舍也。《桂苑》云：客舍也，待宾之舍曰馆。《开元文字》云：凡事之宾客馆焉，舍也，馆有积以待朝聘之官是也。客舍，逆旅名，候馆也。公馆者，公宫与公所为也。私馆者，自卿大夫以下之家。"[4] 这里虽然分出了公馆与私馆。但其基本形式都是可以住宿的房舍，其功能都是"逆旅"——接待行旅之人，或"有积以待朝聘之官"——储存物资，以接待过往官员。（图1-13）

概言之，馆是一种可以为人提供起居、生活，甚至工作的建筑类型，其本义是指位于居住者本宅之外，却可以提供食物或住宿场所的建筑。一般应该是一个建筑组群。故而，馆有了接待性内涵，如宾馆、驿馆。馆亦有本宅之外的住所之意，如"离宫别馆"。由此衍生出类似的建筑类型，如史馆、学馆、会馆、茶馆、饭馆、酒馆之属。

1.[唐]欧阳询.艺文类聚.卷六十三.居处部三.馆.

2.[宋]李昉.太平御览.卷一百九十四.居处部二十二.馆驿.

3.周礼.地官司徒第二.

4.[宋]李昉.太平御览.卷一百九十四.居处部二十二.馆驿.

图 1-13 [五代十国] 董源《董北苑溪山行旅图》中的侯馆

以史馆为例，至迟从南北朝时代始，朝廷已经开始设立史馆。如北魏时人元明：
"积年在史馆，了不屑意。"[1]隋唐时代的长安太极宫廷明门外的门下省附近，分别设
置有史馆、弘文馆、文学馆等："左廷明门外为门下省，为史馆，（在门下省北。……）
为弘文馆。（在门下省东。……以聚书名为修文馆，九年改弘文馆，又曰文学馆。）"[2]
（图 1-14）

会馆，最初的名称为邸第，或邸店，这类建筑早在汉代时就已出现，如各地设在
京城专事接待本地来京官员的邸第，如齐邸、燕邸等。自明代后，这种邸第或邸店，
渐渐被会馆取代。京师会馆，多为各地进京赶考的举子提供接待之所。明清以来，随
着商业的发达，各地商会乡绅，也纷纷在异地建立会馆，以为本地商人在异地进行商
业活动提供接待与服务。

---

1. [北齐] 魏收.魏书.卷四十七.列传第三十五.
2. [清] 徐松.唐两京城坊考.卷一.西京.宫城.

图 1-14 ［南宋］刘松年《山馆读书图》中的书馆

邸驿

"邸驿"一词在史籍中并不多见。《玉海》曾为邸驿释义："邸驿，郡国朝宿之舍，在京者谓之邸，邮骑传递之馆，在四方者，谓之驿。"[1] 明代陈耀文《天中记》，则持了完全相同的说法，只是又强调："驿，置骑也（说文）。"[2]

更多情况下，邸和驿是区别叙述的。驿，最初的功能，可能是为统治者传递消息的经由之站，如《毛诗正义》："今既伐淮夷而克之，又以战胜之威，经营于四方之国，有不服者则从而伐之，每有所克，则使传遽之驿，告其成功于宣王也。"[3]《尔雅注疏》

---

1. ［宋］王应麟. 玉海. 卷一百七十二. 宫室. 邸驿.
2. ［明］陈耀文. 天中记. 卷十六. 公廨. 邸驿.
3. ［汉］郑玄笺. ［唐］孔颖达疏. 毛诗正义. 卷十八. 十八之四.

解释说："驲、遽，传也。皆传车驿马之名。驲音日。传，张恋切。[疏]'驲、遽，传也'。释曰：皆传车驿马之名。"[1]（图1-15）

另据《周礼注疏》："遽，传也。……遽令，邮驿上下程品。"[2]这里由传遽之意，又引申出邮递之意。《孟子注疏》中则引孔子语解释："故孔子有云：其德化之流行，其速疾又过于置邮而传书命也。邮，驿名，云境土舍也。"[3]说明，驿的主要功能之一，是置邮而传书。而驿，本身则是一种建筑类型，其形式有如当地普通百姓的舍屋。（图1-16）

也有将邮递之驿站与接待宾客之候馆等同起来的说法："委积以待宾客，即后世驿传给廪之意。候馆楼，即所谓驿舍之邮亭也。"[4]这种可以用来接待宾客的驿站，则如候馆之所，可以为过往客人提供住宿，饮食等服务，其主要功能，甚至包括接待外邦朝贡之人："成周设官以待外夷之来朝贡者，达之以节则其往来关津道路之间无有留难淹滞之阻，即今给驿券也；治其委积、馆舍、饮食则其日用居止、饩廪、刍秣

图 1-15　魏晋画像砖《驿使图》

图 1-16　[南宋]佚名《盘车图》局部（驿馆）

1.[晋]郭璞注.[宋]邢昺疏.尔雅注疏.卷三.释言第二.
2.[汉]郑玄注.[唐]贾公彦疏.周礼注疏.卷三十一.
3.[汉]赵岐注.[宋]孙奭疏.孟子注疏.卷三上.公孙丑章句上.
4.[明]丘濬.大学衍义补.卷九十九.邮传之置.

而无饥寒困乏之忧，即今之馆驿廪给及有司馈送是也。"[1] 显然，这是一套十分完整的古代邮递与接待体系。

观

观，《尔雅》释："观、指，示也。"[2] 其疏曰："示谓呈见于人也。"[3] 故其本义，有展示、呈现之意。观，作为一种建筑类型，很早就出现了，《尔雅》中有："观谓之阙。"[4] 也就是说，观，即是阙。

古人也有将观与阙连在一起称谓的，如："雉门之外，两观阙高魏魏然。孔子谓之观，《春秋左氏》定二年夏五月，'雉门灾及两观'是也。云观者，以其有教象可观望。"[5]《三国志》中亦有："当涂高者，魏也；象魏者，两观阙是也；当道而高大者魏。"[6] 这里是将观与阙、象魏，作为一种建筑类型来解释的。

六朝时："梁天监元年五月，有盗入南、北掖，烧神武门总章观。时帝初即位，而火烧观阙，不祥之甚也。"[7] 这里被火焚烧的观阙，当是神武门总章观。这应该是位于神武门前的一组阙。总章，指位于天子明堂西向的厅堂。故这里的神武门，应指南朝梁宫的西门，故其左右有南、北掖门。神武门前有双阙，称总章观。《艺文类聚》引"魏杨修《许昌宫赋》曰：……尔乃置天台于辰角，列执法于西南，筑旧章之两观，缀长廊之步栏，……"[8] 这里的两观，亦为双阙之意。

如果说，象魏、观阙，有高大、昭显的被"观"之意，则观，还有提供一个高显、明敞的空间，以远"观"之意。尤其是秦汉时人，相信神仙方士，翘首以盼神仙光临，故会建造用于观望神仙踪迹，以期与神仙交往的台观建筑。

《艺文类聚》又引"《释名》曰：观者，于上观望也。"[9] 由于有"于上观望"的内涵，"观"又有了与台榭等建筑十分接近的内涵。如《艺文类聚》引："《列子》曰：岱舆山上台观，皆金玉，仙圣飞相来往。"[10] 这里将台与观相连属。而其文所引："《史记》曰：公孙卿谓武帝曰：仙人好楼居，于是上令长安作飞廉桂观，甘泉

---

1. [明] 丘濬. 大学衍义补. 卷一百四十五. 译言宾待之礼.
2. 尔雅. 释言第二.
3. [晋] 郭璞注. [宋] 邢昺疏. 尔雅注疏. 卷三. 释言第二.
4. 尔雅. 释宫第五.
5. [汉] 郑玄注. [唐] 贾公彦疏. 周礼注疏. 卷二.
6. [南朝宋] 裴松之注. 三国志. 卷二. 魏书二. 文帝纪第二.
7. [唐] 魏徵等. 隋书. 卷二十二. 志第十七. 五行上.
8. [唐] 欧阳询. 艺文类聚. 卷六十二. 居处部二. 阙.
9. [唐] 欧阳询. 艺文类聚. 卷六十三. 居处部三. 观.
10. [唐] 欧阳询. 艺文类聚. 卷六十三. 居处部三. 观.

则作延寿观。"[1]汉武帝在长安城内所建造的飞廉桂观，或在甘泉宫建的延寿观，都可能是一座高大如楼台的建筑物，以方便仙人的飞临。（图1-17）

图1-17　[明]仇英《甘泉宫图》中的楼观

正是因为汉武帝好仙人之道，才建造了大量希望与仙人相交通的"观"，如"汉宫殿名曰：长安有临仙观，渭桥观，仙人观，……"[2]等，而东汉洛阳也有颇多楼观："陆机洛阳地记曰：宫中有临高，陵云，宣曲，广望，阆风，万世，修龄，总章，听讼，凡九观，皆高十六七丈，以云母著窗里，日曜之，炜炜有光辉。"[3]汉代的观，一是十分高峻，可以为仙人飞临提供方便；二是装饰华美，熠熠生辉，刻意造成某种仙楼琼阁的意境。如《艺文类聚》引晋庾阐《闲居赋》曰："顾有崇台高观，凌虚远游，若夫左瞻天宫，右眄西岳。"[4]

这种为帝王与神仙交往而建造的观，很可能是一种高大而四面无壁，如台榭一样的建筑，如汉武帝时济南人公玉带所上明堂图："济南人公玉带上黄帝时明堂图。明堂图中有一殿，四面无壁，以茅盖，通水，圜宫垣为複道，上有楼，从西南入，命曰昆仑，天子从之入，以拜祠上帝焉。"[5]公玉带明堂图，也是为天子与神仙交往而用的楼阁式建筑，其空间意义与特征，当与汉代宫廷中所建诸"观"十分接近。

也许，正因为汉代诸"楼观"，目的是与仙人相交接。故随着道教兴起，人们就将道士们出家修行、斋戒礼敬道教诸神的场所，也称为了"观"，此或是道教宫观名称的来源之一。（图1-18）

1. [唐] 欧阳询 . 艺文类聚 . 卷六十三 . 居处部三 . 观 .
2. [唐] 欧阳询 . 艺文类聚 . 卷六十三 . 居处部三 . 观 .
3. [唐] 欧阳询 . 艺文类聚 . 卷六十三 . 居处部三 . 观 .
4. [唐] 欧阳询 . 艺文类聚 . 卷六十四 . 居处部四 . 宅舍 .
5. [汉] 司马迁 . 史记 . 卷十二 . 孝武本纪第十二 .

图 1-18 北京道教宫观白云观

寺

　　《诗经》中已有"寺"字，如："有车邻邻，有马白颠。未见君子，寺人之令。"[1]《周易》中则用了"阍寺"一词："艮为山，为径路，为小石，为门阙，为果蓏，为阍寺，……"[2] 说明阍与寺二者间，有比较紧密的关联。

　　《周礼》中对王宫中"阍人"与"寺人"的数量做了规定："阍人，王宫每门四人。囿游亦如之。寺人，王之正内五人。"[3]《周礼注疏》中又对二者做了解释：阍人，"释曰：在此者，以其掌守中门之禁，王宫在此，故亦在此"。[4] 寺人，"释曰：在此者，案其职云'掌王之内人及女宫之戒令'，故在此。……释曰：云'寺之言侍'者，欲取亲近侍御之义。此奄人也"。[5] 也就是说，阍人是负责王宫中门守卫之人，而寺人是负责服侍内宫女眷之人，故寺人为阉官中的一种。

　　《仪礼注疏》中又进一步区分了阍人、寺人与阉人的区别："阍人掌守中门之禁，晨夜开闭，……寺人掌外内之通令，奄人使守后之宫门者也。是皆近君之小臣。"[6] 这里的"寺"与"侍"具有相通的意义。

　　然而，到了汉代，寺已经有了某种建筑学的意义。《春秋左传正义》中有疏曰："然自汉以来，三公所居谓之府，九卿所居谓之寺。《风俗通》曰：'……寺，司也，庭有法度，今官所止皆曰寺。'《释名》曰：'寺，嗣也，治事者相嗣续于其内。'"[7]

---

1. 诗经 . 秦风 . 车邻 .
2. 周易 . 说卦 . 艮 .
3. 周礼 . 天官冢宰第一 .
4. [汉] 郑玄注 . [唐] 贾公彦疏 . 周礼注疏 . 卷一 . 天官冢宰第一 .
5. [汉] 郑玄注 . [唐] 贾公彦疏 . 周礼注疏 . 卷一 . 天官冢宰第一 .
6. [汉] 郑玄注 . [唐] 贾公彦疏 . 仪礼注疏 . 卷二十九 . 丧服第十一 .
7. [晋] 杜预注 . [唐] 孔颖达疏 . 春秋左传正义 . 卷四 . 隐六年，尽十一年 .

这里特别提到，自汉以来，九卿居所，已被称为"寺"。而到注疏者所在的晋、唐时代，凡官员居止之所，也都被称为"寺"。这里的寺与"司"具有相通的意义，且其本义来自"嗣"，有前后相嗣续之意。但无论如何，这里的寺，是一处可以为人提供居处、治事与嗣续之场所的建筑物。

正因为汉代官员的居止之所称为"寺"，故汉代有"官寺"之说："广汉男子郑躬等六十余人攻官寺，篡囚徒，盗库兵，自称山君。"[1]"成帝建始三年夏，大水，……坏官寺、民舍八万三千余所。"[2]显然，汉代人是将官寺与民舍相对应的。民舍，当为普通百姓的房舍，而官寺，即官员们居止办公的场所。

很可能自东汉时期始，随着佛教传入，西来高僧曾经住在汉代官寺之中，故佛教徒们修行起居、礼佛读经的场所，也渐渐以"寺"称之。至迟在两晋时代，寺，既指官寺，也指佛寺。如《晋书》中有："故事，祀皋陶于廷尉寺，新礼移祀于律署，以同祭先圣于太学也。……岁旦常设苇茭桃梗，磔鸡于宫及百寺之门，以禳恶气。"[3]这里的廷尉寺，应是百寺之一，都属晋代官署名称。而同是《晋书》中所载："九年正月，大风，白马寺浮图刹柱折坏。"[4]这里的寺，当指佛寺无疑。

据史料记载，佛寺之谓始于东汉明帝时代："汉孝明皇帝梦见神人身长丈六，……即遣使者张骞、羽林郎秦景、博士王遵等十四人之大月氏国，采写佛经《四十二章》，秘兰台石室第十四，即时起洛阳城西门外道北立佛寺，又于南宫清凉台作佛形像及鬼子母图。"[5]《高僧传》中持了类似的说法："（摄摩）腾译《四十二章经》一卷，初缄在兰台石室第十四间中。腾所住处，今雒阳城西雍门外白马寺是也。"[6]若此说可信，则可以说，自东汉时代起，佛寺，渐渐成为佛教僧人出家修行、持戒礼佛的专门场所。（图1-19）

图1-19　河南洛阳白马寺入口

1. [汉] 班固 . 汉书 . 卷十 . 成帝纪第十 .
2. [汉] 班固 . 汉书 . 卷二十七上 . 五行志第七上 .
3. [唐] 房玄龄等 . 晋书 . 卷十九 . 志第九 . 礼上 .
4. [唐] 房玄龄等 . 晋书 . 卷二十九 . 志第十九 . 五行下 .
5. [南朝梁] 陶弘景 . 真诰 . 卷九 . 协昌期第一 .
6. [南朝梁] 慧皎 . 高僧传 . 卷一 . 译经上 . 摄摩腾一 .

第三节　府院亭榭

府

"府"字，最早出现于《尚书》中帝舜与大禹的一段对话："禹曰：'……德惟善政，政在养民。水、火、金、木、土、谷，惟修；正德、利用、厚生、惟和。……'帝曰：'……六府三事允治，万世永赖，时乃功。'"[1]《春秋左传》中也记载："六府、三事，谓之九功。水、火、金、木、土、谷，谓之六府。正德、利用、厚生，谓之三事。"[2] 其义是说，统治者欲行善政，需要做到九件事，即所谓"九功"。其中的三事，是为政的三个基本原则：正德、利用、厚生；而六府，则是支持养民善政的六件大事：水、火、金、土、木、谷。

显然，《尚书》中所谓"六府"之事，涉及水利、制陶、冶炼、土地、屋舍（土木）、谷物等，诸项事关民生的大事。《礼记》也提到了六府："天子之六府，曰司土、司木、司水、司草、司器、司货，典司六职。"[3] 这里所提到的六种事物，土、木、水、草、器、货，其实与《尚书》中的六件事密切相关，都属于日常生活中的基本物质需求。而天子要设立六个职务，负责这六件事物的日常管理。

既然被称为"府"的事物，都属于生活后勤类必需物品，那么，古人的"府"字，很可能隐含了"藏"的内涵，即将这些生活必需品收藏、积存、储备了起来，以备不时之需。

《春秋公羊传》载："则宝出之内藏，藏之外府，马出之内厩，系之外厩尔，君何丧焉？"[4] 这里是将内厩与外厩相对应，内藏与外府相对应。如此推测，外府，也有"藏"的功能。《史记》中亦有："其后十四年，秦缪公立，病卧五日不寤；寤，乃言梦见上帝，上帝命缪公平晋乱。史书而记藏之府。"[5] 可知，在古人那里，府具有藏的功能。

《毛诗正义》之疏中记载："以兴富有者，是王家之府藏，我明王使人于此府中，取其财货以为车服，以赐诸侯。"[6] 所谓"王家之府藏"，其中藏有可以用来赏赐诸侯的财货。《尚书正义》更直言曰："'府'者藏财之处，六者货财所聚，故称'六府'"。[7]

---

1. 尚书 . 虞书 · 大禹谟第三 .
2. 春秋左传 . 文公七年 .
3. 礼记 . 曲礼下第二 .
4. 春秋公羊传 . 僖公二年 .
5. [汉] 司马迁 . 史记 . 卷二十八 . 封禅书第六 .
6. [汉] 郑玄笺 . [唐] 孔颖达疏 . 毛诗正义 . 卷十五 . 十五之一 · 鱼藻之什诂训传第二十二 .
7. [汉] 孔安国传 . [唐] 孔颖达疏 . 尚书正义 . 卷四 . 大禹谟第三 .

《孟子》亦云："而君之仓廪实，府库充，有司莫以告，是上慢而残下也。"[1] 将仓廪与府库对应称之，由此可知，"府"之库藏意义十分明显。

也许正是从府藏之意出发，渐渐衍生出王府、官府等意义，使"府"具有了如衙署、宅院一般的社会学与建筑学意义。如《汉书》中有："且绝民用以实王府，犹塞川原为潢洿也，竭亡日矣。"[2] 这里的王府，既有王之府宅之义，又有王之库藏之义。

既有王府，则自然会有公府、侯府等王公府邸，亦可以有郡府、州府、县府等各级政府府署。如《新唐书》载："光启初，扬州府署门屋自坏，故隋之行台门也，制度甚宏丽云。"[3] 这里的府署，显然是一处建筑单元，且具有明确的建筑学意味。

至迟到了唐代，府又成为一级地方行政机构。据《旧唐书》："贞观元年，悉令并省。始于山河形便，分为十道：一曰关内道，二曰河南道，三曰河东道，四曰河北道，五曰山南道，六曰陇右道，七曰淮南道，八曰江南道，九曰剑南道，十曰岭南道。至十三年定簿，凡州府三百五十八，县一千五百五十一。至十四年平高昌，又增二州六县。"[4]

也就是说，在唐贞观初年，国家政府层级，仍然是道、州、县三级。而这时的州府，似乎是在同一个行政级别上，之后才在道与州之间，加了"府"一级政府单位。如唐代已经有凤翔府、成都府，如《旧唐书》："改蜀郡为南京，凤翔府为西京，西京改为中京，蜀郡改为成都府。凤翔府官僚并同三京名号。"[5] 这里似乎暗示了，"府"是高于"郡"的一级行政单位。（图 1-20）

另如《旧唐书》所载，唐贞观年间，中央政府在回纥地域的行政设置："太宗为置六府七州，府置都督，州置刺史，府州皆置长史、司马已下官主之。"[6] 这里也似乎暗示，在"州"一级政府之上，又设了"府"一级政府单位。这时的"府"，就不再仅仅具有建筑空间意义，更具有了一级行政单位的意义。

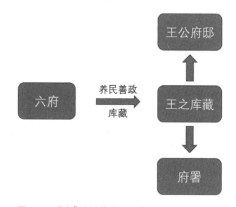

图 1-20 "府"之功能演化示意图

---

1. 孟子. 卷二. 梁惠王下.

2. [汉] 班固. 汉书. 卷二十四下. 食货志第四下.

3. [宋] 欧阳修、宋祁. 新唐书. 卷三十四. 志第二十四. 五行一. 金沴木.

4. [后晋] 刘昫等. 旧唐书. 卷三十八. 志第十八. 地理一.

5. [后晋] 刘昫等. 旧唐书. 卷十. 本纪第十. 肃宗.

6. [后晋] 刘昫等. 旧唐书. 卷一百九十五. 列传第一百四十五. 回纥.

庭

"庭"字在史料上出现得比较早，《尚书》中就有："王命众，悉至于庭。"[1]《周易·下经》中有："于出门庭。"而《周易·系辞上》中有："不出户庭，无咎。"《诗经》中则有一首《庭燎》："夜如何其？夜未央，庭燎之光。"[2] 既然是可以用火燎之，可知是一个室外空间，而《诗经》中又有："夙兴夜寐，洒扫庭内，维民之章。"[3] 既然用了"庭内"这个词，可知"庭"应该是一个有内与外定义限制的室外空间。总之，在上古时期，庭与门户、内外关联密切，其意义与后世出现之"院"字的意义十分接近。

《尔雅》中出现了"中庭"概念："两阶间谓之乡，中庭之左右谓之位。"[4] 中庭与两阶、左右之位相对应，说明是主要建筑之前的一个空间。《毛诗正义》中则有"前庭"概念："殖殖然平正者，其宫寝之前庭也。"[5] 这里指明是宫寝之前的一个庭院。《汉书》中出现后庭概念："告祠世宗庙日，有白鹤集后庭。"[6]

此外，还有东庭，如《后汉书》："灵帝光和元年六月丁丑，有黑气堕北宫温明殿东庭中，黑如车盖。"[7] 东庭者，位于建筑东侧的庭院空间。但因建筑朝向问题，可能较少出现西庭的概念，或偶也有之，如唐诗中有："遇午归闲处，西庭敞四檐。"[8] 诗中描写的是西园中的一个庭院，故称为西庭。

然而，在中国古代文献中，西庭，更多是指古代西域地区，如《册府元龟》记载了唐代时西域人："阿史那贺鲁……招携离散，庐帐渐多，及太宗晏驾，谋欲袭取西庭二州，刺史骆弘义，觉而表言之。"[9] 唐人为南北朝时人所译《佛说十力经》之新译作序中也有："敕伊西庭节度奏事官，节度押衙，同节度副使，云麾将军，守左金吾卫大将军，员外置同正员牛昕等，并越自流沙涉于阗国。"[10] 这两处文献中的"西庭"，指的应是在西域地区设置的行政机构。类似的指代，还有"北庭"，亦用来指中央政府设置在漠北或西域的准行政管理性机构。如今日尚存之位于新疆吉木萨尔县北的唐代北庭都护府遗址，就是一个例子。

庭，还常常与屋宇的"宇"字相连属，称为"庭宇"。如《后汉书》载汝南人陈蕃：

---

1. 尚书. 商书. 盘庚上第九.
2. 诗经. 鸿雁之什. 庭燎.
3. 诗经. 荡之什. 抑.
4. 尔雅. 释宫第五.
5. [汉] 郑玄笺. [唐] 孔颖达疏. 毛诗正义. 卷十一. 十一之二.
6. [汉] 班固. 汉书. 卷二五下. 郊祀志第五下.
7. [南朝宋] 范晔. 志第十七. 五行五.
8. [清] 曹寅等. 全唐诗. 张籍. 和李仆射西园.
9. [宋] 李昉. 册府元龟. 卷九百九十八. 外臣部. 奸诈.
10. [南朝宋] 施护等译. 佛说十力经. 大唐贞元新译十地等经记.

"尝闲处一室，而庭宇芜秽。"[1]《晋书》中亦有："庭宇遏密，幽室增阴。"[2]《宋书》中还提到了孔庙中的庭宇："路经阙里，过觐孔庙，庭宇倾顿，轨式颓弛，万世宗匠，忽焉沦废。"[3]显然，上面几处文献中提到的庭宇，指的都是包括建筑与庭院在内的一整个建筑群。宇，围绕四周的屋宇，庭，屋宇环绕的庭院。

当然，庭院更是一个史书中较为常见的词。如《宅经》上所言宅的"五虚"之一："宅地多屋少，庭院广，五虚。"[4]这里的庭院，指的就是由四周屋舍所环绕的院落。（图1-21）

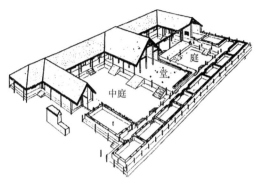

图 1-21　陕西凤雏村西周宫室中的"庭"

院

"院"字，在古代文献中是出现较晚的一个字。不惟十三经中未见"院"字，二十四史中的前几部史书，如《史记》《汉书》《后汉书》《三国志》，乃至《晋书》《宋书》中都不见"院"字出现。

正史中最早出现"院"字，见于记载六朝时最后一个朝代的正史《陈书》中，其书记载了南陈臣子孙玚："其自居处，颇失于奢豪，庭院穿筑，极林泉之致，歌钟舞女，当世罕俦，宾客填门，轩盖不绝。"[5]可知，"院"字在正史文献中的第一次亮相，就很明确地使用了"庭院"这个概念，可知"院"与"庭"在空间意义上比较接近。

《毛诗正义》中描写庭院："殖殖然平正者，其宫寝之前庭也。……院宽室明，昼夜俱快，君子之所安息也。"[6]这里的院与庭，是一个空间概念。

其实，也许因为"院"是一个比"庭"更为通俗的字语，故虽正史上不见，但早在南朝宋的文人笔记中，已经出现"院"这一概念："至一家，墙院甚整。便寄宿。"[7]这里不仅提到了"院"，而且明确说明，院子周围有整齐的院墙环绕，院内则有可以

1.[南朝宋]范晔.后汉书.卷六十六.陈王列传第五十六.
2.[唐]房玄龄等.晋书.卷三十一.列传第一.后妃上.
3.[南朝梁]沈约.宋书.卷十四.志第四.礼一.
4.阙名.宅经.卷上.
5.[唐]姚思廉.陈书.卷二十五.列传第十九.孙玚传.
6.[汉]郑玄笺.[唐]孔颖达疏.毛诗正义.卷十一.十一之二.
7.[南朝宋]刘敬叔.异苑.卷六.

寄宿的屋舍。

南北朝之后的文献中，"院"已是一个常见字眼。其意义与今日之院没有什么大的差别，都代表了由建筑物或墙垣围绕的一个室外空间，同时，也意指一个建筑空间，或建筑群，如《北齐书》载，北齐后主高纬"又于晋阳起十二院，壮丽逾于邺下"。[1]这十二院，当指十二组有庭院的建筑群。

《周礼注疏》中描写诸侯五庙："以其诸侯五庙始，祖庙在中，两厢各有一庙，各别院为之，则有二门，门傍皆有南北隔墙，隔墙皆通门，故得有每门。"[2]庙是一个建筑群，其中有院，似有中院、别院之分，院周围除了庙堂之外，还有隔墙，隔墙上设有门。唐代官宦的住宅，也同样是由这种层层院落与屋舍组成的空间。（图1-22）

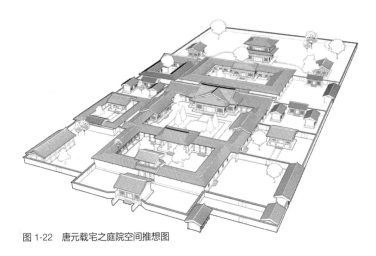

图1-22　唐元载宅之庭院空间推想图

随着院作为一种建筑空间单元，渐渐被人们所接受，由某一空间单元所指代的空间内涵，也渐渐成为一种术语，于是，出现了各种以"院"指代的机构名称。如帝王宫廷中的各种职能性的院，如宋人沈括《梦溪笔谈》中记载："唐翰林院在禁中，乃人主燕居之所。……盖学士院在禁中，非内臣宣召，无因得入，故院门别设复门，亦以其通禁庭也。"[3]沈括还提到"国朝置天文院于禁中，设漏刻、观天台、铜浑仪，皆如司天监，与司天监互相检察"。[4]以及"其后江南平，徐熙至京师，送图画院品其画格"。[5]翰林院、学士院、天文院、图画院等，都是唐宋时代宫廷中的机构名称，当然，也是一种实体的建筑空间——院。

1.[唐]李百药.北齐书.卷八.帝纪第八.后主纪.
2.[汉]郑玄注.[唐]贾公彦疏.周礼注疏.卷三十八.
3.[宋]沈括.梦溪笔谈.卷一.故事一.
4.[宋]沈括.梦溪笔谈.卷八.象数二.
5.[宋]沈括.梦溪笔谈.卷十七.书画.

从宫廷机构中的院名，自然也衍生出一些具有民间性质的机构，如书院，或宗教性质的建筑单元，如佛院、寺院、道院、禅院、教院、翻经院等。如《北齐书》载时人赵睿："出至永巷，遇兵被执，送华林园，于雀离佛院令刘桃枝拉而杀之，时年三十六。"[1]这座雀离佛院，当是仿西域龟兹雀离大寺而建的寺院。如果说，五代前的佛教寺院，多称为"寺"，那么自北宋始，虽然仍然延续了"寺"之称谓，但在许多情况下，无论禅寺，还是教寺，都已多称为"院"了。

亭

汉代许慎《说文解字》对"亭"的解释是："亭，民所安定也，亭有楼，从高。省丁声，特丁切。"[2]说明最初的亭，可能为多层，所处位置比较高，故其字形也是从"高"字来的。

宋代李昉《太平御览》引《风俗通》，对亭的解释大致以《说文解字》为准："谨案《春秋国语》有寓望，谓金亭也，民所安定也。亭有楼，从高，省丁声也。汉家因秦，大率十里一亭。亭，留也。今语有亭留、亭待，盖行旅宿食之所馆也。亭亦平也，民有讼诤，吏留办处，勿失其正也。"[3]其意思除了说亭比较高之外，还提到，秦汉时代，亭成为一个地方行政性的空间单位，如汉高祖就曾做过"泗水亭"的亭长[4]。亭，还有停留、等待等意义，从而引申出行旅宿食之所的意思。亭还有官吏停留，以处理民事纠纷之所的意思。

这里还提到春秋时代《国语》中的一段话："周制有之曰：'列树以表道，立鄙食以守路，国有郊牧，疆有寓望，薮有圃草，囿有林池，所以御灾也。'"[5]说明在上古周代，诸侯疆域之界上，有被称作"寓望"的建筑物。《太平御览》将周代的"寓望"解释为：可以安定百姓的"金亭"。宋《营造法式》也因应这一说法："《风俗通义》：谨按，《春秋》《国语》有寓望，谓今亭也。"[6]以《国语》"寓望"之义，"亭"，自古就是一种，其上有屋顶，可供停留的建筑空间（寓），这类建筑的四面似无壁，可以在其中远眺（望）。与我们今日所熟知的亭子类建筑，在造型与空间上已十分接近。

《太平御览》引《释名》曰："亭，停也，人所停集也。"[7]宋《营造法式》也取

1.[唐]李百药.北齐书.卷十三.列传第五.赵睿传.
2.钦定四库全书.经部.小学类.字书之属.[汉]许慎撰.[宋]徐铉增释.卷五下.亭.
3.[宋]李昉.太平御览.卷一百九十四.居处部二十二.亭.
4.参见[汉]司马迁.史记.卷八.高祖本纪第八."高祖……及壮，试为吏，为泗水亭长。"
5.[战国]佚名.国语.卷二.周语中.
6.[宋]李诫.营造法式.卷一.总释上.亭.
7.[宋]李昉.太平御览.卷一百九十四.居处部二十二.亭.

了相同解释："《释名》：亭，停也，人所停集也。"[1] 说明亭是一个提供人在行走过程中，做短暂停留的场所。有趣的是，古人也有将"厅"解释为停留之义的："故厅，停也，使停息其间。又厅，听也，欲听行其教。"[2] 这里的意思，似乎也暗示了，厅与亭一样，都属于一种可以通过并可在其中停留的空间。

《营造法式》将亭与榭联系在一起，称为"亭榭"，并将亭榭建筑，与小厅堂建筑，同属于一个等级的建筑类型："第六等：广六寸，厚四寸。（以四分为一分。）右亭榭或小厅堂皆用之。"[3] 也就是说，第六等材，对于亭榭与小厅堂都是适用的。再如："一曰瓶瓦：施之于殿阁厅堂亭榭等。"[4] 这里将亭榭，与殿阁、厅堂等高等级建筑并置在了一起，且都是可以使用等级较高的瓶瓦的建筑类型。

有趣的是，《营造法式》有时还会将殿与亭联系在一起："重台钩阑：（共高八寸至一尺二寸。其钩阑并准楼阁殿亭钩阑制度，下同。）"[5] 这里虽然说得是小木作中的钩阑制度，但其叙述中将"楼阁殿亭"并置在一起，说明在古人看来，有时候，等级规格较高的亭子，也可以与楼阁、殿堂等高等级建筑有相近的钩阑做法。

当然，《营造法式》中也有诸如：亭子、井亭子、亭台等称谓。说明在宋代时，亭子在功能与造型上，是有很多不同的类型的。如井亭子，小亭子等，建筑的等级就比较低。但也有高等级的亭子类建筑，如《营造法式》中有："五彩遍装亭子、廊屋、散舍之类，五尺五寸。"[6] 五彩遍装，是北宋时代最高等级的彩画制度，若用之于亭子之上，这座亭子的建筑等级一定也是十分高的。

由此可知，中国古代的"亭"，是一种在空间配置上较为灵活的建筑物，其本义是为人提供短暂停留的场所，可以用于官式，甚至皇家宫苑的高等级建筑中，也可以用于平民百姓的庭院、园林中。可以

图1-23　[宋]张先《十咏图》（局部）中的亭

1.[宋]李诚.营造法式.卷一.总释上.亭.
2.[宋]张咏.张乖崖集.卷八.记.麟州通判厅记.
3.[宋]李诚.营造法式.卷四.大木作制度一.材.
4.[宋]李诚.营造法式.卷十三.瓦作制度.
5.[宋]李诚.营造法式.卷九.小木作制度四.佛道帐.
6.[宋]李诚.营造法式.卷二十五.诸作功限二.彩画作.

布置在高峻山岩上，也可以布置在平地、水岸边。可以作为路亭，为过路之人提供便利，也可以作为亭台，以作眺望观景之用。（图1-23）

榭

榭，在上古时代就已经成为一种统治者所专享的建筑类型。《尚书》中有："惟宫室、台榭、陂池、侈服，以残害于尔万姓。"[1]《尔雅注疏》中有疏曰："《世本》曰：'禹作宫室，其台榭楼阁之异，门塾行步之名，皆自于宫。'"[2]这里将台榭、楼阁、门塾，都归在了"宫"的范畴之下，大致可以算作上古时代统治者宫殿中的一种建筑类型。战国时人撰《尸子》，后世人为其做注："《淮南子·精神训》云：人之所以乐为人主者，以其穷耳目之欲，而适躬体之便也。今高台层榭，人之所丽也。"[3]暗示了榭是一种高大层叠，可供统治者穷耳目之欲，适躬体之便的游享性建筑。

如周代成周的宫殿中有"宣榭"。《春秋穀梁传》中描述了宣榭的功能："夏，成周宣榭灾。周灾不志也，其曰宣榭何也？以乐器之所藏目之也。"[4]这里似乎暗示了，宣榭是周代宫廷中藏乐器的场所。

在文字中，将台与榭连属为同一类建筑，是先秦时期常见的做法。如据《礼记》中的描述，在仲夏之月，天子："可以居高明，可以远眺望，可以升山陵，可以处台榭。"[5]尽管古人将台与榭连属使用，但在《尔雅》中，台与榭还是被分为两种建筑类型："阇谓之台，有木者谓之榭。"[6]或可以理解为，台与榭是两种比较接近的建筑类型，所谓"四方而高者"，可称为台，而在台上再建造有木构的建筑物，则可以称为榭。换言之，榭是建造在高台之上的木构建筑。

《尔雅注疏》中则对榭作了另外一种解释，其注曰："无室曰榭。榭即今堂墱。"[7]其疏曰："堂墱即今殿也。殿亦无室，故云即今堂墱。"[8]《仪礼注疏》中也提到这一说法："云'凡屋无室曰榭，宜从榭'者，郑广解榭名。'"[9]《礼记注疏》中亦有："又云：'无室曰榭。'李巡云：'但有大殿，无室名曰榭。'郭景纯云：'榭，今之堂墱。'"[10]

1. 尚书.周书.泰誓上第一.
2. [晋]郭璞注.[宋]邢昺疏.尔雅注疏.卷五.释宫第五.
3. [战国]尸佼.尸子.卷下.
4. 春秋穀梁传.宣公十六年.
5. 礼记.月令第六.
6. 尔雅.释宫第五.
7. [晋]郭璞注.[宋]邢昺疏.尔雅注疏.卷五.释宫第五.
8. [晋]郭璞注.[宋]邢昺疏.尔雅注疏.卷五.释宫第五.
9. [汉]郑玄注.[唐]贾公彦疏.仪礼注疏.卷十二.乡射礼第五.
10. [汉]郑玄注.[唐]孔颖达疏.礼记注疏.卷十六.月令第六.

而宋《营造法式》中亦称："《博雅》：堂堭，殿也。"[1] 由此可知，榭是一种内部没有分隔的建筑，其形式与大殿相同。可知，榭在上古时代是等级很高的建筑类型。《梁书》中载沈约撰《郊居赋》中有："风台累翼，月榭重栭。千栌捷钊，百栱相持。"[2] 之句，说明至少在南北朝时，榭是一种使用斗栱，且富于装饰的高等级建筑。

榭与台一样，是一种高大隆耸的建筑物。《三国志》中有："广开宫馆，高为台榭，以妨民务，此害农之甚者也。"[3]《晋书》中张载撰《榷论》中有："尔乃峣榭迎风，秀出中天。"[4]《梁书》中有："华楼迥榭，颇有临眺之美。"[5] 都极言"榭"的高峣峻奇，可以登临远眺。

自汉代始，榭又多是用于苑囿园池中的景观性建筑物，如东汉元初二年（115年），马融呈上其所撰《广成颂》，讽喻汉安帝的奢靡："旋入禁囿。栖迟乎昭明之观，休息乎高光之榭，以临乎宏池。"[6] 这里将观与榭，都看作是苑囿中的建筑，榭比较高敞，且临水而建，是供皇帝游玩时的临时休息之所。《宋书》中载谢灵运《山居赋》中的"飞渐榭于中沚，取水月之欢娱"。[7] 也暗示了，榭，是一种临水而立的景观性建筑。当然，这时的榭，可能已经成为一种可以供一般人建造使用的休憩类园林景观建筑。直至明清时代的皇家园林与私家园池中，在山间水畔，都会布置一些可以用来休憩与观景的台榭、山榭或水榭。（图 1-24）

图 1-24　河北承德避暑山庄水心榭（图自网络）

1.[宋] 李诫.营造法式.卷一.总释上.
2.[唐] 姚思廉.梁书.卷十三.列传第七.沈约传.
3.[南朝宋] 裴松之注.三国志.卷二十五.魏书二十五.辛毗杨阜高堂隆传第二十五.
4.[唐] 房玄龄等.晋书.卷五十五.列传第二十五.张载传.
5.[唐] 姚思廉.梁书.卷二十五.列传第十九.徐勉传.
6.[南朝宋] 范晔.后汉书.卷六十上.马融列传第五十上.
7.[南朝梁] 沈约.宋书.卷六十七.列传第二十七.谢灵运传.

第四节　厅庐轩塔

厅

　　从史料中观察，厅，作为一种建筑空间称谓，始自《三国志》，其中记载了三国时人诸葛瑾之子诸葛恪："出行之后，所坐厅事屋栋中折。"[1]可知，厅，指的是房屋内部的一个空间。值得注意的是，古文中提到"厅"，往往称为"厅事"，这或许与"厅"是一个主要用于办理公事的场所有关。如《三国志》："建安元年六月夜半时，布将河内郝萌反，将兵入布所治下邳府，诣厅事阁外，同声大呼攻阁，阁坚不得入。"[2]阁，义为宫中的小门，这里当指厅前之门。

　　再如《尔雅注疏》："然则榭有二义：一者台上构木曰榭，上云有木曰榭，及《月令》云：'可以处台榭。'是也。二屋歇前无壁者名榭，其制如今厅事也。"[3]可知，厅与榭一样，是一个相对比较开放的"屋歇前无壁"的空间。这里的"屋歇"是个古词，其义，似乎是指室内供人停歇之处，如前文所引"所坐厅事"，这里的"坐"，应该特指这种"屋歇"空间。

　　从史料中观察，厅，往往意指一位政府官吏的办公场所，如郡厅、府厅、州厅、县厅等。如《梁书》载："郡有项羽庙，土民名为愤王，甚有灵验，遂于郡厅事安施床幕为神座，公私请祷，前后二千石皆于厅拜祠，而避居他室。"[4]这是将郡府之厅，变为项羽之神祠的过程。《资治通鉴》中提到了府厅："己巳，师铎于府厅视事。"[5]

　　至于州厅，可见《南史》中载："元嗣等处围城之中，无他经略，唯迎蒋子文及苏侯神，日禺中于州厅上祀以求福，铃铎声昼夜不止。"[6]县厅，可见《唐会要》中所载："见其使至，甚悦，遣黄门侍郎褚遂良引于县厅，浮觞积戴以礼之，夜分乃已。"[7]

　　由于厅多是古代官员衙署的办公场所，故唐宋时代一些官员，往往会在自己任所的厅内壁上题写笔记，称"厅壁记"。如《全唐文》中就收入了多篇厅壁记。其中包括"刺史厅壁记""县令厅壁记"，甚至"县尉厅壁记""参军厅壁记""翰林奉旨学士厅壁记"等，说明各级、各类官员都会有自己办公专用的"厅事"。

1.[南朝宋]裴松之注.三国志.卷六十四.吴书十九.诸葛滕二孙濮阳传第十九.

2.[南朝宋]裴松之注.三国志.卷七.魏书七.吕布张邈臧洪传第七.

3.[晋]郭璞注.[宋]邢昺疏.尔雅注疏.卷五.释宫第五.

4.[唐]姚思廉.梁书.卷二十六.列传第二十.萧琛传.

5.[宋]司马光.资治通鉴.卷二百五十七.唐纪七十三.僖宗惠圣恭定孝皇帝下之下.光启三年.

6.[唐]李延寿.南史.卷三十二.列传第二十二.孙冲传.

7.[宋]王溥.唐会要.卷九十六.铁勒.

既然厅是不同等级衙署中处理公干的地方，一般需要有值守的吏员或差役："今制，凡大小衙门各设直厅皂隶，于凡职官自一品至九品又皆给以皂隶以供使令之用，其多寡之数随其品级以为等差，此即役常民而用之者也。"[1]

厅，很可能与堂有着比较接近的意义。如朱熹引程子的话："程子曰：'中字最难识，须是默识心通。且试言一厅，则中央为中；一家，则厅非中而堂为中；一国，则堂非中而国之中为中，推此类可见矣。'"[2] 其义似乎是，厅之中央，可以称为"中"。但在一座住宅中，居中者为堂，而非厅。而对于一个国家而言，堂亦不能称之为"中"，因为帝王宫廷之"中"，当为殿。

古人对于厅与堂的礼仪空间性质，似乎有着比较严格的区分，如："冠者礼之始也，嘉事之重者也，是故古者重冠，重冠故行之于庙。臣按：司马氏谓今人少家庙，但冠于外厅、笄于中堂可也。"[3] 这里是将"外厅"与"中堂"两个空间区别开来的。其中，外厅，当位于建筑群中轴线的前部，故又可以称作"前厅"；中堂，则位于中轴线上居中的位置上，或可称作"正堂"。

《营造法式》将厅与堂连属，称"厅堂"，如"结瓦屋宇之制有二等：一曰甋瓦：施之于殿阁厅堂亭榭等。……二曰瓪瓦：施之于厅堂及常行屋舍等"。[4] 其实，将厅堂连属相称，早在南北朝时就已经出现，如《魏书》中有："兄弟旦则聚于厅堂，终日相对，未曾入内。有一美味，不集不食。厅堂间，往往帏幔隔障，为寝息之所，时就休偃，还共谈笑。"[5] 显然，这时的厅堂，已经是一个可供家人聚集餐饮、休憩、谈笑的半开放性场所了。官署中的正厅，亦称为"厅堂"，如明代立城隍庙："定庙制，高广视官署厅堂。"[6] 其义是说，城隍庙正殿的高度与面广，要参照官署中轴线上厅堂建筑的制度确定。

自唐代以来的贵族与官员住宅中，正房位置，当设厅堂，不同等级官员，其厅堂设置，有严格规定，如明代规定："今拟公主第，厅堂九间，十一架，……公侯，前厅七间、两厦，九架。中堂七间，九架。后堂七间，七架。……一品、二品，厅堂五间，九架，……三品至五品，厅堂五间，七架，……六品至九品，厅堂三间，七架。"[7] 这里或有厅堂之设，亦有前厅、中堂、后堂之设。其中，沿中轴线前后布置几座主要建筑者，则前为"厅"，中与后为"堂"。（图1-25）

---

1. [明] 丘濬. 大学衍义补. 卷九十八. 章服之辨.
2. [宋] 朱熹. 四书章句集注. 孟子集注. 卷十三. 尽心章句上.
3. [明] 丘濬. 大学衍义补. 卷五十. 家乡之礼（上之中）.
4. [宋] 李诫. 营造法式. 卷十三. 瓦作制度.
5. [北齐] 魏收. 魏书. 卷五十八. 列传第四十六. 杨播传.
6. [清] 张廷玉等. 明史. 卷四十九. 志第二十五. 礼三（吉礼三）. 城隍.
7. [清] 张廷玉等. 明史. 卷六十八. 志第四十四. 舆服四.

图1-25　山西绛县元代绛州州署署厅（大堂）（图自网络）

斋

斋之本义，源自祓斋，或斋戒。如《史记》中载："武王病。天下未集，群公惧，穆卜，周公乃祓斋，自为质，欲代武王，武王有瘳。"[1] 祓斋者，洁净身心而行斋戒之仪的意思。《周易》中则有："圣人以此斋戒，以神明其德夫。"[2] 宋代人胡瑗疏之曰："圣人以此斋戒。义曰：洗心则谓之斋，防患则谓之戒。言圣人以此大。"[3] 这里的"洗心"，义为洁净身心。这是古人进行祭祀等人神交流活动之前，必须进行的一个仪式性过程，故称斋戒。如秦始皇欲与神仙交往，齐国的方士们进言始皇要先行斋戒："既已，齐人徐市等上书，言海中有三神山，名曰蓬莱、方丈、瀛洲，仙人居之。请得斋戒，与童男女求之。于是遣徐市发童男女数千人，入海求仙人。"[4] 而秦始皇欲于泗水中求传说中沉没于斯的周鼎，亦先行斋戒与祈祷："始皇还，过彭城，斋戒祷祠，欲出周鼎泗水。"[5]

斋戒之要，除了洁净之外，还需要肃静，规避享乐之事。故宋代人王安石解释说："且先王之斋，去乐以致一。"[6] 戒除享乐之事，使得心神归一，才能够进入与神灵交流的状态，故古人在祭祀之前，需要斋戒。《吕氏春秋》中有："君子斋戒，处必掩，身欲静无躁，止声色，无或进，薄滋味，无致和，退嗜欲，定心气，百官静，事无刑，

---

1. [汉] 司马迁 . 史记 . 卷四 . 周本纪第四 .
2. 周易 . 系辞上 .
3. 钦定四库全书 . 经部 . 易类 . [宋] 胡瑗 . 周易口义 . 系辞上 .
4. [汉] 司马迁 . 卷六 . 秦始皇本纪第六 .
5. [汉] 司马迁 . 卷六 . 秦始皇本纪第六 .
6. [宋] 王安石 . 周官新义 . 卷十五 . 秋官二 .

以定晏阴之所成。"[1]揜，义为掩蔽，隔离。故行斋戒之人，要与世俗事务隔绝，身静味薄，去欲定心。汉代人撰《说苑》中亦曰："斋者，思其居处也，思其笑语也，思其所为也。斋三日乃见其所为斋者。……圣主将祭，必洁斋精思，若亲之在。"[2]

这种斋戒仪式，在古代各种祭祀礼仪活动中是非常普遍的，例如，为了保证战事的胜利，在兴师动将之前，需要举行一系列祭祀礼仪，其中也包括在庙中的斋戒活动："古者兴师命将，必致斋于庙，授以成算，然后遣之，谓之庙算。"[3]其义是说，在出师之前，要在庙中进行斋戒与祭祀，并推算与密授出征将士以欲获成功之要领，祈求神灵的护佑，如此才能保障出师之大捷。

斋戒，表现为斋者在一段时间内，要保持洁净与肃穆的状态，如："戒，所谓散斋也。《礼记》曰'七日戒，三日宿'，又曰'散斋七日以定之，致斋三日以齐之'。齐之之谓斋，定之之谓戒。"[4]这里的"宿"，代表了一种居住状态。如孔子所云："吾坐席不敢先，居处若斋，饮食若祭，吾卜之久矣。"[5]卜者，占卜也，这是人神交流的一个过程。在这个过程中，要而处于这种状态中的居处之所，也往往被称作了"斋"。

读书，在古人看来，既是一件神圣之事，也是一件清净之事，故读书人的书房，往往取隐蔽、僻静之所，谓之"书斋"。《艺文类聚》载，唐代"太和中，陈郡殷府君，引水入城穿池，殷仲堪又于池北立小屋读书，百姓于今呼曰读书斋"。[6]《太平御览》也提到，唐代人王龟："龟意在人外，倦接朋游，乃于永达里园林深僻处创书斋，吟啸其间，目为半隐亭。"[7]

由书斋引申出的学校建筑，亦往往称为斋："宋仁宗庆历中，范仲淹等建议请兴学校、本行实，乃诏州县立学。时胡瑗教学于苏湖，是时方尚词赋，独湖学以经义时务，有经义斋、治事斋。"[8]

元代官学中，还设置了"六斋"："六斋东西相向，下两斋左曰游艺，右曰依仁，凡诵书讲说、小学属对者隶焉。中两斋左曰据德，右曰志道，讲说《四书》、课肄诗律者隶焉。上两斋左曰时习，右曰日新，讲说《易》《书》《诗》《春秋》科，习明经义等程文者隶焉。每斋员数不等，每季考其所习经书课业，及不违规矩者，以次递升。"[9]

1.[战国]吕不韦编.吕氏春秋.仲夏纪第五.仲夏.
2.[西汉]刘向.说苑.卷十九.修文.
3.[明]丘濬.大学衍义补.卷一百四十二.经武之要（下）.
4.[宋]王安石.周官新义.卷一.天官一.
5.[清]孙星衍辑.孔子集语.卷十三.事谱十一（下）.
6.[唐]欧阳询.艺文类聚.卷六十四.居处部四.斋.
7.[宋]李昉.太平御览.卷五十四.地部十九.谷.
8.[明]丘濬.大学衍义补.卷七十.设学校以立教（下）.
9.[明]宋濂.元史.卷八十一.志第三十一.选举一.学校.

六斋的位置，应该是在两庑之之外，据宋濂《苏州重修孔子庙学之碑》："穹殿邃廊，虞奉明禋，灵星之门，神道所繇，……论堂有严，两庑相向，挟以六斋，以通于前门。"[1] 宋濂还提到一座私人开设的学校——义塾："复设义塾一区，中祀先圣先师，旁挟六斋，后敞正义堂。招讲师以六艺摩切诸生。"[2] 由此推知，六斋应该是按照六艺而区分的六个教学空间。

因"斋"所具有的斋戒、洁净、清静之义，故在历代帝王祭祀之所，如天坛，有斋宫、斋殿之设。（图1-26）如唐代华清宫长生殿就是一座斋殿，据《雍录》："长生殿（斋殿也。有事于朝元阁，即斋沐此殿）"[3]，这应该是皇帝在进入朝元阁祭拜之前，进行斋戒沐浴的场所。而在僧道寺观中，则有斋堂之设。僧道寺观中的斋堂，指的多是出家人用来远避荤腥、清静用膳的屋舍。

图1-26　北京天坛清代斋宫入口

庐

早在上古三代时，庐，已经用来指代某种供人居处休憩的空间。《诗经》中记载："中田有庐，疆场有瓜。"[4]《周礼》中则有："大丧，则授庐舍、辨其亲疏贵贱之居。"[5]《周礼》中还提到一种沿路途设置的庐："凡国野之道，十里有庐，庐有饮食；三十里有宿，宿有路室，路室有委；五十里有市，市有候馆，候馆有积。"[6]

由上面的几条文献可知，上古时代的庐，指的多是较为简易，或临时性的居处之所，如田野中照看庄稼的草庐，丧葬期间，临时接待奔丧之客人的庐舍，或沿着城外道路设置的，为过往行人提供饮食的庐棚。因其临时性，故古人多有"草庐""茅庐""倚庐"之设。

然而，庐，或许是古代中国人最早用木材架构的一种房屋形式。如《周礼》中有："攻

1. [明] 宋濂. 宋濂集. 卷十八. 銮坡集（翰苑后集）之八. 苏州重修孔子庙学之碑.
2. [明] 宋濂. 宋濂集. 卷八十二. 补遗之七. 方府君墓志铭.
3. [宋] 程大昌. 雍录. 卷四. 温泉.
4. 诗经. 谷风之什. 信南山.
5. 周礼. 天官冢宰第一.
6. 周礼. 地官司徒第二.

木之工：轮、舆、弓、庐、匠、车、梓。"[1]这里提到了 7 种与木工有关的事物，其中，仅有"庐"，是与人的起居空间相关联的。换言之，人类早期搭造的那些简易房屋，如穴居、半穴居、巢居、棚舍之类，大约都可以归在这一时期所称之"庐"的名下。

因为简易，庐也渐渐演绎为普通人的居舍，《春秋左传》中载子罕语："吾侪小人，皆有闾庐以辟燥湿寒暑。今君为一台而不速成，何以为役？"[2]在传统等级社会中，庐也成为建筑等级中的一个层级，如古代举行丧礼时，"士次于公馆，大夫居庐，士居垩室"。[3]显然，庐与垩室都是用来接待之公馆内的一种临时建筑，而庐的等级，略高于垩室。

作为普通人居处之所，庐，又称为"庐舍"。《汉书》中关于井田制的描述中提到，九百亩一井之地："八家共之，各受私田百亩，公田十亩，是为八百八十亩，余二十亩以为庐舍。"[4]同时，《汉书》还进一步定义说："在野曰庐，在邑曰里。"[5]这样，就把普通劳动者在城邑之外的居处之所，定义为庐舍。（图 1-27）而其位于城邑之内的房屋，似应称为里舍。

图 1-27　[宋]张先《十咏图》（局部）中的庐舍

官吏住宅，有时也称庐舍，《艺文类聚》："于公筑治庐舍，谓匠人曰：为我高门，我治狱未尝有冤，后世必有封侯者，令容高盖驷马，及后果封为西平侯。"[6]显然，这

1. 周礼 . 冬官考工记第六 .
2. 春秋左传 . 襄公十七年 .
3. 礼记 . 杂记上第二十 .
4. [汉] 班固 . 汉书 . 卷二十四上 . 食货志第四上 .
5. [汉] 班固 . 汉书 . 卷二十四上 . 食货志第四上 .
6. [唐] 欧阳询 . 艺文类聚 . 卷六十三 . 居处部三 . 门 .

位于公曾为官治狱，故其庐舍之门，要求高大能容高盖驷马。如此高大之门，其庐舍应该不会是一般低矮房屋，而是高大住宅。《后汉书》中也载时人樊宏："其所起庐舍，皆有重堂高阁，陂渠灌注。又池鱼牧畜，有求必给。"[1]这座庐舍中，不仅有重堂高阁，还有园林池渠，俨然一座规模宏大的古代园宅。可知，至迟自东汉始，庐舍，可以泛指一般住宅。

此外，还因为庐是用木材搭构而成，故古人还会将船舶之上的木棚，也称为"庐"："舟言周流也，船言循也，循水而行也。其上屋曰庐，重室曰飞庐。"[2]可知船上的屋舍，称为庐。若其屋为二层，上层屋舍则称为飞庐。

轩

轩之本义，似为古代车上的一种装置，如《礼记正义》解释"昈天"："四曰昈天，昈读为轩，言天北高南下，若车之轩。"[3]《尔雅注疏》也持相同的观点。这里似乎意指轩是像天一样的棚盖，且呈北高南低的形态。

《诗经》中有："戎车既安，如轾如轩。"[4]《毛诗正义》释之曰："笺云：戎车之安，从后视之如挚，从前视之如轩，然后适调也。"其疏曰："言兵戎之车既安定正矣，从后视之如轾，从前视之如轩，是适调矣。"[5]轾有低下而沉稳之意，轩有高昂而飞扬之意，恰与天之北高南下的意味相通。

《春秋左传正义》释轩："[疏]注'轩大夫车'。正义曰：定十三年传称'齐侯敛诸大夫之轩'，故杜云'轩，大夫车'也。服虔云：'车有藩曰轩。'"[6]这里已将轩直接指代为一种车的形式，若藩做屏障讲，则凡有屏障的车，都可以称作"轩"。而轩也是诸多等级车中的一种，是专属于大夫所用的车。

《汉书》中提到皇帝："驾法驾，皮轩鸾旗，驱驰北官、桂宫，弄彘斗虎。召皇太后御小马车，使官奴骑乘，游戏掖庭中。"[7]这里区分了法驾与小马车，两种车的类型。而皇帝专乘的法驾，是以皮为轩的。

因为是车，则轩与辕常常连属，如《史记》中有："秦成，则高台榭，美宫室，听竽瑟之音，前有楼阙轩辕，后有长姣美人，国被秦患而不与其忧。"[8]楼阙与轩辕相

1.[南朝宋]范晔.后汉书.卷三十二.樊宏阴识列传第二十二.樊宏传.
2.[唐]徐坚.初学记.卷二十五.器物部.舟第十一.叙事.
3.[汉]郑玄注.[唐]孔颖达疏.礼记正义.卷十四.月令第六.
4.诗经.南有嘉鱼之什.六月.
5.[汉]郑玄笺.[唐]孔颖达疏.毛诗正义.卷十.十之二.
6.[晋]杜预注.[唐]孔颖达疏.春秋左传正义.卷十一.闵公二年.传.
7.[汉]班固.汉书.卷六十八.霍光金日磾传第三十八.霍光传.
8.[汉]司马迁.史记.卷六十九.苏秦列传第九.

对应，虽然是指车马，但与建筑已经开始发生关联。当然，古代中国人的轩辕，还特指轩辕黄帝。

因为轩有藩篱之义，故又引申为"轩槛"，至迟自汉代始，已经有了轩槛的称谓，如汉元帝时："或置鼙鼓殿下，天子自临轩槛上，隤铜丸以擿鼓，声中严鼓之节。"[1] 宋《营造法式》中将轩槛解释为钩阑："《鲁灵光殿赋》：长途升降，轩槛曼延。（轩槛，钩阑也。）"[2]

由轩槛，又可以引申为建筑物，如唐人柳宗元撰《桂州裴中丞作訾家洲亭记》："南为燕亭，延宇垂阿，步檐更衣，周若一舍。北有崇轩，以临千里。左浮飞阁，右列间馆。"[3] 这里的崇轩，当指一种高峻可以登临眺望的建筑。宋人诗词中亦有："浮玉飞琼，向邃馆静轩，倍增清绝。"[4] 以邃馆与静轩相对应，说明这里的轩，是一种建筑类型，略看归于园林景观建筑的范畴之内。轩可能是一种如亭榭一样的建筑，其特点为一面开敞，可以令人凭栏临眺。由于轩是园林景观类建筑，其位置多并不在建筑群的中心部位，而是偏于一隅，故古人诗词中常有"南轩""西轩""北轩""东轩"之谓。

轩还有敞开一面的意思，如《周礼》："正乐县之位，王宫县，诸侯轩县，卿大夫判县，士特县。"[5] 这里的县，为"悬"的本字，指悬挂钟磬以成乐。《周礼注疏》中则注疏曰："宫县四面县，轩县去其一面，判县又去其一面，特县又去其一面。四面象宫室四面有墙，故谓之宫县。轩县三面，其形曲，……玄谓轩县去南面，辟王也。判县左右之合，又空北面。特县县于东方，或于阶间而已。"[6]

这里给出了四种有悬挂钟磬而造成的空间形态，四面围绕着，为宫悬；三面环绕，但敞开一面（南面）者，为轩悬；左右两侧悬挂，前后空敞者，为判悬；仅仅在一面（东面，或阶间）者，为特悬。显然，轩表达了一种三面环绕，一面开敞的空间模式。这或也是后人将园林景观建筑中，一面开敞，可以临观的建筑，称作"轩"。（图 1-28）

此外，可能因为轩有空敞之意，古人还会将大型殿堂周围的环廊称为"轩廊"，如唐人记录隋炀帝时的洛阳宫正殿乾阳殿："四面周以轩廊，坐宿卫兵。……（文成门）门内有文成殿，周以轩廊。……（武安门）门内有武安殿，周以轩廊。"[7] 可知轩廊，即指大殿周围的"周匝副阶"廊。而这种大殿四周的轩廊，其每一侧也都主要是向一个方向开敞的。

---

1. [汉] 班固 . 汉书 . 卷八十二 . 王商史丹傅喜传第五十二 . 史丹传 .
2. [宋] 李诫 . 营造法式 . 卷二 . 总释下 . 钩阑 .
3. [清] 董诰等 . 全唐文 . 卷五百八十 . 柳宗元（十二）. 桂州裴中丞作訾家洲亭记 .
4. 全宋词 . 第七十二卷 . 周邦彦 . 单题 . 【三部乐】（商调梅雪）.
5. 周礼 . 春官宗伯第三 .
6. [汉] 郑玄注 . [唐] 贾公彦疏 . 周礼注疏 . 卷二十三 .
7. [唐] 杜宝 . 大业杂记 .

图 1-28　江苏苏州网师园竹外一枝轩

塔

　　在中国的文化语境中，塔，一般指佛塔，是随佛教传入而兴起的一种建筑类型。故在历史文献中，塔字的最早出现，也是在佛教传入中国，并开始逐渐向全国流布的两晋南北朝时期。

　　中国史书上最早出现与佛塔有关的文字，见于《后汉书》："世传明帝梦见金人，长大，顶有光明，以问群臣。或曰：'西方有神，名曰佛，其形长丈六尺而黄金色。'帝于是遣使天竺，问佛道法，遂于中国图画形象焉。楚王英始信其术，中国因此颇有奉其道者。后桓帝好神，数祀浮图、老子，百姓稍有奉者，后遂转盛。"[1] 这里叙述了佛教初传中国时的情形及中土佛教的最早信仰者：东汉楚王刘英与汉桓帝。他们最初礼拜的对象是浮图、老子。但这里的浮图，究竟是佛塔，还是佛造像，尚不十分清楚。

　　同是在《后汉书》中记载了另外一个与佛塔有关的故事："初，同郡人笮融，……遂断三郡委输，大起浮屠寺。上累金盘，下为重楼，又堂阁周回，可容三千许人，作黄金涂像，衣以锦彩。"[2] 笮融所建造的这座浮屠寺，上累金盘，下为重楼，可能是中国古代文献中提到的最早的佛塔建筑。只是这时候的史料中，还未见用"塔"来指称浮屠的做法。

1.［南朝梁］范晔 . 后汉书 . 卷八十八 . 西域传第七十八 .
2.［南朝梁］范晔 . 后汉书 . 卷七十三 . 刘虞公孙瓒陶谦列传第六十三 . 陶谦传 .

文献中最早出现"塔"字，是在三国魏时僧人康僧铠所译《无量寿经》中："当发无上菩提之心，一向专念无量寿佛，多少修善，奉持斋戒，起立塔像，饭食沙门，悬缯然灯，散华烧香，以此回向，愿生彼国。"[1]其后，十六国时期的西域僧人鸠摩罗什所译《金刚经》中亦有："当知此处，一切世间天、人、阿修罗皆应供养，如佛塔庙。"[2]在西晋末十六国时期来华的西域高僧鸠摩罗什所译《妙法莲华经》中，塔已经是一个十分常见的词语。

由此可知，塔是一个外来语，来自印度的 stūpa，汉译"窣堵坡"。如《全唐文》中有："其间大窣堵坡者，隋仁寿二载之所置。"[3]"又于寺院造大窣堵坡塔，周回二百步，直上一十三级"[4]等，其中的窣堵坡，指的都是佛塔建筑。

此外，这一外来语，亦可译作"塔婆""方坟"等。如唐代僧人道世撰《法苑珠林》："所云塔者，或云塔婆，此云方坟；或云支提，翻为灭恶生善处。或云斗薮波，此云护赞，若人赞叹拥护叹者。西梵正音名为窣堵波，此云庙。庙者，貌也，即是灵庙也。"[5]宋人撰《释氏要览》也持了同样观点："梵语塔婆，此云高显，今略称塔也；又梵云苏偷婆，此云宝塔；又梵云窣堵波，此云坟；又云抖擞婆，此云赞护；或云浮图，此云聚相。"[6]

《法苑珠林》中还提出了一般立塔的三个原则："安塔有其三意：一、表人胜，二、令他信，三、为报恩。若是凡夫比丘有德望者，亦得起塔。余者不合。"[7]也就是说，立塔，一是要旌表人胜，二是要吸引信众，三是要报答恩德。此外，能够深孚众望的高僧大德，在圆寂之后，也应该立塔旌表。

《法苑珠林》中还提到建立佛塔的原则："若立支提，有其四种：一生处，二得道处，三转法轮处，四涅槃处。诸佛生处及得道处，此二定有支提。"[8]这里的支提，当指佛塔，具有佛偶像象征功能，故其建造之处，更为严格，一般是要建造在佛出生处，得道处，转法轮处，及涅槃处。这当然是佛塔之本义。但中土地区佛塔，则多通过在塔内藏纳佛舍利，从而达到使塔成为僧徒崇拜之佛偶像的目的。（图 1-29）

换言之，一般寺院中的塔，多是以藏佛舍利为主要目的，或是在塔中塑造佛像，以达到吸引信众目的。同时，塔还具有标识寺院的宗教性质，吸引信众顶礼膜拜

---

1. [三国魏] 康僧铠译. 无量寿经.
2. [后秦] 鸠摩罗什译. 金刚经. 尊重正教分第十二.
3. [清] 董诰等. 全唐文. 卷九百十五. 靖彰. 永泰寺碑.
4. [清] 董诰等. 全唐文. 卷九百十六. 思庄. 实际寺故寺主怀悰奉敕赠隆阐大法师碑铭（并序）.
5. [唐] 释道世. 法苑珠林. 敬塔篇第三十五（此有六部）. 兴造部第三.
6. [宋] 释道诚. 释氏要览. 恩孝篇第十三. 立塔.
7. [唐] 释道世. 法苑珠林. 敬塔篇第三十五（此有六部）. 兴造部第三.
8. [唐] 释道世. 法苑珠林. 敬塔篇第三十五（此有六部）. 兴造部第三.

的功能。此外，塔的建造，或也是为了报答佛，或先祖的恩德。如明代南京城内著名的大报恩寺塔，就是一例。而建造在寺院左近的僧人墓塔，则主要是旌表这一寺院的历代有德之僧，由于积年过久，许多寺院附近的僧塔渐渐形成了塔林建筑群。（图1-30）

此外，在中土地区，还出现了诸如文峰塔、风水塔等，主要功能，或是提擢一个地方的教育文风，或是抗洪、厌胜、辟邪，这种塔的宗教性质已经退居其次了。

图 1-29　甘肃敦煌北魏 257 窟西壁佛塔　　　图 1-30　山东济南灵岩寺塔林

第五节　宅室库藏

宅（宅舍、园宅、宅第、邸宅）

宅是一个古字，《尔雅》的解释是："宅，居也。"[1]《尚书》中也多次出现了宅字，其中亦包含有"居"的意义，如："成王在丰，欲宅洛邑，使召公先相宅，作《召诰》。"[2]这里的前后两个宅字，应有两个意思，前面的宅，有居住之意，后面的宅，则有住宅之意。《周易》剥卦的卦象中，也有宅居的内涵："《象》曰：山附于地，剥。上以厚下安宅。"[3]剥卦为艮上坤下，艮为山，坤为土，土上有山，似有房屋之象。据《周易正义》："'上以厚下安宅'者，剥之为义，从下而起，故在上之人，当须丰厚于下，安物之居，以防于剥也。"[4]其本义是"安物之居"，仍然与居住有关。

《初学记》中对宅做了另外一种解释："《释名》曰：宅，择也。"[5]宅含有选择之义。《释名》为汉代人刘熙所撰，其中对宅的解释是，"宅，择也。择吉处而营之也"[6]，说明汉时人已将宅与择联系在一起。这样一种说法，也为风水相宅之说，提供了某种依据。早在《周礼》中就提出了相宅的问题，同时，将宅与舍做了对应的联系："土方氏掌土圭之法，以致日景，以土地相宅，而建邦国都鄙，以辨土宜土化之法，而授任地者。王巡守，则树王舍。"[7]这里说的是选择住宅用地的方式，同时，也提到了王在巡守之时，也要在适当的地方建立王舍。显然，在古人看来，宅与舍，都是提供居住的建筑场所。

既然宅有"安物之居"的意思，也就内含了安葬的意思。《仪礼》之丧礼中有："筮宅，冢人营之。掘四隅，外其壤。"[8]这里的宅，当指坟墓，即后世风水术中所谓的"阴宅"。而古代相宅术中，有很大一部分，是关于选择墓葬之地的。

早在春秋时期，士大夫的居处之所，就已经被称为宅："初，景公欲更晏子之宅，曰：'子之宅近市，湫隘嚣尘，不可以居，请更诸爽垲者。'"[9]这里的宅，指的无疑是晏子的家宅。孟子则为古代农民，提出了"五亩之宅"的居住理想："五亩之宅，树墙下以桑，匹妇蚕之，则老者足以衣帛矣。五母鸡，二母彘，无失其时，老者足以

---

1. 尔雅.释言第二.
2. 尚书.周书.召诰第十四.
3. 周易.上经.剥.
4. [魏] 王弼等注.[唐] 孔颖达疏.周易正义.上经随传卷三.
5. [唐] 徐坚.初学记.卷二十四.居处部.宅第八.
6. 钦定四库全书.经部.小学类.训诂之学.[汉] 刘熙.释名.卷五.释宫室.
7. 周礼.夏官司马第四.
8. 仪礼.士丧礼第十二.
9. 春秋左传.昭公三年.

无失肉矣。百亩之田，匹夫耕之，八口之家足以无饥矣。"[1]孟子理想中的农宅，应是八口之家，占地面积有5亩之大，其中除了居住所用房屋外，还有可以种植桑树，养殖鸡豚狗彘之畜的院落。

古代中国是农业国家，普通人的居处之宅，是通过对土地分割而形成的，故西汉人晁错提出了"制里割宅"之说："臣闻古之徙远方以实广虚也，相其阴阳之和，尝其水泉之味，审其土地之宜，观其草木之饶，然后营邑立城，制里割宅，通田作之道，正阡陌之界，先为筑室，家有一堂二内，门户之闭，置器物焉，民至有所居，作有所用，此民所以轻去故乡而劝之新邑也。"[2]《淮南子》中则有："筑城而居之，割宅而异之。"[3]可知，在古人看来，宅由分割土地而成，而宅又是城邑或城市里坊中的基本组成单元。

宅，又可以称作宅舍。《三国志》中提到了姜维的宅舍："姜伯约据上将之重，处群臣之右，宅舍弊薄，资财无余。"[4]《魏书》中则提到了大臣赵修的宅舍："是年，又为修广增宅舍，多所并兼，洞门高堂，房庑周博，崇丽拟于诸王。"[5]南朝宋时的权臣阮佃夫："宅舍园池，诸王邸第莫及。……于宅内开渎，东出十许里，塘岸整洁，泛轻舟，奏女乐。"其宅舍中有规模巨大的园池。

古人还将住宅称为园宅。如《晋书》中载王戎："坐遣吏修园宅，应免官，诏以赎论。"[6]这里的园宅，即是他的住宅。自北魏至唐代实行的均田制中，还有国家授予园宅地的制度，如隋代时："其园宅，率三口给一亩，奴婢则五口给一亩。"[7]这里的园宅，指的应该是普通人的住宅。

宅，有时还可以被称作"第宅"或"宅第"。《梦溪笔谈》中有："洛中地内多宿藏，凡置第宅未经掘者，例出掘钱。"[8]《太平御览》中提到汉代人田蚡："治宅第田园极膏腴。"[9]两者指的都是供人居处的住宅。（图1-31）

图 1-31 唐代三彩住宅院落（图自网络）陕西历史博物馆藏

1. 孟子 . 卷一 . 梁惠王上 .

2. [汉] 班固 . 汉书 . 卷四十九 . 爰盎晁错传第十九 .

3. [汉] 刘安 . 淮南子 . 卷二十 . 泰族训 .

4. [南朝宋] 裴松之注 . 三国志 . 卷四十四 . 蜀书十四 . 蒋琬费祎姜维传第十四 .

5. [北齐] 魏收 . 魏书 . 卷九十三 . 列传恩幸第八十一 . 赵修传 .

6. [唐] 房玄龄等 . 晋书 . 卷四十三 . 列传第十三 . 王戎传 .

7. [唐] 魏徵等 . 隋书 . 卷二十四 . 志第十九 . 食货志 .

8. [宋] 沈括 . 梦溪笔谈 . 卷二十一 . 异事异疾附 .

9. [宋] 李昉 . 太平御览 . 卷八百二十四 . 资产部四 . 园 .

这种高等级的住宅，有时还被称作"邸宅"。如《初学记》："《东观汉记》曰：窦氏一公两侯三公主四二千石，相与并代，自祖及孙，官府邸宅相望。"[1]清代王府中住宅，也称为邸宅："琉璃，以扁青石为药料而烧成之，宫殿及亲王邸宅所用琉璃瓦是也。"[2]

无论宅、园宅，或宅舍、宅第、邸宅，抑或宅邸、第宅，其意思都是住宅。但若称宅邸（邸宅），或宅第（第宅），一般指的都是官宦人家的住宅。平民百姓的住宅，一般只称宅舍。

室

早在先秦时期，室，就被定义为一种可以为人提供居处功能的建筑空间，如《尚书》中有："敢有恒舞于宫，酣歌于室，时谓巫风。"[3]《周易·系辞上》中亦有："子曰：'君子居其室，出其言善，则千里之外应之，况其迩者乎？居其室，出其言不善，则千里之外违之，况其迩者乎？'"[4]室，是一种可以日常居处、酣歌、言谈的空间。

其实，在先秦时期，室可能有着更为广泛的意义，如上古三代天子，或诸侯宫室中的所谓"大室"，很可能具有某种高等级建筑空间的意义。如《春秋左传》中有"大室屋坏"的记录。《春秋穀梁传》中也提到了这件事，并且做了解释："大室，犹世室也。周公，曰大庙；伯禽，曰大室；群公，曰宫。"[5]这里其实将"大室"解释为用于祭祀的大房子。这种大房子，如果是天子之佐臣（辅相周公）的，就称为"大庙"；是诸侯王伯禽（鲁国国君）的，就称"大室"；是诸侯国诸贵族（鲁国群公）的，就称"宫"。显然，当特指某种高等级祭祀建筑时，"宫"反而被归于教较低的等级中。

大室，有时也特指一个高等级建筑物内居于中央的主要空间，如《礼记正义》释"天子居大庙大室"曰："大庙大室，中央室也。……今中央室称大室者，以中央是土室，土为五行之主，尊之故称大。"[6]这里的大室，显然并不指其空间之大，而是指其空间所处的中央位置之重要，故称大室。这一概念甚至被用于五岳之中岳的指称上，据《春秋左传正义》："中岳嵩高，即大室是也。"[7]其疏中亦引诸历史文献曰"《土

1.[唐]徐坚.初学记.卷二十四.居处部.宅第八.
2.[清]徐珂编撰.清稗类钞.工艺类.制琉璃.
3.尚书.商书.伊训第四.
4.周易.系辞上.
5.春秋穀梁传.文公十三年.
6.[汉]郑玄注.[唐]孔颖达疏.礼记正义.卷16.月令第六.
7.[晋]杜预注.[唐]孔颖达疏.春秋左传正义.卷42.昭二年，尽四年.

地名》云：'大室，河南阳城县西嵩高山，中岳也。'《地理志》云：'武帝置嵩高县，以奉大室之山，是为中岳。'又有少室，在大室之西也。"[1] 由此推知，依据其空间位置重要而称"大室"的情况，在先秦时期，相信是十分常见的。

　　然而，在先秦时期，室也与普通住宅联系在了一起。如《诗经》中就将室与家这两个概念相联系："桃之夭夭，灼灼其华。之子于归，宜其室家。桃之夭夭，有蕡其实。之子于归，宜其家室。"[2]《诗经》中还有："似续妣祖，筑室百堵，西南其户。爰居爰处，爰笑爰语。……如跂斯翼，如矢斯棘，如鸟斯革，如翚斯飞，君子攸跻。殖殖其庭，有觉其楹。"[3] 筑室百堵，在西南方位凿开门户，可居可处，可以欢声笑语，这显然是对家宅的描述。在家宅的庭院中，还可以看到那房屋亭亭玉立的柱楹，和如鸟斯革，如翚斯飞的屋顶。

　　《周易·系辞下》中还将宫与室两个概念相连属："上古穴居而野处，后世圣人易之以宫室，上栋下宇，以待风雨，盖取诸《大壮》。"[4]《尔雅》则将宫与室等同起来："宫谓之室，室谓之宫。"[5] 这说明在上古时期的宫，并非帝王专属的建筑用词，因其同样具有供人居处的功能，因而与"室"有着十分接近的意义。到了汉代，室的概念，更与家居空间建立起了直接的联系，如《白虎通义》："庶人，称匹夫者。匹，偶也。与其妻为偶，阴阳相成之义也，一夫一妇成一室。"[6] 这可能是对"室"——家宅之空间的一个最为基本的定义。

　　在更为广泛的意义上讲，宫室中的宫，是一个更大范围的建筑空间，而室则特指居处空间。如《礼记》中有："君子将营宫室。宗庙为先，厩库为次，居室为后。"[7] 这里的宫室，涵盖了宗庙、厩库和居室三种建筑类型。而居室，则是专门为人提供的居处空间。《礼记》中还有："儒有一亩之宫，环堵之室。"[8] 由此可知，在先秦时期的古人看来，宫指的是一个建筑群，而室则指由四周环绕的墙（堵）所限定的建筑物内部空间。显然，室更多指的是一种可以为人提供起居之用的建筑物内部空间。（图1-32）

　　作为内部空间，室与人的生活起居有着更为密切的关联，《艺文类聚》引《楚辞》曰："像设居室静闲安，高堂邃宇槛层轩，层台累榭临高山，网户朱缀刻方连，冬有突夏夏室寒，经堂入奥朱尘筵，砥室翠翘挂曲琼，蒻阿拂壁罗帱张，翠帷翠帱饰高堂，

1.[晋] 杜预注 .[唐] 孔颖达疏 . 春秋左传正义 . 卷 42. 昭二年，尽四年 .

2. 诗经 . 周南 . 桃夭 .

3. 诗经 . 小雅 . 鸿雁之什 . 斯干 .

4. 周易 . 系辞下 .

5. 尔雅 . 释宫第五 .

6.[汉] 班固 . 白虎通义 . 卷 1. 爵 .

7. 礼记 . 曲礼下第二 .

8. 礼记 . 儒行第四十一 .

图 1-32 [五代十国] 顾闳中《韩熙载夜宴图》（局部）表现的室内空间

红壁沙板玄玉梁，仰观刻桷画龙蛇，坐堂伏槛临曲池，芙蓉始发杂茭荷，紫茎屏风文
绿波。"[1]这是古人对"居室"最为详尽的描述之一。高堂邃宇的室内，有堂有奥，有
帷有帐，有窗有牖（网户朱缀），可以仰观雕梁画栋，俯临堂前曲池，这是一幅多么
幽静、深邃与华丽的古代建筑室内图景。

此外，室，还可以转义为诸如：家室、王室、宗室、继室、别室、他室等术语。
其意义与室之本义中的建筑室内空间，已经有了明显的区别。

库藏

在唐人所编《初学记》中，对"库藏"给出了一个定义："《释名》曰：库，舍也；
舍也者，言物所在之舍也。又《说文》曰：库，兵车所藏也；帑，金布所藏也；故藏
之为名也，谓之库藏焉。"[2]库藏之本义是藏，其形式是库。而库，则如房舍一样，库
只是为所藏之物的所建造的屋舍。（图 1-33）

《礼记》中有五库之说："是月也，命工师，令百工，审五库之量。"[3]唐人《初学记》
中将五库解释为："王者审五库之量：一曰车库，二曰兵库，三曰祭器库，四曰乐库，
五曰宴器库。"[4]这一说法可能来自汉代人蔡邕："蔡邕《月令章句》曰：五库者：一
曰车库，二曰兵库，三曰祭器库，四曰乐器库，五曰宴器库。"[5]而明人的《大学衍义补》

---

1. [唐] 欧阳询 . 艺文类聚 . 卷六十一 . 居处部一 . 总载居处 .
2. [唐] 徐坚 . 初学记 . 卷二十四 . 居处部 . 库藏第九 .
3. 礼记 . 月令第六 .
4. [唐] 徐坚 . 初学记 . 卷二十四 . 居处部 . 库藏第九 .
5. [宋] 李昉 . 太平御览 . 卷一百九十一 . 居处部十九 . 府库藏 .

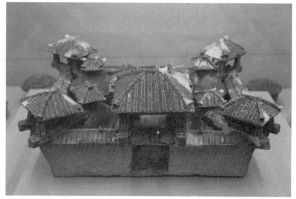

图 1-33　出土汉代明器中的仓廪建筑（湖北省鄂州市博物馆藏）

中，则对五库作了另外一种解释："五库者，金铁为一库、皮革筋为一库、角齿为一库、羽箭干为一库、脂胶丹漆为一库。"[1] 显然，两者的释义各不相同，前者似乎为帝王宫廷之库，后者似乎为百工之库。

其实，除了如上诸种库藏之外，宫廷中还有藏书之库。如《石林燕语》载："国朝以史馆、昭文馆、集贤院为三馆，皆寓崇文院，其实别无舍，但各以库藏书，列于廊庑间尔。"[2] 可知在宋代的崇文院中，是有专门用来藏书的书库，布置在院内三馆的廊庑之间。

库藏，有时与仓窖、仓廪、仓庾、仓廒等相连属。《宅经》中对东南巽位之"外金匮、青龙两位，宜作库藏仓窖吉，高楼大舍，宜财帛"。[3] 佛经《大乘理趣六波罗蜜多经》则有："言小施者，谓以种种饮食衣服诸庄严具。财宝象马库藏仓廪，城邑聚落园林屋宅，及转轮王所有乐具，而行布施是名小施。"[4]《南村辍耕录》中提到了元代时的崇明镇有朱、张二人，靠海运之事致富："田园宅馆偏天下，库藏仓庾相望，巨艘大舶帆交番夷中，舆骑塞隘门巷。"[5] 明代人马欢记载了中国船舶在占城："中国宝船到彼，则立排栅，如城垣，设四门更鼓楼，夜则提铃周巡。内又立重栅小城，盖造库藏仓廒，一应钱粮顿放在内。"[6] 所有这些，都属于库藏的范畴，又都体现为一种以物资储藏为主要功能的建筑类型。

---

1. [明] 丘濬. 大学衍义补. 卷九十七. 工作之用.
2. [宋] 叶梦得. 石林燕语. 卷六.
3. 阙名. 宅经. 卷下.
4. 般若译. 大乘理趣六波罗蜜多经. 布施波罗蜜多品第五.
5. [元] 陶宗仪. 南村辍耕录. 卷五. 朱张.
6. [明] 马欢. 瀛涯胜览. 占城国.

第六节　城邑市坊

都邑（都鄙）

都邑，或都鄙，指的都是城邑。据《周礼》："量人掌建国之法。以分国为九州，营国城郭，营后宫，量市朝道巷门渠。造都邑，亦如之。"[1]同是在《周礼》中，也记载："正月之吉，始和，布政于邦国都鄙，乃悬政象之法于象魏，使万民观政象。"[2]

然而，如果都邑，指的是一般的城邑，则都鄙似乎又多了一层含义，据《尚书正义》："正义曰：《周礼·冢宰》：'以八则治都鄙。'马融云：'距王城四百里至五百里谓之都鄙。鄙，边邑也，以封王之子弟在畿内者。'"[3]《毛诗正义》中进一步定义了都鄙："邦国谓畿外诸侯，都鄙谓畿内采邑。"[4]《孟子注疏》中进一步解释说："都鄙，公卿大夫之采邑，王弟子所食邑。"[5]可知，都鄙指的是离王城有一定距离，位于王国畿内边缘地区的贵族封邑。

《春秋左传正义》认为，都和邑在意思上十分相近："周礼四县为都，周公之设法耳，但土地之形不可方平如图，其邑竟广狭无复定准，随人多少而制其都邑，故有大都小都焉。下邑谓之都，都亦一名邑。"[6]其义似乎是说，都和邑具有相同的意思。

然而，同是《春秋左传正义》也持了另外一种看法，即都和邑还是有所区别的："经、传之言都邑者，非是都则四县，邑皆四井。此传所发，乃为小邑发例。大者皆名都，都则悉书曰城。小邑有宗庙，则虽小曰都，无乃为邑。邑则曰筑，都则曰城。"[7]《初学记》对这一说法做了进一步的定义："《春秋左氏传》曰：凡邑有宗庙先君之主曰都，无曰邑。又《释名》云：都者，国君所居，人所都会也；邑犹俋，聚会之称也。"[8]由此可知，城乃国君所居之所，邑为人众会聚之地。邑无论大小，唯有宗庙者，才可以称为都。没有宗庙者，只能称为邑。

都邑之建造，其要点在于坚固，便于防守："若造都邑则治其固与其守法。凡国都之竟有沟树之固，郊亦如之。"[9]宋代人郑樵《通志略》中有《都邑序》："建邦设都，皆冯险阻。山川者，天之险阻也。城池者，人之险阻也。城池必依山川以为固。"[10]

---

1. 周礼.夏官司马第四.
2. 周礼.夏官司马第四.
3. [汉]孔安国传.[唐]孔颖达疏.尚书正义.卷十七.蔡仲之命第十九.
4. [汉]郑玄笺.[唐]孔颖达疏.毛诗正义.卷十八.十八之一.荡之什诂训传第二十五.
5. [汉]赵岐注.[宋]孙奭疏.孟子注疏.卷四上.公孙丑章句下（凡十四章）.
6. [晋]杜预注.[唐]孔颖达疏.春秋左传正义.卷二.隐公元年.
7. [晋]杜预注.[唐]孔颖达疏.春秋左传正义.卷十.庄公二十三年.
8. [唐]徐坚.初学记.卷二十四.居处部.都邑第一.
9. 周礼.夏官司马第四.
10. [宋]郑樵.通志略.都邑略第一.都邑序.

两者的意思相同，都主张城邑都需要建造得坚固可守。

《淮南子》中提到仲秋之月是建造城邑等工程的主要时节："是月可以筑城郭，
建都邑，穿窦窖，修囷仓。"[1]这里将都邑与城郭区分开来，可以推测为城郭指的是城垣、
池隍，而都邑指的是居宅、屋舍、祠庙、市井等城内建筑物。正如《吕氏春秋》所云："其
设阙庭、为宫室、造宾阼也若都邑。"[2]说明都邑与城郭之内的建筑物有更为密切的关联。

都邑，常与帝王或诸侯的都城联系在一起，如《朱子语录》："此都邑之市。人
君国都如井田样，画为九区：面朝背市，左祖右社，中间一区，则君之宫室。宫室前
一区为外朝，凡朝会藏库之属皆在焉。后一区为市，市四面有门，每日市门开，则商
贾百物皆入焉。……而外朝一区，左则宗庙，右则社稷在焉。此国君都邑规模之大概也。"[3]
这显然是一座王城的空间形式。

但一般城邑，似也可以成为都邑，如朱子又说过："越栖会稽，本在平江。楚破越，
其种散，史记。故后号为"百越"。此间处处有之，山上多有小小城郭故垒，皆是诸
越旧都邑也。"[4]这里的都邑，指的都只是一般城郭内由市井街巷、房屋宅舍所构成的
建筑空间而已。（图1-34）

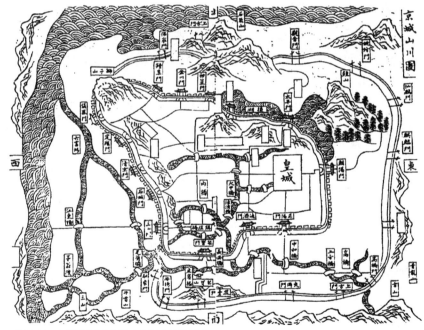

图1-34 古代舆图中的都邑（《京城山川图》）

1.[汉]刘安.淮南子.卷五.时则训.
2.[战国]吕不韦.吕氏春秋.孟冬纪第十.安死.
3.[宋]朱熹.朱子语类.卷五十三.孟子三.公孙丑上之下.尊贤使能章.
4.[宋]朱熹.朱子语类.卷一百三十四.历代一.

古代都邑的选址，有可能多是采用了风水堪舆之术的，然明人谢肇淛所撰《五杂俎》中云："自周以后，始有堪舆之说，然皆用之建都邑耳。如《书》所谓'达观于新邑，营卜瀍涧之东西'，《诗》所谓'考卜维王，宅是镐京'者，则周公是第一堪舆家也。而葬之求吉地，则自樗里始。然汉时尚不甚谈，至郭璞以其术显，而惑之者于是牢不可破。然观天下都会市集等处，皆倚山带溪，风气回合，而至于葬地，则有付之水火犁为平田者，而子孙贵盛自若也，其效验与否昭然矣，世人不信目而信耳，悲夫！"[1]显然，谢氏在这里对风水术之用于城邑选址，还是肯定的，但对于将其用于墓葬之地的选择，则持了怀疑与否定态度。

城郭（子城、罗城）

唐人《初学记》引《管子》曰："内为之城，外为之郭。"并引《释名》云："城，盛也，盛受国都也；郭，廓也，廓落在城外也。"[2]对城与郭做了一个基本的区分。《初学记》还引《吴越春秋》曰："鲧筑城以卫君，造郭以守民，此城郭之始也。"[3]说明在一开始，城与郭，就是相互依附，不可分离的。

据《尚书正义》，早在上古西周时代始，城郭的选址，已需要经过相地卜筮等风水术手法确定："其已得吉卜，则经营规度城郭郊庙朝市之位处。"[4]在古人看来，城郭的营造，也需要选择适当的时间，一般是在仲秋之月："《月令》仲秋云'是月也，可以筑城郭，建都邑'者，秦法与周异。"[5]由此也可以看出，城郭与都邑的相互联系，如《毛诗正义》所云："都者，聚居之处，故知城郭之域也。"[6]都邑，其实是由城郭所围绕与限定的区域，以为人众提供聚居之所。则城郭就是环绕都邑而筑造的墙垣，以及环绕墙垣而凿挖的池隍。

城郭的出现，也反映了社会文明的进步，如《史记》载周代先祖古公亶父时期："于是古公乃贬戎狄之俗，而营筑城郭室屋，而邑别居之。"[7]而城与郭的区分，也表现为社会阶级的分化。如早在春秋时的《管子》就提出："是故圣王之处士必于闲燕，处农必就田野，处工必就官府，处商必就市井。"[8]这种居处分区的方式，也反映除出了，随着城郭的出现而带来的社会阶层与社会分工的变化。

---

1. [明] 谢肇淛 . 五杂俎 . 卷六 . 人部二 .
2. [唐] 徐坚 . 初学记 . 卷二十四 . 居处部 . 城郭第二 .
3. [唐] 徐坚 . 初学记 . 卷二十四 . 居处部 . 城郭第二 .
4. [汉] 孔安国传 . [唐] 孔颖达疏 . 尚书正义 . 卷十五 . 召诰第十四 .
5. [汉] 郑玄笺 . [唐] 孔颖达疏 . 毛诗正义 . 卷三 . 三之一 . 鄘柏舟诂训传第四 .
6. [汉] 郑玄笺 . [唐] 孔颖达疏 . 毛诗正义 . 卷十五 . 十五之二 .
7. [汉] 司马迁 . 史记 . 卷四 . 周本纪第四 .
8. 管子 . 小匡第二十 .

故而，城郭，有时又被称为城池，或城隍。《周易》中有："王公设险以守其国。"其注曰："国之为卫，恃于险也。言自天地以下莫不须险也。"而其疏亦云："言王公法象天地，固其城池，严其法令，以保其国也。"[1]城郭之要是设险以守，因而，城垣与壕池相辅助，形成环绕都邑，以呈守险之势的城池。而当环城而凿挖的池中没有水时，则称为隍：如《古今注》云："城者，盛也，所以盛受人物也。隍，城池之无水者也。"[2]城隍的概念亦由此而来。

城与郭的区别，在后世又渐渐地体现为子城与罗城的区别。所谓子城，更接近先秦时代的城，是供统治阶层，或官宦阶层聚居的区域，而罗城，则接近先秦时代的郭，主要是提供从事商业与手工业的普通民众的聚居区域。如同是隋唐时代的长安城，《太平御览》有载："是日，上与诸王后妃数百骑，自子城由含元殿出金光门幸山南，文武百寮并不之知，无从行者，京城晏然。"[3]这里的子城，当指长安城内的大明宫城。而同是在《太平御览》又记载："宇文恺营建京城，以罗城东南地高不便，故缺此隅头一坊，余地穿入芙蓉池以虚之。"[4]这里的罗城，无疑是指隋唐长安城的外城。

到了唐宋时期，几乎每个府州城市都各有其子城与罗城，如《宋史》中载："是岁，东封泰山，所过州府，上御子城门楼。"[5]说明各州府城，都有自己的子城，而与子城相对应者，则为罗城。（图1-35）

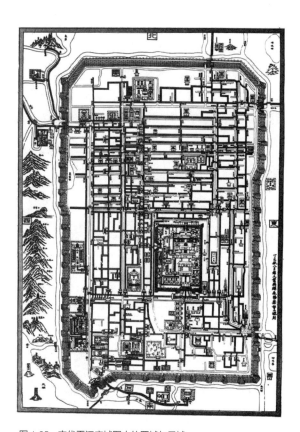

图1-35 宋代平江府城图中的罗城与子城

1.［魏］王弼等注.［唐］孔颖达疏.周易正义.上经随传卷三.
2.［晋］崔豹.古今注.卷上.都邑第二.
3.［宋］李昉.太平御览.卷一百一十六.皇王部四十一.唐僖宗恭定皇帝.
4.［宋］李昉.太平御览.卷一百九十七.居处部二十五.园囿.
5.［元］脱脱等.宋史.卷一百一十三.志第六十六.礼十六（嘉礼四）.

如《旧唐书》中提到成都城的罗城："创筑罗城，大新锦里，其为雄壮，实少比俦。"[1]
可知唐时成都的罗城还是十分雄伟的。

市

市的本义为"聚集货物，进行买卖"，如《尔雅》有云："贸、贾，市也。"[2]《周易》中亦云："日中为市，致天下之民，聚天下之货，交易而退，各得其所，盖取诸《噬嗑》。"[3]这里的"市"，指的都是商业交易本身。

因为交易活动需要有一定的空间，故"市"，也可以表达为可以公开进行交易的街市空间。《说文解字》："买卖所之也，有垣。"《尚书》中："其心愧耻，若挞于市。"[4]其意思是说，内心感到的羞愧，有如在街市上受到鞭挞。显然，这里的市，指的就是这种街市空间。

类似的表述，也见之于《春秋左传》："夫人姜氏归于齐，大归也。将行，哭而过市曰：'天乎，仲为不道，杀适立庶。'市人皆哭，鲁人谓之哀姜。"[5]这里所过之市，无疑是一个露天的开放性交易性空间——街市。（图1-36）

图1-36 四川成都出土汉画像石中的市

---

1. [后晋]刘昫等.旧唐书.卷一百八十二.列传第一百三十二.高骈传.
2. 尔雅.释言第二.
3. 周易.系辞下.
4. 尚书.商书.说命下第十四.
5. 春秋左传.文公十八年.

《周礼》明确了"市"在一座王城中的位置与规模:"匠人营国,方九里,旁三门。国中九经九纬,经涂九轨,左祖右社,面朝后市,市朝一夫。"[1]西汉长安城内,建造有专门进行交易的东市与西市:"司马季主者,楚人也。卜于长安东市。"[2]长安西市内还建有敖仓:"起长安西市,修敖仓。"[3]

除了长安之外,西汉末年时,在长安之外的所谓"五都",也建有专门从事交易的市,且用专职的官员管理:"遂于长安及五都立五均官,更名长安东、西市令及洛阳、邯郸、临菑、宛、成都市长皆为五均同市师。东市称京,西市称畿。洛阳称中,余四都各用东、西、南、北为称,皆置交易丞五人,钱府丞一人。"[4]隋唐时代的东西两京,西京长安仍然保持了东、西市布局,东都洛阳则有东市、南市、北市:"京师东市曰都会,西市曰利人。东都东市曰丰都,南市曰大同,北市曰通远。"[5]

隋唐时期,及其前的汉晋南北朝时代,都邑中的市,都有墙垣环绕,并设置有门,市内则布置专供交易用的店肆,如《古今注》所载:"阓者,市之垣也。阛者,市之门也。肆所以陈货鬻之物也。肆,陈也。店所以置货鬻之物也。店,置也。"[6]这样就从空间上,对市易活动进行了限制。而隋唐时代的宵禁制度,则将市场的交易时间局限于白昼时段,也从时间上,对市易活动进行了限制。

在一座城中设置专门进行交易之市的做法,也影响到了辽代。如辽代东京辽阳府:"外城谓之汉城,分南北市,中为看楼。晨集南市。夕集北市。"[7]辽人有五京制度,各京也都先后设置了市:"太宗得燕,置南京,城北有市,百物山偫,命有司治其征;余四京及它州县货产懋迁之地,置亦如之。东平郡城中置看楼,分南、北市,昧爽交易市北,午漏下交易市南。"[8]

北宋以来,城市中商业活动在空间与时间上的限制,渐趋松弛。商业活动已经遍布城市街道的各个部分。时间上,也不再受到宵禁制度的影响。(图1-37)如北宋时期的汴梁城:"夜市直至三更尽,才五更又复开张。如要闹去处,通晓不绝。"[9]这与隋唐两京城,或辽代五京城内,固定地点与时间的"市",形成了鲜明的对比。

---

1. 周礼 . 冬官考工记第六 .
2. [汉] 司马迁 . 史记 . 卷一百二十七 . 日者列传第六十七 .
3. [汉] 班固 . 汉书 . 卷二 . 惠帝纪第二 .
4. [汉] 班固 . 汉书 . 卷二十四下 . 食货志第四下 .
5. [唐] 魏征等 . 隋书 . 卷二十八 . 志第二十三 . 百官下 .
6. [晋] 崔豹 . 古今注 . 卷上 . 都邑第二 .
7. [元] 脱脱等 . 辽史 . 卷三十八 . 志第八 . 地理志二 . 东京道 .
8. [元] 脱脱等 . 辽史 . 卷六十 . 志第二十九 . 食货志下 .
9. [宋] 孟元老 . 东京梦华录 . 卷三 . 马行街铺席 .

图 1-37　[宋] 张择端《清明上河图》（局部）中的市集

坊（里）

《礼记》中记载："君子之道，辟则坊与？坊民之所不足者也。大为之坊，民犹逾之。故君子礼以坊德，刑以坊淫，命以坊欲。"[1] 可知"坊"原初的本义为防。《礼记正义》疏之曰："'坊民之所不足者也'，释立坊之义也。言设坊坊民者，为民行仁义不足故也。'大为之坊，民犹逾之'者，解不可无坊也。圣人在上，大设其坊坊之，而人犹尚逾越犯躐，况不坊乎？'故君子礼以坊德'者，由民逾德，故人君设礼以坊民德之失也。'刑以坊淫'者，制刑以坊民淫邪也。'命以防欲'者，命，法令也；欲，贪欲也。又设法令以坊民之贪欲也。"[2] 说明"坊"是古代统治者，加强其统治地位的一种手段。其表现形式，则是城市中的里坊。

早在秦汉时代就已经有了"里"这一组织单元，《史记》中载汉高祖刘邦："高祖，沛丰邑中阳里人，姓刘氏，字季。"[3] 可知这时的沛丰邑中，已经有了"里"这个行政区划单位。又如汉代人尹赏："乃部户曹掾史，与乡吏、亭长、里正、父老、伍人，杂举长安中轻薄少年恶子，无市籍商贩作务，而鲜衣凶服被铠扞持刀兵者，悉籍

---

1. 礼记 . 坊记第三十 .
2. [汉] 郑玄注 . [唐] 孔颖达疏 . 礼记正义 . 卷五十一 . 坊记第三十 .
3. [汉] 司马迁 . 史记 . 卷八 . 高祖本纪第八 .

记之，得数百人。"[1] 相比较之，"里"是一个比乡与亭更小的行政管理单位。《汉书》中记载："起官寺市里，募徙贫民，县次给食。……又起五里于长安城中，宅二百区，以居贫民。"[2] 从这里的数字中可以看出，当时长安一里的居民数量，约为40区。

但这时的里与坊，似乎还没有统合为一个行政或空间单元。坊，作为一级城市空间单元，最早似乎也是自三国曹魏时期才开始形成的，如魏营洛阳宫："又于列殿之北，立八坊，诸才人以次序处其中。"[3]

北魏洛阳城内有了完整的里坊设置，景明二年（501年）："九月丁酉，发畿内夫五万人筑京师三百二十三坊，四旬而罢。"[4]《魏书》中还记录了一个坊中的居民人数："京邑诸坊，或七八百家，唯一里正、二史，庶事无阙，而况外州乎？"[5] 关于北魏洛阳城内里坊的规模，见于《太平御览》所引《北史》记载："后魏广阳王嘉迁司州牧，嘉表请于京四面筑坊三百二十三，各周一千二百步。"[6] 可知北魏时一座里坊规模约为300步见方。另后齐时还曾建有一座蚕坊，据称这座坊的规模"方千步"："后齐为蚕坊于京城北之西，去皇宫十八里之外，方千步。蚕宫，方九十步，墙高一丈五尺，被以棘。"[7] 这座坊中有蚕宫，宫中有桑坛、先蚕坛，应该是一个祭祀场所。此外，唐代还专门设有教坊，其中聚居了一批演艺人员。

唐代时，里坊成为一种城市单元："唐令以百户为里、五里为乡，每里设正一人掌案此户口，课植农桑，检察非违，催驱赋役，在邑居者为坊，别置坊正，在田野居者为村，别置村正。"[8] 也就是说，每百户人家，组成一个组织单位，称为里。五里为一乡。里设专职管理人员——里正。在城邑中，一里，可为一坊，坊有坊正。在乡村者，里则为村，各有村正。而唐代城市中的里坊，是各有坊墙环绕的，故里坊，既是一个行政管理单位，也是一个城市空间单元。（图1-38）

重要的是，唐代里坊，不仅有空间的限制，而且还有时间上的限制，即唐代长安城内的里坊宵禁制度，如《旧唐书》载："故事，建福、望仙等门，昏而闭，五更而启，与诸坊门同时。"[9] 说明唐代长安城内诸坊之门，在夜间是关闭的。

到了两宋时代，甚至直至明代，城市中的里坊，作为一级行政区划单位，似乎仍然存在，但是，作为空间单元标志的坊墙早已不再延续。对坊内商业活动的时间限制，

1.[汉]班固.汉书.卷九十.酷吏传第六十.尹赏传.
2.[汉]班固.汉书.卷十二.平帝纪第十二.
3.[南朝宋]裴松之注.三国志.卷三.魏书三.明帝纪第三.
4.[北齐]魏收.魏书.卷八.帝纪第八.世宗纪.
5.[北齐]魏收.魏书.卷十八.列传第六.太武五王.
6.[宋]李昉.太平御览.卷二百五十.职官部四十八.州牧.
7.[唐]魏征.隋书.卷七.志第二.礼仪二.
8.[明]丘濬.大学衍义补.卷三十一.傅算之籍.
9.[后晋]刘昫等.旧唐书.卷十四.本纪第十四.顺宗、宪宗上.

图1-38 [宋]吕大防《长安图》残片线描图（自王树声《北宋吕大防〈长安图〉补绘研究》）

也已经消失。换言之，随着经济的发展，唐代那种在时间与空间上，都有着严格限定的里坊制度，到了北宋时代，就已经瓦解，坊只是一种街道邻里单位的称谓。

门

　　门，作为一个建筑名词，出现得很早。如《尚书》中有："宾于四门，四门穆穆。"[1]这说明，在中国古代，曾经有一个时期，重要的建筑物，是在建筑群的四个方向设门的。《仪礼》中有："诸侯觐于天子，为宫方三百步，四门，坛十有二寻、深四尺，加方

1.尚书.虞书.舜典第二.

64　　唐宋古建筑辞解——以宋《营造法式》为线索

明于其上。"[1]《韩诗外传》中还有"德施乎四蛮，莫不释兵，辐辏乎四门，天下咸获永宁"[2]之句，而《通典》中亦提到，西汉时代，"丞相旧位在长安时，府有四出门，随时听事"。[3]说明先秦至汉代，一个建筑群，在四面设门是很常见的现象。

《周易》中有："重门击柝，以待暴客，盖取诸《豫》。"[4]所谓重门，是指在一个方向，有几道门。显然，这种沿着一个方向设置几道门的做法，已经初步形成了一个建筑群的中轴线方位。《诗经》上描述："乃立皋门，皋门有伉。乃立应门，应门将将。"[5]这里至少提到了皋门与应门两道门。《礼记》中又有："库门，天子皋门；雉门，天子应门。"[6]《周礼》中还进一步描述了："庙门容大扃七个，闱门容小扃三个，路门不容乘车之五个，应门二彻三个。"[7]如果将庙门与闱门看作特指的门，则这里的路门，应该指的是路寝之门，大约相当于现存北京明清故宫的太和门，故这显然也是位于建筑群中轴线上的门。

《周礼注疏》中有郑司农疏云："王有五门，外曰皋门，二曰雉门，三曰库门，四曰应门，五曰路门。路门一曰毕门。"[8]这样，就将可能沿中轴线布置的门，扩展为皋门、库门、应门、路门五重，从而形成一个沿轴线展开的重门空间格局。与天子五门制度相类似，先秦时期的诸侯宫殿，则有三门制度："郑笺云：'诸侯之宫外门曰皋门，朝门曰应门，内有路门，天子之宫加以库、雉。'"[9]

正是这些门，将古代帝王的宫殿，区分成为内外三朝，如《周礼注疏》："天子三朝，路寝庭朝，是图宗人嘉事之朝，大仆掌之；又有路门外朝，是常朝之处。司士掌之；又有外朝，在皋门内，库门外，三槐九棘之朝，是断狱弊讼之朝，朝士掌之。"[10]《尔雅注疏》中也记载："又曰：'天子诸侯皆有三朝：外朝一、内朝二。'其天子外朝一者，在皋门之内、库门之外，大询众庶之朝也，朝士掌之。内朝二者，正朝在路门外，司士掌之。燕朝在路门内，大仆掌之。"[11]这里有路门之内的内朝（庭朝、燕朝），路门之外，库门之内的常朝（正朝），以及库门之外，皋门之内的外朝。那么，皋门应该就是宫殿的外门了。

---

1. 仪礼 . 觐礼第十 .
2. [汉] 韩婴 . 韩诗外传 . 卷七 .
3. [唐] 杜佑 . 通典 . 卷二十 . 职官二 . 司徒 .
4. 周易 . 系辞下 .
5. 诗经 . 文王之什 . 绵 .
6. 礼记 . 明堂位第十四 .
7. 周礼 . 冬官考工记第六 .
8. [汉] 郑玄注 . [唐] 贾公彦疏 . 周礼注疏 . 卷七 .
9. [晋] 郭璞注 . [宋] 邢昺疏 . 尔雅注疏 . 卷五 . 释宫第五 .
10. [汉] 郑玄注 . [唐] 贾公彦疏 . 周礼注疏 . 卷十六 .
11. [晋] 郭璞注 . [宋] 邢昺疏 . 尔雅注疏 . 卷五 . 释宫第五 .

明人撰《大学衍义补》解释说："皋门之内（或作外）曰外朝，朝有三槐、九棘，近库门有三府、九寺，库门内有宗庙、社稷，雉门外有两观连门，观外有询事之朝，在宗庙、社稷间，雉门内有百官宿卫之廊。应门内曰中朝，中朝东有九卿室为理事之处。"[1]

当然，随着历史的变迁，后世的宫殿建筑群，虽然可能保持了五门三朝制度，例如，我们可以将明清北京紫禁城的皋门，看作大清门，则天安门为库门，端门为雉门，午门为应门，太和门为路门。然而，其宫殿建筑的空间格局与相应的建筑配置，与先秦时代已经有了很大的区别。

当然，门作为一种建筑类型，并非仅仅用于天子或诸侯的王宫建筑群中，在一般住宅中也有门屋的设置，且有严格的等级规定，如唐代规定："三品堂五间九架；门三间五架，五品堂五间七架，门三间两架；六品、七品堂三间五架，庶人四架，而门皆一间两架。"[2]明代也有相应的规定："公侯，……门三间，五架，……一品、二品，……门三间，五架，绿油，兽面锡环。三品至五品，……门三间，三架，黑油，锡环。六品至九品，……门一间，三架，黑门，铁环。"[3]对门屋的这些等级规定，反映出门作为一种建筑类型，在古代中国社会，也是有着强烈的社会等级标识功能的，不能够有丝毫的僭越。

此外，在祠祀、寺观等建筑中，也有门殿的设置。其形式等级就较少受到社会等级差别的限制。如寺院中有三门（山门）的设置（图1-39），有时三门还可以营造为高大的门楼式样，在官吏或平民的住宅建筑中，则可能采用门屋形式。

图1-39 天津蓟县独乐寺山门

---

1. [明] 丘濬. 大学衍义补. 卷四十五. 王朝之礼（上）.
2. [宋] 欧阳修、宋祁. 新唐书. 卷二十四. 志第十四. 车服.
3. [清] 张廷玉等. 明史. 卷六十八. 志第四十四. 舆服四.

墙（垣、墉）

《营造法式》壕寨制度中有："墙（其名有五：一曰墙，二曰墉，三曰垣，四曰撩，五曰壁。）"[1]说明在古人那里，墙有多种称谓。宋《营造法式》中对墙有较为详细的解释，如其引《尔雅》："墙谓之墉。"引《春秋左氏传》："有墙以蔽恶。"引《释名》："墙，障也，所以自障蔽也。垣，援也，人所依止以为援卫也。墉，容也，所以隐蔽形容也。壁，辟也，所以辟御风寒也。"

至于区隔两个空间之间的墙的高度，则以区别男女之礼为标准："室高足以辟润湿，边足以围风寒，上足以待雪霜雨露，宫墙之高足以别男女之礼。谨此则止。"[2]《论语》中也谈到了墙的高度问题："子贡曰：'譬之宫墙，赐之墙也及肩，窥见室家之好。夫子之墙数仞，不得其门而入，不见宗庙之美，百官之富。得其门者或寡矣。夫子之云，不亦宜乎！'"[3]可知，孔子是主张墙应该高大一些的，以免使人窥见邻居的室家之好。

因为墙往往是一个独立的结构体，为了墙体的稳固，其高厚比显得十分重要。《周礼》中最早给出了一般墙体的高厚比比例："匠人为沟洫，墙厚三尺，崇三之。"[4]可知早在先秦时代，一般墙体的高厚比，控制在3∶1。也就是说，墙的高度，是其底部厚度的3倍。

《营造法式》沿用的这一算法："筑墙之制：每墙厚三尺，则高九尺，其上斜收比厚减半。若高增三尺，则厚加一尺。减亦如之。"[5]此外，《营造法式》中还具体规定了露墙与抽纴墙两种墙的高厚比例："凡露墙，每墙高一丈，则厚减高之半，其上收面之广比高五分之一。若高增一尺，其厚加三寸。减亦如之。（其用萋橛并准筑城制度。）凡抽纴墙，高厚同上，其上收面之广比高四分之一。若高增一尺，其厚加二寸五分。（如在屋下只加二寸。划削并准筑城制度。）"[6]大体上说，露墙，基本的高厚比为2∶1，抽纴墙的高厚比也可以控制在2∶1左右，这两种墙的高厚比，随着高度的增加，都可以略有小的调整。露墙一般指围墙，抽纴墙似指围合房屋室内空间所用之墙。

上面所说的墙，都是夯土墙，故其高厚比较大。《营造法式》中还提到了垒砌的墙："垒墙之制：高广随间。每墙高四尺，则厚一尺。每高一尺，其上斜收六分。"[7]这里所垒砌者，可能是土坯墙，其结构性能比夯土墙要好一些，故其高厚比，已经达到了4∶1。

---

1. [宋] 李诫.营造法式.卷三.壕寨制度.墙.
2. [战国] 墨翟.墨子.卷一.辞过第六.
3. 论语.子张第十九.
4. 以上均见 [宋] 李诫.营造法式.营造法式看详.墙.
5. [宋] 李诫.营造法式.卷三.壕寨制度.墙.
6. [宋] 李诫.营造法式.卷三.壕寨制度.墙.
7. [宋] 李诫.营造法式.卷十三.泥作制度.垒墙.

《营造法式》中还具体地提到了殿宇墙，廊屋散舍墙等，说明不同的建筑物，在墙体的砌筑与比例上，还是有所差别的。

除了宫墙、院墙，或建筑物的围墙之外，在古代中国最重要的墙，是城墙，尤其是具有防御功能的边墙，亦即人们所说的长城。（图1-40）在古代中国，历代都有长城的建造。明代人丘濬记述了有关明代长城建造的一些信息："臣闻云代一带其设墩台以守候也，有大边有小边，大边以谨斥候，小边以严守备，今诚于大边墩台之间、空缺之处，因其崖险，随其地势，筑为城墙以相连缀，实为守边长久之计。"[1]可知，在长城建设中，似先有墩台，再以蜿蜒起伏的墙垣加以连缀而成。

此外，古代建筑的墙，有时还被施加以雕饰，然而，这种对墙体雕琢美的追求，又往往成为历代文人抨击的目标。故《尚书》中警告说："甘酒嗜音，峻宇雕墙。有一于此，未或不亡。"[2]《春秋左传》中在批评晋灵公不君的做法时，也包括了雕墙："晋灵公不君：厚敛以雕墙；从台上弹人，而观其辟丸也。"[3]

关于雕墙的批评，也屡屡见之于历代史籍，如《周书》中，批评一些武将："高门峻宇，甲第雕墙，实繁有徒，同恶相济。民不见德，唯利是视。"[4]《隋书》中也以类似说法批评陈后主："叔宝峻宇雕墙，酣酒荒色。上下离心，人神同愤。"[5]可知，雕墙峻宇，成为一些醉心于大兴土木的古代统治者备受诟病的一个词。

图1-40 汉代长城墙垣残段

1.[明]丘濬.大学衍义补.卷一百五十一.守边固圉之略（下）.

2.尚书.夏书.五子之歌第三.

3.春秋左传.宣公二年.

4.[唐]令狐德等.周书.卷十一.列传第三.晋荡公护（叱罗协冯迁）.

5.[唐]魏征等.隋书.卷五十七.列传第二十二.薛道衡从弟孺.

第七节　苑囿园池

苑囿

《周礼注疏》中将苑囿解释为："田在泽，泽中有囿；田在山，山中有苑。其苑囿藩罗以遮禽兽，故云野囿野用也。"[1]《毛诗正义》中亦有："田猎，取牲于苑囿之中，追飞逐走，取其疾而已。"[2]可知，最初的苑囿，只是在田野或山林中通过藩篱分割出来的一个区域，其中蓄养着种种的飞禽走兽，可以供统治者田猎取乐之用。

苑囿，是统治者享乐生活的一个组成部分。据《孟子注疏》："沼，池也。王好广苑囿，大池沼，与孟子游观，乃顾视禽兽之众多，其心以为娱乐。"[3]《尚书大传》中亦有"齐景公奢于台榭，淫于苑囿，五官之乐不解。"[4]多数情况下，统治者追求苑囿之乐的做法，都遭到了历代儒生的抨击。如《淮南子》中也批评了追求苑囿之乐的做法："扬郑、卫之浩乐，结激楚之遗风，射沼滨之高鸟，逐苑囿之走兽，此齐民之所以淫泆流湎。"[5]

然而，宋代的朱熹则认为，这种对于苑囿之乐趣的向往，其实，也是一种人之常情："盖钟鼓、苑囿、游观之乐，与夫好勇、好货、好色之心，皆天理之所有，而人情之所不能无者。"[6]当然，在古人看来，苑囿还具有某种实用的功能："古之人君设苑囿育鸟兽以为蒐田之所，盖因之以讲武事、备祀牲也。"[7]也就是说，苑囿一方面是为了方便统治者田猎，以保持统治阶层对尚武习俗的坚持，二是蓄养与储备牲畜，以备重要祭祀活动之需。

汉代时，苑与囿可能是各自独立的，如《初学记》提到，汉代时："其名苑，有天苑、禁苑、上苑，囿有君囿、灵囿、上囿。"[8]如果说，苑囿最初的功能可能是田猎，则随着时代的发展，苑囿与统治者用来游赏之用的园池结合为一，从而也渐渐成为统治者休憩与游幸的场所。

汉代的梁孝王就十分痴迷于苑囿营造与游赏："梁孝王好营宫室苑囿之乐，作曜华之宫，筑兔园。园中有百灵山，山有肤寸石，落猿岩，栖龙岫，又有雁池，池间有鹤洲凫渚，其诸宫观相连延亘数十里，奇果异树瑰禽怪兽毕备，王日与宫人宾客弋钓其中。"[9]

1.[汉]郑玄注.[唐]贾公彦疏.周礼注疏.卷十六.
2.[汉]郑玄笺.[唐]孔颖达疏.毛诗正义.卷十.十之三.
3.[汉]赵岐注.[宋]孙奭疏.孟子注疏.卷一上.梁惠王章句上.
4.[汉]伏生.尚书大传.卷三.略说.
5.[汉]刘安.淮南子.卷一.原道训.
6.[宋]朱熹.四书章句集注.孟子集注.卷二.梁惠王章句下.
7.[明]丘濬.大学衍义补.卷四十七.王朝之礼（下）.
8.[唐]徐坚.初学记.卷二十四.居处部.苑囿第十二.
9.[晋]葛洪.西京杂记.卷二.

显然，这里的苑囿，似乎已经不再是纯粹自然的山林池沼，而是多有人工开凿的池沼，堆叠的山石，以及大量点缀其中的宫室建筑。这种苑囿，其实就是后世帝王所沉迷建造的皇家园林的早期形式。历代帝王，也多沉湎于这种苑囿园池的享乐与游幸，如北宋时代："上元观灯及苑囿、池籞、观稼、郊猎，游幸所至，亦常以暮春召近臣赏花、钓鱼于苑中。"[1]（图1-41）

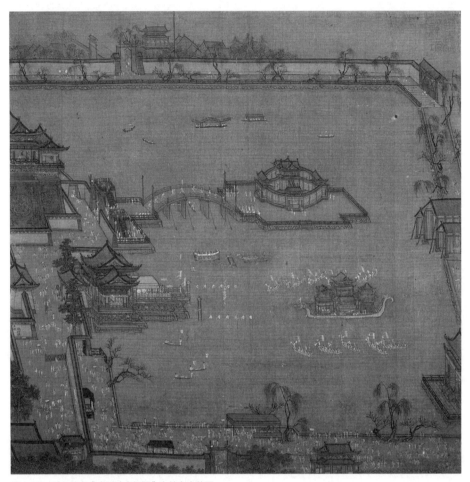

图1-41　[宋]佚名《金明池夺标图》中的皇家苑囿

战国时人吕不韦则主张，苑囿应该有适度的规模："昔先圣王之为苑囿园池也，足以观望劳形而已矣；其为宫室台榭也，足以辟燥湿而已矣。"[2]因而，他对统治者动辄侈大苑囿台榭，不顾百姓死活的做法，感到深恶痛绝："世主多盛其欢乐，大其

1.[明]丘濬.大学衍义补.卷四十六.王朝之礼（中）.
2.[战国]吕不韦编.吕氏春秋.孟春纪第一.重己.

钟鼓，侈其台榭苑囿，以夺人财；轻用民死，以行其忿。"[1]

苑囿，一般是指古代统治阶层生活享乐的园林。但随着社会经济的发展，一些豪贵人家或文人士夫，也开始营造园亭，史籍中有时将这种园亭也称为苑囿，如明代北京城："都下园亭相望，然多出戚畹勋臣以及中贵，大抵气象轩豁，廊庙多而山要少，且无寻丈之水可以游泛。……豪贵家苑囿甚夥，并富估豪民，列在郊坰杜曲者，尚俟续游。盖太平已久，但能点缀京华即佳事也。"[2] 这或也解释了，何以明清时期的江南与北京，私家园林渐渐滋衍繁盛的一个原因。

园圃

上古时代的园圃，主要是培植草木的地方。据《周礼》："园圃，毓草木。"[3] 这里的毓，其意为"生长"。《周易正义》中也有类似的说法："'施饰丘园盛莫大焉'者，丘谓丘墟，园谓园圃。唯草木所生，是质素之处，非华美之所。若能施饰，每事质素，与丘园相似，'盛莫大焉'。"[4] 可知，在古人看来，园圃与苑囿的不同之处在于，园圃，"是质素之处，非华美之所"。其主要功能是提供草木生长的环境，而非为统治阶层提供娱乐、游赏的空间。

对于统治者而言，园圃与苑囿，是有所区别的。汉人桓宽《盐铁论》中以御史的口吻谈道："孝武皇帝平百越以为园圃，却羌、胡以为苑囿，是以珍怪异物，充于后宫，驹騄駃騠，实于外厩，匹夫莫乘坚良，而民间厌橘柚。"[5] 可知，在古人眼里，园圃主要是用来种植蔬果瓜菜的，而苑囿则主要是为了养殖供统治者田猎或祠祀之用的珍禽异兽的。

当然，园圃也需要有藩篱的分隔，《毛诗正义》解"营营青蝇，止于樊"时说："'樊圃之藩。'然则园圃藩篱是远人之物，欲令蝇止之。"[6] 同时亦提到："藩者，园圃之篱，可以屏蔽行者，故以藩为屏也。"[7] 也就是说，园圃，是有藩篱（樊篱）环绕屏蔽，可以为草木生长提供有利条件的一个场所。

园圃，可能还是一个提供瓜果种植的场所。如《仪礼注疏》："案《周礼》九职云'二曰园圃毓草木'，郑云：'树果蓏曰圃。'案《食货志》：'臣瓒以为在地曰蓏，

1. [战国] 吕不韦编 . 吕氏春秋 . 有始览第一 . 听言 .
2. [明] 沈德符 . 万历野获编 . 卷二十四 . 畿辅 . 京师园亭 .
3. 周礼 . 天官冢宰第一 .
4. [魏] 王弼等注 . [唐] 孔颖达疏 . 周易正义 . 上经随传卷三 .
5. [汉] 桓宽 . 盐铁论 . 卷三 . 未通第十五 .
6. [汉] 郑玄笺 . [唐] 孔颖达疏 . 毛诗正义 . 卷十四 . 十四之三 .
7. [汉] 郑玄笺 . [唐] 孔颖达疏 . 毛诗正义 . 卷十七 . 十七之四 .

在树曰果。'"[1]《春秋左传正义》中亦有疏曰:"郑玄云:'树果蓏曰圃,园其樊也。'"[2]
园圃中既可以种植瓜果,亦有樊篱环绕隔离。

宋人王安石撰《周官新义》中则记载:"枣栗桃干㮋榛实及葵,则取诸园圃而足。"[3]这里提到的,大约都是古人园圃中常常种植的瓜果类型。《论语注疏》中亦云:"然则园者,外畔藩篱之名。其内之地,种树菜果,则谓之圃。蔬则菜也。"[4]说明,除了瓜果之外,在园圃中,也可以种植蔬菜。俗称所谓果园,或菜园,指的应该就是园圃。

园圃也可以是与宅舍联系在一起的场所,如《孟子注疏》在有关"井田制"的讨论中提到:"八家各私得百亩,同共养其公田之苗稼。公田八十亩,其余二十亩以为庐井宅园圃,家二亩半也。先公后私,'遂及我私'之义也。"[5]这里的园圃,应该属于与每户庐舍相毗连的私人园圃。(图1-42)

图1-42 [宋]郭忠恕《临王维辋川图》(局部)

到了明清时期,园圃已经成为城市郊区农民的重要生产形式了,如明代徐光启《农政全书》中提到:"凡近城郭园圃之家,可种三十余畦。一月可割两次,所易之物,

---

1. [汉] 郑玄注. [唐] 贾公彦疏. 仪礼注疏. 卷四十一. 既夕礼第十三.
2. [晋] 杜预注. [唐] 孔颖达疏. 春秋左传正义. 卷九. 庄公十九年.
3. [宋] 王安石. 周官新义. 卷四. 天官四.
4. [魏] 何晏等注. [宋] 邢昺疏. 论语注疏. 卷十三. 子路第十三.
5. [汉] 赵岐注. [宋] 孙奭疏. 孟子注疏. 卷五上. 滕文公章句上.

足供家费。"[1] 这时的园圃，已经主要是一种中国传统小农经济的表现形式，与本书所讨论的与建筑关联比较密切的园池、园亭等休闲、娱乐性空间，没有什么联系了。

池沼

古人谈池沼，多指统治者休憩游赏的苑囿、园池。《孟子》中记载："孟子见梁惠王。王立于沼上，顾鸿雁麋鹿，曰：'贤者亦乐此乎？'"[2] 其疏曰："沼，池也。王好广苑囿，大池沼，与孟子游观，乃顾视禽兽之众多，其心以为娱乐。"[3] 这里描绘了一幅梁惠王在园池中游赏，看到池中鸿雁，林中麋鹿，心中油然生出乐趣的生动情景。

池沼既是统治者苑囿园池的组成部分，则帝王苑囿中的池沼，多是人工开凿的，如《太平御览》中引晏子批评齐景公的话："公穿池沼畏不深，起台榭畏不高，刑罚畏不重，是以天见彗星，为公诚耳。"[4] 这种穿凿池沼的做法，在汉晋南北朝时期贵族邸宅中，也十分多见，如南梁人所记："司马道子于府第内筑土山，穿池沼，树竹木，用功数十百万。"[5] 再如西晋时期的石季伦："金谷，石季伦之别庐，在河南界，有山川林木池沼水碓。"[6] 北周时的高宾："乃于所赐田内，多莳竹木，盛构堂宇，并凿池沼以环之，有终焉之志。"[7]

这种人工开凿园池的做法，甚至见之于汉代私人园池，如《三辅黄图》载："茂陵富民袁广汉；藏镪巨万，家僮八九百人。于北邙山下筑园，东西四里，南北五里，激流水注其中。构石为山，高十余丈，连延数里。养白鹦鹉、紫鸳鸯、牦牛、青兕，奇兽珍禽，委积其间。积沙为洲屿，激水为波涛，致江鸥海鹤孕雏产鷇，延漫林池；奇树异草，靡不培植。"[8] 这里连延数里的林池、石山，显然是人工开凿的园池。其池沼中，"积沙为洲屿，激水为波涛，致江鸥海鹤孕雏产鷇，延漫林池。"堪称一个十分壮观的池园景象。明清时期流行的私家园池，大约也都是滥觞于此。（图1-43）

在定义上，池与沼还是有着细微差别的，据《玉海》："池沼，圆曰池，曲曰沼。"[9] 可知，圆圜而见水波荡漾者，为池，曲折而如沟渠蜿蜒者，为沼。如今日颐和园，山前

1.[明]徐光启.农政全书.卷二十八.树艺.蔬部.

2.孟子.卷一.梁惠王上.

3.[汉]赵岐注.[宋]孙奭疏.孟子注疏.卷一上.梁惠王章句上.

4.[宋]李昉.太平御览.卷七.天部七.妖星.

5.[梁]萧绎.金楼子.卷四.说蕃篇八.

6.[南朝梁]沈约.卷六十七.列传第二十七.谢灵运.

7.[唐]令狐德等.周书.卷三十七.列传第二十九.裴文举（高宾、豪允）传.

8.三辅黄图.卷四.苑囿.

9.钦定四库全书.子部.类书类.[宋]王应麟.玉海.卷一百七十一.宫室.苑囿.园.池沼.

图 1-43　环绕一泓池水的苏州网师园

的昆明湖，天光云影，一泓碧水，当为池；山后的后湖，林深水曲，幽邃曲婉，当为沼。

历代职官体系中，还有专门负责管理苑囿、池沼的官员，如汉代曾置上林署："后汉曰上林苑令、丞，主苑中禽兽。颇有人居，皆主之。魏晋因之，江左无闻。宋初复置，隶尚书殿中曹。齐因之。梁、陈属司农。北齐及隋亦然。大唐因之，有令二人，丞四人，掌诸苑囿、池沼、种植、蔬果、藏冰之事。"[1]可知，苑囿、池沼等，都是历代统治者生活中不可或缺的组成部分。

1.[唐]杜佑.通典.卷二十六.职官八.诸卿中.司农卿.

第八节　桥陛罘罳

桥梁

　　桥梁，很显然是凌空横跨于川泽沟渠之上，以提供交通之便的结构物。《尔雅注疏》中有："隄谓之梁。即桥也。"[1] 所谓桥，就是一个凌空飞架的梁。地理形态十分复杂险峻的古代中国，也是一个桥梁建造起步很早的国家。然而，据《毛诗正义》所释《诗经·文王之什》中"造舟为梁，不显其光"句，说："文王亲往迎之于渭水之傍，造其舟以为桥梁。敬重若此，岂不明其礼之有光辉乎？"[2] 说明上古周代最初的桥梁，还不十分清楚架空的梁在受力上的特征，很可能是以漂浮于水面上的舟船为基础而营造的。

　　《孟子注疏》中记载："所谓岁十一月徒杠成，十二月舆梁成，是其政也。言岁中以十一月雨毕乾晴之时，乃以政命成其徒杠。徒杠者，《说文》云：'石矼，石桥也，俗作杠，从木，所以整其徒步之石。'十月成津梁，则梁为在津之桥梁也。今云舆梁者，盖桥上横架之板，若车舆者，故谓之舆梁。"[3] 这里既提到了石桥，也提到了通过木制的梁，其上覆盖以横架之板而成的桥梁。说明，在春秋战国时期，中国人已经掌握了木桥与石桥的营造技术。

　　《周礼》中也提到："司险掌九州之图，以周知其山林川泽之阻，而达其道路。"[4] 其疏则曰："周，犹遍也。达道路者，山林之阻则开凿之，川泽之阻则桥梁之。"[5] 可知，上古时期的周代已经十分重视道路与桥梁的建造。

　　中国古代桥梁中，宋画《清明上河图》中的虹桥，以其叠涩出挑的悬臂梁，横跨宽阔湍急的汴河之上，桥上人头攒动，车水马龙，桥下还可以行船，可谓宋代木构桥梁中的精品。（图1-44）而尚存隋代赵州安济桥，以其37.02米的净跨，50.82米的桥长，矢高7.23米的优雅拱桥，已经带有两侧肩券的优美造型，创造了独步世界桥梁史数百年之久的奇观。

丹墀（丹陛）

　　"丹墀"这个词最早出现在《汉书》中所载汉成帝时班婕妤写的赋中："俯视

1.[晋]郭璞注.[宋]邢昺疏.尔雅注疏.卷五.释宫第五.

2.[汉]郑玄笺.[唐]孔颖达疏.卷十六.十六之二.

3.[汉]赵岐注.[宋]孙奭疏.孟子注疏.卷八上.离娄章句下.

4.周礼.夏官司马第四.

5.[汉]郑玄注.[唐]贾公彦疏.周礼注疏.卷三十.

图 1-44 ［宋］张择端《清明上河图》中的虹桥

兮丹墀，思君兮履綦。仰视兮云屋，双涕兮横流。"[1] "云屋"指的是高大的殿堂屋顶，因而需要仰视；需要俯视的"丹墀"，指是应该是云屋下殿堂台基地面。

班固《两都赋》中也出现了这个词："右平左城，青琐丹墀。"[2] 这里的左平右城，其实说的是汉代宫殿台基前的阶道。《玉海》中对此特别做了解释："《西京赋》：'右平左城，青琐丹墀。'注：城，限也，谓阶齿也。天子殿高九尺，阶九齿，各有九级。其侧阶各中分左右，左有齿，右则滂沲平之，令辇车得上。《汉官典职》曰：丹漆地，故称丹墀。"[3] 又谓："平者，以文砖相亚次也；城者，为陛级也。"

按照字面意思，殿前左侧阶道，是由一步一步平整的踏阶组成的，故称"左城"，而右侧阶道，则用砖呈叠涩状砌筑，建成如搓衣板形状可以供车辆上下的坡道。建筑上称这种做法为"礓礤"。这里描述的是整座殿堂的台基，台基前左侧有平整的踏阶，可以供人登临；前右侧有坡状阶道。台基上地面涂成朱红颜色，台基表面四周边缘用青色加以装饰。

南北朝时期，丹墀，似乎还是一个令人感到生疏的词。南朝梁人沈约所撰《宋书》中，专门对其做了解释："殿以胡粉涂壁，画古贤烈士。以丹朱色地，谓之丹墀。"[4] 也就

---

1. [汉] 班固. 汉书. 卷九十七下. 外戚传第六十七下.

2. [唐] 李善注. 文选. 卷二. 赋甲. 京都上. 西京赋.

3. [宋] 王应麟. 玉海. 卷一百七十五. 宫室. 汉丹墀.

4. [南朝梁] 沈约. 宋书. 卷三十九. 志第二十九. 百官上.

是说，丹墀最初之意，指用丹朱色漆刷了的地面，尤其指殿堂上的红色（丹）涂饰地面。

据《汉语大字典》，"墀"为："台阶或台阶上的地面。《字汇·土部》：'墀，阶上的地面也。'《文选·班固〈西都赋〉》：'玄墀釦砌，玉阶彤庭。'张铣注：'墀，阶也。'北魏杨衒之《洛阳伽蓝记·昭德里》：'玉叶金茎，散满阶墀。'"也就是说，仅就"墀"的字面意义，可以指建筑物的台基，或登上建筑物台基的踏阶。而"丹墀"，则是将这台基或台阶的表面，涂以了丹朱的颜色。

后来的"丹墀"一词，不再局限于用丹朱涂地的建筑台基或台阶，而是泛指殿堂台基。清代人撰《御定曲谱》中："这怀怎剖，望丹墀天高听高；这苦怎逃，望白云山遥路遥。"[1] 之句里的丹墀，喻指了帝王宫殿台基。（图 1-45）

图 1-45　北京明清太庙大殿丹墀

《儒林外史》中亦有："又几十层高坡上去，三座门。进去一座丹墀。左右两廊，奉着从祀历代先贤神位。中间是五间大殿，殿上泰伯神位，面前供桌，香炉、烛台。殿后又一个丹墀，五间大楼。"[2] 这里的丹墀，指的亦是沿中轴线布置的主要殿堂的台基，尽管其地面未必真的涂成丹朱颜色。

与丹墀相近的另外一个术语当是"丹陛"。唐人岑参有诗："联步趋丹陛，分曹限紫微。晓随天仗入，暮惹御香归。"[3] 宋人米芾也有诗："百寮卑处瞻丹陛，五

---

1. [清] 御定曲谱. 卷九. 黄锺宫引子. 三段子.
2. [清] 吴敬梓. 儒林外史. 第三十七回.
3. 钦定四库全书. 集部. 总集类. 御定全唐诗诗录. 卷十四. 岑参. 近体诗. 寄左省杜拾遗.

色光中望玉颜。"[1] 而丹陛一词，至迟在南北朝时已经出现，《梁书》中有："舻舳浮江，俟一龙之渡；清宫丹陛，候六传之入。"[2] 陛，有台阶之意。所以这里的丹陛与丹墀意思相近，指的也是宫殿前的台阶。而且，丹陛，最初指的也是红色台阶，只是后来又特指了帝王宫殿的台阶。

也有文献会同时提到丹墀和丹陛，如《明史》中就有"翌明，锦衣卫陈卤簿、仪仗于丹陛及丹墀，设明扇于殿内，列车辂于丹墀。……金吾卫设护卫官于殿内及丹陛，陈甲士于丹墀至午门外，锦衣卫设将军于丹陛至奉天门外"。[3]《清史稿》中也有类似情形："丹陛、丹墀东西相乡者各四人，东西班末八人，鸣赞官立殿檐者四人，陛、墀皆如之。丹陛南阶三级，銮仪卫官六人司鸣鞭。"[4] 从这两段文字的上下文中来看，丹墀与丹陛似乎并非指同一件事物。

究竟应如何区分丹墀与丹陛？如果将丹墀理解成宫殿台基，或可以将丹陛理解成宫殿前的台阶？近人有将丹陛理解成为宫殿前台阶中央倾斜布置并充满雕刻纹样的御路石。但从古代文献中似乎并没有发现这样明确的指代关系。而且，文献中还常常会发现臣寮们站立或跪拜在丹陛上的描述。很难想象，在这样一个位于御路上，斜置如台阶状，且布满了山水云龙雕刻的石头构件上可以容人站立或跪拜。可知用"丹陛"一词指代宫殿前台阶中央御路石，可能只是今人的一种误解或比附。丹墀或丹陛，往往是指宫殿建筑的台基与台阶，同时，有时也会喻指宫殿建筑本身。

罘罳（浮思）

罘罳，又称浮思。罘罳一词在正史上最早出现，似为《汉书》："六月癸酉，未央宫东阙罘罳灾。"[5] 宋人引唐人颜师古的解释："颜师古曰：罘罳，谓连阙曲阁也。以覆重刻垣墉之处如罘罳然，一曰屏也。"[6] 可知，唐代时对于罘罳的准确意义已经有所模糊，一谓"连阙曲阁"，似指一种建筑形式，又谓"屏"，当指门屏、屏障之类的建筑配件。

由此可知，古人对于罘罳之义，已经多有混淆，如唐代人段成式谈到罘罳，也提到了："士林间多呼殿檐桷护雀网为罘罳，其浅误也如此。《礼记》曰：'疏屏，天子之庙饰。'郑注云：'屏谓之树，今罘罳也。列之为云气虫兽，如今之阙。'张揖《广

---

1. [清] 厉鹗. 宋诗纪事. 卷三十四. 米芾. 除书学博士初朝谒呈时宰.

1. [清] 厉鹗. 宋诗纪事. 卷三十四. 米芾. 除书学博士初朝谒呈时宰.
2. 梁书. 卷四十五. 列传第三十九. 王僧辩.
3. [清] 张廷玉等. 明史. 卷五十三. 志第二十九. 大朝仪.
4. 赵尔巽等. 清史稿. 卷六十八. 志六十三. 礼七（嘉礼一）.
5. [汉] 班固. 汉书. 卷四. 文帝纪第四. 孝文帝六年.
6. [宋] 戴侗. 六书故. 卷三十一.

78   唐宋古建筑辞解——以宋《营造法式》为线索

雅》曰：'复思谓之屏。'刘熙《释名》曰：'罘罳在门外。罘，复也。臣将入请事，此复重思。'……予自筮仕已来，凡见缙绅数十人，皆谬言枭镜、罘罳事。"[1]

段成式在这里不仅指出了唐时人将罘罳误解为护雀网的谬误，也大致说明，罘罳，当是一种屏风，其上雕琢有云气、虫兽诸物，且暗示，罘罳，内涵有"复思、重思"等意思。显然，段成式似乎更赞成罘罳为一种"门屏"之说。

其实，这种解释，更早见于晋代人崔豹所撰《古今注》："罘罳，屏之遗象也，塾门外之舍也。臣来朝君，至门外，当就舍更衣，熟详所应对之事。塾之言熟也。行至门内屏外，复应思惟。罘罳，言复思也。汉西京罘罳，合板为之，亦筑土为之，每门阙殿舍前皆有焉。于今郡国厅前亦树之。"[2]在崔豹看来，罘罳就是设置于君王殿堂之前的屏风，前来晋谒之臣工，行至此处，除了更衣肃容之外，还要重新思考如何应对君王的提问，故有"复思"之意。这扇屏风就被称为了"罘罳"。《唐语林》也持了大致相同的观点："因言'罘罳者，复思也。今之板障、屏墙也。天子有外屏，人臣将见，至此复思其所对易攵去就、避忌也'。"[3]换言之，罘罳，就是一种有雕刻纹样的屏风、屏墙、板障之类的建筑配件。

将罘罳与复思联系在一起的说法，至迟不会晚于汉代，汉代人刘熙撰《释名》中记载："罘罳，在门外。罘，复也；罳，思也。臣将入请事于此，复重思之也。"[4]正因为如此，在五代时期，出现了"罘罳屏"这一称谓："罘罳屏：屏之遗象也。塾门外之舍也。臣来朝君，至门外当就舍，更详其所应应对之事也。塾之者，言熟也，行至门内屏外，复应思维也。罘罳，复思也。汉西京罘罳，合版为之，亦筑土为之，每门阙殿舍皆有焉。如今郡国厅前亦树之也。"[5]五代人认为，汉代罘罳，可以是木板制作的屏风，也可以是夯土筑造的门屏，且每座门阙殿舍前皆有之，这多少有一点像是后世正门之前的影壁或照壁之意。

然而，据宋代人程大昌的解释，罘罳更像是一个镂刻的隔版："罘罳者，镂木为之。其中疏通可以透明，或为方空，或为连琐，其状扶疏，故曰罘罳，读如浮思。浮思者，犹曰柴胡也。因其形似而想其本状，自可见矣。罘罳之名既立，于是随其所施而附著以为之名。其在宫阙，则为阙上罘罳。臣朝于君至阙下复思所奏是也。在陵垣，则为陵上罘罳。王莽斫去陵上罘罳而曰使人无复思汉者是也。却而求之上古，则《礼经》'疏屏'亦其物也。疏者，刻为云气、虫兽而中空玲珑也。又有网户者，刻为连文，

1.[唐] 段成式.酉阳杂俎.续集卷四.贬误.
2.[晋] 崔豹.古今注.卷上.都邑第二.
3.[宋] 王谠.唐语林.卷二.文学.
4.[汉] 刘熙.释名.卷五.释宫室.
5.[五代] 马缟.中华古今注.卷上.罘罳屏.

递相缀属，其形如网也。宋玉曰：'网户朱缀刻方连'是也。既曰刻，则是雕木为之，其状如网耳。……若并今世俗语求之，则门屏镂明格子是也。其制与青琐同类。顾所施之地不同而名亦随异耳。如淳之释青琐谓为门楣之格也。"[1]

按照程大昌的说法，凡雕刻有云气、虫兽而中空玲珑的木质隔版，包括门楣窗扇之类的镂空格子版，都可以归在罘罳这一概念之下。这或应该理解为后世人对罘罳之意义的衍生。（图 1-46）

图 1-46　汉代明器中所见罘罳窗版（河南灵宝张湾 2 号墓出土）

1. [宋] 程大昌 . 雍录 . 卷十 . 罘罳 .

第二章　房屋基础营造（上）：壕寨制度

导言

古代建筑营造，包括了设计与施工两个阶段。其中，设计阶段还包括了房屋选址、建筑方位确定、建筑标高确定，以及建筑组群布置与组合等环节。

有关建筑方位、建筑标高的确定，以及房屋地基的开挖与建造等，也关系到房屋施工。例如，在房屋建造场地上，要为每一座房屋确定一个正确的座向与朝向，这一过程，属于古代营造工程中的"取正"。

在确定了房屋建造位置，并为建筑群中主要建筑及其附属建筑确定了各自座向与朝向后，就要为每座房屋设计其基础的四至，并在这一基础上，开挖地基。在开挖地基及建造房屋基础之前，有一个重要环节，就是"定平"，即确定房屋所处场地环境地面是否平整，通过定平，确定房屋基础四至的标准标高。

依据通过定平所确定的这一标准标高，可以确定向地面以下地基的开挖深度，同时也确定地面的设计标高，以及房屋基础露出地面部分——即房屋的基座的设计高度。

在宋代之前，房屋地基处理，多是在经过开挖的基坑之内，将土质材料及类似的碎砖瓦或石札（碴）材料等分层回填并夯筑，使得承载上部建筑基础的地基得以加固。在此地基上，进一步营造房屋基座，其方法也是通过分层夯筑土、碎砖瓦与石札，并辅以基座四周包砌的砖石砌体，从而形成房屋的基座。

然而，每座房屋基座的面广与进深，以及基座顶面距离地面标高的高度差，都需要根据每一座具体建筑的等级与体量加以设计。有关房屋基座的长、宽及高度尺寸的设计问题，被称为"立基之制"。而具体地实施这一过程，如在已经开挖好的基坑内，开始夯筑土与碎砖瓦及石札等，就是基础的营建施工过程，这一过程，被称为"筑基"。此外，在特殊地理位置上的房屋，如临水建筑物的地基与基础，要经过特殊的处理。要对其地基进行加固，也要对基础与台座加以强化处理，这一过程，被纳入到了"筑临水基"的范畴。

除了房屋的地基与基础主要是通过土质等材料的夯筑之外，宋代及其之前以前房屋的墙体，如房屋隔墙、围护墙、房屋院墙，以及城墙等，亦多用土质材料夯筑而成。在宋《营造法式》中，除了将房屋的取正、定平等选址、设计问题，放在"壕寨制度"的论述范围之内外，也将房屋地基与基座的设计与施工，及房屋墙体、院落墙体、一般围合性墙体（露墙），以及城墙等以土质材料夯筑为基本方式的施工方法与过程，都纳入了"壕寨制度"的范畴之内。

换言之，中国古代建筑的设计与施工，大体上被归在古人所谓"土木之功"的范畴之内。其中，涉及房屋选址（图2-1）、取正与定平，房屋地基、基座，以及城墙、围墙、房屋墙体等部分的设计与施工（图2-2），多属于"土功"的范畴，并与土工夯筑等施工方式有着密切的关联，属于现代房屋营造过程中的"圬工"概念。这一概念，大体上可以归在房屋基础营造的第一个阶段：即房屋地基与基础（基座）的开挖与营造阶段。这一阶段的设计与施工，在宋《营造法式》中，被称为"壕寨制度"。

图2-1　太保相宅图（自《钦定书经图说》）

图2-2　洛汭成位图（自《钦定书经图说》）

第一节　壕寨制度

"壕寨"一词之用于工程建设,大约始于五代时期。五代后梁寿州人刘康乂,追随后梁太祖朱晃征战:"所向多捷,尤善于营垒,充诸军壕寨使。"[1]可知壕寨工程,最初指的是两军对垒时的营垒工事,五代时已经有专门负责这一类工程的官员,称"壕寨使"。北宋人苏轼所撰奏议《奏论八丈沟不可开状》云:"当初相度八丈沟时,只是经马行过,不曾差壕寨用水平打量地面高下,……元不知地面高下,未委如何见得利害可否,及如何计料得夫功钱粮数目,显是全然疏谬。"[2]这里的"壕寨",或可看作专司土地测量或水利工程的官员及技术人员。

元代马端临撰《文献通考》中提到了宋《营造法式》的撰修:"熙宁初,始诏修定,至元祐六年书成。绍圣四年命诚重修,元符三年上,崇宁二年颁印。前二卷为《总释》,其后曰《制度》、曰《功限》、曰《料例》、曰《图样》,而壕寨石作,大小木调镟锯作,泥瓦,彩画刷饰,又各分类,匠事备矣。"[3]这里将壕寨与石作工程并列,都属于当时土木工程中的重要内容。

北宋徽宗朝将作监李诫(图2-3)编修《营造法式》,在"看详"中将"墙"一节中所提到的"城壁""露墙""抽纴墙"等"右三项并入壕寨制度"。[4]《营造法式》中专有"壕寨制度"一节,其中包括了:取正、定平、立基、筑基、城、墙、筑临水基,共7类工程项目。

显然,北宋时人,是将房屋建造工程的放线定位、地基找平、房屋基础夯筑、城垣筑造、围墙筑造、房屋墙体(抽纴墙)的砌筑或夯筑,以及滨水建筑物的基础筑造等,都纳入了"壕寨制度"的范畴之内。

《营造法式·壕寨功限》一节,将

图2-3　北宋将作监李诫(李明仲)先生像

1.[宋]薛居正.旧五代史.卷二十一(梁书).列传十一.刘康乂传.

2.[宋]苏轼.苏轼集.卷六十.奏议十三首.奏论八丈沟不可开状.

3.[元]马端临.文献通考.卷二百二十九.经籍考五十六.子(杂艺术).《将作营造法式》三十四卷.《看详》一卷.

4.[宋]李诫.营造法式.营造法式看详.墙.

其前"壕寨制度"与"石作制度"中所囊括的地基、基础等土石工程，几乎都纳入"壕寨"工程范围，其中包括：总杂功、筑基、筑城、筑墙、穿井、搬运功、供诸作功、石作功限、总造作功、柱础、角石、殿阶基、地面石（压阑石）、殿阶螭首、殿内斗八、踏道单钩阑（重台钩阑、望柱）、螭子石、门砧限（卧立柣、将军石、止扉石）、地栿石、流杯渠、坛、卷輂水窗、水槽、马台、井口石、山棚鋜脚石、幡竿颊、赑屃碑、笏头碣，共25项土石类工程，都纳入到壕寨工程的范畴之内。

换言之，壕寨工程，既包括了诸如取正、定平、立基、筑墙、穿井等城垣筑造、房屋基础等挖土、夯土工程，也包括了房屋基座诸砖石工程，包括地面、钩阑、螭首，以及诸如地栿石、流杯渠、卷輂水窗、上马台、井口石、赑屃碑等一系列石作工程。

然而，或可以分为广义的壕寨工程与狭义的壕寨工程。狭义的壕寨工程，主要限定在《营造法式》"壕寨制度"一节。在《营造法式》作者看来，"壕寨制度"与"石作制度"，还是可以分得清的。

壕寨制度，主要涉及房屋定位与放线、找平，地基处理、房屋基础夯筑与建造（包括房屋等建造物取正与定平的具体实施），各种墙体筑造和各种与水体有关的工程，如穿井、凿挖沟壕，以及筑临水基等工程方面的种种规则。

取正

"取正"一词，自古有之，这应是一个多义词，其基本含义，多少已包含"定取端正之方位"意义。如《周礼注疏》中，汉人郑玄对《周礼》所云"以廛里任国中之地，以场圃任园地，……"注曰："皆言任者，地之形实不方平如图，受田邑者，远近不得尽如制，其所生育赋贡，取正于是耳。"[1] 其义是说，为百姓颁授田亩，或在城内设置里廛，都应该尽量做到"方平如图"，这样才有利于生民的生产与生活。

明代人丘濬《大学衍义补》中将"取正"之功能提升到了关乎"蕃民之生"的重要地位："故民数者，庶事之所自出也莫不取正焉，以分田里、以合贡赋、以造器用、以制禄食、以起田役、以作军旅，……"[2] 可知取正在百姓日常生活中，有着怎样的重要意义。当然，这里的取正，指的并不仅仅是建筑物的方位之中正，也包括田亩之方均，贡赋之合理，器用之便利，如此等等。

《营造法式》"看详"一节中定义了"取正"在建筑上的基本意义："今谨按《周官·考工记》等修立下条：诸取圜者以规，方者以矩，直者抨绳取则，立者垂绳取正，

1. [汉]郑玄注.[唐]贾公彦疏.周礼注疏.卷十三.
2. [明]丘濬.大学衍义补.卷十三.蕃民之生.

横者定水取平。"[1] 这里的取正，指的是通过悬垂线的观察，以确认房屋的垂直与方正。

在"看详"一节，李诫专设了"取正"条目："《诗》：定之方中。又：揆之以日。注云：定，营定也。方中，昏正四方也。揆，度也。度日出日入，以知东西。南视定，北准极，以正南北。《周礼·天官》唯王建国，辨方正位。"[2] 这里明确指出，城市与房屋的取正，是通过日出日入，确定东西南北的方位，并因之而确定城市与房屋的方位。

李诫还进一步将取正做法具体化："今来凡有兴造，既以水平定地平面，然后立表测景、望星，以正四方，正与经传相合。今谨按《诗》及《周官·考工记》等修立下条：取正之制：先于基址中央日内置圜版，径一尺三寸六分。当心立表，高四寸，径一分。画表景之端，记日中最知之景，次施望筒，于其上望日景，以正四方。"[3] 这是取正工作的第一步，即在建造物基址的中央放置一个直径为 1.36 尺的圆形平版，此为景（影）表，平版的中央立一根高 0.4 尺，径 0.01 尺的细挺立柱，在正午时分，可以通过这个景表之影子的端头，做出一个标记。然后再用望筒加以核对与校正。

望筒，当是一个用于取正的仪器，形如远望之圆筒。通过望筒，在白昼正午时分，向南望日，并标识出望筒北侧日影，并在夜间透过望筒，直望位于北天空的北极星，并在望筒两侧各悬垂绳于地，做出标识。结合白昼午时望日，与夜间望北极星，确定出正确南北方位，再以此为依据，确定东西方位，则城市与房屋四个方位就确定下来。由此推知，这里的景表、望筒，有如今日建筑工程施工中，用来定取方位的"经纬仪"。

对于地势偏斜的基址，也同样需要用景表、望筒来确定其方位："若地势偏衺既以景表、望筒取正四方，或有可疑处，则更以水池景表较之。……其立表内向池版处用曲尺较，令方正。"[4] 水池景表，是一个辅助性的取正仪器，对确定方位有困难的地方，以其作为校正方位的辅助工具。因为用了水池景表，使得本来不平整的基址，在测量与定位的过程中，是通过对一个平整如水的仪器加以操作而完成的，从而避免了地势偏斜造成的误差。

从房屋施工角度来看，取正概念，还包括了对房屋之基座、柱子、墙体及梁栿等设置得是否垂直、端正加以校正。这样的操作，主要靠的是垂绳。故《营造法式》

1.[宋]李诫.营造法式.营造法式看详.方圆平直.
2.[宋]李诫.营造法式.营造法式看详.取正.
3.[宋]李诫.营造法式.营造法式看详.取正.
4.[宋]李诫.营造法式.营造法式看详.取正.

卷一"总释上"，举了"《管子》：夫绳，扶拔以为正"。[1] 及"《匡谬正俗·音字》：今山东匠人犹言垂绳视正为㮰也"。[2] 而这里的㮰字，则引"《字林》：㮰，时钏切，垂枭望也"。[3] 其意应该是说垂绳以求正直之意。这一做法，与现代施工中，工人采用垂线校正墙柱是否垂直的做法十分相近。

定平

所谓"定平"，顾名思义，就是指对建造工程之地基与基础加以找平。汉代人《周髀算经》已提到"定平"的概念："商高曰："平矩以正绳（以水绳之正，定平悬之体，将欲慎毫厘之差，防千里之失），偃矩以望高，覆矩以测深，卧矩以知远（言施用无方，曲从其事，术在《九章》）。"[4] 以水绳之正，定平悬之体。水者，用以定水平，而绳者，用以定垂直。《营造法式》引："《庄子》：水静则平中准，大匠取法焉。"[5] 也是说，定平主要是以水校定施工中各个高度层面上的水平问题。

《营造法式》引："《周官·考工记》：匠人建国，水地以垂（悬）。郑司农注云：于四角立植而垂，以水望其高下，高下既定，乃为位而平地。"[6] 其意是说，在建造物基址四角，竖立四根立杆，通过用水制作的水平仪器，向四角立杆上望，标出一个水平标志，从而确定建造物基址的平整与否。这里"水地以悬"的水平仪器，大约相当于今日施工中所用的水准仪。

《营造法式》中还具体给出了定平的操作过程："定平之制：既正四方，据其位置，于四角各立一表，当心安水平。"[7] 这里所说的"四角各立一表"的概念，与《周官·考工记》中的做法完全一致。当心所安的"水平"，即是古代匠人使用的一种水准仪，这个水平仪器，是设置在一个木桩上的，其上通过开凿水槽，在水槽中注水，并且通过在水上的"水浮子"顶端，向四角立杆上望，通过在立杆上做出的与水浮子顶端相同高度的标记，以为标准，反推出地面的水平标高，从而确保房屋基础本身的平整。

中国古代木构建筑基础做法，是在台基之上，再使用石头雕镂的柱础，《营造法式》也给出利用"真尺"检查柱础表面水平标高做法。这是一种校正性的定平方法，即在

1.[宋]李诚.营造法式.卷一.总释上.取正.
2.[宋]李诚.营造法式.卷一.总释上.取正.
3.[宋]李诚.营造法式.卷一.总释上.取正.
4.[汉]佚名.周髀算经.卷上.
5.[宋]李诚.营造法式.卷一.总释上.定平.
6.[宋]李诚.营造法式.营造法式看详.定平.
7.[宋]李诚.营造法式.营造法式看详.定平.

已经基本平整的基座之上，通过用"真尺"对每一柱础是否平正加以校订。即在"真尺"中央设置一根立表，中施墨线，将真尺置于柱础顶面上，再在真尺立表上垂绳，垂绳与墨线重合，则可确知柱础是否处在水平位置上。（图2-4）

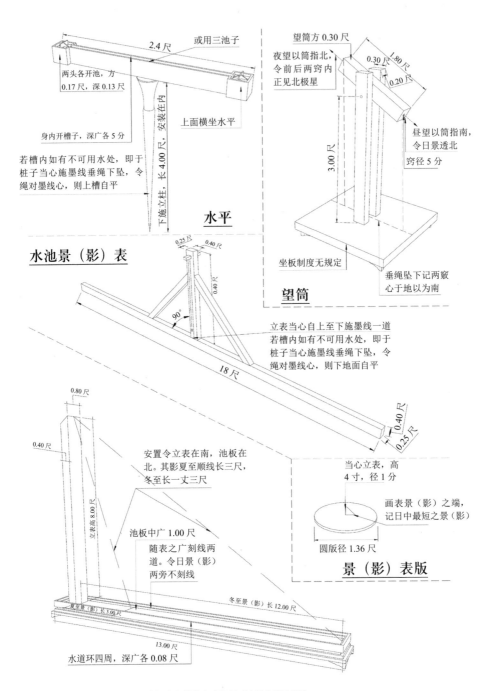

图 2-4　宋代取正·定平之仪器（闫崇仁摹绘自《梁思成全集》第七卷）

真尺

《营造法式》"看详"与"壕寨制度"两节，分别提到了"真尺"，两段话内容不仅相同，用词也一字不差："凡定柱础取平，须更用真尺较之。其真尺长一丈八尺，广四寸，厚二寸五分。当心上立表，高四尺。（广厚同上。）于立表当心，自上至下施墨线一道，垂绳坠下，令绳对墨线心，则其下地面自平。（其真尺身上平处与立表上墨线两边，亦用曲尺较令方正。）"[1]

前文"定平"已提到，使用真尺，是一种校正水平的方法。真尺具体形式，按照《营造法式》描述，是一根长 18 尺，宽 0.4 尺，厚 0.25 尺的木杆。在木杆中央，再垂直竖立一根高为 0.4 尺的短木杆，这根垂直木杆，宽度同样是 0.4 尺，厚 0.25 尺。为了使这个垂直短杆能够稳固安置在水平长杆上，其两侧可能还需要斜置的撑杆，将其固定在一个确定位置上。

在垂直木杆中心，绘制有一条与横置的水平长杆相垂直的墨线。实际施工中，将长杆水平放置在需要校订其是否平直的结构面上，如基础顶面，或柱础顶面等，然后，在其中央垂直木杆顶部，通过一个凸出的木橛，悬挂一根垂绳，若所悬垂绳与垂直木杆上墨线完全重合，可以证明这个结构体顶面，是处在一个水平状态上。

这一水平长杆与垂直短杆的结合体，构成了古代匠人施工时所用的"真尺"。（图 2-5）真尺何以有 1 丈 8 尺之长？这说明在校正柱础水平之时，真尺很可能是要搭在相邻两个柱础上，以确定这两个柱础，是否在同一水平。这样两两相校，最终可以校定整座建筑物各个柱础都在一个水平之上。这样细微的定平方式，也说明中国古代建筑在施工上的精确与细致。

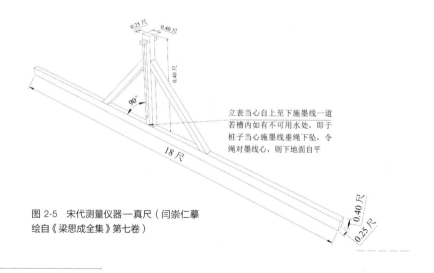

立表当心自上至下施墨线一道
若槽内如有不可用水处，即于
桩子当心施墨线垂绳下坠，令
绳对墨线心，则下地面自平

图 2-5　宋代测量仪器—真尺（闫崇仁摹
绘自《梁思成全集》第七卷）

---

1. [宋] 李诚 . 营造法式 . 营造法式看详 . 定平 .

水平

《营造法式》中所说"水平"是一种用于"定平"的仪器，类似于现代施工中的水准仪。据《营造法式·壕寨制度》："其水平长二尺四寸，广二寸五分，高二寸。下施立桩，长四尺，（安镶在内。）上面横坐水平，两头各开池，方一寸七分，深一寸三分。（或中心更开池者，方深同。）身内开槽子，广深各五分，令水通过。"[1]

这里给出了宋代工匠使用的水平仪器的基本规制：一个长 2.4 尺，宽 0.25 尺，厚 0.2 尺的木制水平尺杆，水平尺杆下有一个长为 4 尺的木桩。水平尺杆与木桩呈垂直布置。在水平尺杆的上面开一个水槽，槽宽与深各为 0.5 寸，水槽的两端，即水平尺的两端，各凿有一个 1.7 寸见方的小池，池深 1.3 寸。也有同时在水平尺中央开凿一个小方池的做法，其池的大小与深浅，与两端的方池完全相同。再将这个水平尺杆用金属物安镶(连接)在一起。在实测水平时，再将水平尺上的水槽与小方池中充满水。（图2-6）

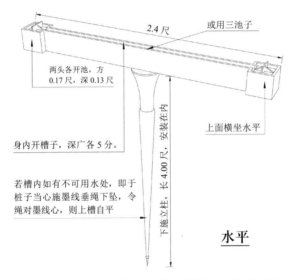

图 2-6　宋代测量仪器—水平（闫崇仁摹绘自《梁思成全集》第七卷）

依据《营造法式》描述："于两头池子内各用水浮子一枚。（用三池者，水浮子或亦用三枚。）方一寸五分，高一寸二分，刻上头令侧薄，其厚一分，浮于池内。"[2]

具体做法："望两头水浮子之首，遥对立表处，于表身内画记，即知地之高下。"[3]

按照三点一线原理，通过肉眼，观察水平两头两个浮子顶端，视线延伸至房屋四角所

1.[宋]李诫.营造法式.卷三.壕寨制度.定平.

2.[宋]李诫.营造法式.卷三.壕寨制度.定平.

3.[宋]李诫.营造法式.卷三.壕寨制度.定平.

立木杆上，在杆上与两浮子相平的标高点位上做出标志，这样就确定了房屋四角的水平标高。

《营造法式》还给出了特殊情况下，如槽内无法用水时，确定房屋水平的方法："若槽内如有不可用水处，即于桩子当心施墨线一道，垂绳坠下，令绳对墨线心，则上槽自平，与用水同。其槽底与墨线两边用曲尺较，令方正。"[1] 其方法是通过对垂线的观察，确保水平仪器的立桩，与地面保持垂直，从而保证立桩上的水平杆为与地面平行的水平状态，再通过横杆上槽内两端浮子尖端，望房屋四角立杆，从而确定房屋四角基础标高。

中国古代营造施工中所使用的这种"水平"，与现代水平仪在原理上是相同的，具体的找平方式也是一样的。

望筒

望筒是古人确定城市、建筑群或房屋之方位，即"取正"时所使用的工具之一。具体形式如《营造法式》中描绘，尺寸为："长一尺八寸，方三寸（用版合造）。两卷头开圆眼，径五分。筒身当中，两壁用轴安于两立颊之内。其立颊自轴至地高三尺，广三寸，厚二寸。"[2] 这个望筒，在观念上，大约接近一个现代望远镜，可以通过固定且可穿过视线的圆筒，远望夏日正午时分位于天际正南方的太阳，或夜晚时分位于天际正北方的北极星，并通过与两者各自对应的垂线，在地面上做出两个相应标志，两点连成一线，就可以确定一座城市，一个建筑群，或一座房屋的南北方位。（图2-7）

实际做法是："昼望以筒指南，令日景透北。夜望以筒指北，于筒南望，令前后两窍内正见北辰极星。然后各垂绳坠下，记望筒两窍心于地，以为南，则四方正。"[3] 也就是说，通过望筒，在白昼正午时分，向

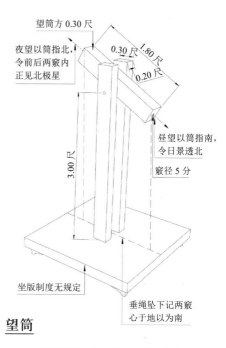

望筒方 0.30 尺
夜望以筒指北，
令前后两窍内
正见北极星
0.30 尺 1.80 尺
0.20 尺
3.00 尺
昼望以筒指南，
令日景透北
窍径 5 分
坐版制度无规定
垂绳坠下记两窍
心于地以为南

望筒

图2-7　宋代测量仪器—望筒（闫崇仁摹绘自《梁思成全集》第七卷）

1.［宋］李诫.营造法式.卷三.壕寨制度.定平.
2.［宋］李诫.营造法式.营造法式看详.取正.
3.［宋］李诫.营造法式.营造法式看详.取正.

南望日，并标识出望筒北侧日影；在夜间透过望筒，直望位于北天空的北极星，在望筒两侧各悬垂绳于地，并做出标识。结合白昼午时望日与夜间望北极星，确定出正确的南北方位，再以此为依据，确定东西方位，则城市与房屋四个方位就确定了下来。所以，这里的望筒，与今日建筑工程施工中，用来定取方位的"经纬仪"有异曲同工之妙。

水池景表

水池景表，也是古代施工中使用的一种工具，"景"，"影"之本字，故"景表"亦即"影表"。其功能主要是用于房屋基础与地面的"取正"，即确定房屋的恰当方位。

从概念上讲，水池景表，似乎是一个辅助性工具，一般情况下，使用望筒取正，再用真尺找平，大约已满足了一座房屋的方位与平正问题。但对于地势偏斜的基址，除了需用望筒确定方位外，对难以确定的可疑之处，则需要借助水池景表的进一步校正："若地势偏衺既以景表、望筒取正四方，或有可疑处，则更以水池景表较之。"[1]

水池景表的具体形式是："其立表高八尺，广八寸，厚四寸，上齐，（后斜向下三寸。）安于池版之上。其池版长一丈三尺，中广一尺。于一尺之内，随表之广，刻线两道；一尺之外，开水道环四周，广深各八分。用水定平，令日景两边不出刻线，以池版所指及立表心为南，则四方正。"[2]（图 2-8）

也就是说，先有一个可以充水的水池池版，池版长 13 尺，其中心部位的版宽为 1尺，在 1 尺之外的四周，环凿一个水道，水道的宽度与深度均为 0.08 尺。在池版的一端，垂直竖立一块高 8 尺，宽 0.8 尺，厚 0.4 尺的方形木版为景表版。景表版的上端齐平，但版后顶部向下 0.3 尺，需切削成斜抹的形式，从而使景表上端呈尖锐如刀锋状。

在使用时，通过水平校订，使得池版位于水平的位置上，然后在正午的日光之下，转动池版与景表的方向，当景表的影子刚好落在池版之内，不出四周的刻线时，可以证明池版是朝向正南方向的，即以景表之中心线向下做出标志，确定出正南的方位，如此，则东西方位也就确定了。

据《营造法式》，施工中还有一种使用水池景表的方法是："安置令立表在南，池版在北。其景夏至顺线长三尺，冬至长一丈二尺。其立表内向池版处用曲尺较，令方正。"[3] 这样的做法，是利用冬至日正午时日光处于正南最低处，或夏至日正午时日光处于正南最高处，通过经验得出的数据。

---

1. [宋] 李诫 . 营造法式 . 营造法式看详 . 取正 .
2. [宋] 李诫 . 营造法式 . 营造法式看详 . 取正 .
3. [宋] 李诫 . 营造法式 . 营造法式看详 . 取正 .

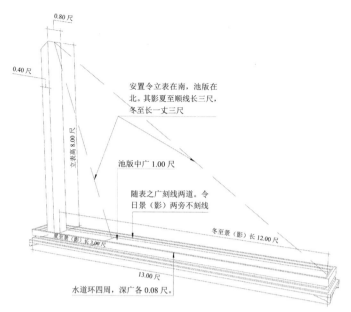

图 2-8　宋代测量仪器—水池景表（闫崇仁摹绘自《梁思成全集》第七卷）

在图中标注的文字：

0.80 尺

0.40 尺

安置令立表在南，池版在北。其影夏至顺线长三尺，冬至长一丈三尺

立表高 8.00 尺

池版中广 1.00 尺

随表之广刻线两道。令日景（影）两旁不刻线

冬至景（影）长 12.00 尺

夏至景（影）长 3.00 尺

13.00 尺

水道环四周，深广各 0.08 尺。

冬至日正午时，景表影子的长度为 12 尺，或夏至日正午时，景表影子的长度为 3 尺时，其池版都是位于正南与正北的方位上的。在使用水池景表时，还会用到古代木工匠师们常用的曲尺，对水池景表本身加以校正，以确保景表与池版处于相互垂直状态。

池子及水浮子

这里的池子及水浮子，分别指古代房屋施工定平仪器——"水平"中位于立桩顶部水平尺杆上部的水槽与木质水浮子。水槽宽度与深度各为 0.5 寸，水槽两端，即水平尺杆两端，各凿一个 1.7 寸见方，深 1.3 寸的小池。或同时在尺杆中央开凿一个同样大小的小方池。在实测水平时，将水平尺上的水槽与小方池内充满水。

水浮子则是一个方 1.5 寸，高 1.2 寸，如后世枪械用于瞄准的准星一样的木质标志体，其形式为在一块 1.5 寸见方的小方木上，竖置部分为顶端侧薄的木片，厚仅 0.1 寸，形成略似准星的端头，水浮子可以浮在水平两端（或中央）的小水池中。

施工定平时，则："望两头水浮子之首，遥对立表处，于表身内画记，即知地之高下。"[1] 即按照三点一线原理，通过肉眼，观察水平两头两个浮子顶端，视线延伸至房屋四角所立木杆，在杆上与两浮子相平标高点位上做出标志，以此确定房屋四角水平标高。

---

1. [宋] 李诫 . 营造法式 . 卷三 . 壕寨制度 . 定平 .

景表版

与水池景表一样，景表版也是古代施工中使用的一种工具。与水池景表的功能相似，景表版是用来确定建筑方位的一种仪器。《营造法式》仅仅在一个地方提到"景表版"这个词，即"卷第二十九，壕寨制度图样"中的第一幅图："景表版等第一"。这里用了"等"，说明这幅图中除了景表版图，还有前面提到的望筒图。图中所示两种工具：景表版与望筒，都是为即将建造的建筑物确定正确方位——"取正"——而用的古代仪器。两者功能，大约相当于今日施工中所用经纬仪。

关于景表版文字描述，隐藏在《营造法式·看详》中"取正"一节，使用景表版前提是："今来凡有兴造，既以水平定地平面，然后立表测景、望星，以正四方。"而其具体的操作方式是："先于基址中央，日内置圜版，径一尺三寸六分。当心立表，高四寸，径一分。画表景之端，记日中最短之景。次施望筒，于其上望日景，以正四方。"[1]

其意是说，在开始一座建筑物施工之前，先用水平确定地面标高，然后，在施工用地范围内中心点（基址中央）竖立一块"景表版"，用来测量正午太阳的影子。以当日最短日影（立表测景），确定南北方位；同时，结合望筒使用，通过正午望日，夜晚望北极星，将望日与望星时望筒两端窍孔，通过垂线找到地面上两个点，同样也能够确定南北方位。这样两种方式的相互结合与验证，可以比较准确地判定建筑物是否是处在正南正北方位上；之后再通过与南北线求正交线方式，找出东西方位，从而确定建筑物四个正确方位（以正四方）。

这段文字，给出了宋代"景表版"基本形式："先于基址中央，日内置圜版，径一尺三寸六分。当心立表，高四寸，径一分。"也就是说，景表版，是一个圆圆状平版，圆版直径为1.36尺。在圆版中心，竖立一根细小杆子（景表），杆子仅高0.4尺，杆子直径也仅为0.01尺。（图2-9）这一仪器尽管十分简单，却为保证主要采用坐北朝南方位布置的中国古代建筑群，包括城邑、宫殿、寺观、坛庙、住宅等，提供了一个科学合理的实现方式。

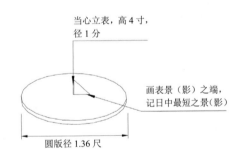

当心立表，高4寸，
径1分

画表景（影）之端，
记日中最短之景（影）

圆版径1.36尺

景（影）表版

图2-9 宋代测量仪器—景表版（闫崇仁摹绘自《梁思成全集》第七卷）

1.[宋]李诚.营造法式.营造法式看详.取正.

立基（立基之制）

宋人沈括《梦溪笔谈》谈"营舍之法"时提到中国建筑三分法："凡屋有三分：自梁以上为上分，地以上为中分，阶为下分。"[1] 也就是说，中国古代建筑是由基座（下分）、屋身（中分）与屋顶（上分）三个部分组成的整体。立基，就是有关房屋之"下分"，即房屋基座部分的设计与建造。（图 2-10）

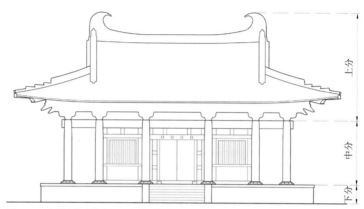

图 2-10　中国古代建筑立面三分法示意（闫崇仁绘）

《营造法式·壕寨制度》中有一节与"立基"有关的制度描述："立基之制：其高与材五倍。（材分在大木作制度内。）如东西广者，又加五分至十分。若殿堂中庭修广者，量其位置，随宜加高。所加虽高，不过与材六倍。"[2]

这里的"立基"指的是房屋基座设计。一座建筑物基座，其高度应是这座房屋所用材分高度的 5 倍。有关房屋材分制度的说明，在《营造法式》大木作制度一章中有详细描述。若这座房屋的东西面广比较长，那么在初步确定的基座高度基础上，再增加 5 分至 10 分的高度。即其基座高为：5 材 +5（至 10）分。例如，一座采用了一等材的殿堂建筑，其材高为 9 寸，则这座殿堂建筑的基座高度，一般情况下，应该为材高的 5 倍，即 4.5 尺。假设一宋尺合今尺为 0.315 米，则其基座高度约为 1.42 米。但如果这座殿堂东西面广比较长一些，则可以将台座高度适度增加，如增加 6 分，以一等材的一分为 0.6 寸，6 分即位 3.6 寸。则其基座高度应为：4.5 尺 +0.36 尺 =4.86 尺，约合今尺 1.53 米。（图 2-11）

如果这座房屋所处庭院空间比较宽广，也需根据庭院尺度，适度增加房屋基座高度。但是，无论怎样增加，也必须有一个适度范围。一般情况下，一座房屋基座高度，

---

1. [宋] 沈括 . 梦溪笔谈 . 卷十八 . 技艺 .
2. [宋] 李诫 . 营造法式 . 卷三 . 壕寨制度 . 立基 .

不应超过这座房屋所采用材分高度
的 6 倍。仍以采用一等材殿堂为例，
无论其庭院空间如何宽广，其殿堂
基座高度，可以适当增加，但不能
高过房屋所用材高的 6 倍，即 5.4
尺。约合今尺 1.70 米。

由此可知，这里的"立基"，
说的是房屋基座高度设计。

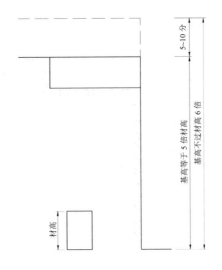

图 2-11　用一等材木构殿堂台基高度示意（闫崇仁摹绘自《梁思成全集》第七卷）

筑基（筑基之制）

《营造法式·壕寨制度》紧接
"立基"一节是有关"筑基"的描
述："筑基之制：每方一尺，用土
二担；隔层用碎砖瓦及石札等，亦
二担。每次布土厚五寸，先打六杵，
（二人相对，每窝子内各打三杵。）
以上并各四杵，（二人相对，每窝
子内各打二杵。）次打两杵。（二
人相对，每窝子内各打一杵。）以
上并各打平土头，然后碎用杵辗蹍
令平，再撺杵扇扑，重细辗蹍。每
布土厚五寸，筑实厚三寸。每布碎
砖瓦及石札等厚三寸，筑实厚一寸
五分。"[1] 这里说的其实是房屋基
础的施工方法与材料。（图 2-12）

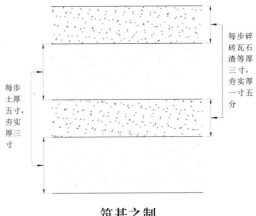

筑基之制

图 2-12　宋代建筑筑基之制示意（闫崇仁摹绘自《梁思成全集》第七卷）

宋代房屋基础，与元明清时代房屋基础不一样。元代以来重要建筑，除了房屋基座
本身外，基座内凡有柱子位置，会加设很深的柱基——礎墩。据考古资料的证明，明清
两代皇家宫殿内殿堂建筑基座内柱子之下的礎墩，在结构与形式上已经十分坚固与严整。

从上文所了解的宋代建筑基础与后世相比，显得简单与原始许多。其基本方法是，
采用逐层夯土方式，筑造房屋基础。在夯土层之间，还加入一层碎砖瓦与石札层。土

1.[宋] 李诚 . 营造法式 . 卷三 . 壕寨制度 . 筑基 .

与碎砖瓦及石札比例大约是 1 : 1。基础施工过程是分层夯筑，每层布土厚 5 寸，夯筑成 3 寸厚度，其上再布一层厚 3 寸的碎砖瓦与石札，夯筑成 1.5 寸厚度。这样分别用土与碎砖瓦与石札夯筑，直至基础顶部。夯筑时，要按照一定规律，均匀夯打，使基础强度与刚性，在整体上保持一致。基础顶部还要经过细致辗蹑，使其平整。

《营造法式》还提到与基础相关的地基问题：“凡开基址，须相视地脉虚实，其深不过一丈，浅止于五尺或四尺。并用碎砖瓦石札等，每土三分内添碎砖瓦等一分。”[1]所谓“相视地脉虚实”，相当于现代施工中的地基勘验。即查验承载房屋基础之地基的土质情况，特别是土层的松紧虚实情况。

这里还提到地基开挖深度，一般情况下，其基坑深度，不超过 1 丈，但也不能浅过 0.4 丈至 0.5 丈。为保证地基承载力，在地基开挖之后，要对地基采取相应加固措施。在这里就是向基坑内添加碎砖瓦与石札。添加时为了地基的密实，还要在碎砖瓦与石札中掺入土。土与碎砖瓦及石札的比例为 3 : 1。这里的石札，指的应当就是较小石块组成的“石渣”。

在北宋时代，即使在殿堂建筑柱子之下，似乎也没有特别设置的磉墩。房屋柱础是放置在一个强度比较均匀的夯土基础之上的。基础露出地面的部分，除了按照柱网设置柱础之外，还要在夯筑基础的四周及顶部包砌或铺设砖、石、地面砖、压阑石等，及设置钩阑、丹陛、踏阶等，从而形成整座房屋高度上之“三分”中的“下分”——建筑基座——的外观。

《营造法式》卷十六：“壕寨功限”中也专设“筑基”一节：“筑基：诸殿、阁堂、廊等基址，开掘（出土在内。若去岸一丈以上，即别计般土功。）方八十尺，（谓每长广方深各一尺为计。）就土铺填打筑六十尺：各一功。若用碎砖瓦、石札者，其功加倍。”[2]

功限，是宋代对用工报酬的一个定义。即房屋营造的劳动者，是按照所计功限多少，获得报酬的。无论什么工种，都可以按照其工作难度与完成数量，确定其完成的工作量——功限。“壕寨功限 • 筑基”一节，就是对开掘与填筑房屋地基或基础所做功的一个定量性描述：开挖一个深 1 尺，方广 80 尺的土基，可以计为 1 个功；而填埋、夯筑一个厚 1 尺，方广 60 尺的土层，也计为 1 个功。

而在同时发生的劳动量，如若将从地基中挖出的土，搬运至距离基坑有 1 丈以上的距离之外，就要单独计算搬运的功限量；如果在填埋、夯筑一块厚 1 尺，方广 60 尺土基的时候，同时填入或夯筑了碎砖瓦、石札，从而加大了工作量与难度，就应该计为 2 个功。以此类推。所谓 1 个功，一般情况下，是一个熟练而强壮的劳动者，在一

1. [宋] 李诫 . 营造法式 . 卷三 . 壕寨制度 . 筑基 .
2. [宋] 李诫 . 营造法式 . 卷十六 . 壕寨功限 . 筑基 .

个标准日内（冬日为短，夏日为长，春秋日则比较标准），应该完成的工作量。

挖土、搬运、填埋、夯筑等，大约都属于技术含量较低的普通用工，故其功限的计算，主要是依据了劳动的量，而非某种技术的难度。这些不仅使我们能够了解当时是如何开挖或填筑一座建筑地基与基础的，也可以窥知宋代在劳动定额与劳酬计算上的科学性与合理性。

筑临水基

《营造法式》中还给出了如何处理濒临水岸之建筑物的地基，并为临近水岸房屋的基础设计与施工提供方法："筑临水基：凡开临流岸口修筑屋基之制：开深一丈八尺，广随屋间数之广，其外分作两摆手，斜随马头。布柴梢令厚一丈五尺。每岸长五尺钉桩一条。（长一丈七尺，径五寸至六寸皆可用。）梢上用胶土打筑令实。（若造桥两岸马头准此。）"[1]

在临水岸边开挖房屋的地基，一般是根据房屋的通面广长度向下挖，开挖的深度为 18 尺，在房屋地基两端，要按照地基深度，向外开挖两道斜向岸边的地基墙。这种临水岸的斜向地基墙，宋代称为"摆手"，清代称为"雁翅"，相当于是对房屋两端水岸的加固性处理措施。两摆手斜度，要与水岸边的码头（马头）找齐，使房屋两端地基加固部分与水岸护墙——码头，形成一个完整的基础结构体。

在这个深为 18 尺的临水基坑中，要填布木条（柴梢），木条叠压累积的厚度约为 15 尺。为了将填埋的木条固定住，沿着水岸边，在每隔 5 尺位置上，要向泥土中植入一根直立木桩，以防止填埋入地基坑中的木条被水冲走。钉入的木桩，一般长度约为 17 尺，直径约为 0.5 尺或 0.6 尺都可以。

然后，在填埋入地基中，并通过均匀分布的木桩加以固定的木条（柴梢）之上，进一步填入具有防水功能的胶黏土，使胶黏土渗入木条缝隙之中，并通过夯筑方式，使胶黏土与木条形成一个板结而坚实的整体，以达到承托上部房屋的强度与刚度。

这里所说的仅仅是临水岸边房屋的地基处理方式。经过处理的岸边地基，具有了防水功能，在这一经过处理的地基上，应当再按照前文中所述立基与筑基方式，设计与建造房屋的基础与基座，并布置房屋立柱的石制柱础，从而完成一座临水岸房屋的地基、基础与基座及柱础的设计与施工过程。

按照《营造法式》，这里所采用的用柴梢填埋基坑，上用胶黏土夯筑的水岸地基处理方式，也适用于一般跨水桥梁两岸码头的地基处理。

---

1. [宋] 李诫 . 营造法式 . 卷三 . 壕寨制度 . 筑临水基 .

第二节　城（筑城之制）

中国古代筑城史，可以追溯到上古三代，甚至更早时期。《诗经》中的"筑城伊减，作丰伊匹"[1]说的就是周文王筑造其京城丰与镐的情况。西汉人桓宽撰《盐铁论》中记载："筑城者，先厚其基，而后求其高。"[2]说明古人很早就意识到，作为防卫之用的城墙筑造，关键在于两个基本量度：一个是城墙厚度，另外一个是城墙高度。

《营造法式·壕寨制度》："筑城之制：每高四十尺，则厚加高二十尺；其上斜收减高之半。若高增一尺，则其下厚亦加一尺；其上斜收亦减高之半。或高减者，亦如之。"[3]这里给出的是宋代城墙设计方式，其中涉及的也主要是两个基本量度：城墙的高度与厚度。

按照《营造法式》规定，城墙高度与厚度是彼此相关联的。一般情况下，城墙高为40尺，城墙墙基部位厚度，就应在这一高度尺寸基础上，再加20尺。即，若城墙高40尺，城墙基部厚度应为60尺。为了墙体稳固，城墙断面一般为斜收的梯形，而城墙顶部厚度，一般控制在城墙基部厚度的一半。如此，则城墙若高40尺，其基部厚度为60尺，其顶部厚度就为30尺。这是一堵宋代城墙的一个基本断面尺寸。（图2-13）

在这一基础上，如果城墙高度增加1尺，其基底厚度也应增加1尺，其顶部厚度，则应增加0.5尺。相应的高度缩减情况也是一样，若城墙在40尺基础上，降低了1尺，其基底厚度，也应减少1尺，而其顶部厚度，则同时减少0.5尺。以此类推。

显然，上文所谓"筑城之制"，指的是城墙设计方法。

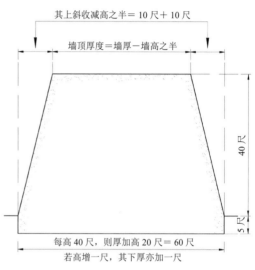

筑城之制

图 2-13　筑城之制示意（闫崇仁摹绘自《梁思成全集》第七卷）

---

1. 诗经.文王之什.文王有声.
2. [西汉] 桓宽.盐铁论.卷三.未通第十五.
3. [宋] 李诫.营造法式.卷三.壕寨制度.城.

城墙地基与基础

《营造法式·壕寨制度》还给出城墙及其地基与基础筑造的材料与施工方法："城基开地深五尺，其厚随城之厚。每城身长七尺五寸，栽永定柱，（长视城高，径尺至一尺二寸。）夜叉木（径同上，其长比上减四尺。）各二条。每筑高五尺，横用纴木一条。（长一丈至一丈二尺，径五寸至七寸。护门瓮城及马面之类准此。）每膊椽长三尺，用草葽一条，（长五尺，径一寸，重四两。）木橛子一枚。（头径一寸，长一尺。）"[1]（图2-14）

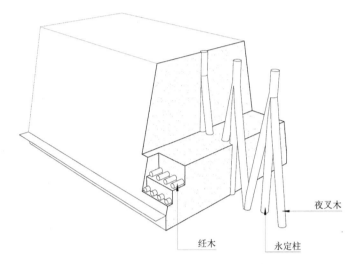

图 2-14　夯筑城墙地基与基础示意（永定柱、夜叉木、纴木）（闫崇仁绘）

首先，城墙要落在坚实的墙基上，故在筑造城墙之前，要先开挖一个深为 5 尺的城墙基坑。基坑宽度，与城墙底部厚度一样。然后，在基坑内向地基的泥土中栽植永定柱。永定柱高度，要与城墙高度相当，柱径为 1 尺至 1.2 尺左右。永定柱沿着城墙的长度走向分布，城墙每长 7.5 尺，须栽入 2 根永定柱。在两根永定柱之间，再各斜插入两根夜叉木，夜叉木直径也需有 1 尺至 1.2 尺，长度比永定柱高度减 4 尺。

永定柱与夜叉木

永定柱，既起到加固城墙墙体主体部分的作用，相当于在城墙内部增加一个骨架，以防止墙体内夯土发生向外滑动；又作为城墙中的一部分，既起到承托上部城墙荷载的作用，并防止城墙发生任何内外倾斜。夜叉木，则相当于永定柱之间施加的木制斜撑，以确保永定柱与城墙的稳固。

1.[宋] 李诚 . 营造法式 . 卷三 . 壕寨制度 . 城 .

纴木

在此基础上，可以开展夯筑城墙的施工。夯筑的城墙高度，每增加5尺，须横向设置一条纴木。纴木的长度约为10至12尺，直径约为0.5至0.7尺。这种纴木，大约相当于横向布置在墙体内的加固件，有如现代混凝土墙内横向钢筋的作用。除了城墙之外，城门处所设瓮城，以及城墙外部向往凸出的马面部分，也都要按照同样规则，布置这种加固墙体的纴木。

膊椽（膊版）

上文中提到一种构件，称"膊椽"。从上下文中很难推测这一构件的作用。以其称"膊"，似有用胳膊抱住的意思？以其称"椽"，似有均匀分布之木条的意思？今人的解释之一，认为"膊椽"，是夯筑城墙施工过程，或古人所称"版筑"过程中，在墙之两侧设置的侧向模板。[1]

《营造法式·看详》中"墙"条引《说文》："栽，筑墙长版也。（今谓之膊版。）"[2]《法式·壕寨功限》中也提到："诸自下就土供坛基墙等：用本功。如加膊版高一丈以上用者，以一百五十担一功。"[3]

其意是说，不加两侧模板的坛基，在夯筑中，其功限，就是夯筑本身的功限，而如果加上两侧模板（膊版），且高度达到1丈以上者，则每夯筑150担土为1功。这两处描述，或可以从一个侧面说明，"膊椽"，与这里所说的"膊版"是一个意思，即夯筑墙体时两侧所加的侧模板。（图2-15）

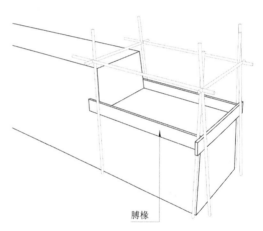

图 2-15　版筑墙"膊椽"示意（闫崇仁绘）

草葽与橛子

《营造法式》："每膊椽长三尺，用草葽一条。"草葽，即草绳。其意是否是，

1. 参见百度网 www.baike.com/wiki/ 土作 .
2. [宋] 李诫 . 营造法式 . 营造法式看详 . 墙 .
3. [宋] 李诫 . 营造法式 . 卷十六 . 壕寨功限 . 总杂功 .

每隔 3 尺的长度，要用草葽将膊椽捆绑一下，以固定住膊椽，好方便墙内夯土的填筑与夯打。对草葽也有要求，其长度为 5 尺，其直径为 0.1 尺，每根草葽的重量还要达到 4 两（按 16 两计，为 1/4 斤。）说明草葽是需要能够承担受力的一根草绳。

此外，在每段加设 3 尺长膊椽的同时，还要加上一枚木橛子。这是一根头细尾粗的木棍，长度为 1 尺，橛头直径 0.1 尺。这一木橛子的用途是什么？这里并没有说清楚。猜测可能是用来绷紧草葽子，使其能够紧固膊椽，保证城墙夯筑时，两侧挡土模板的受力强度？亦未可知。

纽草葽、斫橛子、划削城壁等功限

《营造法式》有关功限的描述中提到："诸纽草葽二百条，或斫橛子五百枚，若划削城壁四十尺，（般取膊椽功在内。）各一功。"[1] 所谓"纽草葽"，这里的"纽"同"扭"，说的是将草扭结成草绳的过程。"斫橛子"，则是制作木橛子的过程。"划削城壁"，可能是对夯筑完成的城墙外壁加以划削修整，使其整齐坚实。

这三件工作的功限，分别为，每扭 200 条草葽，斫制 500 枚木橛子，划削 40 尺长城壁，都各计为 1 功。其中，划削城壁的功限中，还包括了将原本附在城壁外的模板——膊椽——搬取开的工作量。这里或从一个侧面证明，膊椽，正是指前文所推测的夯筑城墙时，设置于墙两侧的模板。

筑城功限

《营造法式·壕寨功限》一节，详细描述了城墙填筑的功限："筑城：诸开掘及填筑城基：每各五十尺一功。削掘旧城及就土修筑女头墙及护崄墙者亦如之。"[2] 如前所述，城基深度一般为 5 尺，厚度约为 60 尺。每开掘并填筑深 5 尺，宽 60 尺，长 50 尺一段城墙土基，可以计为 1 功。

女头墙与护崄墙

这里同时给出了两种施工的情况：一种是"削掘旧城"，当是在旧城基之上建城的过程；另外一种是"修筑女头墙及护崄墙"。

据宋人撰《守城录》："女头墙，旧制于城外边约地六尺一个，高者不过五尺，

---

1. [宋] 李诫. 营造法式. 卷十六. 壕寨功限. 筑城.
2. [宋] 李诫. 营造法式. 卷十六. 壕寨功限. 筑城.

作'山'字样。两女头间留女口一个。"[1] 可知，这里所说的"女头墙"，当是设置的城墙顶部外侧如"山"字状，中间有"女口"的雉堞。

"护崄墙"，其"崄"，通"险"。同是在《守城录》中有："修筑里城，只于里壕堨上，增筑高二丈以上，上设护险墙。下临里壕，须阔五丈、深二丈以上。攻城者或能上大城，则有里壕阻隔，便能使过里壕，则里城亦不可上。"[2]

可知，护崄墙有可能指的是内城护城壕里侧较矮的防护墙。其目的是增加在护城壕内侧巡行的士兵的安全性。既防止士兵误入壕沟，也防止敌人从壕沟中袭击士兵。因女头墙与护崄墙，都是较为低矮的土墙，其用工也与填筑城墙墙基一样，每50尺（这里可能是长度）为1功。

城墙施工

《营造法式·壕寨功限》一节还透过功限计算，描述城墙施工的一些情况："诸于三十步内供土筑城：自地至高一丈，每一百五十担一功。（自一丈以上至二丈每一百担，自二丈以上至三丈每九十担，自三丈以上至四丈每七十五担，自四丈以上至五丈每五十五担同。其地步及城高下不等，准此细计。）"[3]

这里给出了填筑城墙的方法，即用工情况。填筑城墙的取土范围，一般为30步以内，填筑过程的工作量，是随着城墙高度增高而渐次减少的。如从地面至高约1丈位置，每运填150担土，为1功。自1丈至2丈高度，则每运填100担土；自2丈至3丈高度，每运填90担土；自3丈至4丈高度，每运填75担土；自4丈至5丈高度，每运填55担土，都可以计为1功的工作量。

由此得出两个推测：

一是一般城墙的高度应控制在40尺至50尺之间，再高则没有十分的必要；

二是城墙填筑，不像房屋基座夯筑那样，每填一层土，要间隔着夯填一层碎砖瓦或石渣。而且，为了基座的坚固与稳定，要逐层夯打。

城墙面积比较大，其墙体部分主要用土填埋，不用掺杂碎砖瓦或石渣。并且，填筑过程，也是逐渐增加上部压力的过程。靠逐渐增加的城墙高度，使得下层的填土，变得十分坚实，故而不必作逐层细密夯打的工作了。

---

1. [宋] 陈规、汤璹. 守城录. 卷二. 守城机要. 女头墙.
2. [宋] 陈规、汤璹. 守城录. 卷二. 守城机要. 修筑里城.
3. [宋] 李诫. 营造法式. 卷十六. 壕寨功限. 筑城.

第三节　墙（筑墙之制）

从称谓上讲，墙："其名有五：一曰墙，二曰墉，三曰垣，四曰撩，五曰壁。"[1] 相应的补充性解释还有："《说文》：堵，垣也。五版为一堵。撩，周垣也。埒，卑垣也。壁，垣也。垣蔽曰墙。"[2] 可知，墙为墉、为堵、为壁、为垣。周环之墙，称为"撩"。低矮之墙，称为"埒"。而埒的本义，又接近田埂，而田埂说到底，也是一种低矮的墙。

《营造法式·看详》一节，对"墙"有比较详细的解释。

第一，结合历史经典，从定义方面加以解释，如："《尔雅》：墙谓之墉。"以及："《春秋左氏传》：有墙以蔽恶。"

"《淮南子》舜作室，筑墙、茨屋，令人皆知去岩穴。各有室家，此其始也。"

"《释名》：墙，障也，所以自障蔽也。垣，援也，人所依止以为援卫也。墉，容也，所以隐蔽形容也。壁，辟也，所以辟御风寒也。"[3]

此外，《营造法式·总释上》引《墨子》："故圣王作为宫室之法曰：高足以辟润湿，帝足以围风寒，上足以待霜雪雨露，宫墙之高足以别男女之礼。"

这说明墙有区隔的作用，既有防卫性、隐蔽性及男女之防的礼仪性，也有御寒性功能。更重要的是，墙所围合的空间，还构成人类生活的基本空间——室家。

第二，结合墙之施工，对筑墙时的工具所作的解释："栽，筑墙长版也。（今谓之膊版。）榦，筑墙端木也。（今谓之墙师。）"[4]

宋以前的墙，主要是夯土版筑的形式，故在施工中有许多辅助性工具，如"栽"，就是筑墙时两侧所用的模板；"榦"，与今日的"干"字相近，本义是支架、支柱，这里指筑墙施工时，在墙之端头所立的支护板。

第三，对墙之造型与比例的描述与解释："杇亦墙也。言衰杀其上，不得正直。"[5] 这里指的是，墙要有收分，墙顶部厚度，一般要小于墙基处厚度。因此，墙的表面，不应该是一个直上直下的面。

同时，为了墙体结构的稳固起见，墙的高度与厚度之间有一个基本的比例。如《营造法式》引《周官·考工记》："匠人为沟洫，墙厚三尺，崇三之。郑司农注云：高厚以是为率，足以相胜。"[6]

1.[宋]李诫.营造法式.卷十六.壕寨功限.筑城.
2.[宋]李诫.营造法式.营造法式看详.墙.
3.[宋]李诫.营造法式.营造法式看详.墙.
4.[宋]李诫.营造法式.营造法式看详.墙.
5.[宋]李诫.营造法式.营造法式看详.墙.
6.[宋]李诫.营造法式.营造法式看详.墙.

《营造法式》还给出了一个例子："今来筑墙制度，皆以高九尺厚三尺为祖。虽城壁与屋墙露墙各有增损，其大概皆以厚三尺崇三之为法，正与经传相合。"[1]

筑墙之制

在这一基本比例基础上，作者提出了墙的设计方法——筑墙之制："筑墙之制：每墙厚三尺，则高九尺，其上斜收比厚减半。若高增三尺，则厚加一尺，减亦如之。"[2]作者既给出了基本高厚尺寸与比例，也给出了高度增加或减少时，相应的厚度损益方法。（图2-16）

也就是说，筑墙之制是一个设计问题，即基于墙之设计高度的墙体厚度及高厚比例的控制方式。

垒墙

除了夯筑的墙垣之外，还有结合房屋本体垒砌的围护墙。

《营造法式·泥作制度》中给出了垒筑墙体的方法："垒墙之制：高广随间。每墙高四尺，则厚一尺。每高一尺，其上斜收六分。（每面斜收向上各三分。）每用坯墼三重，铺襻竹一重。若高增一尺，则厚加二寸五分。[3]减亦如之。"[4]这里给出了房屋围护墙的高厚比与上部收分等设计方法。

墙，每高4尺，墙基厚度为1尺，从而控制了高厚比例。墙每高1尺，上部两侧各向内斜收3分，从而控制了墙体的收分比例。而墙体高度，每增加1尺，墙基之处厚度亦相应增加0.25尺，其收分方式当依前例。

如果用土坯砌筑，每三层土坯，要铺一层襻竹。这里的"襻"，有扭住或扣住之意。故"襻竹"，有用竹子将土坯墙扭扣在一起，大约相当于今日在垒筑墙体中，加横铺的钢筋，以增加墙体强度，从而使墙体形成一个结构整体的意思。

《营造法式·诸作料例》中，有"垒坯墙"条："用坯：每一千口，径一寸三分竹，三条。（造泥篮在内。）阁柱每一条，（长一丈一尺，径一尺二寸为准。墙头在外。）

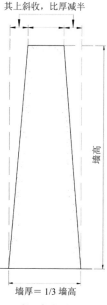

其上斜收，比厚减半

墙高

墙厚＝ 1/3 墙高

筑墙之制

图2-16　筑墙之制示意（闫崇仁摹绘自《梁思成全集》第七卷）

---

1. [宋] 李诫.营造法式.营造法式看详.墙.
2. [宋] 李诫.营造法式.营造法式看详.墙.
3. 梁思成《〈营造法式〉注释》对"垒墙"解释："各版原文都作'厚加二尺五寸'，显然是二寸五分之误。"见《梁思成全集》第七卷，第260页。这里据此亦改为"厚加二寸五分"。
4. [宋] 李诫.营造法式.卷十三.泥作制度.垒墙.

中箔，一领。石灰，每一十五斤，用麻捣一斤。（若用矿灰加八两；其和红、黄、青灰，即以所用土朱之类斤数在石灰之内。）泥篮，每六椽屋一间，三枚。（以径一寸三分竹一条织造。）"[1]

这里比较细致地给出了土坯墙在砌筑过程中，在墙体内部，添加的襻竹、闇柱、中箔等加固型材料的情况。也给出了砌墙所用石灰中掺加麻捣等筋料，及不同颜色矿灰的配比。这里提到的"泥篮"，不知为何物，猜测有可能是施工过程中运送砌墙之泥的工具。由之，或也可以得出一座六椽架房屋，其一间房的墙体砌筑，约需用灰泥三篮？未可知。

《营造法式·壕寨功限》中提到："诸脱造坯墙条墼：长一尺二寸，广六寸，厚二寸，（乾重十斤。）每一百口一功。（和泥起压在内。）"[2]墼，即未经烧制的土坯，则"条墼"者，当指条形的土坯。

这里给出了一块条形土坯的尺寸，长 1.2 尺，宽 0.6 尺，厚 0.2 尺。这里指的是制土坯的工作，制作这样种条状的土坯，每 100 块坯，包括材料准备过程中的和泥，及制作过程中的去模（起压）等工作，可计为 1 功。

筑墙

《营造法式·壕寨功限》中也对墙基筑造，加以了描述："筑墙：诸开掘墙基，每一百二十尺一功。若就土筑墙，其功加倍。诸用蒌、橛就土筑墙，每五十尺一功。（就土抽纴筑屋下墙同；露墙六十尺亦准此。）"[3]

筑墙之始，需要开掘墙基，即向下挖土，再在所挖土坑中填土夯筑，形成墙的基础。用土填埋夯筑墙基，则每长 120 尺，计 1 功。如果包括了就地挖土与填埋、夯筑，其功加倍，则每 120 尺长墙基，计 2 功。如果在墙基内再加诸如草蒌、木橛等，然后夯筑，则每 50 尺长墙基，就可以计 1 功。

这里也提到了抽纴墙与露墙。抽纴屋下墙的工作量，与筑墙时加草蒌、木橛的做功是一样的，都是每 50 尺墙，计 1 功；筑露墙，稍微要容易一些，故每 60 尺计 1 功。

由所计功数，或可推知其工作的复杂程度。

露墙

《营造法式·看详》，在"墙"的条目下，提到："凡露墙，每墙高一丈，则厚

1.[宋] 李诫.营造法式.卷二十七.诸作料例二.泥作.垒坯墙.

2.[宋] 李诫.营造法式.卷十六.壕寨功限.总杂功.

3.[宋] 李诫.营造法式.卷十六.壕寨功限.筑墙.

减高之半，其上收面之广比高五分之一。若高增一尺，其厚加三寸。减亦如之。（其用蔂、橛，并准筑城制度。）"[1]

所谓"露墙"，就是袒露之墙、露天之墙，即不附着于房屋之基础之上，或不附属于房屋梁柱之旁的墙。如院落之间各自环绕的院墙，或建筑群四周的围墙等。露墙的设计，也有其比例：墙高 1 丈，墙基部位的厚度为 0.5 丈。墙体收分，至墙顶部，厚约 0.2 丈。如果墙的高度每增加 1 尺，其厚度亦增加 0.3 尺，若高度减少 1 尺，厚度亦减少 0.3 尺。如果在露墙中，使用了草蔂、木橛等加固性材料，其功计法，与夯筑城墙时的情况一样。（图 2-17）

抽纴墙

《营造法式·壕寨制度》，筑城一节，提到了纴木："每筑高五尺，横用纴木一条。（长一丈至一丈二尺，径五寸至七寸。护门瓮城及马面之类准此。）"[2] 纴者，用以编制的丝。所谓纴木，应是在墙中加入横向木条，以增加墙体强度。

《营造法式·看详》指出："凡抽纴墙，高厚同上。其上收面之广比高四分之一。若高增一尺，其厚加二寸五分。（如在屋下，只加二寸。划削并准筑城制度。）"[3] 也就是说，凡是加了纴木的墙体，其高厚的比例设计，与其上所描述露墙的比例一样，即每高 1 丈，其墙基厚度为 0.5 丈。但是，其收分比较缓，故其墙顶厚度，比同样高度的普通露墙要厚一些，约为 0.25 丈。抽纴墙高度，每增高 1 尺，其厚度增加 0.25 尺。但如果是房屋间的围护墙，则随着高度增加，每增高 1 尺，墙的厚度仅增加 0.2 尺。（图 2-18）

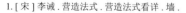

1. [宋] 李诫 . 营造法式 . 营造法式看详 . 墙 .
2. [宋] 李诫 . 营造法式 . 卷三 . 壕寨制度 . 城 .
3. [宋] 李诫 . 营造法式 . 营造法式看详 . 墙 .

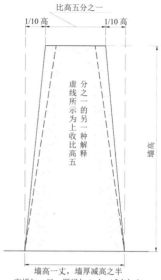

筑露墙之制

图 2-17　筑露墙之制示意（闫崇仁摹绘自《梁思成全集》第七卷）

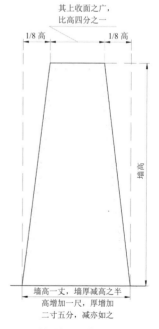

筑抽纴墙之制

图 2-18　筑抽纴墙之制示意（闫崇仁摹绘自《梁思成全集》第七卷）

此外，无论露墙，或抽纴墙，都有可能是用土夯筑而成的，夯筑完成后，还要对墙面进行划削，以使其平整。划削做法，与筑城墙时，对城墙表面的划削方式相同。

《营造法式·壕寨制度》关于抽纴墙的表述，与"看详"中完全一样："凡抽纴墙，高厚同上，其上收面之广比高四分之一。若高增一尺，其厚加二寸五分。（如在屋下，只加二寸。划削并准筑城制度。）"[1]

《营造法式·壕寨功限》关于筑墙基描述，也提到抽纴墙："诸开掘墙基，每一百二十尺一功。若就土筑墙，其功加倍。诸用蒉、楸就土筑墙，每五十尺一功。（就土抽纴筑屋下墙同；露墙六十尺亦准此。）"[2]大致意思是说，就土夯筑房屋下的抽纴墙，其工作难度与工作量，约与夯筑墙基时掺加草蒉、木楸等做法，是一样的。一般每50尺长的抽纴墙墙基，可以计为1功。

1.[宋]李诫.营造法式.卷三.壕寨制度.墙.
2.[宋]李诫.营造法式.卷十六.壕寨功限.筑墙.

第三章　房屋基础营造（中）：石作制度

在现代建筑与土木工程中，圬工的范畴，除了土工夯筑等工程之外，也包括了砖石的砌筑，及屋瓦的覆盖。这些大体上可以归在现代石工与瓦工的工作范畴之下。而砖石的砌筑及雕凿，在大多数情况下，也都属于房屋之基础、基座，以及一些附属性构件的范围，仍然属于中国古代土木工程之"土"的范畴之下。

就一座中国古代建筑而言，除了地基处理及房屋基座内的土工夯筑，以及墙体，包括房屋墙体、围垣、城墙，甚至城壕等土工工程之外，还有许多与砖石砌筑有关的工程。

首先是支撑房屋梁架之柱子的基础。中国古代建筑是一种以梁柱为特征的木构架建筑体系。整座屋顶的重量，都由规则分布的柱子来支撑。为了确保柱子不会有任何的沉降，每一根柱子之下都会有用巨大石头雕凿的柱础。柱础露出地面的部分，除了柱础本身千姿百态的优雅造型之外，还往往会有种种的雕刻或纹样。此外，在唐宋时代的一些殿堂建筑中，还可能会采用石质的柱子。石柱之上，也会作种种雕刻性的艺术处理。

其次是房屋的基座。为了保证房屋的坚固与稳定，唐宋时期的殿堂等建筑，其基座一般都是用石头或砖砌筑的。房屋基座的各个组成构件，也包括房屋基座表面，或房屋的地面，也会是用石版或方砖铺砌的。也就是说，房屋的基座，是一个以砖石包砌的台座。类似的台座，还包括了一些具有特殊功能的坛台。许多祭祀性的坛台，也是用经过雕琢的砖石材料砌筑的。

如果房屋的基座较高，还需要设置必要的栏杆，唐宋时人称之为钩阑。钩阑，特别是房屋平座之上的钩阑，主要是用木质材料制作的，但在很多情况下，房屋基座的钩阑，多是石制钩阑。这其中还会按照房屋的重要程度，而分为单钩阑或重台钩阑。组成钩阑，无论是单钩阑，还是重台钩阑，都需要复杂的石头构件的严密组合，其中会涉及多种与之相关的石制构件的名称与形式。

为了从一个较低的地面标高，登上较高的房屋，特别是殿堂的台基之上，就需要踏阶的设置。而组成踏阶的踏道、阶级，以及两侧的副子、象眼等，也都需要用砖石砌造。故房屋的踏阶也属于石作工程的范畴。

除了柱础、台基、踏阶之外，中国古代建筑中，还有一些特殊的部位，也需要通过石制的构件来解决其特殊的功能问题。如在一座建筑群的门殿或门房之内，往往需要设置门砧限，以防止门的过度开启，会造成对木质门的损害。再如，在宋代以前的城门洞内，往往是用梯形结构的木构架支撑上部的城台。而支撑木构架的立柱，则需要落在城门洞内的石制地栿之上。

在有水通过的城墙或围墙处，要留出水口，水口之上，也需要用砖石材料，砌筑成拱券的形式，这一拱券式水口，在宋代即被称为"卷輂水窗"。这种卷輂水窗，既方便了水的流通，甚至小型船舶的通行，也形成一个优美的外观造型。

中国古代的文人雅士们，在每年的三月上巳之日，往往会有饮酒对诗之类的雅趣。为了满足这些文人雅士们的儒雅趣味，古人在许多开敞的亭榭堂轩中，会设置举行"曲水流觞"游戏的场所——流杯渠。流杯渠多是在大块石头上雕凿而成的，故流杯渠的雕造与安装，也属于石作工程的范畴。

除了这些基本的石工工程之外，中国古代土木工程中，还有许多用到石头的地方，如竖立旗杆的幡竿颊，饮马的水槽子，水井的井口石与井盖，官员上马、下马的马台，坟墓前竖立的石制墓碑，当然也包括了高等级墓地前神道两侧的石人石兽等。甚至，当古人在野外露宿时，需要搭造简单的棚子，也需要在棚子的四角设置山棚鋜脚石，以形成对棚子的张拉力，起到稳定作用。

本章的主要内容，是对宋《营造法式》中有关石作制度描述中所涉及之石制构件各部分名称的研究与解释。除了上面所提到的这些重要建筑构件之外，其实，古代中国人用砖石砌筑的工程，远比宋《营造法式·石作制度》中所提及的砖石工程要多。例如石制的桥梁，砖石砌筑的佛塔，也包括僧塔。石制的照壁、牌楼，或石制乌头门，石头雕凿的门前石狮或墓前辟邪，石刻的纪念柱，也包括石刻华表柱等，都可以纳入石作工程的范畴。只是限于篇幅，本文对于宋代石作制度的诠释，将主要集中在《营造法式》所提及的石制构件的范围之内，不做进一步的扩展与延伸。

石作制度

石作制度，顾名思义就是对以石头为建筑材料的房屋内外各组成部位，如台基、踏阶，以及各种与房屋有关之石质建筑构件，如柱础、钩阑等的设计与施工的制度性、规则性讨论。在《营造法式》中，将"石作制度"与"壕寨制度"归在了同一章节之下，说明中国古代建筑中的"石作"，大部分也都属于房屋基础部分的工作，且都可以纳入古代土木工程中之"土"的层面。

从《营造法式·石作制度》之下，所涉及的问题，主要是房屋的台基、柱础、钩阑、地栿等与房屋基础或基座有关的石制构件，也可以说明这一点。从《营造法式》

的行文观察，所谓"石作制度"，主要是通过对一块毛石，经过打剥、斫砟与雕琢，并形成种种不同的表面形态而完成的。不同的石制构件，对石作表面的表现形式，要求不一。但在许多情况下，这些石制构件表面，都需要有一定的艺术性雕刻处理。故将一块毛石，经过种种的工序，以及细致的创作性雕琢，最终成为一件可以应用在房屋，特别是高等级殿堂建筑之上的有艺术韵味的建筑构件，并起到其应有的结构与使用功能，即是《营造法式》作者对"石作制度"加以论述的目的所在。

第一节　造作次序

从一块由山岩之中直接开采而来的毛石，通过加工、制作，以及安装，使之成为房屋建筑中一个必不可少的组成部分或构件，需要一套严格、细致、繁杂的设计与施工程序。关于这一程序，在《营造法式·石作制度》条目下，以"造作次序"一节，做了专门的论述。

值得注意的是，在"石作制度·造作次序"一节中，作者又进一步地分了三个不同的层次：一是造石作次序；二是雕镌制度；三是造华文制度。也就是说，宋代石作制度中的造作次序，包括了三个层面的问题：其一，是由毛石到料石的过程；其二，石制构件表面雕镌艺术方式的不同处理；其三，是石制构件表面不同雕镌题材与纹样的描述。

造石作次序

《营造法式·石作制度》，在"造作次序"条目之下，列出了："造石作次序之制有六：一曰打剥（用錾揭剥高处），二曰粗搏（稀布錾凿令深浅齐匀），三曰细漉（密布錾凿，渐令就平），四曰褊棱（用褊錾镌棱角，令四边周正），五曰斫砟（用斧刀斫砟，令面平正），六曰磨礲（用沙石水磨去其斫文）。"[1]

也就是说，将一块从山岩中采出的毛石，加工成为一块可以用作建筑构件的料石，需要 6 道基本的工序。

第一道工序，打剥。关于这一道工序的具体描述是："用錾揭剥高处。"无论打剥，还是揭剥，都是削减、剥离的意思。这一道工序的具体方式是，用铁质的錾子，将毛石表面隆起的部分削剥找平，使石块呈现出一个大致齐平的外观。

第二道工序，粗搏。"搏"有击打之意。这里将粗搏过程，表述为"稀布錾凿令深浅齐匀"。意思是对经过打剥的石质材料表面，进一步用铁錾雕凿，使初显齐平的石材表面各个部分的凹凸变得均匀整齐，从而使石质材料整体初步成形，表面大体平整。

第三道工序，细漉。"漉"在这里是一个动词，大约是用铁錾进一步錾凿修斫之意。所谓"细漉"，即"密布錾凿，渐令就平"，也就是做进一步的细致錾凿修斫，使石质材料的表面渐渐趋于平整。

第四道工序，褊棱。《营造法式》原文，关于这一工序的解释是："用褊錾镌棱

---

1. [宋] 李诫 . 营造法式 . 卷三 . 石作制度 . 造作次序 .

角，令四边周正。"褊，意为狭窄。所谓褊錾，就是较小而细致的铁錾。用这样的褊錾，将石质构件的边角部位，加以细致的雕镌、修整，使得其外形"四边周正"，初步形成了一个与设计要求相吻合的建筑构件。

第五道工序，斫砟。斫为砍削，砟为小的石块。斫砟，大意是说石质构件表面小的凸起块斫削掉。如果说之前的四道工序，是用不同的铁錾，加以斫削，以形成石质构件的基本外形，那么第五道工序，则改换了工具。"用斧刀斫砟，令面平正"，这是对石材表面的进一步精细加工，用斧刃对石材表面作细密的斫砟，使得石质构件的造型及其表面，呈现一种平正而精致的外观。

第六道工序，也是最后一道工序，磨砻。磨，为打磨；砻，同礲，有磨砺之义。显然，从字面上看，这也是一道十分精细的工序："用沙石水磨去其斫文。"在这道工序中，不再使用任何铁质的錾凿斧刀了，而是用沙石，结合以水，对石质构件的表面，进行细致的打磨、礲砺。而其仔细磨砺的目标，是将石质构件表面因雕凿斫打形成的细密纹路，尽可能地消除，以形成一个光洁、整齐、平滑的表面。

《营造法式》所描述对石质建筑构件进行加工制作的六道工序，为我们详细了解古代工匠对石质材料的加工，与石质构件的制作，包括对石质材料表面的精细处理方式，给出了一个基本的答案。

雕镌制度

古代建筑中的石作工程，既是一种加工技术，也是一种雕镌艺术。据《营造法式》："其雕镌制度有四等：一曰剔地起突，二曰压地隐起华，三曰减地平钑，四曰素平。"[1]这里提到的四等雕镌制度，是对石制构件的四种表面雕饰处理模式，或也称作四种石雕艺术模式。

梁思成先生对这四种雕镌制度做了详细的解释："'剔地起突'即今所谓浮雕；'压地隐起'也是浮雕，但浮雕题材不由石面突出，而在雕琢平整的石面上，将图案的地凿去，留出与石面平的部分，加工雕刻；'减地平钑'是在石面上刻画线条图案花纹，并将花纹以外的石面浅浅铲去一层；'素平'是在石面上不做任何雕饰的处理。"[2]（图3-1）

这一基于现代雕刻艺术分类及技法基础上的解释，十分通俗、准确地诠释了宋代建筑石作工程中的四种主要雕饰模式。

---

1. [宋]李诫.营造法式.卷三.石作制度.造作次序.
2. 梁思成.梁思成全集.第七卷.营造法式注释.第48页.中国建筑工业出版社.2001年.

一、剔地起突

二、压地隐起华

三、减地平钑

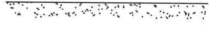

四、素平

图 3-1　宋代石作—雕镌制度示意（闫崇仁摹绘自《梁思成全集》第七卷）

剔地起突

其加工方式，是在石面上，按照既有的设计，直接雕琢，形成艺术轮廓之后，再加以打磨。故其表面形象，是一种较为凸显的浮雕艺术品，有一点接近现代意义上的高浮雕艺术。（图 3-2）

压地隐起华

首先，压地隐起做法，也是一种浮雕模式，只是其雕琢的方式，与剔地起突不一样，将石刻艺术之"图"与"地"的关系截然分开，将其"地"凿去，留出"图"的轮廓。再在这一经过设计，但在表面平整的"图"上，再做一些细致的镌刻。（图 3-3）

从这一描述，似可以推测"压地隐起华"，似乎更接近现代意义上的浅浮雕艺术。

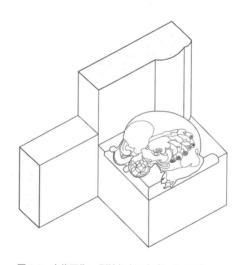

图 3-2　宋代石作—剔地起突示意（闫崇仁绘）

图 3-3　石作—压地隐起华示例

减地平钑

这种石刻的雕制方式，更像是在平整的石面上，雕琢出细致的纹样，但整体的石制构件表面，仍然十分平整光滑。（图 3-4）因此，减地平钑的做法，似乎更接近现代意义上的线刻艺术。

素平

根据梁先生解释则一件表面为素平的石构件，只是一件经过精细加工，具有其构件本身形象与功能的建筑部件。构件表面，不做任何进一步的艺术性雕琢与加工，只是以其赤裸的构件形式本身，嵌入到建筑之中。（图 3-5）

当然，其石质表面的平整与光洁性处理，还是需要的。

石制构件的表面处理

《营造法式·石作制度》，对四等雕镌制度制成品的表面处理加以了描述："（如素平及减地平钑，并斫砟三遍，然后磨砻；压地隐起两遍，剔地起突一遍。并随所用描华文。）如减地平钑，磨砻毕，先用墨蜡，后描华文钑造。若压地隐起及剔地起突，造毕并用翎羽刷细砂刷之，令华文之内石色青润。"[1]

图 3-4　石作—减地平钑示例

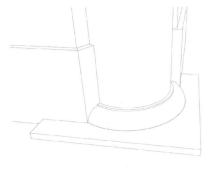

图 3-5　宋代石作—素平示意（闫崇仁绘）

1.[宋]李诫.营造法式.卷三.石作制度.造作次序.

这里给出了三道基本工序：第一道是斫砟；第二道是磨礲；第三道是用细沙仔细刷磨。其目的是将石刻表面粗糙的加工痕迹，仔细打磨消除，使工匠雕琢加工的雕饰艺术品外表面显得光滑平整，浑然而成一件精美的石雕艺术品。

然而，其中减地平钑的做法似乎略有不同，其在磨礲之后，还要先要在表面上涂上墨蜡，然后在其上描以华文（花纹），再对这些经过仔细描绘的纹样，加以精细的雕琢，展现出一种平整石表面上的线条艺术美。或因其线条本身已经十分细密精致，因此，这一做法中，不再有用细沙刷磨的表面处理工序了。

在《营造法式·石作功限》中，在谈及"面上布墨蜡"时提到："减地平钑者，先布墨蜡，而后雕镌。其剔地起突及压地隐起华者，并雕镌毕方布蜡。或亦用墨。"[1]对减地平钑的雕镌方法，做了进一步描述。

同时，这里还对剔地起突及压地隐起华两种雕镌方式的加工过程，加以了细化，即在其基本的形象雕镌加工完成后，要在其表面抹蜡，这可能是为了在打磨过程中，使其表面更趋光滑。也可能会在布蜡的同时，也会涂抹上墨，这一工序，或有使石质表面，最终能够呈现出一种更体现石材性质的黝黑光滑之效果的作用？亦未可知。

1.[宋] 李诫 . 营造法式 . 卷十六 . 石作功限 . 总造作功 .

第二节　华文制度

所谓"华文制度"，其实是对雕刻纹样分类的一种表述。《营造法式·石作制度》中有关雕镌制度一节下，对"华文制度"作了比较详细的描述："其所造华文制度有十一品：一曰海石榴华；二曰宝相华；三曰牡丹华；四曰蕙草；五曰云文；六曰水浪；七曰宝山；八曰宝阶；（以上并通用。）九曰铺地莲华；十曰仰覆莲华；十一曰宝装莲华。（以上并施之于柱础。）或于华文之内，间以龙凤狮兽及化生之类者，随其所宜，分布用之。"[1]

华，古同"花"，由此可知，宋代建筑构件上的石刻艺术题材，主要由11种，其中，前8种题材，以自然花卉及山水题材为主，可以通用于各种不同的建筑构件之上。而后3种题材，则聚焦在以佛教建筑为主的莲花造型上，这显然是借喻了释迦牟尼佛诞生时，步步生莲，以及佛坐于莲花之上等佛教故事。

在这11种基本的雕刻纹样题材之外，《营造法式》还给出了一种可以与其他纹样相结合的雕刻艺术题材——化生。其意是在既有的华文之内，穿插雕刻以龙、凤、狮，甚至人物的形象，以增加古代建筑构件中石刻艺术品的生动与美感。

通用华文

值得注意的是，这里将宋代石刻雕镌艺术中的题材纹样分为了两类，共11品。其中第一品至第八品，即海石榴花、宝相花、牡丹花、蕙草等花卉题材纹样，以及水浪、宝山、宝阶等山水题材纹样，属于通用的雕饰题材模式，即可以用在各种石质构件上。例如，石柱、门楣、佛座、石砌基座等之上，当然也包括应用在柱础之上。

海石榴华

作为一种装饰纹样，海石榴华，既可以用在宋代建筑的石刻艺术中，也可以用在彩绘艺术中。因而，在《营造法式》的石作制度与彩画作制度中，分别都提到了海石榴华文。

海石榴花，显然是一种植物花卉的名称，有人认为是，这指的就是石榴树所开之花，也有人认为，海石榴花在古代可能指的是山茶花。宋人洪迈《夷坚志》中有陈道光绝

1.[宋]李诫.营造法式.卷三.石作制度.造作次序.

句诗："海石榴花映绮窗，碧芙蓉朵亚银塘。青鸾不舞苍虬卧，满院春风白日长。"[1]可知宋代时，这是一种可以生长在院落之内，作为欣赏花木的一种植物。《本草纲目》中将其归在榴类木本植物的花卉之中："有火石榴赤色如火。海石榴高一二尺即结实。皆异种也。"[2]

《太平广记》中专门提到了这种花："海石榴花，新罗多海红并海石榴。唐赞皇李德裕言，花中带海者，悉从海东来。章川花差类海石榴，五朵簇生，叶狭长，重沓承。"[3]似乎暗示这是某种海边生长的植物。唐人段成式《酉阳杂俎》则将之类比为山茶花："山茶，似海石榴。出桂州。蜀地亦有。"[4]可知，唐宋时人对海石榴花究竟是哪一类植物的花卉，也有一些含混。然而，以其描述的"五朵簇生，叶狭长，重沓承"可知，这是一种十分华美繁丽的花卉品种，故多被古人用作装饰题材。

然而，在古人那里，海石榴花作为一种装饰纹样，则比较多见了，《营造法式·小木作制度》中提到楗子时，有"海石榴头"造型的楗子。《营造法式·彩画作制度》中，其华文制度："华文有九品：一曰海石榴华；……"[5]清代人撰《陶说》，谈到器物上的雕饰纹样时，也多次提到海石榴花，如："外双云龙、芙蓉花、喜相逢、贯套海石榴、回回花，里穿花翟雉、青鸐鷞荷花、人物、狮子、故事、一秤金、金黄、暗龙钟。"[6]

由此可知，海石榴花是唐代以来建筑石刻装饰、小木作装饰、彩画作装饰，及陶器、瓷器等器物装饰中，比较常见的一种花卉题材。重要的是，无论在石作，还是在彩画作的华文制度中，海石榴花都被列为一品的装饰题材。（图3-6）

宝相华

另外一种可以同时应用在石作制度、彩画作制度，及陶瓷器物制品中的华文题材是宝相华。《营造法式·彩画作制度》的华文制度："二曰宝相华。（牡丹华之类同。）"而《陶说》中则提到了"转枝宝相花""青缠枝宝相花""鸾凤穿宝相花"等不同的装饰纹样。

《营造法式》将宝相花与牡丹花列为同一品，大约暗示了宝相花与牡丹花一样，都是一种象征华贵富丽装饰题材。所谓"宝相"，其本来的意义，应该是佛教徒对释迦牟尼佛造像的某种尊称。因为自西域传入中土的佛造像，表现的端庄、神秘、严肃、

1.[宋]洪迈.夷坚志.夷坚支甲卷第七（十四事）.蔡筝娘.
2.[明]李时珍.果部第三十卷.安石榴（《别录》下品）.
3.[宋]李昉.太平广记.卷四〇九.草木四.海石榴花.
4.[唐]段成式.酉阳杂俎.续集卷九.支植上.
5.[宋]李诫.营造法式.卷十四.彩画作制度.五彩遍装.
6.[清]朱琰.陶说.卷六.说器下.明器.

图 3-6　宋代石作—海石榴花图案（闫崇仁绘）

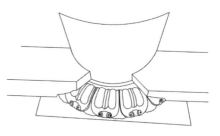

图 3-7　宋代石作—宝相莲花柱础示意（闫崇仁绘）

圣洁，信徒们称佛为"宝相如来"，以形容其宝相庄严。在与佛教建筑或雕塑有关的装饰工程中，将相应的装饰花卉图案，表现出端庄、华美、富贵、神圣、肃穆的效果，并冠之以"宝相"，则是一种十分自然的事情。（图 3-7）

换言之，宝相花可能不一定是特指某一种花卉题材，而是将某种花卉题材加以形式化装饰之后的效果，如宝相莲花、宝相牡丹之类。甚至，一些自然花卉本身，如果生长得端正、严谨、圣洁，也可能被称为"宝相"。如清人撰《花镜》中，在"蔷薇"条目下有："若宝相亦有大红、粉红二色，其朵甚大，而千瓣塞心，可为佳品。"[1]《花镜》中在提到"扦插"时，甚至还单列出一种花卉的名称为"宝相"："宝相、月季、荼蘼、木樨。（以上宜中旬。）"[2] 但不知作者所指"宝相"花为何种植物的花卉。

牡丹华

牡丹，无疑是唐宋时代人比较青睐的一种装饰花卉品类。牡丹是一种木本植物，属多年生落叶灌木，可以归在芍药科之属。李时珍《本草纲目》，将牡丹、芍药、菊花等花卉相并列，如："凡物花皆有赤、白，如牡丹、芍药、菊花之类是矣。"[3] 又如："正如牡丹、芍药、菊花之类，其色各异，皆是同属也。"[4]

《营造法式》中，将牡丹花不仅列在石作的华文制度中，而且也列在雕作的华文制度中："雕插写生华之制有五品：一曰牡丹华。二曰芍药华。三曰黄葵华。四曰芙蓉华。五曰莲荷华。以上并施之于栱眼壁之内。"[5] 在"彩画作制度"中，牡丹华与宝相华，同列为一类："二曰宝相华。（牡丹华之类同。）"[6] 而在"石作制度"的石

---

1. [清] 陈淏子辑. 花镜. 卷五. 藤蔓类考. 蔷薇.

2. [清] 陈淏子辑. 花镜. 卷一. 花历新裁. 正月事宜.

3. [明] 李时珍. 草部第十五卷. 草之四（隰草类上五十三种）. 茺蔚（《本经》上品）.

4. [明] 李时珍. 草部第十七卷下. 草之六. 射干（《本经》下品）.

5. [宋] 李诫. 营造法式. 卷十二. 雕作制度. 雕插写生华.

6. [宋] 李诫. 营造法式. 卷十四. 彩画作制度. 五彩遍装.

雕功限中，宝相花与牡丹花，所计功限是相同的："造压地隐起宝相华、牡丹华，每一段三功。"[1] 而在木刻功限中，牡丹又与芍药所计功限相同："牡丹：（芍药同。）高一尺五寸，六功。"[2]（图3-8）

可知，作为一种宋代建筑中比较常见的装饰性花卉纹样，牡丹花不仅用于石作装饰、木作装饰，以及彩画作装饰中，而且，其雕绘的方式与工作的难度及工作量，与宝相花、芍药花等都十分接近。

蕙草

明人李时珍《本草纲目》中解释蕙草："古者烧香草以降神，故曰薰，曰蕙。薰者熏也，蕙者和也。"[3] 李时珍

图3-8 宋代石作—牡丹华图案（闫崇仁绘）

进一步解释说："张揖《广雅》云：卤，薰也。其叶谓之蕙。而黄山谷言一干数花者为蕙。盖因不识兰草、蕙草，强以兰花为分别也。郑樵修本草，言兰即蕙，蕙即零陵香，亦是臆见，殊欠分明。但兰草、蕙草，乃一类二种耳。"[4] 另又引："《别录》曰：薰草，一名蕙草，生下湿地，三月采，阴干，脱节者良。又曰：蕙实，生鲁山平泽。"[5]（图3-9）

可知，蕙草与兰花属于同一类型的草本植物，是一种多年生草本植物，其叶呈丛生状，叶形狭长，叶端呈尖状，其所开花中会散发出淡淡的香味。唐宋时人常将蕙草作为一种装饰题材，在《营造法式·石作制度》中，将蕙草列为华文制度的一种。在《营造法式·雕作制度》中，也将"卷头蕙草"作为其雕饰纹样的一种。在《营造法式·彩画作制度》中，蕙草则被归在"云文"图案造型中的一类："云文有二品：一曰吴云，二曰曹云。（蕙草云、蛮云之类同。）"[6]

---

1. [宋]李诫.营造法式.卷十六.石作功限.流杯渠.雕镌功.
2. [宋]李诫.营造法式.卷二十四.诸作功限一.雕木作.华盆.
3. [明]李时珍.本草纲目.草部.第十四卷.草之三（芳草类五十六种）.蕙草.（《别录》中品）.【释名】蕙草（《别录》）.
4. [明]李时珍.本草纲目.草部.第十四卷.草之三（芳草类五十六种）.蕙草.（《别录》中品）.【释名】蕙草（《别录》）.
5. [明]李时珍.本草纲目.草部.第十四卷.草之三（芳草类五十六种）.蕙草.（《别录》中品）.【释名】蕙草（《别录》）.
6. [宋]李诫.营造法式.卷十四.彩画作制度.五彩遍装.

图 3-9 宋代石作—蕙草图案（闫崇仁绘）

图 3-10 石作—云文示例

云文

云文，顾名思义，是以空中的云彩作为一种装饰的纹样。作为一种古代装饰模式，云文不仅用在房屋营造之上，也会用在其他器物的装饰性雕镌或描绘上，如《太平御览》中提到："陶弘景《刀剑录》曰：董卓少时，耕野得一刀，无文字，四面隐起作山云文，研玉如木。及贵，示五官郎蔡邕，邕曰：'此项羽刀也。'"[1] 由此或也可以推知，作为装饰纹样的云文，在历史上出现的很早。

《营造法式·石作制度》将云纹作为石刻华文制度中的第五品："五曰云文"。《营造法式·彩画作制度》中，也提到了云文："凡华文施之于梁、额、柱者，或间以行龙、飞禽、走兽之类于华内。……如方桁之类全用龙凤走飞者，则遍地以云文补空。"[2] 可知，以天空中的云彩为主题的云文，主要是用作在空中飞翔之龙、凤等祥瑞动物的背景性——遍地的补空——装饰题材。这种情况也见于石作雕镌工艺中，如："角石两侧造剔地起突龙凤间华或云文，一十六功。"[3] 又如："方角柱：每长四尺，方一尺，造剔地起突龙凤间华或云文两面，共六十功。"[4] 这里的两种做法，都属于间插于龙凤题材的花卉或云文纹样。（图 3-10）

1. [宋] 李昉. 太平御览. 卷三百四十六. 兵部七十七. 刀下.
2. [宋] 李诚. 营造法式. 卷十四. 彩画作制度. 五彩遍装.
3. [宋] 李诚. 营造法式. 卷十六. 石作功限. 角石. 雕镌功.
4. [宋] 李诚. 营造法式. 卷十六. 石作功限. 角柱. 雕镌功.

《营造法式·彩画作制度》又提到："云文有二品：一曰吴云，二曰曹云。（蕙草云、蛮云之类同。）"[1]这里的云文，被分为吴云与曹云两种类型。

在《营造法式》中，类似划分，还见于五脊与九脊殿堂屋顶形式的区分："俗谓之吴殿，亦曰五脊殿。……俗谓之曹殿，又曰汉殿，亦曰九脊殿。"[2]五脊殿，类似明清时期的庑殿式屋顶造型；九脊殿，类似明清时期的歇山式屋顶造型。何以将两者分为吴、曹？以及，为什么会将云文分为吴云与曹云？这两种类似的分类方式之间，有什么彼此的关联？这些属于尚难解答的问题。

水浪

水浪，是以流动的水，以及由水冲击造成的浪花所形成的造型形象，来作为一种装饰纹样。在《营造法式·石作制度》中，水浪纹样，被列在华文制度中的第六品："六曰水浪。"也许因为水，主要是表现地面上的河水、海水等题材，故在宋代建筑中，水浪纹样，主要用在了壕寨制度中的石作工程中。因为石作工程，多用在基础性的基座、柱础，以及石柱等位置之上。这些位置上的构件，比较常见的题材，可能会是山水之类的题材，故采用水浪纹样比较适合。（图3-11）

在《营造法式》中有关木刻雕镌制度，或彩画作制度中，并没有提到水浪纹样的装饰题材。

宝山

宝山，是以自然起伏的山体，加以抽象与概括，作为一种装饰纹样的题材。在《营造法式·石作制度》中，宝山纹样，被列在华文制度中的第七品："七曰宝山。"

《营造法式》中直接提到的宝山纹样雕刻，出现在赑屃鳌坐碑的鳌坐之上："土衬二段：各长六寸，广三寸，厚一寸。心内刻出鳌坐版，（长五尺，广四尺。）外周四侧作起突宝山，面上作出没水地。"[3]

宝山文，也会出现在木作工程的雕刻之中。如《营造法式·雕作制度》："八曰缠柱龙。（盘龙、坐龙、牙鱼之类同。）施之于帐及经藏柱之上，（或缠宝山。）或盘于藻井之内。"[4]《营造法式·诸作用钉料例》中也提到类似的情况："帐上缠柱龙：（缠

1.[宋]李诫.营造法式.卷十四.彩画作制度.五彩遍装.
2.[宋]李诫.营造法式.卷五.大木作制度二.阳马.
3.[宋]李诫.营造法式.卷三.石作制度.赑屃鳌坐碑.
4.[宋]李诫.营造法式.卷十二.雕作制度.混作.

图 3-11 石作一水浪示例（闫崇仁摄）

图 3-12 宋代石作一宝山图案（闫崇仁绘）

宝山或牙鱼或间华并扛坐神、力士、龙尾、嫔伽同。）"[1] 可知在佛道帐，或经藏柱上，除了用龙、鱼，以及扛坐神、力士、嫔伽等装饰题材之外，也会用缠绕的宝山文题材。（图 3-12）

另据《营造法式·石作功限》中的柱础雕镌功："方三尺五寸，造剔地起突水地云龙（或牙鱼飞鱼。）宝山：五十功。（方四尺加三十功。方五尺加七十五功。方六尺加一百功。）"[2] 可知，在房屋的石刻柱础上，也会出现宝山华文的装饰题材。

宝阶

阶，其本义是登高的踏阶。宝阶，其实是佛经中常用的一种术语，象征人与天的交通："从阎浮提，至忉利天。以此宝阶，诸天来下，悉为礼敬无动如来，听受经法。阎浮提人，亦登其阶，上升忉利，见彼诸天。"[3]

从《营造法式》的行文来看，"宝阶"一词，仅仅出现在"壕寨制度"的"石作制度"中。宝阶文，被列在华文制度中的第八品："八曰宝阶。"在木作的雕作及彩画作制度中，并未见提到宝阶文做法。由此推知，宝阶文，主要用于与佛教有关的建筑物中。且仅用于与基础、基座、

---

1. [宋] 李诫 . 营造法式 . 卷二十八 . 诸作用钉料例 . 雕木作 . 混作 .
2. [宋] 李诫 . 营造法式 . 卷十六 . 石作功限 . 柱础 . 雕镌功 .
3. [后秦] 鸠摩罗什译 . 维摩诘所说经 .

石柱或与佛座、经幢等有关的工程中，以象征生活在阎浮提之人与佛教忉利天人之间的交通往来。（图3-13）

图 3-13　佛教石刻—宝阶示例

柱础上所用华文——莲华

其华文制度中的第九至第十一品，即铺地莲华、仰覆莲华、宝装莲华，三种以莲花造型为题材的纹样，因为与佛教主题比较契合，作为一种专门的象征性艺术题材，主要用在了柱础，应当主要是佛教建筑的柱础之上。

佛经中有大量以莲华为主体的佛教故事题材，除了著名的《妙法莲华经》之外，在《佛说观无量寿佛经》中有："见世尊释迦牟尼佛，身紫金色，坐百宝莲华。……复有国土，纯是莲华。"[1]

莲花题材，除了出现在宋代营造的石作雕镌中，也会出现在小木作、彩画作、雕作、瓦作等制度中。如小木作胡梯上的钩阑望柱："钩阑望柱：（每钩阑高一尺则长加四寸五分，卯在内。）方一寸五分。（破瓣仰覆莲华单胡桃子造。）"[2]在彩画作中，会在柱子底部的柱櫍上绘制莲华图案的彩画："櫍作青瓣或红瓣叠晕莲华。"[3]也会在椽

1.[南朝宋] 礓良耶舍译 . 佛说观无量寿佛经 .
2.[宋] 李诫 . 营造法式 . 卷七 . 小木作制度二 . 胡梯 .
3.[宋] 李诫 . 营造法式 . 卷十四 . 彩画作制度 . 五彩遍装 .

头表面上绘制莲花题材彩画："椽头面子随径之圜作叠晕莲华，青红相间用之。"[1]

木刻雕作中，会在一些成形物之上，雕琢出仰覆莲或覆莲式的莲花座："凡混作雕刻成形之物，令四周皆备。其人物及凤凰之类或立或坐，并于仰覆莲华或覆瓣莲华坐上用之。"[2]

瓦作制度有关"垒射垛"的做法中，提到了："凡射垛五峰，每中峰高一尺，……其峰上各安莲华坐瓦火珠各一枚，当面以青石灰，白石灰，上以青灰为缘，泥饰之。"[3]据梁思成的研究，这里的"射垛"，"并不是城墙上防御射箭的射垛，而是宫墙上射垛形的墙头装饰"。[4]正因为是装饰性，而非军事防御性设施，故这里用了莲花的装饰题材。

铺地莲华

铺地莲华，在《营造法式·石作制度》的华文制度中，被列为第九品："九曰铺地莲华。"这一华文制度的意思十分直白，就是覆盖且匍匐在地面上的莲花雕饰图案，主要在佛教建筑柱础上使用。唐宋时代的佛教建筑柱础上，比较多见这种铺地莲华的雕饰做法。（图3-14）

《营造法式·石作制度》有关柱础的描述中，提到："若造覆盆，（铺地莲华同。）每方一尺，覆盆高一寸，每覆盆高一寸，盆唇厚一分。"[5]可知，铺地莲华式柱础，与一般覆盆式柱础，有着相同的造型比例。

图 3-14 宋代石作—铺地莲花柱础图案（闫崇仁绘）

仰覆莲华

仰覆莲华，在《营造法式·石作制度》的华文制度中，被列为第十品："十曰仰覆莲华。"这种华文制度，意思当是将仰莲的造型与覆莲的造型，叠加在一起，形成一个既有仰莲，也有覆莲的造型形式。在《营造法式》中，仰覆莲华，也主要

---

1. [宋] 李诫. 营造法式. 卷十四. 彩画作制度. 五彩遍装.
2. [宋] 李诫. 营造法式. 卷十二. 雕作制度. 混作.
3. [宋] 李诫. 营造法式. 卷十三. 泥作制度. 垒射垛.
4. 梁思成. 梁思成全集. 第七卷. 宋《营造法式》注释. 第263页. 中国建筑工业出版社. 2001年.
5. [宋] 李诫. 营造法式. 卷三. 石作制度. 柱础.

是应用于柱础之上的一种石刻造型形
式。现存实例中，仰覆莲华柱础，较
多出现在两宋辽金时代的佛教建筑实例
中。（图3-15）

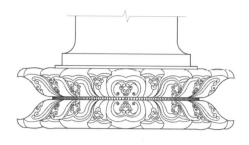

图3-15　宋代石作—仰覆莲华柱础图案（闫崇仁绘）

因为是两种造型形式的叠加，仰覆
莲华柱础，在造型高度上，比起一般的
覆盆式，或铺地莲华式柱础，要高出一
倍："如仰覆莲华，其高加覆盆一倍。"[1]

在加工难度与工作量上，仰覆莲华柱础，比之铺地莲华柱础，也要复杂一些，因
此在功限的计算上，会要多一些，如"石作制度"中的柱础雕镌功："方二尺五寸造
仰覆莲华：一十六功。（若造铺地莲华，减八功。）方二尺造铺地莲华：五功（若造
仰覆莲华，加八功。）"[2]可知，与其高度尺寸上的差别一样，仰覆莲华式柱础的雕镌
功，大体上也是铺地莲华式柱础的两倍。

宝装莲华

宝装莲华，在《营造法式·石作制
度》的华文制度中，被列为第十一品：
"十一曰宝装莲华。"其文中又将铺地
莲华、仰覆莲华与宝装莲华并列，强调
"以上并施之于柱础"。[3]（图3-16）

宝装做法也会用于其他带有雕饰的
器物中，如马之"宝装鞍辔"，及"宝
装胡床"等。建筑物上用宝装做法可能

图3-16　宋代石作—宝装莲华示例（闫崇仁摄）

也受到了佛经的影响，如《法苑珠林》中有："帝释天宫住处有大飞阁，名常胜殿，
种种宝装，各八万四千。"[4]这里所谓的"宝装"，似有以诸宝装饰之的意思。

但《营造法式·石作制度》中与柱础相关的"宝装莲华"，并没有暗示以任何诸宝
装饰的意思。这里的"宝装"做法，大约与华文制度中所说的"宝相华"纹饰有一些相似，
是希望表达某种端庄、严肃、圣洁的艺术氛围。但因而也多用于佛教殿堂建筑的柱础之上。

1. [宋]李诚.营造法式.卷三.石作制度.柱础.
2. [宋]李诚.营造法式.卷十六.石作功限.柱础.雕镌功.
3. [宋]李诚.营造法式.卷三.石作制度.造作次序.
4. [唐]释道世.法苑珠林.敬塔灾第三十五（此有六部）.感福部第四.

华文中的化生题材

《营造法式·石作制度》中，关于华文制度的描述中，特别提到了雕刻或绘画中的"化生"题材问题："或于华文之内间以龙凤狮兽及化生之类者，随其所宜分布用之。"[1]

从这里的上下文看，所谓"化生"，指的是在不同华文图案之间，穿插的雕饰或绘画形式的，包括龙、凤、狮子、走兽，以及人物（化生）在内的造型。另据《营造法式·雕作制度》，又特别提出八种"雕混作之制"，其中有"化生"做法："一曰神仙。（真人、女真、金童、玉女之类同。）二曰飞仙。（嫔伽、共命鸟之类同。）三曰化生。（以上并手执乐器或芝草、华果、瓶盘器物之属。）……"[2]

图 3-17　宋代石作—人物化生图案（闫崇仁绘）

显然，这里是将化生与神仙、飞仙并列在一起，其形式大约是采用了人物的造型形式，手中握有乐器、芝草、花果、瓶盘等器物。由此推知，化生其实就是穿插于华文之中的非神、非仙的人物造型。（图3-17，图3-18）

现存宋代建筑实例中，采用化生雕刻题材的柱础往往会在华文之间，穿插以孩童的形象，因而显得十分生动活泼。

图 3-18　宋代石作—动物化生图案（闫崇仁绘）

1.[宋]李诫.营造法式.卷三.石作制度.造作次序.
2.[宋]李诫.营造法式.卷十二.雕作制度.混作.

第三节　柱础

《营造法式》中，提出了与柱础有关的六个名称："柱础，其名有六：一曰础，二曰碩，三曰碣，四曰磌，五曰碱，六曰磩。今谓之石碇。"

础，繁体为"礎"。《营造法式》引《淮南子》："山云蒸，柱础润。"[1]《周易正义》曰："天欲雨而柱础润是也。"[2]《周易集解》也提到同样说法。宋人撰《尚书讲义》中则有："云蒸而础润。"[3]都是借柱础之润，以解古义。北魏人撰《广雅》"释室"篇释曰："楹，谓之柱础。"[4]清代人撰《宫室考》释曰："周而立者，谓之柱；柱最大者，谓之楹。……柱下石，谓之础。"[5]显然，础之本义，就是柱下之石，起到支撑上部柱子重要的作用。（图 3-19）

正史中最早提到"柱础"一词，是在《隋书》中，说的是一块载有古经文的石碑，原本立在隋代京城的国学之内："寻属隋乱，事遂寝废，营造之司，因用为柱础。"[6]

图 3-19　宋式柱础示例（山西洪洞广胜寺）（闫崇仁摄）

---

1. [宋] 李诫.营造法式.卷一.总释上.柱础.
2. [魏] 王弼等注、[唐] 孔颖达疏.周易正义.上经乾传卷一.
3. [宋] 史浩.尚书讲义.卷十二.
4. [魏] 张揖.广雅.卷七.释室.
5. [清] 任启运.宫室考.卷下.
6. [唐] 魏徵等.隋书.卷32.志第二十七.经籍一（经）.

磩，《淮南子·说林》高诱注，"础，柱下石，磩也。"，《营造法式·总释上》，释"柱础"曰："《说文》：櫍，（之日切。）柎也。柎，阑足也。楮，（章移切。）柱砥也。古用木，今以石。"[1]这里虽然是在解释"櫍"这个字的字义，其实也是对"磩"的解释。櫍，即柎，其义为古代器物之足，这里解释为"阑足"。櫍，亦为楮，其义为支撑，这里解释为"柱砥"，即柱下之支撑物的意思。而柱下之足，或砥，在更为古老之时，用的是木质材料，至少到了汉代，改用石质材料，故柱櫍，演变为柱磩，即柱础。当然，在宋代建筑的柱础之上，还可能会用木质材料作为石质柱础与木质柱子之间的一个过渡，这一部分，仍称为柱櫍。

碣与磌，《营造法式·总释上》，释"柱础"，亦有："础、碣、（音昔。）磌，（音真，徒年切。）磩也。"[2]从字面意思看，碣与磌，其意都为柱下石，与础、磩同义。《营造法式》文中的意思也是说，础、碣、磌，义皆同"磩"，即柱下之足，亦即"柱砥"之义。

碱与礩，《营造法式·总释上》，释"柱础"，亦曰："础谓之碱，（仄六切。）碱谓之磌，磌谓之碣，碣谓之礩。（音额，今谓之石锭。音顶。）"[3]这里大约还是同义反复的一种表述。碱，原本有柱下石墩之意；礩，其义亦为柱下石墩。则礩与碱为同义，皆为柱下石墩。两者的意思都与础、磩相通。

《营造法式·总释上》与《营造法式·石作制度》中，在论及"柱础"时都提到了一句话。"总释上"中在解释"礩"时说："今谓之石锭。音顶。"而"石作制度"中，则将柱础的六种称谓，皆说为"今谓之石碇"。显然，这里的"锭"与"碇"，本应是一个字，以其为石质材料论，正确的用字，当为"碇"。碇之义，为水岸边系船的石墩。也就是说，在宋代时，人们可能将柱础，俗称为石碇。其本义有栓系、稳固船体之义，故与柱础之固定、支撑房屋之义是相通的。

造柱础之制

《营造法式·石作制度》，"柱础"一节中有："造柱础之制：其方倍柱之径。（谓柱径二尺，即础方四尺之类。）方一尺四寸以下者，每方一尺厚八寸；方三尺以上者，厚减方之半。方四尺以上者，以厚三尺为率。"[4]可知，这一部分的内容，主要是关于古代房屋柱础的设计。

---

1. [宋]李诚.营造法式.卷一.总释上.柱础.
2. [宋]李诚.营造法式.卷一.总释上.柱础.
3. [宋]李诚.营造法式.卷一.总释上.柱础.
4. [宋]李诚.营造法式.卷三.石作制度.柱础.造柱础之制.

按照文中的描述可知，一般情况下，柱础的主体部分基本形式为方形。方形的尺寸是由其上所承柱子的直径决定的。柱础之边长，为柱子直径的两倍。例如，柱子直径为 2 尺，则柱础的边长即为 4 尺。

柱础的厚度，是视其方形的边长而定的。一般情况下，柱础方 1.4 尺以下，则每方 1 尺，柱础的厚度为 0.8。换言之，如果柱础方为 1.4 尺，则其厚当为 1.12 尺。如果柱础之方的边长，大于 3 尺，则其厚度，约为其方的 1/2。如其方 3 尺，其厚即为 1.5 尺。如果柱础之方进一步增大，如其方大于 4 尺，其厚度仍然采用其方的 1/2 为率。如其方 4 尺，则其厚当为 2 尺，以此类推。

其文中又进一步对柱础的造型加以说明："若造覆盆，（铺地莲华同。）每方一尺，覆盆高一寸，每覆盆高一寸，盆唇厚一分。如仰覆莲华，其高加覆盆一倍。如素平及覆盆，用减地平钑、压地隐起华、剔地起突。亦有施减地平钑及压地隐起于莲华瓣上者，谓之宝装莲华。"[1] 这里其实涉及两个问题：一是，柱础的造型；二是，柱础表面的雕镌纹样。

这里给出了宋代柱础的基本造型：一般情况下，一个完整的柱础，包括了方形础石，与其上经过雕琢的圆形础顶石两个部分。方形础石，基本上被埋在了地面以下，而圆形础顶石，则是柱础露出地面，并与其上柱子相衔接的部分。因而，所谓覆盆，有时会采用诸如铺地莲华，或宝相莲华的表面雕饰形式，都是在方形础石之上，再雕琢出一个露出地面的础顶石造型。

覆盆式柱础，平面为圆形，四周的轮廓，略呈凸起的混线形式，略似翻转并覆盖在方形础石之上的圆形水盆，并与其下的方形础石结合为一个整体。覆盆的表面，可以是素平的，也可以雕琢成种种不同的纹饰。在圆盆形造型之上，一般还会有一个薄薄的圆形，如石盘状的石刻形式，这一部分称为盆唇。按照上文的描述，如果柱础的边长方为 1 尺，其覆盆的高度，约为 0.1尺。而其上盆唇的厚度，约为 0.01 尺，各为 1/10 的比率。也就是说，假如边长为 3尺的柱础，其上覆盆的高度，约为 0.3 尺，其上盆唇的厚度，约为 0.03 尺。（图 3-20）

当然，如果对这种覆盆式柱础加以雕琢，可以出现各种不同的造型，这里举出了一个比较常见的覆盆式柱础，即铺地莲华式，或仰覆莲华式造型等。铺地莲华式

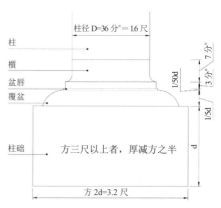

图 3-20　宋式覆盆式柱础形式示意（闫崇仁摹绘自《梁思成全集》第七卷）

1.[宋] 李诫 . 营造法式 . 卷三 . 石作制度 . 柱础 . 造柱础之制 .

造型，或可以称作"覆莲"式造型。其大致的形式，也接近覆盆的轮廓，只是其凸起的混线轮廓，是用覆盖的莲花叶形式表现的。故其覆莲的高度，与覆盆一样，也取了柱础方形边长的1/10，其上盆唇的厚度，则亦为覆盆高度的1/10。类似的柱础造型比例，也可能会出现在宝装莲华式柱础之中，只是《营造法式》原文在这一段有关覆盆式柱础外观比例设计的论述中，没有特别提到宝装莲华式柱础这一造型模式。

当然，如果设计师希望柱础更具造型感，他也可能会采用仰覆莲华的形式。即在覆莲的基础上，再加一组仰莲的造型，仰莲与覆莲之间，当有一个束腰。仰莲之上再雕刻出盆唇的造型。在这种情况下，这一柱础露出地面的部分，就相当于覆盆高度的两倍。换言之，其高大约相当于其下方形础石边长的1/5左右。如一块方3尺的柱础，其上用仰覆莲华，则其露出地面的高度，大约为0.6尺。当然，其上盆唇的厚度，并没有做相应的增厚，其厚度应当仍然控制在础石边长的1/100左右。如其础方3尺，其上盆唇仍约厚0.03尺。

实存的宋代实例中，可以发现许多柱础，在覆盆之上，还会连着一个略呈凹枭形轮廓的石质造型。在其顶面则凿以母榫，用来与其上的柱子相连接。这一部分，很可能原本是采用了木质材料的柱础与柱身之间的过渡构件——櫍，或柎。只是在宋代时，这一本为柱子与柱础之间过渡物的木质材料的櫍，已经演变成为

图 3-21　石刻柱櫍与覆盆式柱础示列（江苏甪直保圣寺）

石质材料的礩，并且与其下的础，连为了一个整体。这一部分的高度，《营造法式》中并没有加以说明，或也暗示了，在北宋时代，这种将柱礩与其下的覆盆式柱础连为一体的做法，并非官方标准的柱础造型模式。（图3-21）

从《营造法式》的行文："如素平及覆盆用减地平钑、压地隐起华、剔地起突。"[1]可知，这里描述了两种柱础外观形式，一种是"素平"式；另外一种是在覆盆之表面，采用了减地平钑、压地隐起华、剔地起突等不同的雕饰纹样处理。这里提到的素平、减地平钑、压地隐起华、剔地起突，正是前文中所阐释的有关石质构件的四种基本雕刻模式。其中，素平式，是不加雕琢的，构件的表面比较平整光洁。而其他3种模式，大体包括了线刻、浅浮雕、高浮雕三种基本的石刻艺术的雕凿方式。

---

1. [宋] 李诫 . 营造法式 . 卷三 . 石作制度 . 柱础 . 造柱础之制 .

第四节　殿阶基（殿阶基之制）

殿阶基，其中的"阶"具有两个层面的意义。一是，殿阶，与殿基一样，都代表了大殿的基座；二是，殿阶，暗示了登堂入殿的踏阶。因为殿堂建筑往往比较高大，其台基或基座也会比较高显，需要设置醒目的踏阶与钩阑，既可以令人登临，也可以凸显其上殿堂之隆耸。简而言之，这里的"殿阶基"，意即大殿之台基或基座。

《营造法式·石作制度》中描述了殿阶基基本长宽尺寸的推算方法："造殿阶基之制：长随间广，其广随间深。阶头随柱心外阶之广。"[1] 从其文字表述，如殿阶基的长度，是根据其上房屋开间的面广长度确定的，其广度（宽），是根据其上房屋开间的进深长度而确定的。这显然是房屋平面的基本长宽尺寸，房屋外檐柱中心线之外就是阶头。而其阶头，是通过柱中心线向外的阶基宽度决定的。

换言之，所谓殿阶基，就是大殿的台基，或整座房屋的基座。基座的长与宽，正是基座上所承托之房屋平面的面广与进深长度，加上其外檐柱中心线至台基边缘的距离。这里描述的是殿阶基长宽尺寸的确定。

接着，《营造法式》给出了殿阶基的高度、造型与材料情况："以石段长三尺，广二尺，厚六寸，四周并叠涩坐数，令高五尺，下施土衬石。其叠涩每层露棱五寸，束腰露身一尺，用隔身版柱。柱内平面作起突壶门造。"[2] 可知，宋代的殿阶基，一般采用长3尺，宽2尺，厚0.6尺条石砌筑。在殿基之下，要铺设土衬石，以作为殿基的基础。殿基四周则采用料石叠涩的砌筑方式，叠涩砌筑的石块，每层向外出露0.5尺的边棱，这样才能形成层层外出的叠涩效果。

一般以每层叠涩厚度为0.6尺计，并将叠涩层的总高度控制在5尺左右。如此，则四周叠涩坐数大约为8层，高约5尺。上下叠涩之间，为向内收入的束腰。束腰的高度，为1尺。如此，可以形成一个上有高约2.5尺的4层叠涩，下有高约2.5尺的4层叠涩，中有高约1尺的束腰，其整体造型如同"须弥座"一样的大殿基座（殿阶基）形式。按着这一推测，殿阶基的总体高度，一般不会低于6尺。当然，重要的殿堂，其殿阶基的高度，不会受到这一尺寸的限制。

在殿阶基高度方向的中间部分，一般采用隔身版柱形式，将殿阶基的束腰，分为若干个较小的间隔。在隔身版柱之间束腰石的外表立面上，通过剔地起突的石刻雕镌做法，形成起突壶门造的形式。（图3-22）

在《营造法式·石作功限》的描述中，还可以进一步了解殿阶基的一些具体

---

1. [宋] 李诫. 营造法式. 卷三. 石作制度. 殿阶基.
2. [宋] 李诫. 营造法式. 卷三. 石作制度. 殿阶基.

做法："殿阶基一坐。雕镌功每一段：头子上减地平钑华二功。束腰：造剔地起突莲华，二功。（版柱子上减地平钑华同。）挞涩：减地平钑华，二功。安砌功每一段：土衬石：一功。（压阑、地面石同。）头子石：二功。（束腰石、隔身版柱子、挞涩同。）"[1]

这里的头子石，指的可能是殿阶基上部的向外凸出的石砌叠涩层。其表面有雕刻，一般为减地平钑华的做法，每段计为 2 功。同样，其下部的叠

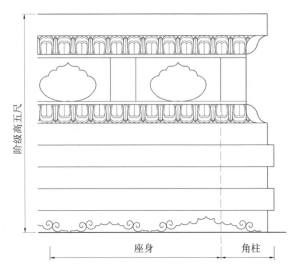

图 3-22　宋代建筑—殿阶基之制立面示意（闫崇仁摹绘自《梁思成全集》第七卷）

涩部分，表面亦有雕刻，且同样为减地平钑华的做法，每段亦计为 2 功。中间束腰部分的雕刻，采用的是剔地起突华的做法，每段亦计 2 功。这里又补充了束腰中隔间版柱的表面，也有雕刻，采用的亦是减地平钑华的做法，亦计为 2 功。说明这些雕镌工作的工作量大体上是相近的。

从殿阶基的安砌功中提到的土衬石、压阑石、地面石、头子石、束腰石、隔身版柱子、挞涩等名称，大体上可以看出殿阶基的基本构造。其中的头子石、挞涩，较大可能指的是殿阶基束腰上部与下部的叠涩石。下层叠涩石，层层退缩，称挞涩。这里的"挞涩"，本义也应该是"叠涩"。上层叠涩石，层层外挑，称头子石。挞涩之下，有土衬石，形成殿阶基本身的基础。头子之上，有压阑石。阑者，额也。压阑石，压住了额头，故文中的"头子"，极有可能指的就是压阑石下的叠涩石。则自下而上，由土衬石、挞涩、束腰（包括隔身版柱）、头子（叠涩）、压阑石，层层叠压，大体上形成了一座"须弥座"式的殿阶基或基座。

角石

角石，是指铺砌于殿阶基之矩形平面各个转角部位顶面上的一块石构件。据《营造法式·石作制度》："造角石之制：方二尺。每方一尺则厚四寸。角石之下别用

1.[宋]李诫.营造法式.卷十六.石作功限.殿阶基.

角柱。（厅堂之类或不用。）"[1] 角石，位于殿阶基转角部位的顶部。角石之下，一般会砌筑一块直立的石构件——角柱。但若是等级较低的厅堂等建筑，则可以不用再加设角柱。

这里给出了一块角石的基本尺寸：一般情况下，角石的长宽尺寸为 2 尺见方，每方 1 尺，厚度为 0.4 尺，则 2 尺见方的角石，厚度应该控制为 0.8 尺。《营造法式·石作功限》中也提到了角石的尺寸："角石：安砌功，角石一段，方二尺，厚八寸一功。"[2] 这里给出的角石尺寸，亦为长宽各 2 尺，厚 0.8 尺。

同时，一些角石上，有可能会进行雕镌的加工："雕镌功：角石两侧造剔地起突龙凤间华或云文，一十六功。（若面上镌作狮子加六功。造压地隐起华减一十功。减地平钑华减一十二功。）"[3] 所谓角石两侧，指的是角石暴露在外的两个侧面，这里同时也是殿阶基转角部位的上沿。这两个外侧面，是与殿阶基上沿表面铺砌的压阑石的外侧面相连接的。

在角石或压阑石的外侧面上，有可能雕凿有剔地起突的龙凤造型，间以华文，或间以云文等图案。这样的雕镌功，计为 16 功。在角石的上表面上，有可能雕以狮子，则这时的角石，其实是起到了"角兽石"的作用。增加的角兽（狮子）雕镌功，计为 6 功。则这一上部有雕镌有角兽的角石，其雕镌功总计为 18 功。

如果仅仅在角石的两个侧面上，雕以压地隐起华式纹样，则只需计为 6 功（减除了 10 功）；如果雕以减地平钑式图案，则只需计 4 功（减除了 12 功）。

角柱

这里的角柱，并非殿堂等木构建筑转角部位的角柱，而是殿堂基座（殿阶基）转角部位用以护持殿堂基座角部结构的石质立柱。《营造法式·石作制度》中有角柱一节，给出了角柱的基本尺寸："造角柱之制：其长视阶高。每长一尺则方四寸，柱虽加长，至方一尺六寸止。"[4]

角柱的长度，是按照殿阶基的高度确定的。角柱的断面尺寸，则由其长度所确定。如角柱长 1 尺，其断面长宽尺寸为 0.4 尺。较长的角柱，长宽尺寸会加大，但最长的角柱，其断面长宽尺寸也不应该超过 1.6 尺。

角柱只是整个殿阶基转角部位的一个构件，角柱之上，覆以角石（或角兽），"其

1.[宋]李诫.营造法式.卷三.石作制度.角石.
2.[宋]李诫.营造法式.卷十六.石作功限.角石.
3.[宋]李诫.营造法式.卷十六.石作功限.角石.
4.[宋]李诫.营造法式.卷三.石作制度.角柱.

柱首接角石处，合缝令与角石通平。"[1]关于这一点，梁思成先生解释为："'长视阶高'，须减去角石之厚。角柱之方小于角石之方，垒砌时令向外的两面与角石通平。"[2]即在砌筑过程中，要将角石与角柱，在外观上契合为一个整体。

当然，有一些殿阶基，是采用了砖石混合的砌筑方法，即除了角石、角柱之外，其余的叠涩或束腰部分，可以代之以砖砌的结构体。因此，"若殿宇阶基用砖作叠涩坐者，其角柱以长五尺为率。每长一尺，则方三寸五分。其上下叠涩并随砖坐逐层出入制度造。内版柱上造剔地起突云，皆随两面转角。"[3]也就是说，在这种砖石混砌的殿阶基中，角柱石一般控制在 5 尺左右的长度。每长 1 尺，其断面的长宽尺寸为 0.35尺。可知，5 尺长的角柱，断面长宽尺寸约为 1.75 尺。但按照前文的规则，其断面尺寸，应该控制在 1.6 尺见方。

砖砌基座的上下叠涩，是按照砖的厚度，逐层叠涩出入砌筑的。上下叠涩之间，似仍有束腰，束腰中仍设隔间版柱。这些隔间版柱的外表面，有可能雕镌以剔地起突形式的云文图案，这些图案应与基座两端转角部位之角柱石上的云文图案保持一致。

角兽石

《营造法式》原文中并无角兽石这一名称，梁先生提出"角兽石"这一术语。《营造法式·石作功限》有关角石功限的描述中有："若面上镌作狮子加六功。"[4]指的就是这种表面镌刻有狮子的角石。

梁思成解释说："从《营造法式》卷二十九原角石附图和宋、辽、金、元时代的实例中知道：角石除'素平'处理外，尚有侧边雕镌浅浮雕花纹的，有上边雕刻半圆雕或高浮雕云龙、盘凤和狮子的种种。例如，河北蓟县独乐寺出土的辽代角石上刻着一对戏耍的狮子；山西应县佛宫寺残存的辽代角石上刻着一头态势生动的异兽；而北京护国寺留存的千佛殿月台元代角石上则刻着三只卧狮。"[5]可知，这种在上表面雕刻半圆雕，或高浮雕云龙、盘凤和狮子的角石，即为角兽石。

压阑石（地面石）

《营造法式》中将压阑石与地面石并列表述："压阑石、地面石：造压阑石之制：

1.[宋]李诫.营造法式.卷三.石作制度.角柱.
2.梁思成.梁思成全集.第七卷.宋《营造法式》注释.第59页.中国建筑工业出版社.2001年.
3.[宋]李诫.营造法式.卷三.石作制度.角柱.
4.[宋]李诫.营造法式.卷十六.石作功限.角石.
5.梁思成.梁思成全集.第七卷.宋《营造法式》注释.第58页.中国建筑工业出版社.2001年.

长三尺，广二尺，厚六寸。（地面石同。）"[1] 可知，在形式与尺寸上，压阑石与地面石是一样的，一般都采用了长3尺，宽2尺，厚0.6尺的尺寸。

不同的是，压阑石被砌筑在殿阶基顶面四周的边缘部位，其外侧面与角石外侧面找齐。而地面石，指的是殿阶基顶面除角石、压阑石、殿内斗八之外的其他地面铺装石。

据《营造法式·石作功限》："地面石、压阑石：地面石、压阑石，安砌功：每一段，长三尺，广二尺，厚六寸，一功。雕镌功：压阑石一段，阶头广六寸，长三尺，造剔地起突龙凤间华，二十功。（若龙凤间云文减二功。造压地隐起华减一十六功。造减地平钑华减一十八功。）"[2] 两种构件的尺寸与计功方式完全相同。只是压阑石的外侧边表面，即殿阶基的"阶头"部位，会雕有剔地起突的龙凤造型，并间以华文或云文，或雕有压地隐华、减地平钑华等纹样。而地面石没有外露的侧表面，更不需要任何雕饰。（图3-23）

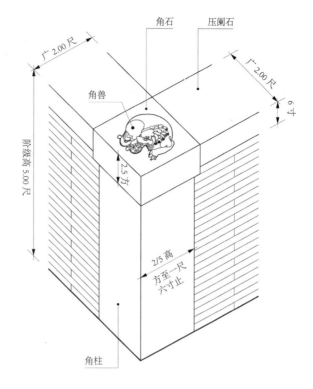

图 3-23　宋代建筑—殿阶基转角（角石、角柱、角兽、压阑石）示意（闫崇仁绘）

土衬石

土衬石，是介乎殿阶基与建筑物所坐落之地面之间的一种石构件，铺砌在殿阶基底部的边缘，也包括登临殿阶基之踏道的底部边缘。《营造法式》在有关殿阶基的描述中提到："造殿阶基之制……以石段长三尺，广二尺，厚六寸，四周并叠涩坐数，

1. [宋] 李诫.营造法式.卷三.石作制度.压阑石（地面石）.
2. [宋] 李诫.营造法式.卷十六.石作功限.地面石（压阑石）.

图 3-24 辽宋建筑一台基土衬石示例（山西高平开化寺）（闫崇仁摄）

令高五尺，下施土衬石。"[1] 这里的"下施土衬石"，是针对整座殿阶基的四周之下而言的。（图 3-24）

　　踏道（或踏阶）的情况也是一样："造踏道之制……至平地施土衬石，其广同踏。（两头安望柱石坐。）"[2] 在踏道与地面接触的位置（至平地），则砌筑以土衬石，土衬石的长度，与踏道的面广宽度是一样的。

　　土衬石一般会伸出殿阶基或踏道底边外缘之外，并微微露出地面之上，主要起到殿阶基与踏道的基础作用，也兼有保护殿阶基与踏道不受雨水冲击的功能。

殿阶螭首

　　殿阶，指的可能是殿阶基的阶头部位；螭者，上古神话传说中所谓龙生九子之一，据说是一种没有角的龙，以其形式雕镌而成的装饰物，即称螭首。螭首，亦称螭头，多用于古代建筑或器物的装饰中，如帝王玉玺之上所雕饰的执纽，或帝王出行步辇中盘龙座的四足等。建筑物台基上部的阶头外沿，按照一定的分布距离雕镌以螭首，既能够起到装饰作用，也具有排雨水功能，故称之为"殿阶螭首"。

　　据《营造法式》："造殿阶螭首之制：施之于殿阶，对柱及四角，随阶斜出。其长七尺，每长一尺，则广二寸六分，厚一寸七分。其长以十分为率，头长四分，身长六分。

1.［宋］李诫.营造法式.卷三.石作制度.殿阶基.
2.［宋］李诫.营造法式.卷三.石作制度.踏道.

其螭首令举向上二分。"[1]

殿阶螭首，从字面上推测，可能是布置在殿阶基的阶头部位，其位置与大殿外檐柱缝相对应，以及殿阶基的四个转角部位，随殿阶基的阶头位置，向外出挑。

螭首的长度为一般为7尺。以每长1尺，其宽0.26尺，其厚0.17尺计，则一只螭首石构件的宽度为1.82尺，厚度为1.19尺。而其长度中的6/10，是砌入殿阶基之内的，另外4/10，伸出阶头之外，并雕镌成螭首的造型。在安装螭首的过程中，要将螭首的头部，按照其长度的2/10，向上举起，以造成螭首向上昂起的造型效果。

据梁思成的研究："现在已知的实例还没有见到一个'施之于殿阶'的螭首。明清故宫的螭首只用于殿前石阶或天坛圜丘之类的坛上。"[2]这是将"殿阶"与"殿前石阶"加以区分的说法。但如果将殿阶基作为一个整体，其大殿前的台基边缘，似也可以看作是殿阶基的阶头。则故宫三大殿三重台基，即这三殿的殿阶基，则殿前石阶上的螭首，应当就是殿阶的一种例证。（图3-25）

从史料中看，很可能在唐代宫廷建筑的殿阶基上，已经有了殿阶螭首的做法，据《新唐书》，唐宫之内："置起居舍人，分侍左右，秉笔随宰相入殿；若仗在紫宸内阁，则夹香案分立殿下，直第二螭首，和墨濡笔，皆即坳处，时号螭头。"[3]这里的"殿下"，似指紫宸殿前阶基上；直，即值也；第二螭首，当是从殿阶基一端所数第二个螭首的位置。这里对应的应该是紫宸殿前檐第二根柱子之前的殿阶之下。

图3-25　石刻殿阶基螭首示例（闫崇仁摄）

当值的起居舍人，就是在这一螭首的低坳之处，和墨濡笔，以记录当日的帝王起居。这里的螭首，亦被时人称为"螭头"。

宋代宫廷内，亦有类似的规则："起居郎一人，掌记天子言动。御殿则侍立，行幸则从，大朝会则与起居舍人对立于殿下螭首之侧。"[4]这里的"殿下螭首之侧"，虽然没有给出具体的螭首位置，但基本的规则，与唐代很可能是相同的。

---

1. [宋]李诫.营造法式.卷三.石作制度.殿阶螭首.
2. 梁思成.梁思成全集.第七卷.宋《营造法式》注释.第61页.中国建筑工业出版社.2001年.
3. 钦定四库全书.史部.正史类.[宋]欧阳修.新唐书.卷47.志第三十七.百官二.
4. 钦定四库全书.史部.正史类.[元]脱脱等.宋史.卷161.职官志第一百一十四.职官一.

殿内斗八

《营造法式》："造殿堂内地面心石斗八之制：方一丈二尺，匀分作二十九窠。当心施云捲，捲内用单盘或双盘龙凤，或作水地飞鱼、牙鱼，或作莲荷等华。诸窠内并以诸华间杂。其制作或用压地隐起华，或剔地起突华。"[1] 由此可知，殿内斗八，其实是地面石的一种，其位置位于殿堂内的地面中心；其形制呈斗八式样。

《营造法式》卷二十九图例，殿内斗八，是在一块方形石块上，雕镌出一个八角形的图案，再在其中作进一步的图形分割。（图 3-26）可以推想，这块殿堂内地面心石，为 12 尺见方。在这一正方形中，通过八角形及其内外的进一步分划，可以分成 29 个被称为"窠"的区块。关于这一点，梁思成提到："原图分作三十七窠，文字分作二十九窠，有出入。具体怎样分作二十九窠，以及其他的做法究竟怎样，都无法知道。"[2]

殿内斗八的中心是一个圆形的窠，内镌刻有以云文衬托的单盘或双盘的龙凤造型。也可以镌刻飞鱼、牙鱼，或莲花、荷花的造型。在这些窠内，可以用不同的华文间杂于其中。具体的雕镌方式，可以是压地隐起华的做法，也可以是剔地起突华的做法。总之，是将殿堂内地面心石，变成一个凸显于地面中央的标志性地面石。其功能，除了对地面加以装饰之外，也可以透过精雕细刻的殿内斗八形式，反衬出位于殿堂中央之御座、佛座或神座的隆重与尊崇。（图 3-27）

《营造法式·壕寨功限》中对殿内斗八也有一些描述："殿内斗八：殿阶心内斗八一段，共方一丈二尺。雕镌功：斗八心内造剔地起突盘龙一条，云卷水地，四十功。斗八心外诸窠格内并造压地隐起龙凤、化生诸华，三百功。安砌功：每石二段，一功。"[3] 这里除了进一步强调，殿堂内地面心石斗八，为一块方 12 尺的石构件之外，还提到了斗八心内，雕镌以云卷水文为地的剔地起突盘龙；斗八心外诸窠格内，雕以压地隐起的龙凤造型，并雕有化生等华文。

这里特别提到"每石二段，一功"。似乎暗示了，一块 12 尺见方的殿堂内地面心石斗八，可能是由两块石材拼合而成的。每块石头，其长虽为 12 尺，其宽应仅为 6 尺，其厚度当与地面石同，为 0.6 尺。这样一个适度长宽尺寸的石构件，在石料开凿、石材加工与地面铺砌安装时，才比较适合古时的人工操作。

据梁思成的研究："殿堂内地面心石斗八无实例可证。"[4] 因此，《营造法式》卷二十九的"殿内斗八"图例，是已知有关这种地面心石斗八图案形式的唯一例证。

---

1. [宋] 李诫 . 营造法式 . 卷三 . 石作制度 . 殿内斗八 .

2. 梁思成 . 梁思成全集 . 第七卷 . 宋《营造法式》注释 . 第 61 页 . 中国建筑工业出版社 . 2001 年 .

3. [宋] 李诫 . 营造法式 . 卷十六 . 石作功限 . 殿内斗八 .

4. 梁思成 . 梁思成全集 . 第七卷 . 宋《营造法式》注释 . 第61页 . 中国建筑工业出版社 . 2001年 .

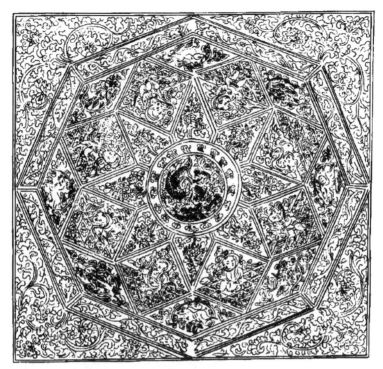

图 3-26 [宋]李诫《营造法式》卷二十九殿堂内地面心斗八图案

图 3-27 宋代建筑—地面殿内斗八图案(闫崇仁绘)

第五节　阶级

阶级，登临殿堂台基之上的踏道或踏阶。《营造法式》中并无"阶级"一词，但北宋时人的营造术语中，当有"阶级"一词，见于宋人沈括《梦溪笔谈》中有关"营舍之法"的论述："阶级有峻、平、慢三等，宫中则以御辇为法：凡自下而登，前竿垂尽臂，后竿展尽臂，为峻道；前竿平肘，后竿平肩，为慢道；前竿垂手，后竿平肩，为平道。"[1]这里的阶级，即指登堂入室之踏道。（图3-28）

将登高之踏阶或踏道称为"阶级"，至迟自汉代时已经开始。汉代人贾谊《新书》在谈及"阶级"时说道："阶陛九级者，堂高大几六尺矣。若堂无陛级者，堂高治不过尺矣。"[2]这里的"阶级"与阶陛、陛级似为同义语，指的都是登高之踏道或踏阶。唐《艺文类聚·居处部》引

图 3-28　江苏南京栖霞寺五代舍利塔台基踏阶

东汉班固《西都赋》："左墄[仓勒反，阶级也。]右平，重轩三阶。"[3]将登殿之"左墄右平"的墄，解释为"阶级"。

《艺文类聚·居处部》中还记载："凡大殿乃有陛，堂则有阶无陛也，左墄右平者，以文砖相亚次，墄者为阶级也，九锡之礼，纳陛以登，谓受此陛以上。"[4]这里直接称"墄

1.[宋]沈括.梦溪笔谈.卷十八.技艺.

2.[汉]贾谊.新书.卷二.阶级(事势).

3.[唐]欧阳询.艺文类聚.卷六十一.居处部一.总载居处.

4.[唐]欧阳询.艺文类聚.卷六十二.居处部二.殿.

者为阶级"，可知自汉至唐及宋，"阶级"与登临殿阶基之墄，或踏道、踏阶，为同义语。

踏道（造踏道之制）

以"踏道"一词取代"阶级"而指称登台之"墄"疑始自北宋时代。正史中最初提到"踏道"一语，见于《宋史》："朝堂引赞官引弹奏御史二员入殿门踏道，当下殿北向立。"[1] 这里的踏道，似乎还不确定是否指的是登临的踏阶。

但同是在《宋史》中所提到的："各祗候直身立，降踏道归幕次。"[2] 大约同时代的《金史》中提到："伞扇侍卫如常仪，由左翔龙门踏道升应天门，至御座东。"[3] 这两段文字中有"降"有"升"，说明这里的"踏道"有升降之意，其义为登高之"阶级"无疑。

《营造法式》中有"造踏道之制"："造踏道之制：长随间之广。每阶高一尺作二踏；每踏厚五寸，广一尺。"[4] 这里给出了踏道的三个基本尺寸：其一，踏道的面阔，即"长随间之广"。也就是说，踏道的面宽，与其所对应之殿堂外檐柱廊开间的面阔是相同的。其二，每一步踏阶的厚度，或每一阶步的高度差，为0.5尺。其三，每一步踏阶的踏步深度，即阶步之广，为1尺。（图3-29）

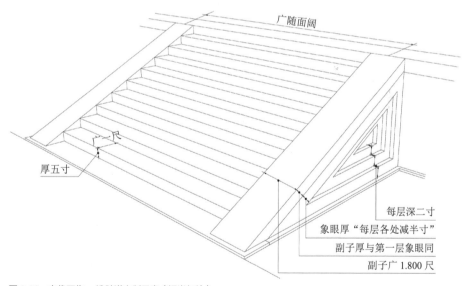

广随面阔

厚五寸

每层深二寸
象眼厚"每层各处减半寸"
副子厚与第一层象眼同
副子广1.800尺

图3-29 宋代石作—造踏道之制示意（闫崇仁绘）

1.［元］脱脱等.宋史.卷一百一十七.志第七十.礼二十（宾礼二）.入阁仪.

2.［元］脱脱等.宋史.卷一百二十一.志第七十四.礼二十四（军礼）.阅武.

3.［元］脱脱等.金史.卷三十六.志第十七.礼九.肆赦仪.

4.［宋］李诫.营造法式.卷三.石作制度.踏道.

此外，"造踏道之制"行文中还提到了组成踏道的另外两个附属部分：副子与象眼。

副子

在一组面阔与所对应之殿堂开间面阔一致，单步步阶高度为 0.5 尺，步阶深度为 1 尺的踏道两侧，会用整齐的料石，按照踏道的斜度，铺砌成两个斜面，即踏道的副子："两边副子，各广一尺八寸。（厚与第一层象眼同。）"[1] 副子的大体形式，是一个由相互垂直的殿阶基与地面所构成的直角三角形的斜边。

副子的宽度为 1.8 尺；副子的厚度与第一层象眼的厚度相同；至于副子的长度，则依据由殿阶基高度推导出的踏道阶步数与铺展长度，及其所构成之直角三角形的斜边计算出来的。

象眼

《营造法式》中的"象眼"一词，是一个与砖石砌筑的踏道有关的专用名词，特指踏道两侧副子之下通过砖石叠涩，层层退进的三角形孔穴。如其文中"造踏道之制"所描述的："两头象眼，如阶高四尺五寸至五尺者，三层，（第一层与副子平，厚五寸，第二层厚四寸半，第三层厚四寸。）高六尺至八尺者，五层（第一层厚六寸，每层各递减一寸。）或六层，（第一层，第二层厚同上，第三层以下，每一层各递减半寸。）皆以外周为第一层，其内深二寸又为一层。（逐层准此。）至平地施土衬石，其广同踏。（两头安望柱石坐。）"[2]

这里的两头，指的是踏道的左右两侧，即副子之下部分的外侧。这里通过石块向内的层层叠涩，形成一个内收的三角形孔穴。这个孔穴就是宋代踏道两侧的象眼。（图 3-30）

如果踏道总高度为 4.5 尺至 5 尺者，其叠涩石分三层。第一层，厚度为 0.5 尺，出挑深度与其上副子找齐；第二层，厚度为 0.45 尺；第三层，厚度为 0.4 尺。

如果踏道总高度为 6 尺至 8 尺，叠涩石分五层。第一层，厚度为 0.6 尺，之后每层递减 0.1 尺，即第二层 0.5 尺，第三层 0.5 尺，第四层 0.4 尺，第五层 0.4 尺。踏道总高较高者，也有可能分为 6 层，则第一层厚 0.6 尺，第二层厚 0.5 尺，第三层以下，各减 0.05 尺，则第三层厚 0.45 尺，第四层厚 0.4 尺，第五层厚 0.35 尺，第六层厚 0.3 尺。

1. [宋] 李诫 . 营造法式 . 卷三 . 石作制度 . 踏道 .
2. [宋] 李诫 . 营造法式 . 卷三 . 石作制度 . 踏道 .

图 3-30　古代建筑石筑踏阶—副子与象眼示例

　　每层向内收进的递进率为每层 0.2 尺。即第一层与副子平，第二层退进 0.2 尺，第三层再退进 0.2 尺，以此类推；至地面，则以与平地相接的土衬石作为结束。土衬石的长度与宽度，与踏道相同。踏道两头要安装望柱石座，其上以望柱等构件，形成踏道两侧的钩阑形式。

第六节　钩阑

从史料看，钩阑一词，自宋代以后才比较多见，多指车具或殿堂楼阁之高处起到拦护作用的一种栏杆。这里的重台钩阑，指的无疑是一种用石材加工筑造的栏杆，尽管其中的某些构造性术语，很可能与木钩阑有相近之处。

《营造法式·看详》中有对钩阑的定义："钩阑（其名有八：一曰棂槛，二曰轩槛，三曰栊，四曰梐牢，五曰阑楯，六曰柃，七曰阶槛，八曰钩阑。）"[1]可知与钩阑这一术语意思接近者，有8个名词之多。

《营造法式·释名》中进一步对钩阑一词加以解释，所引古代文献中，提到与钩阑意思相近的词，也包括有：棂槛、轩槛、阑楯等。其中对钩阑中一些构件也加以解释，如："《博雅》：阑、槛、栊、楯，牢也。"[2]"棂槛，钩阑也。言钩阑中错为方斜之文。楯，钩阑上横木也。"[3]以及"阑楯谓之柃，阶槛谓之阑"[4]，大致也是对"看详"中所列举诸名词的一个简单解释。从这些解释看，钩阑一词的本义，指的正是某种可以用于建筑物的高处，或车具之上，起到拦护功能的木质栏杆。

然而，这里所说的钩阑，指的却是一种以石质材料建构，主要用于殿阶基之上，或一般殿堂塔阁等台座、台基上部四周的栏杆。宋代殿堂台基上的钩阑，主要分为单钩阑与重台钩阑两种。

重台钩阑

据《营造法式·石作制度》："造钩阑之制：重台钩阑每段高四尺，长七尺。寻杖下用云栱、瘿项，次用盆唇，中用束腰，下施地栿。其盆唇之下，束腰之上，内作剔地起突华版。束腰之下，地栿之上亦如之。"[5]

这里给出的是重台钩阑的主要尺寸及其基本组成构件。按照《营造法式》中的描述，一段重台钩阑，高为4尺，长为7尺。这里的一段重台钩阑，指的是钩阑中位于两根望柱之间的那一部分构件。其中包括了寻杖、云栱、瘿项、盆唇、束腰、地栿等几个主要构件。此外，在盆唇之下，束腰之上，以及在束腰之下，地栿之上，都会嵌之以石刻华版。华版上有石雕的纹样，重台钩阑中盆唇、束腰与地栿之间的上下华版，

---

1. [宋] 李诫. 营造法式. 看详. 诸作异名.
2. [宋] 李诫. 营造法式. 卷二. 总释下. 钩阑.
3. [宋] 李诫. 营造法式. 卷二. 总释下. 钩阑.
4. [宋] 李诫. 营造法式. 卷二. 总释下. 钩阑.
5. [宋] 李诫. 营造法式. 卷三. 石作制度. 重台钩阑（单钩阑、望柱）.

一般都会采用剔地起突的雕镌做法。

此外，在盆唇与束腰之间的华版，是由若干个蜀柱分隔成一些不同的版块的。蜀柱与盆唇上的云栱瘿项，在位置上则是上下对应的。在地栿之下，与蜀柱相对应的位置上，还会设置螭子石。因此，在两根望柱之间的一段钩阑中，从上至下，分别是由寻杖、云栱、瘿项、盆唇、蜀柱与大华版、束腰、地霞与小华版、地栿、螭子石这11种构件组合榫接而成的。彼此之间有着十分细致的造型关联与比例推敲。（图3-31）

与单钩阑相比较，重台钩阑是宋代建筑中等级较高，造型较为复杂，比较端庄、严肃，主要应用于等级较高的大型殿阶基之上的一种石质钩阑形式。

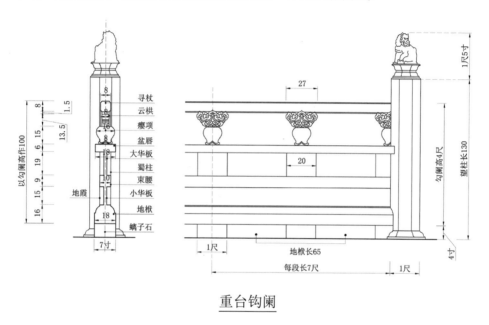

重台钩阑

图 3-31 宋代石作—重台钩阑—剖、立面（闫崇仁摹绘自《梁思成全集》第七卷）

单钩阑

单钩阑在造型上比较简单，在建筑物营造的实际应用上，可能也只会用于等级稍低的堂阁建筑等台基之上。据《营造法式》的描述："单钩阑每段高三尺五寸，长六尺。上用寻杖，中用盆唇，下用地栿。其盆唇、地栿之内作万字，（或透空或不透空，）或作压地隐起诸华。"[1]

从尺寸上看，单钩阑要比重台钩阑小一些，比如，一段单钩阑的长度仅为6尺，而其寻杖上皮距离钩阑底部的高度，亦仅有3.5尺。从构成关系上，位于两根望柱之

1.［宋］李诫.营造法式.卷三.石作制度.重台钩阑，单钩阑，望柱.

间的一段单钩阑，其自上而下的组成关系，分别是：寻杖之下为云栱与撮项，云栱与撮项落在盆唇之上，而盆唇之下则是用蜀柱隔开的华版钩片。华版钩片的形式也比较简单，比较常见的单钩阑华版，是华版万字造（万字版），其形式可以是镂空的做法，也可以是不镂空的。有时，也会采用压地隐起华的华文雕镌式华版造型。

在华版钩片与蜀柱之下，仍然是石地栿。地栿之下，亦用螭子石。显然，在单钩阑的情况下，一是，不用比较圆润的瘿项承托云栱，而是用比较瘦俏的撮项承托云栱，从而使得钩阑造型显得通灵、空透；二是，在盆唇与地栿之间，仅用一层华版钩片，其间并不设束腰，也使单钩阑比起重台钩阑要轻盈、通透许多。这显然更适合于等级稍低的建筑物台基。（图3-32）

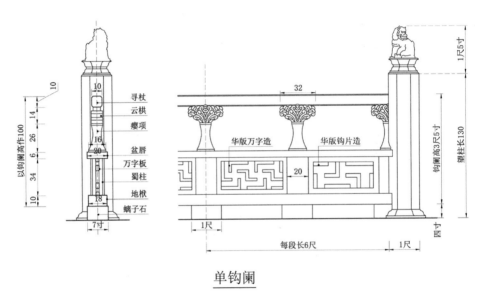

单钩阑

图3-32　宋代石作—单钩阑剖、立面图（闫崇仁摹绘自《梁思成全集》第七卷）

宋代单钩阑中，承托寻杖者，除了云栱、撮项之外，还可以用单托神或双托神。故其文中有："如寻杖远，皆于每间当中施单托神，或相背双托神。"[1]同样的术语，也见于《营造法式·石作功限》，其有关单钩阑的造作功中提到："寻杖下若作单托神，一十五功。（双托神倍之。）"[2]

这里所谓的单托神、相背双托神，指的应该是介乎寻杖与盆唇之间的一个过渡性构件，其功能当与云栱、撮项相同。据梁思成的解释："'托神'在原文中无说明，推测可能是人形的云栱瘿（撮？）项。"[3]

1.[宋]李诫.营造法式.卷三.石作制度.重台钩阑，单钩阑，望柱.
2.[宋]李诫.营造法式.卷十六.石作功限.单钩阑.
3.梁思成.梁思成全集.第七卷.宋《营造法式》注释.第62页.中国建筑工业出版社.2001年.

慢道上的钩阑

除了在殿阶基，或殿堂台基上之外，钩阑还会施之于慢道，或踏道两侧的副子之上。宋人沈括《梦溪笔谈》中提道："阶级有峻、平、慢二等，宫中则以御辇为法：凡自下而登，前竿垂尽臂，后竿展尽臂，为峻道；前竿平肘，后竿平肩，为慢道；前竿垂手，后竿平肩，为平道。"[1] 可知"慢道"是踏阶，或踏道，即古代建筑之"阶级"的一种，是相对比较平缓的踏道。当然，慢道也有可能是坡道，梁思成解释说："'慢道'就是坡度较缓的斜坡道。"[2]

《营造法式·石作制度》："若施之于慢道，皆随其拽脚，令斜高与正钩阑身齐。其名件广厚皆以钩阑每尺之高积而为法。"[3] 所谓拽脚，指的是慢道或踏道副子表面的有一定坡度的斜坡。梁思成解释说："'拽脚'大概是斜线的意思，也就是由踏道构成的正直角三角形的弦。"[4] 这里的意思是说，如果在缓慢的斜坡坡道上，抑或在踏道两侧斜坡状的副子之上，设置钩阑，则钩阑是随着这一慢道表面，即"拽脚"之坡度所确定的。（图3-33）

图3-33 江苏南京栖霞寺舍利塔基座八相图石刻中表现的慢道钩阑

设计这一斜钩阑的做法是，使这一斜钩阑的斜高与正常钩阑的高度找齐。同时，其斜钩阑的其他各相应构件，如寻杖、盆唇、地栿等，以及与之配套的云栱、撮项（或

---

1. [宋]沈括. 梦溪笔谈. 卷十八. 技艺.
2. 梁思成. 梁思成全集. 第七卷. 宋《营造法式》注释. 第62页. 中国建筑工业出版社. 2001年.
3. [宋]李诫. 营造法式. 卷三. 石作制度. 重台钩阑，单钩阑，望柱.
4. 梁思成. 梁思成全集. 第七卷. 宋《营造法式》注释. 第62页. 中国建筑工业出版社. 2001年.

单托神、双托神等）、华版钩片等，都要将其斜高与正常钩阑相应位置之构件的标准高度找齐。惟有如此，才能使得这慢道，或踏道之坡形副子之上的钩阑，与殿阶基，或堂阁台基上的钩阑，组合成为一个完美的栏杆整体。

望柱

望柱，是一个自辽宋时代才开始出现的建筑术语，主要是指出现在石作，或小木作钩阑中的一种构件。偶然也会出现在胡梯，或叉子小木作制度中。石作中的望柱，主要施之于单钩阑，或重台钩阑中。正是通过两根望柱之间的诸构件，确定了一段钩阑的基本造型与组合关系。

《营造法式·石作制度》："望柱：长视高，每高一尺，则加三寸。（径一尺，作八瓣。柱头上狮子高一尺五寸，柱下石坐作覆盆莲华，其方倍柱之径。）"[1] 梁思成对这里所说的望柱做了解释："'望柱'是八角柱。这里所谓'径'，是指两个相对面而不是两个相对角之间的长度，也就是指八角柱断面的内切圆径而不是外接圆径。"[2] 可知，宋代石钩阑的望柱，多为八角柱的形式。

关于望柱构件尺寸，这里表述为"望柱；长视高"。梁思成解释说："'望柱长视高'的'高'是钩阑之高。"[3] 其意是说，钩阑望柱的高度，是依据钩阑自身的高度确定的。如单钩阑，其高3.5尺，重台钩阑，其高4尺，那么重台钩阑的望柱，就比单钩阑要高一些。

这里虽然没有给出钩阑望柱高度与钩阑高度之间的比值，但也给出了一些相对的尺寸，如钩阑每高1尺，则望柱的高度要加0.3尺。换言之，一段重台钩阑的高度为4尺，则其望柱的高度，就是在4尺的基础上，增加4个0.3尺，即其望柱高5.2尺。而一段单钩阑的高度为3.5尺，其望柱的高度，应当为4.55尺。

无论单钩阑，还是重台钩阑，都采用八角形平面的望柱。望柱头之上，一般采用狮子造型。狮子的高度为1.5尺。这里的狮子造型，应该是在望柱高度的基础上，再增加的高度，即：

如果是重台钩阑，其包括狮子造型在内的望柱总高为：5.2尺+1.5尺=6.7尺。

如果是单钩阑，其包括狮子造型在内的望柱总高为：4.55尺+1.5尺=6.05尺。

此外，钩阑望柱之下有石座，大约相当于房屋柱子的柱础，望柱石座的雕镌华文一般为一个八角形的覆莲形式。覆莲石座的直径，是其上所承八角形望柱直径的两倍。

---

1. [宋] 李诫. 营造法式. 卷三. 石作制度. 重台钩阑，单钩阑，望柱.
2. 梁思成. 梁思成全集. 第七卷. 宋《营造法式》注释. 第62页. 中国建筑工业出版社. 2001年.
3. 梁思成. 梁思成全集. 第七卷. 宋《营造法式》注释. 第62页. 中国建筑工业出版社. 2001年.

如一般望柱的直径为 1 尺，则其下覆莲石座的直径为 2 尺。

寻杖

寻杖，是一个北宋时代才出现的建筑构件名词，指的是建筑物之钩阑上的一个主要构件——扶手。从《营造法式》，"造钩阑之制"中所说，重台钩阑"寻杖下用云栱瘿项，次用盆唇，中用束腰，下施地栿"[1]，及单钩阑"上用寻杖，中用盆唇，下用地栿"[2]可知，寻杖是位于钩阑栏杆之上部的一根长杆形构件，起到了类似现代栏杆之"扶手"的作用。

关于寻杖的长度与直径，见《营造法式·石作制度》："寻杖：长随片广，方八分。（单钩阑方一寸。）"[3]所谓"长随片广"，这里的片，指的是位于两根望柱之间的一段钩阑的面广长度。例如，一段重台钩阑，一般的长度为 7 尺；一段单钩阑，一般的长度为 6 尺。与之相应的寻杖长度，即为 7 尺或 6 尺。

如果是木质钩阑，其寻杖的断面有可能是圆形；但石作制度中所提到的殿阶基上的钩阑，因为是用石材雕制而成的，其寻杖断面应该是方形，而且，为了手握的便利，有可能是方形而圆棱抹角的做法。

这里给出的重台钩阑寻杖的断面尺寸是"方八分"，但却给出单钩阑寻杖的断面尺寸为"方一寸"，令人十分费解。这里如果指的是古代的分与寸，则单钩阑寻杖的直径，仅为 1 寸，约合今尺仅 3 厘米余，而重台钩阑寻杖的直径，似乎更小，仅有 0.8 寸，几乎不及 3 厘米。无论从加工制作，还是从钩阑整体比例观察，这两种情况显然吧是不可能的一种石构件尺寸。

按照梁思成所绘有关重台钩阑与单钩阑的立面与剖面图，可以知道，梁先生认为，这里的"方八分"，其实是将一段重台钩阑的高度，分作 100 分，其寻杖的断面高度则是其中的 8 分。[4]换言之，重台钩阑高 4 尺，其寻杖断面约为 0.32 尺，折合今尺，约为 10 厘米左右。

相应之单钩阑寻杖尺寸，所谓"方一寸"，有可能是"方十分"之误。在梁思成所标绘之单钩阑图中，仍然是将一段单钩阑的高度，分作 100 分，其寻杖断面标为 10 分。[5]即以单钩阑高为 3.5 尺计，其寻杖断面尺寸约为 0.35 尺，仍然略近 10 厘米余。以单钩

1. [宋] 李诫. 营造法式. 卷三. 石作制度. 重台钩阑，单钩阑，望柱.
2. [宋] 李诫. 营造法式. 卷三. 石作制度. 重台钩阑，单钩阑，望柱.
3. [宋] 李诫. 营造法式. 卷三. 石作制度. 重台钩阑，单钩阑，望柱.
4. 参看梁思成. 梁思成全集. 第七卷. 宋《营造法式》注释. 第373页. 石作图样三. 中国建筑工业出版社. 2001年.
5. 参看梁思成. 梁思成全集. 第七卷. 宋《营造法式》注释. 第373页. 石作图样三. 中国建筑工业出版社. 2001年.

阑仅有单层华版推测，其寻杖比有双重华版的重台钩阑之寻杖略粗一点，是有利于加强单钩阑之栏板的整体强度的，这从道理上讲也是恰当的。

云栱

栱者，中国古代营造制度中的承托构件。云栱，即雕镌成云文形式的承托构件。在宋代建筑的钩阑，无论是石钩阑，还是木钩阑，都有云栱的设置，其主要的功能是承托钩阑顶部的扶手栏杆——寻杖。

《营造法式·石作制度》中谈及云栱："寻杖下用云栱、瘿项，次用盆唇，中用束腰，下施地栿。"[1] 明确了云栱所在的位置，是在寻杖之下，盆唇之上，但在云栱与盆唇之间，还有一个构件——瘿项。云栱与瘿项被组合在一起，设置在盆唇之上，承托钩阑最上部的扶手——寻杖。

云栱上雕有华文："若就地随刃雕压出华文者，谓之实雕，施之于云栱、地霞、鹅项或叉子之首，（及叉子锭脚版内。）及牙子版、垂鱼、惹草等皆用之。"[2] 这里提到的云栱、地霞，都是重台钩阑上所用的构件，且都雕镌有华文。其中的云栱，顾名思义，雕镌的应该是云文。

瘿项

如果说云栱可能出现在重台钩阑与单钩阑上，则瘿项则仅出现在重台钩阑之上。所谓瘿项，瘿者，肿瘤；项者，脖颈。也就是说，采用略似臃肿之脖颈的造型，承托其上的云栱。

《营造法式·石作制度》中提到了瘿项："其盆唇之上，方一寸六分，刻为瘿项，以承云栱。（其项，下细比上减半，下留尖高十分之二；两肩各留十分中四厘。如单钩阑，即撮项造。）"[3] 这里给出了瘿项的尺寸，其方 1.6 寸，雕琢成为瘿项的造型。瘿项之上部的粗细，是下部粗细的 1/2，下端所留之尖，约为瘿项总高的 2/10（即 1/5）。上端所留两肩"十分中四厘"，以每侧留出 4 厘的肩。这里的厘，似为"分"之误[4]，则以其方16 分（一寸六分），两侧留肩各 4 分，中间保留 8 分，应当是一个比较适当的比例。

---

1. [宋] 李诫. 营造法式. 卷三. 石作制度. 重台钩阑，单钩阑，望柱.
2. [宋] 李诫. 营造法式. 卷十二. 雕作制度. 剔地洼叶华.
3. [宋] 李诫. 营造法式. 卷三. 石作制度. 重台钩阑，单钩阑，望柱.
4. 参见梁思成所作注释："'十分中四分'原文作'十分中四厘'，'厘'显然是'分'之误。"见梁思成全集. 宋《营造法式》注释. 第62页. 中国建筑工业出版. 2001年.

其文中还提到了单钩阑中的"撮项造"，见下文之"撮项"条。

蜀柱

蜀柱是宋代营造制度中一个常见的名词。在大木作中，蜀柱又称侏儒柱，即短柱的意思。在石作与小木作之钩阑中，蜀柱，则起到承托钩阑之盆唇的作用。《营造法式·石作制度》："蜀柱：长同上，广二寸厚一寸。"[1]

关于蜀柱，及与之相关的其他钩阑构件，梁思成解释说："'长同上'的'上'，是指同样的'长视高'。按这长度看来，蜀柱和瘿项是同一件石料的上下两段，而云栱则像是安上去的。下面'蝌子石'条下又提到'蜀柱卯'，好像蜀柱在上端穿套云栱、盆唇，下半还穿透束腰、地霞、地栿之后，下端更出卯。这完全是木作的做法。这样的构造，在石作中是不合理的，从五代末宋初的南京栖霞寺舍利塔和南宋绍兴八字桥的钩阑看，整段的钩阑是由一块整石版雕成的。推想实际上也只能这样做，而不是像本条中所暗示的那样做。"[2]

在梁思成看来，以木构榫卯的连接方式，处理石造钩阑的做法，在结构逻辑上是不合理的。梁先生的分析有一定道理，如《营造法式·石作制度》中提到寻杖时说："寻杖：长同片广，方八分。"[3] 这里的一个"片"字，其实已经透露出，宋代钩阑很可能是用一整片石料雕镌而成的。

另《营造法式·石作功限》中在"单钩阑、重台钩阑、望柱"条目中亦提到："单钩阑一段，高三尺五寸，长六尺。造作功：剜凿寻杖至地栿等事件：（内万字不透。）共八十功。……重台钩阑：如素造，比单钩阑每一功加五分功。"[4] 从文字中可知，单钩阑的造作，是通过"剜凿寻杖至地栿等"加工方式完成的，这显然也暗示出，这一造作方式是通过对一块整石料加工的结果。

而其重台钩阑的做法，当仅为"素造"，即不加雕镌的情况下，其造作功，比单钩阑增加了 50%，这显然不是将其拆分成若干个构件所增加的功限量。重要的是，在这段有关单钩阑、重台钩阑的功限描述中，并未提到"安砌功"，而其他构件，如殿内斗八，有安砌功；望柱，有"安卓"功。可知，安砌，或安卓，在单钩阑，或重台钩阑的造作过程中，并没有什么比重。换言之，宋代的石作钩阑，都可能是整石雕镌而成的。各部分构件，是雕镌过程中的一个造型与比例把握而已。

---

1. [宋] 李诫. 营造法式. 卷三. 石作制度. 重台钩阑，单钩阑，望柱.
2. 梁思成. 梁思成全集. 第七卷. 宋《营造法式》注释. 第62页. 中国建筑工业出版社. 2001年.
3. [宋] 李诫. 营造法式. 卷三. 石作制度. 重台钩阑，单钩阑，望柱.
4. [宋] 李诫. 营造法式. 卷三. 石作制度. 重台钩阑，单钩阑，望柱.

盆唇

盆唇，作为宋代营造制度的一个术语，出现在不同位置，也有不同的含义。如同是"石作制度"的柱础中，有盆唇："若造覆盆，（铺地莲华同。）每方一尺，覆盆高一寸，每覆盆高一寸，盆唇厚一分。"[1] 这里的盆唇，是覆盆式柱础之顶面厚约 1 分的一个如盆底一样的平盘。

但在钩阑做法中，无论是重台钩阑，还是单钩阑，都有盆唇，如在重台钩阑中："寻杖下用云栱、瘿项，次用盆唇，中用束腰，下施地栿。"[2] 而在单钩阑中："上用寻杖，中用盆唇，下用地栿。"[3] 可知，钩阑中的盆唇，是寻杖之下，地栿之上的一个重要构件。

重台钩阑中，盆唇的作用，是上承瘿项、云栱，以托寻杖；下覆华版、束腰等，以接地栿。单钩阑中，则盆唇之上，承撮项、云栱，托寻杖；下嵌华版钩片，以接地栿。也就是说，盆唇是位于钩阑之寻杖与地栿之间的一个与寻杖、地栿相类似，且与一段钩阑长度相吻合的通长形构件。

据《营造法式·石作制度》："盆唇：长同上，广一寸八分，厚六分。（单钩阑广二寸。）"[4] 所谓"长同上"，指的是上文中所说"寻杖：长随片广"，即盆唇的长度，与寻杖一样，都与一段钩阑片的长度相同。盆唇的断面则为矩形，其宽约 1.8 寸，厚约 0.6 寸。重台钩阑盆唇之厚度，是其宽度的 1/3；而单钩阑之盆唇要稍宽一点，其宽 2 寸，厚度似乎仍为 0.6 寸。这一尺寸描述，似乎令人生疑，因为如果其钩阑中的重要构件盆唇的宽度为 1.8 寸，厚度为 0.6 寸，合今尺仅为宽约 5 厘米，厚约 3 厘米，这不大可能是一段石构栏板中重要构件的断面尺寸。故这里的所谓"广一寸八分，厚六分"，可能是"广一十八分，厚六分"之误。而对于"分"的理解，就可以从比例的角度加以分析，而不必纠结于具体的宋代用尺之寸与分了。

大华版

石作制度中的华版，指的是雕镌有华文的石版。大华版，位于盆唇之下，束腰之上，据《营造法式·石作制度》："大华版：长随蜀柱内，其广一寸九分，厚同上。"[5] 这里的"长随蜀柱内"，其意是说，大华版是镶嵌于两根蜀柱之间的一块石版，故其长度相当于两根蜀柱之间的距离。大华版的宽度，为 1.9 寸，合今尺约在 6 厘米余。这

1.[宋]李诚.营造法式.卷三.石作制度.柱础.
2.[宋]李诚.营造法式.卷三.石作制度.重台钩阑，单钩阑，望柱.
3.[宋]李诚.营造法式.卷三.石作制度.重台钩阑，单钩阑，望柱.
4.[宋]李诚.营造法式.卷三.石作制度.重台钩阑，单钩阑，望柱.
5.[宋]李诚.营造法式.卷三.石作制度.重台钩阑，单钩阑，望柱.

里的"厚同上",指的是其厚度与《营造法式》之上文中有关"华盆地霞"的厚度描述相同:"华盆地霞:长六寸五分,广一寸五分,厚三分。"[1] 可知,大华版的厚度,亦为3分。这里的其"广一寸五分",合今尺似乎仅约5厘米余,尺寸似乎明显偏小。因此,仍然可以推测,这里的"广一寸九分",当为"广一十九分"之误。其中的"分",当另有其解。

束腰

　　束腰也是宋代营造制度中常见的一个术语,见于石筑"殿阶基"、砖筑"须弥坐",以及石作制度与小木作制度中的"重台钩阑"中,亦见于小木作制度中的"牙脚帐"中。

　　这里的束腰,指的是石作制度重台钩阑中的一个位于盆唇与地栿之间的横长形构件,据《营造法式·石作制度》:"其盆唇之下,束腰之上,内作剔地起突华版。束腰之下,地栿之上亦如之。"[2] 束腰之上,以蜀柱与大华版,承托其上盆唇;束腰之下,则是在地栿之上,用华盆地霞,嵌以小华版,承托束腰。

　　关于束腰的尺寸,《营造法式》中提到:"束腰:长同上,广一寸,厚九分。(及华盆、大小华版皆同。单钩阑不用。)"[3] 这里的"长同上",亦指前文中所说:"寻杖:长随片广",即束腰长度,与其上的寻杖、盆唇一样,都相当于一段钩阑版的长度一样。

　　束腰宽度为1寸,厚度为0.9寸。折合今尺,束腰宽约3厘米余,其厚度亦仅在3厘米左右。当然,这一厚度仍然十分令人生疑。这里还特别提到了束腰的厚度,与华盆(地霞)、大华版、小华版都是一样的。换言之,束腰之上的大华版、束腰之下的华盆地霞与小华版,以及束腰本身,其厚度都应控制在0.9寸,亦即都仅为3厘米左右。换言之,各为0.9寸的大华版、束腰、华盆地霞及小华版,再加上其上厚仅6分(合今尺不足2厘米)的盆唇,其高度综合在一起,也不足3寸(合今尺,仅为10厘米左右)。这样一个高度,既不是钩阑应有的高度,也不是钩阑中各构件应有的尺寸。

　　因而,在梁思成的研究中,是将一段钩阑自寻杖上皮的高度,设定为100分,然后,其下各个构件的高度,只是这100分中所占的比例,如其盆唇,为6分,其蜀柱与大华版为19分,其束腰为9分等。这里的"分",并非宋代尺寸之分、寸、尺之"分",而是寻杖高度之100分中所占之比份。

　　因此,《营造法式》原文中所提到的,诸如"盆唇,厚六分;束腰,厚九分"等,恐都并非宋代用尺之"分"。因为,以此宋尺之"分"为一分,则100分,仅为1尺。

1. [宋]李诫.营造法式.卷三.石作制度.重台钩阑,单钩阑,望柱.
2. [宋]李诫.营造法式.卷三.石作制度.重台钩阑,单钩阑,望柱.
3. [宋]李诫.营造法式.卷三.石作制度.重台钩阑,单钩阑,望柱.

显然，钩阑寻杖的高度，绝非仅高 1 尺。而按照宋代所用尺寸之"分"，来确定其盆唇、束腰、华版等的高度尺寸，都显得特别窄小。可知，梁先生的判断是正确的。《营造法式》原文，在比例之"分"，与尺寸之"分"上，多有混淆，故这里所涉及钩阑之高度尺寸，当以梁思成之基于比例分析的"分"，而非宋代尺寸之"分"来理解。以梁先生的研究而绘制的宋代重台钩阑与单钩阑立面图，都有着十分恰当的钩阑比例。[1]

《营造法式》原文中，还特别提到，单钩阑中是不使用束腰的。

小华版

小华版是宋代营造制度中，主要应用于石作制度重台钩阑中的一个构件。《营造法式·石作制度》中两次提到"小华版"，其一："束腰：长同上，广一寸，厚九分。（及华盆、大、小华版皆同。单钩阑不用。）"[2] 其二："小华版：长随华盆内，长一寸三分五厘，广一寸五分，厚同上。"[3] 可知，小华版与大华版对应，用之于重台钩阑束腰的下部，且与小华版相组合的另外一个构件，即华盆。由小华版"长随华盆内"，可知小华版是镶嵌于两个华盆之间的一个构件。

小华版的尺寸为，其长 1.35 寸，其广 1.5 寸，其厚度与大华版、华盆地霞相同。而其文中只给出了"华盆地霞"的厚度："华盆地霞：长六寸五分，广一寸五分，厚三分。"[4] 即小华版的厚度仍为 3 分。这里的 3 分，仍然应该理解为是比例之"分"，而非宋代尺寸之"分"。即大华版、小华版、华盆地霞的厚度，都相当于将其钩阑高度定义为 100 分，其厚度为其 3 分之厚。

从上面的行文中可知，小华版仅出现于石作重台钩阑中，单钩阑中并无小华版这一构件。

华盆（地霞）

《营造法式·石作制度》谈及重台钩阑时有："华盆地霞：长六寸五分，广一寸五分，厚三分。"而《营造法式·诸作用钉料例》，论及雕木作、混作时提到："鹅项矮柱、地霞华盆之类同。"[5]

---

1. 参见梁思成. 梁思成全集. 第七卷. 宋《营造法式》注释. 第373页. 石作制度图样三. 中国建筑工业出版社. 2001年.
2. [宋] 李诫. 营造法式. 卷三. 石作制度. 重台钩阑，单钩阑，望柱.
3. [宋] 李诫. 营造法式. 卷三. 石作制度. 重台钩阑，单钩阑，望柱.
4. [宋] 李诫. 营造法式. 卷三. 石作制度. 重台钩阑，单钩阑，望柱.
5. [宋] 李诫. 营造法式. 卷二十八. 诸作等第. 雕木作. 半混.

在另外一些情况下，则可能仅仅提到"华盆"或"地霞"。如在《营造法式·小木作制度》中有关叉子与马衔木，以及木钩阑的制作时，都提到了"地霞"。这时的地霞，是与地栿、云栱等构件组合在一起的。在《营造法式·雕作制度》中，也提到地霞："若就地随刀雕压出华文者，谓之实雕，施之于云栱、地霞、鹅项或叉子之首。"[1]《营造法式·小木作制度》有关重台钩阑的描述中则有："地霞（或用华盆亦同），长六寸五分，广一寸五分，荫一分五厘，（在束腰下。）厚一寸三分。"[2]

由此可知，华盆与地霞，主要是用于石作或小木作钩阑中的一个构件，其位置在束腰之下，其作用当为承托，或限定地栿之上，束腰之下的小华版。这里的华盆，更像是一个构件名，如同"花盆"一样，承托小华版。而地霞，大约是这一承托性构件的华文雕镂方式。其华文近似于地平线上的霞光。

至于石作"重台钩阑"中所提到的华盆地霞的尺寸："长六寸五分，广一寸五分，厚三分。"似仍可以理解为是"长六十五分，广一十五分，厚三分"之误。这里的分，都是将钩阑之高设定为100分之后的所占比例之"分"。梁思成所绘重台钩阑的立面图中，所标出的"地霞长65"，也是按照钩阑高度比例之"六十五分"，而非宋代尺寸之"六寸五分"理解与绘制的。[3]可知，梁先生早已深刻地理解并解决了《营造法式》文本中这一疑难问题。

地栿

地栿，是《营造法式》中同时出现于石作、大木作、小木作等制度中的建筑构件术语，故在不同作中，各有不同所指。栿之意为梁，地栿之意，大约是指地梁。石作制度中的地栿，主要出现在钩阑与城门中，这里仅讨论钩阑中的地栿。

重台钩阑："寻杖下用云栱瘿项，次用盆唇，中用束腰，下施地栿。"[4]单钩阑："上用寻杖，中用盆唇，下用地栿。"[5]可知地栿是位于两望柱之间一段钩阑片最下部的一根起到地梁作用的条形构件。

据《营造法式·石作制度》："地栿：长同寻杖，其广一寸八分，厚一寸六分。（单钩阑厚一寸。）"[6]同之上的情况一样，这里的"广一寸八分，厚一寸六分（单钩阑厚一寸）"，应该也是"广一十八分，厚一十六分（单钩阑厚十分）"之误。即重台钩

1. [宋] 李诫. 营造法式. 卷十二. 雕作制度. 剔地洼叶华.
2. [宋] 李诫. 营造法式. 卷八. 小木作制度三. 钩阑. 重台钩阑.
3. 参见梁思成. 梁思成全集. 第七卷. 宋《营造法式》注释. 第373页. 石作制度图样三. 中国建筑工业出版社. 2001年.
4. [宋] 李诫. 营造法式. 卷三. 石作制度. 重台钩阑, 单钩阑, 望柱.
5. [宋] 李诫. 营造法式. 卷三. 石作制度. 重台钩阑, 单钩阑, 望柱.
6. [宋] 李诫. 营造法式. 卷三. 石作制度. 重台钩阑, 单钩阑, 望柱.

阑地栿，宽 18 分，厚 16 分；单钩阑地栿，宽 18 分，厚 10 分。这里的分，都是钩阑高度比例之百分中的"分"。[1]

螭子石

螭子石，是安置在钩阑地栿之下的一种石构件，其作用除了承托并稳固钩阑版片之外，螭子石次间的孔洞还可以起到排雨水的作用。很可能因为其功能与殿阶基之上边缘处用于装饰及排雨水的石制螭首有相类之处，故宋人称其为"螭子石"。

据《营造法式·石作制度》："造螭子石之制：施之于阶棱钩阑蜀柱卯之下，其长一尺，广四寸，厚七寸。上开方口，其广随钩阑卯。"[2]这里的阶棱钩阑，指的是殿阶基之边棱上安装的钩阑，相当于大殿台基四周的护栏。螭子石的位置，是与钩阑片中盆唇之下的蜀柱相对应的。

这里给出的螭子石尺寸是，长 1 尺，宽 0.4 尺，厚 7 寸，应该是真实的宋尺尺寸。而螭子石上方是凿有方形卯口的，从卯口的大小，与其上"钩阑卯"的尺寸相同，可知，在整块雕制的一段钩阑片之下，会在对应于蜀柱的位置上，凿出几个石榫，在安装过程中，是将石榫插入与殿阶基边棱顶面相接的螭子石上部的方形卯口内。

《营造法式·壕寨功限》中提到的："安钩阑螭子石一段：凿剜眼、剜口子，共五分功。"[3]指的就是对螭子石上部方形卯口的加工过程。

撮项

撮项，是出现于宋代石作或小木作制度之单钩阑中的一种构件。其功能与重台钩阑中的瘿项相类似，都起到承托其上云栱与寻杖的作用。

《营造法式·石作制度》就是将两者对应表述的："其盆唇之上方一寸六分刻为瘿项，以承云栱。（其项下细，比上减半。下留尖，高十分之二，两肩各留十分中四厘。如单钩阑，即撮项造。）"[4]

除了使用位置上的差别之外，在造型上两者之间也有区别。以"瘿"为臃肿之意，"撮"为紧缩之意，则如果将两者想象为如同脖颈一样的形式，重台钩阑中的瘿项，为臃肿的粗脖颈；而单钩阑中的撮项，为瘦长的细脖颈。两个术语形象地表现了两种

1.参见梁思成.梁思成全集.第七卷.宋《营造法式》注释.第373页.石作制度图样三.中国建筑工业出版社.2001年.

2.[宋]李诫.营造法式.卷三.石作制度.螭子石.

3.[宋]李诫.营造法式.卷十六.石作功限.螭子石.

4.[宋]李诫.营造法式.卷三.石作制度.重台钩阑，单钩阑，望柱.

构件各自的造型特征。

万字版

万字版，也是宋代石作制度单钩阑中的一种构件，其功能与重台钩阑中的大华版、小华版等类似，都起到钩阑栏板的作用。只是"万字版"的雕镌形式比较简单与程式化，即将钩阑栏板剜凿成古代万（卍）字纹图案式样。

《营造法式·石作制度》中提到："万字版：长随蜀柱内，其广三寸四分，厚同上（重台钩阑不用。）"[1] 也就是说，万字版的长度，与单钩阑之盆唇下、地栿上所设两根蜀柱间的距离相同。其宽度之"广三寸四分"，应该是"广三十四分"之误。即万字版高，是钩阑高度的34%。

以《营造法式》中所说："其盆唇地栿之内作万字。（或透空或不透空。）"[2] 可知，石作单钩阑中的万字版，有镂空与不镂空两种做法。五代南京栖霞寺舍利塔钩阑与北宋河南济源济渎庙龙亭钩阑的万字版，都采用了镂空的形式。（图3-34）

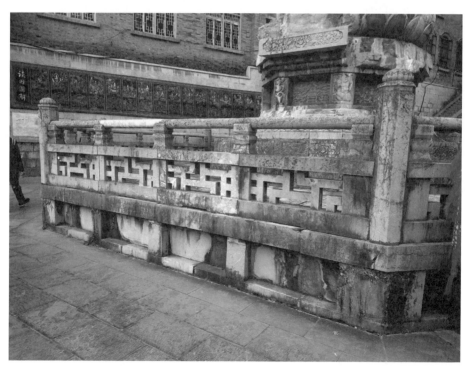

图 3-34　五代栖霞寺舍利塔钩阑（寻杖、蜀柱、盆唇、万字版、地栿）

1.[宋]李诫.营造法式.卷三.石作制度.重台钩阑，单钩阑，望柱.
2.[宋]李诫.营造法式.卷三.石作制度.重台钩阑，单钩阑，望柱.

华版万字造

华版万字造，所谓华版，即雕镌有华文的石版；华版万字造，指雕镌成万（卍）字纹样的华版。这里当指用于石作制度单钩阑中的万字版。

华版钩片造

华版钩片造，与华版万字造一样，都是梁思成在《宋〈营造法式〉注释》中所使用的术语。这里的钩片，是指镂刻成曲尺形石版片的华版形式。

这两个术语，指的都是应用于石作制度单钩阑中位于盆唇与地栿之间的华版。只是华版万字造，更注重华版中的万（卍）字纹样的雕镌；而华版钩片造，则仅镂出曲尺式钩片形式，并不追求万（卍）字形纹样的造型。

这两种华版形式，可见于梁思成《宋〈营造法式〉注释》，"石作制度图样三"中的单钩阑立面图。[1]

---

1. 参见梁思成. 梁思成全集. 第七卷. 宋《营造法式》注释. 第373页. 石作制度图样三. 中国建筑工业出版社. 2001年.

第七节　其他重要部位的石构件

除了柱础、殿阶基、堂阁台基、踏道、石钩阑之外，宋代建筑营造中，还有一些石质构件，如建筑群之大门、城邑之城门、卷輂水窗，祭祀之用的坛台，以及饮马的水槽子、上下马的马台、水井的井口石、竖立幡竿的幡竿頬，以及石碑及碑座等，都可能采用石料，并依据石作制度中石材加工的方式制作。

尽管其中一些石构件，已经不再具有实际的使用功能，但了解这些曾经存在于古人生活空间之中的石作制度，对于了解宋代人的某些物质生活层面，以及对于保存与保护古代某些可能存在过的历史遗迹，或对于修复某些可能已经失传了的古代石作做法，都具有一定的参考意义。

这里仅将《营造法式·石作制度》中提到的一些石构件，加以描述与解释。

与门有关的石构件

门，作为一种通过性建筑空间单元，既有连通性功能，也有闭锁性功能。无论一座城池，还是一组建筑群，都会设置有专门的门楼、门殿、门厅，或门塾、门房、门屋等辅助性建筑物。在这类建筑物中门的位置上，会出现门砧，或门限，也会出现止扉石、阶断砌，在城门位置上还会出现城门心将军石，或城门石地栿等与门的开启与闭合有关的石构件。（图 3-35）

门砧限

门砧限，其实是指两种石构件。一种是门砧，另外一种是门限。

砧，据《太平御览》引："《尔雅》曰：砧谓之椊。（郭璞曰：砧，木质也。椊，音虔。）"[1] 其意是说，砧，即椊。而椊，据《农政全书》引："《尔雅》曰：'碓，谓之椊。'郭璞注曰：'碓，木碩也。'碓从'石'，椊从'木'，即木碓也。碓，截木为碼，圆形竖理，切物乃不拒刃。"[2] 其实，这里的碓，当为"砧"字之别写。也就是说，砧，是一种碩，碩与椊，是与房屋柱楹有关的一个构件，指的是位于柱基部位的石质或木质的垫块。

《太平御览》亦引"《广雅》曰：枕、质，砧也"。[3] 这里的"质"，即"椊"或"碩"，

1.[宋]李昉.太平御览.卷七百六十二.器物部七.砧.
2.[明]徐光启.农政全书.卷三十四.蚕桑.桑碓.
3.[宋]李昉.太平御览.卷七百六十二.器物部七.砧.

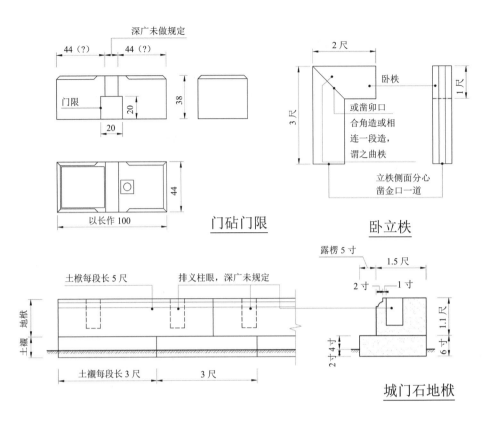

图 3-35　与门有关的诸石作构件示意（闫崇仁摹绘自《梁思成全集》第七卷）

而枕，意为木枕。两者的意思都是起垫托作用的构件。而上文中对木碪的解释："截木为碪，圆形竖理，切物乃不拒刃。"说的即是用于切割肉食的木制砧板，其外形为圆墩状，与碪（即砧）相类似。

砧有时还与杵相联系，《太平御览》引："《东宫旧事》曰：太子纳妃，有石砧一枚，又捣衣杵十枚。"[1] 这里用于捣衣的石砧，当是中央有凹形石窝，或石眼，可以在洗衣时，用杵在石窝内搅捣以去除衣上污物的石质器物。由此推知，门砧，是指垫在门框立颊下脚的木质或石质垫墩，其形式为在一长方形石块上，凿出安置门框立颊下脚的凹槽与圆形凹洞，洞内安置支承门扇转轴的门枢，以保证门扇的稳固与转动。清代建筑中的门砧，称为门枕石。

《营造法式》中给出了门砧的具体尺寸："造门砧之制：长三尺五寸。每长一尺，则广四寸四分，厚三寸八分。"[2] 一般门屋的门砧，是一块长 3.5 尺，宽 1.54 尺，厚 1.33

1. [宋] 李昉 . 太平御览 . 卷七百六十二 . 器物部七 . 砧 .
2. [宋] 李诫 . 营造法式 . 卷三 . 石作制度 . 门砧限 .

尺的长方形石构件。

《营造法式·小木作制度》中还给出了一个门砧的尺寸："门砧：长二寸一分，广九分，厚六分。（地栿内外各留二分，馀并挑肩破瓣。）"[1] 据梁思成对"门砧限之制"的解释："本条规定的是绝对尺寸，但卷六《小木作制度》'版门之制'则用比例尺寸，并有铁桶子鹅台石砧等。"[2] 正如梁思成分析的，这里的门砧尺寸，是一种比例尺寸。也就是说，如果门砧长 2.1 寸，其宽 0.9 寸，其厚 0.6 寸，且地栿内外各留 0.2 寸。换言之，如果参照上文中的门砧长为 3.5 尺，则其宽 1.5 尺，其厚 1 尺。而其门砧在地栿内外外露部分，各为 0.33 尺。这应该是普通门砧尺寸的一个控制性基本比例。

门限，梁思成解释为："'门限'即门槛。"[3] 指的是位于门之两侧门砧之间的长方形构件，用以限制门扇的转动角度。门限可以是木制，也可以是石制构件。

《营造法式》中给出了门限尺寸的确定方法："门限：长随间广，（用三段相接。）其方二寸。（如砧长三尺五寸，即方七寸之类。）"[4] 门限的长度，随设门之两屋柱间的开间广而定，门限与两侧的门砧，是由三段石构件相接而成。门限的高宽尺寸，由门砧长度确定，以门砧长 1 尺，门限为 0.2 寸见方为率。即其长宽尺寸大约相当于门砧长度的 20%。如果门砧长为 3.5 尺，其门限断面高宽尺寸即为 0.7 尺。

铁桶子鹅台（铁鹅台）石砧

如上所述，梁思成在有关门砧的注释中，提到了一种称为"铁桶子鹅台石砧"的构件。据《营造法式·小木作制度》："凡软门内，或用手栓、伏兔，或用承拐榍。其额、立颊、地栿、鸡栖木、门簪、门砧、石砧、铁桶子鹅台之类并准版门之制。"[5] 关于铁桶子鹅台石砧，《营造法式》中进一步说："高一丈二尺以上者，或用铁桶子鹅台石砧；高二丈以上者，……用石地栿、门砧及铁鹅台。"[6] 也就是说，门的高度超过 1.2 丈，要用铁桶子鹅台石砧。即在门枢的底部用圆形铁包裹，以形成铁制门轴（铁桶子），门枢的端头由半圆形铁球，即鹅台所支承，以减少门轴转动时与石砧产生的摩擦。这种铁桶子鹅台石砧，似亦可称为铁鹅台门砧。

1. [宋] 李诫. 营造法式. 卷六. 小木作制度一. 版门.
2. 梁思成. 梁思成全集. 第七卷. 宋《营造法式》注释. 第63页. 注34. 中国建筑工业出版社. 2001年.
3. 梁思成. 梁思成全集. 第七卷. 宋《营造法式》注释. 第63页. 注35. 中国建筑工业出版社. 2001年.
4. [宋] 李诫. 营造法式. 卷三. 石作制度. 门砧限.
5. [宋] 李诫. 营造法式. 卷六. 小木作制度一. 版门.
6. [宋] 李诫. 营造法式. 卷六. 小木作制度一. 版门.

阶断砌（卧柣、立柣、曲柣）

所谓"阶断砌"，是一种活动的门限形式，其目的是在需要时将门限撤除，以露出门道出入处的地平面。梁思成解释道："这种做法多用在通行车马或临街的外门中。"[1]

《营造法式》给出了阶断砌的做法："若阶断砌，即卧柣长二尺，广一尺，厚六寸。（凿卯口与立柣合角造。）其立柣长三尺，广厚同上。（侧面分心凿金口一道。）如相连一段造者，谓之曲柣。"[2] 也就是说，在活动的门限两端，各有一个阶断砌的做法，其外轮廓呈" ┏ "形，其作用略近于门砧。上部横置部分称为卧柣；垂直于地面部分，称为立柣。在卧柣上开卯口，立柣上开榫，以卯接形式，使两者形成"合角造"式连接。

阶断砌的尺寸为，若卧柣长 2 尺，则立柣长度为 3 尺。卧柣与立柣的断面尺寸都为宽 1 尺，厚 0.6 尺。同时，要在立柣的侧面开凿一道矩形的凹槽，称为"金口"。其作用是安插活动的门限。如果将卧柣与立柣，以一块料石合为一体雕造而成的阶断砌做法，则称为曲柣。

阶断砌，也可以称作"断砌"，如《营造法式·小木作制度》中提到："如断砌，即卧柣、立柣并用石造。"[3] 这里的断砌，指的就是"阶断砌"。

止扉石

止扉石，顾名思义，是为阻止门扇的过度旋转，固定门扇的位置，以保证门扇的正常启闭而设置的石桩式构件。其功能是大概介于门限与阶断砌两种形式之间的一种做法，即既能够限定门扇的转动幅度，又能够保证车马的通过。

《营造法式》明确了这一构件的尺寸："止扉石：其长二尺，方八寸。上露一尺，下栽一尺入地。"[4] 也就是说，这是一根横断面尺寸为 0.8 尺，长度为 2 尺的石构件。其位置位于两扇门扉合缝处的下端，埋入地下 1 尺，露出地面 1 尺。

流传下来的一些《营造法式》版本中，缺失了"止扉石"这一条目。梁思成特别指出："'止扉石'条，许多版本都遗漏了，今按'故宫本'补阙。"[5]

城门心将军石

城门心将军石，应该是止扉石的一种，是设置在城门中心位置的止扉石。其作用

---

1. 梁思成. 梁思成全集. 第七卷. 宋《营造法式》注释. 第63页. 注36. 中国建筑工业出版社. 2001年.

2. [宋] 李诫. 营造法式. 卷三. 石作制度. 门砧限.

3. [宋] 李诫. 营造法式. 卷六. 小木作制度一. 版门.

4. [宋] 李诫. 营造法式. 卷三. 石作制度. 门砧限.

5. 梁思成. 梁思成全集. 第七卷. 宋《营造法式》注释. 第63页. 注38. 中国建筑工业出版社. 2001年.

是固定门扇的位置，防止城门门扇的过度旋转，以保证城门的正常启闭。

城门心将军石尺寸较大，据《营造法式》："城门心将军石：方直混棱造，其长三尺，方一尺。（上露一尺，下栽二尺入地。）"即其长度为3尺，横截面尺寸为1尺见方，其位置设在两扇城门合缝处的下端。埋入地面以下2尺，露出地面1尺。

梁思成对城门心将军石做了解释，还特别解释了混棱造："'混棱'就是抹圆了的棱角。"[1]

地栿

地栿，本义为"地梁"。在宋代大木结构中，往往会在两根柱子的柱脚部位设置地栿，以保证柱子的稳固。在小木作制度的钩阑做法中，也会在两望柱之间出现"地栿"这一构件。但是，这里所提到的地栿，指的是"城门石地栿"，即位于城门洞之内，顺着城门侧壁，卧于地面之上的石制地梁。

城门石地栿

《营造法式》："造城门石地栿之制：先于地面上安土衬石，（以长三尺，广二尺，厚六寸为率。）上面露棱广五寸，下高四寸。其上施地栿，每段长五尺，广一尺五寸，厚一尺一寸。上外棱混二寸，混内一寸凿眼，立排叉柱。"[2]

关于这一条，梁思成解释得十分清楚："'城门石地栿'是在城门洞内两边，沿着洞壁脚敷设的。宋代以前，城门不似明清城门用砖石券门洞，故施地栿，上立排叉柱以承上部梯形梁架。"[3]

造城门石地栿的方式，是先在地面上安土衬石，其尺寸为：其每长3尺，宽为2尺，厚为0.6尺。这是一个比例尺寸，即土衬石愈长，其宽度与厚度的尺寸亦相应按比例增大。而土衬石露出地面部分的棱角部分，宽度为0.5尺，高度为0.4尺。

城门石地栿，置于土衬石之上。地栿的尺寸为：每段长5尺，宽1.5尺，厚1.1尺。地栿紧贴城门洞内壁脚敷设，其外侧约2寸的宽度，凿为圆角混棱。混棱以里约1寸处，凿出洞眼，在眼内插入排叉柱，上承城门洞内上部的梯形梁架。

这里并没有给出排叉柱的尺寸及密度。相信其柱的断面尺寸与柱子间隔距离，是根据城门洞的大小及上部所承载之城门楼的不同尺度而确定的。（图3-39）

---

1. 梁思成. 梁思成全集. 第七卷. 宋《营造法式》注释. 第63页. 注37. 中国建筑工业出版社. 2001年.
2. [宋] 李诫. 营造法式. 卷三. 石作制度. 地栿.
3. 梁思成. 梁思成全集. 第七卷. 宋《营造法式》注释. 第63页. 注39. 中国建筑工业出版社. 2001年.

流杯渠

流杯渠，源之于中国古代先民在三月上巳节举行的传统修禊仪式。之后，经东晋穆帝永和九年（353 年）三月上巳日发生在浙江山阴（今绍兴）兰亭的"兰亭修禊"仪式中得以强化，形成一种称为"曲水流觞"的游戏活动。这一历史事件，见之于东晋书法家王羲之所写书法名篇《兰亭序》。自此之后，"曲水流觞"便成为中国古代文人士大夫的一个传统。

为举行修禊礼仪或为文人雅集时饮酒赋诗而造的石制流觞曲池，即称流杯渠。《营造法式》："造流杯石渠之制：方一丈五尺，（用方三尺石二十五段造。）其石厚一尺二寸。剜凿渠道广一尺，深九寸。（其渠道盘屈，或作'风'字，或作'国'字。）……出入水斗子二枚，各方二尺五寸，厚一尺二寸。其内凿池，方一尺八寸，深一尺。（磊造同。）"[1]（图 3-36）

筑造流杯渠的基本做法是，用 25 块 3 尺见方的石版，以"田"字形方式拼合而成。拼合后的石版整体长宽尺寸，为 15 尺见方。石版的厚度为 1.2 尺。这里给出了流杯渠

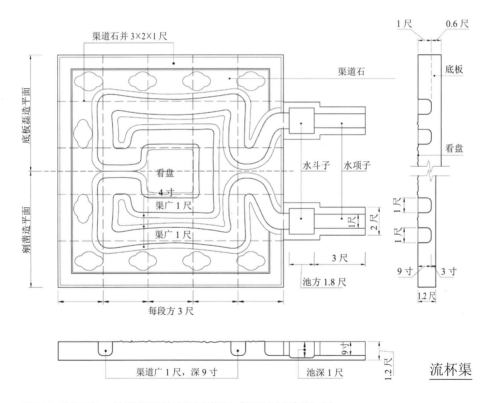

图 3-36　宋代石作一流杯渠平面示意（闫崇仁摹绘自《梁思成全集》第七卷）

---

1. [宋] 李诫. 营造法式. 卷三. 石作制度. 流杯渠.

的两种构造：一种为剜凿式流杯渠，另外一种为磊造式流杯渠。

剜凿流杯

剜凿式流杯渠，是在这一用 25 块石版拼合而成的底版上，向下剜凿出盘屈的流水渠道。渠道的宽度为 1 尺，深度为 0.9 尺。渠道为盘屈的曲圜形式，可以是"風"字形，也可以是"國"字形。

在盘屈渠道的出入口处，各嵌入一个石刻的水斗子。水斗子为 2.5 尺见方，厚为 1.2 尺。水斗子内凿出一个方 1.8 尺，深 1 尺的小方池。

垒造流杯

据《营造法式》："（若用底版垒造，则心内施看盘一段，长四尺，广三尺五寸；外盘渠道石并长三尺，广二尺，厚一尺。底版长广同上，厚六寸。余并同剜凿之制。）出入水项子石二段，各长三尺，广二尺，厚一尺二寸。（剜凿与身内同。若垒造，则厚一尺，其下又用底版石，厚六寸。）[1]"

可知，垒造的流杯渠，仍用 25 块石版拼合而成一个 15 尺见方的底版，底版的厚度为 0.6 寸。在底版顶面的中心部位，垒叠一块长 4 尺，宽 3.5 尺的心内看盘。看盘之外，以各长 3 尺，宽 2 尺，厚 1 尺的渠道石，盘曲垒叠成渠道的样子。渠道出入口，仍各用一个石制水斗子。水斗子的尺寸与其内所凿水池，与剜凿流杯渠相同。（图 3-37）

图 3-37　垒造流杯渠示例（闫崇仁摄）

1.［宋］李诫.营造法式.卷三.石作制度.流杯渠.

图 3-38　四川宜宾宋流杯渠示例

关于流杯渠，梁先生谈道："宋代留存下来的实例到目前为止知道的仅河南登封宋崇福宫泛觞亭的流杯渠一处。"[1]这一判断受当时考古发掘资料的局限。据现有资料，四川宜宾尚存一处由宋代文人黄庭坚在天然山石地面上凿刻的流杯渠，只是其做法与形式，与宋《营造法式》所描述的不同。（图 3-38）此外，近年考古发掘中，广西桂林发现一处宋代流杯亭遗址及宋代流杯渠残石。这一发现也是对《营造法式》中所描述流杯渠例证的一个补充。

坛

《营造法式》中给出了一种石制坛台的筑造方式："造坛之制：共三层，高广以石段层数，自土衬上至平面为高。每头子各露明五寸，束腰露一尺。格身版柱造作，作平面或起突作壶门造。（石段里用砖填后，心内用土填筑。）"[2]

梁思成解释说："坛：大概是如明、清社稷坛一类的构筑物。"[3]坛，即古代中国人祭祀神灵的一种坛台状构筑物，一般在祭祀之坛台周围，还环以墙垣，故称坛壝。现存北京城，尚存明清时代的天坛（圜丘坛）、地坛（方泽坛）、社稷坛，以及日坛、月坛、先农坛、先蚕坛等。

《营造法式》关于坛的做法，并没有给出坛之高度与长宽的具体尺寸，只是说明，坛的制度一般为3层，由若干层石段磊砌而成。坛台底部四周地面铺砌土衬石。按照梁思成的解释："'头子'是叠涩各层挑出或收入的部分。"[4]则坛之向内收退或向外

1. 梁思成. 梁思成全集. 第七卷. 宋《营造法式》注释. 第68页. 注40. 中国建筑工业出版社. 2001年.

2. [宋] 李诫. 营造法式. 卷三石作制度. 坛.

3. 梁思成. 梁思成全集. 第七卷. 宋《营造法式》注释. 第68页. 注41. 中国建筑工业出版社. 2001年.

4. 梁思成. 梁思成全集. 第七卷. 宋《营造法式》注释. 第68页. 注42. 中国建筑工业出版社. 2001年.

图 3-39 坛台示例 — 陕西西安唐代圆丘坛复原

出挑的叠涩做法，每层出头长度为 0.5 尺。上下叠涩出头之间，为内收的束腰。束腰露出的高度为 1 尺。束腰内采用格身版柱（亦称"隔身版柱"）造的做法，将束腰分为若干方格，格内可以是素平的表面，亦可以雕凿为起突壶门造，即类似高浮雕式的壶门形式。

坛台以内，贴着外廓石段，用砖填砌，再向内则用夯土填筑。这可能是适用于宋代一般坛台筑造的常用做法。（图 3-39）

卷輂水窗

梁思成解释"卷輂水窗"："'輂'居玉切，jü。所谓'卷輂水窗'也就是通常所说的'水门'。"[1]

据《营造法式》："造卷輂水窗之制：用长三尺，广二尺，厚六寸石造。随渠河之广。如单眼卷輂，自下两壁开掘至硬地，各用地钉（木橛也。）打筑入地，（留出镶卯。）上铺衬石方三路，用碎砖瓦打筑空处，令与衬石方平。方上并二横砌石涩一重，涩上随岸顺砌并二厢壁版，铺垒令与岸平。（如骑河者，每段用熟铁鼓卯二枚，仍以锡灌。如并三以上厢壁版者，每二层铺铁叶一重。）于水窗当心平铺石地面一重；于上下出入水处侧砌线道三重，其前密钉擗石桩二路。"[2] 这里给出的是单孔卷輂的做法。

因为卷輂水窗的高广尺寸，是随河渠之宽度而确定的，故这里仅给出了具体的垒筑构造与做法。其基本的做法是，先在河床底面硬地上打筑木橛（地钉），在木橛之上铺设三路木制衬石方。并用碎砖瓦打筑与衬石方之间的空隙处，使与衬石方找平。

1.梁思成.梁思成全集.第七卷.宋《营造法式》注释.第72页.注43.中国建筑工业出版社.2001年.
2.[宋]李诫.营造法式.卷三.石作制度.卷輂水窗.

在衬石方上，两两相并，横砌向厢壁之外伸出的石涩一重。石涩上随着河岸的宽度，砌筑河岸两厢的侧壁版，使之与河岸的宽度找齐。在骑河的位置，因为水流湍急，在砌筑的两厢壁版每段料石之间，凿出卯眼，嵌入熟铁鼓卯，并用熔化的锡水灌注固结。如果厢壁板并列超过三道，则在每两道之间，要铺薄铁叶一层，以增加石版之间的拉结。水窗的当心，平铺地面石一重。在河渠上下出入水处侧砌线道石三重，线道石外再密钉两路撑石桩，以保证卷輂下的河床底面稳固。

《营造法式》接着说："于两边厢壁上相对卷輂，（随渠河之广，取半圜为卷輂棬内圜势。）用斧刃石斗卷合，又于斧刃石上用缴背一重；其背上又平铺石段二重；两边用石随棬势补填令平。"[1]

之后，即在两厢石壁之上，相对卷輂，即砌筑拱券。卷輂（拱券）依据河渠的宽度，采用半圆的内圜形式。用斧刃石，即如梁思成所解释的，发券用的楔形石块（拱石，vousoir），彼此相斗契，卷合而成半圜形卷輂（拱券）。在斧刃石（拱石）上，铺砌一层缴背石。梁思成解释说："'缴背'即清式所谓伏。"[2]相当于在拱石之上增加一层加固层。在缴背石上，再平铺两层石段。卷輂（拱券）两侧空隙处，随着拱势用石块补填找平。

另外，《营造法式》中又提到双眼（双孔）卷輂的做法："（若双卷眼造，则于渠河心依两岸用地钉打筑二渠之间，补填同上。若当河道卷輂，其当心平铺地面石一重，用连二厚六寸石。其缝上用熟铁鼓卯与厢壁同。）"[3]

如果是双卷眼（双孔卷輂），则在河渠中心，采用与两岸厢壁的做法，从地钉向上层层砌筑，直至起卷成两个相并列的拱券，拱券上仍铺砌缴背。两券之间的空隙部分，也与两岸拱券旁一样，用石块补填。如果是当河道卷輂（跨河道起拱券），则在河道当心地钉之上，用两两相连，厚为0.6尺的石版，平铺一重地面石，石版之间仍用熟铁鼓卯相连接。

此外，《营造法式》还谈及卷輂之外的河岸处理方式："及于卷輂之外，上下水随河岸斜分四摆手，亦砌地面令与厢壁平。（摆手内亦砌地面一重，亦用熟铁鼓卯。）地面之外，侧砌线道石三重，其前密钉撑石桩三路。"[4]即在卷輂之外的两侧河岸上，随着河岸的走势，用类似"八"字形的斜分四摆手，使卷輂部分的两厢壁与河岸有平展稳妥的过渡与衔接。斜摆手表面，亦铺砌地面石，并用熟铁鼓卯相接。地面石之外，再侧砌线道石三重，线道石前密钉三路撑石桩，用以固定线道石与地面石。（图3-40）

1. [宋] 李诫. 营造法式. 卷三. 石作制度. 卷輂水窗.
2. 梁思成. 梁思成全集. 第七卷. 宋《营造法式》注释. 第72页. 注48. 中国建筑工业出版社. 2001年.
3. [宋] 李诫. 营造法式. 卷三. 石作制度. 卷輂水窗.
4. [宋] 李诫. 营造法式. 卷三. 石作制度. 卷輂水窗.

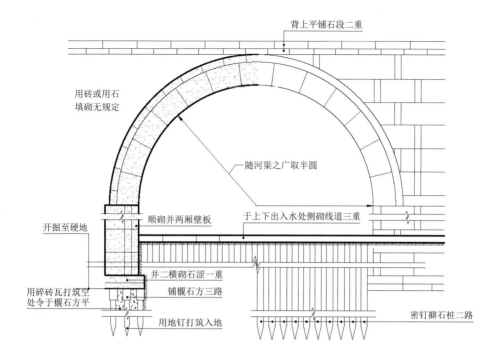

背上平铺石段二重

用砖或用石
填砌无规定

随河渠之广取半圆

于上下出入水处侧砌线道三重

顺砌并两厢壁板

开掘至硬地

并二横砌石涩一重

铺槻石方三路

用碎砖瓦打筑空
处令于槻石方平

用地钉打筑入地

密钉擗石桩二路

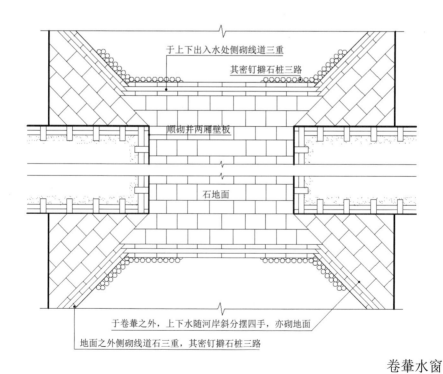

于上下出入水处侧砌线道三重

其密钉擗石桩三路

顺砌并两厢壁板

石地面

于卷輂之外，上下水随河岸斜分摆四手，亦砌地面

地面之外侧砌线道石三重，其密钉擗石桩三路

卷輂水窗

图 3-40 卷輂水窗示意（闫崇仁摹绘自《梁思成全集》第七卷）

第八节　一般实用性石构件

宋代石造构件，除了用于与建筑物有关的附属部分之外，也会有其他一些与日常生活有关的物件。《营造法式·石作制度》中，自"水槽子"以下诸条，已非建筑构件，而是古人的一些实用性日常器物或构件。（图3-41）

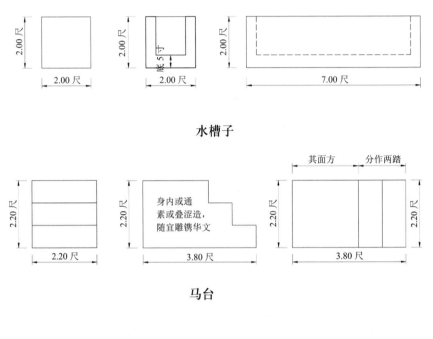

水槽子

马台

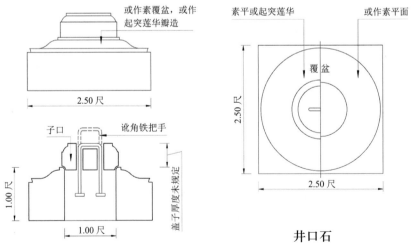

井口石

图 3-41　宋代石作—井口石、马台、水槽子示意（闫崇仁摹绘自《梁思成全集》第七卷）

水槽子

据梁先生的解释，水槽子："供饮马或存水等用。"[1]古代水槽子可以用木造，也可以用石造。这里所说，当为石造水槽子。

《营造法式》："造水槽子之制：长七尺，方二尺。每广一尺，唇厚二寸；每高一尺，底厚二寸五分。唇内底上并为槽内广深。"[2]说明水槽子是用长7尺，宽2尺的石料上雕凿凹槽而成。以其每宽1尺，槽唇（槽邦）厚度为2寸，则宽2尺水槽子，其唇厚度为4寸；槽口宽度为1.2尺，槽口长度为6.2尺。其石每高1尺，槽底厚度为2.5寸，则其槽唇内侧高度为7.5寸。

从"唇内底上并为槽内广深"可知，其槽唇内壁为直立状，槽底长宽尺寸，与槽口长宽尺寸完全相同。

马台

马台，如梁思成所释："上马时踏脚之用。清代北京一般称马蹬石。"[3]

《营造法式》："造马台之制：高二尺二寸，长三尺八寸，广二尺二寸。其面方，外余一尺八寸，下面分作两踏。身内或通素，或叠涩造；随宜雕镌华文。"[4]可知马台是用长3.8尺，高、宽均为2.2尺的石材雕造的。以其外余1.8尺计，则其顶面为长宽各2尺的方形。其下分作两踏，似每踏宽度为0.9尺。

马台除了用整块石料雕凿成形之外，亦可以用石材叠磊砌筑而成。其表面可以是不加任何雕琢的"身内通素"做法，也可以随宜雕镌华文饰面。

井口石（井盖子）

井口石，即置于水井顶端，用作井口的石构件。《营造法式》："造井口石之制：每方二尺五寸，则厚一尺。心内开凿井口，径一尺；或素平面，或作素覆盆，或作起突莲华瓣造。盖子径一尺二寸，（下作子口，径同井口。）上凿二窍，每窍径五分。（两窍之间开渠子，深五分，安讹角铁手把。）"[5]

井口石可以用2.5尺见方，厚1尺料石雕制。石中心开凿直径1尺的圆形井口。井口石表面可以是素平，也可以雕镌成"起突莲华瓣"的形式。井口石上覆盖石制井

---

1. 梁思成. 梁思成全集. 第七卷. 宋《营造法式》注释. 第72页. 注50. 中国建筑工业出版社. 2001年.
2. [宋] 李诫. 营造法式. 卷三. 石作制度. 水槽子.
3. 梁思成. 梁思成全集. 第七卷. 宋《营造法式》注释. 第72页. 注51. 中国建筑工业出版社. 2001年.
4. [宋] 李诫. 营造法式. 卷三石作制度. 马台.
5. [宋] 李诫. 营造法式. 卷三. 石作制度. 井口石（井盖子）.

盖子。盖子直径 1.2 尺。盖子下部雕出可以嵌入井口内的子口，其直径与井口同。井盖子上凿有两个孔窍，每孔直径为 0.5 寸。两孔之间开一条小沟渠，渠深 0.5 寸。其内可安装用以提拿井盖子的铁制把手。铁把手两端转角为圆圜状。

关于井口石，梁思成解释道："无宋代实例可证，但本条所叙述的形制与清代民间井口石的做法十分类似。"[1]

山棚锭脚石

《营造法式》："造山棚锭脚石之制：方二尺，厚七寸；中心凿窍，方一尺二寸。"[2] 其外形为方 2 尺，厚 0.7 尺，中心有方 1.2 尺孔洞的石构件。如梁思成所释："事实上是七寸厚的方形石框。推测其为搭山棚时系绳以稳定山棚之用的石构件。"[3]

幡竿颊

幡竿颊，如梁思成的解释："夹住旗杆的两片石，清式称夹杆石。"[4]

《营造法式》："造幡竿颊之制：两颊各长一丈五尺，广二尺，厚一尺二寸（笋在内。）下埋四尺五寸。其石颊下出笋，以穿锭脚。其锭脚长四尺，广二尺，厚六寸。"[5] 其构造，是在平置于两颊底部的一块锭脚石上，竖立两片用以夹住旗杆的石版。锭脚长 4 尺，宽 2 尺，厚 0.6 尺。锭脚上凿孔窍，用以插立石颊脚笋。两颊各为长 15 尺（其长度含笋长），宽 2 尺，厚 1.2 尺的石版。两颊底部各凿出一脚笋，以插入底部锭脚孔洞中。

锭脚及两颊根部，埋入地下的深度为 4.5 尺。其外露部分高度，约为 10.5 尺，用以夹立旗杆。其两颊上，应凿有用以将两颊与旗杆锁固的"闭栓眼"，如据梁思成所绘幡竿颊图。梁思成推测，幡竿颊表面可能有雕镌华文，但《营造法式》文中，皆未详。[6]（图 3-42）

赑屃鳌座碑

《营造法式》："造赑屃鳌坐碑之制：其首为赑屃盘龙，下施鳌坐。于土衬之外，

---

1. 梁思成. 梁思成全集. 第七卷. 宋《营造法式》注释. 第72页. 注52. 中国建筑工业出版社. 2001年.

2. [宋] 李诫. 营造法式. 卷三. 石作制度. 山棚锭脚石.

3. 梁思成. 梁思成全集. 第七卷. 宋《营造法式》注释. 第72页. 注53. 中国建筑工业出版社. 2001年.

4. 梁思成. 梁思成全集. 第七卷. 宋《营造法式》注释. 第72页. 注54. 中国建筑工业出版社. 2001年.

5. [宋] 李诫. 营造法式. 卷三. 石作制度. 幡竿颊.

6. 参见梁思成. 梁思成全集. 第七卷. 宋《营造法式》注释. 第376页. 石作制度图样六. 幡竿颊. 中国建筑工业出版社. 2001年.

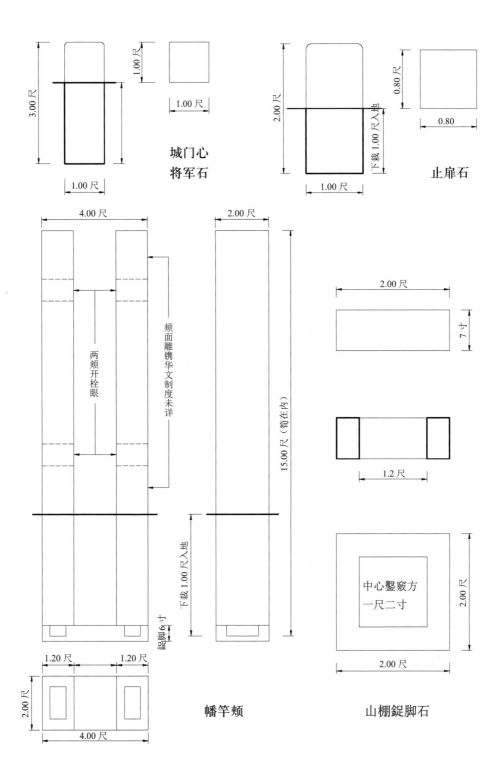

图 3-42　宋代石作 — 幡竿颊、止扉石、山棚銋脚石示意（闫崇仁摹绘自《梁思成全集》第七卷）

自坐至首，共高一丈八尺。其名件广厚，皆以碑身每尺之长积而为法。"[1]

文中"坐"通"座"。赑屃究竟为何物，古籍中似乎并未给出明确定义。古文献中最早出现"赑屃"一词，是在东汉张衡的《西京赋》："左有崤函重险、桃林之塞，缀以二华，巨灵赑屃，高掌远蹠，以流河曲，厥迹犹存。"[2]这里描绘的是一位想象中的巨灵。唐人则将这一巨灵解释为河神："巨灵，河神也。巨，大也。古语云：此本一山，当河水过之而曲行，河之神以手擘开其上，足蹑离其下，中分为二，以通河流。手足之迹，于今尚在。"[3]这一解释，显然是《西京赋》的原意十分契合。同时，唐人将"赑屃"释作："赑屃，作力之貌也。"[4]也就是说，赑屃在这里应该是一个形容词。其义是说，巨灵河神，在劈山斩河过程中，血脉贲张的用力之状。

史料中第一次将赑屃与巨鳌联系在一起的，是西晋人左思的《吴都赋》："巨鳌赑屃，首冠灵山。"[5]关于这句话，唐人亦引《列仙传》释之："《列仙传》曰：鳌负蓬莱山，而抃沧海之中。赑屃，用力壮貌。"[6]显然，赑屃在古人那里的原意，是形容做一件事情，"十分用力"的意思。

类似的理解，还见于其他描述中，如《全唐文》中收入卢藏用的《吊纪信文》有："何项王之赑屃，作驱除于云雷？"[7]由此行文，似也是在描述楚王项羽的用力之勇猛。而宋人苏东坡在被贬谪于琼崖儋耳，无地可居，偃息于桃榔林时，也曾写道："百柱赑屃，万瓦披敷。上栋下宇，不烦斤斧。"[8]这里或是描述其居室周围林木耸立，如百柱用力支撑之状，其树之枝叶，又如屋瓦覆盖。显然，这两处文字中的"赑屃"一词，都无任何与巨鳌相关联的意思。

然而，到了明代时，赑屃一词，似乎已开始被人误解，如明人焦竑写道："俗传龙生九子不成龙，各有所好。……一曰赑屃，形似龟，好负重，今石碑下龟趺是也。"[9]其后依序又列有：螭吻、蒲牢、狴犴、饕餮诸物，合而为九。清人阮葵生人云亦云曰："龙生九子：一曰赑屃，形似龟，喜负重，今碑下龟趺是也。"[10]也就是说，自明以后，赑屃即被传说为是龙生九子之第一子，专司负重之职。

在两种不同意义之间，梁思成选择回避对"赑屃"一词不同解释可能对读者产生

1. [宋] 李诫.营造法式.卷三.石作制度.赑屃鳌坐碑.
2. [清] 严可均辑.全后汉文.卷五十二.张衡（一）.西京赋.
3. [唐] 李善注.文选.卷二.赋甲.京都上.西京赋.
4. [唐] 李善注.文选.卷二.赋甲.京都上.西京赋.
5. [清] 严可均辑.全后汉文.卷七十二.左思.吴都赋.
6. [唐] 李善注.文选.卷五.赋丙.京都下.吴都赋.
7. [清] 董诰等.全唐文.卷二百三十八.卢藏用.吊纪信文.
8. [宋] 苏轼.苏轼集.卷九十七.铭二十五首.桃榔庵铭（并叙）.
9. [明] 焦竑.玉堂丛语.卷一.行谊.
10. [清] 阮葵生.茶余客话.卷二十.龙生九子.

的误解，直接将文字指向石碑的造型风格："'赑屃'音备邪。这类碑自唐以后历代都有遗存，形象虽大体相像，但风格却迥然不同。其中宋碑实例大都属于比较清秀的一类。"[1] 这一解释显然比较慎重而妥帖。

赑屃鳌座碑，或可以理解为：以龟趺或鳌座形式所驮之石碑；或其龟或鳌，十分用力于驮碑之责的造型。《营造法式》给出了相应的尺寸："碑身：每长一尺则广四寸，厚一寸五分。（上下有卯，随身棱并破瓣。）鳌坐：长倍碑身之广，其高四寸五分。驼峰广三寸，余作龟文造。碑首：方四寸四分，厚一寸八分。下为云盘，（每碑广一尺，则高一寸半）上作盘龙六条相交。其心内刻出篆额天宫。（其长广计字数随宜造。）土衬二段：各长六寸，广三寸，厚一寸。心内刻出鳌坐版，（长五尺，广四尺。）外周四侧作起突宝山，面上作出没水地。"[2]

这里给出的尺寸，是一种比例尺寸。即碑身宽度（碑广），是其长度（碑长）的40%，厚度是其长度的15%。同样，碑下鳌座长度，是碑身长度的2倍，而鳌座高度，是碑身长度的45%。鳌座上驼峰宽度，是碑身长度的30%。碑首长宽尺寸，为碑身长度的44%，厚度为18%。碑首下有云盘，云盘高度，则由碑身宽度推出，是碑身宽度的15%。以前文设定的碑身长为18尺计，则各部分相应尺寸，都可以一一推算出来。

此外，在承托碑身的鳌座下四周，还须有土衬石。土衬石有两段，每段长度是碑身高度的60%，宽度为30%，厚度则为10%。土衬石上刻出鳌座版，其版长度为具体尺寸，其长5尺，其宽4尺，版外周四侧，雕凿有起突宝山的华文，面上镌刻似乎有物出没于水面的水波纹样。鳌座版上承载鳌座座身，以象征浮游于水面上的巨鳌。

笏头碣

笏头碣，是一种等级较低的石碑造型形式。梁思成解释："没有赑屃盘龙碑首而仅有碑身的碑。"[3] 据唐人撰《初学记》："笏，手板也。《释名》曰：笏，忽也，君有教命及所启白，则书其上，备忽忘也。"[4] 笏为臣子上朝时手中所执的手版，其功能有记录君主教训之语的作用。其后，渐渐变成大臣觐见天子的礼仪性器物，其形为长方形式，笏头位置，或为圆圆的讹角状。碣，原意为竖立的柱状石，后与碑合称碑碣，如史料载南朝齐颜协："荆楚碑碣，皆协所书。"[5] 又唐李邕："邕所撰碑碣之文，必

1.梁思成.梁思成全集.第七卷.宋《营造法式》注释.第74页.注55.中国建筑工业出版社.2001年.
2.[宋]李诫.营造法式.卷三.石作制度.赑屃鳌坐碑.
3.梁思成.梁思成全集.第七卷.宋《营造法式》注释.第74页.注56.中国建筑工业出版社.2001年.
4.[唐]徐坚.初学记.卷二十六.器物部.笏第五.叙事.
5.[宋]李昉.太平御览.卷七百四十七.工艺部四.书上.

请廷珪八分书之，甚为时人所重。"[1] 皆将碑碣合而称之，故笏头碣，是造型类似笏版一样，其碑首端部有圆圜讹角的石碑。

《营造法式》："造笏头碣之制：上为笏首，下为方坐，共高九尺六寸。碑身广厚并准石碑制度（笏首在内。）其坐，每碑身高一尺，则长五寸，高二寸。坐身之内，或作方直，或作叠涩，宜雕镌华文。"[2]

笏头碣形式，为以方座承托碑身，其上斫为笏首状。碑身的长、宽、厚度，可以参照赑屃鳌座碑的碑身比例加以控制。如以碑身长度为则，碑身宽为其长的40%，厚为其长的15%等。而碑座长度为碑身长度的50%，碑座高度是碑身长度的20%。以其碑长度为9.6尺计，依此比例可以推测出笏头碣石碑各部分尺寸。碑座座身可以是方直的形式；也

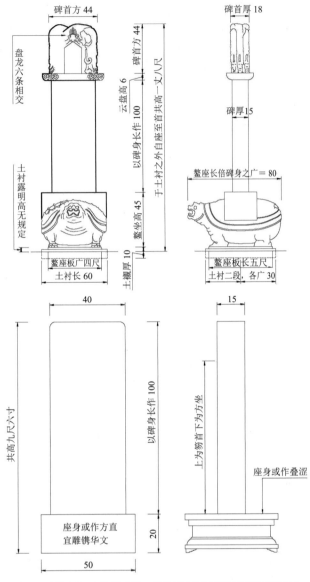

图 3-43 宋代石作—赑屃鳌座碑—笏头碣示意（闫崇仁摹绘自《梁思成全集》第七卷）

可以如梁思成所绘笏头碣图样中表现的那样[3]，呈垒砌叠涩的须弥座形式。碑座的表面可以为素平，亦可以雕镌华文。（图 3-43）

1.[宋] 李昉.太平御览.卷七百四十九.工艺部六.书下.八分书.

2.[宋] 李诫.营造法式.卷三.石作制度.笏头碣.

3.梁思成.梁思成全集.第七卷.宋《营造法式》注释.第 377 页.石作图样七.笏头碣.中国建筑工业出版社.
  2001 年.

第四章 房屋基础营造（下）：砖作制度与泥作制度

砖与瓦作为一种依靠土质材料烧制而成的建筑材料，在历史上出现得很早。在中国历史上，有所谓"秦砖汉瓦"之类说法，其意似乎是说，秦代出现了砖，而汉代出现了瓦。这一说法其实不够准确，因为出于房屋对防雨的需求，砖与瓦的出现很可能早于秦汉时代。

从考古发现和史料发掘，可以证明陶制器物的出现，比用于覆盖房屋建筑顶部的屋瓦出现得要早。最初的陶器，主要是实用性的，例如，上古之人强调俭约，所谓"不存外饰，处坎以斯，虽复一樽之酒，二簋之食，瓦缶之器，纳此至约，自进于牖，乃可羞之于王公，荐之于宗庙，故终无咎也。"[1]所谓"缶"，指的是盛酒的瓦器。这里说的是在举行祭祀之礼的时候，祭祀者的道德表现与其所求未来之吉凶之间的关系，同时也由此可知，古人将"不存外饰"的陶簋瓦缶之器作为祭祀礼器这一做法，看作是"至约"之礼。

此外，瓦器在上古时期，可能还曾作为棺椁，以藏纳死者尸体，如《周易要义》中提到的："礼记云，有虞氏瓦棺。"[2]《礼记正义》为："有虞氏瓦棺，夏后氏墍周。"作注曰："火熟曰墍，烧土冶以周于棺也。或谓之土周，由是也。……何云：'冶土为砖，四周于棺。'"[3]其义是说，烧土为砖，四周于棺的做法，早在夏代时似已出现。

古人还用瓦甓砌水井内壁。如《童溪易传》释易卦云："古者甃井为瓦里，自下达上。"[4]然而，这里用来垒井的"瓦"，很可能是某种"砖"的早期形式。据《周易正义》为"井甃，无咎"作疏曰："子夏《传》曰：'甃亦治也，以砖垒井，修井之坏，谓之为甃。'"[5]子夏是春秋时人，可知至迟在春秋时代已经有用砖甓砌井壁的做法。

另据《尔雅注疏》："瓴甋谓之甓。甋砖也。今江东呼瓴甓。瓴，灵。甋，的。甓，满睽切。今江东呼甓为甋。[疏]'瓴甋谓之甓'。释曰：瓴甋一名甓。郭云：'甋砖也。

1.[魏]王弼注.[唐]陆德明音义、孔颖达疏.上经.
2.[宋]魏了翁.周易要义.卷八.下系.
3.[汉]郑玄注、[唐]孔颖达疏.礼记正义.卷六.檀弓上第三.
4.[宋]王宗传.童溪易传.卷二十二.
5.[魏]王弼等注、[唐]孔颖达疏.周易正义.下经.夬传.卷五.

今江东呼瓴甋。'"[1]另清人《订讹类编》："甓。瓴甋也。长门赋注。江东呼甓为瓯砖。"[2]可知，江南地区砖的烧制与应用的历史也很悠久。

在古代中国建筑中，砖作与泥作有着密不可分的联系。灰泥不仅会用来砌筑土坯或砖筑的墙体，也会成为墙体的表面材料。本章将《营造法式》中本不在一个章节中的砖作与泥作制度，放在一起讨论，以便于读者的阅读与理解。

1.[晋]郭璞注、[宋]邢昺疏.卷五.释宫第五.
2.[清]杭世骏.订讹类编.卷六.甓是砖.

第一节　砖作制度

自五代始，砖的使用量较之其前的隋唐两代有了明显的增加，这从当代发掘的唐代诸王墓与公主墓多为夯土结构，而五代前蜀王建墓则为砖结构这一差异中，似可以略窥一斑。据现有资料观察，宋代建筑中砖的使用似仍主要用在建筑物的台基之上，如台基顶面的地面砖，或台基顶面四周的压阑砖，以及夯土台基四周的护墙、踏道、慢道等。在城墙的内外壁，或一般的露墙，以及城墙或建筑群周围的围护墙垣上，在有水通过的水道处，也都会用到砖砌体。此外，在北方地区的殿阁、厅堂等建筑物围护墙，部分墙体结构，如墙下隔减等，也有可能使用砖筑砌体。

《营造法式》卷十五包括了"砖作制度"与"窑作制度"两个小节。其中，"砖作制度"一节，对"用砖"做了比较详细的规定。但对"砖作制度"本身，却未给出比较具体而详尽的定义。

用砖

《营造法式·砖作制度》的核心是如何根据建筑物的不同等级来用砖，故其文用了专门一个条目，对宋代建筑"砖作制度"中的"用砖"规则加以了规定。

据《营造法式》："用砖之制：殿阁等十一间以上，用砖方二尺，厚三寸。殿阁等七间以上，用砖方一尺七寸，厚二寸八分。殿阁等五间以上，用砖方一尺五寸，厚二寸七分。殿阁、厅堂、亭榭等，用砖方一尺三寸，厚二寸五分。……行廊、小亭榭、散屋等，用砖方一尺二寸，厚二寸。……"[1]

北宋时代所用的砖，在尺寸上是随房屋的等级与开间不同而有所差别的。这里给出了 5 个不同的等级与相应的用砖尺寸：

第一等级，是开间为十一间以上的大型殿阁建筑，其所用砖的尺寸最大，为方 2 尺，厚 0.3 尺；

第二等级，是开间为七间以上的较大殿阁建筑，应该也包括 99 开间的殿阁建筑，其所用砖的尺寸，为方 1.7 尺，厚 0.28 尺；

第三等级，是开间为五间以上中等规模的殿阁建筑，其所用砖的尺寸，为方 1.5 尺，厚 0.27 尺；

第四等级，开间小于五间规模较小的殿阁，如开间为三间的殿阁建筑，以及等级较低，但不同开间的厅堂与亭榭等建筑，其用砖的尺寸，为方 1.3 尺，厚 0.25 尺。

1.[宋]李诫.营造法式.卷十五.砖作制度.用砖.

第五等级，廊子、小亭榭及散屋，用砖尺寸最小，为方 1.2 尺，厚 0.2 尺。

除了这 5 种方砖之外，建筑物中还可能用到另外三种长方形条砖：

其一，是从第一到第四等级建筑物所用的条砖："以上用条砖并长一尺三寸，广六寸五分，厚二寸五分。如阶唇用压阑砖，长二尺一寸，广一尺一寸，厚二寸五分。"[1] 即无论是高等级的殿阁，还是中、低规模的殿阁，以及厅堂与亭榭建筑中，所用条砖都是长 1.3 尺，宽 0.65 尺，厚 0.25 尺的长方形式的砖。这种条砖，恰为第四等级建筑物所用方砖的"半砖"尺寸。

其二，是在较大体量建筑物的台基或踏阶的边缘，即"阶唇"位置上，则用长 2.1 尺，宽 1.1 尺，厚 0.25 尺的长方形条砖。这种用于台阶边缘的条砖，称"压阑砖"。

其三，是在廊子、小亭榭及散屋等低等级建筑物中，若需用条砖，按照《营造法式》的规定，其所"用条砖长一尺二寸，广六寸，厚二寸。"[2] 这种条砖，恰为第五等级建筑物所用方砖的"半砖"尺寸。

此外，《营造法式》中还给出了几种用于城墙壁上的砖的尺寸："城壁所用走趄砖，长一尺二寸，面广五寸五分，底广六寸，厚二寸。趄条砖，面长一尺一寸五分，底长一尺二寸，广六寸，厚二寸。牛头砖，长一尺三寸，广六寸五分，一壁厚二寸五分，一壁厚二寸二分。"[3]

这里提到的用于城墙壁上的三种砖，分别为走趄砖、趄条砖与牛头砖。这里的"趄"，其意似为"倾斜"。从形状看，走趄砖是一种在宽度方向上，上下面不同，面狭底宽，侧面为倾斜状的楔形砖。其长 1.2 尺，上面宽 0.55 尺，底面宽 0.6 尺，厚 0.2 尺。趄条砖，则为在长度方向上，上下面不同，顶面长 1.15 尺，底面长 1.2 尺，宽 0.6 尺，厚 0.2 尺的楔形砖。牛头砖，也是一种异形砖，其左右两侧的厚度不同，这种砖长 1.3 尺，宽 0.65 尺，一侧的厚度为 0.25 尺，另外一侧的厚度为 0.22 尺。

以笔者的猜测，这 3 种城壁砖，很可能是随着城墙的倾斜角度而砌筑的砖。走趄砖与趄条砖，厚度相同，应该是砌置于一个层面上的。且走趄砖的长度，与趄条砖底面的长度也相同。牛头砖，在长、宽、厚三个向度上，比走趄砖与趄条砖的尺寸都要大一些。三者似因纵横交错的砌筑位置不同而区别。（表 4-1，图 4-1）

垒阶基

据《营造法式》砖作制度中的"垒阶基"条："其名有四：一曰阶，二曰陛，三曰陔，

---

1. [宋] 李诫 . 营造法式 . 卷十五 . 砖作制度 . 用砖 .
2. [宋] 李诫 . 营造法式 . 卷十五 . 砖作制度 . 用砖 .
3. [宋] 李诫 . 营造法式 . 卷十五 . 砖作制度 . 用砖 .

表 4-1 主要用砖尺寸一览

用砖位置	用砖	长（尺）	宽（尺）	厚（尺）	注释
殿阁等十一间以上	方砖（一等）	2.0	2.0	0.3	疑用为地面砖
殿阁等七间以上	方砖（二等）	1.7	1.7	0.28	疑用为地面砖
殿阁等五间以上	方砖（三等）	1.5	1.5	0.27	疑用为地面砖
殿阁、厅堂、亭榭等	方砖（四等）	1.3	1.3	0.25	疑用为地面砖
以上建筑	条砖	1.3	0.65	0.25	如上方砖之半砖
以上建筑的阶唇	压阑砖（条砖）	2.1	1.1	0.25	殿阁、厅堂、亭榭等台基阶唇
行廊、小亭榭、散屋等	小方砖（五等）	1.2	1.2	0.2	行廊、小亭榭、散屋等地面砖
以上建筑	条砖	1.2	0.6	0.2	如上小方砖之半砖
城壁用走趄砖	楔形条砖	1.2	（面）0.55 （底）0.6	0.2	用法不详
城壁用趄条砖	楔形条砖	（面）1.15 （底）1.2	0.6	0.2	用法不详
城壁用牛头砖	楔形条砖	1.3	0.65	（一侧）0.25 （另一侧）0.22	用法不详

四曰墌。"[1]这里给出了古人有关房屋阶基的四种名称：

第一种，称阶。这里的"阶"，即为"阶基"之意，如殿阶基，或厅堂阶基等，相当于殿阁或厅堂建筑的台基。

第二种，称陛。陛，据《营造法式·总释下》"阶"："《说文》除，殿阶也。阶，陛也。"[2]可知，陛，即阶，亦即殿阁或厅堂建筑的台基。

第三种，称陔。陔，据《营造法式·总释下》"阶"："陔，阶次也。"[3]又"殿阶次序谓之陔。"[4]则陔，意为殿阶的次序，其意大约是不同层级的殿阶。

第四种，称墌。墌，据《营造法式·总释下》"阶"："除谓之阶，阶谓之墌。"[5]这里的意思十分明确，墌，就是阶的意思。

---

1. [宋]李诫.营造法式.卷十五.砖作制度.垒阶基.

2. [宋]李诫.营造法式.卷二.总释下.阶.

3. [宋]李诫.营造法式.卷二.总释下.阶.

4. [宋]李诫.营造法式.卷二.总释下.阶.

5. [宋]李诫.营造法式.卷二.总释下.阶.

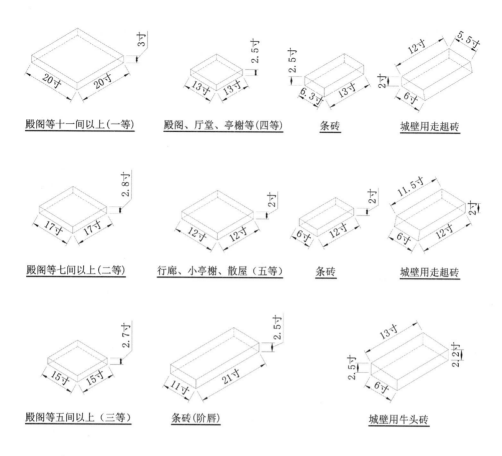

图 4-1　宋代砖作—宋代主要用砖尺寸与形式示意（闫崇仁绘）

此外，《营造法式》中还提到了陛、除、堿、阼、庀等与阶意思相近的术语。如"《义训》：殿基谓之陛（音堂。）"[1]"阶下齿谓之堿（七灰切。）东阶谓之阼。雷外砌谓之庀。"[2]这些术语，当是古人对殿阁或厅堂台基不同部分的一些称谓，如陛即殿基，堿为登阶之踏步（齿），阼，为登阶之东侧踏阶，亦称主阶。庀，这里说是"雷外砌"，雷为屋檐，一般情况下，屋檐应该遮盖住房屋的台基，则庀，似为殿阁或厅堂主要台基之外所砌筑之阶，或与陔，即阶次的意思相近？抑或仅仅是护持台基的侧阶？

《营造法式》："垒砌阶基之制：用条砖。殿堂、亭榭，阶高四尺以下者，用二砖相并；高五尺以上至一丈者，用三砖相并。楼台基高一丈以上至二丈者，用四砖相并；高二丈至三丈以上者，用五砖相并；高四丈以上者，用六砖相并。普拍方外阶头，自柱心

1.［宋］李诫.营造法式.卷二.总释下.阶.

2.［宋］李诫.营造法式.卷二.总释下.阶.

出三尺至三尺五寸。（每阶外细砖高十层，其内相并砖高八层。）其殿堂等阶，若平砌，每阶高一尺，上收一分五厘；如露龈砌，每砖一层，上收一分。（粗垒二分。）楼台、亭榭，每砖一层，上收二分。（粗垒五分。）"[1]

垒砌阶基，就是用砖砌筑建筑台基的做法。砌筑阶基所用砖是条砖。这里所说的"X砖相并"，指的可能是房屋台基四周侧壁砖砌体的厚度。如殿堂、亭榭的台基，低于4尺的，可以用两砖相并的侧壁；高5尺至10尺的，用三砖相并的侧壁。高大建筑物的台基，如楼台建筑的台基，其高度若为10尺至20尺，则用四砖相并的侧壁。如此递进，如台基高20尺至30尺，用五砖相并；高40尺以上，用六砖相并。（图4-2）大致的规则是，殿堂、亭榭、楼台，台基愈高，砌筑台基的侧壁应该愈厚。台基侧壁之内，当为用土夯筑的房屋基座。

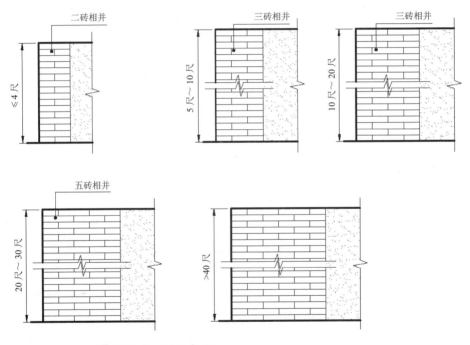

图4-2 宋代砖作—垒砌阶基之制示意（闫崇仁绘）

《营造法式》进一步给出了垒砌阶基的做法，在殿堂、亭榭或楼台檐柱柱缝之外的台基部分，即"普拍方外阶头"，从檐柱柱缝，即柱心线，向外出3尺至3.5尺，是这座建筑物台基的边缘线。其台基的垒砌方法是，在最外缘用细砖砌10层的高度。细砖以里，衬砌台基侧壁砖，即用"X砖相并"的砌筑方法，垒砌8层的高度。也就是说，砖筑台基的外露部分，是用细砖垒砌的。这一部分的砖砌体，可以砌筑成须弥座，

1. [宋]李诫.营造法式.卷十五.砖作制度.垒阶基.

或其他造型形式，并可以有相应的华文雕镌纹饰。而细砖以里的相并砖，更多是起到房屋台基四周围护部分的结构作用。唯一不解的是，在整部《营造法式》中，仅仅在这里提到"细砖"，这种砖是否是前文所提到各种用砖中的一种？抑或是某种当时比较通用的特殊的砖？亦未可知。

这里还提出了两种殿堂建筑台基的砌筑方式：一种是"平砌"；另外一种是"露龈砌"。平砌，可以理解为，其台基外壁是平整的外观；而露龈砌，则可以理解为，有明显叠涩收分做法的外观。如果是平砌，则台基要做整体的收分。平砌台基的收分斜率为每高 1 尺，收分 0.015 尺，即按 1.5% 的斜率收分。如果是露龈砌，则加砌一层砖，须向内退收 0.01 尺。如果是粗垒的做法，则每加砌一层砖，须向内退收 0.02 尺。

如果是楼台或亭榭等建筑，其露龈砌的收分的斜率会更大。如加砌一层砖，向内退收 0.02 尺；如果是粗垒的做法，则每加砌一层砖，须向内退收 0.05 尺。这也许是因为，殿堂类建筑，属于宫殿、庙宇等建筑，其外在环境，更接近某种居住性、生活性的空间；而楼台或亭榭建筑，更接近景观类建筑，其周围的环境，很可能更为自然、粗犷，故其台基垒砌的收分斜率也就比较明显。

铺地面

铺地面，指的是用地面砖铺砌殿阁、厅堂或亭榭等建筑物的台基顶面，包括室内、副阶廊内及台基阶唇压阑砖以里的地面。

《营造法式·砖作制度》"铺地面"一节的行文，提到了三个方面的问题：

其一，如何用砖："铺砌殿堂等地面砖之制：用方砖，先以两砖面相合，磨令平；次斫四边，以曲尺较令方正；其四侧斫，令下棱收入一分。"[1] 铺地面所用砖，是对应于不同等级的殿阁、厅堂或亭榭，使用不同尺寸的方砖，即地面砖。在铺砌之前，要先对毛砖加以打磨与削斫，既要使其方正，以保证砖与砖之间的接缝严密；又要通过将方砖四个侧面的削斫，使每一侧面的下棱向内收入 0.01 尺，以保证铺砌完成的地面能够严丝合缝。

其二，室内地面砖的铺砌方式："殿堂等地面，每柱心内方一丈者，令当心高二分；方三丈者，高三分。（如厅堂、廊舍等，亦可以两椽为计。）"[2] 如果是殿堂等高等级建筑，殿堂身内前后两柱的轴线距离为 1 丈时，要将室内中心点地面砖的标高，抬高 0.02 尺。但如果前后两柱的轴线距离为 3 丈时，则应将室内中心点地面砖的标高，

1.[宋]李诚.营造法式.卷十五.砖作制度.铺地面.
2.[宋]李诚.营造法式.卷十五.砖作制度.铺地面.

抬高 0.03 尺。室内中心之外所铺砌的地面砖，似应以平滑相接的铺砌方式，形成渐次向外的微微斜面，有如现代建筑之所谓"泛水"的做法。

此外，若等级较低的建筑物，如厅堂、廊舍等，如梁思成在这里所解释的："含义不太明确，可能是说：'可以用两椽的长度作一丈计算。'"[1] 其意是说，可以以室内中心前后两柱之间每两椽步架的距离，相当于殿堂室内 1 丈的柱心距离为标准，进行推算。亦即，若厅堂、廊舍室内前后柱轴线距离为两椽架时，室内中心点地面标高，应抬高 0.02 尺。中心点之外的地面，亦呈类似"泛水"的倾斜面。

其三，指的是外檐檐柱缝之外的台基面所铺地面砖："柱外阶广五尺以下者，每一尺令自柱心起至阶龈垂二分；广六尺以上者，垂三分。其阶龈压阑，用石或亦用砖。其阶外散水，量檐上滴水远近铺砌；向外侧砖砌线道二周。"[2] 台基边缘距离檐柱柱缝的宽度，小于 5 尺时，按照向外取 2% 的泛水坡度铺砌地面砖。但如果台基边缘距离檐柱柱缝的宽度，大于 6 尺时，则应按照向外有 3% 的泛水坡度铺砌地面砖。在台基四面的边缘部位，即阶龈处，则改用压阑砖或压阑石铺砌。关于"阶龈"一词，梁思成解释说："阶龈与'用砖'一篇中的'阶唇'，'垒阶基'一篇中的'阶头'，象是同物异名。"[3]

此外，在建筑物台基之外，还应用砖铺砌散水。散水的铺砌宽度，是按照屋顶檐口滴水距离台基的远近为依据而确定的。散水可能仍用地面方砖铺砌，但在散水的外侧边缘，则用侧砖砌线道两圈，以界定散水的边缘，并起到稳固散水的作用。

墙下隔减

关于"墙下隔减"，梁思成解释道："隔减是什么？从本篇文字，并联系到卷第六'小木作制度''破子棂窗'和'版棂窗'两篇中也提到'隔减窗坐'，可以断定它就是墙壁下从阶基面以上用砖砌的一段墙，在它上面才是墙身。所以叫墙下隔减，亦即清代所称'裙肩'。从表面上看，很像今天我们建筑中的护墙。不过我们的护墙是抹上去的，而隔减则是整个墙的下部。"[4] 梁先生在这里将"墙下隔减"判断为是房屋四周的围护墙体与台基顶面接触的那一段高度部分。

他进一步解释说："由于隔减的为主和用砖砌造的做法，又考虑到华北黄土区墙壁常有盐碱化的现象，我们推测'隔减'的'减'字很可能原来是'鹻'（繁体'碱'，

1. 梁思成 . 梁思成全集 . 第七卷 . 第 274 页 . 注 5. 中国建筑工业出版社 . 2001 年 .
2. [宋] 李诫 . 营造法式 . 卷十五 . 砖作制度 . 铺地面 .
3. 梁思成 . 梁思成全集 . 第七卷 . 第 274 页 . 注 7. 中国建筑工业出版社 . 2001 年 .
4. 梁思成 . 梁思成全集 . 第七卷 . 第 274—275 页 . 注 8. 中国建筑工业出版社 . 2001 年 .

即'碱')字。在一般土墙下，先砌这样一段砖墙以隔鹻（碱），否则'隔减'两个字很难理解。由于'鹻'笔画太繁，当时的工匠就借用同音的'减'字把他'简化'了。"[1] 对"隔减"一词的这一推测性解释，从逻辑上看，可能性是很大的。

《营造法式》："垒砌墙隔减之制：殿阁外有副阶者，其内墙下隔减，长随墙广。（下同。）其广六尺至四尺五寸。（自六尺以减五寸为法，减至四尺五寸止。）高五尺至三尺四寸。（自五尺以减六寸为法，至三尺四寸止。）如外无副阶者，（厅堂同。）广四尺至三尺五寸，高三尺至二尺四寸。若廊屋之类，广三尺至二尺五寸，高二尺至一尺六寸。其上收同阶基制度。"[2]

这里描述的墙下隔减的砌筑方式。殿阁外有副阶者，其房屋外墙当在殿身檐柱缝上，其隔减墙的长度，这里定义为"长随间广"。如梁思成所解释的："'长随间广'就是'长度同墙的长度'。"[3] 其长与房屋外墙长度一致。而其文中所言墙下隔减之广，即墙下隔减的厚度，关于这一点，梁思成亦做了解释："这个'广六尺至四尺五寸'的'广'就是我们所说的厚——即：厚六尺至四尺五寸。"[4]

这里所提"殿阁外有副阶者"，当属高等级的殿阁建筑，其墙下隔减的厚度控制在 6 尺至 4.5 尺之间。其意是说，其厚度应依据殿阁规模等级，自 6 尺始，以 5 寸比率递减，减至 4.5 尺为止。

例如，最高等级的十一间以上殿阁，其隔减厚度为 6 尺；则七间以上殿阁，隔减厚度减少 0.5 尺，其厚 5.5 尺；五间以上殿阁，隔减厚度再减 0.5 尺，其厚 5 尺；规模较小但有副阶的殿阁，如三间殿阁，其隔减厚度再减 0.5 尺，其厚 4.5 尺。换言之，殿阁外有副阶者，其墙下隔减的厚度，最小不少于 4.5 尺。

墙下隔减，在高度方向上也有收减。如殿阁外有副阶的高等级建筑，其墙下隔减，最高为 5 尺。随着建筑尺度的差别以 0.6 尺的折减率渐次减低，假设最高等级的十一间以上殿阁，隔减高为 5 尺；则七间至九间者，减 0.6 尺，隔减高为 4.4 尺；五间以上者，再减 0.6 尺，隔减高为 3.8 尺。有副阶但规模较小的殿阁，如三间殿阁，则似比上一等级殿阁的隔减高度，仅减少 0.4 尺，其高减至 3.4 尺为止。

没有副阶的殿阁，或厅堂建筑，其墙下隔减的厚度为 4 尺至 3.5 尺不等，高度则为 3 尺至 2.4 尺不等。相对应于前文所说的用砖等级，则殿阁三间无副阶者，或厅堂等建筑，其墙下隔减厚度为 4 尺，高度为 3 尺；廊子及散屋等建筑，其墙下隔减厚度减 0.5 尺，其厚为 3.5 尺；隔减高度亦减 0.6 尺，其高为 2.4 尺。其文未谈及亭榭，可

1. 梁思成. 梁思成全集. 第七卷. 第 274—275 页. 注 8. 中国建筑工业出版社. 2001 年.
2. [宋] 李诫. 营造法式. 卷 15. 砖作制度. 墙下隔减.
3. 梁思成. 梁思成全集. 第七卷. 第 274—275 页. 注 9. 中国建筑工业出版社. 2001 年.
4. 梁思成. 梁思成全集. 第七卷. 第 274—275 页. 注 10. 中国建筑工业出版社. 2001 年.

能因为亭榭属于不设外墙的建筑物，故亦应不用墙下隔减。

更低等级的"廊屋之类"建筑，墙下隔减的厚度，依据廊屋的大小，可控制在 3 尺至 2.5 尺，隔减的高度，可控制在 2 尺至 1.6 尺之间。也就是说，宋代建筑的墙下隔减，最低等级的廊屋，其厚也有 2.5 尺，其高也有 1.6 尺。

据上文的描述，墙下隔减在高度方向上亦有收分。因墙下隔减的砌筑方式宜为平砌，而非露龈砌，故其收分，与前文所述平砌房屋阶基的收分相同，以每高 1 尺，收分 0.015 尺为率，即按 1.5% 的斜率收分。（表 4-2，图 4-3）

踏道

踏道，即登临高处的踏步道。宋以前文献似称"梯道"，如北魏郦道元《水经注》："数十日梯道成，上其巅，作祠屋，留止其旁。"[1] 又如《高僧传》："山路艰危，壁立千仞。昔有人凿石通路，傍施梯道。"[2] 亦有称"阶道"，如《太平御览》引南朝宋人撰《南康记》："翻见石蒙穹窿，高十余丈，头可受二十人坐也。今四面有阶道，仿佛人家。"[3] 或称"阶级"，如《艺文类聚》："左城右平者，以文砖相亚次，城者为阶级也。"[4]

自北宋时代，渐用踏道一词表征高低登降之步道，如《宋史》："各祗候直身立，降踏道归幕次。"[5] 又如《东京梦华录》："坛面方圆大丈许，有四踏道。正南曰午阶，东曰卯阶，西曰酉阶，北曰子阶。"[6] 这里的南、东、西、北四阶，指的就是环坛而设的四条踏道。由这里所称"阶"可知，北宋时踏道与阶道、阶级等有相同之意。

《营造法式》："造踏道之制：广随间广，每阶基高一尺，底长二尺五寸，每一踏高四寸，广一尺。两颊各广一尺二寸，两颊内线道各厚二寸。若阶基高八砖，其两颊内地栿，柱子等，平双转一周；以次单转一周，退入一寸；又以次单转一周，当心为象眼。每阶级加三砖，两颊内单转加一周；若阶基高二十砖以上者，两颊内平双转加一周。踏道下线道亦如之。"[7]

从行文看，踏道宽度与其所对应房屋开间间广相同。踏道投影长度，即踏道底长，随房屋台基（阶基）高度推定，每高 1 尺，踏道底长 2.5 尺。其中，每一踏，高 0.4 尺，宽 1 尺。换言之，每高 1 尺台基，可以有 2.5 步踏阶。踏阶，清式建筑中称"踏垛"。如此，则可以推算：如高 6 尺台基，可有 15 步踏阶；高 10 尺台基，可以有 25 步踏阶，如此等等。

1. [北魏] 郦道元. 水经注. 卷二十六. 淄水.
2. [南朝梁] 慧皎. 高僧传. 卷三. 译经下. 释法显一.
3. [宋] 李昉. 太平御览. 卷九百四十一. 鳞介部十三. 螺.
4. [唐] 欧阳询. 艺文类聚. 卷六十二. 居处部二. 殿.
5. [元] 脱脱等. 宋史. 卷一百二十一. 志第七十四. 礼二十四（军礼）. 阅武.
6. [宋] 孟元老. 东京梦华录. 卷十. 驾诣郊坛行礼.
7. [宋] 李诫. 营造法式. 卷十五. 砖作制度. 踏道.

表 4-2 "墙下隔减" 尺寸一览

房屋等级	地面砖 （见"用砖"）	墙下隔减长 （尺）	墙下隔减厚 （尺）	墙下隔减高 （尺）	注释
殿阁等十一间以上	方 2 尺方砖 （一等）	长随间广 殿身外墙长	6.0	5.0	有副阶
殿阁等七间以上	方 1.7 尺砖 （二等）	长随间广 殿身外墙长	5.5	4.4	有副阶
殿阁等五间以上	方 1.5 尺砖 （三等）	长随间广 殿身外墙长	5.0	3.8	有副阶
三间殿阁	方 1.3 尺砖 （四等）	长随间广 殿身外墙长	4.5	3.4	有副阶
三间殿阁 及厅堂	方 1.3 尺砖 （四等）	长随间广 外墙长	4	3	无副阶
行廊、散屋等	方 1.2 尺砖 （五等）	长随间广 廊墙及屋墙长	3.5	2.4	有墙行廊 及散屋

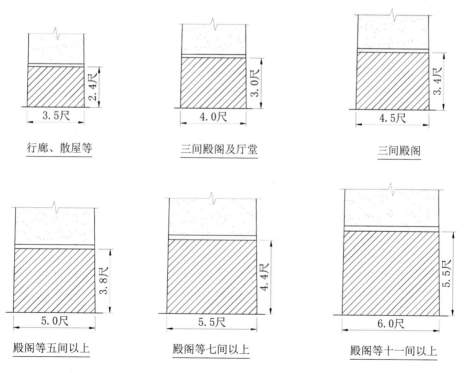

图 4-3 宋代砖作一垒墙下隔减之制示意（闫崇仁绘）

踏道两侧有两颊，两颊之间为踏阶。砖砌踏道的两颊，大约与石砌踏道两侧的"副子"意思相类。两颊之下的侧面，即清代所谓"象眼"。如梁思成所解释的："两颊就是踏道两旁的斜坡面，清代称'垂带'。'两颊内'是指踏道侧面两颊以下，地以上，阶基以前那个正角三角形的垂直面。清代称这整个三角形垂直面部分为'象眼'。"[1]

两颊之下，另有柱子、地栿。所谓柱子，指的是用砖砌筑的与台基相邻，类似台基四隅之"角柱"的，垂直于地面的立柱；地栿，则是与踏道柱子向垂直，平砌于地面上，与台基立面垂直，如地梁状的砌体。踏道两侧，由两颊、柱子与地栿，可以形成一个直角三角形的外轮廓。

如上做法，是以八砖厚的台基高，即有4步踏阶的高度标准推算的。如果台基高每增加三砖（1.5步踏阶）的厚度，则两颊下三角形内，要增加单转一周的线道。如果台基的高度，超过二十砖的厚度，即高于4尺，或多于10步踏阶时，其两颊下三角形内，要增加平双转一周。（图4-4）

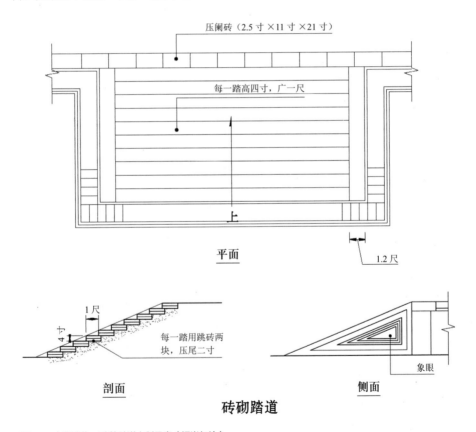

图4-4　宋代砖作一砖筑踏道之制示意（闫崇仁绘）

1.梁思成.梁思成全集.第七卷.第275页.注12.中国建筑工业出版社.2001年.

这段文字结尾部分所云"踏道下线道亦如之",意思不很清楚。或可以推测为,在踏道最下一步踏阶之前,也有砖砌的线道。似略近清式踏道第一步踏阶前铺砌的"燕窝石",以起到稳定踏阶整体结构作用。若果如此,则如其文所述,如果台基高于二十砖厚时,踏道下线道,在原有基础上,亦应再增加一道。

慢道

慢道,梁思成解释为:"慢道是不做踏步的斜面坡道,以便车马上下。清代称为'马道',亦称'礓䃰'。"[1]汉代宫殿前所设登临台基的步道为"左城右平",据《三辅黄图》:"左城右平。(右乘车上,故使之平;左以人上,故为之阶级。城,阶级也。)"[2]可知,"右平"之道,即为慢道。

《营造法式》:"垒砌慢道之制:城门慢道,每露台砖基高一尺,拽脚斜长五尺。(其广减露台一尺。)厅堂等慢道,每阶基高一尺,拽脚斜长四尺;作三瓣蝉翅;当中随间之广。(取宜约度。两颊及线道,并同踏道之制。)每斜长一尺,加四寸为两侧翅瓣下之广。若作五瓣蝉翅,其两侧翅瓣下取斜长四分之三。凡慢道面砖露龈,皆深三分。(如华砖即不露龈。)"[3]

这里给出了两种慢道:一种是城门慢道;另外一种是厅堂等慢道。(图4-5)

城门慢道是联系地面与城墙上露台之间的坡道。梁思成解释道:"露台是慢道上端与城墙上面平的台子,慢道和露台一般都作为凸出体靠着城墙内壁面砌造。由于城门楼基座一般都比城墙厚约一倍左右,加厚的部分在城壁内侧,所以这加出来的部分往往就决定城门慢道和露台的宽度。"[4]而厅堂等慢道,则是联系地面与厅堂等建筑物台基顶面的坡道。

城门慢道的坡度,是按每高1尺,其拽脚斜长为5尺起坡的。城门慢道的宽度,则比其所连接之露台伸出城墙的宽度减1尺。厅堂等慢道的坡度,则按每高1尺,其拽脚斜长4尺起坡的。显然两种慢道的坡度不一样,城门慢道的坡度更缓一些。

关于这一段行文中提到的令人费解的"蝉翅",梁思成解释道:"这种三瓣,五瓣的'蝉翅',只能从文义推测,可能就是三道或五道并列的慢道。其所以称作'蝉翅',可能是两侧翅瓣是上小下大的,形似蝉翅,但是,虽然两侧翅瓣下之广有这样的规定,但翅瓣上之广都未提到,因此我们只能推测。至于'翅瓣'的'瓣',按'小木作制度'

1.梁思成.梁思成全集.第七卷.第275页.注15.中国建筑工业出版社.2001年.
2.[汉]佚名.三辅黄图.卷二.汉宫.
3.[宋]李诫.营造法式.卷十五.砖作制度.慢道.
4.梁思成.梁思成全集.第七卷.第275页.注16.中国建筑工业出版社.2001年.

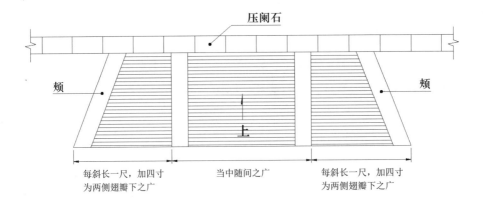

压阑石

颊   颊

上

每斜长一尺，加四寸   当中随间之广   每斜长一尺，加四寸
为两侧翅瓣下之广   为两侧翅瓣下之广

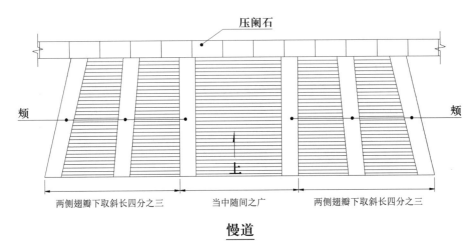

压阑石

颊   颊

上

两侧翅瓣下取斜长四分之三   当中随间之广   两侧翅瓣下取斜长四分之三

慢道

图 4-5 宋代砖作一造慢道之制示意（闫崇仁绘）

中所常见的'瓣'字理解，在一定范围内的一个面常称为'瓣'。所以，这个'翅瓣'可以理解为一道慢道的面。"[1]

梁思成的这一十分睿智的推测性解释，不仅使人理解了"蝉翅"的文义，也从一个更整体的层面，了解了宋代慢道的设计。从字面上看："厅堂等慢道，……作三瓣蝉翅；当中随间之广。（取宜约度。两颊及线道，并同踏道之制。）"这里透露出两个信息。

其一，这里的蝉翅，似乎直接对应的是"厅堂等慢道"，而其"三瓣蝉翅"的当中一瓣的宽度"随间之广"。也就是说，中间一瓣蝉翅的宽度，与台基顶端的房屋开间宽度相当。由此或也可从一个侧面证明了梁思成所作"蝉翅即慢道"的推测。其文似乎以"取宜约度"来定义两侧翅瓣的宽度，及两侧翅瓣的宽度，根据当中翅瓣宽度，约度取宜。

---

1. 梁思成. 梁思成全集. 第七卷. 第 275-276 页. 注 18. 中国建筑工业出版社. 2001 年.

其二，慢道两侧有两颊，以踏道两颊各广 1.2 尺，则慢道两颊亦应各广 1.2 尺。两颊下有以两颊与柱子、地栿形成的直角三角形，三角形内有层层退进，及双转一周或单转一周的叠涩砖线道及象眼，这些做法都与踏道的做法相同。

本段行文最后，提到慢道面砖砌筑方法："凡慢道面砖露龈，皆深三分。（如华砖即不露龈。）"梁思成解释道："这种'露龈'就是将慢道面砌成锯齿形，齿尖向上，以防滑步。清代称这种'露龈'也作'礓磜'。"[1] 砖棱出露的高度，约为 0.03 尺。但如果用具有雕斫纹样的"华砖"，则不露龈。原因可能是，华砖表面有凹凸的纹样，已经起到了坡道防滑的作用，就不必再做锯齿状面砖砌筑的处理了。

须弥座

"须弥"一词来自佛教，中国史料中，最早可能出自传说是东汉初年传入中国的佛教《四十二章经》："佛言：吾视王侯之位，如过隙尘；……视佛道，如眼前华；视禅定，如须弥柱。"[2] 中国本土文献中，则始现于晋人所撰《拾遗记》："昆仑山者，西方曰须弥山，对七星之下，出碧海之中，上有九层，第六层有五色玉树，荫翳五百里，夜至水上，其光如烛。"[3] 晋人其实是误将佛教宇宙观中的须弥山，与中国古代神话中的昆仑山混为一谈。两者都是各自文化中的宇宙之山。

此外，《晋书》中提到了赫连勃勃建统万城，刻石城南，以颂其德，其中有："虽如来、须弥之宝塔，帝释、切利之神宫，尚未足以喻其丽，方其饰矣。"[4]《魏书》中更有："始作五级佛图、耆阇崛山及须弥山殿，加以缋饰。"[5] 说明魏晋南北朝时期，已经用佛塔或佛殿，来象征佛教宇宙中的须弥山了。

至北宋时代，如《营造法式》，则出现了"须弥坐""须弥台坐""须弥华台坐"等称谓，大体上都是将"须弥"作为石作、砖作、小木作等建造工艺中出现的某种台座来表述的。

《营造法式》："垒砌须弥坐之制：共高一十三砖，以二砖相并，以此为率。自下一层与地平，上施单混肚砖一层。次上牙脚砖一层，（比混肚砖下龈收入一寸，）次上罨牙砖一层，（比身脚出三分，）次上合莲砖一层，（比罨牙收入一寸五分，）次上束腰砖一层，（比合莲下龈收入一寸，）次上仰莲砖一层，（比束腰出七分，）次上壶门、柱子砖三层，（柱子比仰莲收入一寸五分，壶门比柱子收入五分，）次上罨涩砖一层，（比

---

1. 梁思成 . 梁思成全集 . 第七卷 . 第 276 页 . 注 19. 中国建筑工业出版社 . 2001 年 .
2. [汉] 迦叶摩腾、竺法兰译 . 佛说四十二章经 .
3. [晋] 王嘉 . 拾遗记 . 昆仑山 .
4. [唐] 房玄龄等 . 晋书 . 卷一百三十 . 载记第三十 . 赫连勃勃 .
5. [北齐] 魏收 . 魏书 . 卷一百一十四 . 志第二十 . 释老十 .

第四章　房屋基础营造（下）：砖作制度与泥作制度　　195

柱子出五分，）次上方涩平砖两层，（比罨涩出五分）。如高下不同，约此率随宜加减之。（如殿阶基作须弥坐砌垒者，其出入并依角石柱制度，或约此法加减。）"[1]（图4-6）

也许因为砖筑须弥座在形制上与石作制度中的"殿阶基"的基本形态十分接近，梁思成对这段文字的解释十分简单而直接："参阅卷三'石作制度'中'角石'、'角柱'、'殿阶基'三篇及各图。"[2] 其意是说，砖筑须弥座与石作的殿阶基做法，在许多方面都十分接近。

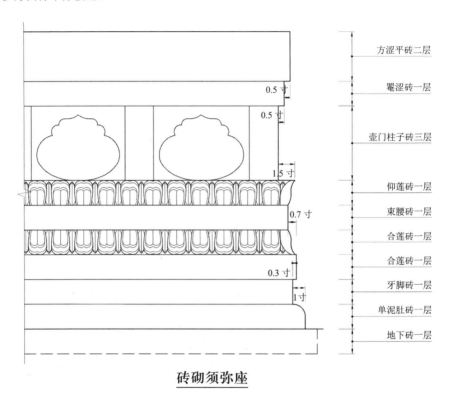

方涩平砖二层

罨涩砖一层

0.5 寸

0.5 寸

壸门柱子砖三层

1.5 寸

仰莲砖一层

束腰砖一层

0.7 寸

合莲砖一层

合莲砖一层

牙脚砖一层

0.3 寸

单泥肚砖一层

1 寸

地下砖一层

砖砌须弥座

图4-6　宋代砖作—砖筑须弥座之制示意（闫崇仁绘）

不过，这里给出了一座砖筑须弥座的基本做法：须弥座以十三层砖的高度垒砌而成，且须弥座四周砖壁的各层砖，都是用两砖相并方式砌筑的。但是，这里所说十三层砖，并没有给出砖的尺寸，也没有给出须弥座的总高，故这整段文字中所给出的里进外出的尺寸，不应该是一个绝对尺寸，而应该是一个具有比例控制性的相对尺寸。例如，假设本段文字描述尺寸，都是以最小尺寸砖，即厚度为0.2尺的砖垒砌的，则采用其他尺寸砖砌筑时，其相应尺寸，都应采用相应扩大的比例加以调整。

1. [宋]李诫. 营造法式. 卷十五. 砖作制度. 须弥坐.
2. 梁思成. 梁思成全集. 第七卷. 第276页. 注20. 中国建筑工业出版社. 2001年.

这里先假设须弥座是用厚 0.2 尺方砖砌筑。第一层从地面起砌。第二层为"单混肚砖",这是一层将上棱磨成圆混线脚的砖。第三层为"牙角砖",这层砖向内收,其外缘比其下单混肚砖的下棱(下龈)退进 0.1 尺。第四层为"罨牙砖","罨"者,古人所称蝦蟇或蟾蜍,属蛙类。罨牙,大约可以想象为像蛙嘴一样向外伸出。故这里可理解为是向外出挑的一层砖;其出挑距离,要比须弥座的最下一层砖(身脚),向外伸出 0.03 尺。

第五层为"合莲砖",这层砖似为雕刻成叶合而覆的莲瓣式样,即覆莲式雕砖;其外缘要从罨牙砖外棱向内收进 0.15 尺。第六层是一层"束腰砖",其外缘要比其下合莲砖的下棱向内收进 0.1 尺。第七层是一层雕斫为仰莲形状的"仰莲砖",这层砖比束腰砖向外凸伸出 0.07 尺。

第八、第九与第十层,用连续三层砖,砌筑成一个由隔身版柱[1](柱子)与壸门组成的总厚度为 0.6 尺的较大层;这一层内很可能会有一些装饰性的华文雕刻。其中,柱子比仰莲砖向内收进 0.15 尺,壸门又比柱子向内收进 0.05 尺。

在这一由连续三层砖组成的柱子与壸门之上,是第十一层。这是一层向外出挑的"罨涩砖",比其下柱子的外缘挑出 0.05 尺。最上两层砖,即第十二与第十三层,是两层叠砌在一起并向外出挑的"方涩平砖",比其下的罨涩砖向外凸伸出 0.05 尺。

从其文中,并未明确垒砌须弥座的用砖尺寸。若以最小方砖砌筑,每层砖厚为 0.2 尺,则须弥座总高约为 2.6 尺。若用稍大尺寸的砖,如用厚度为 0.25 尺方砖砌筑,须弥座总高约为 3.25 尺。若用厚度为 0.27 尺方砖砌筑,须弥座总高为 3.51 尺;用厚度为 0.28 尺方砖砌筑,须弥座总高为 3.64 尺。若用最大尺寸的砖,即厚度为 0.3 尺的方砖砌筑,须弥座总高可达 3.9 尺。依据上文推测的比例,随着用砖的不同,则各层砖的收进与出挑,也会随之发生变化,如其文所述:"如高下不同,约此率随宜加减之。"变化的比率,当以各种砖的不同厚度比例为则。

如果将整座殿堂建筑的台基,即殿阶基,用砖垒砌成须弥座式样,则其砌筑方式,包括角柱、壸门,及叠涩等做法,可以参照石作制度中的角柱与殿阶基做法砌筑,也可以参照这里所叙述的须弥座砌筑方法,按比例随宜加减而成。(表 4-3)

表 4-3 不同用砖所砌"须弥座"尺寸一览

用砖尺寸 位置	方 1.2 尺砖 (厚 0.2 尺)	方 1.3 尺砖 (厚 0.25 尺)	方 1.5 尺砖 (厚 0.27 尺)	方 1.7 尺砖 (厚 0.28 尺)	方 2 尺方砖 (厚 0.3 尺)
第一层砖	厚 0.2 尺 平砌	厚 0.25 尺 平砌	厚 0.27 尺 平砌	厚 0.28 尺 平砌	厚 0.3 尺 平砌

---

1. 参见 [宋] 李诫 . 营造法式 . 卷三 . 石作制度 . 殿阶基 .

用砖尺寸位置	方 1.2 尺砖（厚 0.2 尺）	方 1.3 尺砖（厚 0.25 尺）	方 1.5 尺砖（厚 0.27 尺）	方 1.7 尺砖（厚 0.28 尺）	方 2 尺方砖（厚 0.3 尺）
单混肚砖（第二层）	厚 0.2 尺下腮与首层齐	厚 0.25 尺下腮与首层齐	厚 0.27 尺下腮与首层齐	厚 0.28 尺下腮与首层齐	厚 0.3 尺下腮与首层齐
牙角砖（第三层）	厚 0.2 尺退 0.1 尺	厚 0.25 尺退 0.125 尺	厚 0.27 尺退 0.135 尺	厚 0.28 尺退 0.14 尺	厚 0.3 尺退 0.15 尺
罨牙砖（第四层）	厚 0.2 尺出 0.03 尺	厚 0.25 尺出 0.0375 尺	厚 0.27 尺出 0.0405 尺	厚 0.28 尺出 0.042 尺	厚 0.3 尺出 0.045 尺
合莲砖（第五层）	厚 0.2 尺退 0.15 尺	厚 0.25 尺退 0.1875 尺	厚 0.27 尺退 0.2025 尺	厚 0.28 尺退 0.21 尺	厚 0.3 尺退 0.225 尺
束腰砖（第六层）	厚 0.2 尺退 0.1 尺	厚 0.25 尺退 0.125 尺	厚 0.27 尺退 0.135 尺	厚 0.28 尺退 0.14 尺	厚 0.3 尺退 0.15 尺
仰莲砖（第七层）	厚 0.2 尺出 0.07 尺	厚 0.25 尺出 0.0875 尺	厚 0.27 尺出 0.0945 尺	厚 0.28 尺出 0.098 尺	厚 0.3 尺出 0.105 尺
柱子与壶门（合三层砖）柱子壶门收进	总厚 0.6 尺退 0.15 尺再退 0.05 尺	总厚 0.75 尺退 0.1875 尺再退 0.0625 尺	总厚 0.81 尺退 0.2025 尺再退 0.0675 尺	总厚 0.84 尺退 0.21 尺再退 0.07 尺	总厚 0.9 尺退 0.225 尺再退 0.075 尺
罨涩砖（第十一层）	厚 0.2 尺出 0.05 尺	厚 0.25 尺出 0.0625 尺	厚 0.27 尺出 0.0675 尺	厚 0.28 尺出 0.07 尺	厚 0.3 尺出 0.075 尺
方涩平砖（合二砖层）	厚 0.4 尺出 0.05 尺	厚 0.5 尺出 0.0625 尺	厚 0.54 尺出 0.0675 尺	厚 0.56 尺出 0.07 尺	厚 0.6 尺出 0.075 尺
须弥座总高	2.6 尺	3.25 尺	3.51 尺	3.64 尺	3.9 尺

砖墙

《营造法式》："垒砖墙之制：每高一尺，底广五寸，每面斜收一寸，若粗砌，斜收一寸三分，以此为率。"[1]（图 4-7）

底广，意为墙底厚度。墙高 1 尺，底厚 0.5 尺，高厚比为 2：1。区别于"壕寨制度"中每墙厚 3 尺，其高 9 尺，高厚比为 3：1 的夯土墙。令人不解的是，何以夯土墙高厚比，会比砖砌墙高厚比要大？这里存疑。

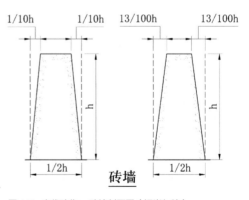

图 4-7　宋代砖作—砖墙剖面图（闫崇仁绘）

---

1. [宋] 李诫 . 营造法式 . 卷十五 . 砖作制度 . 砖墙 .

且砖墙每高1尺，每面斜收0.1尺，两面各为10%斜率。若墙高9尺，其底厚为4.5尺，每面斜收0.9尺，顶部余厚2.7尺，亦与"壕寨制度"中，其上斜收，比厚减半的做法不同，以夯土墙高9尺，底厚3尺，顶部厚度仅为1.5尺，相比较之，砖墙收分斜率比夯土墙略小一些。

但砖墙若为粗砌，其收分斜率会提高。其墙若高1尺，每面斜收0.13尺。仍以墙高9尺，底厚4.5尺为例，每侧收分1.17尺，顶厚2.16尺。在同样高度下，其顶厚甚至不及底厚的1/2，如此观察，则粗砌砖墙的收分斜率，似乎大于夯土墙。古人何以会这样设计墙体，此处亦存疑。

露道

《营造法式》："砌露道之制：长广量地取宜，两连各侧砌双线道，其内平铺砌或侧砖虹面垒砌，两边各侧砌四砖为线。"[1] 露道，为砖砌甬道。其道内为"平铺砌"，或"侧砖虹面垒砌"。

文中并未给出露道的宽度，其长与宽，应随地形环境取宜。道两侧各侧砌两道砖线道，略近于近世道路两旁的路牙。线道以内，可以用平砖铺砌，亦可以用侧砖砌筑的方式，形成中央隆起，向两边找泛水坡做法。道两侧各用4道侧砖砌出线道。（图4-8）

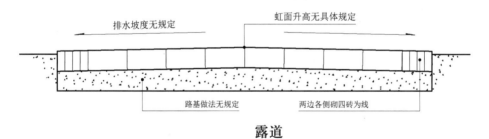

露道

图4-8 宋代砖作—砖砌露道之制示意（闫崇仁绘）

城壁水道

《营造法式》："垒城壁水道之制：随城之高，匀分蹬踏。每踏高二尺，广六寸，以三砖相并，（用趄条[2]砖。）面与城平，广四尺七寸。水道广一尺一寸，深六寸；两边各广一尺八寸。地下砌侧砖散水，方六尺。"[3]（图4-9）

---

1. [宋] 李诫.营造法式.卷十五.砖作制度.露道.
2.《营造法式》行文，此处为"趄模砖"，此据梁思成《营造法式注释》并参照法式前文改.
3. [宋] 李诫.营造法式.卷十五.砖作制度.城壁水道.

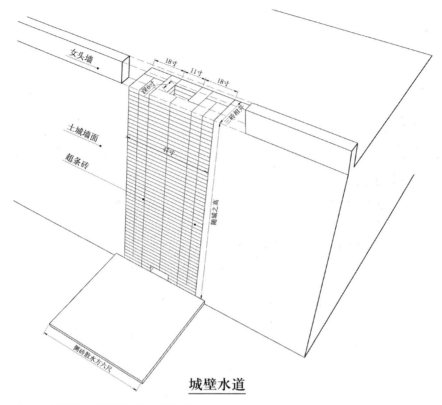

城壁水道

图 4-9　宋代砖作—城壁水道示意（闫崇仁绘）

城壁水道，是沿着土筑城墙内壁或外壁用砖砌筑的排水道。这里所描述的宽 4.7 尺，其内均匀分布，高 2 尺，宽 0.6 尺，用 3 块厚度为 0.2 尺的趄条砖相并砌筑，顶面与城墙顶面平的蹬踏，可能指的是城墙顶面用以收集雨水的砖砌水池。池中匀布的蹬踏，是为了方便城墙上人员的走动。

与每一水池相对应的是水道。水道很可能是沿着城壁上下方向砌筑的，故称"城壁水道"。其宽 1.1 尺，深 0.6 尺；水道两侧各有 1.8 尺的道壁宽度，用以保护水道两侧的夯土城墙。对应于每一水道排水口的城墙底部地面，用侧砖砌筑一个 6 尺见方的散水台，以防止沿城壁水道排水口流下来的水对城墙地基造成损害。

卷輂河渠口

《营造法式》："垒砌卷輂河渠砖口之制：长广随所用，单眼卷輂者，先于渠底铺地面砖一重。每河渠深一尺，以二砖相并垒两壁砖，高五寸。如深广五尺以上者，心内以三砖相并。其卷輂随圈分侧用砖。（覆背砖同。）其上缴背顺铺条砖。如双眼卷輂者，两壁砖以三砖相并，心内以六砖相并。馀并同单眼卷輂之制。”[1]

石筑卷輂水窗，其广"随渠河之广"，而用砖垒砌的卷輂河渠砖口，"长广随所用"。大意或是说，砖筑卷輂河渠口，可能是城墙或某种围垣之上开设的水口，其长宽尺寸随河渠流量与设计所需大小而定？其做法应是先如石筑卷輂水窗一样，先在河床底面硬地上打筑木橛（地钉），在木橛之上铺设三路木制衬方。并用碎砖瓦打筑与衬方之间的空隙处，使与衬方找平。然后，在衬方上，开始铺砌地面砖？

按照这段文字的描述，先在河渠底部，铺地面砖一重。每河渠深一尺，以二砖相并砌筑方式，垒砌河渠两壁。每重砌高 0.5 尺。可知河渠两壁，有可能是用方 1.3 尺，厚 0.25 尺的方砖，或长 1.3 尺，宽 0.65 尺，厚 0.25 尺条砖砌筑。如河渠深 5 尺，两壁砌高当有 10 重。水深或卷輂之顺水方向长度均超过 5 尺者，则用三砖相并方式砌筑河渠两壁。文中所说："心内以三砖相并"，从上下文看，当指两壁，与前文以"二砖相并"垒砌河渠两壁的做法相对应。

两壁之上垒砌卷輂，其方式为"随圜分侧用砖"，即两侧随着起拱曲线的圜式垒砌，其上所覆盖的背砖，亦沿相同曲线圜砌。在背砖之上，顺铺条砖，形成卷輂拱券之缴背。

如果是双眼卷輂，两壁则以三砖相并方式砌筑，其两卷輂之间，即所谓"心内"，亦起一中央拱壁。中央拱壁需用六砖相并方式砌筑。（图 4-10）其余河渠岸两厢侧壁版，及卷輂外两侧河岸与随岸走势之"八"字形斜分四摆手做法，亦应参照石作制度"卷輂水窗"做法实施。

接甑口

关于接甑口，梁思成认为："本篇实际上应该是卷十三'泥作制度'中的'立灶'和'釜镬灶'的一部分，灶身是泥或土坯砌的，这接甑口就是今天我们所称锅台和炉膛，是要砖砌的。"[2]

《营造法式》卷十三"釜镬灶"条，梁思成解释"甑"："釜灶，如蒸作用者，高六寸。（馀并入地内。）其非蒸作用，安铁甑或瓦甑者，量宜加高，加至三尺止。"其注曰："甑，音净，底有七孔，相当于今天的笼屉。"[3]

"甑"可以为瓦制，亦可以为铁制，但都属蒸食器物类。故接甑口，如梁思成所释，为用砖垒砌，可以与甑相接的锅台口或炉膛口。

《营造法式》："垒接甑口之制：口径随釜或锅。先以口径圜样，取逐层砖定样，

---

1. [宋] 李诫. 营造法式. 卷十五. 砖作制度. 卷輂河渠口.
2. 梁思成. 梁思成全集. 第七卷. 第 277 页. 注 24. 中国建筑工业出版社. 2001 年.
3. 梁思成. 梁思成全集. 第七卷. 第 263 页. 注 19. 中国建筑工业出版社. 2001 年.

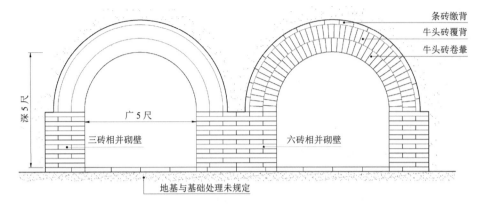

牛头砖缴背
牛头砖覆背
牛头砖卷輂

深 5 尺

广 5 尺

三砖相并砌壁

六砖相并砌壁

地基与基础处理未规定

卷輂河渠

图 4-10　宋代砖作双眼卷輂河渠砖口之制（闫崇仁摹绘）

斫磨口径。内以二砖相并，上铺方砖一重为面。（或只用条砖覆面。）其高随所用。（砖并倍用纯灰下。）"[1]

　　所垒砌炉灶之接甑口的直径，应依釜或锅的大小而定其圆口口径，用砖依其圆逐层砌筑，然后将灶口削斫为圆形口径。其灶身内用二砖相并方式砌筑。顶面平铺方砖一重为灶面。亦可以用条砖铺砌灶面。灶的高度随使用者方便而定。垒砌接甑口（锅台或炉膛）的砖砌体外表，用纯灰抹两道面层。（图 4-11）

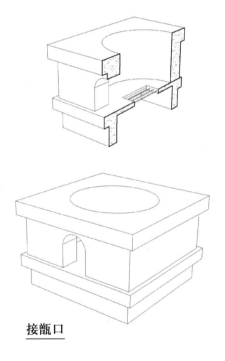

接甑口

图 4-11　宋代砖作—垒砌接甑口示意（闫崇仁绘）

马台

　　《营造法式》："垒马台之制：高一尺六寸，分作两踏。上踏方二尺四寸，下踏广一尺，以此为率。"[2] 砖砌马台，制度当与石斫马台十分接近，故梁思成注："参阅卷三'石作

---

1. [宋] 李诫. 营造法式. 卷十五. 砖作制度. 接甑口.
2. [宋] 李诫. 营造法式. 卷十五. 砖作制度. 马台.

制度''马台'篇。"[1]"石作制度"中的马台，用长 3.8 尺，高、宽各 2.2 尺石材雕造的。外余 1.8 尺，顶面为长宽各 2 尺方形。其高 2.2 尺，下分作两踏，每踏宽 0.9 尺。

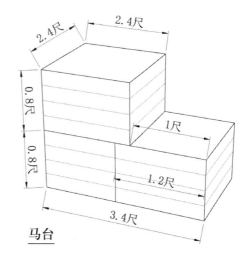

图 4-12　宋代砖作—砖垒马台示意（闫崇仁绘）

砖垒马台，分为两踏，上踏方 2.4 尺，下踏步深 1 尺，则马台当为长 3.4 尺，宽 2.4 尺砖砌体。台高 1.6 尺，则每踏高似为 0.8 尺。显然，砖砌马台，比石马台低 0.6 尺，但比其顶面宽出 0.4 尺。推测砖砌马台用方 1.2 尺，厚 0.2 尺砖，四砖相并垒砌而成。每踏高 4 皮砖，总高 8 皮砖。下踏外露 1 尺，上踏叠压下踏 0.2 尺。（图 4-12）

马槽

《营造法式》："垒马槽之制：高二尺六寸，广三尺，长随间广，（或随所用之长。）其下以五砖相并，垒高六砖。其上四边垒砖一周，高三砖。次于槽内四壁，侧倚方砖一周。（其方砖后随斜分研贴，垒三重。）方砖之上，铺条砖覆面一重，次于槽底铺方砖一重为槽底面。（砖并用纯灰下。）"[2]

砖砌马槽，高 2.6 尺，宽 3 尺。马槽长度，可随邻近房屋的一间之广确定，亦可以所需长度确定。马槽台座以五砖相并的方式砌筑，高为六皮砖。推测用边长 1.5 尺，厚 0.27 尺方砖垒砌。以五砖相并，五砖并长 7.5 尺。垒高六砖，高 1.62 尺。其上四边垒砖一周，砌高三皮砖。

推测四边垒砖用长 1.3 尺，宽 0.65 尺，厚 0.25 尺条砖垒砌。三砖高 0.75 尺。其槽宽余 1.7 尺，槽内四壁衬砌侧倚 1.3 尺见方，厚 0.25 尺方砖 3 层一周，其槽宽余 1.2 尺，恰与石制水槽子池宽相同。方砖之后，随斜分研贴三层砖，形成槽四边外侧斜面，顶面覆铺一层宽 0.65 尺，厚 0.25 尺条砖，以作槽帮压沿。其沿上皮距地高约 2.62 尺。

槽底铺 1.2 尺方砖一重，以作为马槽底面。槽底、槽帮内外等处，以纯灰抹面，以保证槽内外表面光滑。（图 4-13）

---

1. 梁思成 . 梁思成全集 . 第七卷 . 第 277 页 . 注 25. 中国建筑工业出版社 . 2001 年 .
2. [宋] 李诚 . 营造法式 . 卷十五 . 砖作制度 . 马槽 .

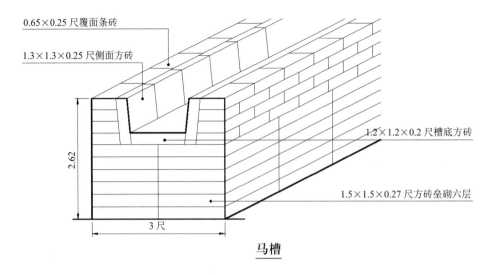

图 4-13　宋代砖作—砖砌马槽示意（闫崇仁绘）

井

古人以井为主要水源，故井的砌筑十分重要，《营造法式》关于砖砌水"井"的
甃砌方式，描述的也比较详尽：

"甃井之制：以水面径四尺为法。

用砖：若长一尺二寸，广六寸，厚二寸条砖，除抹角就圜，实收长一尺，视高计之，
每深一丈，以六百口垒五十层。若深广尺寸不定，皆积而计之。

底盘版：随水面径斜，每片广八寸，牙缝搭掌在外。其厚以二寸为定法。

凡甃造井，于所留水面径外，四周各广二尺开掘。其砖甀用竹并芦箦编夹。垒及
一丈，闪下甃砌。若旧井损脱难于修补者，即于径外各展掘一尺，拢套接垒下甃。"[1]

一口砖甃水井，是以井内有 4 尺直径的水面为基准来推算的，则井底似为直径 4
尺的圆形。井壁用长 1.2 尺，宽 0.6 尺，厚 0.2 尺条砖垒砌。井壁应抹角就圜甃砌，并
向井口倾斜收分，实留井口为直径 1 尺圆形。以《营造法式 · 石作制度》"井口石"：
"造井口石之制：每方二尺五寸，则厚一尺。心内开凿井口，径一尺。"[2] 可两相印证。

如果井深 10 尺，垒砌 50 层的高度。以每皮砖厚 0.2 尺，与 10 尺井壁高度正相吻合。
用条砖 600 块，平均每层用 12 块。以井底径 4 尺，井口径 1 尺，井深 10 尺，上下井
径均分略近 2.3 尺，井壁平均围长约 7.22 尺；12 砖，每砖约需长 0.60 寸。可知以条砖

---

1. [宋] 李诫 . 营造法式 . 卷十五 . 砖作制度 . 井 .
2. [宋] 李诫 . 营造法式 . 卷三 . 石作制度 . 井口石（井盖子）.

窄边顺圜而砌，井壁厚度 1.2
尺。若井底大小与井筒深浅
不同，则参照此法推而算之。

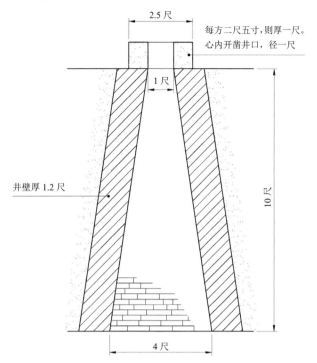

　　井底铺"底盘版"。从
其行文观察，似为以井底圆
心向外圜，沿半径放射线斜
铺甃砌，用 1.2 尺条砖与方
砖，切割以呈楔形砖片周环
铺砌，至底盘外径为 3 尺时，
每片外宽 0.8 寸，可用 12
片铺之，宽出部分，可以相
互搭接，即称"牙缝搭掌"？
若至井底围径 4 尺时，其外
圜围长 12.56 尺，需用 1.2
尺方砖 10 块余。若仍用 12
片铺之，每两片间亦有牙状
搭接？抑或自径 3 尺至径 4
尺距离，将 1.2 尺方砖沿圆

图 4-14　宋代砖作一砖甃砌井剖面图（闫崇仁绘）

径放射线方向与井壁所垒之砖搭接？此三者都可能属所谓"牙缝搭掌"做法？未可知。
底盘版厚 0.2 寸，恰合一砖厚度。

　　井壁甃造，是在所留水面径外，沿四周开挖 2 尺的宽度，沿水面径边缘用竹并芦
蕟编夹出圜形砖甋形式。梁思成解释道："这个'砖甋'从本条所说看来，像是砌砖
时所用的'模子'。"[1] 同时，又释蕟："蕟，音费。fèi。粗竹席。"[2] 芦蕟，似为芦席。
以竹子与芦席，围成一圆圜形，并搭成收分如井壁式样，形成井壁模子，则可沿圜外
甃砌井壁，垒高 10 尺，即井深。（图 4-14）

　　所谓"垒及一丈，闪下甃砌"。闪下，有余下之意。垒，似为粗砌，如混水砖砌法。
甃，似为细砌，如清水砖砌法。则在井壁超过 10 尺高度后，似为始出地面，当以清水
砖砌筑方式，仔细甃砌，以形成井沿与井口外观。其上或压井口石？

　　若在已经损脱无法修整的旧井基础上，则沿原井壁外围，再扩展 1 尺，新垒井壁，
拢套旧井之外，彼此搭接垒砌。井底亦铺甃底版盘。

1. 梁思成. 梁思成全集. 第七卷. 第 277 页. 注 27. 中国建筑工业出版社. 2001 年.
2. 梁思成. 梁思成全集. 第七卷. 第 277 页. 注 27. 中国建筑工业出版社. 2001 年.

第二节　泥作制度

《营造法式》泥作制度，主要涉及用土坯垒筑的墙体，以及墙体表面，包括可以用来绘制壁画的画壁之表面之抹泥、抹灰泥并压光等所用之材料及施工做法。其"用泥"一段中有关各种灰泥的做法与配比，对于理解古人墙面抹灰及表面收压处理所用材料与方式，具有重要意义。

文中还述及垒砌各种炉灶，如立灶、釜灶、镬灶，及茶炉的垒砌方法与内部构造，对于了解古人日常生活中所用各种炉灶的造型、构造与做法，有重要的参考价值。

泥作制度中的垒射垛，其形式类似城墙射垛。但从文字叙述上，似乎又并非宋代用于防卫性的城墙射垛。其这段文字被放在"泥作制度"一节，故应该也是为用土坯垒砌的某种具有功能性或观赏性的构筑物。

垒墙

《营造法式》："垒墙之制：高广随间。每墙高四尺，则厚一尺。每高一尺，其上斜收六分。（每面斜收向上各三分。）每用坯墼三重，铺襻竹一重。若高增一尺，则厚加二寸五分（原文：二尺五寸）。减亦如之。"[1]（图 4-15）

梁思成注："墼，音激，砖未烧者，今天一般叫做土坯。"[2] 又注"襻竹"："每隔几层土坯加些竹钢（疑为'竹筋'之误？），今天还有这种做法，也同我们在结构中加钢筋同一原理。"[3]

据清人撰《订讹类编续补》："语林，砖未烧曰墼。埤苍，形土为方曰墼。今之土砖也。以木为模。实土其中。非筑而何。"[4] 另据《仪礼注疏》："舍外寝，于中门之外，屋下垒墼为之，不涂塈，所谓垩室。"[5] 可知，坯墼，即土坯。这里所垒之墙为土坯墙。每垒三重，铺襻竹一重。襻竹，即梁先生所说的竹筋。

垒砌土坯墙，高广随房屋开间。墙随高度而有收分，每高 1 尺，其上每面斜收 0.03 尺。以高 4 尺墙计，其底厚 1 尺，每

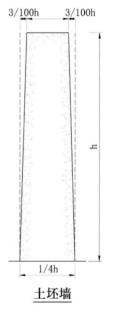

土坯墙

图 4-15　宋代砖作—垒墙之制示意（闫崇仁绘）

1.[宋]李诫.营造法式.卷十三.泥作制度.垒墙.
2.梁思成.梁思成全集.第七卷.第 260 页.注 1.中国建筑工业出版社.2001 年.
3.梁思成.梁思成全集.第七卷.第 260 页.注 2.中国建筑工业出版社.2001 年.
4.[清]杭世骏.订讹类编续补.卷下.杂物讹.筑墼.
5.[汉]郑玄注、[唐]贾公彦疏.仪礼注疏.卷四十一.既夕礼第十三.

面收分 0.12 尺，共收分 0.24 尺，则上厚 0.76 尺。每高增 1 尺，则厚加 0.25 尺。以墙高 5 尺计，其底厚 1.25 尺，每面收分 0.15 尺，共收分 0.3 尺，其上厚 0.95 尺。以此类推。

用泥

《营造法式》："用石灰等泥涂之制：先用粗泥搭络不平处，候稍干，次用中泥趁平；又候稍干，次用细泥为衬；上施石灰泥毕，候水脉定，收压五遍，令泥面光泽。（干厚一分三厘，其破灰泥不用中泥。）

合红灰：每石灰一十五斤，用土朱五斤，（非殿阁者，用石灰一十七斤，土朱三斤，）赤土一十一斤八两。

合青灰：用石灰及软石炭各一半。如无软石炭，每石灰一十斤用粗墨一斤，或墨煤一十一两，胶七钱。

合黄灰：每石灰三斤，用黄土一斤。

合破灰：每石灰一斤，用白蔑土四斤八两。每用石灰十斤，用麦㪔九斤。收压两遍，令泥面光泽。

细泥：一重（作灰衬用）方一丈，用麦𪌊一十五斤。（城壁增一倍。粗泥同。）

粗泥：一重方一丈，用麦𪌊八斤。（搭络及中泥作衬减半。）

粗细泥：施之城壁及散屋内外。先用粗泥，次用细泥，收压两遍。

凡和石灰泥，每石灰三十斤，用麻捣二斤。（其和红、黄、青灰等，即通计所用土朱、赤土、黄土、石灰等斤数在石灰之内。如青灰内，若用墨煤或粗墨者，不计数。）若矿石灰，每八斤可以充十斤之用。（每矿石灰三十斤，加麻捣一斤。）"[1]

梁先生注："从这里可以看出，宋代的城墙还是土墙，墙面抹泥。元大都的城墙也是土墙。一直到明朝，全国的城墙才普遍甃砖。"[2] 另注"麻捣"："麻捣在清朝北方称'麻刀'"。[3] 并注"矿石灰"："矿石灰和石灰的区别待考。"[4]

本条文字主要记录的是宋代抹泥、和泥、和灰泥等的各种做法。其中提到了细泥、中泥、粗泥、粗细泥，和红灰、青灰、黄灰、破灰，以及石灰泥（麻捣灰）等用于不同位置灰泥的和制方法，用石灰等泥塗的涂抹及收压方式。细泥、粗泥、粗细泥，似以所用不同位置，或抹灰泥的不同层面而区分之，其和制材料与方法亦有区别。

红灰、青灰、黄灰，似为晾干后呈现为不同色彩的灰泥，当用于有不同色彩需求

1.[宋]李诫.营造法式.卷十三.泥作制度.用泥.
2.梁思成.梁思成全集.第七卷.第261页.注11.中国建筑工业出版社.2001年.
3.梁思成.梁思成全集.第七卷.第261页.注12.中国建筑工业出版社.2001年.
4.梁思成.梁思成全集.第七卷.第261页.注13.中国建筑工业出版社.2001年.

的墙面上。很可能较多用于宫苑及寺观的殿阁等建筑上。

细泥、粗泥，属于过程中所抹之泥，略近抹灰泥过程中的衬底或找平之意，称"灰衬""搭络"，略近抹灰泥过程中的衬底或找平之意。

破灰似因掺了白蔑土与麦麸而会比较光洁，疑用于表面收压的灰泥。粗细泥则用于城壁或散屋内外等，其表面不需收压十分细密而有光泽的地方。

矿石灰，不仅用于和制各种灰泥，还用于安砌蠡屃碑座、笏头碣碑座，及垒砌釜灶等。推测这是一种粘结力较强的灰泥。

画壁

《营造法式》："造画壁之制：先以粗泥搭络毕。候稍干，再用泥横被竹篾一重，以泥盖平。又候稍干，钉麻华，以泥分披令匀，又用泥盖平；（以上用粗泥五重，厚一分五厘。若栱眼壁，只用粗、细泥各一重，上施沙泥，收压三遍。）方用中泥细衬，泥上施沙泥，候水脉定，收压十遍，令泥面光泽。凡和沙泥，每白沙二斤，用胶土一斤，麻捣洗择净者七两。"[1]

梁思成注："画壁就是画壁画用的墙壁。本篇所讲的是抹压墙面的做法。"[2]这里提到了竹篾、麻华、沙泥等抹画壁时需添加的辅助材料。竹篾需要用粗细泥抹压于墙面上，起到墙面拉筋的作用。麻华，疑为细散的麻丝，钉于墙面衬泥上，再用泥分披抹使之平整，再用泥盖平。前后抹 5 道泥，都用粗泥，总厚 0.15 寸。其上用中泥再细衬一遍，上用沙泥，在墙面晾至适当时机，收压 10 遍，使其表面光泽。沙泥是用白沙 2 斤，胶土 1 斤，再掺 0.7 斤的干净麻捣，和制而成。待晾干后即可在其墙面上作画，是为画壁。

宋代建筑的栱眼壁内，往往也会出现彩绘图案。如果在栱眼壁内抹制画壁，则只需要用粗泥与细泥各一道，表面再以沙泥收压光整即可。

立灶（转烟、直拔）

《营造法式》："造立灶之制：并台共高二尺五寸。其门、突之类，皆以锅口径一尺为祖加减之。（锅径一尺者一斗；每增一斗，口径加五分，加至一石止。）

……凡灶突，高视屋身，出屋外三尺。（如时暂用，不在屋下者，高三尺。突上

---

1. [宋] 李诫 . 营造法式 . 卷十三 . 泥作制度 . 画壁 .
2. 梁思成 . 梁思成全集 . 第七卷 . 第 261 页 . 注 14. 中国建筑工业出版社 . 2001 年 .

作鞾头出烟。)其方六寸。或锅增大者,量宜加之。加至方一尺二寸止。并以石灰泥饰。"[1]

梁思成注:"这篇'立灶'和下两篇'釜鍑灶'、'茶炉子',是按照集中不同的盛器而设计的。立灶是对锅加热用的。釜灶和鍑灶则专为釜或鍑之用。"[2]从古代盛器的角度,解释与锅、釜、鍑有关的几种炉灶,同时也揭示了,古人所用炉灶的不同。

锅,据西汉扬雄描述:"车釭,齐、燕、海岱之间谓之锅,或谓之锟。自关而西谓之釭,盛膏者乃谓之锅。"[3]在西汉时代的齐、燕、海岱地区,锅指的是车上一种圆形配件——釭。但在关中地区,锅则是一种盛器。

釜,据扬雄描述:"釜,自关而西或谓之釜,或谓之鍑。鍑亦釜之总名。"[4]鍑乃古代的一种盛器:"《说文》曰:鍑,(音富)如釜而大口,釜也。"[5]则可知,釜即鍑,属锅的一种。釜,亦为古字,且为关中汉代关中方言。也就是说,锅与釜,都出自汉代关中地区方言,其义为在炉灶上蒸煮之用的盛器。

鍑,亦为一种盛器。《史记》中提到"汤鍑之罪"[6]。《汉书》中则有:"置大鍑中,取桃灰毒药并煮之。"[7]可知鍑是一种大而深的盛器,可以放在火上煮物。

灶的出现更早,据《管子》:天子的职责之一是,"教民樵室钻燧,墐灶泄井,所以寿民也。"[8]墐者,泥涂也。则墐灶,即以泥及坯墼垒砌炉灶。

梁先生注:"突,烟突就是烟囱。"[9]其灶,有门、有突、有身、有台;另有转烟、隔烟、隔锅、项子,以及烟匣子、山华子等,皆为构成炉灶各个组成部分。

灶台。一般高度为2.5尺。台上设锅口。其径1尺,所用锅的容量为1斗,其锅容量每增1斗,口径增0.05尺。至锅容量至1石,其径约1.45尺是,锅径为最大。

灶口,即灶门,位于灶之正面,以锅径1尺,台高2.5尺时,门高0.7尺,宽0.5尺。锅容量每增1斗,门之高、广各增0.025尺。若仍以锅容量至1石计,灶门最高0.925尺,最宽0.725尺。

灶身之方,以锅径外增0.3尺。则锅径1尺时,其身广1.6尺,深亦1.6尺;则锅径1.45尺时,其身广2.05尺,其身深亦2.05尺。

灶台之长、广,随灶身,则锅径1尺,灶台长、广各1.6尺;锅径1.45尺,灶台长、广各2.05尺。然而,锅台高度似随锅径而降。锅容量1斗,锅径1尺,其高1.5尺;

1.[宋]李诫.营造法式.卷十三.泥作制度.立灶.

2.梁思成.梁思成全集.第七卷.第262页.注15.中国建筑工业出版社.2001年.

3.[西汉]扬雄.方言.卷九.

4.[西汉]扬雄.方言.卷五.

5.[宋]李昉.太平御览.卷七百五十七.器物部二.釜.

6.[汉]司马迁.史记.卷七十九.范雎蔡泽列传第十九.范雎传.

7.[汉]班固.汉书.卷五十三.景十三王传第二十三.

8.[战国]管仲.管子.轻重己第八十五.

9.梁思成.梁思成全集.第七卷.第262页.注16.中国建筑工业出版社.2001年.

锅容量每增 1 斗，其高降 0.025 尺。锅容量至 1 石，其高则降 0.225 尺，锅台高 1.275 尺。锅台至低，不可低于 1.25 尺。其高度随锅径降低的原因，或因锅愈大，灶口直径也愈大，灶腔亦大，则需通过降低灶台高度，增加火与锅底的接触面。

腔内后项子，当是灶腔通往烟突的连接口。其内部形式为"斜高向上入突，谓之抢烟"。这里的"抢"，既有斜向之意，似乎又有主动将烟抢先导入的意思。

隔烟，或有防止烟倒向室内的一种烟道措施。隔锅项子，疑为两个以上锅，各有其烟道，并"分烟入突"处理模式。如上为一般锅灶的砌筑与涂抹方式。

直拔立灶，是一种不用隔烟措施的炉灶。灶腔与烟匮子相接。这里的烟匮子，似为一个位于灶台后部上方，集聚烟气的空腔；高出灶身 1.5 尺，宽为 0.6 尺。烟匮子直接与烟突相接，将所聚烟气直拔向外。

山华子，位于烟突两旁匮子之上，长与匮子同，并呈倾斜向上的形态，可能具有将烟转向烟突而出的辅助性作用，或亦增加灶台上部烟匮子、烟突等的形式美化效果？亦未可知。

灶突者，烟囱也。其高视屋身之高而定，要比烟突出屋面处再高出 3 尺。如果是临时搭砌的灶台，且不在室内者，其突高 3 尺即可。其突的上端，要砌成一个鞾头的形式，以利出烟。这里的鞾头，不详其形式，猜测可能是将顶面封住，端头之下四面开口，既防止有风倒灌而入，又能够使烟气顺利排出。烟突为方形，其方 0.6 尺。随锅径增大，烟突亦应增大，最大可至 1.2 尺见方。推测这里所指，应为烟囱内部的孔洞截面尺寸。烟突之外，宜用石灰泥涂抹，使其平整光洁，且不会泄露烟气。

釜镬灶

《营造法式》："造釜镬灶之制：釜灶，如蒸作用者，高六寸。（余并入地内。）其非蒸作，安铁甑或瓦甑者，量宜加高，加至三尺止。镬灶高一尺五寸，其门、项之类，皆以釜口径以每增一寸，镬口径以每增一尺为祖加减之。"[1]

釜镬灶，谈及釜灶与镬灶。釜灶似较小，釜口径 1.6 尺，似可以用坯墼垒之；其门高 0.6 尺，宽 0.5 尺。镬灶较大，镬口径 3 尺，须用砖垒造；其门高 1.2 尺，宽 0.9 尺。比之锅口径 1 尺，门高 0.7 尺，宽 0.5 尺的立灶，尺度要大一些。

无论釜或镬灶，其腔子、腔内后项子、抢烟、后突等，与里灶的做法相同。不同的是，镬灶有用两坯并垒砌的后驼项突，其形式为斜高 2.5 尺，曲长 1.7 尺，出墙外 4 尺。另釜灶与镬灶，其台面形式为圆圜状，表面用灰泥抹光，与立灶之方形台面，明显不同。

---

1. 梁思成. 梁思成全集. 第七卷. 第 263 页. 脚注 [1]. 中国建筑工业出版社. 2001 年.

另因釜与镬，为蒸煮器物，其灶尺寸较大，用火亦强烈，除镬口用砖垒造外，凡用铁甑处，其灶口均用铁铸造，灶门前后亦用生铁版。镬灶腔内底下当心，还要用铁柱子。然灶台外观用灰泥涂抹光整，则与立灶同。

茶炉

《营造法式》："造茶炉之制：高一尺五寸。其方、广等皆以高一尺为祖加减之。

面：方七寸五分。

口：圜径三寸五分，深四寸。

吵眼：高六寸，广三寸。（内抢风斜高向上八寸。）

凡茶炉，底方六寸，内用铁燎杖八条。其泥饰同立灶之制。"[1]

茶炉，亦为炉灶中的一种，以煮茶为主要功能。其尺寸较立灶、釜灶、镬灶等均小。其高1.5尺，炉面方0.75尺；炉台方、广，会以其高1尺为则，随其高度增加而有所增大。炉口圜径0.35尺，深0.4尺。（图4-16）

吵眼，疑为与立灶、釜灶或镬灶的灶门相类似的孔眼，位于茶炉正立面上。其高0.6尺，宽0.3尺。炉内与吵眼相对应处，有抢风，斜高向上0.8尺。

另茶炉底仅方0.6尺，而其面却方0.75尺，或可推知，其炉可能是上大下小的倒方锥台形式？茶炉表面亦以灰泥抹饰，令其平整光洁。

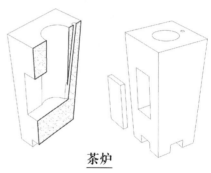

茶炉

图4-16 宋代砖作—垒砌茶炉示意（闫崇仁绘）

垒射垛

《营造法式》："垒射垛之制：先筑墙，以长五丈，高二丈为率。（墙心内长二丈，两边墙各长一丈五尺；两头斜收向里各三尺。）上垒作五峰。其峰之高下，皆以墙每一丈之长积而为法。

中峰：每墙长一丈，高二尺。

次中两峰：各高一尺二寸。（其心至中峰心各一丈。）

两外峰：各高一尺六寸。（其心至次中两峰各一丈五尺。）

1.[宋] 李诫 . 营造法式 . 卷十三 . 泥作制度 . 釜镬灶 .

子垛：高同中峰。（广减高一尺，厚减高之半。）

两边踏道：斜高视子垛，长随垛身。（厚减高之半。分作一十二踏；每踏高八寸三分，广一尺二寸五分。）

子垛上当心踏台：长一尺二寸，高六寸，面广四寸。（厚减面之半，分作三踏，每一尺为一踏。）

凡射垛五峰，每中峰高一尺，则其下各厚三寸；上收令方，减下厚之半。（上收至方一尺五寸止。其两峰之间，并先约度上收之广，相封垂绳，令纵至墙上，为两峰頔内圆势。）其峰上各安莲华坐瓦和火珠各一枚。当面以青石灰，白石灰，上以青灰为缘泥饰之。"[1]

梁思成注："这种'射垛'并不是城墙上防御敌箭的射垛，而是宫墙上射垛形的墙头装饰。正是因为这原因，所以属于'泥作'。"[2]

除了作为宫墙上的射垛形墙头装饰外，疑射垛还有操练军队的功能，如《册府元龟》提到，唐文宗太和元年（827年）十一月有诏："若要习射，并请令本司各制射垛教试，不得将弓箭出城，假讬习射从之。"[3] 这种用于习射的射垛，具有临时性质，似亦可用"泥作"垒砌方式筑造。

以其墙长 5 丈、高 2 丈为率，墙分三段，中心一段长 2 丈，左右各长 1.5 丈，并斜收向里各 3 尺。大约形成一个微斜向里的"八"字形。从后文所言射垛五峰之间，形成頔内圆势，似也可以看出，这五峰不在一条直线上，两侧四峰，略向内移，故需通过頔内圆势，使其在一个圆圜面上展开。由此或也可以推测，这里所垒的射垛，并非一个连续城墙面上的射垛，而是以 5 丈长、2 丈高为一个单位，以坏墼垒砌的墩台状砌体。（图 4-17）

所谓子垛及踏道、踏台，似为登台瞭望或练习射击所用之台？未可知。

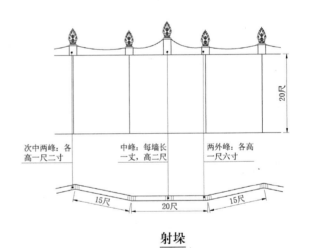

射垛

图 4-17　宋代砖作—砖垒射垛示意（闫崇仁绘）

1.[宋]李诫.营造法式.卷十三.泥作制度.垒射垛.

2.梁思成.梁思成全集.第七卷.第263页.注20.中国建筑工业出版社.2001年.

3.[宋]李昉.册府元龟.卷六十五.帝王部.发号令第四.

第五章 房屋平、剖面体系（上）：大木作制度一般

从现代建筑学的视角来观察，认识或考察一座建筑物，最为重要的是理解其平面的布局与剖面的架构。以组群空间取胜的古代中国建筑，在每一座单体建筑的平面上，大多为矩形的形式，以柱网布局的方式摆布，平面相对比较简洁明了。而以木结构为基本建构模式的古代中国木构建筑体系，在结构上，也采取了简明而理性的柱梁式搭构的建造方式，其剖面形式，首先体现为柱子、额方与屋顶梁架之间彼此架构与搭接的关系。与其他文化中的木构建筑不同的是，中国古代木构建筑中，运用了斗栱体系，从而使其柱额与梁架之间，增加了一些更为复杂而机巧，且富于视觉效果的东西——斗栱铺作。

　　本章的着力点，一是，弄清唐宋时代木构建筑的基本结构类型与特征；二是，厘清唐宋时代木构建筑平面与剖面的大致形式与建构逻辑。同时，将与唐宋木构建筑平面与剖面相关的重要建筑名词或术语加以适当的解释。

第一节　大木结构的基本类型

细读《营造法式》文本，无论是从用材制度，还是从用砖，用瓦，及彩画作制度等，都可以清楚地感觉到，宋代建筑是有着严格的等级差别的。

宋代建筑的等级分划，一方面是以房屋的开间数来划分的。以使用斗栱铺作的建筑为例，如殿身九间至十一间殿阁，应该是居于宋代建筑等级的最高端；依次还会有殿身五间至七间殿阁，以及殿身三间至五间殿与七间厅堂；接着是殿三间，厅堂五间；殿小三间，厅堂大三间。之后还有亭榭或小厅堂；小殿及亭榭。此外，在不用斗栱的建筑物中，还有余屋（散屋）、廊屋等较低等级的建筑。显然，从《营造法式》的等级分划中，已经没有了自南北朝至隋唐时代，曾经一度存在过的，将最高等级的殿堂建筑，如帝王宫殿的正殿，或大型佛道寺观的主殿，设定为通面广十三开间的做法。

除了等级差异之外，宋代木构建筑，主要是等级较高的木构殿堂与厅堂建筑，从结构类型上，恰也可以大致分为两类。不同于明清时代通过有无斗栱来区分官式建筑中大式建筑与小式建筑的做法是，宋代建筑的结构类型划分，是在同样都有斗栱的情况下，区分出了两种不同等级的结构类型：

一是殿阁（殿堂）式结构；

二是厅堂式结构。

殿阁（殿堂）

殿阁，或殿堂建筑，是宋代高等级建筑的一种形式。从《营造法式》文本中透露出来的信息，以及唐、辽、宋、金时代建筑遗存的考察与研究，大致可以得出一些有关殿阁（殿堂）建筑的基本特征：（图 5-1）

1. 其殿身部分的内外柱同高，内柱不生起。（需要说明的一点是，这里的内外柱同高，是一个概念。这里的同高，是从结构层的角度说的，相对于外檐柱来说，从当心间平柱到转角角柱之间的柱头生起做法，造成的柱子高度差异，仍然是存在着的。也就是说，这时的结构柱，特别是外檐柱，彼此之间是有一些微小的高度差的。）

2. 内外柱头之上，有一个以柱头铺作、补间铺作及内檐铺作等纵横交错而组成的铺作层。

3. 房屋的屋顶梁架结构，架构在斗栱铺作层之上。柱额（柱子和柱头之间的阑额）、斗栱与屋顶梁架，形成三个各自独立，又平行叠合的结构体系。

4. 如果是楼阁式殿阁，则是在首层柱头及其斗栱铺作之上，再叠加一个由柱子与斗栱铺作组合而成的平坐层。再在平坐层之上，形成一个由柱子、铺作、梁架三层平

1. 飞子	9. 罗汉方	17. 柱槫	25. 驼峰	33. 乳栿（明栿月梁）	41. 地栿
2. 檐椽	10. 柱头方	18. 柱础	26. 蜀柱	34. 四椽明栿（月梁）	42. 副阶檐柱
3. 撩檐方	11. 遮椽版	19. 牛脊槫	27. 平梁	36. 平棊	43. 副阶乳栿（明栿月梁）
4. 斗	12. 栱眼壁	20. 压槽方	28. 四椽栿	36. 平闇	44. 副阶乳栿（草栿斜栿）
5. 栱	13. 阑额	21. 平槫	29. 六椽栿	37. 殿阁照壁版	45. 峻脚椽
6. 华栱	14. 由额	22. 脊槫	30. 八椽栿	38. 障日版（牙头护缝造）	46. 望版
7. 下昂	15. 檐柱	23. 替木	31. 十椽栿	39. 门额	47. 须弥座
8. 栌斗	16. 内柱	24. 襻间	32. 托脚	40. 四斜毬文格子门	48. 叉手

图 5-1　宋代殿堂式建筑（自郭黛姮《中国古代建筑史》第三卷）

行叠加而成的上层结构，如此重复，直至顶层楼阁的屋顶。从而形成一个多层叠合的木结构体系。

5. 由于殿阁式建筑，多为有副阶的高等级建筑。因此，其结构分为殿身与副阶两个部分。所谓副阶，是指一种环绕殿身主体，且附着于殿身四周檐柱上的一种围廊式附属结构。因而，副阶的斗栱自成体系，并通过梁栿与殿身主体结构之间建立起联系。

6. 宋代殿阁式建筑，常常也会出现殿挟屋的做法。即在主要殿堂的两侧，附设两座稍微低矮一些的附属性殿堂。其形态很像是一位位居中心的高大主人，左右各有一位扶持着他的侍者一般。这两侧的附属性殿堂，被称为"挟屋"。挟屋的结构，与殿身结构也各自形成一个独立的体系。但挟屋结构往往会通过与主殿殿身两山结构的相互依附关系，形成一种附属性的效果。

7. 宋代建筑中，常常也会出现一些没有副阶或挟屋，仅有殿身的单檐屋顶式殿堂建筑。但其三个基本特征，即内柱不生起；内外柱同高；在柱头与屋顶梁架之间有一个斗栱铺作层，还是维持不变。

厅堂

厅堂式建筑，也可以纳入宋代较高等级建筑的序列。但一般情况下，厅堂式建筑没有副阶。但这并不能证明，厅堂建筑的两侧没有挟屋。

因为没有副阶，厅堂建筑也就不会再有殿身与副阶的区分，其结构是一个由柱额、斗栱与梁栿，彼此结合而成的整体。（图5-2）厅堂结构的基本特征为：

1. 内柱随屋内举势生起，内外柱不同高。

2. 外檐檐柱通过斗栱与梁栿，附着于随举势生起的内柱柱身之上。

3. 内外檐斗栱各成体系，彼此之间无法形成一个铺作层。

4. 屋顶结构中的梁栿等，是通过与檐柱、内柱，及柱上斗栱的巧妙结合，与屋身形成一个较为完整而统一的结构体系。

厅堂建筑的等级，似又分为甋瓦厅堂与瓪瓦厅堂。即通过屋顶覆瓦的形式与尺寸，来标识厅堂建筑的等级。显然，甋瓦厅堂在等级上，应该高于瓪瓦厅堂。

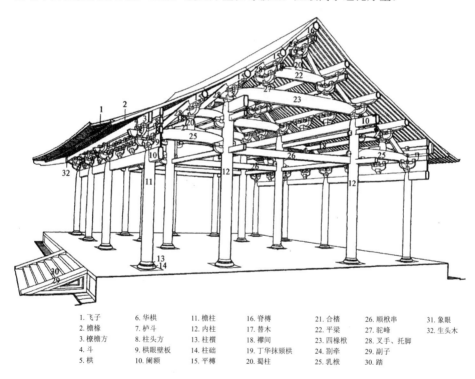

1. 飞子	6. 华栱	11. 檐柱	16. 脊槫	21. 合楷	26. 顺栿串	31. 象眼
2. 檐椽	7. 栌斗	12. 内柱	17. 替木	22. 平梁	27. 驼峰	32. 生头木
3. 橑檐方	8. 柱头方	13. 柱榫	18. 襻间	23. 四椽栿	28. 叉手、托脚	
4. 斗	9. 栱眼壁板	14. 柱础	19. 丁华抹颏栱	24. 劄牵	29. 副子	
5. 栱	10. 阑额	15. 平槫	20. 蜀柱	25. 乳栿	30. 踏	

图5-2 宋代厅堂式建筑（自郭黛姮《中国古代建筑史》第三卷）

余屋

余屋，似指殿阁与厅堂建筑之外的普通房屋。从《营造法式》行文观察，"余屋"一词，更像是除了殿阁（殿堂）、厅堂，乃至亭榭之外的，其他一些较低等级房屋的总称。

例如《营造法式》中所称的散屋、常行散屋、廊屋、仓廒库屋、营屋、跳舍、舍屋、井屋等，大体上都可以归在宋代余屋的范畴之下。

因为余屋的结构比较简单，其基本的结构形式，似与明清官式建筑中的小式建筑，似有更多的相似之处。例如，一般的余屋，很可能是不用斗栱的；室内外使用彩绘的可能性也比较低；其屋顶的形式也应该比较简单。限于篇幅，这里不做进一步的赘述。

平面

单体宋代建筑的平面，大致可以分为两种基本的类型。一种是殿阁（殿堂）式建筑。其平面的柱网，相对比较确定，且中规中矩的。（图 5-3）另外一种是厅堂式建筑，或者再第一个等级的，即余屋建筑。其平面形式，应该是比较随宜的，可以因应房屋所处位置、地形及功能的变化，而自由灵活地组织平面柱网。

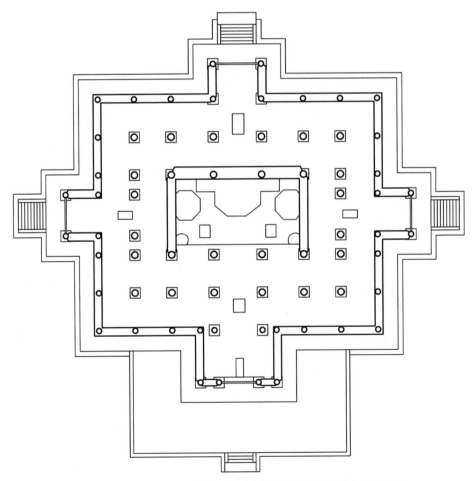

图 5-3　宋代殿堂式建筑示例—隆兴寺摩尼殿建筑平面图（自郭黛姮《中国古代建筑史》第三卷）

原因也很简单，殿阁（殿堂）式建筑，一般为一组建筑群中的主体建筑，其位置往往位于建筑群的中轴线上，如门殿、主殿、后阁等，其造型与开间数，往往受到房屋等级的严格限制。故其平面形式比较严谨，房屋严格对称，空间比较工整严肃。且因其室内外柱子同高，柱头之上有一个斗栱铺作层，故其结构上，对柱网的要求也比较严整细致。（图 5-4，图 5-5）

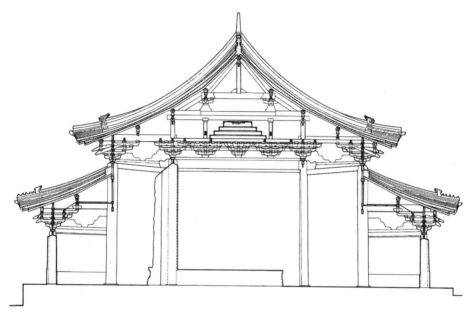

图 5-4　宋代殿堂式建筑示例—隆兴寺摩尼殿建筑剖面图（自郭黛姮《中国古代建筑史》第三卷）

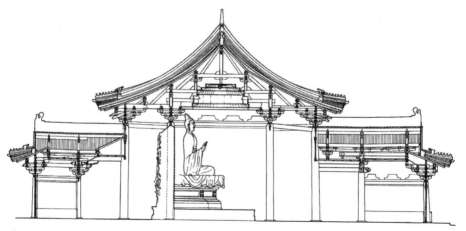

图 5-5　宋代殿堂式建筑草架测样示例—隆兴寺摩尼殿当心间缝草架测样（自郭黛姮《中国古代建筑史》第三卷）

　　相比较之，厅堂式建筑，其等级略低，因此，可以布置在建筑群中轴线两侧等较为次要的位置上。其柱子与梁架可以通过斗栱、梁栿的不同组合，从而形成各种不同的断面形式。若干个梁架断面，可以通过纵向联系的额与方、槫等，将建筑物联结成为一个结构整体。因此，其结构形式似乎更接近现代结构中的"排架式"结构体系。即只要其结构断面一经确定，就可以沿着房屋的纵长方向，按照功能需求，甚至地形差异，任意组织与延展房屋的平面。故厅堂式建筑，在平面上，似乎并没有十分严格的定义，而其剖面形式，尽管十分灵活与多样，却相对比较明确和容易理解一些。

换言之，宋《营造法式》中，给出了宋代殿阁（殿堂）式建筑的几种典型平面的柱网形式，诸如：1.金箱斗底槽；2.分心斗底槽；3.身内单槽；4.身内双槽；5.身内分心槽等，从而定义了宋代殿阁（殿堂）式建筑的基本结构形态。

同时，关于厅堂式建筑，《营造法式》中仅仅给出了若干种形式的厅堂"草架侧样"，并未对厅堂式建筑的平面柱网给出进一步的定义。唯有如此，宋代的厅堂式建筑在设计与建造上，才具有了最大的灵活性与便利性。

剖面

建筑剖面是一个外来的现代概念，是一种用来表达某座建筑之空间与结构关系的图形。唐宋时代建筑，并无现代意义上的"剖面图"概念，但与之类似的结构性图，即"草架侧样"图及"间缝内用梁柱"图，却从一定程度上，展示了宋代建筑与结构的剖面关系。

殿堂与厅堂建筑，各有其草架侧样图或间缝内用梁柱图，这两种图，当为其殿堂与厅堂的结构剖面图。（图5-6）

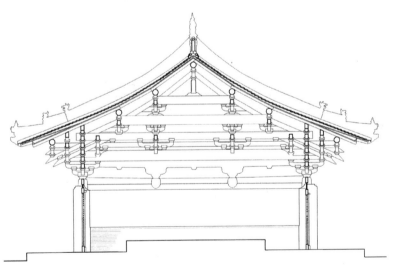

图5-6　宋代殿堂式建筑剖面示例一平遥镇国寺大殿（自刘畅等《山西平遥镇国寺万佛殿与天王殿精细测绘报告》）

槽

《营造法式》中提到了三种与房屋本身，或构件定位之轴线有关的术语，其一，槽；其二，缝；其三，分位。

关于"槽"，梁思成在为大木作制度中的"骑槽檐栱"作注时，解释道："与斗栱出跳成正交的一列斗栱的纵中线谓之槽。华栱横跨槽上，一半在槽外，一半在槽内，所以叫骑槽。"[1]

重要的是，与斗栱出跳正交的这一列斗栱的纵中线，其实也恰好是房屋外檐柱顺身方向的柱中心线，大约相当于现代建筑之外墙柱的纵轴线。换言之，唐宋时代建筑柱网顺身（或顺山面）方向的柱子中心线，即可称为"槽"。如外槽、内槽、身内双槽、身内单槽等。

同样的道理，在宋《营造法式》大木作图样中，殿阁建筑的平面图，一般也被称为"殿阁分槽"图。并因此而分为诸如"金箱斗底槽""身内分心斗底槽""身内双槽""身内单槽"等不同的殿阁分槽（及柱网平面分布）形式的图样。

缝与心

梁思成对宋代建筑之"缝"的解释十分简明扼要："'缝'就是中线。"[2] 其实，与之相类似的一个概念是"心"，如在解释斗栱制度中的华栱出跳："每跳之长，心不过三十分。"[3] 时，梁先生注曰："'心'就是中线或中心。"[4]

相比较之，缝似乎是宋代建筑中更为常用的一个概念，其意义大约相当于广义的"轴线"，包括较为重要的房屋主轴线，主要柱网轴线，也包括较为细致的轴线，如补间铺作中心线、递角栱中心线等。

例如，前檐柱纵轴线，可以称为前檐柱槽，也可以称为前檐柱缝。内槽柱轴线，或可称为内槽柱缝。而柱子沿房屋横剖面方向形成的横轴线，如当心间左右两柱，可以分别被称为当心间右侧柱缝，或当心间左侧柱缝等。甚至两柱之间的中心线，也可以被称为"间缝"。

而柱头及阑额之上的斗栱铺作，也各有其缝，即每一组斗栱铺作的中线，就是其铺作的"缝"，如××柱头铺作缝，或××补间铺作缝等，以至于转角铺作斜向的"角梁缝"等。

---

1. 梁思成 . 梁思成全集 . 第七卷 . 第 82 页 . 注 19. 中国建筑工业出版社 . 2001 年 .
2. 梁思成 . 梁思成全集 . 第七卷 . 第 82 页 . 注 23. 中国建筑工业出版社 . 2001 年 .
3. [宋] 李诫 . 营造法式 . 卷四 . 大木作制度一 . 栱 .
4. 梁思成 . 梁思成全集 . 第七卷 . 第 82 页 . 注 20. 中国建筑工业出版社 . 2001 年 .

心的概念似乎没有"缝"那么宽泛，更多是指某一构件的中心，或中线。如外檐铺作栌斗心、外檐第一跳华栱跳头心、里转第二跳华栱跳头心等。有时也会有第二跳华栱上交互斗心、前（后）檐橑檐方心等用语，来定义某个构件所处的空间位置。

需要特别指出的是：心，有时是指空间中的一个中心点，如转角铺作栌斗心、××跳华栱跳头上交互斗心；有时也可以指以这个中心点所定位的一条中心线，如外檐铺作令栱心。有趣的是，在这些以"心"指代的位置术语中，几乎都可以用"缝"来取而代之。

分位

与"缝"的概念比较接近的另外一个术语，是"分位"。分位者，大意是指某一构件之中心线的空间定位。如某补间铺作分位、某柱头铺作分位、阑额分位、×椽栿分位等。

细查《营造法式》文本，并未见"分位"一词。这个词更像是梁先生为了便于理解宋代建筑而引入的一个词。查阅古代文献，"分位"一词出现的频次是比较多的，特别是在佛经中，常常用"分位"，表示某一个别的位置。如南朝宋时所译《佛说一切如来真实摄大乘现证》中论及"金刚界曼荼罗"时有："其坛四方及四门，复以四刹而严饰。及以四线而交络，缯帛妙线等庄严。于其四隅诸分位，及诸门户相合处。各各钿饰金刚宝，次第捗外曼拏罗。"[1] 这里的"于其四隅诸分位"，其意相当于曼荼罗四隅的空间定位。

显然，《营造法式注释》中所用的"分位"这一概念，出现在梁思成所绘大木作制度的殿阁分槽图中，可以推测这一名词，是梁思成先生借用了古人对空间方位定位的一个词，来对宋代房屋诸构件之中心线加以定位的一个借用的术语。

在一般建筑史学论文中，在涉及宋代建筑名件与位置的时候，常常会出现这个词，唯有透过这个词，才可能较为准确地描述与某一构件相关的空间位置。在一些情况下，分位一词，也可以用"缝"来取代。由此可见，"缝"是一个更为广义的轴线概念；而分位则是一个相对比较具有局部性的、与构件相关的一个定位性中心线概念。

---

1. [南朝宋] 施护译. 佛说一切如来真实摄大乘现证. 金刚界大曼拏罗广大仪轨分第一之五.

第二节　殿阁地盘分槽图

殿阁分槽图，见于《营造法式》卷三十一的"大木作图样下"。其中给出了4种殿阁地盘分槽图，分别是：

1. 殿阁身地盘九间身内分心斗底槽；
2. 殿阁地盘殿身七间副阶周匝各两架椽身内金箱斗底槽；
3. 殿阁地盘殿身七间副阶周匝各两椽身内单槽；
4. 殿阁地盘殿身七间副阶周匝各两椽身内双槽。

相信这是宋代殿阁式建筑的几种典型平面柱网形式。（图 5-7）以此为基础，应该还可以推衍出更多开间与进深的殿阁式建筑。例如，在更高等级的殿阁建筑中，或可以出现"殿阁地盘殿身九间副阶周匝各两架椽身内金箱斗底槽"，或等级稍低的"殿阁地盘殿身五间副阶周匝各两架椽身内单槽"等形式的殿阁建筑平面。

也就是说，殿阁分槽图，是宋代殿阁（殿堂）式建筑的一种基本平面柱网形式，从而也确定了其基本的建筑平面形式。一般而言，殿阁式建筑的平面，有用于门殿建筑的"殿阁身地盘 × 间身内分心斗底槽"的平面，也有用于一个建筑群内的主殿，如"殿阁地盘殿身 × 间副阶周匝各两架椽身内金箱斗底槽"的平面。同样，较为灵活的主殿平面形式，如"殿阁地盘殿身 × 间副阶周匝各两架椽身内单槽"或"殿阁地盘殿

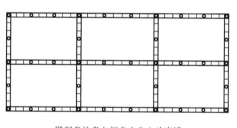

殿阁身地盘九间身内分心斗底槽

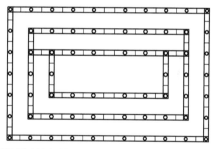

殿阁地盘殿身七间副阶周匝各两架椽身内金箱斗底槽

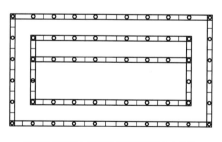

殿阁地盘殿身七间副阶周匝各两椽身内单槽

殿阁地盘殿身七间副阶周匝各两椽身内双槽

图 5-7　宋代殿堂式建筑的几种平面（买琳琳摹绘自《梁思成全集》第七卷）

身×间副阶周匝各两架椽身内双槽"的平面，也应该是十分常见的。

甚至在殿阁建筑的诸多地盘形式中，还可以有一系列不用副阶的平面。例如，现存五台山佛光寺唐代东大殿建筑，其实就是一座"殿阁身地盘七间身内金箱斗底槽"的单檐无副阶殿堂形式。同样的情况，也可以有"殿阁身地盘五间身内单槽"或"殿阁身地盘七间身内双槽"等单檐无副阶的殿堂建筑形式。

换言之，《营造法式》给出的这四种形式，即分心斗底槽、金箱斗底槽、身内单槽、身内双槽，大体上覆盖了唐宋时代殿阁（殿堂）式建筑的基本平面格局，其变化无非是开间数的多少，或有无副阶而已。

当然，进深方面也会有一些变化，只是《营造法式》中未对殿阁（殿堂）式建筑的进深问题做进一步的阐述。我们仅能从"身内双槽各两架椽""身内单槽各两架椽"等描述中，大体上推测出其基本的进深尺度。例如，身内双槽者，其殿身主体若用四架椽，则前后再加两架椽，其殿身就有一个相当于八架椽的进深。如果再加上副阶的进深，则有十二架椽的进深。但如果其殿身主体的双槽之间，采用了六架椽，则殿身就会有十架椽的进深，加上副阶的进深，则建筑平面就会达到十四架椽的总进深。

金箱斗底槽

从文字叙述及图形表现方面来看，唐宋时代建筑中，金箱斗底槽似乎是最为严整，等级也最高的殿阁（殿堂）式建筑平面。

金箱斗底槽，这里的金箱，大约相当于一个封闭如箱子的空间；斗底，很可能象征了覆斗之底，有内外两圈的轮廓线。金箱斗底槽建筑，其基本的平面形式为内外两圈柱网，也就是建筑史学家们所常常说的"双套筒式"结构的平面形式。

现存古代建筑实例中，如五台山佛光寺东大殿（图5-8），天津蓟县独乐寺观音阁（图5-9）、山西应县佛宫寺释迦塔（图5-10），都可以归在金箱斗底槽的柱网范畴之下。

身内分心斗底槽

身内分心斗底槽，也是一种殿阁（殿堂）式建筑的结构柱网平面。其殿身内在柱网平面前后之间的纵向中心线上，有一排与檐柱完全对应的中心柱列，称为"分心槽"，从而将室内至少分为前后两个对称的空间。

作为殿堂结构，其中心列柱与四周檐柱的高度基本一致，中心柱列的柱头之上，与四周檐柱的柱头之上，有一个斗栱铺作层，在铺作层之上，再叠压屋顶梁架，形成

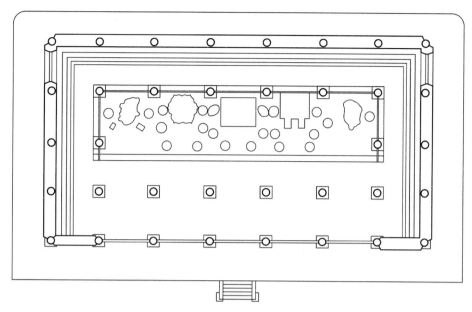

图 5-8　宋代殿堂式建筑平面图示例—佛光寺东大殿平面图（买琳琳摹绘自《梁思成全集》第七卷）

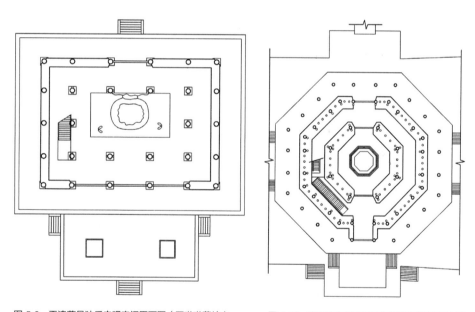

图 5-9　天津蓟县独乐寺观音阁平面图（买琳琳摹绘自《梁思成全集》第七卷）

图 5-10　山西应县佛宫寺释迦塔首层平面图（买琳琳摹绘自《梁思成全集》第七卷）

屋顶与屋面。因而其基本的结构逻辑是殿堂式的，其空间具有前后区隔的特征，故可以想象这是一种布置在建筑群中轴线上，但具有门径性与通过性的建筑物。（图 5-11）

换言之，采用身内分心斗底槽柱网的建筑物，多为门殿建筑，如宫殿内廷之前的正门门殿，或寺观建筑群前部的三门（山门）门殿等。

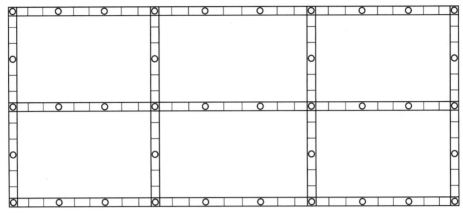

图 5-11 宋代殿堂式建筑身内分心斗底槽（买琳琳摹绘自《梁思成全集》第七卷）

身内双槽

同为殿阁（殿堂）式结构房屋，除了平面严整的金箱斗底槽，还有相对比较灵活的柱网平面，例如，仅仅在室内布置两排与前后檐柱平行的内柱，且呈前后对应的均衡布置，就形成了殿阁地盘殿身内双槽的平面柱网形式。

殿身内双槽式平面殿阁，其平面与金箱斗底槽十分接近，只是其殿身之内的前后双槽，并未像金箱斗底槽那样，形成一个闭合成环的矩形平面，而是设置了两排平行与前后檐柱列的内柱，故称身内双槽。其结构虽未形成内外双套筒式结构，但其室内的空间，与一般的金箱斗底槽平面殿堂，并无太大的差异。只是室内两山处的空间更为开敞而已。（图 5-12）

身内双槽式殿阁（殿堂），仍然适合用于一组建筑群中轴线上的主要殿阁（殿堂）建筑。如宫殿中沿中轴线布置的重要殿阁，或寺观建筑群沿中轴线布置的大殿、主殿、后殿，或楼阁等。

身内单槽

如果为了增加室内的空间，例如希望一座佛殿室内佛座前有更为宽敞的礼佛空间，也可以在前述殿阁地盘殿身内双槽的基础上，削减去室内接近前檐的那一列柱子，从而形成殿阁地盘殿身内单槽的柱网平面。

这种平面，在结构上打破了前后对称的结构处理方式，使得室内梁架上，出现了殿身内前部用四椽栿或六椽栿等大梁，而殿身内后部，仅用乳栿的做法。这一做法使得前部空间弘敞，结构雄硕，比较适合于礼仪性世俗空间或祈祷性宗教空间。（图 5-13）

无论身内双槽，还是身内单槽，都仅仅是就其殿身部分的柱网分布而言的。如果

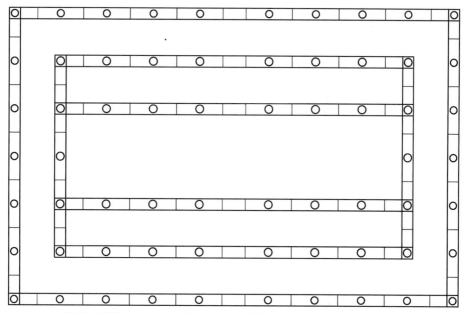

图 5-12　宋代殿堂式建筑身内分心双槽平面图（买琳琳摹绘自《梁思成全集》第七卷）

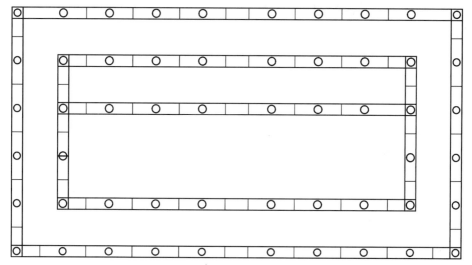

图 5-13　宋代殿堂式建筑身内单槽平面图（买琳琳摹绘自《梁思成全集》第七卷）

殿身外有副阶柱，则与金箱斗底槽一样，其副阶檐柱，将环绕殿身檐柱而设，从而与殿身檐柱共同形成两个封闭的矩形环。也就是说，其室内的单槽或双槽柱网布局，并不会影响到其殿身与副阶之平面与结构间的关系。

副阶周匝

高等级重檐殿阁（殿堂）式建筑，紧紧依附于殿身的一圈周围廊，即称为副阶周匝。

副阶者，依附于殿身且较为低矮的建筑体量与空间；周匝者，环绕殿身而设之意也。

副阶檐柱，要明显低于殿身檐柱。副阶檐坡的上部，会依附在殿身檐柱及其护墙上，形成重檐殿阁（殿堂）的下檐。其副阶檐柱缝，可以开敞如房屋的室外围廊状，形成一个室外围廊；也可以封闭为墙体，从而使副阶部分空间，与殿身内空间融为一个室内空间整体。（图 5-14）

例如，明清故宫太和殿，就是将两山山墙与后墙设于副阶檐柱上，仅仅留出了前檐廊的做法。

殿堂设置副阶做法，很可能始于隋代。隋代以前的文献中，几乎未见有关"副阶"的描述。唐人撰《玄怪录》中提到，隋大业元年（605 年），兖州佐史董慎被太山府君："邀登副阶，命左右取榻令坐。"[1] 唐代时，副阶概念已经比较明确，《旧唐书》中提到："上乘软舆出紫宸门，由含元殿东阶升殿。宰相侍臣分立于副阶；文武两班，列于殿前。"[2]

与北宋时代接近的北方金人，也习惯用"副阶"这一概念，如其朝堂礼仪中有："殿中侍御史对立于左右卫将军之北少前，修起居东西对立于殿栏子内副阶下。"[3] 这里的"修起居"，应该是指专司为帝王修"起居录"的官员，其上朝时所站立的位置，是在殿外台基钩阑之内副阶之下，呈东西对立形式。

宋金以后，虽然仍有类似宋代殿堂建筑之副阶的做法，但副阶这一概念，却渐渐淡去了。

草架侧样

唐人柳宗元《梓人传》中，记载了梓人："画宫于堵，盈尺而曲尽其制，计其毫厘而构大厦，无进退焉。"[4] 这里所说由梓匠在墙（堵）上所绘的"宫"，应该就是一座房屋建筑的"草架侧样"或"间缝内用梁柱"图。

草架侧样，大约相当于殿阁（殿堂）建筑的包括柱额、铺作、梁架、屋顶在内的横剖面结构配置图。

《营造法式》大木作制度图样中，关于殿阁建筑，除了给出其"地盘分槽"图之外，还给出了几种基本的"草架侧样"图，如：

1. 殿堂等八铺作（副阶六铺作）双槽（斗底槽准此，下双槽同）草架侧样；（图 5-15）
2. 殿堂等七铺作（副阶五铺作）双槽草架侧样；（图 5-16）

1. [唐] 牛僧孺. 玄怪录. 卷二. 董慎.
2. [后晋] 刘昫等. 旧唐书. 卷一百六十九. 列传第一百一十九. 李训传.
3. [元] 脱脱等. 金史. 卷三十六. 志第十七. 礼九. 朝参常朝仪.
4. [唐] 柳宗元. 柳宗元集. 卷十七. 传. 梓人传.

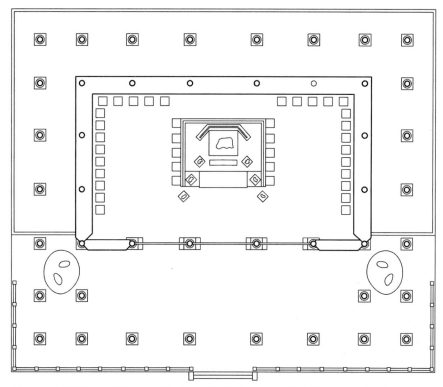

图 5-14　宋代殿堂式建筑副阶周匝示例—晋祠圣母殿平面（买琳琳摹绘自《梁思成全集》第七卷）

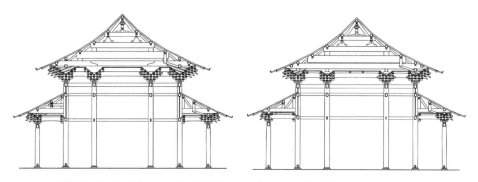

图 5-15　殿堂等八铺作（副阶六铺作）双槽侧样（买琳琳摹绘自《梁思成全集》第七卷）

图 5-16　殿堂等七铺作（副阶五铺作）双槽草架侧样（买琳琳摹绘自《梁思成全集》第七卷）

3. 殿堂等五铺作（副阶四铺作）单槽草架侧样；（图 5-17）

4. 殿堂等六铺作分心槽草架侧样。（图 5-18，图 5-19）

从这几种典型的草架侧样图，大体上可以表达出这些高等级殿阁（殿堂）建筑的横剖面形式，从而理解其柱额、斗栱与梁栿等之间的结构关系。

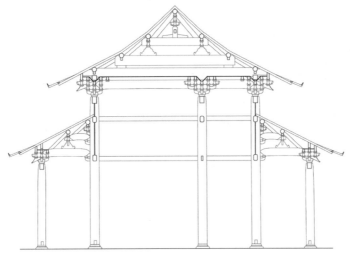

图 5-17　殿堂等五铺作（副阶四铺作）单槽草架侧样（买琳琳摹绘自《梁思成全集》第七卷）

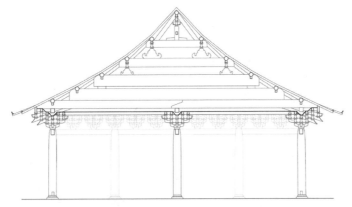

图 5-18　殿堂等单檐六铺作分心槽草架侧样（买琳琳摹绘自《梁思成全集》第七卷）

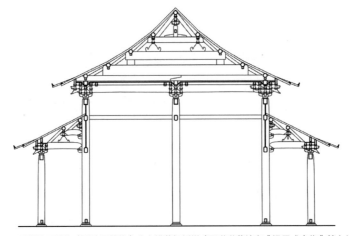

图 5-19　殿堂等五铺作（副阶四铺作）分心槽草架侧样（买琳琳摹绘自《梁思成全集》第七卷）

第三节　间缝内用梁柱图

　　间缝内用梁柱图，是对应于等级稍低的厅堂建筑横剖面上所需要表达的柱额、斗栱与梁栿之间关系的图。大约接近与现代意义上的排架剖面图。现代工业厂房建筑中，以一个标准的排架，加上左右排架之间的联系性横梁与杆件，就可以将数个排架联系为一个结构与空间整体。在结构思维逻辑上，宋代建筑之间缝内用梁柱图，就是将厅堂建筑，看作一种平面较为灵活，可以依照间架数量的多少，来建构空间的结构体。

　　同时，其大木作制度图样中，关于厅堂建筑，也给出了"厅堂等（自十架椽至四架椽）间缝内用梁柱"图，这是一套跨度从十架椽屋，到四架椽屋的不同两柱搭构形式的厅堂建筑剖面图。显然，厅堂建筑"间缝内用梁柱"图，虽然简单，覆盖的范围却相当宽泛。

厅堂等十架椽间缝内用梁柱侧样

　　中国古代木构建筑，是以椽架数来定义一座建筑物的进深尺度的。大型殿堂建筑的椽架数相当多，其进深也就相当宏巨。如隋炀帝时期所建洛阳宫乾阳殿："门内一百二十步有乾阳殿，殿基高九尺，从地至鸱尾高二百七十尺，十三间二十九架。"[1]这里的二十九架，就是这座帝王宫殿正殿的通进深。

　　事实上，唐代建筑对不同等级官员的正厅堂舍开间数与进深架数，是有明确规定的："三品已上堂舍，不得过五间九架，厅厦两头；门屋不得过五间五架；五品已上堂舍，不得过五间七架，厅厦两头；门屋不得过三间两架，仍通作乌头大门。勋官各依本品。六品、七品已下堂舍，不得过三间五架，门屋不得过一间两架。"[2]也就是说，品官府邸正厅堂舍，进深最大者，也不能超过九架椽屋。

　　祭祀性家庙建筑也是一样，如："庙之制，三品以上九架，厦两旁。三庙者五间，中为三室，左右厦一间，前后虚之，无重栱、藻井。"[3]品官家庙等级最高者，其进深也只能有九架。

　　然而，《营造法式》中，所给出的厅堂建筑间缝内梁柱侧样图，进深最大者，为十架椽屋；而进深最小者，则为四架椽屋。也就是说，其间缝内梁柱侧样图，覆盖了从四架椽屋到十架椽屋的各种可能梁架做法，及房屋横剖面形式。这里的十架椽屋，

1. [唐] 杜宝 . 大业杂记 .
2. [宋] 王溥 . 唐会要 . 卷三十一 . 舆服上 . 杂录 .
3. [宋] 欧阳修、宋祁 . 新唐书 . 卷十三 . 志第三 . 礼乐三 .

从等级上看，可能相当于皇家建筑中的一些功能性建筑，或受等级约束较小的佛寺、道观等的较为大型的殿屋或厅堂建筑。

十架橼屋分心用三柱

这是结构最为简单的大型厅堂建筑，其进深为十架橼，前后用 3 根柱，中心设分心柱槽。（图 5-20）分心槽柱直抵平梁底。前后檐柱与分心柱之间，以五橼栿、四橼栿、三橼栿及乳栿，层层叠置于平梁下，栿在里端插入分心柱柱身之中。柱身两侧用绰幕方，承托其上橼栿。

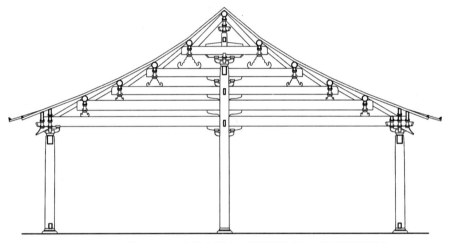

图 5-20　宋式厅堂—十架橼屋分心用三柱草架侧样（买琳琳摹绘自《梁思成全集》第七卷）

前后檐柱柱头，可用斗栱。梁栿外端用托脚，下垫以驼峰，并用斗栱与其上槫及襻间相连。平梁上以蜀柱、叉手及斗栱等，承托脊槫。

前后檐柱柱头之上，以斗栱承柱头方、压槽方等，外檐斗栱跳头上，则以令栱承橑檐方，承其上的橼子、飞子。

这样的结构，似为通过式空间，有可能是位于一个大建筑群之中轴线上的门堂或过厅。亦有可能用于仓储等功能性建筑。

十架橼屋前后三橼栿用四柱

这是一座较为标准的大进深厅堂建筑，其进深十架橼，前后对称设置四柱。两内柱生起至四橼栿底，前后檐柱与内柱之间，以三橼栿、乳栿及劄牵层叠，承托各层平槫。各层梁栿之外端，均用托脚及斗栱，承平槫及襻间。前后檐柱柱头，可用斗栱。斗栱

之上承柱头方、压槽方及橑檐方等，并同上。（图5-21）

两内柱所承四椽栿上，以驼峰、斗栱，承平梁；平梁之上用斗子、蜀柱等，承襻间、脊槫。左右辅以叉手。蜀柱下可用合㭼。

为了保持结构的稳定，在前后两内柱之间，四椽栿之下，可设一根顺栿串。顺栿串的高度，可略低于前后三椽栿。

关于顺栿串，《营造法式》中提到："凡顺栿串，并出柱作丁头栱。其广一足材；或不及，即作楷头；厚如材，在牵梁或乳栿下。"[1]

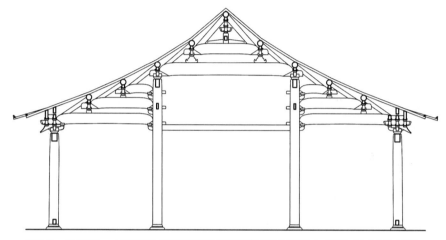

图5-21 宋式厅堂—十架椽屋前后三椽栿用四柱草架侧样（买琳琳摹绘自《梁思成全集》第七卷）

这样的结构，适合用于一些官署的正厅，或寺观内的主要厅堂建筑。但因其进深已经超过九架，因而，似不应该用于唐宋时期品官宅邸的正厅。

十架椽屋分心前后乳栿用五柱

这也是一座有分心槽的厅堂建筑，其进深为十架椽，但前后用了5根柱子。除了分心槽柱之外，还有前后檐柱，与前后内柱。（图5-22）

前后檐柱与其内柱之间用乳栿、劄牵；前后内柱与分心柱之间，用三椽栿与乳栿，及驼峰、斗栱，承其上下平槫与中平槫。分心柱柱头之上，承平梁。平梁两端以驼峰、斗栱，承上平槫。平梁之上则用叉手及斗子、蜀柱，承襻间与脊槫；抑或在襻间之下，还可能有顺脊串？

各层梁栿外端，用托脚，及驼峰、斗栱。檐柱柱头用斗栱。内柱与分心柱之间，

---

1. [宋] 李诫.营造法式.卷五.大木作制度二.侏儒柱.

亦用顺栿串，或腰串？分心柱上用绰幕方，呈三椽栿及乳栿之里端。

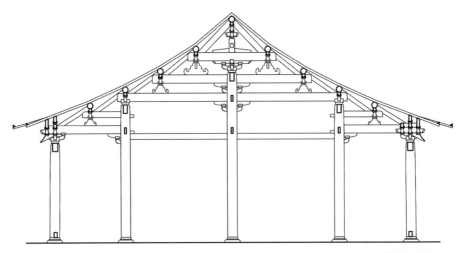

图 5-22　宋式厅堂一十架椽屋分心前后乳栿用五柱草架侧样（买琳琳摹绘自《梁思成全集》第七卷）

十架椽屋前后并乳栿用六柱

这是厅堂建筑中，用柱最多，结构也较为复杂的间缝内用梁柱图。其前后 6 根柱，将房屋断面匀分为 5 段，每段距离各为两椽架。前后檐柱与室内的前后两内柱之间，各用乳栿、劄牵，辅以托脚，承下平槫、中平槫。（图 5-23）

前后内柱与居中两内柱之间，仍连以乳栿、劄牵，并辅以驼峰、斗栱，及托脚，承中平槫。

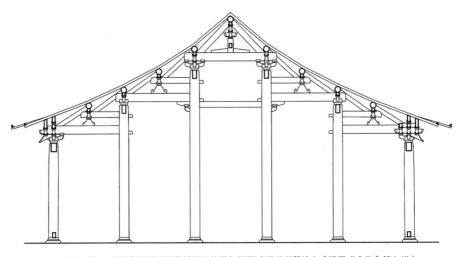

图 5-23　宋式厅堂一十架椽屋前后并乳栿用六柱草架侧样（买琳琳摹绘自《梁思成全集》第七卷）

居中两内柱，生起至平梁下。平梁两端用驼峰、斗栱等，承上平榑，平梁上则用叉手、蜀柱，及斗栱等，承托襻间、脊榑，或顺脊串。居中两内柱柱身上亦用顺栿串（或腰串），以增加结构的稳固性。

这样的建筑，室内分隔可以比较细密，或可用于高等级府邸、署廨的较为私密性的厅舍或堂阁建筑？亦未可知。

十架椽屋前后各劄牵乳栿用六柱

同样采取了十架椽的进深，但其前后檐柱与前后内柱之间，仅用一椽栿长度的劄牵。疑其前后檐可能用以留出前后檐廊。前后两内柱与居中两内柱之间，各用乳栿、劄牵。居中两内柱之上，用四椽栿，上承平梁，及蜀柱、脊榑等。四椽栿之下，居中的前后两柱之间，用顺栿串（或腰串）。（图 5-24）

上、中、下平榑，及压槽方、橑檐方等，沿屋顶举折曲线布置，并承托其上椽、飞、望板等屋面载荷。

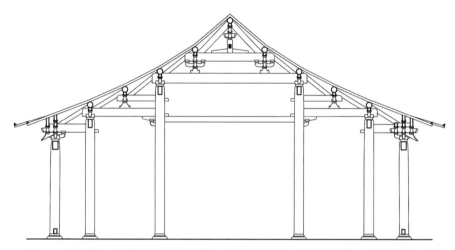

图 5-24　宋式厅堂—十架椽屋前后各劄牵乳栿用六柱草架侧样（买琳琳摹绘自《梁思成全集》第七卷）

厅堂等八架椽间缝内用梁柱侧样

厅堂等八架椽屋，可能是宋代较高等级官宦之间所较为常用的厅堂建筑之结构类型。因为这一梁架断面，恰在官方所规定之不能逾越的"九架"房屋的标准之下。当相信，能够用到八架椽屋的人，也是等级比较高的品官，如三品以上。或还可用于皇家御苑内的厅堂、亭阁等建筑，以及不太受建筑等级约束的佛寺、道观，或地方庙宇内的厅堂建筑中。

与十架椽屋的情况一样，八架椽屋，由于进深较大，仍然可以有三柱、四柱，甚至五柱、六柱等所组成的房屋结构剖面形式。

八架椽屋分心用三柱

这是进深有八架椽，但除了前后檐柱之外，仅有分心槽柱的厅堂建筑剖面形式。前后檐与分心柱之间，用四椽栿、三椽栿与乳栿，层叠而至平梁之下。栿之外端，通过斗栱、托脚等，承托下平槫、与中平槫。檐柱及外檐斗栱，承柱头方、压槽方，及橑檐方等，上覆以椽子、飞子，及望板等屋面结构。

分心槽柱生起至平梁底，以柱头斗栱承平梁。平梁两端以斗栱、托脚承上平槫。平梁上用蜀柱、斗栱及叉手，承襻间、脊槫等。（图5-25）

这种结构，比较大的可能，仍是较高等级建筑群的门堂或过厅。或也可以用作寺观等建筑群的三门？或沿中轴线布置的前后空间序列之间的一个过渡性的门厅或过厅？

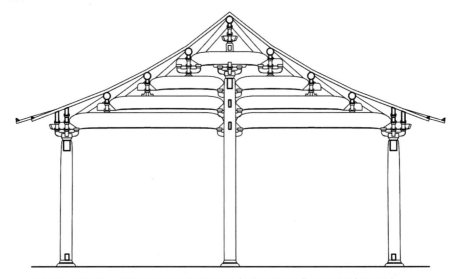

图 5-25　宋式厅堂一八架椽屋分心用三柱草架侧样（买琳琳摹绘自《梁思成全集》第七卷）

八架椽屋乳栿对六椽栿用三柱

这是一个比较有空间感的厅堂建筑剖面，其室内通过后内柱，将空间分为了前后两部分，其室内前部空间，是一个进深达到6个椽架的大空间；而其室内后部空间，即内柱之后，则是一个进深仅有两椽的后廊式空间。

内柱之前，与前檐柱之间，用六椽栿、五椽栿、四椽栿，及平梁，直接承担起支撑大半屋面的功能。其中包括了脊槫、上平槫，及前檐中平槫、下平槫、檐柱柱头之上的牛脊槫（或压槽方），以及外檐铺作上的橑檐方。脊槫两侧用叉手。各层平槫都辅以托脚。

内柱之后，则通过柱头铺作等，所承的乳栿、劄牵，及乳栿上的驼峰、斗栱、托脚等，承托其上的下平槫、牛脊槫（压槽方）、橑檐方。（图5-26）

这种剖面形式，比较适合于需要较大前部礼仪性空间的房屋，如官署衙门的正堂、官僚邸宅的正厅，或佛寺、道观内，供奉有佛像或神像的主要厅堂等。

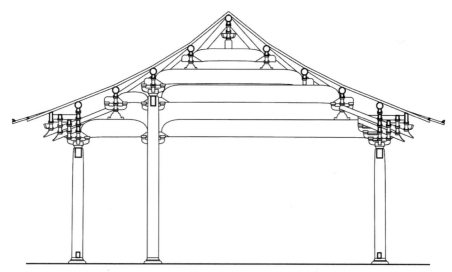

图 5-26　宋式厅堂—八架椽屋乳栿对六椽栿用三柱草架侧样（买琳琳摹绘自《梁思成全集》第七卷）

八架椽屋前后乳栿用四柱

这又是一座进深较大，但内部空间比较规整的房屋剖面。其前后四柱呈对称布置，故形成前后檐柱与前后内柱之间，各用乳栿、劄牵相连，从而形成一个有前后廊的空间形式。乳栿、劄牵里端各插入内柱柱身，并由从柱身上挑出的丁头栱承托。乳栿与外檐铺作相互结合，承柱头方、压槽方等，及外檐的橑檐方。劄牵则与驼峰、斗栱、托脚等结合，承下平槫。

两内柱生起至四椽栿下，柱头上以斗栱直接承托中平槫；四椽栿上以驼峰、斗栱等承平梁，平梁两端之上，承上平槫。平梁上用驼峰、蜀柱，及斗栱、叉手等，承襻间、脊槫。两内柱之间，在与乳栿相当的高度，还用了一条顺栿串。（图5-27）

这样比较规整的梁柱关系，可以用于具有一定等级的署廨、邸宅或寺观等建筑群的正厅、正堂建筑中。

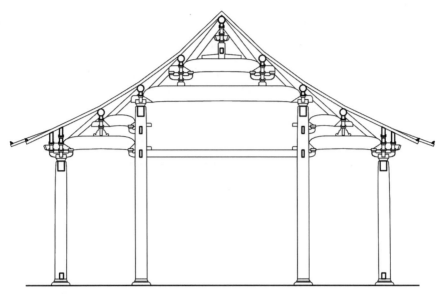

图 5-27　宋式厅堂—八架椽屋前后乳栿用四柱草架侧样（买琳琳摹绘自《梁思成全集》第七卷）

八架椽屋前后三椽栿用四柱

这是一个与"八架椽屋前后乳栿用四柱"的间缝内用梁柱侧样在结构与空间上十分接近的梁架剖面形式。不同点是，其前后呈对称布置的四柱，前后檐柱与前后内柱之间，各用三椽栿、乳栿与劄牵相连，从而形成前后两个较大的空间。三椽栿、乳栿、劄牵里端均插入内柱柱身，并各由从柱身上挑出的丁头栱承托。三椽栿与外檐铺作结合，承柱头方、压槽方，及外檐的橑檐方。乳栿、劄与驼峰、斗栱、托脚等结合，承中平槫与下平槫。

两内柱生起至平梁下，柱头上以斗栱直接承上平槫。平梁上用驼峰、蜀柱，及斗栱、叉手等，承襻间、脊槫。在两内柱及前后三椽栿之间，用了一条顺栿串。从而使两内柱之间，生成了一个较窄的类似廊子一样的空间。（图 5-28）

这种剖面的用途令人生疑，似乎更像是将室内空间区分为前后两个部分，而将两内柱之间的部分，作为室内的通廊，以联系廊子两侧的功能性房间？未可知。

八架椽屋分心乳栿用五柱

这种剖面梁架形式，更像是在一个在"八架椽屋前后乳栿用四柱"的间缝内用梁柱侧样基础上，在室内中央加了一排纵向的分心柱。

其前后檐柱与前后内柱之间，所用乳栿、劄牵，及斗栱、托脚等，与"前后乳栿用四柱"的做法一样。前后内柱与分心柱之间，亦用乳栿。乳栿外端，置于前后内柱

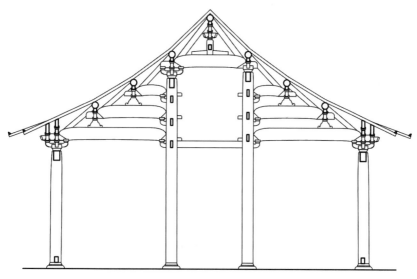

图 5-28　宋式厅堂一八架椽屋前后三椽栿用四柱草架侧样（买琳琳摹绘自《梁思成全集》第七卷）

柱头之上，结合柱头斗栱，承中平槫。乳栿里端，插入分心柱身，并由从分心柱上出挑的丁头栱承托。内柱与分心柱之间的乳栿之下，前后各用顺栿串一根，将前后内柱与分心柱拉结在一起。

分心柱之上，似以蜀柱与斗栱直接承托脊槫。乳栿之上，似仍用劄牵。劄牵外端落在乳栿上，并以斗栱、托脚承上平槫。劄牵里端，似插入脊槫下蜀柱中，并用蜀柱上伸出的丁头栱承托。劄牵之上，用叉手撑扶蜀柱，并承托脊槫。（图 5-29）

这样一个有分心柱，亦有前后两重廊式空间的房屋，似乎更像是一个通过性的空

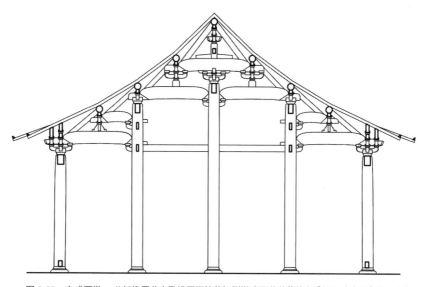

图 5-29　宋式厅堂一八架椽屋分心乳栿用五柱草架侧样（买琳琳摹绘自《梁思成全集》第七卷）

间，如门堂，或穿堂之类的建筑。

八架椽屋前后劄牵用六柱

同样采取了八架椽进深，但其前后檐柱与前后内柱之间，仅用一椽栿长度劄牵。则其前后檐各有一个檐廊。前后两内柱与居中两内柱之间，各用乳栿、劄牵。居中两内柱之上，用平梁，上以斗栱、叉手等，承蜀柱、脊槫等。平梁之下，居中的前后两柱之间，用顺栿串。

居中两内柱，柱头之上，以斗栱、托脚等承前后上平槫。前、后中平槫落在前、后乳栿背上的中点，由劄牵外端，及斗栱、托脚承托。前、后下平槫则由前、后两内柱柱头之上的斗栱、托脚，及前、后前后乳栿外端承托。（图 5-30）

上、中、下平槫，及压槽方、橑檐方等，沿屋顶举折曲线布置，并承托其上椽、飞、望板等屋面载荷。

这种剖面形式，更像是有前有檐廊的居处性或使用性空间。其室内可以有较多的空间分隔形式。

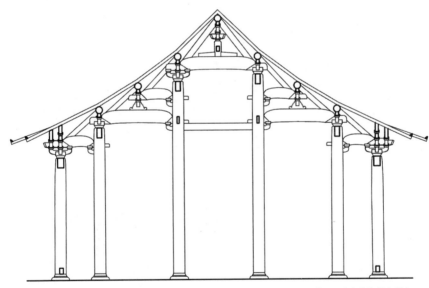

图 5-30 宋式厅堂—八架椽屋前后劄牵用六柱草架侧样（买琳琳摹绘自《梁思成全集》第七卷）

厅堂等六架椽间缝内用梁柱侧样

厅堂等六架椽屋，应是宋代中等官宦较为常用的厅堂建筑结构类型。因为这一梁架断面，恰位于官方所规定之"五品已上堂舍，不得过五间七架"，及"六品、七品已下堂舍，不得过三间五架"两种等级规定之间的间架情况。故除了品官宅邸的厅堂之外，这种六架椽屋式厅堂，可能会较多地用于衙署，或寺观建筑之中厅堂、屋榭。但低等级官吏，或平民百姓的住宅中，似不能使用。

与八架椽屋的情况不同，六架椽屋，由于进深较小，主要是以三柱、四柱的不同架构方式所组成的房屋结构剖面形式。

六架椽屋分心用三柱

这仍然是一个用分心柱区隔前后两个空间的梁架剖面。前后檐柱与分心柱之间，各用三椽栿、乳栿与劄牵累叠而成。其劄牵、乳栿外端，结合斗栱、托脚等，各承上平槫与下平槫。前后檐柱上，用柱头斗栱，承柱头方、压槽方，及橑檐方。

分心柱之上，似用蜀柱、斗栱，及叉手，直接承托脊槫。（图5-31）

这样的剖面，除可能用于高级品官的门堂之外，似亦可以用作较为重要建筑群，如等级较高的署廨，或佛寺、道观建筑群的门厅，或过厅等。

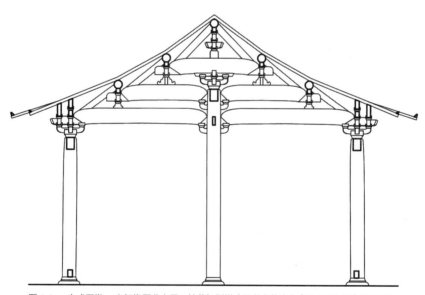

图5-31 宋式厅堂—六架椽屋分心用三柱草架侧样（买琳琳摹绘自《梁思成全集》第七卷）

六架椽屋乳栿对四椽栿用三柱

前檐柱与内柱之间，用乳栿、劄牵。乳栿外端与檐柱柱头铺作结合，承托柱头方、压槽方，及橑檐方。乳栿里端，以内柱柱身上所出绰幕方，或丁头栱承托。在乳栿之上，以驼峰、斗栱承劄牵。其上并用托脚等，承下平槫。劄牵里端仍以从内柱柱身上所处绰幕方或丁头栱相承。

后檐柱与内柱之间，用四椽栿、三椽栿，及平梁，累叠而成。三椽栿、乳栿外端，各以驼峰、斗栱承托，并结合托脚等，承其上之下平槫与上平槫。平梁上承蜀柱，蜀柱上用斗栱、叉手，承脊槫。（图 5-32）

这样剖面的房屋，或仍可用于需要前廊与正厅空间的屋舍。

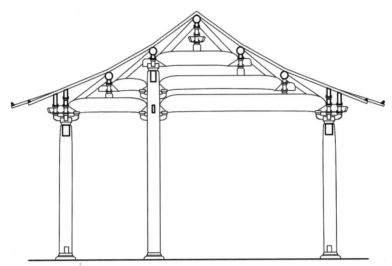

图 5-32　宋式厅堂—六架椽屋乳栿对四椽栿用三柱草架侧样（买琳琳摹绘自《梁思成全集》第七卷）

六架椽屋前乳栿后劄牵用四柱

这是一个前后用四柱的梁架结构，其前檐檐柱与前内柱之间，用乳栿、劄牵、托脚，承下平槫；柱头铺作外檐承橑檐方。后檐檐柱与后内柱之间，用劄牵，呈托脚，并在后内柱柱头之上以斗栱承后檐下平槫。

前后内柱之间，用三椽栿与平梁。平梁后端落在三椽栿上，以驼峰、斗栱，及托脚承上平槫。平梁上用合楂承蜀柱、斗栱、叉手，上承脊槫。（图 5-33）

这种房屋剖面，似有一个后檐廊，前檐室内也分出前廊与中厅两个空间。似乎更适合一座坐南朝北的屋舍，以使其北侧留为敞廊，以与院内连廊相接。

厅堂等四架椽间缝内用梁柱侧样

厅堂等四架椽间缝内用梁柱侧样，很可能是宋代低等级建筑中较为常见的厅堂建筑结构类型。因为这一梁架断面，在进深架数上，已经与宋代各种等级性规定不相矛盾。

由于进深仅有 4 个椽架，故这种类型的建筑，主要是以二柱、三柱、四柱的不同

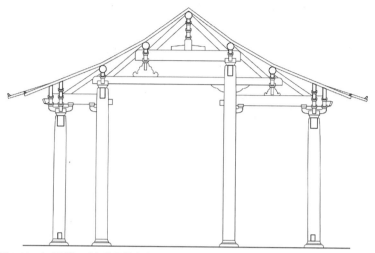

图 5-33　宋式厅堂—六架椽屋劄牵对乳栿用四柱草架侧样（白海丰摹绘自《梁思成全集》第七卷）

架构方式组成的房屋结构剖面形式。除了低阶官吏署廨及屋宅的正厅、堂屋等建筑中，这种类型的结构，也有可能用于较高等级建筑群中的辅助性用房，如庑房、厢房，或廊榭等建筑中。

唯一不清楚的是，宋代房屋对斗栱的使用，似乎不像明清建筑那么严格。但据唐代《营缮令》："又庶人所造堂舍，不得过三间四架，门屋一间两架，仍不得辄施装饰。"[1] 其限制似也仅仅限于装饰，未提及斗栱问题，故这几种使用了斗栱的四架椽屋，在宋代时，是否能够被普通百姓使用，尚未可知。

四架椽屋劄牵三椽栿用三柱

前檐柱与内柱之间，用三椽栿承平梁。三椽栿外端位于檐柱之上，檐柱之上以柱头铺作承柱头方、压槽方及橑檐方，并承出挑檐口。平梁一端以驼峰、斗栱及托脚，承前侧平榑，上承蜀柱，及斗栱、叉手，承托脊榑。

后檐柱与内柱之间，用劄牵。后檐柱承柱头铺作，及橑檐方等，劄牵上用托脚，支撑平梁尾端及后侧平榑。

三椽栿尾及劄牵尾，均插入内柱柱身，并以从柱身上所出丁头栱承托之。（图 5-34）

这仍像是一座有后檐廊的房屋，大约接近后世倒座房的形式，其主要室内空间位于房屋前部，则房屋亦可能位于一组建筑群的南侧，以房屋后廊与院落中的连廊相衔接。

---

1. [宋]王溥.唐会要.卷三十一.舆服上.杂录.

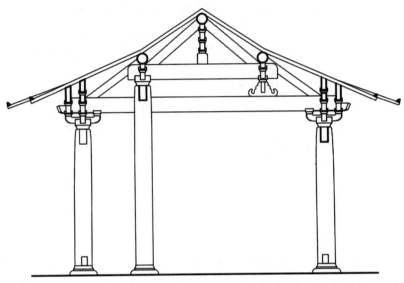

图 5-34　宋式厅堂—四架椽屋劄牵三椽栿用三柱草架侧样（买琳琳摹绘自《梁思成全集》第七卷）

四架椽屋分心用三柱

前后檐柱与分心柱之间各用一根乳栿，分心柱及乳栿之上，用了一根平梁，平梁两端各以驼峰、斗栱等，承前后平槫，并立于乳栿之上。平梁中心亦以分心柱头上的斗栱承托。平梁上用斗栱，及叉手，承托脊槫及襻间。前后乳栿尾，均插入内柱柱身，并以从柱身上所出绰幕方承托之。

前后檐柱，各以柱头铺作等，支撑柱头方、压槽方，及外檐的橑檐方。（图 5-35）

这种分心用三柱的做法，更像是一个门屋。但是，据唐代《营缮令》："五品已上……门屋不得过三间两架。……六品、七品已下……门屋不得过一间两架。……又庶人所造堂舍，……门屋一间两架。"[1] 可知，即使是这种仅有四架椽进深的门屋，也不是普通官吏或百姓可以使用的。

换言之，这种四架椽屋分心用三柱的梁架结构，有可能仍是等级较高建筑群，如具有一定官阶的办公署廨门房，或寺观建筑群的门屋，或过厅等所用。

四架椽屋通檐用二柱

这种在前后檐使用通檐檐栿的做法，似主要用仅有前后檐柱，室内并不设内柱的

---

1. [宋] 王溥.唐会要.卷三十一.舆服上.杂录.

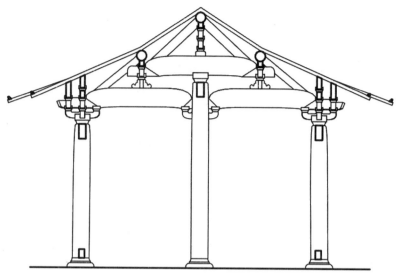

图 5-35　宋式厅堂一四架椽屋分心用三柱草架侧样（买琳琳摹绘自《梁思成全集》第七卷）

房屋之内。（图 5-36）如这里所说的四架椽屋通檐用二柱的做法。最为典型的例证，就是现存最为古老的木构建筑，五台山南禅寺大殿。（图 5-37）此外，实例中也有五架椽屋或六架椽屋，通檐用二柱的做法。

　　其剖面形式为，以前后檐柱，承通檐四椽栿；其上承平梁。平梁两端以驼峰、斗栱等，及托脚，承前后平槫。平梁上用蜀柱，及斗栱、叉手，承脊槫。檐柱外以外檐铺作呈橑檐方，及出挑屋檐。

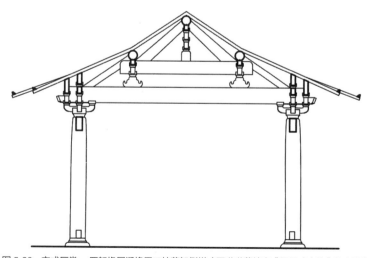

图 5-36　宋式厅堂一四架椽屋通檐用二柱草架侧样（买琳琳摹绘自《梁思成全集》第七卷）

图 5-37　山西五台山南禅寺大殿（自郭黛姮《中国古代建筑史》第三卷）

四架椽屋分心劄牵用四柱

这一四架椽屋的间缝内用梁柱侧样的名称有一点令人不解。一般情况下，凡有分心做法的侧样，其室内中缝上，当有分心柱。但这一梁柱布置图，却呈现为"前后劄牵用四柱"的做法。即仅在前后檐柱与前后内柱之间，各用了一根劄牵。

前后檐柱，各以其柱头与铺作，承柱头方、压槽方、橑檐方等，及外檐檐口。前后屋内柱，柱头上承平梁，平梁两端，结合斗栱与托脚，承平槫。平梁中心以蜀柱、斗栱、叉手等，承襻间、脊槫。斗栱中与顺脊方向栱相交者，似可以用翼形栱。（图 5-38）

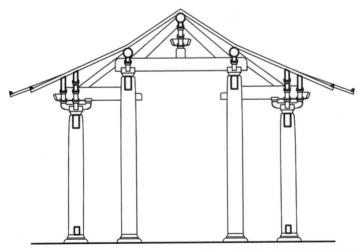

图 5-38　宋式厅堂—四架椽屋分心劄牵用四柱草架侧样（买琳琳摹绘自《梁思成全集》第七卷）

第六章　房屋梁柱体系：大木作梁架与柱额体系

宋人沈括谈到宋代《木经》时，谈到了房屋的三分之法："凡屋有三分：自梁以上为上分，地以上为中分，阶为下分。凡梁长几何，则配极几何，以为榱等。如梁长八尺，配极三尺五寸，则厅堂法也。此谓之上分。楹若干尺，则配堂基若干尺，以为榱等。若楹一丈一尺，则阶基四尺五寸之类。以至承栱、榱、楣，皆有定法，谓之中分。阶级有峻、平、慢三等，宫中则以御辇为法：凡自下而登，前竿垂尽臂，后竿展尽臂，为峻道；前竿平肘，后竿平肩，为慢道；前竿垂手，后竿平肩，为平道。此之为下分。"[1]（图6-1）

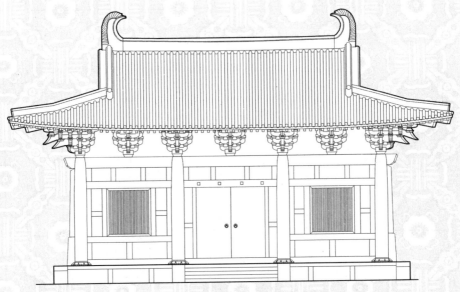

图6-1　中国古代建筑立面（屋顶—屋身—台基）三分概念（买琳琳绘）

　　所谓"三分"者，若下分为用土夯筑，或用砖石砌筑的台基，则中分与上分即是房屋的本体。其中，中分是位于台基之上、屋顶之下的屋身部分。由于屋身部分构成了房屋使用的主要空间部分，这一部分的结构十分简单、逻辑；除了起到围合空间作用的墙体之外，其主要结构组成，就是柱子与额，有时可能还会有地栿与腰串。

---

1. [宋] 沈括. 梦溪笔谈. 卷十八. 技艺. 营舍之法.

此外，则是上分，即屋顶部分。中国建筑的屋顶，不仅有遮风避雨的作用，还有等级分划、造型展示，以及身份象征等作用。故屋顶的体量与形式，对一座建筑物来说至关重要。从而搭构与建造屋顶，并辅以种种的外观造型与细部装饰，是中国建筑的要义之一。然而，虽然出于防雨等方面的要求，屋顶被细密厚重的屋瓦、脊饰所覆盖，但构成屋顶的主要结构，仍然是柱额之上所承托的梁栿、槫檩，及随槫、栿而用的方木及矮柱敦桥，随宜枝樘固济而成的房屋梁架结构与槫方体系。

第一节　屋顶

中国古代建筑的一个重要特征是其"如鸟斯革，如翚斯飞"[1]的庞大屋顶。因而，中国古代建筑被现代人称为"大屋顶式"建筑。中国建筑的屋顶大约呈两坡或四坡的造型，如此则形成了中国式坡屋顶的几种主要形式。

结合唐宋时代与明清时代建筑的基本形式特征，可以大体归纳出中国古代建筑屋顶的几种主要形式。重要的是，这几种屋顶形式本身，已经具备了某种建筑等级区分的符号性特征。

《营造法式》中较为详细地论述了宋式建筑的屋顶，主要分为：

1. 四阿式（五脊式）；

2. 厦两头造式（九脊式）；

3. 两际式；

4. 斗尖式。

此外，可能还有《营造法式》中未提及的其他形式屋顶，如后来流行于元代的"盝顶式"屋顶，在宋代时，很可能已经出现。

至于清式建筑中常见的"硬山式"屋顶，在宋式建筑中似未见到。其中的原因，很可能是因为宋时制砖技术与砖的生产能力还不足以支撑在等级较低的建筑物中，尤其是在民居建筑中，大规模地使用经过烧制的砖材。

四阿屋顶（五脊）

四阿，是宋代以前对于四坡屋顶的一种称呼。这种屋顶又被称为"吴殿"式屋顶，也可以称为"五脊殿"式屋顶，即其屋顶上有包括一条正脊与四条垂脊在内的五条屋脊。（图6-2）

明清时代将这种四阿（五脊）式屋顶，称为"庑殿"式屋顶。在中国古代建筑的形式语言中，四阿，或庑殿式屋顶的建筑，处于房屋等级的最高端。在较为简单的单檐四阿（庑殿）屋顶之上，还可以再覆盖一层，或两层四坡屋顶，形成两重檐，或三重檐的四阿（庑殿）式屋顶，从而成为中国古代最高等级的建筑造型。无论是单檐，还是重檐，或三重檐四阿（庑殿）顶建筑，一般都只能用于帝王宫殿，或佛道寺观中轴线上的主要殿阁（殿堂）建筑之上。

---

1. 诗经. 小雅. 鸿雁之什. 斯干.

图 6-2　唐宋四阿式屋顶示例—山西大同善化寺金代山门（白海丰摄）

厦两头造屋顶（九脊）

　　《营造法式》："凡堂厅若厦两头造，则两梢间用角梁转过两椽。"[1] 厦两头造屋顶，又称九脊式屋顶；正与前文将"四阿"式屋顶同时称为"五脊"式屋顶的说法相对应。厦两头造屋顶上有包括一条正脊，四条垂脊与四条戗脊，共九条屋脊。其基本的形式，是将一个两坡屋顶，覆压在一个四坡屋顶之上，两者结合而形成的一种屋顶形式。宋代还将这种屋顶称为"曹殿"式屋顶，或称"汉殿"式屋顶。（图 6-3）

图 6-3　唐宋厦两头造（九脊）式屋顶示例—山西应县净土寺金代大殿（胡竞芙摄）

---

1. [宋] 李诫 . 营造法式 . 卷五 . 大木作制度二 . 阳马 .

明清时代，将这种厦两头造做法的九脊式屋顶称为"歇山"式屋顶。厦两头（歇山）造屋顶，在中国古代建筑的形式语言中，在等级象征上，是仅次于四阿（庑殿）式的屋顶形式。大部分情况下，厦两头（歇山）造屋顶建筑，用于帝王宫苑，及佛道宫观中的中轴线，或次轴线上的，较为重要的殿阁或厅堂建筑。在很偶然的情况下，在一些衙署或民居建筑中，也会出现使用形式较为简单的厦两头（歇山）造式样屋顶做法。如《营造法式》引唐《营缮令》云："按《唐六典》及《营缮令》云：王公以下居第并听厦两头者，此制也。"[1]

出际屋顶

两际，指的是在房屋两山用出际做法。所谓"出际"，如《营造法式》："凡出际之制，槫至两梢间两际各出柱头。（又谓屋废。）"[2]（图6-4，图6-5）

图6-4　唐宋两际式屋顶示例—山西五台佛光寺金代文殊殿正面（买琳琳摄）

图6-5　唐宋两际式屋顶示例—山西五台佛光寺金代文殊殿山面（买琳琳摄）

1.[宋]李诫.营造法式.卷五.大木作制度二.阳马.
2.[宋]李诫.营造法式.卷五.大木作制度二.栋.

两际式屋顶，亦即两坡屋顶。其形式更像式明清时代的悬山式，或硬山式屋顶。但因为宋代两际式建筑，采用了两山出际的做法，应该更接近明清时代的"悬山"式屋顶形式。事实上，迟至两宋时代，因为当时的制砖业还未达到十分发达的程度，在较低等级的房屋建筑上大规模使用砖仍然受到一定程度的局限，故作为明清民间建筑中较为常见的两坡硬山式屋顶做法，在宋代时尚未出现。故唐宋时代的两坡屋顶，主要采取的两山出际的"两际"（悬山）式屋顶形式。这种两际出柱头的做法，似又被称为"屋废"。

《营造法式》中有："《义训》：屋端谓之柣桄。（今谓之废。）"[1] 可知，屋废，即指房屋的两端。另外，在宋代两山屋顶的瓦作制度中，有所谓"华废"的做法。华废，接近清式建筑中山面瓦作中的"排山勾滴"做法。可知，所谓"屋废"与"华废"，都是指房屋两山出际的位置而言的。

图6-6　宋式斗尖式屋顶示例（[宋]张先《十咏图》〈局部〉）

斗尖屋顶

《营造法式》中提到了"若八角或四角斗尖亭榭"的屋顶做法，称之为"簇角梁"法。这里的"斗尖"，大体上接近明清时代的"攒尖"式屋顶形式。然而，明清攒尖式屋顶的形式应用，更为宽泛，除了四角，或八角攒尖屋顶之外，还出现有六角、圆顶，甚至三角攒尖的屋顶形式。（图6-6，图6-7）

然而实际上，尽管《营造法式》中并

图6-7　宋式斗尖式屋顶示例（[宋]李嵩《水末孤亭图》）

1. [宋]李诫.营造法式.卷二.总释下.两际.

未提到六角或圆形屋顶的斗尖形式，但不排除在唐宋时期可能也曾出现有六角斗尖（攒尖），或圆顶斗尖（攒尖）的屋顶形式，只是在应用上还不很广泛而已。如这一时期曾经出现的六角塔就是一个例子。

概而言之，唐宋时期的四阿、厦两头造、两际、斗尖四种屋顶形式，大体上对应了明清时代的庑殿、歇山、悬山、攒尖四种屋顶形式。此外，在元代比较流行的"盝顶"式屋顶，以及明清时代才出现的"硬山"式屋顶，在宋《营造法式》中都未提及。

稍微提及的一点是"盝顶"式屋顶造型，在《营造法式》小木作制度有关"平棊"的叙述中曾提到："唯盝顶欹斜处其程量所宜减之。"[1] 在大木作功限中亦提到："盝顶版，每七十尺，一功。"[2] 可知盝顶造型的房屋，在宋代似已出现。

此外，宋元时代似乎还曾出现过一种类似盔帽式样的"盔顶"式屋顶做法，这种做法比较多地出现于宋元界画之中。现存实例中的"岳阳楼"，虽已是明清时代的遗构，但似仍略存"盔顶"式屋顶的造型特征。

举折

所谓"举折"，指的是唐宋时期建筑屋顶之坡度曲线轮廓的确定方式。《营造法式》："《周官·考工记》：匠人为沟洫，葺屋三分，瓦屋四分。郑司农注云：各分其修，以其一为峻。"[3] 也就是说，自《周官·考工记》的时代，用草葺的屋顶，其坡度约为三分之一；用瓦葺的屋顶，其坡度约为四分之一。当然，这里仅仅给出了屋顶起举的高度。事实上，唐宋时代建筑中，既有向上的起举，又有向下的弯折。其屋顶坡度，是一种略近凹曲线的形式。

《营造法式》进一步解释了举折之制的具体做法："举折之制：先以尺为丈，以寸为尺，以分为寸，以厘为分，以毫为厘，侧画所建之屋于平正壁上；定其举之峻慢，折之圜和，然后可见屋内梁柱之高下，卯眼之远近。（今俗谓之'定侧样'，亦曰'点草架'）。"[4] 这里说的是屋顶举折曲线的设计方法：以实造建筑物尺寸的十分之一，在平正的墙壁上，绘制屋顶举折曲线，以确定房屋内梁、柱的高低，以及梁柱之间榫卯的交接关系等等。这一过程大体上与现代坡屋顶建筑剖面设计的做法相类似。

宋人庄绰撰《鸡肋篇》，引宋祁《笔录》："'今造屋有曲折者，谓之庸峻。齐、魏间以人有仪矩可观者，谓之庸峭'。盖庸峻也。今俗谓之举折。"[5] 由此可知，房屋

---

1. [宋] 李诫. 营造法式. 卷八. 小木作制度三. 平棊.

2. [宋] 李诫. 营造法式. 卷十九. 大木作功限三. 造作功.

3. [宋] 李诫. 营造法式. 看详. 举折.

4. [宋] 李诫. 营造法式. 看详. 举折.

5. [宋] 庄绰. 鸡肋篇. 卷下.

屋顶"举折"这一概念，历史上曾被称为庸峻、庸峭。至北宋时代，俗称"举折"。

举屋之法

一座房屋设计之举折做法，应该先确定这座房屋屋顶的起举总高度。《营造法式》："举屋之法：如殿阁楼台，先量前后橑檐方心相去远近，分为三分，（若余屋柱头作，或不出跳者，则用前后檐柱心。）从橑檐方背至脊槫背举起一分。（如屋深三丈即举起一丈之类）。如瓶瓦厅堂，即四分中举起一分，又通以四分所得丈尺，每一尺加八分。若瓶瓦廊屋及瓪瓦厅堂，每一尺加五分；或瓪瓦廊屋之类，每一尺加三分。（若两椽屋，不加；其副阶或缠腰，并二分中举一分。）"[1]

这里其实是给出了两种基本的屋顶：殿阁式屋顶与厅堂式屋顶的起举方式。而厅堂式屋顶，还会有一些细致的划分。

殿阁式建筑（殿阁楼台），其屋顶举折的坡度比较陡峻。故其屋顶是从橑檐方上皮起算，以其前后橑檐方心（如果没有出跳斗栱者，则以前后檐柱心计）距离的三分之一，确定房屋脊槫上皮的标高。

厅堂式建筑，又细分为瓶瓦厅堂与瓪瓦厅堂（或瓶瓦廊屋），以及瓪瓦廊屋三种情况。若是瓶瓦厅堂，则其脊槫上皮距离橑檐方上皮的高度差，是以前后橑檐方心（若不出跳，则以前后檐柱心）距离的四分之一，再加上这一距离值的0.08，作为屋顶起举高度的。

若是瓪瓦厅堂，或瓶瓦廊屋，则其起举高度，是以前后橑檐方心（若不出跳，则以前后檐柱心）距离的四分之一，再加上这一距离值的0.05而确定的。而瓪瓦廊屋，则是在前后橑檐方心（若不出跳，则以前后檐柱心）距离的四分之一基础上，再加上这一距离值的0.03确定的。

此外，还有两种特殊的起举情况。一是，若房屋进深仅为两椽的情况下，其举高只取其前后檐跨度尺寸的四分之一，不再增加任何高度值；二是，若在殿阁或厅堂的副阶或缠腰位置上，其副阶或缠腰屋檐的起举高度，取其副阶跨度或缠腰出挑距离的二分之一。

折屋之法

中国建筑的坡屋顶，一般略呈凹曲线形式。其凹曲线的设计与施工方法，是通过折屋之法而实现的。《营造法式》："折屋之法：以举高尺丈，每尺折一寸，每架自

1.[宋]李诫.营造法式.看详.举折.

上递减半为法。如举高二丈，即先从脊槫背上取平，下至橑檐方背，其上第一缝折二尺；又从上第一缝槫背取平，下至橑檐方背，于第二缝折一尺；若椽数多，即逐缝取平，皆下至橑檐方背，每缝并减上缝之半。（如第一缝二尺，第二缝一尺，第三缝五寸，第四缝二寸五分之类。）如取平，皆从槫心抨绳令紧为则。如架道不匀，即约度远近，随宜加减（以脊槫及橑檐方为准。）"[1]

在确定了一座房屋的举高之后，即以这一高度值，作为折屋之法的基本尺寸。从《营造法式》行文分析，无论是殿阁式建筑，还是厅堂式建筑，虽然其起举高度各有不同，但其折屋方式却是比较一致的，即将房屋脊槫心与前后橑檐方心之间，分成若干个步架的椽距。每两步椽架之间的水平距离，相当于一个椽步的投影长度，其下当有一根槫来承托其上的椽子。这根槫的中心线，即为一缝。例如自脊槫至上平槫，则上平槫为第一缝；自上平槫至中平槫，中平槫为第二缝；如此类推，直至橑檐方缝。

基于这一概念，则自脊槫始，第一缝要向下折其起举高度的1/10。其下每一缝，以其缝之槫的上皮取平，再以其槫上皮与橑檐方上皮高度差为基准，其下所折的高度比例，为上一缝所折高度比例的1/2。如此，则第二缝，向下折其高度差的1/20；第三缝，向下折其高度差的1/40；第四缝，则向下折其高度差的1/80。如果这座房屋屋顶椽架的架道分布不是很均匀，则应根据每一架道的远近，随宜加减下折的尺寸。如此类推，则每向下一缝，其起举坡度，要更为平缓一些，如此则形成了上陡下缓曲婉适度的屋顶举折坡度线。（图6-8）

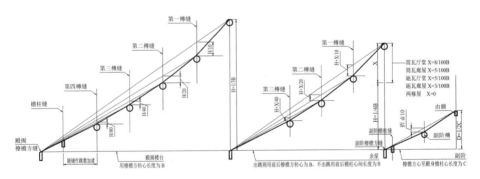

图6-8 宋代木结构建筑屋顶梁架举折之法（买琳琳摹绘自《梁思成全集》第七卷）

斗尖亭榭屋顶起举

斗尖亭榭屋顶，在架构与造型上，要分为上下两段来考虑。较低的一段，是自

1.[宋]李诫.营造法式.看详.举折.

橑檐方背至角梁底。这部分仍然采用类似两坡或四坡屋顶的举折方式。较高的一段，自大角梁背起算，直至上簇梁当心之下。这一段的做法，称为簇角梁之法。两段的举高，都需要通过自斗尖亭榭橑檐方上皮推算的起举高度，来确定其实际标高。

《营造法式》："若八角或四角斗尖亭榭，自橑檐方背举至角梁底，五分中举一分。至上簇角梁即二分中举一分。（若亭榭只用甋瓦者，即十分中举四分。）"[1] 这里给出了八角或四角斗尖亭榭屋顶，上下两段举高的计算方式。

如果是用甋瓦的斗尖亭榭，其下一段，自橑檐方背至角梁底（枨杆卯心），其起举高度当为前后橑檐方心距离的 1/5。其上一段，即从角梁背至上簇角梁当心（枨杆上端），其上端与橑檐方上皮标高的高度差，当取前后橑檐方心距离的 1/2。如果屋顶用瓪瓦的斗尖亭榭，其上一段的高度差，则取前后橑檐方心距离的 4/10。这仍然是一个上陡下缓的屋顶坡度线。只是用瓪瓦者比用甋瓦者，屋顶坡度略微曲缓一点。

簇角梁之法

簇角梁之法，是在四角或八角斗尖亭榭之各角角梁之上，再叠加上、中、下三段折簇梁，并以一种斜簇向上的方式，将诸上簇角梁尾端，汇聚在中心杖杆上端，以形成斗尖屋顶的结构形式。

《营造法式》："簇角梁之法：用三折。先从大角梁背自橑檐方心，量向上至枨杆卯心，取大角梁背一半，立上折簇梁，斜向枨杆举分尽处；（其簇角梁上下并出卯，中、下折簇梁同。）次从上折簇梁尽处，量至橑檐方心，取大角梁背一半，立中折簇梁，斜向上折簇梁当心之下；又次从橑檐方心立下折簇梁，斜向中折簇梁当心近下，（令中折簇角梁上一半与上折簇梁一半之长同。）其折分并同折屋之制。（唯量折以曲尺于絃上取方量之。用瓪瓦者同。）"[2]

这里给出了斗尖屋顶簇角梁之法的具体做法。在以前后橑檐方距离的 1/5 举高，确定了各大角梁尾端的高度之后，再从大角梁背中心点，斜向上至依据前后橑檐方距离之 1/2（或 4/10）所推算之举高而确定的杖杆举分尽处的卯心，如此，就大体上确定了斗尖屋顶之上下两段的举高。

之后，则在上折簇梁中点与子角梁尾部之间，再立中折簇梁与下折簇梁，从而形成较为曲缓的斗尖屋顶坡度折曲线。（图6-9）

1.[宋]李诫.营造法式.看详.举折.
2.[宋]李诫.营造法式.看详.举折.

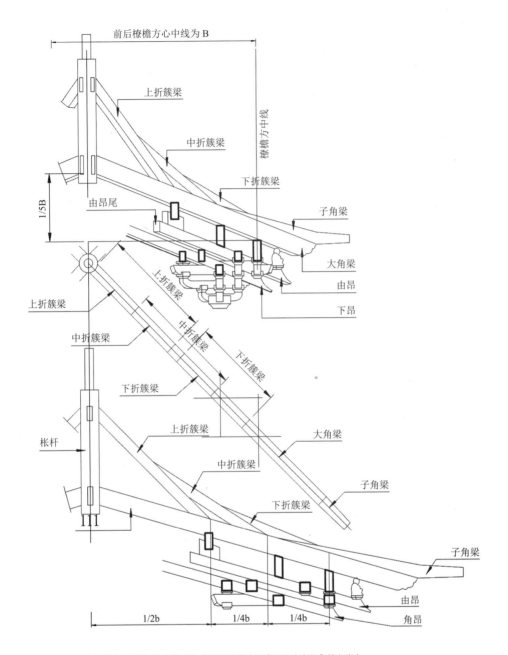

图 6-9 宋式斗尖建筑屋顶梁架簇角梁之法（买琳琳摹绘自《梁思成全集》第七卷）

第二节　梁架体系

中国建筑的基本结构特征是"墙倒屋不塌"的木构梁架体系，即是在以柱额结构构成的屋身之上，层叠以支撑屋顶的梁栿，梁栿之上承槫（檩），槫（檩）之上承椽子、望板，以构成房屋的基本屋顶构架。

此外，在屋顶梁架与下部屋身柱额之间，还可能会有斗栱铺作。

换言之，构成一座中国古代木构建筑之结构本体的是其立于地面上的木构梁架，这一部分大体上可以分为三个结构层：

1. 柱额等屋身结构；

2. 柱额之上所施斗栱铺作（尤其上殿阁式建筑）；

3. 梁栿、槫（檩）等屋顶梁架，及其上所承之椽子、望板等屋面结构。

梁栿

中国木构建筑的梁架体系，最重要的部分是梁（栿）。梁或栿，其实是一个概念的两种称谓。其意是平置于柱额之上，以承托上部荷载的横向受力构件。

《营造法式》中提到："梁，其名有三：一曰梁，二曰亲梠，三曰欐。"[1] 梁，作为横向承重木构件这一概念，出现的很早，如《尔雅·释宫》中有"楣谓之梁"。这里的"楣"比较接近后来木构建筑柱头之间的"额"，可知同是横向承重构件的梁与额，在最初是分不出彼此的。

然而，同是《尔雅·释宫》中又有："亲梠谓之梁，其上楹谓之棁。"其意是说，梁上还立有短柱，即"棁"，也就是宋代建筑中所称的"蜀柱"或"侏儒柱"。如此，则十分接近在梁上架梁之中国古代"抬梁式"结构的做法了。显然，这里对"梁"的解释，已经十分接近后世概念中的梁或栿了。

将欐与梁并称的做法，在战国时期似已有之，如《列子》中有："既去而余音绕梁欐，三日不绝。"[2] 这里的欐，其意显然与梁十分接近。

《营造法式》中给出了五种不同的梁栿概念，分别为：1. 檐栿；2. 乳栿；3. 劄牵；4. 平梁；5. 厅堂梁栿。显然，这样一种分类方式，十分奇怪。前面四种，是按照梁所处位置、作用或长短而区分的；而第五种，却是按照房屋类型而分的。

---

1. [宋] 李诫. 营造法式. 卷五. 大木作制度二. 梁. 造梁之制.
2. [战国] 列御寇. 列子. 汤问第五.

檐栿

《营造法式》："一曰檐栿：如四椽及五椽栿；若四铺作以上至八铺作，并广两材两栔；草栿广三材。如六椽至八椽以上栿，若四铺作至八铺作，广四材，草栿同。"[1]
这里的檐栿，其实是"大梁"的意思。大约相当于一座建筑物之横断面上的主梁，以承托前后檐之间之屋顶主体部分的荷载。

这里同是提到了"草栿"这一概念。草栿，是与明栿相对应的一个概念。明栿者，露明的梁栿。明栿一般会雕琢成为"月梁"的形式。而草栿，则是未经雕琢的梁栿。草栿一般是用于殿阁式建筑屋内天花吊顶（平棊或平闇）之上，未经过艺术加工的梁栿。

檐栿，还以其长度或断面高度而做进一步的区分，如四椽栿或五椽栿，即其长度为 4 个椽架，或 5 个椽架的梁栿。四椽栿或五椽栿，如果被置于四铺作至八铺作的斗栱之上，其断面高度为两材两栔（断面高度 42 分，即 1 分为一个材分度量单位。下同）。但如果是用于草栿的四椽栿或五椽栿，则其断面高度就有三材（断面高度 45 分）。

另有六椽栿至八椽栿，甚至更长的梁栿。如果被置于四铺作至八铺作的斗栱之上，其断面高度为四材（断面高度 60 分）。而这种六椽至八椽，或更长的梁栿，若用于草栿的情况下，其断面高度仍然保持四材的高度。（图 6-10）

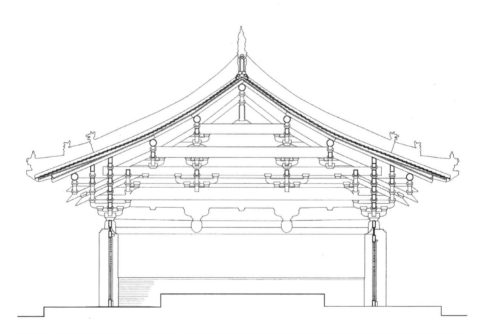

图 6-10　唐宋木结构梁架六椽栿示例—山西平遥镇国寺大殿（自刘畅等《山西平遥镇国寺万佛殿与天王殿精细测绘报告》）

1.[宋] 李诫.营造法式.卷五.大木作制度二.梁.造梁之制.

乳栿（含丁栿）

《营造法式》："二曰乳栿：（若对大梁用者，与大梁广同。）三椽栿：若四铺作、五铺作，广两材一栔；草栿广两材。六铺作以上广两材两栔，草栿同。"[1]关于乳栿，梁思成解释道："乳栿即两椽栿，梁首放在铺作上，梁尾一般插入内柱柱身，但也有两头都放在铺作上的。"[2]

也就是说，乳栿是殿阁或厅堂建筑梁架结构中，位于外檐铺作缝与内柱缝（包括内柱柱身或内柱柱头上之斗栱铺作）之间的一根横梁。一般情况下，乳栿的长度为两个椽架的长度，故当为两椽栿。当然，外檐铺作缝与内柱缝之间，也有可能出现三个椽架的距离，故也会有出现三椽乳栿的可能。

乳栿的断面高度，会有一些变化。如果乳栿与殿身内大梁，如四椽栿或五椽栿，相对而用，则乳栿的断面高度，应与所对大梁的断面高度相同。这显然是出于视觉上的考虑。

若乳栿不与大梁相对使用，则乳栿为三椽栿，其所衔接斗栱为四铺作，或五铺作时，乳栿断面高度为两材一栔（断面高度36分）。若乳栿所衔接斗栱为六铺作以上，其断面高度为两材两栔（断面高度42分）。这种情况下的草乳栿，其高亦为两材两栔。（图6-11）

图6-11　唐宋木构梁架乳栿示例—福建福州华林寺后檐乳栿（唐恒鲁摄）

---

1. [宋] 李诫. 营造法式. 卷五. 大木作制度二. 梁. 造梁之制.
2. 梁思成. 梁思成全集. 第七卷. 第124页. 注5. 中国建筑工业出版社. 2001年.

需要说明的一点是，一座建
筑之两山檐柱的柱头铺作上，也会
出现乳栿。这时的乳栿，若是金箱
斗底槽平面时，则与前后檐情况一
样，其尾部与内柱柱头斗栱相衔接。
若是其他平面形式时，则其两山乳
栿，会呈现为丁栿形式，即乳栿头
在山面柱铺作上，乳栿尾则会落在
室内两侧之梢间或尽间的大梁上，
呈"丁"字形相交模式。一般情况
下，两山乳栿当亦为两椽（丁）栿，
但也不排除会出现三椽（丁）栿的
可能。（图6-12）

图 6-12　唐宋木构梁架丁栿示例一山西平顺佛头寺金代大殿
（自陈明达《〈营造法式〉辞解》）

劄牵

《营造法式》："三曰劄牵：
若四铺作至八铺作出跳，广两材；
如不出跳，并不过一材一栔。（草
牵梁准此。）"[1]劄牵是一种最短
的横梁。梁思成释曰："劄牵的梁
首放在乳栿上的一组斗栱上，梁尾
也插入内柱柱身。劄牵长仅一椽，
不负重，只起劄牵的作用。梁首的

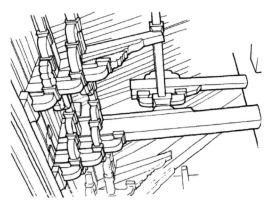

图 6-13　唐宋木构梁架劄牵示例一山西大同善化寺金代三圣
殿（自《梁思成全集》第七卷）

斗栱将它上面所承槫的荷载传递到乳栿上。相当于清式的单步梁。"[2]
　　一般情况下，劄牵是叠压于乳栿之上的一根一椽栿。其梁首置于外檐铺作上，梁
尾伸入内柱缝（或插入内柱柱身，或置于内柱柱头斗栱上。）若其下外檐铺作为四铺
作至八铺作出跳者，劄牵断面高度为两材（断面高度30分）。如果其下斗栱不出跳，
则劄牵断面高度为一材一栔（断面高度21分）。（图6-13）

1.[宋]李诫.营造法式.卷五.大木作制度二.梁.造梁之制.
2.梁思成.梁思成全集.第七卷.第124页.注6.中国建筑工业出版社.2001年.

平梁

《营造法式》："四曰平梁：若四铺作、五铺作，广加材一倍。六铺作以上，广两材一栔。"[1] 梁思成释曰："平梁事实上是一道两椽栿，是梁架最上一层的梁。清式称太平梁。"[2]

如清式建筑的太平梁一样，宋代建筑的平梁，位于屋顶梁架结构的最上一层。其上用蜀柱及叉手，直接承托脊槫。平梁两端通过斗栱或驼峰，落在其下的大梁梁背之上（如四椽栿背上）。平梁两端，一般还会各用一根斜向的托脚，起到扶撑平梁的作用。

平梁的断面高度，也是由外檐铺作数所确定的。如果外檐斗栱为四铺作，或五铺作，其平梁断面高为两材（断面高度30分）。但如果外檐斗栱为六铺作，或更多，则起平梁断面高为两材一栔（断面高度36分）。（图6-14）

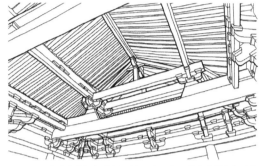

图6-14　唐宋木构梁架平梁示例—山西大同善化寺普贤阁（自陈明达〈《营造法式》辞解〉）

厅堂梁栿

这里出现的"厅堂梁栿"，显然与上文中所列檐栿、乳栿、劄牵与平梁，不属于同一分类体系。前文中的四种梁栿，是按照其所处位置，梁栿作用与梁栿长短而区分的，而这里的"厅堂梁栿"，则是按照房屋类型而区分的。（图6-15）

梁思成特别指出了这一问题："这里说造梁之制'有五'，也许

图6-15　唐宋木构梁架厅堂梁栿示例—福建福州华林寺大殿平梁与四椽栿（唐恒鲁摄）

说'有四'更符合下文内容。五种之中，前四种——檐栿、乳栿、劄牵、平梁——都是按梁在建筑物中的不同位置，不同的功能和不同的形体而区别的，但第五种——厅堂梁栿——却以所用的房屋类型来标志。这种分类法，可以说在系统性方面有不一致的缺点。

1.[宋]李诫.营造法式.卷五.大木作制度二.梁.造梁之制.

2.梁思成.梁思成全集.第七卷.第124页.注7.中国建筑工业出版社.2001年.

下文对厅堂梁栿未作任何解释，而对前四种都作了详尽的规定，可能是由于这原因。"[1]

《营造法式》："五曰厅堂梁栿：五椽、四椽，广不过两材一栔；三椽广两材。余屋量椽数，准此法加减。"[2] 由这里的描述可以知道，所谓厅堂梁栿，其实指的是除了等级较高的殿阁建筑之外，其他类型建筑物中的梁栿，其中既包括了等级略低的"厅堂"梁栿，也包括了比厅堂等级更低的"余屋"梁栿。

显然，也许因为厅堂、余屋等建筑类型的等级较低，其梁栿断面也相对比较小一点。如厅堂梁栿，若其长为五椽，或四椽时，其断面高度为两材一栔（断面高度36分）。若其长为三椽时，断面高度为两材（断面高度30分）。而等级更低的余屋建筑，其梁栿断面，甚至没有给出一个明确的量化标准，而是量其椽架数，按照这样一种方式，随宜加减。也就是说，余屋梁栿较长者，或在类于厅堂梁栿的四椽栿或五椽栿的断面基础上，稍作加减。而其梁栿较短者，或可在类于厅堂梁栿之三椽栿的断面基础上，稍作加减。

系头栿

宋式建筑梁栿中，还有一种梁栿，称为系头栿。《营造法式》文字中，只是在非常不显眼的位置上，在描述有关厦两头造屋顶"出际"结构的时候，提到了系头栿："若殿阁转角造，即出际长随架。（于丁栿上随架立夹际柱子，以柱樽梢；或更于丁栿背上，添系头栿。）"[3] 显然，系头栿是一根与殿阁房屋两山出际做法有关的梁栿。（图6-16，图6-17）

以其施之于丁栿背上，而丁栿一般是在两山位置的顺身方向与尽间（梢间）缝大梁呈丁字形相交的梁栿，故系头栿应该也是位于两山出际处，与两山山柱缝相平行的梁栿。其作用很可能是为了承托厦两头造（九脊）屋顶两山出际部分结构而设置的。梁思成注："系头栿，相当于清式的'採步金梁'"。[4]

採（采）步金梁是清式歇山建筑中，用于两山部位的梁。如梁思成描述："桃尖顺梁上面，在退入一步架处，上安交金墩，承着采步金梁，与顺梁成正角。采步金上皮与下金桁上皮平，两头与桁交，做成桁的样子。"[5] 清式顺梁，与宋式两山丁栿，在空间位置与结构作用上，有接近之处。清式下金桁，类似于宋式下平槫。然而，由于

1. 梁思成. 梁思成全集. 第七卷. 第121页. 注2. 中国建筑工业出版社. 2001年.
2. [宋] 李诫. 营造法式. 卷五. 大木作制度二. 梁. 造梁之制.
3. [宋] 李诫. 营造法式. 卷五. 大木作制度二. 栋.
4. 梁思成. 梁思成全集. 第七卷. 第153页. 注80. 中国建筑工业出版社. 2001年.
5. 梁思成. 清式营造则例. 第31页. 中国建筑工业出版社. 1981年.

图 6-16　唐宋木构梁架系头栿示例—河北正定隆兴寺宋代摩尼殿（白海丰摄）

图 6-17　唐宋木构梁架系头栿示例—山西陵川龙岩寺金代中殿（自陈明达《〈营造法式〉辞解》）

宋式厦两头造建筑，正脊一般比较短，或其两山收进的距离可能比较大，故系头栿不一定与下平槫在一个水平标高上，而是可能要略高一点，例如，系头栿上皮标高，可能与中平槫上皮找平？这可能是两者之间的区别之一。

梁栿断面

《营造法式》中还给出了梁栿断面的一般规则："凡梁之大小，各随其广分为三分，以二分为厚。（凡方木小，须缴贴令大；如方木大，不得裁减，即于广厚加之。如磓槫及替木，即于梁上角开抱槫口。若直梁狭，即两面安槫栿版。如月梁狭，即上加缴背，下贴两颊；不得刻剜梁面。）"[1]

关于这一段文字，梁思成作了两条解释。其一是关于不得裁减，"总的意思大概是即使方木大于规定尺寸，也不允许裁减。按照来料尺寸用上去。并按构件规定尺寸把所缺部分补足。"[2]其二是关于安槫栿版，"在梁栿两侧加贴木板，并开出抱槫口以承槫或替木。"[3]

总的意思是，要尽可能利用既有的木料尺寸，不要轻易裁减断面尺寸，若达不到要求者，则必须加以贴补。

一般情况下，其梁栿的断面高厚比为3:2。即其高为3，其厚为2。如断面尺寸达不到所需要的高度与厚度时，若是直梁时，则在其厚度方向，通过"两面安槫栿版"以加强其梁的厚度。若是月梁时，既可以在月梁背上加贴"缴背"，以增加高度方向的尺寸，也可以在月梁两侧加贴两颊，以增加厚度方向的尺寸。

如果其梁与槫或替木有所冲突时，可以在梁的上角，即与槫或替木相接处，适当削凿一个缺口，作为抱槫口。但对梁体本身部分，如梁的高度，或厚度方向，不要轻易有任何剜刻，以确保梁身主体有足够的结构性能。

月梁

梁思成释曰："月梁是经过艺术加工的梁。凡有平棊的殿堂，月梁都露明用在平棊之下，除负荷平棊的荷载外，别无负荷。平棊以上，另施草栿负荷屋盖的重量。如彻上明造，则月梁亦负屋盖之。"[4]

---

1. [宋] 李诫. 营造法式. 卷五. 大木作制度二. 梁. 造梁之制.
2. 梁思成. 梁思成全集. 第七卷. 第124页. 注8. 中国建筑工业出版社. 2001年.
3. 梁思成. 梁思成全集. 第七卷. 第124页. 注9. 中国建筑工业出版社. 2001年.
4. 梁思成. 梁思成全集. 第七卷. 第126页. 注10. 中国建筑工业出版社. 2001年.

这里其实是指出了两种建筑类型中的月梁：

一种是等级较高的殿阁（殿堂）式建筑中的月梁。这种建筑一般是有平棊（或平闇）的，在平棊（或平闇）之下所设月梁，除了起到承托平棊（或平闇）的作用外，还通过其艺术的加工，创造一种室内装饰美的艺术效果。

另外一种是等级稍低的厅堂式建筑中的月梁。因其等级稍低，且屋内柱随举势生起，故一般情况下都不设平棊（或平闇），故厅堂建筑一般会采用彻上露明造的室内设计方式。因而，其中露明的梁，即使承受屋盖荷载，也需要加工成具有艺术趣味的月梁形式。

《营造法式》："造月梁之制：明栿，其广四十二分。（如彻上明造，其乳栿、三椽栿各广四十二分；四椽栿广五十分；五椽栿广五十五分；六椽栿以上，其广并至六十分止。）梁首（谓出跳者）不以大小从，下高二十一分。其上余材，自斗里平之上，随其高匀分作六分；其上以六瓣卷杀，每瓣长十分。其梁下当中顫六分：自枓心下量三十八分为斜项，（如下两跳者长六十八分。）斜项外其下起顫，以六瓣卷杀，每瓣长十分，第六瓣尽处下顫五分。（去三分，留二分作琴面。自第六瓣尽处渐起，至心又加高一分，令顫势圜和。）梁尾（谓入柱者。）上背下顫，皆以五瓣卷杀。余并同梁首之制。"[1]

紧接着，《营造法式》进一步描述："梁底面厚二十五分。其项（入斗口处。）厚十分。斗口外两肩各以四瓣卷杀，每瓣长十分。"[2]

这里详细描述了不同尺度月梁的断面尺寸，梁首、梁下、斜项、梁尾、梁底的顫势做法与曲线卷杀方式，是古代工匠雕琢一件艺术化月梁的基本造型规则。（图6-18）

抛开具体的月梁曲线雕琢方式细节，这里需要特别注意的是，其文中给出了在不同尺度下明栿月梁的断面尺寸：三椽栿，高42分；四椽栿，高50分；五椽栿，高55分；六椽栿以上，均应采用60分的断面高度。需要明确的一点是，其文中所有的"分"，其实都应读作"份"，其中的1分，其意即为与其所选用材等相对应的一个材分计量单位。

平梁与劄牵中的月梁

《营造法式》文本，在这段文字之后，进一步给出了平梁、劄牵，在露明造时如何处理成月梁的做法：

"若平梁，四椽、六椽上用者，其广三十五分；如八椽至十椽上用者，其广四十二分，

1.[宋]李诫.营造法式.卷五.大木作制度二.梁.造月梁之制.
2.[宋]李诫.营造法式.卷五.大木作制度二.梁.造月梁之制.

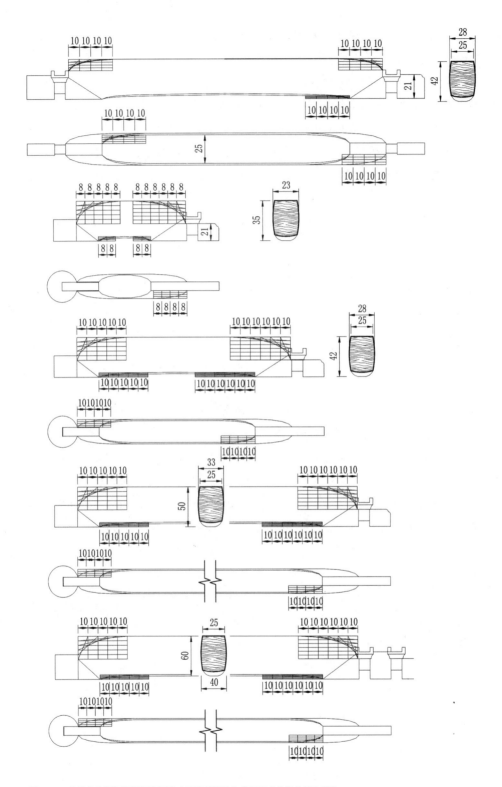

图 6-18　宋代木构梁架月梁作法示意（买琳琳摹绘自《梁思成全集》第七卷）

不以大小，从下高二十五分，上背下頔皆以四瓣卷杀。（两头并同。）其下第四瓣尽处頔四分。（去二分，留一分，作琴面，自第四瓣尽处渐起至心又加高一分。）余并同月梁之制。

若劄牵，其广三十五分。牵首不以大小，从下高一十五分。（上至斗底。）

上以六瓣卷杀，每瓣长八分。（下同。）牵尾上以五瓣，其下頔前、后各以三瓣。（斜项同月梁法。頔内去留同平梁法。）"[1]

用于屋内进深为四椽，或六椽时的平梁，其屋盖似应略小，故其平梁断面高度，为35分；而用于屋内进深为八椽至十椽时，屋盖显然较大，故其平梁断面高度，为42分。不论月梁大小，其梁两端上背下頔卷杀，其梁底敧頔及琴面做法，是基本相同的。（图6-19）

更为短小的劄牵，其断面高度，为35分。其梁首尾卷杀，敧頔曲线，均与一般月梁做法相近，各有定则。（图6-20）

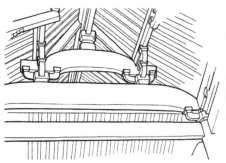

图6-19 大木作梁架—月梁式平梁示例—江苏苏州甪直保圣寺宋代大殿（自《梁思成全集》第七卷）

图6-20 大木作梁架—月梁式劄牵示例—浙江宁波保国寺宋代大殿（自张十庆《宁波保国寺大殿：勘测分析与基础研究》）

彻上明造

如前所述，屋内彻上露明造做法，一般会出现在等级稍低的厅堂，乃至余屋建筑中。梁思成指出："室内不用平棊，由下面可以仰见梁栿、槫、椽的做法，谓之'彻上明造'，亦称'露明造'。"[2]

《营造法式》："凡屋内彻上明造者，梁头相叠处须随举势高下用驼峰。其驼峰长加高一倍，厚一材。斗下两肩或作入瓣，或作出瓣，或圜讹两肩，两头卷尖。梁头安替木处并作隐斗；两头造耍头或切几头，（切几头刻梁上角作一入瓣。）与令栱或襻间相交。"[3]

1.[宋]李诫.营造法式.卷五.大木作制度二.梁.造月梁之制.

2.梁思成.梁思成全集.第七卷.第126页.注18.中国建筑工业出版社.2001年.

3.[宋]李诫.营造法式.卷五.大木作制度二.梁.造月梁之制.

屋内彻上明造的梁栿，均为明栿，亦应雕琢为月梁形式。其具体琢造方法，当以一般月梁做法为基础，再在与之相接的梁头处，结合彼此相邻的构件，加以造型处理。（图6-21）

这里提到了隐斗、耍头、切几头，以及随后提到的令栱，都属于斗栱铺作中常见的构件名称。留待有关斗栱的分析中，做进一步讨论。文本中出现的驼峰、襻间等构件，也会在后面的文字中述及。

图6-21　大木作彻上露明造示例—福建福州华林寺大殿室内梁架（唐恒鲁摄）

屋内施平棊（平闇）

宋式建筑中，凡施平棊（或平闇）者，大约都可能是等级较高的殿阁（殿堂）式建筑。《营造法式》："凡屋内若施平棊（平闇亦同，）在大梁之上。平棊之上，又施草栿；乳栿之上亦施草栿，并在压槽方之上（压槽方在柱头方之上。）其草栿长同下梁，直至橑檐方止。若在两面，则安丁栿。丁栿之上别安抹角栿，与草栿相交。"[1]

关于平棊与平闇，梁思成解释说："平棊，后世一般称天花。按《营造法式》卷八'小木作制度三'，'造殿内平棊之制'和宋、辽、金实例所见，平棊分格不一定全是正方形，也有长方形的。'其以方椽施素版者，谓之平闇。'平闇都用很小的方格。"[2]

---

1. [宋]李诫.营造法式.卷五.大木作制度二.梁.造月梁之制.
2. 梁思成.梁思成全集.第七卷.第132页.注20.中国建筑工业出版社.2001年.

这里解释了平棊与平闇的不同。（图 6-22，图 6-23）

图 6-22　唐宋建筑室内平棊作法示列—山西大同华严寺薄伽教藏殿室内（闫崇仁摄）

平棊（或平闇），构成了殿阁（殿堂）式建筑室内的天花吊顶。从而也将房屋的梁架结构，区分为两个部分。平棊（平闇）之下的部分，为露明的做法，一般用明栿，而明栿又多采用月梁的做法；之上的部分，则为隐藏的部分，一般用草栿。所谓草栿，即未经过艺术加工，充分利用木材本身断面尺寸的梁栿。

在这里提到，在明乳栿之上，还要施加一条草乳栿。显然，前者仅仅是为了视觉上的优雅，而后者才是真正起结构作用的乳栿。这里提到的压槽方，梁思成作了解释："压槽方仅用于大型殿堂铺作之上以承草栿。"[1] 可知，压槽方是室内有平棊或平闇的大型

图 6-23　唐宋建筑室内平闇作法示例—山西五台佛光寺东大殿室内（白海丰摄）

殿阁（殿堂）式建筑中施于外檐柱头缝最上端，可以与草栿相衔接的特有构件。现存两宋辽金建筑实例中，尚未发现如《营造法式》所描述的压槽方做法实例。

丁栿

《营造法式》文本中，在这里提到了另外两个比较重要的梁架构件：一个是丁栿，另外一个是抹角栿。抹角栿将在转角梁栿中加以讨论。

丁栿，如梁思成所释："丁栿梁首由外檐铺作承托，梁尾搭在檐栿上，与檐栿（在平面上）构成'丁'字形。"[2] 如前文所述，一般情况下，丁栿是指施于两山檐柱柱头铺作与尽间（或梢间）缝大梁之上，平面呈"丁"字形的乳栿。（图 6-24）

---

1. 梁思成. 梁思成全集. 第七卷. 第 132 页. 注 21. 中国建筑工业出版社. 2001 年.

2. 梁思成. 梁思成全集. 第七卷. 第 132 页. 注 22. 中国建筑工业出版社. 2001 年.

当然，偶然情况下，如采用了移柱造或减柱造的金元建筑中，在前后檐部位，也会出现使用丁栿的情况。关于移柱造与减柱造，因《营造法式》文本未涉及，这里不做赘述。

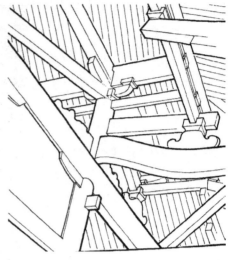

图 6-24 大木作梁架丁栿示例—河北正定隆兴寺转轮藏殿梁架（自《梁思成全集》第七卷）

驼峰

前文有关彻上明造的做法中，有一种与月梁同时出现的构件，称为驼峰。梁思成释曰："驼峰放在下一层梁背之上，上一层梁头之下。清式称'柁墩'，因往往饰做荷叶形，故亦称'荷叶墩'。至于驼峰的形制，《营造法式》卷三十原图简略，而且图中所画的辅助线又不够明确，因此列举一些实例作为参考。"[1] 这些实例可以参见《梁思成全集》第七卷，第 131 页的插图。（图 6-25）

驼峰是大木结构梁架中比较常见的一种辅助形构件，常常与檐栿、乳栿，或平梁、劄牵等梁栿构件结合使用。简而言之，驼峰是一种垫托性构件，一般用于大梁梁背之上，通过斗栱等方式，承托其上较为短小的梁。如在四椽栿背上设驼峰，其上可承托平梁。驼峰的比例，其长度一般为其高度的两倍。其造型轮廓，可以有一些艺术化的曲线处理，

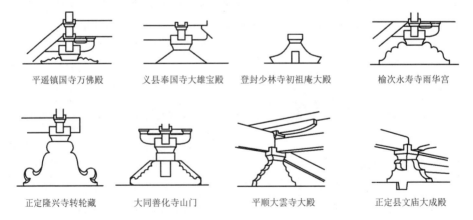

| 平遥镇国寺万佛殿 | 义县奉国寺大雄宝殿 | 登封少林寺初祖庵大殿 | 榆次永寿寺雨华宫 |
| 正定隆兴寺转轮藏 | 大同善化寺山门 | 平顺大雲寺大殿 | 正定县文庙大成殿 |

图 6-25 大木作梁架驼峰示例（自《梁思成全集》第七卷）

1.梁思成.梁思成全集.第七卷.第126页.注18.中国建筑工业出版社.2001年.

也可以处理成较为简单的折线形做法。

蜀柱（侏儒柱）

蜀柱，又称侏儒柱，清式建筑中，称瓜柱，或童柱，指大木构架中较为矮小的立柱。
《营造法式》："侏儒柱（其名有六：一曰棁，二曰侏儒柱，三曰浮柱，四曰楸，五曰
上楹，六曰蜀柱。"[1] 梁思
成注："蜀柱是所有矮柱
的通称。例如钩阑也有支
承寻杖的蜀柱。在这里则
专指平梁之上承托脊榑的
矮柱。清式称'脊瓜柱'。"[2]
梁先生在这里所类比的清
式"脊瓜柱"，特指的是
宋式建筑平梁上，承托脊
榑的蜀柱，而非其他部位
的蜀柱。（图6-26）

图6-26　大木作梁架蜀柱示例—山西大同善化寺普贤阁梁架（闫崇仁摄）

《营造法式》中有蜀柱做法："造蜀柱之制：于平梁上，长随举势高下。殿阁径
一材半，余屋量榑厚加减。两面各顺平榑，随举势斜安叉手。"[3]平梁上承托脊榑的蜀柱，
其长度随举势高下而定。若是施于殿阁式建筑中，其蜀柱的直径为1.5材（22.5分）。
如果是其他建筑，如厅堂，或余屋中，蜀柱直径，依其下梁榑厚度，随宜加减。以蜀
柱两侧与其下平梁相顺平为则。蜀柱两侧，随举势斜安叉手。

叉手

叉手是宋式建筑大木结构梁架中的一种辅助性构件。《营造法式》中将叉手纳
入"斜柱"的范畴，如"斜柱（其名有五：一曰斜柱，二曰梧，三曰迕，四曰枝撑，
五曰叉手。）"[4]又："《义训》：斜柱谓之梧。（今俗谓之叉手。）"[5]

叉手出现在房屋脊榑之下，平梁之上所立承托脊榑之蜀柱（清式称脊瓜柱）的

1.[宋]李诫.营造法式.卷五.大木作制度二.侏儒柱.
2.梁思成.梁思成全集.第七卷.第148页.注64.中国建筑工业出版社.2001年.
3.[宋]李诫.营造法式.卷五.大木作制度二.侏儒柱.
4.[宋]李诫.营造法式.营造法式看详.诸作异名.斜柱.
5.[宋]李诫.营造法式.卷一.总释上.斜柱.

两侧，呈斜向布置。《营造法式》："造叉手之制：若殿阁，广一材一栔；余屋，广随材或加二分至三分；厚取广三分之一。（蜀柱下安合㭼者，长不过梁之半。）"[1]可知，叉手的断面粗细，是依据房屋类型确定的。若殿阁式建筑，其叉手断面似为一材一栔（21分）见方。其他类型的房屋，其叉手的宽度约为一材，再加上2分，或3分（约合17分或18分）。而叉手的厚度，是其宽度的1/3，约在6分左右。显然，在余屋建筑中，叉手的结构功能，似乎不如在殿阁（殿堂）建筑中的大，故其断面是一个扁方形。（图6-27，图6-28）

合㭼

上文中提到了，在平梁之上所立蜀柱下，有时可能会安"合㭼"。合㭼，似又被称作"㭼子"或"仰合㭼子"。《营造法式》"常行散屋功限"中提及："㭼子，每一只，右各五厘功。"[2]另外，在"仓廒、库屋功限"中亦有："仰合㭼子：每一只，六厘功。"[3]

合㭼，应该是施于平梁之上，与承托脊槫的蜀柱相交，位于蜀柱根部，起到扶持蜀柱，保持其稳定性作用的一个构件，其作用类似于清式建筑瓜柱根部的角背。如梁思成所说："凡是瓜柱都有角背支撑，以免倾斜。"[4]显然，合㭼的功能与位置，与清式建筑中的角背十分接近。（图6-29）

托脚

托脚，是一种与叉手多少有一点类似的构件。《营造法式》："凡中下平槫缝，并于梁首向里斜安托脚，其广随材，厚三分之一，从上梁角过抱槫，出卯以托向上槫缝。"[5]

托脚，也是一种斜置如斜柱一样的构件，一般位于承托上、中、下平槫的平梁，或檐栿两端梁首处。托脚的宽度，约为一材（15分），厚度是其宽度的1/3，约为5分。可知其断面尺寸十分接近余屋建筑中叉手的断面尺寸。（图6-30）

因为托脚恰好在横梁的两端，而这个位置也恰好是承托屋顶平槫的位置，故《营造法式》中才会以"中下平槫缝"来定位托脚的位置。如此，则托脚的上端，也同时会起到承若屋顶平槫的作用。因而，托脚上端，从上梁角过，并抱槫，同时亦出卯，以承托其上的平槫。

1.[宋]李诫.营造法式.卷五.大木作制度二.侏儒柱.
2.[宋]李诫.营造法式.卷十九.大木作功限三.常行散屋功限.
3.[宋]李诫.营造法式.卷十九.大木作功限三.仓廒、库屋功限.
4.梁思成.清式营造则例.第28页.中国建筑工业出版社.1981年.
5.[宋]李诫.营造法式.卷五.大木作制度二.侏儒柱.

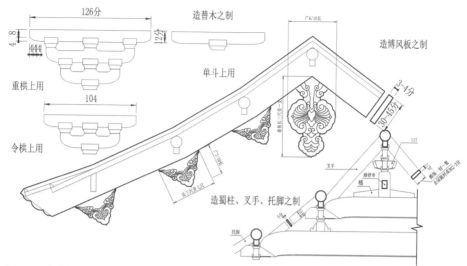

图 6-27　大木作梁架叉手及搏风版作法（买琳琳摹绘自《梁思成全集》第七卷）

图 6-28　大木作梁架叉手示例一河北正定隆兴寺摩尼殿（白海丰摄）

图 6-29　大木作梁架合楷示例一山西大同善化寺三圣殿（闫崇仁摄）

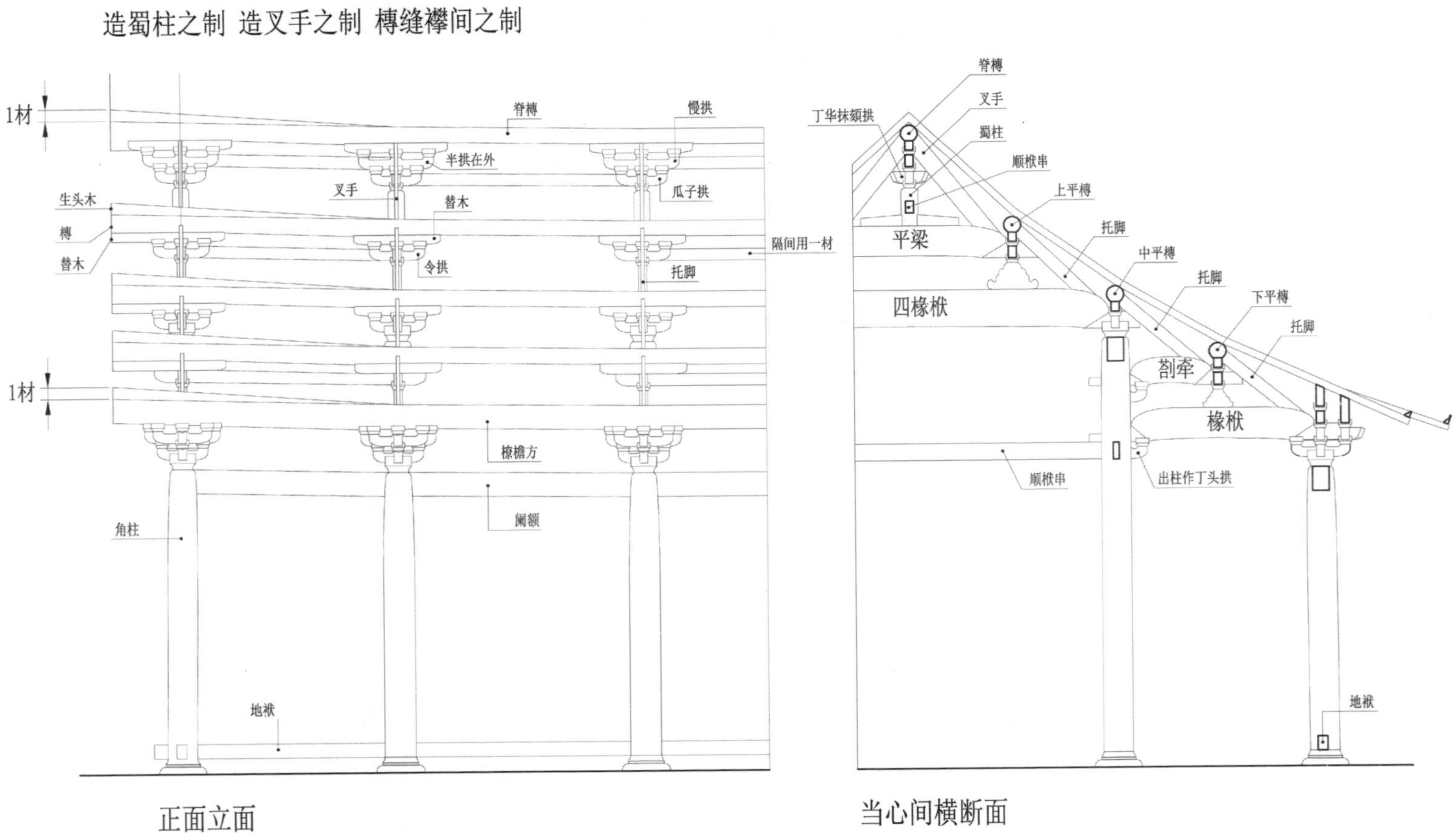

造蜀柱之制 造叉手之制 槏缝襻间之制

当心间横断面

脊槫
叉手
蜀柱
上平槫
顺椽串
剳牵
中平槫
托脚
下平槫
托脚
丁华抹颏栱
平梁
四椽栿
顺椽串
出柱作丁头栱
椽栿
地栿

正面立面

隔间用一材
慢栱
瓜子栱
托脚
脊槫
半栱在外
替木
令拱
叉手
生头木
槫
替木
瓜栱
槫檩方
阑额
角柱
地栿
1材
1材

图 6-30 唐宋建筑梁架托脚作法（买琳琳拳绘自《梁思成全集》第七卷）

第三节　槫方体系

"槫"之本义为圆形，作为一个圆形的木制构件，最初出现于古代车子的轮毂之上。《礼记正义》："载以辁车，入自门。"疏曰："言'载以辁车，入自门'，明车不易也。辁读为轻，或作槫。许氏《说文解字》曰：'有辐曰轮，无辐曰辁。'"[1]可知，辁、轻、槫，其义相近，都是指车子的轮毂。有辐为轮，无辐为辁，即槫。所谓无辐之毂，应是一个实心的圆形木毂。

至迟，在南北朝时期，槫，已经可知指代为房屋屋顶上承椽之用的栋了。据北魏《齐民要术》：若在山阜之曲中种柞木，"十年，中椽，可杂用。（一根直十文。）二十岁，中屋槫，（一根直百钱。）柴在外。"[2]生长10年的柞木，可以用作房屋的中椽，生长20年的柞木主干，可以用作房屋的"中屋槫"。用作槫的柞木，其价值为当时的100钱。

《营造法式》："《义训》：屋栋谓之甍。（今谓之槫，亦谓之檩，又谓之榜。）"[3]显然，宋代建筑中，房屋之栋，或檩，即为槫。

《营造法式》又云："凡平棊之上，须随槫栿用方木及矮柱敦桥，随宜枝樘固济，并在草栿之上。（凡明梁只阁平棊，草栿在上承屋盖之重。）"[4]也就是说，以承托屋盖之槫檩与承托屋梁栿之栿为主，辅以方木及矮柱敦桥等，随宜枝樘固济，即构成了木构建筑屋顶的基本结构形式。可知，槫与栿，同是承托木构建筑屋顶的重要构件。

无论宋式，或清式建筑，其屋栋，或屋槫，多是并非孤立存在，而往往有槫下的方木，以为支撑。清式建筑，则有"檩-垫-枋"之说。如"上金檩"，辅以"上金枋"，檩与枋之间，还会有"上金垫板"。宋式建筑，则会在槫下加一根顺槫而置的方子，称为"襻间"，襻间之下，以蜀柱、斗栱承托。偶然情况下，也可能会因节约木料的原因，而省略襻间，只在槫下用替木，以蜀柱、斗栱承替木，并以替木承槫。此外，在一些特殊的部位，还可能以方代槫，也就是说，用一根木方，来承托其上的屋椽。这种情况主要发生在房屋挑檐部分。

一座宋式木构建筑屋顶，其结构的核心，其实就是通过柱额与梁栿，承架起按照屋顶举折确定的不同高度的槫（及槫下之方），再在槫上施以椽子、望板，从而形成房屋的屋盖结构。

1.[汉]郑玄注、[唐]孔颖达疏.礼记正义.卷四十.杂记上第二十.
2.[后魏]贾思勰.齐民要术.卷五.种槐、柳、楸、梓、梧、柞第五十.
3.[宋]李诫.营造法式.卷二.总释下.栋.
4.[宋]李诫.营造法式.卷五.大木作制度二.梁.

檐柱缝内外的榑与方

柱额以上，在标高上处于最低位置上的榑，一般是位于檐口位置，承托房屋挑檐部分的榑，称为橑风榑。这根榑，因为外露在外檐之下，因此，也常常代之以一根木方，称为橑檐方。

比橑风榑（或橑檐方）标高位置略高一点的榑，是位于房屋檐柱缝之内，即下平榑与橑风榑（橑檐方）之间的一根榑，称为牛脊榑。然而，按照《营造法式》的文本描述，牛脊榑似乎并非在外檐柱柱头方心缝上，而是在柱头铺作出跳缝上。即在外檐铺作下昂作第一跳心上，用以取代承椽方的作用。但据梁先生的研究，牛脊榑也有可能是恰好位于柱头方心缝上的一根榑。

当然，很多情况下，似乎也可以不设牛脊榑。下平榑与橑风榑，已经完全承担了房屋外檐柱头缝内外两侧的屋盖荷载重量。在一些情况下，还可能在房屋外檐柱柱头缝（槽）最上端，通过一个方子，与橑风榑（橑檐方）和下平榑结合，共同起到承托房屋挑檐椽的作用。这根位于檐柱柱头缝（槽）上的承椽方木，被称为"压槽方"。

由此可知，在宋式建筑的檐柱缝处，在柱缝内外的屋顶结构中，可能出现三种承托屋椽的榑与方，分别是：1.橑风榑（橑檐方）；2.压槽方；3.牛脊榑。当然，其中除了橑风榑，或橑檐方，是必不可少的屋顶结构构件之外，压槽方，以及牛脊团，都并非宋式建筑中不可或缺的构件。

普拍方

普拍方是房屋柱额之上的一层方，其作用似乎是要将柱头与阑额，在水平方向，拉结成为一个结构整体。其功能多少有一点像是现代砖混结构中，在屋檐位置浇制的钢筋混凝土圈梁。但因其在柱头之上，这里仍将其纳入木构建筑的榑方体系之中。

在《营造法式》文本的描述中，普拍方，似乎并非是直接用于房屋屋身柱头之上的木方，而更像是用于平坐铺作下（或永定柱上）的木方。据《营造法式》："凡平坐铺作，若叉柱造，即每角用栌斗一枚，其柱根叉于栌斗之上。若缠柱造，即每角于柱外普拍方上安栌斗三枚。……凡平坐铺作下用普拍方，厚随材广，或更加一栔；其广尽所用方木。……凡平坐先自地立柱，谓之永定柱；柱上安搭头木，木上安普拍方；方上坐斗栱。"[1]

以上文的描述，再结合辽及北宋初年的木构建筑，在阑额上不施普拍方的一些案

1.[宋]李诚.营造法式.卷四.大木作制度一.平坐.

例推测，在北宋时期，出于节约木料的考虑，普拍方主要用于承托上部结构的平坐柱（包括永定柱）柱头之上，以增加平坐柱（或永定柱）的结构稳定性。一般柱额之上，还没有形成施设普拍方的习惯。

然而，事实上，在现存宋、金建筑中，普拍方已经是屋身柱额之上十分常见的一个构件。这或也是宋代建筑在结构上逐渐趋于成熟的一个标志。

按照《营造法式》文本的叙述，普拍方的厚度，为一材（15分），或为一材一栔（21分）。而普拍方的宽度，则是尽其方木既有的宽度。如此或也可以看出，普拍方在平坐结构中所具有的重要作用。（图6-31）

图 6-31　唐宋建筑普拍方示例—山西大同善化寺三圣殿（闫崇仁摄）

图 6-32　唐宋建筑柱头方示例—山西晋祠圣母殿（白海丰摄）

柱头方

柱头方，即柱头缝上的一系列木枋。如《营造法式》云："素方在泥道栱上者谓之柱头方。"[1] 其形式可能是在每一层柱头方之下，设置一层泥道栱的所谓"单栱素方"的做法；有时也会设置泥道重栱，栱上承方。而在栱上每一层方与方之间，仅施以散斗，即"斗子素方"的做法。在这种情况下，斗上所承素方上，有可能隐刻泥道瓜栱，或泥道慢栱。（图6-32）

柱头方最上端与椽相接处，可以施压槽方，也可以空置。但一般情况下，像清式建筑施加正心檩（或桁）那样，在柱头缝顶端施加柱头缝槫的做法，在宋式建筑中，似未见到。

---

1. [宋] 李诚. 营造法式. 卷四. 大木作制度一. 总铺作次序.

罗汉方

《营造法式》："素方在泥道栱上者谓之柱头方，在跳上者谓之罗汉方。方上斜安遮椽版。"[1] 罗汉方与柱头方的区别，仅在于位置的不同。在柱头缝上所施铺作上，凡位于柱头缝（泥道栱缝）上者，为柱头方，而位于斗栱出跳诸缝（包括内外出跳缝）上者，则称罗汉方。（图 6-33）

图 6-33　唐宋建筑罗汉方示例—山西大同善化寺三圣殿（闫崇仁摄）

其名称之义，大约转自在佛殿内，罗汉分坐于佛与菩萨之两侧等佛教造像组群的空间意像。

橑檐方

同是在斗栱跳头上，位于外檐铺作最外一跳之上者，则称为橑檐方。橑檐方之下，一般施令栱。《营造法式》："四曰令栱：（或谓之单栱。）施之于里外跳头之上，（外在橑檐方之下，内在算桯方之下。）与耍头相交，（亦有不用耍头者。）"[2]（图 6-34）

橑檐方上，承挑檐椽。一般情况下，一座房屋屋顶的举折高度，与起举水平标准点，都是以橑檐方为据的。

1. 房屋举高，以前檐与后檐之间橑檐方中心线的距离，为房屋前后跨度距离的总值，以作为房屋起举高度的标准。

2. 屋顶起举的标准水平点，是从房屋前后橑檐方上皮标高开始计算的。

算桯方

与橑檐方相对应者，是算桯方。橑檐方位于铺作外跳跳头之上，而算桯方则位于铺作里跳跳头之上。据《营造法式》："凡平棊施之于殿内铺作算桯方之上。其背版后皆施护缝及福。"[3] 可知，算桯方位于内檐铺作里跳跳头上，平棊之下，并起到承托平棊的作用。（图 6-35）

1.[宋]李诚.营造法式.卷四.大木作制度一.总铺作次序.
2.[宋]李诚.营造法式.卷四.大木作制度一.栱.
3.[宋]李诚.营造法式.卷八.小木作制度三.平棊.

图 6-34　唐宋建筑橑檐方示例—河北正定隆兴寺摩尼殿（白海丰摄）

图 6-35　唐宋建筑算桯方示例—山西太原五台佛光寺东大殿（白海丰摄）

　　也有直接设置于明栿背上的算桯方，如《营造法式》："于明栿背上架算桯方，以方椽施版，谓之平闇，以平版贴华谓之平棊。"[1]但无论是在铺作里跳跳头上，还是在明栿背上，算桯方的主要功能之一，是承托室内的平棊或平闇。从这一点分析，算桯方主要出现在设有平棊或平闇，且有明栿与草栿之别的高等级殿阁式，或殿堂式建筑中。

---

1. [宋] 李诫 . 营造法式 . 卷二 . 总释下 . 平棊 .

平棊方

《营造法式》："凡衬方头施之于梁背耍头之上，其广厚同材，前至橑檐方，后至昂背或平棊方。"[1] 与算桯方一样，平棊方与橑檐方，虽然在檐柱缝斗栱铺作的内外，但均在内外跳头之上，却处于同一标高处。

平棊方与算桯方似乎是一种木方的两个名称，其位置也在斗栱铺作里转最上一跳，其功能也是起到承托平棊或平闇的作用。（图 6-36）

也许因为殿阁式建筑室内，有设平棊与平闇两种天花形式的差异，未知是否应该将承托平闇的木方，称为算桯方，而将承托平棊的木方，称为平棊方？从《营造法式》行文中，未见进一步的描述。此处存疑。

图 6-36　唐宋建筑平棊方示例—山西大同华严寺薄伽教藏殿（闫崇仁摄）

橑风槫

《营造法式》仅在有关"用槫之制"有关橑檐方的描述中，提到了橑风槫："凡橑檐方，（更不用橑风槫及替木。）当心间之广加材一倍，厚十分，至角随宜取圜，贴生头木，令里外齐平。"[2] 这或也是《营造法式》文本中，唯一提到"橑风槫"的一个地方。

但由此却十分清晰地了解到，如果在外檐斗栱跳头上，使用橑檐方这一做法，取

---

1. [宋] 李诫. 营造法式. 卷五. 大木作制度二. 梁.
2. [宋] 李诫. 营造法式. 卷五. 大木作制度二. 栋. 用槫之制.

代的是之前使用橑风槫与替木的做法。因此可以推测，橑风槫与替木，很可能是承托出挑檐口的较为早期的做法，至《营造法式》编纂之时，则已经开始以单一的橑檐方，取代替木与橑风槫结合，承托出挑檐椽的做法了。

现存唐辽，及北宋时代木构建筑实例中，仍然可见在斗栱跳头用令栱承替木，上承橑风槫的做法。（图6-37）

显然，橑风槫与橑檐方，无论在所处位置，还是在结构功能上，与橑檐方都如出一辙。唯一不同的是，圆形截面的橑风槫，必须要通过其下的替木，才能与外檐铺作中的令栱咬合在一起。

图6-37　唐宋建筑橑风槫示例—山西平遥镇国寺万佛殿（白海丰摄）

牛脊槫

与橑风槫的情况一样，《营造法式》文本中，也仅在一处提到了"牛脊槫"："凡下昂作，第一跳心之上用槫承椽（以代承椽方，）谓之牛脊槫；安于草栿之上，至角即抱角梁；下用矮柱敦桥。如七铺作以上，其牛脊槫于前跳内更加一缝。"[1]

在这里，梁思成解释说："《营造法式》卷三十一'殿堂草架侧样'各图都将牛脊槫画在柱头方心之上，而不在'第一跳心之上'，与文字有矛盾。"[2]结合《营造法式》的描述，与梁先生的注释，大致可以将牛脊槫看作是位于下平槫与橑檐方

1. [宋] 李诫. 营造法式. 卷五. 大木作制度二. 栋. 用槫之制.
2. 梁思成. 梁思成全集. 第七卷. 第153页. 注83. 中国建筑工业出版社. 2001年.

之间的一根槫。其具体位置，有可能是在外檐柱头方心缝上，也有可能是在外檐铺作下昂作第一跳心上。（图 6-38）

这里的"第一跳心"，并未说明是在柱头方心缝之外，还是之内，即未知是在外檐铺作上，还是在铺作里转跳头之上。但从其文中所言："安于草栿之上，至角即抱角梁"的说法，可以推测，这里的"跳心"可能是指铺作里转第一跳的跳头中心之上，如此才有可能与屋内的草栿，及转角处的角梁尾部有所交接。

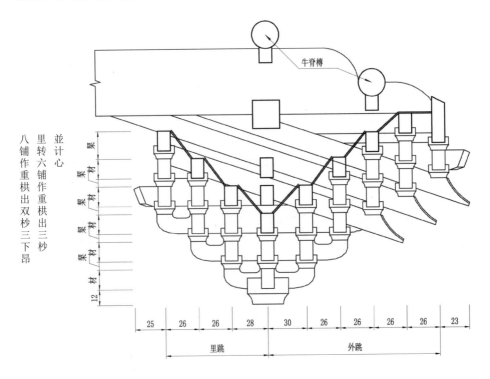

图 6-38　宋代大木作制度牛脊槫做法（买琳琳摹绘自《梁思成全集》第七卷）

压槽方

《营造法式》："平棊之上，又施草栿；乳栿之上亦施草栿，并在压槽方之上。（压槽方在柱头方之上。）"[1] 这里多少暗示了，压槽方很可能是用于有平棊或平闇的殿阁（殿堂）式建筑中的。由《营造法式》"大木作功限"："凡安勘、绞割屋内所用名件柱、额等，加造作名件功四分；（如有草架，压槽方、襻间、闇栔、樘柱固济等方木在内。）"[2] 可知，压槽方与殿阁（殿堂）式建筑的草架关联密切。

1.［宋］李诫 . 营造法式 . 卷五 . 大木作制度二 . 梁 .
2.［宋］李诫 . 营造法式 . 卷十九 . 大木作功限三 . 殿堂梁柱等事件功限 . 造作功 .

压槽方的位置在平棊之上，草栿之下。同时，亦在柱头方之上。也就是说，压槽方是位于柱头方心缝上的一根木方。这里的所谓"压槽"，指的就是恰好压在柱头方心槽（缝）上的意思。

现存唐宋时期建筑遗存中，尚未发现压槽方做法实例。

承椽方

《营造法式》中有两处提到了承椽方，一处曰："五铺作一杪一昂，若下一杪偷心，则泥道重栱上施素方，方上又施令栱，栱上施承椽方。"[1]另外一处曰："凡下昂作，第一跳心之上用檩承椽，（以代承椽方。）谓之牛脊檩；安于草栿之上。"[2]

从前一条的叙述，承椽方应该是位于泥道栱缝上端的一根木方，其功能是承托屋椽。由此可知其位置与压槽方很接近，都位于柱头方心（泥道栱）缝上。只是压槽方可能上用于有平棊（平闇）的殿阁式建筑上，其上还会承托草栿，而承椽方可能用于厅堂、散屋等建筑上，其下为泥道令栱，其上直接承托屋椽。

从后一条叙述，承椽方的位置，似乎与牛脊檩十分接近。然而，如前文所述，牛脊檩的位置，也有一些不很清晰之处。梁思成依据《营造法式》的附图，认为牛脊檩很可能也是位于柱头方心（泥道栱）缝上的一根木檩。则可以用牛脊檩取代的承椽方，其位置也应该是在柱头方心（泥道栱）缝上。（图6-39）

概而言之，压槽方、承椽方、牛脊檩，三者都是位于房屋檐柱柱头方心（泥道栱）缝上的构件，三者在位置上十分类似。不同点是，承椽方用于等级稍低的以彻上明造为主的厅堂、散屋类建筑。压槽方与牛脊檩用于有平棊（平闇）的高等级殿阁（殿堂）式建筑。两者的区别是，压槽方在平

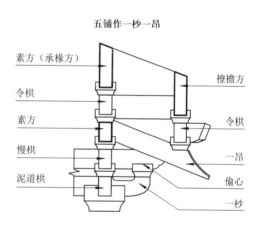

五铺作一杪一昂

图 6-39　宋代大木作制度承椽方做法（买琳琳摹绘自《梁思成全集》第七卷）

棊（平闇）之上，草栿之下；而牛脊檩在平棊（平闇）之上，亦在草栿之上。牛脊檩与承椽方，都能起到衬托屋椽的作用，而压槽方主要是其承托草栿的作用。

---

1. [宋] 李诫 . 营造法式 . 卷四 . 大木作制度一 . 总铺作次序 .
2. [宋] 李诫 . 营造法式 . 卷五 . 大木作制度二 . 栋 . 用檩之制 .

素方

《营造法式》："凡铺作逐跳计心，每跳令栱上，只用素方一重，谓之单栱；（素方在泥道栱上者，谓之柱头方；在跳上者，谓之罗汉方；方上斜安遮椽版；）即每跳上安两材一栔。（令栱、素方为两材，令栱上斗为一栔。）"[1]

素方，应是斗栱铺作上所用木方的一个通称。当其在泥道栱上（泥道栱缝）时，即称柱头方。当其在斗栱里外跳头上时，即称罗汉方。但铺作上特殊的方，如橑檐方、压槽方似不应被称作素方。同是位于泥道栱缝上，但具有承托屋椽功能的承椽方，未知是否可以被称为"素方"？

屋盖下诸槫方

中国古代建筑的一般结构逻辑是，在屋身柱额之上，通过斗栱铺作（或不用斗栱铺作），承托房屋梁栿，即由檐栿、乳栿、劄牵、平梁等所构成的房屋梁架体系。再在这一梁栿系统之上，按照房屋举折的曲线，确定槫檩的位置与高度。

构成房屋起坡的槫檩，及与槫檩结合的木方，构成了中国建筑屋顶坡度的关节点。梁栿等房屋梁架体系承托着屋顶诸槫方，诸槫方承托其上屋椽，密布的屋椽承托房屋屋盖望板，从而构成了中国古代木构建筑坡屋顶之屋盖的基本形式。

下平槫

如果抛开外檐铺作柱头方缝及内外跳头上承托屋檐的橑檐方（橑风槫）、承椽方（牛脊槫）不计，则位于中国建筑坡屋顶最下端的槫，被称为下平槫。下平槫，大约相当于清式建筑中的下金檩（桁）。

《营造法式》："若昂身于屋内上出，皆至下平槫。"[2] 可知，下平槫的位置，与外檐铺作下昂里转昂身尾部比较接近。在一些情况下，昂尾有可能起到承托下平槫的作用。（图 6-40）

此外，《营造法式》中还提到："凡角梁之长，大角梁自下平槫至下架檐头；子角梁随飞檐头外至小连檐下，斜至柱心；（安于大角梁内。）隐角梁随架之广，自下平槫至子角梁尾，（安于大角梁中。）皆以斜长加之。"[3] 这里是说，下平槫与大角梁或隐角梁尾部所处的高度有所关联。

1.[宋]李诫.营造法式.卷四.大木作制度一.总铺作次序.

2.[宋]李诫.营造法式.卷四.大木作制度一.飞昂.

3.[宋]李诫.营造法式.卷五.大木作制度二.阳马.

从另外一个角度观察，也可以认为下平槫是位于牛脊槫（或承椽方）与中平槫之间（亦即柱头方心缝与中平槫缝之间）的一根槫。其作用是承托房屋挑檐椽椽尾部分。下平槫之下，可能由昂尾通过挑斡来承托，也可以通过由驼峰、斗栱，及矮柱敦桥之类附属构件，将其荷载落在檐栿或乳栿之上。

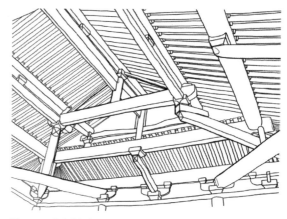

图 6-40　大木作梁架下平槫示例一陕西长武昭仁寺大殿（自陈明达《〈营造法式〉辞解》）

中平槫

中平槫，当是位于上平槫与下平槫之间的槫，大约相当于清式建筑中的中金檩（桁）。

《营造法式》："凡中下平槫缝，并于梁首向里斜安托脚，其广随材，厚三分之一，从上梁角过抱槫，出卯以托向上槫缝。"[1]这里是有关托脚的描述，可知，在中平槫与下平槫缝上，都应斜安托脚，托脚上端抱槫，

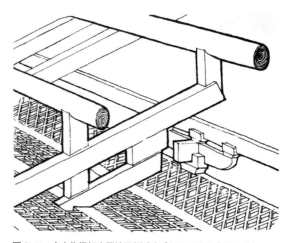

图 6-41　大木作梁架中平槫示例（自《梁思成全集》第七卷）

并出卯以承托其上槫缝，以增强承托屋盖重量之槫的稳定性。（图 6-41）

一般情况下，中平槫可能不仅是一根，如果屋顶跨度较大，在上平槫与下平槫之间，可能会有两根，或三根平槫。每两根平槫之间的水平距离，相当于一步椽架的投影距离。平槫的数量，是由椽架数所决定的。

上平槫

上平槫，是位于房屋脊栋（或脊槫）与上中平槫之间的一根槫，大约相当于清式建筑中的上金檩（桁）。

---

1. [宋] 李诫. 营造法式. 卷五. 大木作制度二. 侏儒柱.

上平槫缝很可能会落在房屋梁架之平梁两端梁首的上方。梁首两则会有托脚，斜向其下大梁背。平梁两端会用合楷或驼峰、斗栱，及矮柱敦桥，承托平梁与上平槫。（图6-42）

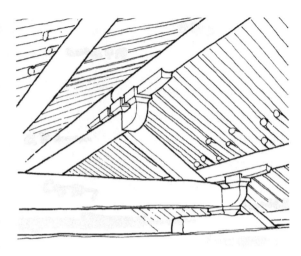

图6-42　大木作梁架上平槫与脊槫示例—山西五台山佛光寺大殿（自《梁思成全集》第七卷）

脊槫

脊槫，又称屋栋，或称屋极，亦称甍。脊槫，是位于房屋屋顶最上端的一根槫，大约相当于清式建筑中的脊檩（桁）。（图6-42）

一般情况下，脊槫有可能与房屋纵向中心线相重叠，从而将房屋屋顶分为前后两坡。

脊槫部位的做法，影响到房屋的屋顶造型。《营造法式》："凡造四阿殿阁，若四椽、六椽五间及八椽七间，或十椽九间以上，其角梁相续，直至脊槫，各以逐架斜长加之。如八椽五间至十椽七间，并两头增出脊槫各三尺。（随所加脊槫尽处，别施角梁一重。俗谓之吴殿，亦曰五脊殿。）"[1]将房屋四角角梁相续，直至脊槫，这种做法，构成了四阿殿（或五脊殿）的基本构造形式。

如果将脊槫与上平槫等，采用出际的方式，而其下将"两梢间用角梁转过两椽"[2]，则构成了厦两头造（九脊殿）的基本做法。

如果将脊槫与上平槫、中平槫、下平槫，均采用两山出际方式，则构成了两际屋顶（清式悬山式屋顶）的基本做法。

若是斗尖亭榭类建筑，则不再使用脊槫，仅以上平槫、中平槫，及下平槫等，承托房屋的屋盖。脊栋位置上，可能会用一根中心枨杆，并采用簇角梁式的屋架做法。

襻间

襻间，是宋代建筑中的一个术语，似未见于清式建筑中。梁思成注："襻间是与

---

1. [宋]李诚.营造法式.卷五.大木作制度二.阳马.
2. [宋]李诚.营造法式.卷五.大木作制度二.阳马.

各架槫平行，以联系各缝梁架的长木枋。"[1]（图6-43）

所谓襻间，指的是附着于槫（檩）之下一根顺槫木方。大约相当于清式建筑中，附着于檩（桁）之下的木枋。清式建筑，一般会在木枋与檩子之间，加一个垫板，大体上形成所谓"檩-垫-枋"的做法。而宋式建筑中，则

图 6-43　大木作梁架襻间示例—山西太原晋祠圣母殿（白海丰摄）

将这根顺槫木方紧贴槫身。这根木方就成为襻间。襻间之下，则可能会用令栱，或驼峰等，与其下梁栿相衔接。有时也会用替木取代襻间，将屋槫，通过替木，直接由令栱相承，并与其下的驼峰、梁栿相衔接。

顺脊串

《营造法式》："凡蜀柱量所用长短，于中心安顺脊串；广厚如材，或加三分至四分；长随间；隔间用之。"[2]梁思成注："顺脊串和襻间相似，是固定左右两缝蜀柱的相互联系构件。"[3]

顺脊串与襻间的区别在于，襻间一般位于槫之下，起到将槫下两缝梁架拉结在一起的联系作用，而顺脊串

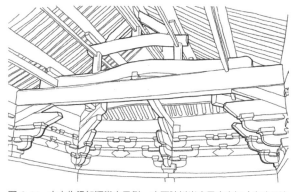

图 6-44　大木作梁架顺脊串示例—山西陵川崔府君庙山门（自陈明达《〈营造法式〉辞解》）

则位于脊槫下两缝梁架上之蜀柱（侏儒柱）的柱头之间，用以拉结与固定梁缝梁架上承托脊槫的蜀柱。（图6-44）

1. 梁思成. 梁思成全集. 第七卷. 第148页. 注67. 中国建筑工业出版社. 2001年.

2. [宋] 李诫. 营造法式. 卷五. 大木作制度二. 侏儒柱.

3. 梁思成. 梁思成全集. 第七卷. 第148页. 注69. 中国建筑工业出版社. 2001年.

第四节　柱额体系

以木构架为基本特征的中国古代木构建筑，在高度方向，大体上可以分为三个部分。其一，基座部分，即用夯土夯筑并以砖石包砌的房屋台座；其二，屋身部分，这部分外观上可能看到的是房屋的墙体与门窗格扇，但其结构的本体，是支撑房屋梁架与屋顶的柱子与将柱子拉结成为一个结构整体的额或地栿；其三，屋顶部分，即前文讨论的房屋之梁架、槫檩、椽望、瓦顶等屋顶组成部分。

柱额体系，是房屋空间的实际构成部分，是房屋的本质所在，台基与屋顶，都是为了由柱额体系，及墙体、门窗等所构成的房屋空间本身所产生并存在的。

柱

作为房屋结构主要支撑构件的"柱"，很可能伴随了中国古代建筑萌芽、诞生与发展的全过程。《尚书》中有地名曰"砥柱"，似已暗示出"柱"之砥砺支撑的概念性意义。

《周易》中有"大过"之卦，其卦中有："'栋隆'之吉，不桡乎下也"之象。其疏曰："以屋栋桡弱而偏，则屋下榱柱亦先弱。柱为本，栋为末，观此《象》辞，是足见其义。"[1] 这里的"屋下"，显然是房屋建筑，而其内结构，以"柱为本"，以"栋为末"。可知古人很早就注意到"柱"在房屋结构中的根本性作用。

柱，亦称"楹"，如《营造法式》云："柱，其名有二：一曰楹，二曰柱。"[2]《营造法式》引："《礼》：楹，天子丹，诸侯黝，大夫苍，士黈。（黈，黄色也。）"[3] 可知，早在《周礼》中，已经将房屋之柱楹所使用的色彩，作为封建等级分划的一个标志。

《营造法式》："凡用柱之制，若殿阁即径两材两栔至三材，若厅堂柱即径两材一栔，余屋即径一材一栔至两材。"[4] 这里给出了宋代三类建筑中柱子直径尺寸的确定方法：

1. 殿阁（殿堂）式：其径为两材两栔至三材，折合为 42 分至 45 分。

2. 厅堂式：其径为两材一栔，折合为 36 分。

3. 余屋式：其径为一材一栔至两材，折合为 21 分至 30 分。

这里的"分"，皆为依据宋代材分度量单位所确定之"分"，其值随材等大小而变化，其音当读为"份"。

---

1. [魏] 王弼等注、[唐] 孔颖达疏. 周易正义. 上经随传卷三. 大过.
2. [宋] 李诫. 营造法式. 卷一. 总释上. 柱.
3. [宋] 李诫. 营造法式. 卷五. 大木作制度二. 柱.
4. [宋] 李诫. 营造法式. 卷五. 大木作制度二. 柱.

柱之高度

《营造法式》："若厅堂等屋内柱，皆随举势定其短长，以下檐柱为则。（若副阶、廊舍，下檐柱虽长，不越间之广。）"[1]

关于房屋柱子高度的确定，始终是宋代建筑研究中的一个难点。这里给出了确定宋代建筑柱子高度的两个基本要素：

其一，建筑师可以先确定房屋的剖面，而房屋剖面高度之确定，又取决于房屋前后檐柱的长度。即先确定房屋檐柱的高度，以外檐出挑之斗栱与槫方（橑风槫或橑檐方）的标高与位置，确定屋顶起举高度与举折曲线，进而确定屋内柱的长度。

其二，确定屋内柱的长短。即随房屋举势之高下，确定屋内柱的长短。亦即由房屋剖面之举折曲线所推定的槫檩高度，及承托槫檩之梁栿所处的标高，确定屋内柱长短。

作为房屋高度推定的一个基本参数——檐柱高度，也有一个大致的控制值，即"若副阶、廊舍，下檐柱虽长，不越间之广。"即在最为接近人之尺度的殿阁（殿堂）式房屋的副阶部分，或是在等级较低的廊舍建筑，当然也应当包括一般的厅堂、余屋等，其下檐柱的高度，应该控制在不超过"间之广"这个尺度之内。重要的是，这里的"间之广"，绝非一座房屋之任一开间的开间之广，更大可能是指这座房屋当心间的开间之广。

以笔者的观察，唐宋辽金时期的建筑中，确实存在这一规则，如在大型建筑中，如辽宁九开间的辽代辽宁奉国寺大殿中，其当心间檐柱的高度，大体上与当心间开间的距离相当。而在规模较小的建筑中，如同是辽代的蓟县独乐寺山门中，其当心间檐柱的高度，却恰好等于其当心间开间距离的 0.71（即 $1/\sqrt{2}$）。这一时期的一些中等规模的建筑，如五开间、七开间的厅堂舍屋，其当心间檐柱的高度，大约在当心间开间距离的 0.8—0.9 左右。这或也从一定程度上，证明了《营造法式》中所谓"下檐柱虽长，不越间之广"，主要指的还是当心间的间广。

柱之生起

不同于宋以前建筑之檐口及屋脊较为平直硬挺的豪劲式风格，也不同于明清时期建筑之正脊平直，而檐口至屋角略有起翘的羁直式造型，宋代中叶以来的建筑，无论是正脊还是屋檐，都采用了比较柔和而曲婉的醇和式[2]曲线形式。造成这一曲婉醇和的

---

1. [宋] 李诫 . 营造法式 . 卷五 . 大木作制度二 . 柱 .
2. 这里引用了梁思成《中国建筑史》所绘《历代木构殿堂外观演变图》中，将古代木构建筑分为豪劲时期、醇和时期、羁直时期的风格表述。见《梁思成全集》. 第四卷 . 第 220 页 . 中国建筑工业出版社 . 2001 年 .

屋顶形式，是通过宋代建筑中从柱子到各层槫檩，乃至脊槫上都采用的"生起"做法。而屋顶各部分之生起，其基本点是基于房屋四檐檐柱高度由心间向转角渐次增高的所谓"生起"做法。（图6-45）

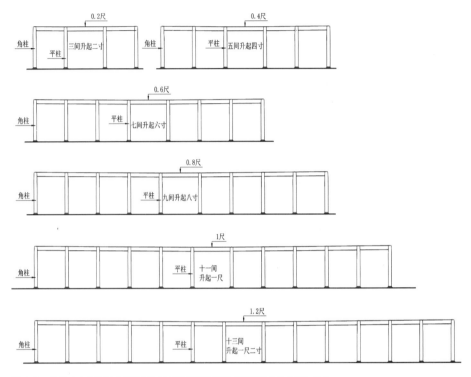

图 6-45　宋代大木作制度角柱生起示意（买琳琳摹绘自《梁思成全集》第七卷）

《营造法式》："至角则随间数生起角柱。若十三间殿堂，则角柱比平柱生高一尺二寸。（平柱谓当心间两柱也。自平柱叠进向角渐次生起，令势圜和；如逐间大小不同，即随宜加减，他皆仿此。）十一间生高一尺；九间生高八寸；七间生高六寸；五间生高四寸；三间生高二寸。"[1]

这就是宋代建筑生起做法的典型表述，即自当心间平柱向两侧转角柱，渐次生起，原则上每一间生高 2 寸，且令由柱与额形成的曲线之势圜和。这一通过从中间向两侧渐次生起，以造成某种圜和曲线的做法，从檐柱到橑檐方上皮、及各层槫上皮都会出现，从而造成宋代建筑优柔圜和之曲缓的屋顶效果。

梁思成注："唐宋实例角柱都生起，明代官式建筑中就不用了。"[2]

1.[宋]李诫.营造法式.卷五.大木作制度二.柱.
2.梁思成.梁思成全集.第七卷.第137页.注43.中国建筑工业出版社.2001年.

梭柱

梭柱，顾名思义，是在柱子上下作收束状卷杀，形类织布之梭子的柱子。唐代以前的柱子，会在柱身上下作收束，形成梭状。现存日本奈良飞鸟时代的法隆寺中门及金堂等早期木构建筑的柱子，保持了这种上下收束的梭形做法。梁思成注："将柱两头卷杀，使柱两头较细，中段略粗，略似梭形。明清官式一律不用梭柱，但南方民间建筑中一直沿用，实例很多。"[1]

《营造法式》："凡杀梭柱之法，随柱之长，分为三分，上一分又分为三分，如栱卷杀，渐收至上径比栌枓底四周各出四分；又量柱头四分，紧杀如覆盆样，令柱头与栌枓底相副。其柱身下一分，杀令径围与中一分同。"[2]其意大致是说，将一根柱子分成三分，将柱子上部 1/3 长度，按照文中的描述，作卷杀的处理，使之略呈梭形。但其中间的 1/3 长度，与柱子下部的 1/3，都保持与中间柱径相同的形式。换言之，宋代建筑中的梭柱，是仅在柱子上部 1/3 部分作收束性卷杀处理。具体的卷杀削制方式，如《营造法式》文本中的描述。（图 6-46）

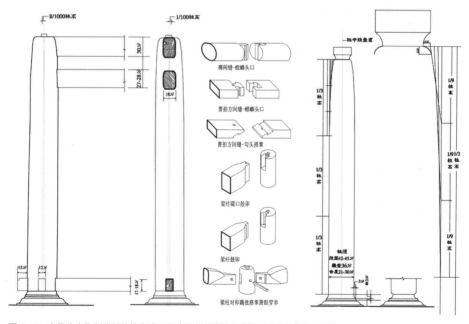

图 6-46　宋代大木作制度杀梭柱之法示意（买琳琳摹绘自《梁思成全集》第七卷）

1.梁思成.梁思成全集.第七卷.第 137 页.注 44.中国建筑工业出版社.2001 年.

2.[宋]李诫.营造法式.卷五.大木作制度二.柱.

檐柱

檐柱，即一座房屋最外侧的柱子。檐柱之上，通过出跳斗栱承托橑檐方（或橑风槫），以支撑屋顶出檐。没有斗栱的房屋，则直接从檐柱心之柱头方上出檐。如《营造法式》在"举屋之法"中所云，屋顶起举之前后檐距离："若余屋柱头作，或不出跳者，则用前后檐柱心。"[1]即其意也。（图6-47）

图 6-47　唐宋建筑前檐柱示例—山西五台佛光寺东大殿（白海丰摄）

副阶檐柱

如房屋为重檐屋顶，其平面四围最外侧之柱，即其下檐柱，亦称副阶檐柱。其功能是承托房屋下檐，或称副阶檐。（图6-48）

图 6-48　唐宋建筑副阶檐柱示例—山西太原晋祠圣母殿（白海丰摄）

殿身檐柱

单檐建筑之四周最外侧柱子，即为其殿身檐柱。重檐建筑者，其殿身檐柱，是承托重檐屋顶之上檐四周之出挑檐口的柱子。（图6-49，图6-50）

屋内柱

一座建筑，除副阶檐柱，及殿身檐柱之外，凡位于建筑平面四檐之内的柱子，一般称内柱。但在厅堂，及余屋建筑中，其四檐以里的柱子，则称屋内柱。（图6-51）

下檐柱

下檐柱，一般是指重檐屋顶建筑之四围副阶檐柱。但若是楼阁式建筑，则指其首层平面最外侧的柱子，或称首层檐柱。（图6-52）

1.［宋］李诫.营造法式.看详.举折.

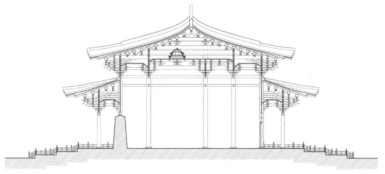

唐洛阳宫乾元殿　横剖面推想图（副阶檐下铺作为八铺作）

0　　9　　27　　54（唐尺）

图 6-49　唐宋建筑重檐殿堂殿身（上檐）檐柱示例—唐洛阳宫乾元殿（笔者复原）

图 6-51　唐宋建筑屋内柱示例—福建福州华林寺大殿（唐恒鲁摄）

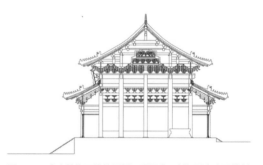

图 6-50　唐宋建筑单檐殿堂殿身檐柱示例—福建福州华林寺大殿（唐恒鲁摄）

图 6-52　大木结构下檐柱示例—明河南开封相国寺大殿横剖（笔者复原）

平坐柱

　　平坐柱，意为承托其上平坐斗栱及梁栿的过渡性矮柱，一般位于下层柱头（及其上平坐斗栱）之上，上层承托地面方之铺作栌斗下的柱子。一般情况下，每一平坐层，各有其平坐柱。（图 6-53，图 6-54）

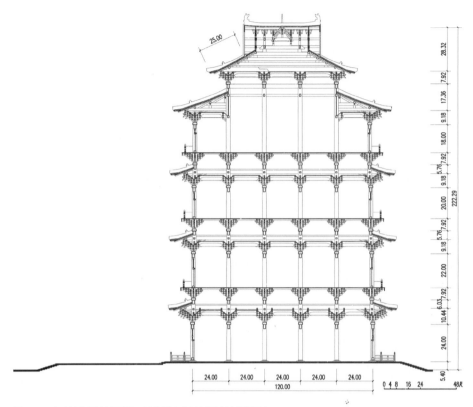

图 6-53　大木结构平坐柱示例—元上都大安阁剖面（笔者复原）

图 6-54　唐宋建筑大木结构平坐柱示例—山西大同善化寺普贤阁（闫崇仁摄）

永定柱

宋代建筑中的"永定柱"有两层意思：

其一，是指深栽于城墙之基上，承托城墙荷载的木桩。如《营造法式》："城基开地深五尺，其厚随城之厚。每城身长七尺五寸，栽永定柱。（长视城高，径尺至一尺二寸。）"[1]

其二，是指自地面直立，以支撑房屋平坐的柱子。《营造法式》："凡平坐先自地立柱，谓之永定柱；柱上安搭头木，木上安普拍方；方上坐斗栱。"[2]敦煌壁画中所描绘之立于水中的平坐，其下柱子，深栽于水下土中，即为永定柱。同样是敦煌壁画中所表现之木构高台建筑，承托其台（平坐），且直立于地面上的长柱，亦称永定柱。（图 6-55）

楼阁柱

二层以上的楼阁式建筑，在其首层檐口之上设平坐，平坐上所立二层柱，即为二层的楼阁柱。以上各层楼阁，在各自平坐之上，各有起楼阁柱。楼阁柱，既有楼阁檐柱，也有楼阁内柱。（图 6-56）

上檐檐柱

重檐屋顶之殿身檐柱，一般为上檐檐柱。楼阁式屋顶，各层楼阁檐柱，相对于其下层檐柱，都可称为上檐檐柱。（图 6-57）

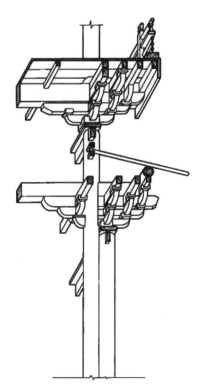

图 6-55 唐宋建筑大木结构永定柱示例 - 河北正定隆兴寺慈氏阁平坐柱（自郭黛姮《中国古代建筑史》第三卷）

图 6-56 唐宋建筑大木结构楼阁柱示例一山西应县木塔（胡竞芙摄）

1. [宋] 李诫.营造法式.卷三.壕寨制度.城.
2. [宋] 李诫.营造法式.卷四.大木作制度一.平坐.

图 6-57 大木作上檐檐柱示例—山西大同善化寺普贤阁（白海丰摄）

地栿

宋代建筑中的"地栿"，是一个多义词，凡横卧于地面之上，连接两根屋柱，或连接入口两侧门框（即门槛），乃至连接一条钩阑两根望柱之间的木方，都可以称作"地栿"。（图 6-58）大木作制度中的地栿，主要属于柱额体系中，其性质有如阑额，或屋内额；但额是位于柱头标高上的木方，而地栿则是位于柱根标高处的梁方。

《营造法式》中关于地栿的讨论，放在阑额条目之下："凡地栿，广加材二分至三分，厚取广三分之二；至角出柱一材。（上角或卷杀作梁切几头。）"[1]

图 6-58 大木作地栿示例—山西五台佛光寺东大殿（白海丰摄）

梁思成注："地栿的作用与阑额、屋内额相似，是柱脚间相互联系的构件。宋实例极少。现在南方建筑还普遍使用。原文作'广如材二分至三分'。'如'字显然是'加'字之误，所以这里改作'加'。"[2]

---

1. [宋] 李诫. 营造法式. 卷五. 大木作制度二. 阑额.
2. 梁思成. 梁思成全集. 第七卷. 第 135 页. 注 40. 中国建筑工业出版社. 2001 年.

可知，地栿的断面高度，为一材二分，至一材三分，折合为17分或18分。地栿之厚为其断面高度的2/3。则地栿厚度一般约为12分左右。

腰串

凡位于两根立柱之间，且其标高处于两柱之柱腰部位，起到联系两柱作用的木方，一般都称"腰串"。事实上，腰串更多出现在小木作制度中，称为格子门、乌头门、牙脚帐等小木作名件中不可或缺的横向构件。（图6-59）

顺栿串（顺脊串）

连接前后两蜀柱之上端，位于房屋梁栿，主要是乳栿或劄牵之下，且与梁栿相平行的木方，称为顺栿串。顺栿串，多少类似于清式建筑中的随梁方。不同的是，随梁方在清式建筑中，应用的位置较为宽泛，而宋代建筑中的顺栿串，所用位置较为明确。如《营造法式》："凡顺栿串，并出柱作丁头栱，其广一足材；或不及，即作楮头，厚如材。在牵梁或乳栿下。"[1]

图 6-59　大木作腰串示例—河北正定隆兴寺摩尼殿（白海丰摄）

图 6-60　大木作顺栿串示例—山西平遥文庙大成殿（闫崇仁摄）

顺栿串的断面高度为一足材，即21分。出柱后凿为丁头栱状。但若不够一材的断面高度，则出柱后雕为楮头状。两种情况下的顺栿串，其厚度均为一材，即15分。（图6-60）

---

1. [宋] 李诫.营造法式.卷五.大木作制度二.侏儒柱.

柱础

以木构架支撑屋顶的中国古代建筑，坐落在以土夯筑，以砖石包砌的台基之上。为了保证房屋构架的稳定与坚固，避免载荷最为沉重的柱子，发生任何可能的竖向位移，承托柱脚的石制柱础，就变得不可或缺了。

中国古代木构建筑中的柱础，在战国、秦汉时期很可能已经萌芽。西汉初时人刘安所撰《淮南子》中提到："山云蒸，柱础湿。"[1]可知这时柱础已经是房屋建筑中比较常见的构件之一了。《周易正义》解"同气相求"之疏中也提到："'同气相求'者，若天欲雨而柱础润是也。此二者声气相感也。"[2]

正史中出现"柱础"二字，是在《北史》及《隋书》中。《隋书》中记载了一则有关汉代人所立刻经石碑的故事："至隋开皇六年，又自邺京载入长安，置于秘书内省，议欲补缉，立于国学。寻属隋乱，事遂寝废，营造之司，因用为柱础。贞观初，秘书监臣魏徵，始收聚之，十不存一。"[3]将古人石碑用作柱础，可见柱础的使用量很大，开凿与运输的过程也很繁杂，营造部门才会偷巧利用古人的石碑以代之。

从《营造法式》行文中观察，柱础始终与"定平""取平"等概念相联系。如："凡定柱础取平，须更用真尺较之。"[4]可知，古人十分清楚柱础的作用之一，是确保房屋柱脚之基都必须处于一个标高相同，且不会轻易发生任何竖直或水平位移的状态下。

宋代以前的房屋柱础，是落在经过细密夯实的土基之上的。自元代以来，为了保证柱础不会发生沉陷，会在础下再用乱石堆砌一个磉墩，其上置柱础。明代以降，高等级建筑物，如帝王宫殿中的殿堂楼阁，其磉墩是用砖层层砌筑而成的。磉墩的埋深往往很深，一定要落在房屋地基的坚实土层上，大约相当于现代房屋建造工程中，一般是将房屋的基础结构，落在经过科学勘定的地下持力层上的科学方法。（图6-61）

图6-61 大木作柱础示例—河北正定隆兴寺大悲阁（自陈明达《〈营造法式〉辞解》）

1.[汉]刘安.淮南子.卷十七.说林训.
2.[魏]王弼等注、[唐]孔颖达疏.周易正义.上经乾传卷一.乾.
3.[唐]魏徵等.隋书.卷三十二.志第二十七.经籍一（经）.
4.[宋]李诫.营造法式.营造法式看详.定平.

櫍

《尔雅》提到了櫍："椹谓之榩。斫木櫍也。"其疏曰："椹者，斫木所用以藉者之木名也，一名榩。孙炎云：斫木质也。"《诗·商颂》云：'方斫是虔'，是也。又名櫍。"[1]可知，櫍这一构件，不仅出现的很早，而且其称谓也多有不同，如椹、榩。两者的本义，均为斫木之砧。可知，櫍是由"斫木之砧"演化而来的一个建筑构件。

櫍是位于柱础与柱脚之间的一个过渡性垫托构件。櫍的出现很早，而且早期较高等级建筑中所用櫍，甚至会采用金属的质料。如《韩非子》中提到："君曰：'吾箭已足矣，奈无金何？'张孟谈曰：'臣闻董子之治晋阳也，公宫公舍之堂皆以炼铜为柱质，君发而用之。'"[2]可知，在战国时期的宫殿建筑中，已经出现用铜制作柱櫍的做法。

《营造法式》中提到："《说文》：櫍，（之日切，）柎也。柎，阑足也。楮，（章移切，）柱砥也。古用木，今以石。"[3]櫍，亦可称作柎、楮，其意为阑足，或柱砥。大意都是指位于柱之根基部位的构件。

梁思成对櫍作了更为细致的解释："櫍是一块圆木板，垫在柱脚之下，柱础之上。櫍的木纹一般与柱身的木纹方向成正角，有利于防阻水分上升。当櫍开始腐朽时，可以抽换，可使柱身不受影响，不致'感染'而腐朽。现在南方建筑中还有这种做法。"[4]（图 6-62）

图 6-62　大木作柱櫍示例—河北蔚县重泰寺天王殿（自陈明达《〈营造法式〉辞解》）

《营造法式》中还给出了柱櫍的雕造方式及造型："凡造柱下櫍，径周各出三分；厚十分，下三分为平，其上并为欹；上径四周各杀三分，令与柱身通上匀平。"[5]

宋代高等级建筑物的柱櫍之上，可能会有彩绘细锦或莲华图案，可参见《营造法式》彩画作制度的相关描述。

---

1. [晋] 郭璞注、[宋] 邢昺疏 . 尔雅注疏 . 卷五 . 释宫第五 .
2. [战国] 韩非 . 韩非子 . 十过第十 .
3. [宋] 李诫 . 营造法式 . 第一卷 . 总释上 . 柱础 .
4. 梁思成 . 梁思成全集 . 第七卷 . 第 137 页 . 注 46. 中国建筑工业出版社 . 2001 年 .
5. [宋] 李诫 . 营造法式 . 卷五 . 大木作制度二 . 柱 .

侧脚

侧脚，是两宋辽金时代木构建筑中，较为常见的一种结构处理方式，其大意是，将房屋四围檐柱，即屋内柱，均相房屋平面的中心，做微微的倾斜状处理。其目的是对房屋整体结构，造成一种向内挤压的预应力，以此来抗衡未来可能出现的任何由水平荷载造成的侧移力，从而增加房屋结构在整体上的稳定形与坚固性。

《营造法式》："凡立柱，并令柱首微收向内，柱脚微出向外，谓之侧脚。每屋正面，（谓柱首东西相向者，）随柱之长，每一尺即侧脚一分；若侧面，（谓柱首南北相向者，）每长一尺，即侧脚八厘。至角柱，其柱首相向各依本法。（如长短不定随此加减。）"[1]（图 6-63）

这里的侧脚做法，准确而细微，且十分便于操作。其倾斜角度为 1/100 或 8/1000。经过这样的处理，房屋结构略呈底盘略大，柱顶盘略小的形式，从而巧妙地增加了房屋的稳定性。这显然是中国古代工匠们的一个十分巧妙的结构创造，多少体现了古代工匠们对于房屋结构受力，是有一定的科学理解与分析的。

梁思成以其注，将侧脚做法作了更为准确的表述："'侧脚'就是以柱首为中心定开间、进深，将柱脚向外'踢'出去，使'微出向外'。但原文作'令柱首微收向

图 6-63　大木作侧脚示例—天津蓟县独乐寺山门（买琳琳摄）

1.[宋]李诫.营造法式.卷五.大木作制度二.柱.

内，柱脚微出向外'，似乎是柱首
也向内偏，柱首的中心不再建筑物
纵、横柱网的交点上，这样必将会
给施工带来麻烦。这种理解是不合
理的。"[1]

楼阁柱侧脚

侧脚做法，不仅出现在坐落于
地面上的单层木构殿堂或厅堂等建
筑上，也会出现在二层或多层木构
楼阁建筑上。（图6-64）

《营造法式》："若楼阁柱侧
脚，祗以柱以上为则，侧脚上更加
侧脚，逐层仿此。（塔同。）"[2]

图6-64　大木作楼阁侧脚示例—山西应县木塔（胡竞芙摄）

梁思成对这句话作了评注："这句话的含义不太明确。……'柱以上'应改为'柱上'，
是以逐层的柱首为准来确定梁架等构件尺寸。"[3]

总之，宋代多层木构楼阁建筑，也会采用侧脚的做法，以增强楼阁建筑整体的向
心力，从而增强其结构的整体稳定性与强度。

侧脚墨

在实际操作中，房屋柱子侧脚的做法，是通过对柱子的柱脚、柱首各下侧脚墨，
并依据侧脚墨对柱脚、柱首截面进行加工而实现的。《营造法式》："凡下侧脚墨，
于柱十字墨心里再下直墨，然后截柱脚、柱首，各令平正。"[4]

梁思成解释了这一操作方式："由于侧脚，柱首的上面和柱脚的下面（若与柱中
心线垂直）将与地面的水平面成1/100或8/1000的斜角，因此须下'直墨'，'截柱脚、
柱首，各令平正。'与水平的柱础取得完全平正的接触面。"[5]

1.梁思成.梁思成全集.第七卷.第137页.注47.中国建筑工业出版社.2001年.

2.[宋]李诫.营造法式.卷五.大木作制度二.柱.

3.梁思成.梁思成全集.第七卷.第137页.注47.中国建筑工业出版社.2001年.

4.[宋]李诫.营造法式.卷五.大木作制度二.柱.

5.梁思成.梁思成全集.第七卷.第137页.注48.中国建筑工业出版社.2001年.

也就是说，为使柱身向内倾斜，则须通过下侧脚墨的方式，使其柱脚与柱首形成一个与柱身略呈倾斜状，但最终完全平行于地面的截面，而使其在柱身竖立之时，能够做到既保持其柱脚与柱首的平正，又做到使其柱身能够达到精准的向内倾斜度。

额

额，指房屋两柱柱首之间的拉结性、联系性木方构件。宋代建筑之外檐檐柱柱首之间所用额，称为阑额。屋内柱柱首之间所用额，称为内额。此外，面广长度较小的建筑物，如三开间或五开间的殿阁，或厅堂、余屋等，有时会在檐柱柱头之上，用一根与其通面广长度相当的通长之额，称为檐额。

阑额

阑额，主要是指出现于房屋四檐檐口之下，即四围檐柱柱首之间的额。《营造法式》："造阑额之制：广加材一倍，厚减广三分之一，长随间广，两头至柱心，入柱卯减厚之半。两肩各以四瓣卷杀，每瓣长八分。如不用补间铺作，即厚取广之半。"[1]

阑额的断面高度，为 2 材，合为 30 分；厚度，减高度尺寸的 1/3，为 20 分。故其厚高比为 2/3，恰与宋代材分制度中一材的厚高比相同。（图 6-65）

阑额的长度，由开间间广所确定，两头插入柱心。入柱部分的柱卯，高度不减，但厚度减为 10 分。阑额断面上端两侧棱，即两肩，各以四瓣卷杀，每瓣的长度为 8 分。

阑额上一般会承托外檐斗栱补间铺作，但若不用补间铺作时，其厚度可适当减薄，仅取其断面高度的 1/2，即额高 30 分，其厚仅 15 分。

檐额

檐额者，其长为通檐长度之额。故而，檐额一般不入柱心，而是覆压于檐柱柱头之上。额两端则伸出柱外。（图 6-66）

学术态度严谨的梁思成先生，对檐额的表述十分谨慎："檐额和阑额在功能上有何区别，'制度'中未指出，只能看出檐额的长度没有像阑额那样规定'长随间广'，而且'两头并出柱口'；檐额下还有绰幕方，那是阑额之下所没有的。在河南省济源县济渎庙的一座宋建的临水亭上，所用的是一道特大的'阑额'，长贯三间，'两头

---

1. [宋] 李诫 . 营造法式 . 卷五 . 大木作制度二 . 阑额 .

图 6-65　大木作阑额示例—福建福州华林寺大殿（唐恒鲁摄）

图 6-66　大木作檐额示例—河南济源济渎庙龙亭（自 lycs001）

并出柱口'，下面也有'广减檐额三分之一，出柱长至补间，相对作楂头'的绰幕方。因此推测，临水亭所见，大概就是檐额。"[1]

　　《营造法式》："凡檐额，两头并出柱口；其广两材一栔至三材；如殿阁，即广三材一栔，或加至三材三栔。"[2] 显然，由于檐额长度较长，其断面高度的要求也比较大。檐额断面高度，为两材一栔至三材，即其额断面可达 36 分，乃至 45 分之高。若

---

1. 梁思成 . 梁思成全集 . 第七卷 . 第 135 页 . 注 36. 中国建筑工业出版社 . 2001 年 .
2. [宋] 李诫 . 营造法式 . 卷五 . 大木作制度二 . 柱 .

是用于殿阁类高等级建筑中，其断面高度，还需加大，如高三材一栔，或三材三栔，即高度可达 51 分至 63 分。

需要再次强调的是，上文所提到的长度单位"分"，都是宋代材分制度中的长度度量单位——分（音"份"），而非当时标准度量单位之分、寸、尺、丈中的"分"。

绰木方

凡用檐额时，为了保证檐额与柱首之间有紧密的联系，且保证檐额有足够的结构承载能力，一般需要在檐额之下，柱首位置上，加一个构件——绰幕方。其功能既是减小其上之额的跨度，也可能有将檐柱柱首，与其上檐额，更为紧密地联系在一起的作用。（图 6-67）

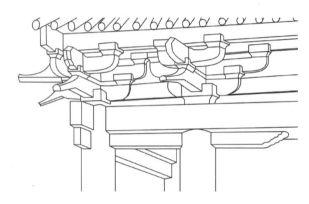

图 6-67　大木作绰幕方示例—河南济源济渎庙龙亭（摹自《梁思成全集》

《营造法式》："檐额下绰幕方，广减檐额三分之一；出柱长至补间；相对作楷头或三瓣头，（如角梁。）"[1]绰幕方的断面高度，是檐额断面高度的 2/3，出柱的长度，可以到达设置补间铺作的位置。绰幕方两端，要处理成楷头，或三瓣头的样式。其三瓣头式的雕斫轮廓，大约类似于角梁出头的轮廓式样。

梁思成注："绰幕方，就其位置和相对大小说，略似清式中的小额枋。'出柱'做成'相对'的'楷头'，可能就是清式'雀替'的先型。"[2]

由额

《营造法式》："凡由额，施之于阑额之下。广减阑额二分至三分。（出卯，卷杀并同阑额法。）如有副阶，即于峻脚椽下安之；如无副阶，即随宜加减，令高下得中。（若副阶额下，即不须用。）"[3]

1.［宋］李诫.营造法式.卷五.大木作制度二.阑额.
2.梁思成.梁思成全集.第七卷.第135页.注36.中国建筑工业出版社.2001年.
3.［宋］李诫.营造法式.卷五.大木作制度二.阑额.

由额，是位于柱身上部接近柱
头位置，但却位于阑额之下的一根
柱间联系构件。（图 6-68）若有副
阶，其殿身檐柱阑额之下的由额，
当置于承托副阶檐椽尾，即峻脚椽
之下。若没有副阶，由额的高度位
置，可随宜加减，使其高下适中即
可。但是在殿阁建筑的副阶檐下，
其柱头上则仅用阑额，不用由额。

图 6-68　大木作由额示例—山西平遥镇国寺万佛殿（白海丰摄）

由额的断面高度，略小于其上的阑额。即其高减阑额二分至三分。以阑额断面高
为 2 材，即 30 分计，则其下由额断面高度，约为 28 分，或 27 分。

立旌

唐代建筑中，在外檐柱间，亦会设置两重额，其上当为阑额，其下疑为由额。相
较于宋代建筑，唐代建筑的阑额与由额，断面高度似乎都略小一些，为了增加额之强
度，唐人在阑额与由额之间，加了一组垂直方向个构件，以将阑额与由额，拉结在一起。
这一构件称为"立旌"。（图 6-69）

宋代建筑之檐柱间，似已不见立旌的做法。但在宋式建筑小木作中，立旌仍是较
为常见的构件。

屋内额

屋内额，指房屋结构中，连接室内两柱柱首之间的横长木方。《营造法式》：
"凡屋内额，广一材三分至一材一栔，厚取广三分之一；长随间广，两头至柱心或
驼峰心。"[1]（图 6-70）

可知，屋内额的断面似乎较小，断面高度为一材三分至一材一栔，折合为 18 分
至 21 分；断面厚度仅为其高的 1/3，约在 6 分至 7 分间。

梁思成认为："从材、分大小看，显然不承重，只作柱头间或驼峰间相互联系
之用。"[2] 显然，屋内额只是一种联系性构件，其位置在屋内柱首之间，或柱头之上
的驼峰之间，功能略近于斗栱铺作中的罗汉方，断面也仅比罗汉方稍大一点。

1. [宋] 李诚. 营造法式. 卷五. 大木作制度二. 阑额.
2. 梁思成. 梁思成全集. 第七卷. 第 135 页. 注 39. 中国建筑工业出版社. 2001 年.

图 6-69　大木作立旄示例—山西平遥文庙大成殿（白海丰摄）

图 6-70　大木作屋内额示例—山西大同善化寺山门（白海丰摄）

第五节　转角梁栿

唐宋时期建筑之四阿（五脊）式、厦两头造（九脊）式、两际式、斗尖式四种屋顶形式中，除了两际式屋顶外，其余如四阿式、厦两头造式、斗尖式三种，在屋顶造型处理中，都会出现屋顶转角（或翼角）做法，从而也会出现支撑房屋翼角结构的转角梁栿。

抹角栿（递角栿）

承托房屋翼角结构的梁栿中，最为常见的是抹角栿（抹角梁）。所谓"抹角栿"，指的是在房屋转角处出现的，与转角两侧边各呈45度斜向，并与两直角边在平面上构成一个三角形的梁栿。

《营造法式》："若在两面，则安丁栿。丁栿之上别安抹角栿，与草栿相交。"[1] 可知抹角栿可能会搭在两山结构的丁栿之上，并与草栿相交，形成一个承托上部结构的梁栿。抹角栿，一般呈现为与房屋转角处之直角三角形的斜边形式，可能会施之于房屋转角处出现的丁栿之上，并与大约相同标高上的草栿相交，以承托房屋转角处上部翼角结构，如角梁尾部等构件的荷载。（图6-71，图6-72）

图 6-71　大木作抹角栿示例—河北正定隆兴寺摩尼殿（白海丰摄）

图 6-72　大木作抹角栿示例—山西太谷净信寺明代大殿

虽然，《营造法式》文本中，并未出现递角栿这一术语，但在唐宋辽金建筑实例中，却常常能够见到递角栿的做法。与抹角栿一样，递角栿一般也出现在转角位置，

---

1. [宋] 李诫 . 营造法式 . 卷五 . 大木作制度二 . 梁 .

递角栿与房屋室内转角呈 45 度斜向布置，与转角结构中的角梁，在水平投影上，恰好重合。其功能，除了加强房屋外檐角柱与屋内柱的联系外，偶然也会起到承托其上结构，或转角铺作尾部构件的作用。（图 6-73，图 6-74）

图 6-73　大木作递角栿示例—山西大同华严寺薄伽教藏殿（闫崇仁摄）

图 6-74　大木作递角栿示例—山西平遥镇国寺万佛殿（白海丰摄）

阳马

阳马，作为一种建筑构件的名称，出现的很早，如《晋书》中引西晋人张协《七命》赋，中有："赪素焕烂，纷栱嵯峨，阴虹负檐，阳马承阿。"[1]《艺文类聚》引魏卞兰许昌宫赋中亦有："见栾栌之交错，睹阳马之承阿"[2]句，其意都是指承托四阿之转角的"阳马"。

《营造法式》："阳马（其名有五：一曰觚棱，二曰阳马，三曰阙角，四曰角梁，五曰梁抹。）"[3]《营造法式》释名中，进一步解释阳马："何晏《景福殿赋》：承以阳马。（阳马，屋四角引出以承短椽者。）"[4]阳马之异名中，我们最熟悉者，即是角梁。换言之，阳马即是角梁的另外一种称谓，其作用是自屋四角引出，以承翼角之短椽者。这里的短椽，应是南北朝之前的做法，宋代时已经呈现为翼角椽的做法。

角梁

角梁，其实是复杂的翼角结构中之转角梁栿构件——阳马的一个概称。其实，在唐宋建筑翼角结构中，角梁又进一步分为大角梁、子角梁与隐角梁，三个构件。其大角梁，类似于清式建筑的老角梁；子角梁，类似于清式建筑中的仔角梁（或小角梁）。隐角梁，似乎不见于清式建筑。此外，还又续角梁，当是接续子角梁之尾，继续斜戗向上的一种构件。

《营造法式》中给出了大角梁与子角梁的长度："凡角梁之长，大角梁自下平槫至下架檐头；子角梁随飞檐头外至小连檐下，斜至柱心，（安于大角梁内。）隐角梁随架之广，自下平槫至子角梁尾，（安于大角梁中。）皆以斜长加之。"[5]由此，大体上可以知道：宋式建筑大角梁的梁尾，在下平槫缝，梁首在下架檐头，即与檐口椽子头的位置接近；子角梁，梁尾之檐柱柱心缝上，梁首在飞檐头外小连檐下，略比檐口飞子头向外一点；隐角梁则随梁架深度确定，其梁尾亦起自下平槫缝，其梁首则伸至子角梁尾部。各角梁长度，均是以房屋转角处45度斜长及向上发戗所起斜坡的长度推算出来的。

大角梁

《营造法式》："造角梁之制：大角梁，其广二十八分至加材一倍；厚十八分至

1.[唐]房玄龄等.晋书.卷五十五.列传第二十五.张载（弟协、协弟六）传.
2.[唐]欧阳询.艺文类聚.卷六十二.居处部二.宫.
3.[宋]李诫.营造法式.营造法式看详.诸作异名.阳马.
4.[宋]李诫.营造法式.卷一.总释上.阳马.
5.[宋]李诫.营造法式.卷五.大木作制度二.阳马.

二十分，头下斜杀长三分之二。（或于斜面上留二分，外余直，卷为三瓣。）"[1] 大角梁是承托翼角荷载的主要构件，其断面高度为 28 分，也可高至两材（即 30 分）；其厚度为 18 分，至 20 分。

图 6-75　大木作大角梁示例—山西应县净土寺大殿（白海丰摄）

关于角梁头的做法，这里说的有一点模糊，如梁先生所质疑的："'斜杀长三分之二'很含糊。是否按角梁全长，其中三分之二的长度是斜杀的？还是从头下斜杀的？都未明确规定。"[2]

角梁外露部分的端头下部，要处理成三卷瓣的形式，从而在视觉上，使得角梁的出头不至于太过粗糙。（图 6-75）

子角梁

《营造法式》："子角梁，广十八分至二十分，厚减大角梁三分，头杀四分，上折深七分。"[3] 子角梁的断面高度，为 18 分至 20 分，略与大角梁的断面厚度尺寸相近。但其厚度尺寸，仅减大角梁厚度的 3 分，即其厚约为 15 分至 17 分。

子角梁头，仍作折杀的处理，其头杀 4 分，其上向下折 7 分，以使子角梁在造型上呈现为向上的折线形式，从而造成翼角起翘的效果。（图 6-76）

隐角梁

《营造法式》："隐角梁，上下广十四分至十六分，厚同大角梁，或减二分，上两面隐广各三分，深各一椽分（余随逐架接续，隐法皆仿此。）"[4]

隐角梁的断面高度尺寸，似乎比子角梁更为小，仅有 14 分至 16 分，但其厚度则与大角梁同，或略减 2 分。其文中所谓"上两面隐广各三分，深各一椽分"，意思并不十分明确，大意似乎是说，隐角梁上部两侧，各被其上的椽子遮挡了 3 分，并埋入

---

1. [宋] 李诫.营造法式.卷五.大木作制度二.阳马.
2. 梁思成.梁思成全集.第七卷.第 139 页.注 51.中国建筑工业出版社.2001 年.
3. [宋] 李诫.营造法式.卷五.大木作制度二.阳马.
4. [宋] 李诫.营造法式.卷五.大木作制度二.阳马.

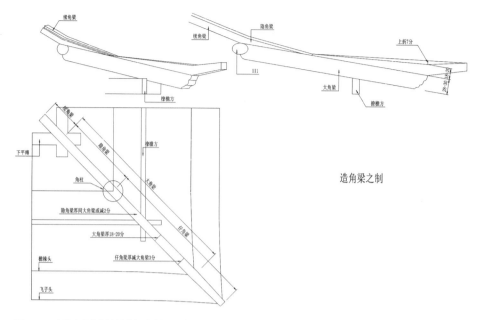

图 6-76　宋代大木作制度造角梁之制—子角梁、隐角梁（买琳琳摹绘自《梁思成全集》第七卷）

椽中一个椽分（约为椽径的 1/10）。现存遗构中，似未见宋式隐角梁做法较为明晰的实例。（参见图 6-76）

　　梁思成释曰："隐角梁相当于清式小角梁的后半段。在宋《营造法式》中，由于子角梁的长度只到角柱中心，因此隐角梁从这位置上就开始，而且再上去就叫做续角梁。这和清式做法有不少区别。清式小角梁（子角梁）梁尾和老角梁（大角梁）梁尾同样长，它已经包括了隐角梁在内。《营造法式》说'余随逐架接续'，亦称'续角梁'的，在清式中称'由戗'。"[1]

续角梁

　　关于续角梁，在《营造法式》大木作制度有关"阳马"的叙述中，仅仅提到："凡造四阿殿阁，若四椽、六椽五间及八椽七间，或十椽九间以上，其角梁相续，直至脊槫，各以逐架斜长加之。"[2] 这里所说的"角梁相续"，指的就是续角梁。也就是说，续角梁可以自大角梁尾，即下平槫缝，一直斜戗向上，接续到脊槫缝上。其长各以其斜长推算之。（图 6-77）

1. 梁思成 . 梁思成全集 . 第七卷 . 第 139 页 . 注 52. 中国建筑工业出版社 . 2001 年 .
2. [宋] 李诫 . 营造法式 . 卷五 . 大木作制度二 . 阳马 .

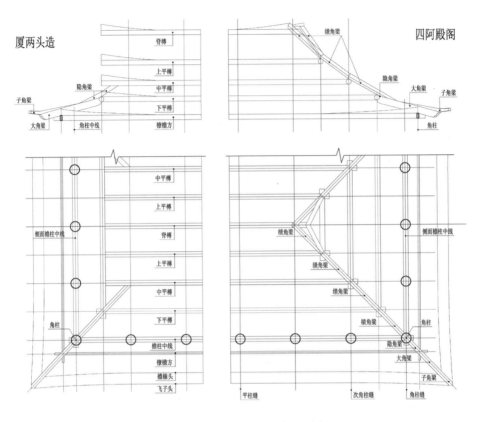

图 6-77　宋代大木作制度续角梁做法（买琳琳摹绘自《梁思成全集》第七卷）

　　《营造法式》在"大木作功限"明确给出了"续角梁"这一概念："续角梁：每一条六分五厘功（材每增、减一等，各加、减一分功。）"[1] 这一概念同时也出现在"诸作用钉料例"中："大角梁，每一条，（续角梁二枚。子角梁三枚。）"[2] 可知，续角梁是宋式建筑中一个十分确定的概念，只是在《营造法式》"阳马"一节，没有对续角梁做专题的描述，但其行文中，还是多少隐含了续角梁做法的表述。

推山

　　如前所述，如果是四阿，或五脊式屋顶，其续角梁会一直延伸至脊槫之下。这时需要采用"推山"的做法，将房屋正脊梁端略略相外推出，以保证四阿屋顶之四根垂脊，有优雅而圆缓的具有三维空间感的曲线。

---

1. [宋]李诫.营造法式.卷十九.大木作功限三.殿堂梁柱等事件功限.
2. [宋]李诫.营造法式.卷二十八.诸作用钉料例.用钉数.

图6-78　大木作四阿顶推山示例—山西大同善化寺大殿（白海丰摄）

推山的做法，在《营造法式》有关阳马的叙述中，也有所提到："如八椽五间至十椽七间，并两头增出脊槫各三尺。（随所加脊槫尽处别施角梁一重，俗谓之吴殿，亦曰五脊殿。）"[1]（图6-78）

关于清代庑顶式建筑的推山，梁思成有论述："由戗就是角梁的继续者，是四垂脊的骨干。由戗在各步架上并不一定须一直线相衔接，一方面又举架，一方面还可有推山，使它立面和平面的投影都是曲线，……推山只是庑殿所有，所以在这里解释。"[2]

可知，作为一个建筑术语，推山很可能是从明清时代才开始出现的，但从具体做法上，上文所引《营造法式》行文中，提到在使用"续角梁"时，"并两头增出脊槫各三尺。（随所加脊槫尽处别施角梁一重，俗谓之吴殿，亦曰五脊殿。）"[3]说的正是推山的做法，只是这里的续角梁，在清式建筑中，被称为"由戗"，具体退出脊槫（脊檩）的长度，宋式建筑与清式建筑，也有较为明显的差别，这里不做详细的讨论。

隐衬角栿

《营造法式》："凡角梁之下，又施隐衬角栿，在明梁之上，外至橑檐方，内至角后栿项；长以两椽材斜长加之。"[4]

1. [宋]李诚.营造法式.卷五.大木作制度二.阳马.
2. 梁思成.清式营造则例.第三章.大木.第二节.构架.第30页.中国建筑工业出版社.1981年.
3. [宋]李诚.营造法式.卷五.大木作制度二.阳马.
4. [宋]李诚.营造法式.卷五.大木作制度二.梁.

第六章　房屋梁柱体系：大木作梁架与柱额体系　　　315

梁思成注："隐衬角栿实际上就是一道'草角栿'"。[1] 以描述的"在明梁之上，外至橑檐方"，则大意是衬压于角梁之上，外伸至橑檐方缝的一根衬贴木方。但其后尾所描述的"内至角后栿项"，其义不详，梁先生也质疑之："'内至角后栿项'这几个字含义极不明确。疑有误或脱简。"[2]

但其文中所言隐衬角栿的长度，则明确是说跨了两个椽架的距离，并以其斜长加之，也说明这是一条比较长的草角栿，其功能显然是为了加强角梁的承载能力，及房屋转角部位的结构强度。

1.梁思成.梁思成全集.第七卷.第 132 页.注 23.中国建筑工业出版社.2001 年.
2.梁思成.梁思成全集.第七卷.第 132 页.注 24.中国建筑工业出版社.2001 年.

第七章 房屋斗栱体系：大木作斗栱体系

导 言

梁思成将中国建筑的结构分为三个大的部分，一是竖的支重部分，即房屋的柱子；二是横的被支部分，包括了梁、桁、椽，以及其他附属部分；三是两者之间的过渡部分，即斗栱。[1]

同时，梁先生对斗栱作了特别的定义："斗栱是中国系建筑所特有的形制，是较大建筑物的柱与屋顶间之过渡部分，其功用在承受上部支出的屋檐，将其重量或直接集中到柱上，或间接的先纳至额枋上，再转到柱上。凡是重要的或带纪念性的建筑物，大半部都有斗栱。"[2]

房屋建筑中的斗栱体系，是中国建筑所特有的一种结构做法，主要位于屋柱与梁架之间的过渡部分。既能够起到承挑房屋出檐，或平坐出挑的部分；也能够起到对房屋之屋顶与柱额之间的某种过渡性装饰作用。正因为有了檐下的斗栱，才使得中国建筑之屋顶与其下的台基、屋身部分，呈现为某种若即若离的漂浮感，从而使得巨大屋顶所造成的厚重感得到一定程度的舒缓与减弱。

同时，中国建筑的斗栱还起到某种标志房屋等级的符号性作用。一座房屋的等级高低，不仅由其所处的位置，及所采用的屋顶造型所确定，而且也由其所使用的斗栱材分大小，及斗栱铺作多少而标识。

在中国建筑发展的历史长河中，宋式建筑的斗栱体系，恰恰标识出了一个微妙的承上启下的阶段。宋代以前建筑的斗栱，尚处在逐渐走向成熟的发展阶段，而宋代建筑斗栱，无论在材分制度上，还是斗栱形制上，以及斗栱内部的各种做法上，都趋于成熟。宋以后建筑的斗栱，则呈现出某种渐趋缩小化与细密化的趋势，并呈现出由曾承担某种重要承重功能的结构性构件，渐渐演变为较为纯粹的装饰性构件的趋势。宋式建筑斗栱恰恰处在这一趋势的转折点上。

---

1. 参见梁思成.清式营造则例.第 21 页.中国建筑工业出版社.1981 年.
2. 梁思成.清式营造则例.第 21 页.中国建筑工业出版社.1981 年.

第一节 材分制度

宋式建筑的重要基础之一，是材分制度。《营造法式》："凡构屋之制，皆以材为祖；材有八等，度屋之大小，因而用之。"[1]梁思成注："'凡构屋之制，皆以材为祖'，首先就指出材在宋代大木作之中的重要地位。其所以重要，是因为大木作结构的一切大小、比例，'皆以所用材之分，一位制度焉'。'所用材之分'出了用'分'为衡量单位外，又常用'材'本身之广，（即高，15分）和栔广（即高，6分）作为衡量单位。'大木作制度'中，差不多一切构件的大小、比例都是用'×材×栔'或'××分'来衡量的。例如足材栱广21分，但更多地被称为一材一栔。"[2]

《营造法式》："各以其材之广，分为十五分，以十分为其厚。"[3]宋代的材，分为8个等级，每一等级，各以其材之广，分为15分，以10分为其厚。其意是说，宋式建筑中的"分"，是以其材分制度为基础的基本度量单位。每座建筑量度过程中所用之"分"，都是以其所用材的等级，及与这一等级相匹配的材之广（即高）为依据的。

正如《营造法式》所云："凡屋宇之高深，名物之短长，曲直举折之势，规矩绳墨之宜，皆以所用材之分，以为制度焉。（凡分寸之'分'皆如字，材分之'分'音符问切。余准此。）"[4]这里不仅明确了，宋代材分制度中的材与分，是设计与建造一座建筑的基本造型、架构，及其所用各种构件主要尺寸的基本度量单位；而且，还特别指出，材分制度中的"分"，虽然与丈、尺、寸、分中的"分"是同一个字，但其发音，当为"份"，其意义并非"分寸"之分，而是由每一座建筑所用之材，规定出的"分"。

材

《营造法式》将宋式建筑中的"材"分为了8个等级："材有八等，度屋之大小，因而用之。

第一等：广九寸，厚六寸（以六分为一分。）右殿身九间至十一间则用之。（若副阶并殿挟屋，材分减殿身一等；廊屋减挟屋一等。余准此。）

第二等：广八寸二分五厘，厚五寸五分。（以五分五厘为一分。）右殿身五间至七间则用之。

1.[宋]李诚.营造法式.卷四大木作制度一.材.
2.梁思成.梁思成全集.第七卷.第79页.注1.中国建筑工业出版社.2001年.
3.[宋]李诚.营造法式.卷四.大木作制度一.材.
4.[宋]李诚.营造法式.卷四.大木作制度一.材.

第三等：广七寸五分，厚五寸。（以五分为一分。）右殿身三间至殿五间或堂七间则用之。

第四等：广七寸二分，厚四寸八分。（以四分八厘为一分。）右殿三间，厅堂五间则用之。

第五等：广六寸六分，厚四寸四分。（以四分四厘为一分。）右殿小三间，厅堂大三间则用之。

第六等：广六寸，厚四寸。（以四分为一分。）右亭榭或小厅堂皆用之。

第七等：广五寸二分五厘，厚三寸五分。（以三分五厘为一分。）右小殿及亭榭等用之。

第八等：广四寸五分，厚三寸。（以三分为一分。）右殿内藻井或小亭榭施铺作多则用之。"[1]《营造法式》所规定之八等材及其应用范围，见图7-1和表7-1。

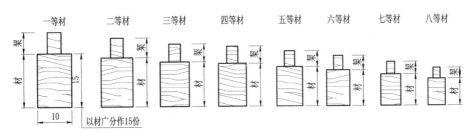

图7-1　宋代大木作材分之制—八等材（买琳琳摹绘自《梁思成全集》第七卷）

表7-1　宋式建筑中各等材之尺寸及其应用范围

序号	材等	材广 （寸）	材厚 （寸）	每分长度 （寸）	不同材等应用范围	备注
1	一等材	9.0	6.0	0.6	殿身九间至十一间则用之	
2	二等材	8.25	5.5	0.55	殿身五间至七间则用之	
3	三等材	7.5	5.0	0.5	殿身三间至殿五间或堂七间则用之	
4	四等材	7.2	4.8	0.48	殿三间，厅堂五间则用之	
5	五等材	6.6	4.4	0.44	殿小三间，厅堂大三间则用之	
6	六等材	6.0	4.0	0.4	亭榭或小厅堂皆用之	
7	七等材	5.25	3.5	0.35	小殿及亭榭等用之	
8	八等材	4.5	3.0	0.3	殿内藻井或小亭榭施铺作多则用之	
说明	若副阶并殿挟屋，材分减殿身一等；廊屋减挟屋一等。					

---

1. [宋]李诫.营造法式.卷四.大木作制度一.材.

栔

《营造法式》："栔：广六分，厚四分。材上加栔者谓之足材。（施之栱眼内两斗之间者，谓之闇栔。）"[1]

栔，为宋式建筑材分制度中的一个辅助性度量单位，一般是指上下层栱（或方）之间，由斗所充填的厚度，即为一栔的高度（即"一栔之广"）。不同等级的材，各有其相对应的栔之广、厚尺寸。如果将一栔的高度与其所用材的高度叠加在一起，就称为一个足材。而位于铺作中上下层栱（或方）之间的栱眼内，两斗之间的栔，称之为闇栔。

《营造法式》中常常用"×材×栔"，来量度一个构件，或一组构件的尺寸，如柱子的直径，梁栿的断面高度或厚度，或一缝铺作的高度，如此等等。

单材与足材

所谓"单材"，是指其所用栱之断面高度，仅为一材高；而"足材"，则指其栱的断面高度中，加上了栱之间栔的高度。如宋式建筑檐下，柱头铺作出跳华栱，一般采用足材栱；而补间铺作出跳华栱，则采用单材栱。

此外，一般建筑中所用横栱，如瓜子栱、慢栱、令栱，及泥道栱等，通常都采用单材栱的形式。但里跳骑栿的令栱和慢栱，或转角铺作中的慢栱，以及耍头，往往采用一个足材的高度断面。

单材与足材的概念，偶然也会用于方子断面高度的确定上，如《营造法式》中提到："衬方，三条；（七铺作内，二条单材，长一百八十分；一条足材，长二百五十二分；六铺作内，二条单材，长一百五十分；一条足材，长二百一十分；五铺作内，二条单材，长一百二十分；一条足材，长一百六十八分；四铺作内，二条单材，长九十分；一条足材，长一百二十六分。）"[2]可知，楼阁平坐转角铺作中，无论是四铺作还是七铺作，都可能出现一条高度断面为一个足材的衬方。

1. [宋] 李诫 . 营造法式 . 卷四 . 大木作制度一 . 材 .
2. [宋] 李诫 . 营造法式 . 卷十八 . 大木作功限二 . 楼阁平坐转角铺作用栱、斗等数 .

第二节 栱

《营造法式》："栱（其名有六：一曰開，二曰槉，三曰欂，四曰曲枅，五曰栾，六曰栱。）"[1]

古代建筑之栱，有多个不同的称谓，如開、槉、欂、曲枅等，都是出现得很早的名称。《尔雅注释》："開谓之槉，柱上欂也。亦名枅，又曰楷。"其疏曰："開者，柱上木名也。又谓之槉，又名欂，亦名枅。《字林》云：'枅，柱上方木'是也。又曰楷，是一物五名也。"[2]《营造法式》亦释"栾"："《释名》：栾，孪也，其体上曲，孪拳然也。……薛综《西京赋》注：栾，柱上曲木，两头受栌者。"[3]在《尔雅》中，"栱"这一术语显然还没有出现。

然而事实上，栱，这一术语出现的也相当早，如《梁书》所引沈约《郊居赋》中有："千栌捷钘，百栱相持。"[4]《晋书》引张协《七命》中亦有："赪素焕烂，粉栱嵯峨，阴虬负檐，阳马承阿。"[5]可知早在南北朝时期，房屋檐下弯曲如臂状的木制承挑构件，就已经被称为"栱"了。（图7-2）

图 7-2 唐宋大木作斗栱示例—山西五台佛光寺东大殿前檐斗栱（唐恒鲁摄）

1.[宋]李诫.营造法式.看详.诸作异名.栱.
2.[晋]郭璞注、[宋]邢昺疏.尔雅注疏.卷五.释宫第五.
3.[宋]李诫.营造法式.卷一.总释上.栱.
4.[唐]姚思廉.梁书.卷十三.列传第七.沈约传.
5.[唐]房玄龄等.晋书.卷五十五.列传第二十五.张载（弟协协弟六）传.

华栱（杪栱、卷头、跳头）

《营造法式》："一曰华栱，（或谓之杪栱，又谓之卷头，亦谓之跳头，）足材栱也。（若补间铺作，则用单材。）两卷头者，其长七十二分。（若铺作多者，里跳减长二分。七铺作以上，即第二里外跳各减四分，六铺作以下不减。若八铺作下两跳偷心，则减第三跳，令上下跳上交互斗畔相对。若平坐出跳，杪栱并不减。其第一跳于栌斗口外，添令与上跳相应。）……与泥道栱相交，安于栌斗口内；若累铺作数多，或内外俱匀，或里跳减一铺至两铺。"[1]

华栱，又称杪栱、卷头、跳头。一般情况下，出跳华栱为足材栱，但是，补间铺作中的华栱，则可能用单材栱。

外檐铺作中的华栱，若里外皆出跳，一般为两卷头的做法，即华栱之两端，均修斫为卷头状。华栱的长度为 72 分。用于多跳铺作上的华栱，里跳要缩短 2 分。若用于七铺作以上，则里外跳之第二跳，各缩短 4 分。六铺作以下者，华栱长度不做缩减。如果是八铺作，且下两跳为偷心造时，第三跳华栱需要缩减，使得其下跳上所施交互斗的斗耳外缘与上跳上所施交互斗斗耳内缘（两斗斗畔）相互对齐。

用于平坐铺作中的华栱，其长度不做任何缩减；同时，平坐斗栱第一跳华栱从栌斗口外之长，要适当增加到与其上各跳华栱伸出斗口之长相同的长度。

外檐铺作中的出跳华栱，与位于外檐柱头缝上的泥道栱呈纵横正交，以十字交叉状安于柱头之上的栌斗口内。在铺作出跳较多时，可以里外均匀地出跳，也可以使里转华栱，比外檐华栱减少一跳或两跳。（图 7-3）

杪

杪，树梢上的细小枝条之意。西汉人扬雄撰《方言》："杪，小也（树细枝为杪也）。"[2]《营造法式》："凡出一跳，南中谓之出一枝；计心谓之转叶，偷心谓之不转叶，其实一也。"[3] 这种将斗栱出跳，譬喻为树枝，将跳头上的计心横栱，譬喻为转叶的说法，暗喻了出跳华栱，每出一跳，即为一杪的意思。

前文引《营造法式》："一曰华栱，（或谓之杪栱，又谓之卷头，亦谓之跳头，）足材栱也。"[4]《营造法式》中还多次出现与"杪"有关的描述，如："其上又用普拍

---

1. [宋] 李诫 . 营造法式 . 卷四 . 大木作制度一 . 栱 .
2. [西汉] 扬雄 . 方言 . 卷十二 .
3. [宋] 李诫 . 营造法式 . 卷四 . 大木作制度一 . 总铺作次序 .
4. [宋] 李诫 . 营造法式 . 卷四 . 大木作制度一 . 栱 .

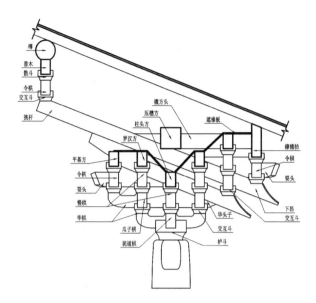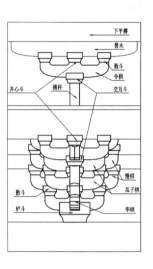

图 7-3　唐宋大木作斗栱—华栱（买琳琳绘）

方，方上施五铺作一杪一昂重栱。"[1] 这些地方提到的杪，均为出跳华栱。《营造法式》的某些版本中，在这些地方，写为"抄"，当为传印过程中出现的讹误。

单杪、重杪

　　单杪，指一跳华栱；重杪，指连续两跳华栱。《营造法式》：上昂"如五铺作单杪上用者，自栌斗心出，第一跳华栱心长二十五分，……如六铺作重杪上用者，自栌斗心出，第一跳华栱心长二十七分；……如七铺作于重杪上用上昂两重者，自栌斗心出，第一跳华栱心长二十三分，第二跳华栱心长一十五分；……如八铺作于三杪上用上昂两重者，自栌斗心出，第一跳华栱心长二十六分；……"[2]

　　这里的单杪、重杪，甚至三杪，主要指的是内檐斗栱出上昂的情况下，其昂之下可能会出现单跳，双跳，或三跳华栱相叠而出的情况。这种两跳或多跳华栱连续出跳的情况，也会出现在从栌斗口所出的两跳或多跳华栱，呈现为偷心造做法的时候。（图 7-4，图 7-5）

1.[宋]李诫.营造法式.卷八.小木作制度三.小斗八藻井.
2.[宋]李诫.营造法式.卷四.大木作制度一.飞昂.

图 7-4　大木作斗栱 - 单杪双昂重栱计心造示例—山西
大同善化寺山门（买琳琳摄）

图 7-5　大木作斗栱—双杪偷心造示例—山西应县佛
宫寺释迦塔（买琳琳摄）

泥道栱

　　《营造法式》："二曰泥道栱，其长六十二分。（若斗口跳及铺作全用单栱造者，
只用令栱。）每头以四瓣卷杀，每瓣长三分半，与华栱相交，安于栌斗口内。"[1]泥道
栱，是位于柱头泥道缝上，且与出跳华栱呈十字相交，安装于栌斗口内的栱。

　　若檐下铺作为斗口跳做法，或铺作中横栱全采用单栱造做法时，泥道缝上所用泥
道栱，采用与令栱相同的尺寸与形式，或可称为"泥道令栱"。因为，一般泥道栱，
长度为 62 分，而令栱的长度为 72 分，则泥道令栱的长度，亦应为 72 分。两者在栱头
卷杀上，也有区别。（图 7-6，图 7-7）

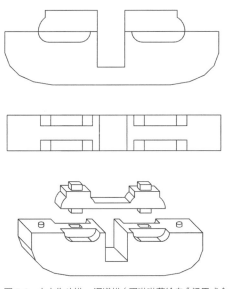

图 7-6　大木作斗栱—泥道栱（买琳琳摹绘自《梁思成全集》
第七卷）

图 7-7　大木作斗栱—泥道栱示例—河北正
定隆兴寺摩尼殿（白海丰摄）

---

1. [宋] 李诫 . 营造法式 . 卷四 . 大木作制度一 . 栱 .

影栱（扶壁栱）

《营造法式》：“凡铺作当柱头壁栱，谓之影栱（又谓之扶壁栱。）”[1]影栱，与扶壁栱，是同义词，都是指位于柱头缝上，与柱头方相平行的栱。（图7-8）如果其栱栱心位于栌斗口内，且与出跳华栱相交，则为泥道栱。

这里之扶壁栱，所扶之壁，即为柱头之上由层叠在柱头缝上的泥道栱与柱头方所构成的可以隔离内外空间的壁。其形式与清式建筑中的柱心枋十分相似。只是宋式建筑，在柱头方诸素方之间，往往会间以泥道栱，或泥道令栱，亦即影栱（扶壁栱）。有时也会在素方上隐出影栱（扶壁栱），素方间仅隔以散斗。

瓜子栱

《营造法式》：“三曰瓜子栱，施之于跳头。若五铺作以上重栱造，即于令栱内，泥道栱外用之，（四铺作以下不用。）其长六十二分；每头以四瓣卷杀，每瓣长四分。”[2]

瓜子栱，一般是与慢栱组合使用的，故这里提到，“若五铺作以上重栱造，即于令栱内，泥道栱外用之，（四铺作以下不用。）”因为，四铺作仅出一跳，跳头上直接承令栱，故不用瓜子栱。而五铺作以上者，在泥道栱与令栱之间，仍有华栱跳头，若其跳头施重栱，则下为瓜子栱，上为慢栱。（图7-9，图7-10）

瓜子栱与泥道栱的长度一样，亦为62分。故若泥道栱亦采用重栱时，其下称泥道瓜子栱，其上为泥道慢栱。若铺作全用单栱造时，则可能会用泥道令栱。

令栱

《营造法式》：“四曰令栱，（或谓之单栱，）施之于里外跳头之上，（外在檐檐方之下，内在算桯方之下，）与耍头相交，（亦有不用耍头者，）及屋内槫缝之下。其长七十二分；每头以五瓣卷杀，每瓣长四分。若里跳骑栿，则用足材。”[3]

令栱一般以单栱形式出现，故又称单栱。（图7-11，图7-12）令栱最常出现的位置，即铺作里外的跳头之上，外檐令栱，位于檐檐方之下；铺作里转令栱，位于算桯方之下。如果里转铺作上的令栱，出现骑栿的情况时，则将令栱处理成足材栱的形式。

---

1. [宋] 李诫.营造法式.卷四.大木作制度一.总铺作次序.
2. [宋] 李诫.营造法式.卷四.大木作制度一.栱.
3. [宋] 李诫.营造法式.卷四.大木作制度一.栱.

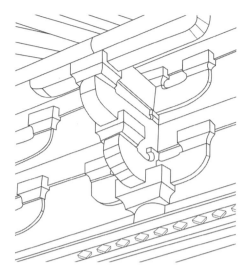

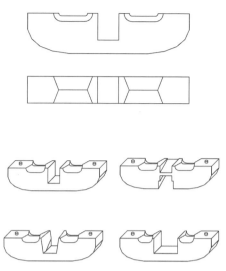

图 7-8　大木作斗栱—影栱示例—山西芮城五龙庙大殿

图 7-9　大木作斗栱—瓜子栱（买琳琳摹绘自《梁思成全集》第七卷）

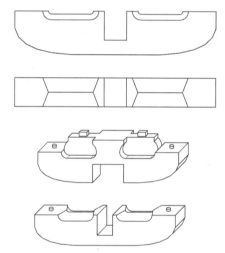

图 7-11　大木作斗栱—令栱（买琳琳摹绘自《梁思成全集》第七卷）

图 7-10　大木作斗栱—瓜子栱与慢栱示例—山西平遥文庙大成殿

图 7-12　大木作斗栱—令栱示例—山西平遥镇国寺大殿

令栱一般是与铺作中的耍头呈十字相交形式的。但也有不用耍头的情况出现。此外，令栱还可以出现在屋内各层平榑缝上，位于榑下，通过替木承托平榑；或以襻间承其上平榑，但有时会在襻间上，隐出令栱。

如前文所述，但铺作全为单栱造时，其泥道栱亦采用令栱形式，或可称为泥道令栱。

慢栱（骑栿慢栱）

《营造法式》："五曰慢栱，（或谓之肾栱，）施之于泥道、瓜子栱之上。其长九十二分；每头以四瓣卷杀，每瓣长三分。骑栿及至角，则用足材。"[1]

慢栱，总是与泥道栱或瓜子栱上下相叠，以重栱的方式同时出现。慢栱的长度为92分。是斗栱制度中，长度最长的栱。

慢栱一般用在出跳斗栱的跳头上，其栱断面采用单材形式。单若是斗栱里转，其慢栱骑栿时，即为骑栿慢栱，其栱断面应采用足材形式。同时，若用于转角铺作中的慢栱，也需要采用足材形式。

此外，慢栱与瓜子栱结合的重栱形式，还可以用于彻上明造的榑与襻间之下。

《营造法式》："凡屋如彻上明造，即于蜀柱之上安斗，……斗上安随间襻间，或一材，或两材；襻间广厚并如材，长随间广，出半栱在外，半栱连身对隐。若两材造，即每间各用一材，隔间上下相闪，令慢栱在上，瓜子栱在下。若一材造，只用令栱，隔间一材。"[2]（图7-13，图7-14）

这里的瓜子栱、慢栱，是与随间襻间结合在一起使用的，且采用了半栱在外，半栱"连身对隐"的形式。即襻间下瓜子栱上所施慢栱，其可见的半栱很可能是襻间出头在外的部分，而其在内的半栱，则可能会采用隐出于襻间之上的做法。

丁华抹颏栱

《营造法式》："凡屋如彻上明造，即于蜀柱之上安斗，（若叉手上角内安栱，两面出耍头者，谓之丁华抹颏栱。）"[3] 丁华抹颏栱是一种位于脊榑之下、蜀柱之上的特殊的栱。其栱安于叉手上角之内，与承托脊榑的顺身令栱呈正交形式，且于叉手上角两面出头，并斫为耍头形式。（图7-15）

---

1. [宋]李诫.营造法式.卷四.大木作制度一.栱.

2. [宋]李诫.营造法式.卷五.大木作制度二.侏儒柱.

3. [宋]李诫.营造法式.卷五.大木作制度二.侏儒柱.

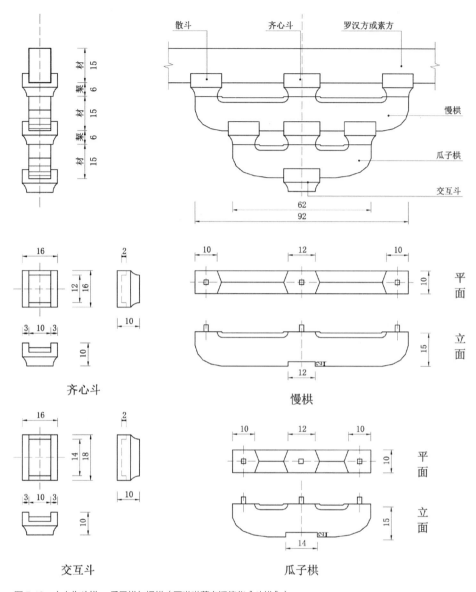

图 7-13　大木作斗栱—瓜子栱与慢栱（买琳琳摹自潘德华《斗栱》）

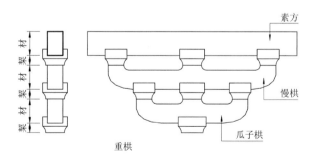

图 7-14　大木作斗栱—瓜子栱与慢栱示例（买琳琳绘）

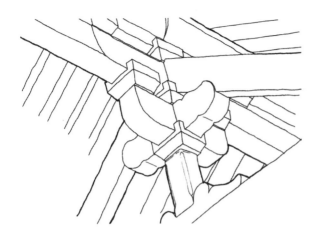

图 7-15   大木作斗栱一丁华抹颏栱示例一河北涞源阁院寺文殊殿（自陈明达〈《营造法式》辞解〉）

骑斗栱

　　骑斗栱，一般出现于铺作里转施上昂的情况下。《营造法式》："如六铺作重杪上用者，自栌斗心出，第一跳华栱心长二十七分；第二跳华栱心及上昂心共长二十八分。（华栱上用连珠斗。其斗口内用鞾楔。七铺作、八铺作同。）其平棊方至栌斗口内，共高六材五栔。于两跳之内，当中施骑斗栱。"[1]

　　骑斗栱的出现有几个要素：其一，是六铺作以上，包括七铺作、八铺作；其二，是其下华栱为重杪，或三杪；其三，是骑斗栱缝，施于两跳华栱跳头之内的中间点（于两跳之内，当中施骑斗栱。）（图 7-16）

　　《营造法式》亦补充："凡骑斗栱，宜单用；其下跳并偷心造。（凡铺作计心，偷心，并在总铺作次序制度之内。）"[2] 从这里的文意理解，骑斗栱，应该是单栱造形式。梁思成就此问题加注："原图所画全是重栱。大木作制度图样九所画骑斗栱，仍按原图绘制。"[3]

　　若换一种思维角度，即这里的"凡骑斗栱，宜单用"，或可以理解为，骑斗栱是单独使用的一种斗栱形式，仅仅出现在里转斗栱使用上昂，且其下为重杪或三杪的情形时；其形式为单独地骑在上昂昂身之上，上下并不与其他斗栱相交接。若如此理解，则骑斗栱究竟是采用单栱形式，还是重栱形式，也就与这里的文意没有什么关系了。且从实际构造上，如果是"单用"，则这里的骑斗栱采用单栱形式，似乎也没有什么不妥。

1.［宋］李诫.营造法式.卷四.大木作制度一.飞昂.

2.［宋］李诫.营造法式.卷四.大木作制度一.飞昂.

3.梁思成.梁思成全集.第七卷.第100页.注56.这里提到的"大木作制度图样九"见第386页.中国建筑工业出版社.
　2001年.

七铺作重栱出上昂偷心跳内当中施骑斗栱

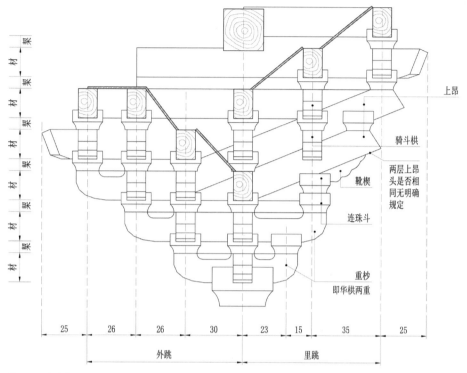

图 7-16 大木作斗栱—铺作用骑斗栱示意

此外，从这段文字上下文中有关偷心、计心的描述，可以知道，在铺作里转出上昂情况下，下两跳华栱为重杪，或下三跳华栱为三杪的情况，与一般斗栱中，下两跳或三跳华栱偷心的做法，在意义上没有什么差别。

骑槽檐栱

骑槽檐栱，指里外皆出跳，骑于外檐檐柱柱头缝上的华栱。（图 7-17，图 7-18）《营造法式》："其骑槽檐栱，皆随所出之跳加之。每跳之长，心不过三十分；传跳虽多，不过一百五十分。"[1] 关于"骑槽"，梁思成注："与斗栱出跳成正交的一列斗栱的纵中线谓之槽，华栱横跨槽上，一半在槽外，一半在槽内，所以叫骑槽。"[2] 骑槽檐栱，每跳长度，不超过 30 分，若八铺作，也才有 5 跳，故传跳最长距离，也不过 150 分。这里的分，指的都是宋式建筑材分制度之度量单位的分。

1. [宋] 李诚 . 营造法式 . 卷四 . 大木作制度一 . 栱 .
2. 梁思成 . 梁思成全集 . 第七卷 . 第82页 . 注19 . 中国建筑工业出版社 . 2001年 .

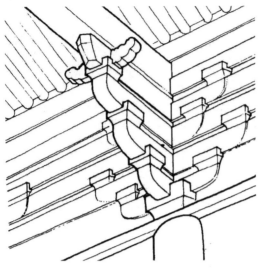 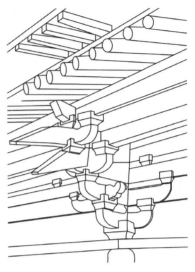

图 7-17　大木作斗栱一骑槽檐栱里转出跳示例一山西太原晋祠圣母殿（买琳琳绘）

图 7-18　大木作斗栱一出跳华栱为骑槽檐栱示例一山西太原晋祠圣母殿（买琳琳绘）

丁头栱（虾须栱）

《营造法式》："凡顺栿串，并出柱作丁头栱，其广一足材；或不及，即作楮头，厚如材。在牵梁或乳栿下。"[1]丁头栱，是屋身内柱间所施顺栿串的一种延长形式，顺栿串出柱部分，斫为丁头栱形式。（图 7-19）如果其长度不够一个栱的半栱之长，则出柱部分，亦可雕为楮头状。（图 7-20）无论是丁头栱，还是出柱楮头，都置于劄牵或乳栿之下。

另外，也有直接用丁头栱，将栱为斫为卯，插入柱身中的做法，如《营造法式》："若丁头栱，其长三十三分，出卯长五分。（若只里跳转角者，谓之虾须栱。用股卯到心，以斜长加之。若入柱者，用双卯，长六分或七分。）"[2]也就是说，若用丁头栱，其栱长 33 分，出卯长 5 分。但是，如果在里转转角部位，出现的丁头栱，则称之为虾须栱。其从股卯到栱头中心的长度，要以斜长加之。若虾须栱（图 7-21）伸入柱身之内，则需用双卯，其卯长度为 6 ～ 7 分。

栱头卷杀

栱，是一种经过艺术加工的构件。其外露的栱头部分，一般为通过卷杀形式形成的曲线式卷头。重要的是，不同的栱有不同的栱头卷杀形式。（图 7-22）为了便于分析，

---

1. [宋] 李诫 . 营造法式 . 卷五 . 大木作制度二 . 侏儒柱 .
2. 梁思成 . 梁思成全集 . 第七卷 . 第82页 . 注19 . 中国建筑工业出版社 . 2001年 .

图 7-19 大木作斗栱丁头栱示例—
福建福州华林寺大殿（唐恒鲁摄）

图 7-20 大木作斗栱一尾部为楂头状丁头栱示例—
山西平遥镇国寺大殿

图 7-21 大木作斗栱一虾须栱示例—浙江宁波保国寺

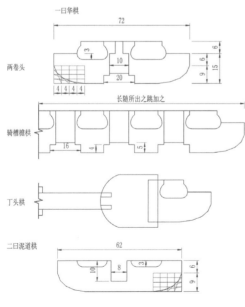

图 7-22 大木作斗栱—栱头卷杀做法（买琳琳摹绘自《梁
思成全集》第七卷）

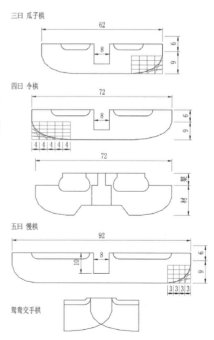

这里结合不同栱的栱头卷杀，及其栱身长度等，列表如下（表7-2）。

表7-2　栱长及栱头卷瓣做法 [1]

栱名	栱长	两栱头卷瓣数	每瓣长	备注
华栱	72分（角华栱以斜长加之）	以4瓣卷杀（如里跳减多，不及4瓣者，只用3瓣。）	每瓣长4分	若铺作多者，里跳减长2分，七铺作以上，即第二里外跳各减4分。六铺作以下不减。
泥道栱	62分	以4瓣卷杀	每瓣长3.5分	与华栱相交，安于栌斗口内。
瓜子栱	62分	以4瓣卷杀	每瓣长4分	若五铺作以上重栱造，即于令栱内，泥道栱外用之。
令栱	72分	以5瓣卷杀	每瓣长4分	若里跳骑栿，则用足材。
慢栱	92分	以4瓣卷杀	每瓣长3分	骑栿及至角，则用足材。

栱口（子荫）

《营造法式》：“凡开栱口之法：华栱于底面开口，深五分，（角华栱深十分，）广二十分。（包栌斗耳在内。）口上当心两面，各开子荫通栱身，各广十分，（若角华栱连隐斗通开，）深一分。余栱（谓泥道栱、瓜子栱、令栱、慢栱也）上开口，深十分，广八分。（其骑栿、绞昂栿者，各随所用。）若角内足材列栱，则上下各开口。上开口深十分（连栔），下开口深五分。” [2]

铺作中的斗栱是彼此咬合交接的构件组合体，故每一构件，需要开口，以与相邻构件相契合。如华栱与泥道栱相交，安于栌斗口内，则华栱为底面开口，深5分，其广20分；泥道栱为上开口，深10分，其广8分。即起到承挑功能的华栱，开口的深度要小一些，而没有悬挑作用的泥道栱的开口深度要大一些。

华栱开口之上，当心两面还要开凿通栱身的子荫，各广10分，这是为了与泥道栱与更为紧密的契合。所谓“子荫”，是一个很浅的凹槽，相互交接之两栱的栱身起到锁定作用，免其发生滑移。

一般情况下，泥道栱、瓜子栱、令栱、慢栱，都未上开口，其口深10分，广8分。如果骑栿，或绞昂栿，则随着与栿交接的位置，随宜开口。如慢栱骑栿，可能就在栱底面开口，令栱绞栿，可能就在栱上开口。

转角铺作内的足材列栱，则采用上下开口的做法，上连栔开口深10分，下开口深5分。

---

1. 表中数据见[宋]李诫.营造法式.卷四.大木作制度一.栱.
2. [宋]李诫.营造法式.卷四.大木作制度一.栱.

栱眼与栱眼壁版

栱眼与栱眼壁版是两个概念：一为栱身上所留眼状孔洞或凹眼；二为柱头缝两铺作间所留（阑）额上（柱头）方下的孔洞，及填补这一孔洞的壁版。

大木作制度中有关斗栱的叙述中，在述及"闇栔"的时候提到了栱身上之"栱眼"："栔广六分，厚四分。材上加栔者谓之足材。（施之栱眼内两斗之间者，谓之闇栔。）"[1]可知栱眼是栱身上部所承托诸斗之间所留出的孔隙，其轮廓略呈曲线如"眼"状。有时栱眼，可以以类似子廮之凹槽的形式出现。如果是足材栱，则可将栱眼与其上闇栔，合为一个略凹入栱表面之下的曲线形凹眼。

栱眼壁版则出现在小木作制度中："造栱眼壁版之制：于材下额上两栱头相对处凿池槽，随其曲直，安版于池槽之内。"[2]这里的栱眼壁版，则是指房屋阑额（额上）之上，柱头方（材下），两朵铺作之泥道栱栱头之间孔洞中所嵌壁版。

偷心、计心

《营造法式》："凡铺作逐跳上（下昂之上亦同）安栱，谓之计心。若逐跳上不安栱，而再出跳或出昂者，谓之偷心。（凡出一跳，南中谓之出一枝，计心谓之转叶，偷心谓之不转叶，其实一也。）"[3]

偷心、计心，是就铺作所出华栱跳头的状况而言的。凡跳头上不施横栱者（即不转叶），谓之"偷心"；凡跳头上施横栱者（即转叶），谓之"计心"。与之相对应的词，是"偷心造"与"计心造"，所表述的意思都是相同的。（图7-23，图7-24）

从建筑史的角度观察，偷心造做法在

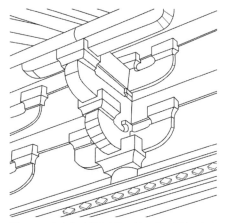

图 7-23　大木作斗栱偷心造示例—山西芮城五龙庙大殿（买琳琳绘）

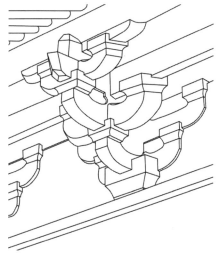

图 7-24　大木作斗栱计心造示例—山西汾阳太符观昊天上帝殿（买琳琳绘）

1.[宋]李诫.营造法式.卷四.大木作制度一.材.
2.[宋]李诫.营造法式.卷七.小木作制度二.栱眼壁版.
3.[宋]李诫.营造法式.卷四.大木作制度一.总铺作次序.

时代上要早一些，其作用主要是赋予出跳斗栱与承挑出檐的功能；但是，偷心造做法对于斗栱出跳部分的稳定性而言，显得有一些薄弱，很可能是在经验的基础上，古人创造了计心造做法，在隔跳，或逐跳跳头上，施横栱，从而增强了承托四周檐口的外檐铺作之强度与稳定性，也就增加了房屋本身的强度、稳定性与耐久性。

单栱造、重栱造

如果说前文中提到的"单杪""重杪""三杪"概念，是围绕铺作中出跳华栱而定义的，即出一跳，谓之单杪；两跳或三跳华栱重叠，且之间无横栱者，谓之重杪或三杪。（图7-25，图7-26）

那么，相对应的情形是，凡泥道缝上所施泥道栱，以及铺作内外跳头上所施横栱，都存在两种可能：一种是仅施单栱，则往往采用令栱形式，如泥道上施泥道令栱；另一种是施上下两重横栱，其下为瓜子栱，其上为慢栱。如果在泥道缝上，则下为泥道（瓜子）栱，上为泥道慢栱。但在出跳铺作最外侧跳头上，即橑檐方之下，则一般都施单栱（令栱）。（图7-27）

泥道缝或跳头缝，施单栱者，为单栱造；泥道缝或跳头缝，施重栱（瓜子栱与慢栱）者，为重栱造。

图 7-25　大木作斗栱—单栱计心造示例—山西太原晋祠圣母殿（白海丰摄）

图 7-26　大木作斗栱—重栱计心造示例—山西应县木塔平坐斗栱

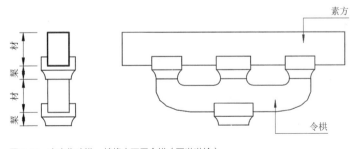

图 7-27　大木作斗栱—橑檐方下用令栱（买琳琳绘）

第三节　斗

　　《营造法式》："斗（其名有五：一曰栌，二曰栭，三曰㭼，四曰楮，五曰斗。）"[1]
栌、栭、㭼、楮，本意都为承托性方木的意思。斗，为斗之简写，其意来自古人日常
所用的斗、升，即一种底小口大的容量衡器。换言之，斗采用的是与古代容量衡器——
斗或升，在造型上十分接近的形式，故称其为"斗"，今人简写为"斗"。这里的斗，
不具有衡器之度量作用，仅取其外形与古人所用之斗或升的相似性而言之。（图7-28）

　　如果说，栱是一种承挑性构件，是利用了杠杆原理来起到承挑其上部荷载的功能；
则斗是一种垫托性构件。其功能除了起到栱与栱之间，或栱与方之间的过渡性垫托作
用外，还起到了将相互交错的栱，连接锁定在一起的功能。

　　以栱与方的断面高度为1材，即15分计，则与之相匹配的斗，其结构性高度为1
㭼，即6分。则《营造法式》中常常用"×材×㭼"来表述的度量尺寸，其㭼，都
是以其斗之㭼来计量的。

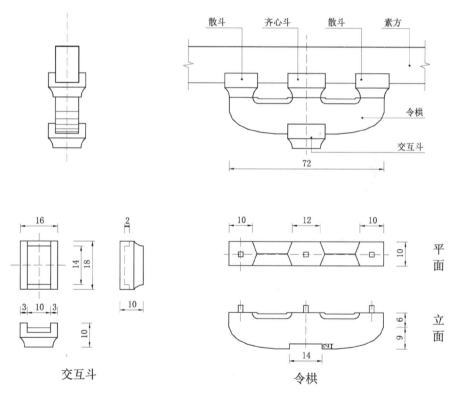

图 7-28　大木作斗栱—交互斗、齐心斗、散斗（买琳琳摹绘自潘德华《斗栱》）

1. [宋] 李诫 . 营造法式 . 卷四 . 大木作制度一 . 斗 .

斗耳、斗平、斗欹（欹頗）

斗耳、斗平、斗欹，是对一只斗之各组成部分的称谓。关于这三个部分在高度上的尺寸关系，《营造法式》中给出了两种表述。

其一，"一曰栌斗。施之于柱头，……高二十分。上八分为耳，中四分为平，下八分为欹，（今俗谓之'溪'者非。）开口广十分，深八分，（出跳则十字开口，四耳；如不出跳，则顺身开口，两耳。）底四面各杀四分，欹頗一分。"[1]

其二，"凡交互斗、齐心斗、散斗，皆高十分；上四分为耳，中二分为平，下四分为欹。开口皆广十分，深四分，底四面各杀二分，欹頗半分。"[2]

在高度方向的尺寸上，栌斗是交互斗、齐心斗、散斗的两倍，即栌斗高20分，而其余三种斗仅高10分。在开口的宽度上，栌斗与其余三种斗相同，因为其上所安栱的宽度，均为10分，故其开口宽度亦均为10分。但栌斗的开口深8分，其余三种斗的开口深4分。

凡斗之上部开口部分，称为"斗耳"；斗之下部有曲面欹頗部分，称为"斗欹"；斗耳与斗欹之间的部分，称为"斗平"。（图7-29）

栌斗

《营造法式》："一曰栌斗。施之于柱头，其长与广，皆三十二分。若施于角柱之上者，方三十六分。（如造圜斗，则面径三十六分，底径二十八分。）高二十分；上八分为耳；中四分为平；下八分为欹，（今俗谓之'溪'者非。）开口广十分，深八分。（出跳则十字开口，四耳；如不出跳，则顺身开口，两耳。）底四面各杀四分，欹頗一分。（如柱头用圜斗，即补间铺作用訛角斗。）"[3]（图7-30）

栌斗是施之于柱头之上的大斗，故其尺寸较大，其长与广，都为32分。如果是位于角柱上的栌斗，其长与广，为36分。如果是圜栌斗，即平面轮廓为圆形的栌斗，则其上径为36分，底径为32分。

如前文所引，栌斗的高度为20分，按照耳、平、欹的规则，其斗耳高为8分，斗平高为4分，斗欹高为8分。上部开口宽度为10分，开口深度为8分。如果用于出跳铺作中，栌斗上开十字口，上留4耳；若不出跳，则仅顺身开口，上留2耳。

栌斗底四面各向内杀入4分，再向内欹頗1分。如果柱头上所用栌斗为圜栌斗，

1.[宋]李诚.营造法式.卷四.大木作制度一.斗.

2.[宋]李诚.营造法式.卷四.大木作制度一.斗.

3.[宋]李诚.营造法式.卷四.大木作制度一.斗.

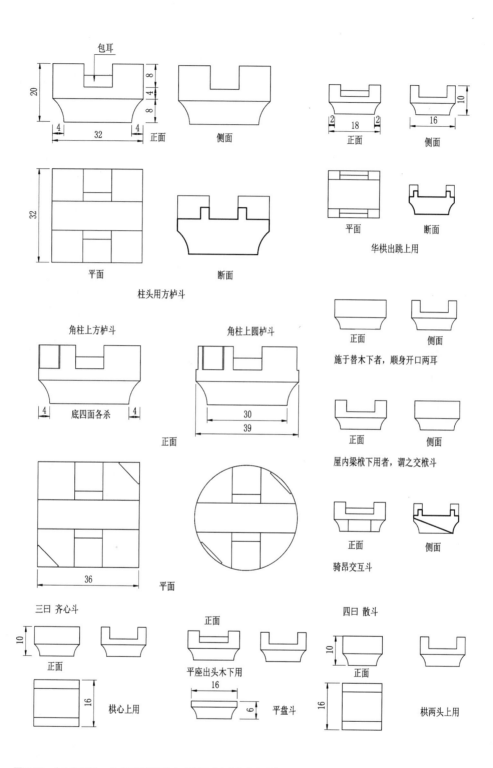

图 7-29　大木作斗栱一斗（买琳琳摹绘自《梁思成全集》第七卷）

其补间铺作栌斗，则用讹角栌斗，即讹角斗。所谓讹角斗，是将其四角抹为圆角的斗。

交互斗（长开斗）

《营造法式》："二曰交互斗。（亦谓之长开斗。）施之于华栱出跳之上。（十字开口，四耳；如施之于替木下者，顺身开口，两耳。）其长十八分，广十六分。"[1]

交互斗，是施之于出跳华栱跳头上的斗，其功能是承托其上与出跳华栱或耍头相交的瓜子栱或令栱，故其斗为四耳，十字开口；如果是斗口跳的情况，其跳头上之交互斗，则承替木，其斗为两耳，顺身开口。（图7-31）

交互斗长18分，广16分。其斗通高10分，其上4分为耳，中2分为平，下4分为欹；开口广10分，深4分；底四面各杀入2分，再欹頔0.5分。

图7-30　大木作斗栱—栌斗示例—福建福州华林寺大殿（唐恒鲁摄）

图7-31　大木作斗栱—交互斗示例

交栿斗

《营造法式》："（若屋内梁栿下用者，其长二十四分，广十八分，厚十二分半，谓之交栿斗；于梁栿头横用之。如梁栿项归一材之厚者，只用交互斗。如柱大小不等，其斗量柱材随宜加减。）"[2]

交栿斗，是交互斗的一种特殊形式，用于屋内梁栿之下。因为梁栿相交接，故其尺寸略大。交栿斗长24分，广18分，厚12.5分，置于梁栿头下。（图7-32）

1.[宋]李诫.营造法式.卷四.大木作制度一.斗.

2.[宋]李诫.营造法式.卷四.大木作制度一.斗.

如果梁栿之项部，厚度为1材时，用标准尺寸的一般交互斗即可。但梁栿尺寸较大时，应该根据梁栿的尺寸，对交栿斗的尺寸做随宜的加减。疑交栿斗亦为顺身开口，两耳，斗口宽度为1材，梁栿之项，嵌入交栿斗两耳之内。

此外，《营造法式》在这里的文义有点令人不解，梁先生也对此表示了疑惑："按交互斗不与柱发生直接关系，（只有栌斗与柱发生直接关系），因此这里发生了为何'其斗量柱材'的问题。'柱'是否'梁'或'栿'之误？如果说：'如梁大小不等，其斗量梁材'，似较合理。假使说是由柱身出丁头栱，栱头上用交互斗承梁，似乎柱之大小也不应该直接影响到斗之大小，谨此指出存疑。"[1]

图 7-32 大木作斗栱—交栿斗示例—福建福州华林寺大殿（唐恒鲁摄）

齐心斗（华心斗、平盘斗）

《营造法式》："三曰齐心斗。（亦谓之华心斗。）施之于栱心之上，（顺身开口，两耳；若施之于平坐出头木之下，则十字开口，四耳。）其长与广皆十六分。（如施由昂及内外转角出跳之上，则不用耳，谓之平盘斗；其高六分。）"[2]

齐心斗是施之于位于出跳华栱跳头上之横栱（如慢栱、令栱）栱心之上的斗，其作用是承托其上的替木或橑檐方。故一般为顺身开口，两耳。在平坐出头木下用齐心斗，则为十字开口，四耳。这样的齐心斗，长、广均为16分。（图7-33）

图 7-33 大木作斗栱—齐心斗示例—山西平遥镇国寺万佛殿（白海丰摄）

1. 梁思成.梁思成全集.第七卷.第103页.注66.中国建筑工业出版社.2001年.
2. [宋]李诫.营造法式.卷四.大木作制度一.斗.

如果是用于施加由昂的内外转角跳头之上时，则采用平盘斗的做法，即将一般的齐心斗，去除上部两耳，仅用其斗平、斗敧部分。以一般的齐心斗，通高10分，上4分为耳，中2分为平，下4分为敧推算，则平盘斗的高度仅为6分。（图7-34）

散斗（小斗、顺桁斗、骑互斗）

《营造法式》："四曰散斗。（亦谓之小斗，或谓之顺桁斗，又谓之骑互斗。）施之于栱两头。（横开口，两耳；以广为面。如铺作偷心，则施之于华栱出跳之上。）其长十六分，广十四分。"[1]

散斗，又称小斗、顺桁斗、骑互斗，是一种与齐心斗并置，施于横栱两头，即齐心斗两侧的斗。其长与齐心斗相同，为16分；其广略小于齐心斗，为14分；外露的正面，是广14分的面。横开口，两耳。若是用于偷心造华栱跳头上，亦用散斗。若偷心华栱上所用散斗，则应为顺身开口，但口仍应开在长16分的面上。（图7-35）

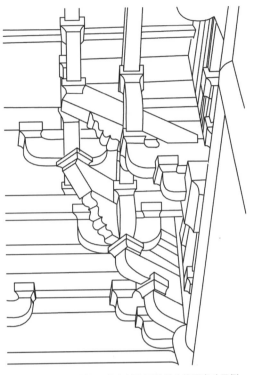

图 7-34　大木作斗栱—转角铺作里跳跳头施平盘斗示例—江苏苏州玄妙观—三清殿（买琳琳绘）

图 7-35　大木作斗栱—散斗示例

四耳斗、隔口包耳

《营造法式》："凡四耳斗，于顺跳口内前后里壁，各留隔口包耳，高二分，厚一分半；栌斗则倍之。（角内栌斗，于出角栱口内留隔口包耳，其高随耳。抹角内荫入半分。）"[2]

1.[宋]李诫.营造法式.卷四.大木作制度一.斗.
2.[宋]李诫.营造法式.卷四.大木作制度一.斗.

四角斗，主要包括栌斗、交互斗，也包括在平坐出头木下的齐心斗。其虽为4耳，但在顺跳口内前后里壁，要留出隔口包耳，其功能是起到将其上所施华栱或出头木，与其下之斗相互锁定的作用。隔口包耳，仅为斗耳高度的一半，也仅厚1.5分。转角部位的栌斗，在斜向出角口内留隔口包耳，其高度与耳高相同；其抹角处，相内凹荫0.5分。其作用仍是锁定角华栱，防止其发生任何滑移。

隐斗

所谓隐斗，当是隐刻于梁或方子上的斗。关于隐斗，《营造法式》是在有关驼峰的叙述中提到的："凡屋内彻上明造者，梁头相叠处须随举势高下用驼峰。……梁头安替木处并作隐斗，两头造耍头或切几头，（切几头刻梁上角作一入瓣。）与令栱或襻间相交。"[1]这里的隐斗，应是隐刻于驼峰所承之梁头上的斗，隐斗上承与耍头或切几头相交的令栱或襻间。

另转角铺作角华栱处，也会出隐斗，故《营造法式》有关"开栱口之法"中特别提到："凡开栱口之法：华栱于底面开口，深五分，（角华栱深十分，）广二十分（包栌斗耳在内。）口上当心两面，各开子荫通栱身，各广十分，（若角华栱，连隐斗通开，）深一分。"[2]因华栱为足材栱，其上所承斗之絷，或可以与角华栱合为一整块料，故可能会出现隐斗。故这里所述，可能是指角华栱上所刻隐斗。（图7-36）

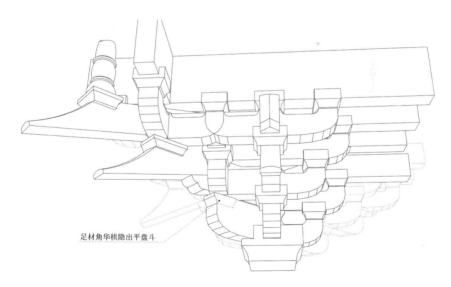

足材角华栱隐出平盘斗

图 7-36　大木作斗栱—转角铺作华栱与隐斗合为一体示意（闫崇仁绘）

---

1. [宋] 李诫 . 营造法式 . 卷五 . 大木作制度二 . 梁 .
2. [宋] 李诫 . 营造法式 . 看详 .

连珠斗

连珠斗，是施之于六铺作与七铺作用重杪，或八铺作用三杪，其上施上昂时的情况下，一般会出现在最外一跳的华栱跳头上，是连续以两斗相叠的一种做法。如《营造法式》云："如六铺作重杪上用者，自栌斗心出，第一跳华栱心长二十七分；第二跳华栱心及上昂心共长二十八分。（华栱上用连珠斗，其斗口内用鞾楔。七铺作、八铺作同。）"[1]

换言之，与连珠斗同时出现的，是上昂及昂下的鞾楔。（图7-37）

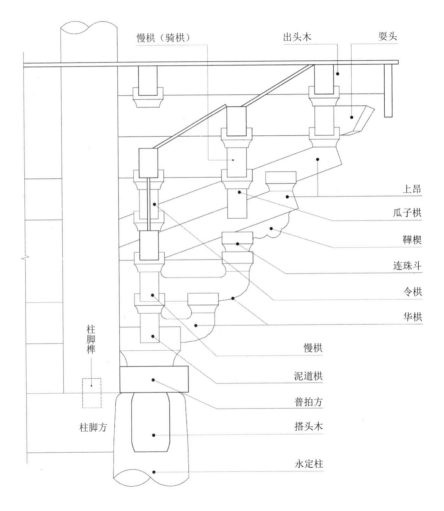

图7-37　大木作斗栱一铺作上昂用连珠斗示意

1.[宋]李诫.营造法式.卷四.大木作制度一.飞昂.

第四节　飞昂

《营造法式》："飞昂（其名有五：一曰檴，二曰飞昂，三曰英昂，四曰斜角，五曰下昂。）"[1]

飞昂，是唐宋时代殿阁、厅堂等建筑檐下斗栱体系中的重要构件之一，其功能与出跳华栱十分接近，都起到承挑房屋出檐的作用。一般情况下，飞昂分为下昂与上昂。

古代建筑中，飞昂出现的时代相当早，《营造法式》引三国时人何宴："何晏《景福殿赋》：飞昂鸟踊。"[2] 可知早在东汉末，三国时代，房屋檐下，已经出现如踊跃之鸟状的飞昂。

《营造法式》："《义训》：斜角谓之飞榄。（今谓之下昂者，以昂尖下指故也。下昂尖面頗下平。又有上昂如昂桯挑幹者，施之于屋内或平坐之下。昂字又作柳，或作榄者，皆吾郎切。頗，于交切，俗作凹者，非是。）"[3] 飞昂，可称为檴，又称英昂、斜角。昂，古人亦写作"榄"或"柳"。

下昂

《营造法式》："一曰下昂，自上一材，垂尖向下，从斗底心下取直，其长二十三分。（其昂身上彻屋内。）"[4]（图7-38，图7-39）

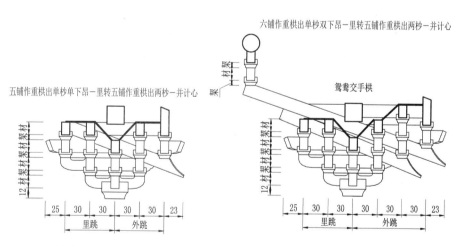

图7-38　大木作斗栱—五铺作、六铺作用下昂作法示意（买琳琳绘）

1.[宋]李诫.营造法式.卷四.大木作制度一.栱.
2.[宋]李诫.营造法式.卷一.总释上.飞昂.
3.[宋]李诫.营造法式.卷一.总释上.飞昂.
4.[宋]李诫.营造法式.卷四.大木作制度一.飞昂.

七铺作重栱出双杪双下昂－里转六铺作重栱出三杪－并计心　　　　八铺作重栱出双杪三下昂－里转六铺作重栱出三杪－并计心

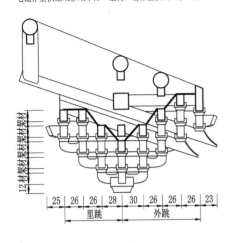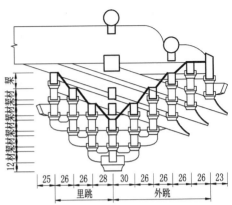

图 7-39　大木作斗栱—七铺作、八铺作出下昂作法示意（买琳琳绘）

梁思成注："在一组斗栱中，外跳层层出跳的构件有两种：一种是水平放置的华栱；一种是头（前）低尾（后）高、斜置的下昂。出檐越远，出跳就越多。有时需要比较深远的出檐，如果全用华栱挑出，层数多了，檐口就可能太高。由于昂头向下斜出，所以在取得出跳的长度的同时，却将出跳的高度降低了少许。在需要较大的檐深但不愿将檐抬得过高时，就可以用下昂来取得所需的效果。"[1]说明下昂的作用，是在保持檐口出挑深度的同时，适当降低外檐铺作的高度。

梁先生接着解释说："下昂是很长的构件。昂头从跳头起，还加上昂尖（清式称昂嘴），斜垂向下；昂身后半向上斜伸，亦称挑斡。昂尖与挑斡，经过少许艺术加工，都具有高度装饰效果。"[2]这是就昂的构件形式，及昂在室内外所起到的装饰作用而谈的。

梁先生进一步解释了下昂的结构与构造特征："从一组斗栱受力的角度来分析，下昂成为一条杠杆，巧妙地使挑檐的重量与屋面及槫、梁的重量相平衡。从构造上看，昂还解决了里跳华栱出跳与斜屋面的矛盾，减少了里跳华栱出跳的层数。"[3]

显然，梁先生对下昂的所做的分析，十分透彻与明晰，也十分令人容易理解。

琴面昂（批竹昂）

《营造法式》关于下昂形式，提到："自斗外斜杀向下，留厚二分；昂面中顲二分，

---

1. 梁思成 . 梁思成全集 . 第七卷 . 第 92 页 . 注 40. 中国建筑工业出版社 . 2001 年 .
2. 梁思成 . 梁思成全集 . 第七卷 . 第 92 页 . 注 40. 中国建筑工业出版社 . 2001 年 .
3. 梁思成 . 梁思成全集 . 第七卷 . 第 92 页 . 注 40. 中国建筑工业出版社 . 2001 年 .

346　　　唐宋古建筑辞解——以宋《营造法式》为线索

令顄势圜和。（亦有于昂面上随顄加一分，讹杀至两棱者，谓之琴面昂；亦有自斗外斜杀至尖者，其昂面平直，谓之批竹昂。）"[1]

这里给出了宋式下昂的两种形式：一种是通过细致雕琢的昂面之中顄曲线，及随顄势向两棱所作讹杀斜面而形成的如古琴表面般圜和曲缓的效果，称为琴面昂；（图7-40）另外一种是直接从昂上所承斗之外，斜杀至昂尖，使得昂面平直如批竹状，称为批竹昂。（图7-41）

梁思成注："在宋代'中顄'而'讹杀至两棱'的'琴面昂'显然是最常用的样式，而'斜杀至尖'且'昂面平直'的'批竹昂'是比较少用的。历代实例所见，唐辽斗是用批竹昂，宋初也有用的，如山西榆次雨花宫；宋、金以后多用标准式的琴面昂。"[2]

事实上，唐宋时期建筑中的下昂形式，除了这两种之外，还有其他一些形式，如梁思成先生提到的"与《营造法式》同时的山西太原晋祠圣母殿和殿前近代的献殿则用一种面中不顄而讹杀至两棱的昂，我们也许可以给它杜撰一个名字叫

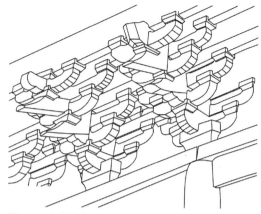

图7-40　大木作斗栱一铺作下昂用琴面昂示例—山西大同善化寺三圣殿（买琳琳绘）

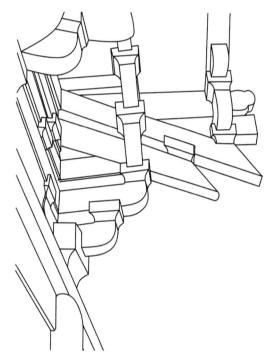

图7-41　大木作斗栱一铺作下昂用批竹昂示例—山西应县木塔（买琳琳摹绘自《梁思成全集》第七卷）

'琴面批竹昂'"[3]；以及，大约是五代末吴越国时期所建的福州华林寺大殿外檐斗栱中所使用的混枭曲线形式的曲面形下昂，就是两个典型的例子。

1.［宋］李诫.营造法式.卷四.大木作制度一.飞昂.
2.梁思成.梁思成全集.第七卷.第95页.注43、注44.中国建筑工业出版社.2001年.
3.梁思成.梁思成全集.第七卷.第95页.注43、注44.中国建筑工业出版社.2001年.

上昂

《营造法式》："二曰上昂，头向外留六分。其昂头外出，昂身斜收向里，并通过柱心。"[1]

梁思成注："上昂的作用与下昂相反。在铺作层数多而高，但挑出须尽量小的要求下，头低尾高的上昂可以在较短的出挑距离内取得更高的效果。上昂只用于里跳。实例极少，角直保圣寺大殿、苏州玄妙观三清殿都是罕贵的遗例。"[2]

上昂有两个特征：

一是只用于里跳；

二是上昂会出现在四种情况下：（图7-42，图7-43）

1. 五铺作单杪上；

2. 六铺作重杪上；

3. 七铺作重抄上用上昂两重；

4. 八铺作于三抄上用上昂两重。

每种情况都会是"自栌斗心出第一跳华栱心"，五铺作时，第一跳上斗口内用鞾楔；华栱上用连珠斗。其斗口内用鞾楔，七铺作、八铺作同。

鞾楔

由《营造法式》："如五铺作单杪上用者，自栌斗心出，第一跳华栱心长二十五分；第二跳上昂心长二十二分。（其第一跳上，斗口内用鞾楔。）"[3] 及"上昂施之里跳之上及平坐铺作之内；昂背斜尖，皆至下斗底外；昂底于跳头斗口内出，其斗口外用鞾楔。（刻作三卷瓣。）"[4] 可知，鞾楔是施于上昂之下，用以承托上昂的一种构件。鞾楔自上昂底之跳头斗口内出，其外轮廓为三卷瓣式。（参见图7-42，图7-43）

角昂、由昂（角神、宝藏神、宝瓶）

角昂，是位于转角铺作中依角斜出的昂，《营造法式》："交角内外，皆随铺作之数，斜出跳一缝。（栱谓之角栱，昂谓之角昂。）其华栱则以斜长加之。（假如跳头长五寸，则加二寸[5]五厘之类。后称斜长者准此。）"[6]

1.[宋]李诫.营造法式.卷四.大木作制度一.飞昂.

2.梁思成.梁思成全集.第七卷.第100页.注54.中国建筑工业出版社.2001年.

3.[宋]李诫.营造法式.卷四.大木作制度一.飞昂.

4.[宋]李诫.营造法式.卷四.大木作制度一.飞昂.

5.此处原文为"分"，梁思成分析，当为"寸"，见梁思成.梁思成全集.第七卷.第82页.注24.中国建筑工业出版社.2001年.

6.[宋]李诫.营造法式.卷四.大木作制度一.栱.

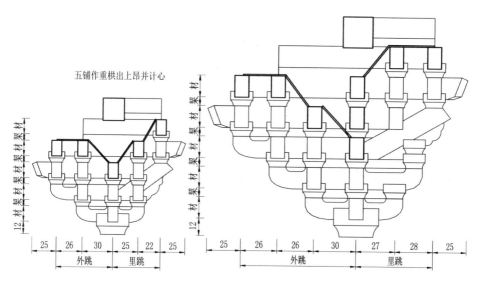

图 7-42　大木作斗栱—五铺作单杪、六铺作重栱用上昂作法示意（买琳琳摹绘自《梁思成全集》第七卷）

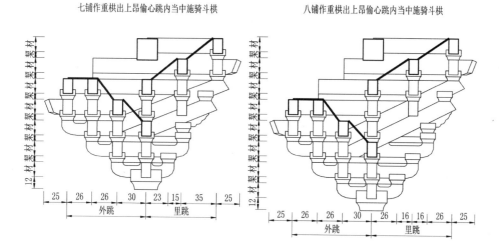

图 7-43　大木作斗栱—七铺作重杪—八铺作三杪用上昂作法示意（买琳琳摹绘自《梁思成全集》第七卷）

　　转角铺作角昂在长度上，亦当以斜长加之，如《营造法式》云："若角昂，以斜长加之。角昂之上，别施由昂。（长同角昂，广或加一分至二分。所坐斗上安角神，若宝藏神或宝瓶。）"[1]

1.[宋]李诫.营造法式.卷四.大木作制度一.飞昂.

关于由昂，梁先生解释得很清楚："在下昂造的转角铺作中，角昂背上的耍头作成昂的形式，称为由昂，有的由昂在构造作用上可以说是柱头铺作、补间铺作中的耍头的变体。也有的由昂上彻角梁底，与下昂的作用相同。"[1] 可知，由昂是位于转角铺作角昂之上的一根昂，其作用与位置，与柱头铺作，或补间铺作中昂上所施的耍头十分接近。

由昂的作用之一，是通过施于其上的角神（或宝藏神、宝瓶），以承托房屋翼角之大角梁。其形式或如蹲踞的人（神）形，或如宝瓶之形。角神（或宝藏神、宝瓶）是一件经过雕琢的工艺性构件，故列在《营造法式》的"雕作制度"中："七曰角神，（宝藏神之类同。）施之于屋出入转角大角梁之下，及帐坐腰内之类亦用之。"[2]

角昂、由昂、角神、角梁，四者之间的关系如下：

在转角铺作最外一跳角昂之上，施由昂；

由昂之上，施角神；

角神上承大角梁底；

由大、小角梁，承托房屋的翼角结构及转角出檐。

昂身

下昂，是一根横断面为一材的长条形木方，由昂头、昂身、昂尾几个部分组成。昂身是昂的主体部分，斜伸于铺作内外；昂头，可以雕琢成琴面昂，或批竹昂等形式；昂尾，或呈挑斡形式，承托下平槫，或压于梁栿之下。

昂栓、昂背

昂栓，是将昂与其相邻之上下构件连锁在一起的木栓。《营造法式》："凡昂栓，广四分至五分，厚二分。若四铺作，即于第一跳上用之；五铺作至八铺作，并于第二跳上用之。并上彻昂背，（自一昂至三昂只用一栓，彻上面昂之背。）下入栱身之半或三分之一。"[3]

四铺作出下昂时，在第一跳上即施昂栓；五铺作至八铺作，出下昂，均从第二条上施昂栓。自第一昂到第三昂，仅用一根昂栓，栓上部直抵最上昂昂背。栓下部插入

1. 梁思成. 梁思成全集. 第七卷. 第 95 页. 注 45. 中国建筑工业出版社. 2001 年.
2. [宋] 李诫. 营造法式. 卷十二. 雕作制度. 雕作制度混作.
3. [宋] 李诫. 营造法式. 卷四. 大木作制度一. 飞昂.

其下栱身中，插入深度为其栱高度的一半，或三分之一。

昂背者，下昂之上皮。

插昂（挣昂、矮昂）

昂原本的功能，是通过斜跨檐口内外，利用其杠杆作用，承托房屋的出檐。但有时在外檐斗栱仅为四铺作出一跳时，可能会出现插昂的做法。

《营造法式》："若昂身于屋内上出，皆至下平槫。若四铺作用插昂，即其长斜随跳头。（插昂又谓之挣昂；亦谓之矮昂。）"[1] 插昂，或挣昂、矮昂，已经开始出现类似于清明时期假昂的做法，即其承挑性结构作用，已经不比其檐下斗栱外观的装饰性作用更大。

换言之，插昂（或挣昂、矮昂），在观念上，已经开始显露出后世明清时期假昂的某种萌芽。（图 7-44）

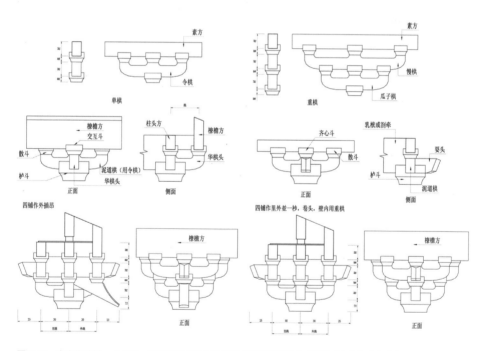

图 7-44 大木作斗栱一斗口跳、四铺作插昂等作法示意（买琳琳摹绘自《梁思成全集》第七卷）

---

1. [宋] 李诫. 营造法式. 卷四. 大木作制度一. 飞昂.

第五节 铺作

铺作，很可能是自北宋时代才开始出现于房屋建筑中的一个词。据宋人李攸《宋朝事实》载，北宋仁宗景祐三年（1036年）有诏："天下士庶之家，凡屋宇非邸店、楼阁临街市之处，毋得为四铺作及斗八；非品官毋得起门屋；非宫室、寺观毋得彩绘栋宇及间朱漆梁柱窗牖、雕镂柱础。"[1]

这一诏书下达的时间，比北宋崇宁二年（1103年）问世的《营造法式》，要早了68年之久。相信这一术语在实际房屋建造工程中的出现，应该比这一时间还要早。

《营造法式》释"铺作"："汉《柏梁诗》：大匠曰：柱枅欂栌相支持。……又：欂栌各落以相承，栾栱夭蟜而交结。……又：悬栌骈凑。（今以斗栱层数相叠出跳多寡次序，谓之铺作。）"[2] 显然，所谓铺作，包括了三个方面的内涵，即房屋檐下之斗栱的：相叠层数、出跳多寡、出跳次序。

总铺作次序

《营造法式》："总铺作次序之制：凡铺作自柱头上栌斗口内出一栱或一昂，皆谓之一跳；传至五跳止。"[3] 铺作，以出跳多寡而论之，自柱头上栌斗口内，每出一栱或一昂，即谓之一跳，逐跳相叠，叠至第五跳为止。换言之，铺作出跳最多，只能有5跳。

《营造法式》对斗栱出跳的具体形式，即铺作数，也作了详细规定，并给出了6种不同铺作数的外檐铺作形式：

1. "出一跳谓之四铺作，（或用华头子，上出一昂；）"[4]
（1）四铺作出单杪；（图7-45）
（2）四铺作出单昂（插昂），下用华头子；（图7-46）
2. "出两跳谓之五铺作，（下出一卷头，上施一昂；）"[5]
（3）五铺作单杪单昂；（图7-47，图7-48）
3. "出三跳谓之六铺作，（下出一卷头，上施两昂；）"[6]
（4）六铺作单杪双昂；（图7-49）

---

1. [宋] 李攸.宋朝事实.卷十三.仪注三.禁止奢僭制度.
2. [宋] 李诫.营造法式.卷一.总释上.铺作.
3. [宋] 李诫.营造法式.卷四.大木作制度一.总铺作次序.
4. [宋] 李诫.营造法式.卷四.大木作制度一.总铺作次序.
5. [宋] 李诫.营造法式.卷四.大木作制度一.总铺作次序.
6. [宋] 李诫.营造法式.卷四.大木作制度一.总铺作次序.

图 7-45　大木作斗栱—四铺作出单杪示例—河北正定
隆兴寺转轮藏殿

图 7-46　大木作斗栱—四铺作出单昂示例—山西应县
净土寺大殿

图 7-47　大木作斗栱—五铺作出双杪示例—山西应
县木塔

图 7-48　大木作斗栱—五铺作单杪单昂示例—山西五
台佛光寺文殊殿

图 7-49　大木作斗栱—六铺作单杪双昂示
例—河北正定隆兴寺慈氏阁（买琳琳摄）

4. "出四跳谓之七铺作，（下出两卷头，上施两昂；）"[1]

（5）七铺作双杪双昂；（图7-50）

5. "出五跳谓之八铺作，（下出两卷头，上施三昂。）"[2]

（6）八铺作双杪三昂。

上面所列的四铺作有两种形式，其他铺作仅列出了一种形式。其实，真实的外檐铺作构成形式，比这里给出的式样要多。如五铺作中，还会出现"五铺作出双杪"的情况；六铺作中，也可能出现"六铺作双杪单昂的形式"，甚至八铺作中，在特殊情况下，还会出现"八铺作出五杪"的做法，如此等等。但无论如何，上面所列的6种铺作形式，在现存辽宋建筑中，是最为多见的。

柱头铺作、补间铺作、转角铺作

外檐铺作中，自檐柱柱头栌斗口内出跳华栱或昂，并形成完整铺作者，称为柱头铺作。（图7-51）

自位于两柱间之阑额或普拍方上皮所施栌斗口内出跳华栱或昂，并形成完整铺作者，称为补间铺作。（图7-52）

自房屋转角之角柱柱头栌斗口内，向转角之垂直相交的两个方向，及依角斜出的方向，同时出跳华栱、昂，及角华栱、角昂，并形成完整铺作者，称为转角铺作。（图7-53）

单补间、双补间

《营造法式》："凡于阑额上坐栌斗安铺作者，谓之补间铺作，（今俗谓之步间者非。）当心间须用补间铺作两朵，次间及梢间各用一朵。其铺作分布令远近皆匀。（若逐间皆用双补间，则每间之广，丈尺皆同。如只心间用双补间者，假如心间用一丈五尺，则次间用一丈之类。或间广不匀，即每补间铺作一朵，不得过一尺。）"[3]

与明清时代称斗栱多寡为"×攒"不同，宋人称铺作多寡为"×朵"。最为简单的补间铺作，仅用一朵斗栱，称为"单补间"；开间较大者，补间铺作则可以用两朵斗栱，称为"双补间"。如果房屋的开间是等距离的，且距离均稍宽者，可以逐间用双补间；但许多情况下，房屋开间并不相同，如当心间间广为1.5丈，而次间间广

1.[宋]李诫.营造法式.卷四.大木作制度一.总铺作次序.

2.[宋]李诫.营造法式.卷四.大木作制度一.总铺作次序.

3.[宋]李诫.营造法式.卷四.大木作制度一.总铺作次序.

图 7-50 大木作斗栱—七铺作双杪双昂示例—山西平遥文庙大成殿（买琳琳摄）

图 7-51 大木作斗栱—柱头铺作示例—山西五台南禅寺大殿

图 7-52 大木作斗栱—补间铺作示例—福建福州华林寺大殿（唐恒鲁摄）

图 7-53 大木作斗栱—转角铺作示例—山西五台佛光寺东大殿（白海丰摄）

仅为 1 丈时，就可能出现当心间为双补间，而次间及梢间，为单补间的情况。（图 7-54）

如果房屋开间间广不同，一般情况下，在间内施补间铺作时的一个基本原则是："每补间铺作一朵，不得过一尺。"然而，这里的描述比较含糊。梁思成先生对此加以了分析："'每补间铺作一朵，不得过一尺。'文义含糊。可能是说各朵与邻朵的中线与中线的长度，相差不得超过一尺；或者说两者之间的净距离（即两朵相对的慢棋头之间的距离）不得超过一尺。谨指出存疑。"[1]

北宋及辽时代，斗栱尚较古朴，故殿阁厅堂等建筑之外檐斗栱，比较常见的是逐间为单补间；或当心间为双补间，次、梢间为单补间的情况。更为古老一些的建筑中，甚或有不用补间铺作，仅在柱头及转角处使用铺作的情况。（图 7-55）

需要指出的一点是，在宋式建筑的小木作中，补间铺作的施设，并不受大木作之单补间、双补间之类规则的限制，从而会出现多朵补间铺作的做法。如斗八藻井之方井，"于算桯方之上施六铺作下昂重棋；（材广一寸八分，厚一寸二分；其斗栱等分数制度，并准大木作法。）四入角。每面用补间铺作五朵。"[2]此外，在小木作制度中所述"牙脚帐"之"帐头"部分，甚至会出现："每间用补间铺作二十八朵"的情况。[3]小木作中出现较为密集的补间铺作的情况，在现存宋、金时期的小木作遗存中，似比较多见。

由此或可以推测：辽宋金时期建筑小木作中，施加多朵补间铺作的做法，对后世明清大木作制度中，渐渐出现多攒平身科斗栱，从而造成外檐斗栱较为密集的装饰性审美趋势，是有一定关联的。（图 7-56）

副阶、缠腰铺作

副阶，一般是指殿阁建筑之下檐周围廊部分。由副阶檐，与殿阁身檐，即上檐，组成了重檐殿阁的基本造型。当然，也可以有三重檐形式的殿阁，或多层楼阁（或塔）之首层加周围廊，形成的副阶。

缠腰，相当于腰檐，即在殿阁厅堂等屋檐之下，再施一重出挑的外檐，但却并未形成周围廊的情况。

副阶檐及缠腰檐下，都可能施用斗栱，称副阶铺作，或缠腰铺作。（图 7-57）

《营造法式》："凡楼阁上屋铺作，或减下屋一铺。其副阶、缠腰铺作，不得过殿身，或减殿身一铺。"[4]

---

1. 梁思成. 梁思成全集. 第七卷. 第 107 页. 注 68. 中国建筑工业出版社. 2001 年.
2. [宋] 李诫. 营造法式. 卷八. 小木作制度三. 斗八藻井.
3. [宋] 李诫. 营造法式. 卷十. 小木作制度五. 牙脚帐.
4. [宋] 李诫. 营造法式. 卷四. 大木作制度一. 总铺作次序.

图 7-54　大木作斗栱—当心间双补间、次间单补间示例—河北正定隆兴寺慈氏阁（买琳琳摄）

图 7-55　大木作斗栱—无补间铺作示例—山西五台
南禅寺大殿（买琳琳摄）

图 7-57　大木作斗栱—副阶铺作示例—山西应县木塔
首层副阶

图 7-56　斗栱—辽宋建筑小木作斗栱中铺作示例—
山西大同薄伽教藏殿（买琳琳摄）

这里是就一座建筑屋各层檐，檐下铺作的相互协调而谈的。如楼阁建筑，其上层屋檐的铺作出跳数，可以与下层屋檐铺作出跳数相同，也可以减少一跳；如下檐是七铺作，则上檐可以是七铺作，或六铺作等。而作为房屋之附属部分的檐口，如副阶檐，或缠腰腰檐，其所施铺作出跳数，不能超过其房屋主体，即殿身檐下的铺作出跳数，或者比殿身檐下铺作出跳减少一跳。

这样的檐下铺作施设规则，使整座建筑物之不同檐下铺作，在斗栱的设置上，在视觉上，显得相互平衡与彼此得体。

平坐铺作

平坐铺作，是施于平坐上的斗栱铺作，其功能除了撑扶上层屋柱，以形成上层房屋结构的基座之外，还起到承托平坐地面版的作用。一般情况下，平坐铺作不会出现向下倾斜的屋檐，故主要采用出跳华栱之卷头，而不用下昂。且其出跳华栱，在各跳的出跳距离上，与檐下出跳华栱也有区别。如《营造法式》："若平坐出跳，杪栱并不减。其第一跳于栌斗口外，添令与上跳相应。"[1]

这段话是相对于檐下斗栱"若铺作多者，里跳减长二分。七铺作以上，即第二里外跳各减四分，六铺作以下不减。若八铺作下两跳偷心，则减第三跳，令上下跳上交互斗畔相对"[2]而言的，即平坐铺作逐跳出跳华栱都不减少其长度。也就是说，平坐斗栱华栱出跳长度，各跳均为30分。（图7-58，图7-59，图7-60）

其实，平坐铺作出跳华栱的长度，非但不减少，甚至自栌斗出跳的华栱，其伸出长度，要与其上逐跳华栱的伸出长度找齐。即第一跳实际出跳长度，是在檐下斗栱栌斗第一跳出跳长度的基础上，把因为栌斗尺寸较大而遮掩的那部分长度，再添补回来。

把头绞项造

把头绞项造，是最为简单的斗栱形式。其做法是在柱头缝上不施任何出跳华栱，仅在栌斗口内安装与耍头相交的泥道令栱，泥道令栱上施以齐心斗与左右两散斗，上承柱头方，并以柱头方直接承托檐口荷载。其形式与清式建筑中最为简单的"一斗三升"[3]式斗栱的做法十分接近。（图7-61）

1.[宋]李诫.营造法式.卷四.大木作制度一.栱.

2.[宋]李诫.营造法式.卷四.大木作制度一.栱.

3.参见梁思成.清式营造则例.第一章.绪论.第11页.中国建筑工业出版社.1981年.

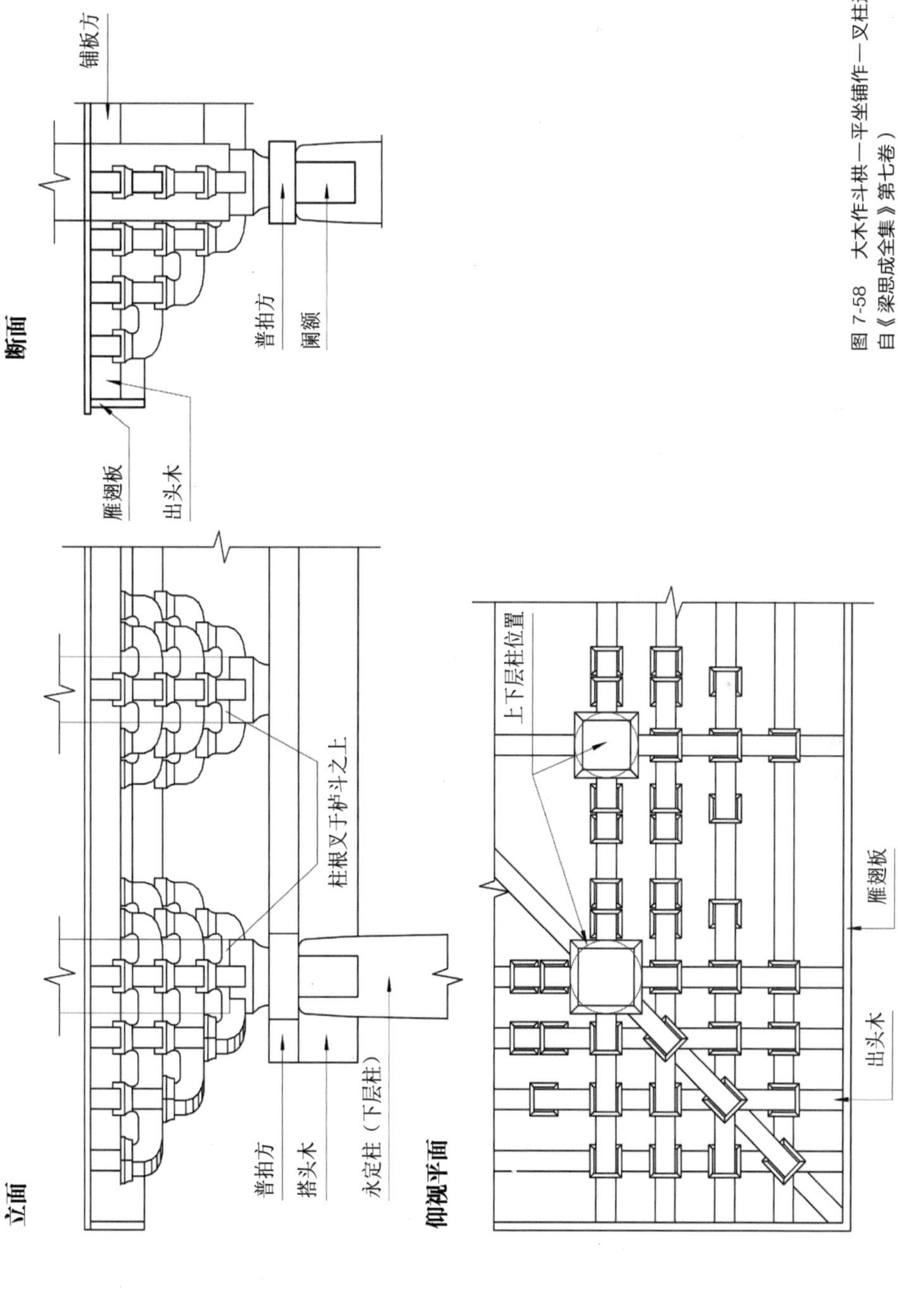

图 7-58 大木作斗栱—平坐铺作—叉柱造示意（买琳琳摹绘自《梁思成全集》第七卷）

断面

铺板方

雁翅板

出头木

普拍方

阑额

立面

柱根叉于栌斗之上

普拍方

搭头木

永定柱（下层柱）

仰视平面

上下层柱位置

雁翅板

出头木

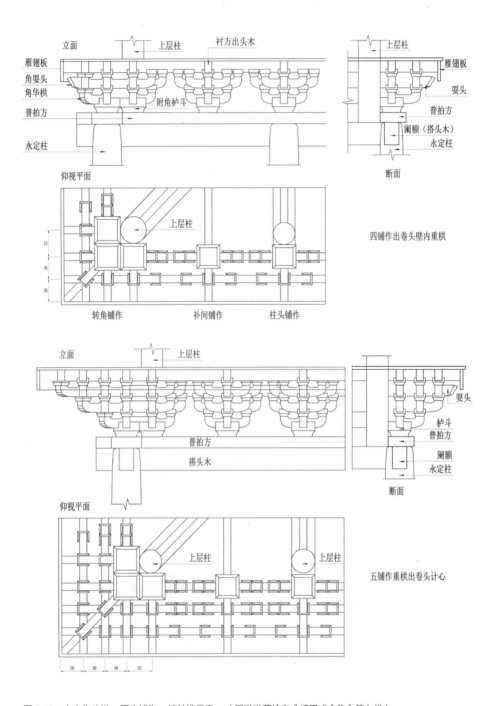

图 7-59　大木作斗栱—平坐铺作—缠柱造示意一（买琳琳摹绘自《梁思成全集》第七卷）

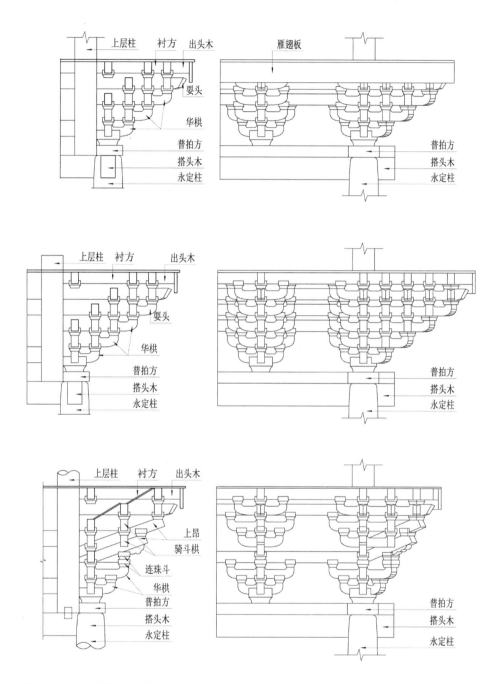

图 7-60　大木作斗栱—平坐铺作—缠柱造示意二（买琳琳摹绘自《梁思成全集》第七卷）

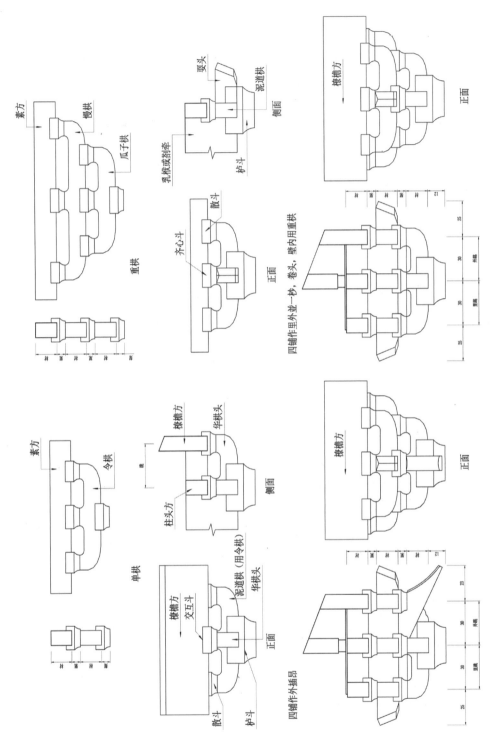

图 7-61 大木作斗栱—把头绞项造、斗口跳、四铺作等作法示意（买琳琳摹绘自《梁思成全集》第七卷）

斗口跳

《营造法式》在谈及"泥道栱"时，提到了斗口跳："若斗口跳及铺作全用单栱造者，只用令栱。"[1]其意是说，如果铺作采用斗口跳，或铺作出跳跳头上全用单栱造的时候，其泥道栱，采用泥道令栱的形式。（图7-62）

梁先生释斗口跳："由栌斗口只出华栱一跳，上施一斗，直接承托橑檐方的做法谓之斗口跳。"[2]斗口跳是出跳斗栱中，最为简单的一种形式，其跳头上，非但没有进一步的出跳华栱，甚至也不承令栱，而是在跳头上施一斗，其上直接承托橑檐方。

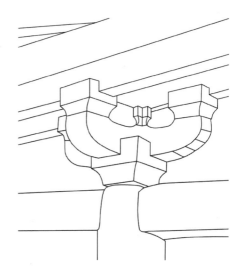

图7-62 大木作斗栱—斗口跳示例—山西平顺天台庵大殿（买琳琳摹绘自《梁思成全集》第七卷）

四铺作、五铺作、六铺作、七铺作、八铺作

在前文所讨论的"总铺作次序"中，已经谈及四铺作至八铺作的具体构成方式，即："出一跳谓之四铺作，（或用华头子，上出一昂；）出两跳谓之五铺作，（下出一卷头，上施一昂；）出三跳谓之六铺作，（下出一卷头，上施两昂；）出四跳谓之七铺作，（下出两卷头，上施两昂；）出五跳谓之八铺作，（下出两卷头，上施三昂。）"[3]

关于"铺作"，及其出跳方式与相应铺作数，梁思成先生作了十分细致的分析："'铺作'这一名词，在《营造法式》'大木作制度'中是一个用得最多而含义又是多方面的名词。在'总释上'中曾解释为'今以斗栱层数相叠，出跳多寡次序谓之铺作'。在'制度'中提出每'出一栱或一昂，皆谓之一跳'。从四铺作至八铺作，每增一跳，就增一铺作。如此推论，就应该是一跳等于一铺作。但为什么又'出一跳谓之四铺作'而不是'出一跳谓之一铺作'呢？"[4]

梁先生先在这里提出的问题，随后，又作了进一步诠释："我们将铺作侧样用各种方法计数核算，只找到一种能令出跳数和铺作数斗负荷

1.[宋]李诫.营造法式.卷四.大木作制度一.栱.
2.梁思成.梁思成全集.第七卷.第90页.注27.中国建筑工业出版社.2001年.
3.[宋]李诫.营造法式.卷四.大木作制度一.总铺作次序.
4.梁思成.梁思成全集.第七卷.第104页.注67.中国建筑工业出版社.2001年.

本条所举数字的数法如下：

从栌斗数起，至衬方头止，栌斗为第一铺作，耍头及衬方头为最末两铺作；其间每一跳为一铺作。只有这一数法，无论铺作多寡，用下昂或用上昂，外跳或里跳，都能使出跳数和铺作数与本条中所举数字相符。"[1]

梁先生在这里解开了一个将近千年的谜团。因为"铺作"的概念，早在北宋仁宗时期，就已经出现，且规定："天下士庶之家，凡屋宇非邸店、楼阁临街市之处，毋得为四铺作及斗八。"[2]这里的意思，应该是不得使用"四铺作以上的斗栱"即"斗八"的造型形式。由《营造法式》"出一跳为四铺作"可知，北宋时代规定，普通人家的房屋，是不能使用出跳斗栱的。显然，在北宋初期，铺作这一概念已经深入人心，故《营造法式》的作者，已经没有必要对铺作的本义加以解释。

正因为如此，随着宋式建筑渐渐变成了历史，"铺作"这一概念的本义，也渐渐被湮没于历史之中。人们已经不解其具体的含义，只能机械地按照《营造法式》文本，按其出跳数，简单地推算铺作数。而梁先生的这一解释，则不仅将宋式建筑铺作的本义揭露了出来，也对《营造法式》文本中，四铺作至八铺作的具体含义，有了清晰的诠释。（图7-63）

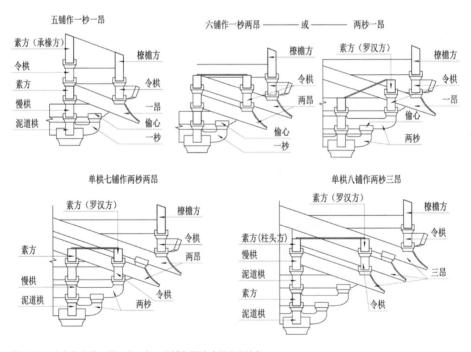

图7-63　大木作斗栱—五、六、七、八铺作做法（买琳琳绘）

---

1. 梁思成 . 梁思成全集 . 第七卷 . 第 104 页 . 注 67. 中国建筑工业出版社 . 2001 年 .
2. [宋] 李攸 . 宋朝事实 . 卷十三 . 仪注三 . 禁止奢僭制度 .

还可以引梁先生的解释："'出一跳谓之四铺作'，在这组斗栱中，前后各出一跳；栌斗（1）为第一铺作，华栱（2）为第二铺作，耍头（3）为第三铺作，衬方头（4）为第四铺作；刚好符合'出一跳谓之四铺作。'"[1]

同样，梁先生进一步举例解释："再举'七铺作，重栱，出双杪双下昂；里跳六铺作，重栱，出三杪'为例，在这组斗栱中，里外跳数不同。外跳是'出四跳谓之七铺作'；栌斗（1）为第一铺作，双杪（栱2及3）为第二、第三铺作，双下昂（下昂4与5）为第四、第五铺作，耍头（6）为第六铺作，衬方头（7）为第七铺作；刚好符合'出四跳谓之七铺作'。至于里跳，同样数上去；但因无衬方头，所以用外跳第一昂（4）之尾代替衬方头，作为第六铺作，也符合'出三跳谓之六铺作'。"[2]

梁先生还举出了更为复杂的例子，加以解释："这种数法同样适用于用上昂的斗栱。这里以最复杂的'八铺作，重栱，出上昂，偷心，跳内当中施骑斗栱'为例。外跳三杪六铺作，无须赘述。单说用双上昂的里跳。栌斗（1）及第一、第二跳华栱（2及3）为第一、第二、第三铺作；跳头用连珠斗的第三跳华栱（4）为第四铺作；两层上昂（5及6）为第五及第六铺作，再上耍头（7）和衬方头（8）为第七、第八铺作；同样符合于'出五跳谓之八铺作'。但须指出，这里外跳和里跳各有一道衬方头，用在高低不同的位置上。"[3]

关于铺作的本义，及《营造法式》中所叙述之四铺作至铺作的种种做法，及层叠关系，在上文所引梁先生的诠释中，也表述的十分细致清晰，这里不作赘述。

爵头（耍头）

《营造法式》："爵头（其名有四：一曰爵头，二曰耍头，三曰胡孙头，四曰蜉蝎。）"[4]爵头之名，很可能源于古代一种形如酒器（爵）的冠冕形式，如《后汉书》云："爵弁，一名冕。广八寸，长尺二寸，如爵形，前小后大，缯其上似爵头色，有收持笄，……乐人服之。"[5]至迟到北宋时代，房屋建筑之大木作制度中的爵头，已经更多第被称为"耍头"了。（图7-64，图7-65）

《营造法式》："造耍头之制：用足材自斗心出，长二十五分，自上棱斜杀向下六分，自头上量五分，斜杀向下二分。（谓之鹊台。）两面留心，各斜抹五分，下随尖各斜

1. 梁思成 . 梁思成全集 . 第七卷 . 第 104 页 . 注 67. 中国建筑工业出版社 . 2001 年 .
2. 梁思成 . 梁思成全集 . 第七卷 . 第 104 页 . 注 67. 中国建筑工业出版社 . 2001 年 .
3. 梁思成 . 梁思成全集 . 第七卷 . 第 104 页 . 注 67. 中国建筑工业出版社 . 2001 年 .
4. [宋] 李诫 . 营造法式 . 卷四 . 大木作制度一 . 爵头 .
5. [南朝宋] 范晔 . 后汉书 . 志第三十 . 舆服下 . 爵弁冠 .

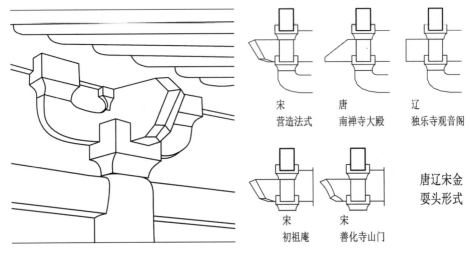

宋　　　　唐　　　　辽
营造法式　南禅寺大殿　独乐寺观音阁

宋　　　　宋
初祖庵　　善化寺山门

唐辽宋金
耍头形式

图 7-64　大木作斗栱—耍头示意（买琳琳绘）

图 7-65　大木作斗栱—不同时代耍头示意（买琳琳摹绘）

杀向上二分，长五分。下大棱上，两面开龙牙口，广半分，斜梢向尖。（又谓之锥眼。）开口与华栱同。与令栱相交，安于齐心斗下。"[1] 耍头所用方木，为足材，其高 21 分。其前端与令栱相交，上承齐心斗，伸出令栱之外的部分，雕斫承爵头式样，其中的"鹊台""龙牙口""锥眼"等，都是所雕斫之耍头上各部分的细部名称。

《营造法式》进一步指出："若累铺作数多，皆随所出之跳加长，（若角内用，则以斜长加之。）于里外令栱两出安之。如上下有碍昂势处，即随昂势斜杀，放过昂身。或有不出耍头者，皆于里外令栱之内，安到心股卯。（只用单材。）"[2]

其意是说，耍头的长度，是随着铺作跳数的多寡而变的，跳数多者，位于铺作上部的耍头，自然也会比较长。如果里跳与外跳，都与令栱相交，则里外皆出令栱之外，形成耍头造型。如果上下与下昂或上昂交集，如果与昂有所妨碍，要以昂为主（放过昂身），将耍头尾部斜杀，使之抵靠于昂身之上。如果不出耍头，则要将耍头两端出卯，插与内外令栱之内，卯之长度，以抵达令栱中心线为准。此外，这种不出头的耍头，其断面只需采用单材形式。

衬方头

《营造法式》："凡衬方头，施之于梁背耍头之上，其广厚同材。前至橑檐方，后至昂背或平棊方。（如无铺作，即至托脚木止。）若骑槽，即前后各随跳，与方、

---

1. [宋] 李诫 . 营造法式 . 卷四 . 大木作制度一 . 爵头 .
2. [宋] 李诫 . 营造法式 . 卷四 . 大木作制度一 . 爵头 .

栱相交。开子廕以压斗上。"[1]

　　令人不解的是，衬方头，原属于铺作中的一层构件，却被《营造法式》的作者，放在了"大木作制度"中"梁"的条目之下。其中，还特别提到了"无铺作"的情况下，衬方头的做法。反而说明了，衬方头是宋式建筑大木作制度中不可或缺的一种构件。（图7-66）

　　衬方头位于耍头之上，是一个条状矩形截面的构件，其断面高宽尺寸，相当于1材。衬方头前端与承托外檐檐口的橑檐方相抵靠；后端则可伸至昂背上，或与内檐的平棊方相抵靠。一般情况下，衬方头会骑槽，即横跨柱头缝里外，这时衬方头可能会与柱头方等相交，并通过开子廕的方式，与其上所施斗，相互契合。

　　如前所述，衬方头是构成宋式建筑铺作结构的一层不可或缺的构件。

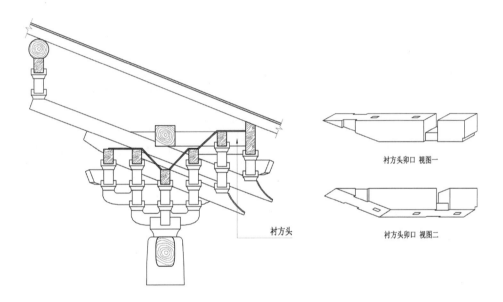

衬方头卯口 视图一

衬方头卯口 视图二

衬方头

图7-66　大木作斗栱—衬方头（闫崇仁绘）

压跳（楮头）

　　《营造法式》：华栱，"其骑槽檐栱，皆随所出之跳加之，每跳之长，心不过三十分，传跳虽多，不过一百五十分。（若造厅堂里跳承梁出楮头者，长更加一跳。其楮头或谓之压跳。）"[2] 华栱中的骑槽檐栱，若用于厅堂建筑外檐铺作里跳承梁部位，

1.[宋]李诚.营造法式.卷五.大木作制度二.梁.
2.[宋]李诚.营造法式.卷四.大木作制度一.栱.

其里跳栱头，则被斫为楂头状，并将其长度延长一跳，这一梁下所压楂头，亦被称为压跳。（图7-67）

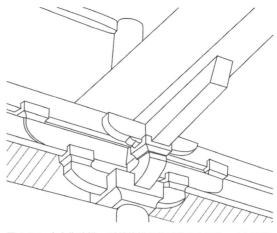

图7-67　大木作斗栱—骑槽檐栱里转压跳楂头示意—山西长治古驿村崇教寺大殿（买琳琳绘）

替木（栉）

《营造法式》："栉（其名有三：一曰栉，二曰复栋，三曰替木。）"[1]又《营造法式》："《鲁灵光殿赋》：狡兔跧伏于栉侧。（栉，斗上横木，刻兔形，致木于背也。）"[2]及"《义训》：复栋谓之棼。（今俗谓之替木。）"[3]

图7-68　大木作斗栱—令栱上施替木承橑风槫示例—大同善化寺大殿

由此可知，栉，或替木，是出现很早的一种木构件。与之相邻者有两个构件：其一是"栋"（宋式建筑中的"槫"），以栉（替木）承栋（槫），故谓之"复栋"；其二是斗，栉（替木）者，斗上横木。只是更为古老的栉，会雕斫为兔形，以兔之背，承托其上之栋。

如此可知，替木（栉），是贴附于屋槫之下的横木，其下以斗相承托。如外檐檐口处的橑风槫下，可能会以令栱承替木，上承橑风槫。屋内平槫之下，若不同襻间者，亦可自梁背之上以驼峰、令栱等承替木，替木之上再承平槫。（图7-68）

替木（栉）之出斗口外两端端头部分，应斫刻为卷杀形式，如《营造法式》云："替木一枚，卷杀两头，共七厘功。（身内同材。楂子同。若作华楂，加功三分之一。）"[4]亦可知，替木的断面高宽尺寸为1材，其两端形式，或可以与压跳（即楂头、楂子、华楂）之端头作法相似。

1.[宋]李诫.营造法式.看详.诸作异名.栉.
2.[宋]李诫.营造法式.卷二.总释下.栉.
3.[宋]李诫.营造法式.卷二.总释下.栉.
4.[宋]李诫.营造法式.卷十九.大木作功限三.造作功.替木.

第六节　列栱之制

转角铺作柱头栌斗口，会在包括垂直相交的两个立面方向，以及沿角梁缝的斜角方向，同时出跳华栱。铺作中的斗栱，即一个方向的横栱，包括柱头缝上的泥道栱，以及逐跳华栱跳头缝上的瓜子栱、慢栱，会与另外一个方向的华栱等相交出跳，出现彼此出跳相列的列栱现象。

《营造法式》："凡栱至角相交出跳，则谓之列栱。（其过角栱或角昂处，栱眼外长内小，自心向外量出一材分，又栱头量一斗底。余并为小眼。）"[1]其意是说，顺身横栱转过角栱或角昂后，即为垂直于墙面的出跳栱，栱眼也会与正常横栱或华栱不同。这里给出了出跳部分栱眼及栱头的尺寸确定方法。以角栱或角昂为界，其栱之栱眼为"外长内小"，即其栱身长度亦为外长内短。

所谓"自心向外量出一材分"，是指从角栱或角昂心向外量出一材（15分）的长度，是为栱眼；"又栱头量一斗底"，是为出跳列栱之栱头尺寸。

出跳相列

《营造法式》中给出了至角相交出跳相列的几种情况：（图7-69）

1."泥道栱与华栱出跳相列。"[2]

柱头缝顺身方向所施泥道栱，至角冲出垂直方向的柱头缝，形成该方向上的出跳华栱。

2."瓜子栱与小栱头出跳相列。（小栱头从心出，其长二十三分；以三瓣卷杀，每瓣长三分；上施散斗。若平坐铺作，即不用小栱头，却与华栱头相列。其华栱之上，皆累跳至令栱，于每跳当心上施耍头。）"[3]

一个方向上的华栱跳头上所施瓜子栱，至角与另外一个方向上的华栱平行，并以小栱头形式出现。小栱头长23分，以3瓣卷杀，每瓣长3分。其上施散斗。

若这种情况出现在平坐铺作，如前所述，平坐铺作华栱出跳长度不减反增，故这里不用小栱头，而用华栱头。华栱之上累叠华栱，直至令栱。再于最外跳华栱跳头当心，即令栱上之齐心斗内，施以耍头。

3."慢栱与切几头相列。（切几头微刻材下作两卷瓣。）如角内足材下昂造，即

1.[宋]李诫.营造法式.卷四.大木作制度一.栱.
2.[宋]李诫.营造法式.卷四.大木作制度一.栱.
3.[宋]李诫.营造法式.卷四.大木作制度一.栱.

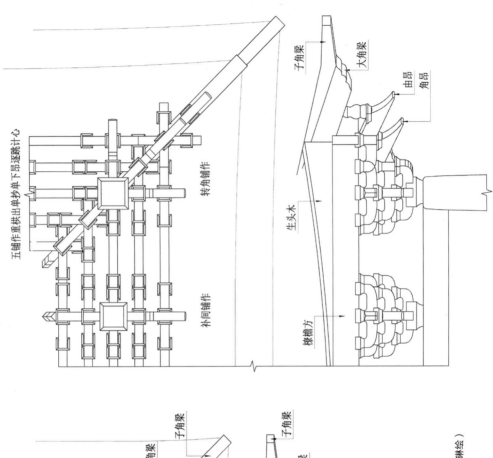

五铺作重栱出单抄单下昂逐跳计心

转角铺作

补间铺作

子角梁

大角梁

由昂
角昂

生头木

橑檐方

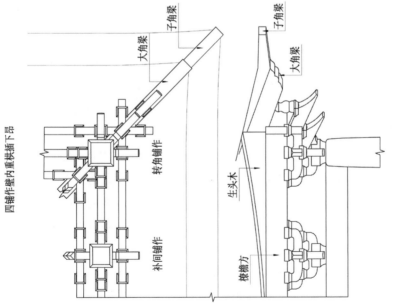

四铺作壁内重栱插下昂

转角铺作

补间铺作

大角梁

子角梁

子角梁

大角梁

生头木

橑檐方

图 7-69　大木作斗栱——转角铺作斗栱出跳相列示意（买琳琳绘）

与华头子出跳相列。（华头子承昂者，在昂制度内。）"[1]

这里出现两个术语：一是"切几头"；二是"华头子"。

梁思成注："短短的出头，长度不足以承受一个斗，也不按栱头形式卷杀，谓之切几头。"[2]一个方向上的瓜子栱上所承慢栱，至角与另外一个方向上的华栱平行，因其长度过短，故以切几头的形式出现。

华头子，一般出现在出跳昂之下，《营造法式》："凡昂安斗处，高下及远近皆准一跳。若从下第一昂，自上一材下出，斜垂向下；斗口内以华头子承之。（华头子自斗口外长九分；将昂势尽处匀分，刻作两卷瓣，每瓣长四分。）"[3]这里给出了华头子的尺寸与造型，即其自斗口外，长9分；其造型式样为两卷瓣，每瓣长4分。若转角铺作使用了足材下昂造，则其一个方向上的泥道慢栱至角与另外一个方向上的下昂底之华头子出跳相列。

4."令栱与瓜子栱出跳相列。（承替木头或橑檐方头。）"[4]

出跳华栱最外一跳跳头所施令栱，至角与瓜子栱出跳相列。这里的瓜子栱，只是就其栱之长度等同于瓜子栱而言，并非是指其令栱转过角栱或角昂后，成为横栱之意。其瓜子栱，上承替木头（替木上为橑风槫），或直接承橑檐方头。故这里的瓜子栱，作用仍然等同于直接承托橑檐方或橑风槫的令栱。

鸳鸯交手栱

《营造法式》："凡栱至角相连长两跳者，则当心施斗，斗底两面相交，隐出栱头，（如令栱只用四瓣，）谓之鸳鸯交手栱。（里跳上栱同。）"[5]换言之，华栱上所承横栱，至角会出现两长两跳的长度，即两横栱栱头相叠，此时，可于两跳当心施斗，斗底两面相交，隐刻出栱栱形式，如令栱则刻为四卷瓣，这种梁栱头隐刻相交的做法，称为"鸳鸯交手栱"。若转角铺作里转部分，出现类似情况，也可以使用鸳鸯交手栱形式。（图7-70）

连栱交隐

在房屋梢间檐下，转角铺作可能会与相邻补间铺作距离较近，故《营造法式》中

1.[宋]李诫.营造法式.卷四.大木作制度一.栱.

2.梁思成.梁思成全集.第七卷.第90页.注36.中国建筑工业出版社.2001年.

3.[宋]李诫.营造法式.卷四.大木作制度一.飞昂.

4.[宋]李诫.营造法式.卷四.大木作制度一.栱.

5.[宋]李诫.营造法式.卷四.大木作制度一.栱.

图 7-70　大木作斗栱—转角铺作鸳鸯交手栱示例—山西平遥镇国寺万佛殿

规定："凡转角铺作，须与补间铺作勿令相犯；或梢间近者，须连栱交隐，（补间铺作不可移远，恐间内不匀，）或于次角补间近角处从上减一跳。"[1] 一方面，梢间所用补间铺作，不要与转角铺作发生冲突；但也不要简单地将梢间的补间铺作移远，以免使梢间斗栱的分布距离，在视觉上，感觉不够均匀。

此外，当补间铺作与转角铺作距离较近时，或采取连栱交隐的方式，将相连两横栱，隐刻在方子上；（图 7-71）或将与转角铺作相连之补间铺作的最外一跳取消，以免最上一跳的横栱与相连转角铺作横栱相冲突。

小栱头、切几头、华头子

小栱头、切几头，为转角铺作出跳相列之栱中出现的处理形式，如"瓜子栱与小栱头出跳相列"及"慢栱与切几头相列"等，已如前述。华头子不仅出现在转角铺作中与慢栱相列的情况下，更多还会出现在柱头铺作或补间铺出跳下昂之下，亦如前述。（图 7-72，图 7-73，图 7-74）

---

1. [宋] 李诚 . 营造法式 . 卷四 . 大木作制度一 . 总铺作次序 .

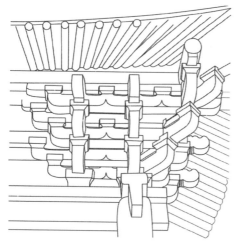

图 7-71　大木作斗栱—转角铺作连栱交隐示例—开元寺毗卢殿（买琳琳绘）

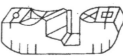

瓜子栱與小栱頭相列用_{裏跳}

令栱與小栱頭相列用_{裏跳}

图 7-72　大木作斗栱—瓜子栱与小栱头出跳相列（自潘德华《斗栱》）

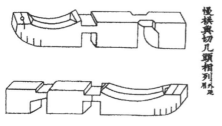

慢栱與切几頭相列用_{外跳}

图 7-73　大木作斗栱—慢栱与切几头出跳相列做法（自潘德华《斗栱》）

图 7-74　大木作斗栱—用于下昂之下的华头子示例—山西五台佛光寺文殊殿（买琳琳摄）

第八章　房屋屋顶营造（上）：屋盖、天花与平坐

导　言

　　宋人沈括在《梦溪笔谈》中提到宋人撰《木经》中所谓房屋"三分法",即上分为屋顶;中分为屋身;下分为基座。以这一基本造型为特征的中国古代建筑,其上分"大屋顶"尤为显著。

　　中国建筑屋顶,主要是两坡(两际)、四坡(四阿或九脊)、斗尖式屋盖。房屋室内,可以是暴露梁架的彻上露明造做法,也可以在通过平棊或平闇等天花形式,将屋顶与室内空间加以隔离。如果是多层楼阁式建筑,则在不同楼层之间,其下层房屋的屋顶,则有可能是上层房屋的基座,这种基座,又往往会以房屋平坐的形式出现。故房屋屋顶营造,可能涉及屋盖、天花与平坐三个方面的问题。

第一节　屋盖

屋盖，是对屋顶结构所承托之房屋顶盖部分的一个统称。《毛诗正义》中，将覆盖屋顶表面的茅茨，称为屋盖："茨，屋盖也。"其疏曰："正义曰：墨子称茅茨不剪，谓以茅覆屋，故笺以茨为屋盖。"[1] 覆盖于屋顶之上的茅茨，为屋盖。如此类推，则后世屋盖，当指覆盖于屋顶之上的覆瓦。

《史记》中提到西汉淮南王在宫舍车马制度上有僭越行为，《汉书》中也提到，淮南王："居处无度，为黄屋盖，拟天子，擅为法令，不用法令。"[2] 这里的黄屋盖，当指其所乘车舆之上的棚盖，采用了黄色布幔之类覆之。由此可知，汉代时，黄色顶子的乘舆，属天子所使用的等级，建筑中擅用黄色，似也被视作逾制。

《营造法式》释平棊曰："古谓之承尘。今宫殿中其上悉用草架梁栿承屋盖之重，如攀、额、樘、柱、敦、桥、方、槫之类，及纵横固济之物，皆不施斤斧。"[3] 其意暗示，屋盖是位于室内平棊之上，用草架梁栿所承托之屋顶部分。这部分有方、槫、襻间、矮柱等，及纵横固济之物。

屋盖，应当也包括了屋顶之上所覆盖的椽子、望板、苫背、泥背，以及其上的覆瓦，与屋脊上的瓦饰等。（图 8-1）

图 8-1　唐宋建筑屋盖示例—山西大同华严寺薄伽教藏殿（买琳琳摄）

---

1. [汉] 郑玄笺、[唐] 孔颖达疏. 毛诗正义. 卷十四. 十四之一. 甫田之什诂训传第二十一.
2. [汉] 班固. 汉书. 卷四十四. 淮南衡山济北王传第十四.
3. [宋] 李诫. 营造法式. 卷二. 总释下. 平棊.

图 8-2　唐宋建筑屋盖正脊示例一天津蓟县独乐寺山门（买琳琳摄）

正脊

屋脊，即屋栋、屋极、屋甍。（图8-2）《营造法式》："《说文》，极，栋也。栋，屋极也。檼，棼也。甍瓦，屋栋也。……《释名》：檼，隐也，所以隐桷也。或谓之望，言高可望也。或谓之栋；栋，中也，居屋之中也。屋脊曰甍：甍，蒙也。在上蒙覆屋也。"[1] 这里所说的屋脊，指的仍然是木构屋架中的脊槫。（图8-3）

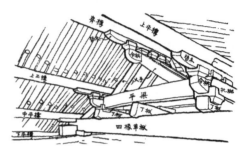

图 8-3　唐宋建筑屋盖脊槫示例（自《中国营造学社汇刊》）

在脊槫之上，覆以椽、望，及瓦，再在其上覆以脊瓦，即形成房屋外观上的瓦饰正脊。《营造法式》在"瓦作制度"之"结瓲"做法中提到正脊："若六椽以上，屋势紧峻者，于正脊下第四瓪瓦及第八瓪瓦背当中用著盖腰钉。"[2]

在"瓦作制度"之"垒屋脊"做法中，明确规定：[3]

殿阁，正脊高三十一层；

堂屋，正脊高二十一层；

厅屋，正脊减堂脊两层（高十九层）；

门楼屋，三间六椽时，正脊高十七层；

门楼屋，一间四椽时，正脊高十一至十三层；

四椽廊屋，正脊高九层；

六椽常行散屋且用大当沟者，正脊高七层；用小当沟者，正脊高五层；

两椽营房屋，正脊高三层。

显然，这里的正脊，指的就是房屋屋盖正中的瓦脊，其层数当是所覆盖之脊瓦的层数。可知，房屋正脊高度，是因房屋等级不同而不同的。宋代建筑中的露篱、井屋子、

1.[宋]李诫.营造法式.卷二.总释下.栋.

2.[宋]李诫.营造法式.卷十三.瓦作制度.结瓲.

3.参见[宋]李诫.营造法式.卷十三.瓦作制度.垒屋脊.

小木作亭榭等，若需在其顶正中用脊时，一般称"压脊"。

梁思成在《清式营造则例》中提到正脊："正脊的骨架是脊桁和扶脊木，……正脊两端有正吻，……"[1]这里说的是清式建筑的正脊做法。相对应之，则唐宋时期的建筑，其正脊的骨架当是脊槫，在脊槫之上承以椽，压以望板，覆以脊瓦，而在其正脊两端，则应设以鸱尾。

明清建筑中的正脊，似又称为"大脊"。如清人李斗《扬州画舫录》提到："大脊，以通面阔定长，除吻兽宽尺寸各一分为净长，用板瓦取平，苫背沙滚子砖衬平。"[2]这里的大脊，指的就是正脊。

垂脊

依刘大可先生对清式建筑屋脊名词的定义："垂脊，特指屋脊位置时的称谓。凡与正脊或宝顶相交的脊都可统称为垂脊。"[3]

宋代建筑中，四阿（五脊殿）式屋顶，除正脊外的其余四条脊，为垂脊。（图8-4）厦两头造（九脊殿）式屋顶，与正脊在投影平面中垂直相交的四条脊，为垂脊。（图8-5）

两际造，除正脊之外，与正脊在投影平面中垂直相交的四条脊，为垂脊。（图8-6）清式建筑中，与两际造类似的悬山式屋顶，或硬山式屋顶，其垂脊，又称为排山脊。

斗尖亭榭屋顶，与斗尖屋顶中央之宝顶相交的脊，亦当称为垂脊。（图8-7）

《营造法式》中的"垒屋脊"做法中提到："殿阁：若三间八椽或五间六椽，正脊高三十一层，垂脊低正脊两层。（并线道瓦在内，下同。）"[4]则相对于上文提到不同等级建筑物的正脊高度，其垂脊都须相应比其正脊用瓦层数减低两层。

图8-4　唐宋建筑四阿式屋顶垂脊示例—天津蓟县独乐寺山门（买琳琳摄）

1.梁思成.清式营造则例.第36页.中国建筑工业出版社.1981年.

2.[清]李斗.扬州画舫录.卷十七.工段营造录.

3.刘大可.中国古建筑瓦石营法（第二版）.第229页.中国建筑工业出版社.2015年.

4.[宋]李诫.营造法式.卷十三.瓦作制度.垒屋脊.

图 8-5　唐宋建筑厦两头（九脊）式屋顶垂脊示例—河北正定隆兴寺摩尼殿（买琳琳摄）

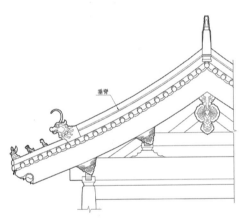

图 8-6　唐宋建筑两际式屋顶垂脊示意（买琳琳绘）

图 8-7　唐宋建筑斗尖亭榭屋顶垂脊示例—[宋]马麟《秉烛夜游图》

角脊

　　宋式建筑厦两头（九脊殿）式屋顶，即清式建筑的歇山式屋顶，与四垂脊下端相交，且斜伸至房屋翼角外端的四条脊，在清式建筑称为戗脊。宋《营造法式》中，没有特别提出戗脊这一概念，宋式建筑中，与戗脊最为接近的概念，是角脊。

　　但令人不解的是，宋《营造法式》中，有关角脊的概念，仅出现在小木作制度中，且与"压脊""垂脊"并列出现。从上下文中理解，这里的角脊，当指小木作屋顶中，类如清式之与垂脊相交的戗脊。故这里或也可以将大木作制度屋顶中，厦两头（九脊殿）式屋顶之与垂脊相交的戗脊，称作角脊。（图 8-8）

曲脊

宋式建筑厦两头（九脊殿）式屋顶之两山出际处搏风版下，有一条脊，呈曲折如反"凹"字状者，称为曲脊。（图8-9）

宋郭若虚《图画见闻志》中特别提到："设或未识汉殿、吴殿、梁柱、斗栱、叉手、替木、熟（蜀）柱、驼峰、方茎、额道、抱间、昂头、罗花、罗幔、暗制、绰幕、猢狲头、琥珀枋、龟头、虎座、飞檐、扑水、膊（搏）风、化（华）废、垂鱼、惹草、当钩（沟）、曲脊之类，凭何以画屋木也。画者尚罕能精究。况观者乎？"[1]这里特别提到了"垂脊"，可知唐宋时期建筑中，曲脊似具有较为重要的作用。

图8-8　唐宋建筑厦两头（九脊）式屋顶角脊（戗脊）示例一山西太原晋祠圣母殿（买琳琳摄）

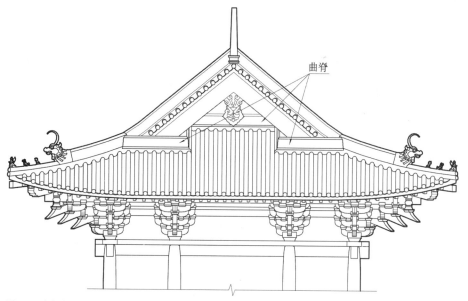

图8-9　唐宋建筑厦两头（九脊）式屋顶山面曲脊做法示意（买琳琳绘）

1.[宋]郭若虚.图画见闻志.卷一.叙制作楷模.

清式建筑中并无曲脊的做法，在清式歇山屋顶两山搏风版下，采用博脊做法。而在唐宋时期建筑中，似无"博脊"这一概念。在《营造法式》文本中，仅在小木作制度中的"井亭子"做法中，提到有"曲阑槫脊"，这里的"槫"字，据傅熹年先生《营造法式合校本》的校订，在"四库本"《营造法式》中，又为"槫"（音"傅"）字。即其名称，更可能是"曲阑槫脊"，但可以肯定的是，这里出现的"槫"或"槫"字，并非"博"字。不知道清代之"博脊"，是否是由《营造法式》中所曾用过的"曲阑槫脊"或"曲阑槫脊"误传而来，还是明清时人的新创？尚未可知。

从《营造法式》文本上下文中观察，提到"曲阑槫脊"的这种井亭子，采用的是平面方七尺、用四柱、深四椽、五铺作、出飞檐，作九脊结瓦的做法。这是一座典型厦两头造式小殿屋造型。其文中依序出现：

"压脊：长随槫，广四分六厘，厚三分。

垂脊：长自脊至压厦外，曲广五分，厚二分五厘。

角脊：长二寸，曲广四分，厚二分五厘。

曲阑槫脊：（每面长六尺四寸。）广四分，厚二分。"[1]

以其上下文分析：压脊，为正脊；垂脊，即与正脊相交的四垂脊；角脊，类如清式歇山屋顶的四戗脊。如此，已与"九脊"之外观形式相合。仅余文中所提到的"曲阑槫脊"，最为接近者，是与宋式九脊殿顶两山搏风版下之曲脊位置相当的两条脊（其文"每面长六尺四寸"，亦似指屋顶两山之面），亦即清式歇山屋顶两山的博脊。

由此或可进一步推测：清式建筑歇山屋顶两山"博脊"，很可能是后世工匠在传承过程中，将宋代小型九脊殿屋两山的"曲阑槫脊"，误读作"曲阑博脊"，其后又渐渐简化为"博脊"的。谨在此存疑。

此外，在清式建筑重檐屋顶中，其下檐屋顶之上部与屋身相接处，会使用与博脊形式十分接近的围脊，但唐宋建筑中，亦未见有"围脊"这一概念。

出际

出际，本为大木作制度中的一种做法："凡出际之制，槫至两梢间两际各出柱头。（又谓屋废。）"[2]

宋式建筑中的出际做法，出现在两种屋顶形式下：

一种是厦两头造（九脊殿）屋顶形式，即类似清式歇山屋顶形式。只是，清式建

1.[宋]李诫.营造法式.卷八.小木作制度三.井亭子.

2.[宋]李诫.营造法式.卷五.大木作制度二.栋.

筑的歇山屋顶，是通过封山的做法，将所有内部构架与梁槫构件，遮挡在封山之内。而宋式厦两头造屋顶，则不封山，仅用搏风版，及垂鱼、惹草等，将出际槫头加以遮掩。清式歇山顶，在两山搏风下，用搏脊；而宋式厦两头造屋顶，则在两山搏风下，用曲脊。若小型九脊殿屋，则用曲阑槫脊。

《营造法式》："若每出际造垂鱼、惹草、搏风版、垂脊，加二分功。"[1]这里虽然说得是露篱尽端压顶之安卓功，但其与出际造做法相关的内容，如垂鱼、惹草、搏风版、垂脊，似一应俱全。

另外一种，是两际造屋顶形式，即类似清式悬山屋顶形式。《营造法式》中描述了一座两际造屋顶的井屋子做法："造井屋子之制：自地至脊共高八尺。四柱，其柱外方五尺。（垂檐及两际皆在外。）柱头高五尺八寸，下施井匮，高一尺二寸，上用厦瓦版，内外护缝；上安压脊、垂脊；两际施垂鱼、惹草。"[2]其文中的"垂檐"，指的即是井屋两侧的悬山檐。因这里采用的是两际造屋顶，其上仅安压脊、垂脊，并无九脊殿屋所用之曲脊，或曲阑槫脊之类做法。只是在两山出际之搏风版下，亦施垂鱼、惹草。

关于两山出际长度，《营造法式》中亦提到："如两椽屋，出二尺至二尺五寸；四椽屋，出三尺至三尺五寸；六椽屋，出三尺五寸至四尺；八椽至十椽屋，出四尺五寸至五尺。"[3]槫至两梢间两际各出柱头的长度，即出际长度，是随房屋进深所决定的。深两椽者，仅出 2～2.5 尺；深四椽者，出 3～3.5 尺；深六椽者，出 3.5～4 尺；深八至十椽者，出 4.5～5 尺。这里的出际长度尺寸规则，在宋式建筑中，似乎既可用于厦两头造（歇山）式屋顶（图 8-10），也可用于两际造（悬山）式屋顶。（图 8-11）

推山

推山，是明清时代庑殿式建筑的一种结构与造型处理方式。如梁思成所论述的："两山各桁与前后各桁相交处是放由戗的地位。由戗就是角梁的继续者，是四垂脊的骨干。由戗在各步架上并不一定须一直线相衔接，一方面有举架，一方面还可有推山，使它立面和平面的投影都是曲线，……推山只是庑殿所有，所以在这里解释。"[4]也就是说，推山是将庑殿顶正脊与四条垂脊的相交点，通过加长脊槫的方式相两山方向推出，从而使这四条垂脊，表现为更加柔美的空间曲线效果。（图 8-12）

1.［宋］李诫.营造法式.卷二十.小木作功限一.露篱.
2.［宋］李诫.营造法式.卷六.小木作制度一.井屋子.
3.［宋］李诫.营造法式.卷五.大木作制度二.栋.
4.梁思成.清式营造则例.第 30 页.中国建筑工业出版社.1981 年.

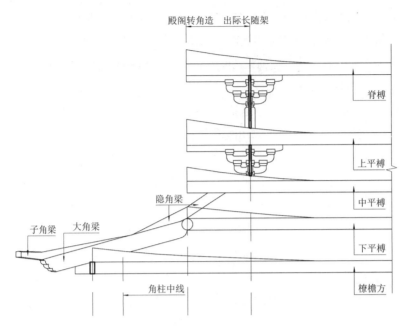

图 8-10 唐宋建筑厦两头（九脊）式屋顶梁架出际做法（买琳琳摹绘自《梁思成全集》第七卷）

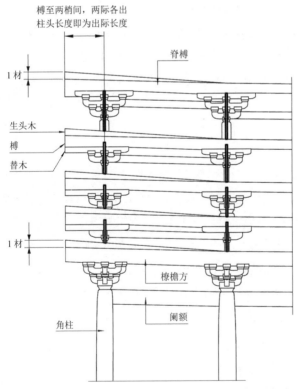

图 8-11 唐宋建筑两际式屋顶山面出际作法示意（买琳琳摹绘自《梁思成全集》第七卷）

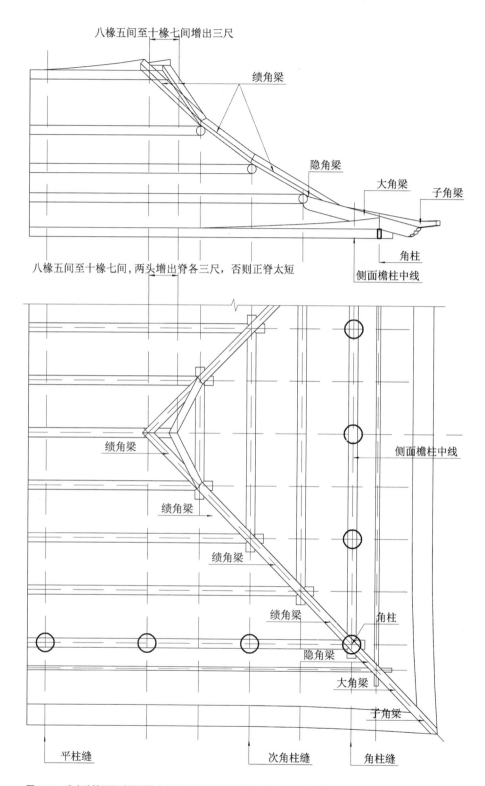

八椽五间至十椽七间增出三尺

绩角梁

隐角梁

大角梁

子角梁

角柱

侧面檐柱中线

八椽五间至十椽七间，两头增出脊各三尺，否则正脊太短

绩角梁

侧面檐柱中线

绩角梁

绩角梁

绩角梁

角柱

隐角梁

大角梁

子角梁

平柱缝

次角柱缝

角柱缝

图 8-12 唐宋建筑四阿式屋顶推山做法示意（白海丰摹绘自《梁思成全集》第七卷）

事实上，宋代建筑中是有推山做法的，只是当时的建筑做法中，尚无"推山"这一术语。《营造法式》："凡造四阿殿阁，若四椽、六椽五间及八椽七间，或十椽九间以上，其角梁相续，直至脊榑，各以逐架斜长加之。如八椽五间至十椽七间，并两头增出脊榑各三尺。（随所加脊榑尽处，别施角梁一重。俗谓之吴殿，亦曰五脊殿。）"[1]关于这段话，梁思成有注，一释"四阿殿阁"："四阿殿即清式所称'庑殿'，'庑殿'的'庑'字大概是本条小注中'吴殿'的同音别写。"[2]二释"并两头增出脊榑各三尺"："这与清式'推山'的做法相类似。"[3]

梁先生关于清式建筑之"庑殿"，是宋式建筑之"吴殿"的同音别写，很有启发。而其有关宋式四阿殿"并两头增出脊榑各三尺"做法，与清式"推山"做法相类似的论述，说明宋时四阿殿阁屋顶，已有推山做法，只是未见其名而已。

事实上，唐宋时代四阿殿阁屋顶推山的幅度，较之清式建筑庑殿顶的推山幅度，明显要小一些。因其正脊稍短，四垂脊微曲，故唐宋时期四阿殿阁的屋顶曲线，更显出某种古拙、粗犷与舒展的张力。

收山

收山，是对清式建筑歇山屋顶之两山做法的一种俗称。其具体做法，如梁思成所述：歇山屋顶两山"桁头之外有博风板如悬山之制。博风板之下有山花板，将三角形悬山的部分整个封护起来。山花板的外皮，须在两山正心桁中线以里一桁径。"[4]但梁先生在这里，并没有采用"收山"这个词。

与清代歇山式建筑相类似的，是宋代厦两头造式建筑，其屋顶之两山做法，采用的是"出际之制"，其方法已如前述。

由于"出际"与"收山"，在做法上的截然不同，宋式厦两头造式建筑与清式歇山式建筑也就有了很大的区别。清式歇山建筑，两山微微向里收进仅一个檩径，其正脊长度几如房屋之通面广；微收的两山，尽管加上两山出檐，使屋顶整体有明显退收感，但仍显两山造型比较拘谨。（图8-13）而宋式厦两头造，因其两山自檐口退入较为明显，正脊长度亦显较短，故两山披檐占比较大，房屋棱角分明，造型更显古拙、洗练。（图8-14）

1.[宋]李诫.营造法式.卷五.大木作制度二.阳马.

2.梁思成.梁思成全集.第七卷.第139页.注58.中国建筑工业出版社.2001年.

3.梁思成.梁思成全集.第七卷.第139页.注58.中国建筑工业出版社.2001年.

4.梁思成.清式营造则例.第32页.中国建筑工业出版社.1981年.

图 8-13　清式建筑歇山屋顶收山示例—北京紫禁城太和门（买琳琳摄）

图 8-14　宋式厦两头（九脊）式屋顶收山示例—山西太原晋祠圣母殿（买琳琳摄）

椽子

屋顶所覆椽子，是形成屋盖的主要构件之一。椽之概念，自先秦时代似已出现。如《营造法式》引："《春秋左氏传》：桓公伐郑，以大宫之椽为卢门之椽。"[1]《史记》提到韩非子所云："尧舜采椽不刮，茅茨不翦"[2]之语。

椽亦称为"桷"或"榱"。如《毛诗正义》之疏提到："桷之与榱，是椽之别名。庄二十四年，刻桓宫桷，谓刻其椽也。"[3]关于这三种称谓，《营造法式》引："《说文》：秦名为屋椽，周谓之榱，齐鲁谓之桷。"[4]可知，椽、榱、桷，实为先秦时期不同地域对同一类构件的不同称谓。另从《营造法式》引《说文》："椽方曰桷，短椽谓之棁。"可知，短椽，还被称为棁。此外，据《营造法式》"总释下"，椽还被称为"橑"，而短椽亦可被称为"禁楄"。[5]（图 8-15）

《营造法式》："用椽之制：椽每架平不过六尺。若殿阁，或加五寸至一尺五寸，径九分至十分。若厅堂，椽径七分至八分，余屋，径六分至七分。长随架斜；至下架，即加长出檐。每槫上为缝，斜批相搭钉之。（凡用椽，皆令椽头向下而尾在上。）"[6]这里对每步椽架的距离、椽子的长度，以及殿阁、厅堂、余屋，各自所用椽子的直径，加以了描述。其中的"分"，均指的是宋代建筑材分制度之度量单位。

同时，《营造法式》中又云："凡布椽，令一间当间心；若有补间铺作者，令一间当耍头心。若四裛回转角者，并随角梁分布，令椽头疎密得所，过角归间，（至次角补间铺作心，）并随上中架取直。其稀密以两椽心相去之广为法：殿阁广九寸五分至九寸；副阶，广九寸至八寸五分；厅堂，广八寸五分至八寸；廊库屋，广八寸至七寸五分。"[7]

这里给出的是椽子的分布方式。排布椽子，要从每一开间的中心开始，向左右布置，有补间铺作者，以补间铺作中心缝，即耍头心为中心，向左右布置。所谓"裛回转角"，按梁先生的解释，即徘徊转角，也就是在转角处，要随角梁而分布，使得椽头疎密得当，转角布椽，至次间的补间铺作心为结束点。到上中架，则与其他位置的椽子分布方式取得一致。

椽子分布的疏密，是依照两椽中心线的距离为则的。即殿阁建筑，其两椽椽心距离，为 9.5～9 寸；其副阶屋顶两椽椽心距，为 9～8.5 寸；厅堂建筑，其两椽椽心距，为 8.5～8 寸；廊屋、库屋建筑，其两椽椽心距，为 8～7.5 寸。如此，则大致规定了不

---

1. [宋] 李诫 . 营造法式 . 卷二 . 总释下 . 椽 .
2. [汉] 司马迁 . 史记 . 卷六 . 秦始皇本纪第六 .
3. [汉] 郑玄笺、[唐] 孔颖达疏 . 毛诗正义 . 卷二十、二十之二 .
4. [宋] 李诫 . 营造法式 . 卷二 . 总释下 . 椽 .
5. 参见 [宋] 李诫 . 营造法式 . 卷二 . 总释下 . 椽 .
6. [宋] 李诫 . 营造法式 . 卷五 . 大木作制度二 . 椽 .
7. [宋] 李诫 . 营造法式 . 卷五 . 大木作制度二 . 椽 .

图 8-15　唐宋建筑屋盖椽子示例—天津蓟县独乐寺山门室内（买琳琳摄）

同等级建筑屋顶椽子的分布稀密关系。

如果是有平棊或平闇的建筑，其梁架上部不采用彻上露明造做法，故在铺设椽子时，不必像彻上露明造那样，将椽子长短裁截取齐。而是采取仅在一端取齐的做法，如《营造法式》中所云："若屋内有平棊者，即随椽长短，令一头取齐，一头放过上架，当槫钉之，不用裁截。（谓之雁脚钉。）"[1] 这种将椽子固定在屋槫之上的用钉方式，称为雁脚钉。

望板（厦瓦版、白版、压厦版）

"望板"一词，自南北朝时已出现，似指贵族出行之车舆两厢上板。清式建筑中，望板一词较为多见。梁思成定义："望板：椽上所铺以承屋瓦之板。"[2] 但《营造法式》中未出现"望板"这一术语。

《营造法式》文本中唯一似与望板有所联系的描述，是关于屋栋之解释："《释名》：檼，隐也，所以隐桷也。或谓之望，言高可望也。或谓之栋。"[3] 可知，古人曾将屋顶之栋，即承托屋椽之槫，称为望。则其上所覆之板，与"望板"之间的联系，似乎略可看出端倪。

---

1. [宋] 李诫.营造法式.卷五.大木作制度二.椽.
2. 梁思成.清式营造则例.第 84 页.中国建筑工业出版社.1981 年.
3. [宋] 李诫.营造法式.卷二.总释下.栋.

《营造法式》中最接近清式建筑望板的术语，似乎是"白版"和"厦瓦版"。另有"压厦板"，像是厦瓦版之结头位置的板。如《营造法式》，小木作制度，"井亭子"条中提到："造井亭子之制：自下锒脚至脊，共高一丈一尺（鸱尾在外，）方七尺。四柱，四椽，五铺作一抄一昂，材广一寸二分，厚八分，重栱造。上用压厦版，出飞檐，作九脊结窊。其名件广厚皆取每尺之高积而为法。"[1] 从上下文看，这里的"压厦版"，似乎是指屋顶上之望板。

同是在这一段文字中，还有："大连檐：长同压厦版，（每面加二尺四寸，）广二分，厚一分。前后厦瓦版：长随椽，其广自脊至大连檐。（合贴令数足，以厚五分为定法，每至角长加一尺五寸。）两头厦瓦版：其长自山版至大连檐。（合版令数足，厚同上。至角加一尺一寸五分。）"[2]

这段行文中提到的压厦版、厦瓦版、白版，似乎都是指覆盖于屋椽之上的屋面板，即清式建筑中的"望板"。（图8-16）但究竟如何区分这三者之间的关系，《营造法式》中并未给出一个明确的表述。

步架（椽架）

"步架"一词，指屋顶承椽之相邻两槫，或两檩（桁）之间的水平距离。梁思成提到：房屋中的主梁，"如所负共有七檩，则称七架梁，其上一层则称五架梁。由大柁均分作若干步架（普通多用五六尺），二柁三柁每层梁之缩短便以每次两端均缩短一步架为准则。"[3]

清代人李斗撰《扬州画舫录》提到："砌悬山山花象眼，以步架定宽，瓜柱定高。"[4] 就明确给出了"步架"这一概念。

与步架相类似的一个术语为"椽架"。宋代建筑，将主要梁栿，称为"×椽栿"，如其长度为六个椽架的梁，称六椽栿；长度为四个椽架的梁，椽四椽栿，如此等等。这里其实已经暗含了"椽架"这一内涵。（图8-17）

然而，《营造法式》文本中，既无"步架"，也无"椽架"这两个词。与之对应的只是"架"。如《营造法式》："用椽之制：椽每架平不过六尺。若殿阁或加五寸至一尺五寸，径九分至十分。"[5] 这里的"每架"指的就是每一步架，或椽架。

1. [宋] 李诫 . 营造法式 . 卷八 . 小木作制度三 . 井亭子 .
2. [宋] 李诫 . 营造法式 . 卷八 . 小木作制度三 . 井亭子 .
3. 梁思成 . 清式营造则例 . 第27页 . 中国建筑工业出版社 .1981年 .
4. [清] 李斗 . 扬州画舫录 . 卷十七 . 工段营造录 .
5. [宋] 李诫 . 营造法式 . 卷五 . 大木作制度二 . 椽 .

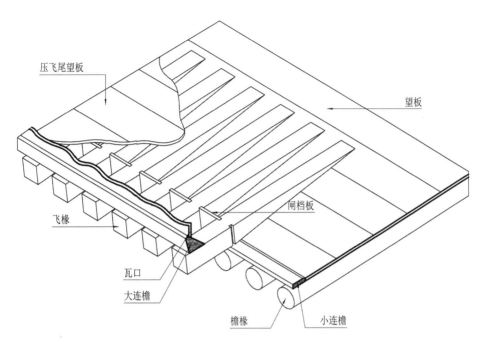

图 8-16　清式建筑屋盖望板示意（买琳琳摹绘自马炳坚《中国古建筑木作营造技术》）

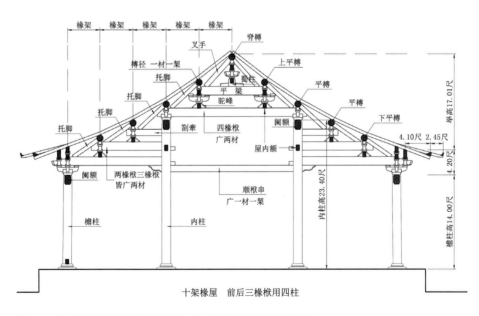

图 8-17　唐宋建筑屋盖步架（椽架）示意—宋式厅堂屋架剖面（买琳琳绘）

檐

《营造法式》释“檐”：“檐（余廉切。或作櫚。俗作簷者非是。）”[1]另引诸文献释之：

《尔雅》：檐谓之樀（屋梠也。）

《淮南子》：橑檐榱题。（檐，屋垂也。）

《方言》：屋梠谓之櫺。（即屋檐也。）

《说文》：秦谓屋联櫋曰楣，齐谓之檐，楚谓之梠。橝（徒含切，）屋梠前也。房（音雅，）庑也。宇，屋边也。[2]

可知，与檐意思接近的词，有櫚、樀、楣、梠、櫺、梠等。

《营造法式》：“檐（其名有十四：一曰宇，二曰檐，三曰樀，四曰楣，五曰屋垂，六曰梠，七曰櫺，八曰联櫋，九曰橝，十曰房，十一曰庑，十二曰槾，十三曰槐，十四曰庮。）”[3]这里将古代文献中，与檐意义相近的词，都归纳在一起。

《营造法式》：“造檐之制：皆从橑檐方心出，如椽径三寸，即檐出三尺五寸；椽径五寸，即檐出四尺至四尺五寸。檐外别加飞檐，每檐一尺，出飞子六寸。”[4]这里给出的是一般的出檐方式，即檐椽自橑檐方心向外出挑，出挑的距离，与所用椽子的直径有关，若椽径 0.3 尺，檐出 3.5 尺；椽径 0.5 尺，檐出 4 ～ 4.5 尺。当然，所用椽径又取决于以房屋等级确定的用材等级。如殿阁建筑，其椽径为所用材之 9 ～ 10 分；厅堂建筑，椽径为所用材之 7 ～ 8 分；余屋建筑，椽径为所用材之 6 ～ 7 分。

这里以使用二等材的殿阁建筑为例，假设其所用材之高为 7.2 寸，则一分为 0.48 寸。其椽径约为 4.32 ～ 4.8 寸。其檐出距离当约为 4 ～ 4.5 尺左右。在出挑檐椽之上，再出飞子，每檐 1 尺，出飞子 0.6 尺。则这座使用二等材的殿阁建筑，飞子的出挑距离为 2.4 ～ 2.7 尺。故其外檐檐口自橑檐方心出挑的总距离为 6.4 ～ 7.2 尺。

此外，其檐至转角，为形成起翘翼角，还应有一些相应的椽、飞“生出”做法，如《营造法式》：“其檐自次角补间铺作心，椽头皆生出向外渐至角梁：若一间生四寸；三间生五寸；五间生七寸。（五间以上，约度随宜加减。）其角柱之内，檐身亦令微杀向里。（不尔恐檐圜而不直。）”[5]其檐从房屋次角补间铺作中心缝开始生出向外渐至角梁。若其面广为一间者，至角梁渐次生出 0.4 尺；若为三间者，至角梁渐次生出 0.5 尺；若五间，至角梁渐次生出 0.7 尺。五间以上，生出长度根据情况，约度加减。但这段渐渐生出的椽子与飞子，要微微向屋身方向贴近一点（微杀向里），使得其檐至角，显

---

1. [宋] 李诫 . 营造法式 . 卷二 . 总释下 . 檐 .
2. 参见 [宋] 李诫 . 营造法式 . 卷二 . 总释下 . 檐 .
3. 参见 [宋] 李诫 . 营造法式 . 卷五 . 大木作制度二 . 檐 .
4. 参见 [宋] 李诫 . 营造法式 . 卷五 . 大木作制度二 . 檐 .
5. 参见 [宋] 李诫 . 营造法式 . 卷五 . 大木作制度二 . 檐 .

现为虽微有曲缓但仍直挺而有弹性的翼角曲线。（图 8-18）

关于出檐做法，梁思成特别指出：" '大木作制度'中，造檐之制，檐出深度取决于所用椽之径；而椽径又取决于所用材分。这里面有极大的灵活性，但也使我们难于掌握。"[1]

图 8-18　唐宋建筑翼角椽示例—天津蓟县独乐寺山门（买琳琳摄）

大连檐、小连檐

《营造法式》："凡飞魁（又谓之大连檐），广厚并不越材。小连檐，广加栔二分至三分，厚不得越栔之厚。（并交斜解造。）"[2] 飞魁，即是大连檐，是位于出挑檐椽椽头之上的一根断面为三角形的长木条，起到将出挑檐椽外端端头连接在一起，并固定其上飞椽的作用。（图 8-19）

小连檐，则是位于出挑飞椽椽头之上的一个断面亦为三角形的长木条，其功能则是将出挑飞子的外端端头，连接在一起。

大连檐的高度与厚度，一般不超过其建筑所用材的高度与厚度。即其高不超过 15 分，其厚不超过 10 分。

小连檐的高度，相当于其所用材之栔的高度，再加上 2 ～ 3 分，而其厚度不宜超过其所用材之栔的厚度。即其高约为 8 ～ 9 分，其厚不超过 4 分。

燕颔版、狼牙版

《营造法式》："凡结瓦至出檐，仰瓦之下，小连檐之上，用燕颔版，华废之下用狼牙版。（若殿宇七间以上，燕颔版广三寸，厚八分；余屋并广二寸，厚五分为率。

---

1. 梁思成 . 梁思成全集 . 第七卷 . 第 157 页 . 注 99. 中国建筑工业出版社 . 2001 年 .
2. [宋] 李诫 . 营造法式 . 卷五 . 大木作制度二 . 檐 .

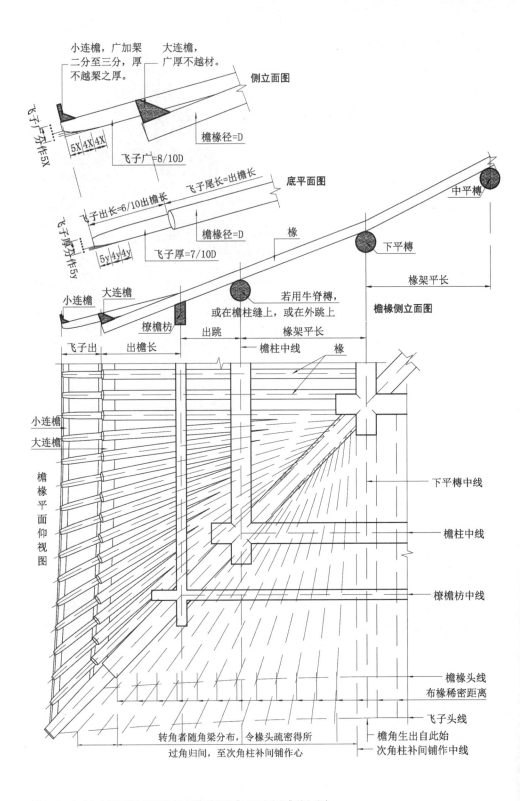

小连檐，广加栔
二分至三分，厚
不越栔之厚。

大连檐，
广厚不越材。

侧立面图

飞子广分作5X

5X 4X 4X

飞子广=8/10D

檐椽径=D

底平面图

中平槫

飞子尾长=出檐长

飞子出长=6/10出檐长

飞子厚分作5y

檐椽径=D

椽

下平槫

椽架平长

5y 4y 4y

飞子厚=7/10D

若用牛脊槫，
或在檐柱缝上，或在外跳上

椽架平长

檐椽侧立面图

小连檐

大连檐

椽檐枋

出跳

檐柱中线

椽

飞子出

出檐长

小连檐

大连檐

檐
椽
平
面
仰
视
图

下平槫中线

檐柱中线

椽檐枋中线

檐椽头线
布椽稀密距离

飞子头线

檐椽生出自此始

次角柱补间铺作中线

转角者随角梁分布，令椽头疏密得所
过角归间，至次角柱补间铺作心

图 8-19　宋式大木作造檐之制示意（买琳琳摹绘自《梁思成全集》第七卷）

每长二尺用钉一枚；狼牙版同。其转角合版处，用铁叶裹钉。)[1]可知，燕颔版是位于屋檐之仰瓦之下，小连檐之上的一个构件。（图 8-20）

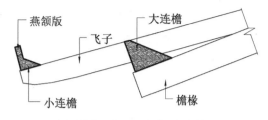

图 8-20 唐宋建筑檐口燕颔版示意（买琳琳绘）

这一构件，如梁先生解释："燕颔版和狼牙版，在清代称'瓦口'。版的一边按瓦陇距离和仰觚瓦的弧线斫造，以承檐口的仰瓦。"[2]七间以上的殿阁或厅堂建筑，其燕颔版高 0.3 尺，厚 0.08 尺；余屋建筑，其燕颔版高 0.2 尺，厚 0.05 尺，其上均斫为仰瓦状。每隔 2 尺，用一枚钉子，将版固定在小连檐上。

在华废之下，则用狼牙版。（图 8-21）梁思成注："华废就是两山出际时，在垂脊之外，瓦陇与垂脊成正角的瓦。清代称'排山勾滴'。"[3]狼牙版的作用与燕颔版类似，是用以承托并固定两山

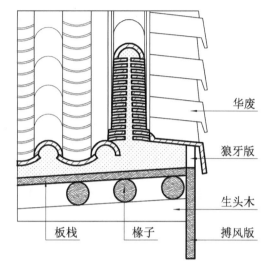

图 8-21 唐宋建筑屋顶两山华废处用狼牙版示意（买琳琳摹绘自潘谷西《〈营造法式〉解读》）

出际处仰瓦的木质构件，其上棱斫造成与其上仰瓦相合的弧线。

飞子

《营造法式》："造檐之制，……檐外别加飞檐，每檐一尺，出飞子六寸。"[4]飞子，是覆压在出挑檐椽之上，并进一步向外出挑的一种檐椽，亦称飞椽。（图 8-22）

与一般椽子不同的是，飞子端头的截面为方形，《营造法式》："凡飞子，如椽径十分，则广八分，厚七分。（大小不同，约此法量宜加减。）各以其广厚分为五分，两边各斜杀一分，底面上留三分，下杀二分，皆以三瓣卷杀。上一瓣长五分，次二瓣

1. [宋] 李诫 . 营造法式 . 卷十三 . 瓦作制度 . 结瓷 .
2. 梁思成 . 梁思成全集 . 第七卷 . 第 256 页 . 注 8. 中国建筑工业出版社 . 2001 年 .
3. 梁思成 . 梁思成全集 . 第七卷 . 第 256 页 . 注 7. 中国建筑工业出版社 . 2001 年 .
4. 参见 [宋] 李诫 . 营造法式 . 卷五 . 大木作制度二 . 檐 .

各长四分。（此瓣分谓广厚所得之分。）尾长斜随檐。"[1] 显然，为了檐口部位的视觉效果，飞子在造型上比较讲究：飞子尾部与檐椽相接部位要斫成一个斜面，以形成飞子向外与向上的起翘感；飞子出挑部分，再做三瓣卷杀，使飞子出头更为高挑而细腻。

图 8-22　唐宋建筑檐口用飞子示例—山西应县木塔（买琳琳摄）

交斜解造、结角解开

《营造法式》文本中有关飞魁的描述中，提到了大连檐与小连檐需"并交斜解造"。由于大连檐与小连檐的截面，均略近三角形，为了节省原料，可以将一条截面接近大连檐（或小连檐）高度与厚度的矩形木条，以其截面做类似对角线式的切割，如此，则可以形成两根三角形截面的大连檐（或小连檐）木条。这种切割方式，称为"交斜解造"。（图 8-23）

与大连檐与小连檐类似，飞子尾部的斜面，也被古代工匠利用，创造了一种节约木料的加工方式，即"结角解开"。《营造法式》："（凡飞子须两条通造；先除出两头于飞魁内出者，后量身内，令随檐长，结角解开。若近角飞子，随势上曲，令背与小连檐平。）"[2]（图 8-24）

关于"结角解开"与"交斜解造"两种做法，梁思成有注："'结角解开''交斜解造'都是节约工料的措施。

飞子交斜解造做法

图 8-23　宋《营造法式》中交斜解造做法示意（买琳琳摹绘自《梁思成全集》第七卷）

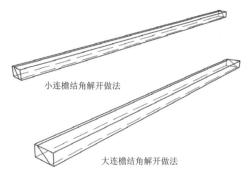

小连檐结角解开做法

大连檐结角解开做法

图 8-24　宋《营造法式》中结角解开做法示意（买琳琳摹绘自《梁思成全集》第七卷）

1. 参见 [宋] 李诫 . 营造法式 . 卷五 . 大木作制度二 . 檐 .

2. [宋] 李诫 . 营造法式 . 卷五 . 大木作制度二 . 檐 .

将长条方木纵向劈开称两条完全相同的、断面作三角形或不等边四角形的长条，谓之'交斜解造'。将长条方木，横向斜劈成两段完全相同的、一头方整、一头斜杀的木条，谓之'结角解开'。"[1]

图 8-25　唐宋建筑厦两头（九脊）式或两际式屋顶山面搏风版示例—山西太原晋祠圣母殿（买琳琳摄）

搏风版

搏风版，据《营造法式》："《说文》：屋栢之两头起者为荣。""《义训》：搏风谓之荣。（今谓之搏风版。）"[2]

搏风版施于厦两头造式或两际式屋顶两山，起到遮护出际屋樽搏头的功效。宋式建筑中，搏风版往往会与垂鱼、惹草等雕饰构件结合，共同起到美化房屋两山外观的造型效果。（图 8-25）

清式建筑中，搏风版，又被称作"博风板"或"博缝板"。

垂鱼、惹草

与厦两头造式与两际式屋顶搏风版密切关联的装饰构件：垂鱼、惹草，在《营造法式》文本中，是出现在"小木作制度"中的，如在"露篱"条有："版屋两头施搏风版及垂鱼、惹草，并量宜造。"[3]

在《营造法式》"小木作制度二"中，还专设了"垂鱼、惹草"一节："造垂鱼、惹草之制：或用华瓣，或用云头造。垂鱼长三尺至一丈；惹草长三尺至七尺。其广厚皆取每尺之长积而为法。"[4]这里给出了垂鱼、惹草的基本造型与大约长度。其形式用花瓣，或云头纹样轮廓；垂鱼长度自 3 ～ 10 尺不等，惹草长度，自 3 ～ 7 尺不等。其宽度与厚度，则以其所用长度而推算。

1. 梁思成.梁思成全集.第七卷.第 157 页.注 102.中国建筑工业出版社.2001 年.
2. [宋] 李诫.营造法式.卷二.总释下.搏风.
3. [宋] 李诫.营造法式.卷六.小木作制度一.露篱.
4. [宋] 李诫.营造法式.卷六.小木作制度二.垂鱼、惹草.

《营造法式》："垂鱼版：每长一尺，则广六寸，厚二分五厘。惹草版：每长一尺，则广七寸，厚同垂鱼。"[1]这里给出了垂鱼、惹草的宽度与厚度计算方式，如两者均长3尺，则垂鱼宽1.8尺，厚0.075尺；而惹草则宽2.1尺，厚亦为0.075尺。如此类推。（图8-26）

《营造法式》给出了施加垂鱼与惹草的位置："凡垂鱼施之于屋山搏风版合尖之下。惹草施之于搏风版之下、搏水之外。每长二尺，则于后面施楅一枚。"[2]大体上看，垂鱼位于屋山正中的位置，惹草则对称布置于屋山两侧的搏风版下。在长度长于2尺的垂鱼或惹草之后，需要加一枚木条（楅），以增强垂鱼与惹草与搏风版之间的联系。

这里提到的"搏水"，令人费解，梁先生也提出了疑问："搏水是什么，还不清楚。"[3]

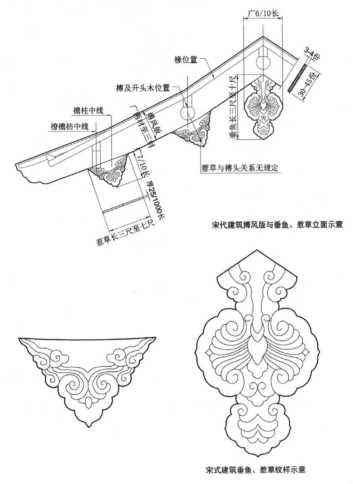

宋代建筑搏风版与垂鱼、惹草立面示意

宋式建筑垂鱼、惹草纹样示意

图 8-26 宋式建筑造搏风版之制—搏风版、垂鱼、惹草示意（买琳琳摹绘自《梁思成全集》第七卷）

1. [宋]李诫.营造法式.卷六.小木作制度二.垂鱼、惹草.
2. [宋]李诫.营造法式.卷七.小木作制度二.垂鱼、惹草.
3. 梁思成.梁思成全集.第七卷.第207页.注41.中国建筑工业出版社.2001年.

第二节　室内天花

在房屋室内主要结构之下，再悬挂一个顶棚，既用于遮蔽灰尘，又起到室内装饰作用。这一顶棚，古人称为"承尘"，或称平棊、平闇。

《营造法式》释"平棊"："《山海经图》：作平橑，云今之平棊也。（古谓之承尘。今宫殿中，其上悉用草架梁栿承屋盖之重，……。）"[1] 则平棊、平橑、承尘等，都属于室内装饰性吊顶的范畴，大约相当于今日所称的"室内天花板"。

"天花"这一概念，来自佛经，其意大体是说佛国天界之花，渐而也将之与佛教高僧讲经说法联系在一起，其佛经讲到妙处，则引得天花乱坠。将天花，或天花板，与室内装饰联系在一起，至迟始自明代。明代人撰《情史》中，记述某监生病故于某佛庵，家人不知而寻之："后缘修造，见木匠腰系旧紫丝绦，生故物也。仆识之，告于主母。询匠何由得此？云得于某庵天花板上。"[2] 另有 明人撰《马氏日抄》也记录了，当时京城执获一盗贼："问其所盗之物，云在庙中大殿内天花板上。众从之至殿虎角门，于腰间取一钥，启门入殿内，登神床，蹑象膝，登肩蹋冕，顶上直立，托开天花板，兀上藻井，平昔凡盗之物咸在。"[3] 可知，明时，已将室内吊顶装饰，称作"天花板"了。

明以前情况，虽不十分清楚，但宋代高等级殿阁建筑中，则有平棊、平闇之设，其形式与功能，都与近世所称的天花板十分接近。

彻上明造

彻上明造，又称彻上露明造，是唐宋时期建筑室内装饰的一种处理方式。其基本概念是，室内不设平棊、平闇等装饰性天花板，亦不施藻井，从而使得室内结构性梁架完全暴露在人们的视线以内。（图 8-27）

其要点是，彻上明造式样的室内，一般采用经过艺术加工的明栿月梁。并以经过雕琢，有着艺术性轮廓线的驼峰，作为月梁之上的垫托性构件。较多情况下的彻上明造，应用于内外柱子不同高的厅堂类建筑。

挑斡

挑斡是应用于室内为彻上明造时的一种昂尾结构处理方式。据《营造法式》："若

---

1. [宋] 李诫 . 营造法式 . 卷二 . 总释下 . 平棊 .
2. [明] 江南詹詹外史 . 情史 . 卷十八 . 情累类 . 赫应祥 .
3. [明] 马愈 . 马氏日抄 . 奇盗 .

屋内彻上明造，即用挑斡，或只挑一斗，或挑一材两栔。（谓一栱上下皆有斗也。若不出昂而用挑斡者，即骑束阑方下昂桯。）"[1]挑斡一般用于下昂尾部，上挑一斗，或挑一材一栔。斗或一材一栔之上，承托下平槫。（图8-28）

图8-27　唐宋建筑室内彻上露明造示例—山西太原晋祠圣母殿（买琳琳摄）

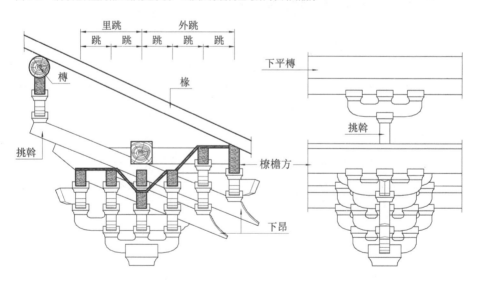

辽宋建筑斗栱里转昂尾挑斡做法剖面图　　　　辽宋建筑斗栱里转昂尾挑斡做法立面图

图8-28　唐宋建筑斗栱里转昂尾挑斡做法（买琳琳摹绘自《梁思成全集》第七卷）

---

1. [宋] 李诫 . 营造法式 . 卷四 . 大木作制度一 . 飞昂 .

其文中提到的"束阑方"和其下"昂桯",究竟为何物?不很清楚。梁先生对此也存疑惑:"'不出昂而用挑斡'的实例见大木作图31、32;[1]什么是束阑方和它下面的昂桯,均待考。"[2]

施用挑斡的另外种可能,是出现在有平棊或平闇的房屋之内。《营造法式》:"如用平棊,即自槫安蜀柱以叉昂尾;如当柱头,即以草栿或丁栿压之。"[3]这里给出了在室内有平棊(或平闇)时的两种昂尾处理方式:一种是在昂尾上,叉压一根蜀柱,蜀柱上端,承托下平槫;另外一种是,若其昂中心线,正在柱头铺作缝上,则可将昂尾叠压在位于柱头之上的草栿或丁栿之下。

无论彻上明造,或有平棊情况下的挑斡,主要是通过给昂尾施加压力,并通过杠杆作用,使得外檐铺作,能够承托外檐出挑部分的荷载。

驼峰

宋式建筑中,有两处可能出现"驼峰":其一,是"壕寨制度"中的"赑屃鳌坐碑"中有驼峰:"鳌坐:长倍碑身之广,其高四寸五分。驼峰广三分,余作龟文造。"[4]

其二,是在"大木作制度二"中:"凡屋内彻上明造者,梁头相叠处须随举势高下用驼峰。其驼峰长加高一倍,厚一材,斗下两肩或作入瓣,或作出瓣,或圜讹两肩、两头卷尖。"[5]显然,此驼峰,非彼驼峰也。

大木作制度中的驼峰,一般用于屋内彻上明造的月梁之上,其功能是为梁上所叠之上层梁头,起到垫托作用。其所呈梁头之上,亦承托屋槫。故驼峰往往位于屋内 × 平槫缝与其下梁栿的交汇点上。

驼峰的高度,是其长度的1/2,厚度为1材(15分)。驼峰之上承斗子,驼峰两肩,可以斫为入瓣,或出瓣弧线;也可以圜讹两肩,并将两侧做卷尖状。《营造法式》中给出一个例子:"驼峰,每一坐,(两瓣或三瓣卷杀,)高二尺五寸,长五尺,厚七寸。"[6]可知,宋人称"驼峰"论"坐"。这坐驼峰,其高2.5尺,其长5尺,其厚0.7尺。两肩作两瓣或三瓣卷杀。也有轮廓形式较为复杂的驼峰。(图8-29)

有时,驼峰也会出现在有平棊(或平闇)之殿阁建筑的屋内草栿之上,但这时的驼峰,在造型上会比较简单。偶然也会有出现在屋内额上的驼峰,其功能除了承托其

---

1. 图见《梁思成全集》第七卷,第98页,即江苏苏州虎丘二山门外檐铺作里转。
2. 梁思成 . 梁思成全集 . 第七卷 . 第95页 . 注50. 中国建筑工业出版社 . 2001年 .
3. [宋]李诫 . 营造法式 . 卷四 . 大木作制度一 . 飞昂 .
4. [宋]李诫 . 营造法式 . 卷三 . 石作制度 . 赑屃鳌坐碑 .
5. [宋]李诫 . 营造法式 . 卷五 . 大木作制度二 . 梁 .
6. [宋]李诫 . 营造法式 . 卷十九 . 大木作功限三 . 殿堂梁、柱等事件功限 . 造作功 . 驼峰 .

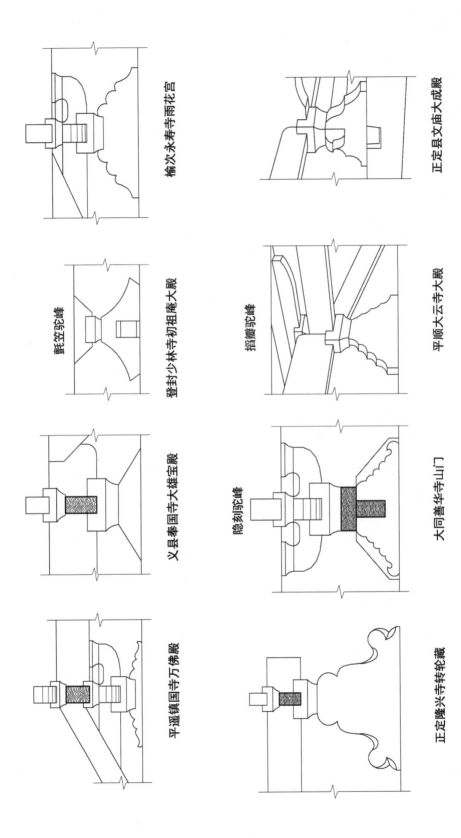

榆次永寿寺雨花宫

正定县文庙大成殿

甑笠驼峰
登封少林寺初祖庵大殿

捐瓣驼峰
平顺大云寺大殿

隐刻驼峰
义县奉国寺大雄宝殿

大同善华寺山门

平遥镇国寺万佛殿

正定隆兴寺转轮藏

图8-29 唐宋建筑梁栿驼峰示意（买琳琳摹绘自《梁思成全集》第七卷）

上斗方之外，还起到一点室内装饰的作用。

平棊、平闇

平棊、平闇，是指唐宋建筑室内之吊顶天花。《营造法式》，"看详"："平棊（其名有三：一曰平机，二曰平橑，三曰平棊。俗谓之平起。其以方椽施素版者，谓之平闇。）"[1] 可知平棊、平闇，小有差别。

室内设平棊，似古已有之。《营造法式》："《史记》：汉武帝建章后阁，平机中有駏牙出焉。（今本作平橑者误。）"[2] 这里的平机，当指汉时的平棊，其意是说，在西汉时代建筑室内，似乎就已有平棊之设。

又《营造法式》："《山海经图》：作平橑，云今之平棊也。（古谓之承尘。今宫殿中，其上悉用草架梁栿承屋盖之重，如攀、额、栌、柱、敦、桥、方、槫之类，及纵横固济之物，皆不施斤斧。于明栿背上，架算桯方，以方椽施版，谓之平闇，以平版贴华谓之平棊。俗亦呼为平起者，语讹也。）"[3] 平棊，曾称平橑、承尘。其位置在宫殿建筑室内草架梁栿之下，明栿之上。

草架梁栿之上，用不施斤斧（未加装饰性雕斫）的种种木构件支撑屋盖之重。于明栿之上，架算桯方，承托平棊或平闇。平闇者，是以密集方椽之上施素版；平棊者，是略呈棋盘状的方格平版，其内贴饰华文。当时民间俗称的"平起"，当是"平棊"之语误。

《营造法式》："造殿内平棊之制：于背版之上，四边用桯；桯内用贴，贴内留转道，缠难子。分布隔截，或长或方。其中贴络华文有十三品。……每段以长一丈四尺，广五尺五寸为率。其名件广厚，若间架虽长广，更不加减，唯盝顶欸斜处，其桯量所宜减之。"[4] 这里给出了平棊的具体做法，其外框四边用桯，桯内以较为细小之贴分割成如棋盘状方格，格内用难子缠绕格内四边。其格内贴络各式华文，所贴华文，"难子并贴华：厚同贴，每方一尺用华子十六枚。"[5]（图 8-30）

梁思成注："这里所谓'贴络'和'华子'，具体是什么，怎样'贴'，怎样做，都不清楚。从明清的做法，所谓'贴络'，可能就是'沥粉'，置于'雕华'和'华子'，明清的天花上有些也有将雕刻的花饰贴上去的。'"[6]

1.[宋] 李诫 . 营造法式 . 看详 . 诸作异名 . 平棊 .
2.[宋] 李诫 . 营造法式 . 卷二 . 总释下 . 平棊 .
3.[宋] 李诫 . 营造法式 . 卷二 . 总释下 . 平棊 .
4.[宋] 李诫 . 营造法式 . 卷八 . 小木作制度三 . 平棊 .
5.[宋] 李诫 . 营造法式 . 卷八 . 小木作制度三 . 平棊 .
6. 梁思成 . 梁思成全集 . 第七卷 . 第 211—213 页 . 注 2. 中国建筑工业出版社 . 2001 年 .

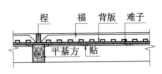

平棊剖面做法二示意图

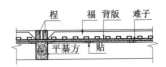

平棊剖面做法三示意图

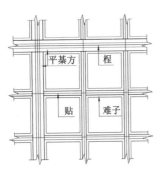

平棊局部仰视图

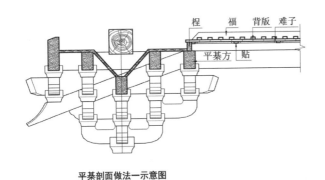

平棊剖面做法一示意图

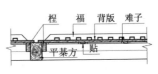

平棊剖面做法四示意图

平棊剖面做法五示意图

图 8-30　宋代小木作平棊做法示意（买琳琳摹绘自《梁思成全集》第七卷）

　　关于平棊之木件尺寸，梁思成亦作了分析："下文所规定的断面尺寸（广厚）是绝对尺寸，无平棊大小，一律用同一断面的桯、贴和难子，背版的'厚六分'也是绝对尺寸。"[1] 借助梁先生的注释与分析，可以更直接理解宋式建筑中的平棊形式与做法。

平棊方

　　一组平棊（或平闇），由平棊方、桯、平棊版、难子，及平棊内所贴华文组成。

　　《营造法式》："凡平棊方在梁背上，其广厚并如材，长随间广。每架下平棊方一道，（平闇同。）……绞井口并随补间。（令纵横分布方正。）"[2] 平棊方的标高，位于明栿背上，方的断面，相当于一材（高 15 分，厚 10 分），方之长与开间之广相应。每

1.梁思成.梁思成全集.第七卷.第 213 页.注 3.中国建筑工业出版社.2001 年.
2.[宋] 李诫.营造法式.卷五.大木作制度二.梁.

一步架之下，设一道平棊方（平闇也一样）。梁先生进一步说明："平棊方一般与槫平行，与梁成正角，安在梁背之上，以承平棊。"[1]

平棊之方格，由桯与平棊方相交（绞），以形成井口状。平棊格的分割，要考虑与房屋外檐檐柱上之补间铺作之间找关系。要点是，使其平棊格之纵横分布以方正为宜。

平闇椽、峻脚椽

《营造法式》在讨论平棊方时指出："每架下平棊方一道，（平闇同。又随架安椽以遮版缝。其椽，若殿宇，广二寸五分，厚一寸五分；余屋，广二寸二分，厚一寸二分。如材小，即随宜加减。）绞井口并随补间。（令纵横分布方正。若用峻脚，即于四阑内安版贴华。如平闇，即安峻脚椽，广厚并与平闇椽同。）"[2]

在室内屋顶每一步架之下，各安平棊方一道，其方与平槫平行，而与梁成正角；室内施平闇情况，亦然。同时，要随步架宽度，安设平闇椽。其椽作用，是遮蔽平棊方之间的缝隙。（图8-31）

图 8-31　唐宋建筑室内用平闇椽与峻脚椽示例—天津蓟县独乐寺观音阁（唐恒鲁摄）

---

1. 梁思成. 梁思成全集. 第七卷. 第 133 页. 注 29. 中国建筑工业出版社. 2001 年.
2. [宋] 李诫. 营造法式. 卷五. 大木作制度二. 梁.

平闇椽的截面为矩形。殿宇建筑中，其椽宽2.5寸，厚1.5寸；余屋建筑中，椽宽2.2寸，厚1.2寸。用材较小的房屋，其椽尺寸，可以据此而随宜加减。

自室内四周，可能会用峻脚椽，因室内屋顶四周有坡度，峻脚椽当呈斜坡状布置，以达成平棊与四周屋顶之间恰当接合。如设平棊，则在四阑安木版，贴华文，以与平棊版内华文相呼应。若设平闇，因其内无华文装饰，故只需安峻脚椽即可。峻脚椽与前文所述平闇椽的断面尺寸是一样的。

遮椽版

遮椽版是斜施于铺作内外不同标高素方（柱头方与罗汉方等）之间的板，其作用是遮护檐椽，保持铺作内外斗栱与屋椽之间的封闭与整齐，同时，应能起到遮蔽灰尘，防止鸟类筑巢等功能。

《营造法式》："素方在泥道栱上者，谓之柱头方；在跳上者，谓之罗汉方；方上斜安遮椽版。"[1]这应该是遮椽版安置的一般概念。（图8-32）

《营造法式》文本在一些具体位置上，都提到了"遮椽版"的安置问题，如："若每跳瓜子栱上（至橑檐方下，用令栱）施慢栱，慢栱上用素方，谓之重栱。（方上斜施遮椽版。）"[2]这是外檐铺作逐跳重栱造时，在素方上斜施遮椽版的情况。

又如："单栱七铺作两抄两昂及六铺作一抄两昂或两抄一昂，若下一抄偷心，则于栌枓之上施两令

图8-32 唐宋建筑檐口内外用遮椽版示例—天津蓟县独乐寺观音阁首层外檐（买琳琳摄）

1.［宋］李诫.营造法式.卷五.大木作制度一.总铺作次序.
2.［宋］李诫.营造法式.卷四.大木作制度一.总铺作次序.

栱、两素方，（方上平铺遮椽版。）或只于泥道重栱上施素方。单栱八铺作两杪三昂，若下两杪偷心，则泥道栱上施素方，方上又施重栱、素方。（方上平铺遮椽版。）"[1]

这里给出了外檐铺作采用单栱造做法时，可能出现的平铺遮椽版情况。

藻井（斗八藻井）

藻井一词，自汉代就有。后汉张衡《西京赋》中有："状崷崒以岧峣，蒂倒茄于藻井。"[2] 唐人撰《初学记》中有注："藻井（一名方井）。（《风俗通》云：堂殿上作，以象东井。藻，水草，所以厌火。《鲁灵光殿赋》曰：圆泉方井，反植荷蕖。）"[3] 可知，藻井是用于堂殿之内，类如方井的装饰，有厌火的象征性功能。

宋时的藻井，似已多呈八角形形式，故又称"斗八藻井"。如宋人沈括提到："屋上覆橑，古人谓之'绮井'，亦曰'藻井'，又谓之'覆海'。今令文中谓之'斗八'，吴人谓之'罳顶'。唯宫室祠观为之。"[4]

《营造法式》中亦称"斗八"或"小斗八"藻井："斗八藻井（其名有三：一曰藻井，二曰圆泉，三曰方井。今谓之斗八藻井。）"[5]

《营造法式》中进一步描述："造斗八藻井之制：共高五尺三寸；其下曰方井，方八尺，高一尺六寸，其中曰八角井，径六尺四寸，高二尺二寸；其上曰斗八，径四尺二寸，高一尺五寸，于顶心之下施垂莲，或雕华云卷，皆内安明镜。其名件广厚，皆以每尺之径积而为法。"[6] 梁思成注："藻井是在平棊的主要位置上，将平棊的一部分特别提高，造成更高的空间感以强调其重要性。这种天花上开出来的'井'，一般都采取八角形，上部形状略似扣上一顶八角形的'帽子'。这种八角形'帽子'是用八根同心辐射排列的拱起的阳马（角梁）'斗'成的，谓之'斗八'。"[7]

据《营造法式》行文的描述，斗八藻井分为三个结构层：下层平面为方形，称"方井"，其方 8 尺，高 1.6 尺；中层为八角井，八角形直径 6.4 尺，高 2.2 尺；上层为斗八，亦为八角形，其径 4.2 尺，高 1.5 尺。斗八顶心之下，施以垂莲，或雕琢为华云卷式样。（图 8-33）

关于斗八藻井的顶心，梁先生也作了说明："这里说的是，斗八的顶心可以有两

1.［宋］李诫.营造法式.卷四.大木作制度一.总铺作次序.

2.［唐］欧阳询.艺文类聚.卷六十一.居处部一.总载居处.赋.

3.［唐］徐坚.初学记.卷七.地部下.井第六.叙事.

4.［宋］沈括.梦溪笔谈.卷十九.器用.

5.［宋］李诫.营造法式.卷八.小木作制度三.斗八藻井.

6.［宋］李诫.营造法式.卷八.小木作制度三.斗八藻井.

7.梁思成.梁思成全集.第七卷.第213页.注6.中国建筑工业出版社.2001年.

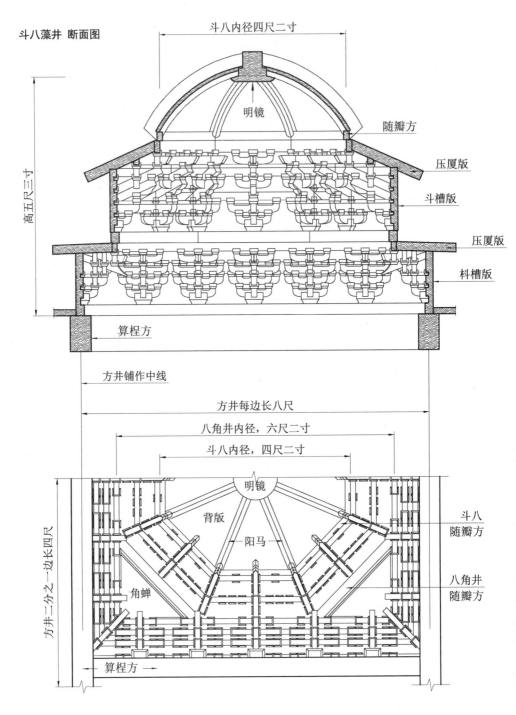

斗八藻井 断面图

斗八内径四尺二寸

明镜

随瓣方

压厦版

斗槽版

压厦版

枓槽版

算桯方

方井铺作中线

方井每边长八尺

八角井内径，六尺二寸

斗八内径，四尺二寸

明镜

背版

阳马

斗八
随瓣方

八角井
随瓣方

角蝉

算桯方

高五尺三寸

方井二分之一边长四尺

斗八藻井 平面仰视图

图 8-33　宋式小木作—斗八藻井做法示意（买琳琳摹绘自《梁思成全集》第七卷）

种做法：一种是柎杆的下端做成垂莲柱；另一种是在柎杆之下（或八根阳马相交殿之下）安明镜（明镜是不是铜镜？待考），周围饰以雕花云卷。"[1]

《营造法式》文本中，还又对斗八藻井细部做法的进一步描述。其中包括了方井、斗槽版、八角井、压厦版、斗八、藻井三层结构各自的随瓣方，及阳马、背版等。另外还给出了藻井在室内所处的位置："凡藻井，施之于殿内照壁屏风之前，或殿身内前门之前平棊之内。"[2] 可知藻井主要设置于堂殿室内的前部，如尚存宋代宁波保国寺大殿内藻井，就位于殿内空间的前部，这里可能是一座殿堂室内的礼仪性空间。（图 8-34）

图 8-34　唐宋建筑小木作藻井示例—浙江宁波报国寺大殿前廊（自张十庆《宁波保国寺大殿：勘测分析与基础研究》）

小斗八藻井

《营造法式》中特别给出了"小斗八藻井"这一条目，这应该是施之于小型殿屋、亭榭之中的斗八藻井。《营造法式》："造小藻井之制：共高二尺二寸。其下曰八角井，径四尺八寸；其上曰斗八，高八寸。于顶心之下施垂莲或雕华云卷，皆内安晚镜。其名件广厚各以每尺之径及高积而为法。"[3]

显然，小斗八藻井不仅尺寸明显较小，结构也似稍微简单一些。（图 8-35）其组成仅有两个结构层：下层为八角井，八角径 4.8 尺，高 2.2 尺；上层为斗八，其径似乎与其下八角井同，其高 0.8 尺。顶心做法，与前文所述斗八藻井相类似。

1. 梁思成 . 梁思成全集 . 第七卷 . 第 213 页 . 注 7. 中国建筑工业出版社 . 2001 年 .
2. [宋] 李诫 . 营造法式 . 卷八 . 小木作制度三 . 斗八藻井 .
3. [宋] 李诫 . 营造法式 . 卷八 . 小木作制度三 . 小斗八藻井 .

小斗八藻井 断面图

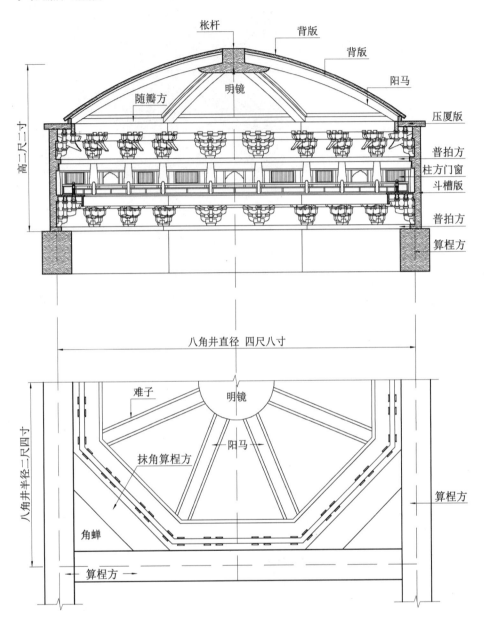

小斗八藻井 平面仰视图

图 8-35　宋式小木作制度—小斗八藻井做法示意（买琳琳摹绘自《梁思成全集》第七卷）

第三节 平坐

据《营造法式》"看详":"平坐（其名有五：一曰阁道，二曰墱道，三曰飞陛，四曰平坐，五曰鼓坐。）"[1]《营造法式》进一步引古文释之："张衡《西京赋》：阁道穹隆。（阁道，飞陛也。）……《义训》：阁道谓之飞陛，飞陛谓之墱。（今俗谓之平坐，亦曰鼓坐。）"[2]

三国时人笮融："大起浮图祠，以铜为人，黄金涂身，衣以锦采，垂铜槃九重，下为重楼阁道，可容三千余人。"[3]这座浮图祠，其"重楼阁道"大致表达了一座有平坐的楼阁式佛塔的早期形式。

"平坐"一词，至迟自隋代已有。据《隋书》大业初年，隋炀帝欲幸扬州，其臣何稠奉迎上意，讨阅图籍，营造车舆，他"别构栏楯，侍臣立于其中。于内复起须弥平坐，天子独居其上。"[4]这里的须弥平坐，当为一个类似须弥座式样的平坐形式。

平坐，既可以作为一座建筑屋首层房屋的基座，也可以作为楼阁式建筑之各层房屋之间的过渡性台座。如果是首层房屋，则平坐的柱子，可以落在地基之上，称为永定柱；如果是二层以上的房屋，其本层房屋之台座，同时也是下层房屋之屋顶。故宋式建筑中的平坐，既可能是一个坐落于地面（或水面）之上的基座结构，同时，也可能是一个可以覆盖下层房屋空间的屋顶结构。（图8-36）

图8-36 唐宋建筑平坐示例—天津蓟县独乐寺观音阁（买琳琳摄）

1.[宋]李诫.营造法式.看详.
2.[宋]李诫.营造法式.卷一.总释上.平坐.
3.[南朝宋]裴松之注.三国志.卷四十九.吴书四.刘繇太史慈士燮传第四.
4.[唐]魏徵等.隋书.卷六十八.列传第三十三.何稠传.

此外，小木作制度及砖作制度中的平坐，当在"小木作制度"与"砖作制度"中加以讨论。

梁思成对辽宋时代平坐，作了十分全面的解释："宋代和以前的楼、阁、塔等多层建筑都以梁、柱、斗、栱完整的构架层层相叠而成。除最下一层在阶基之上立柱外，以上各层斗在下层梁（或斗栱）上先立较短的柱和梁、额、斗栱，作为各层的基座，谓之平坐，以承托各层的屋身。平坐斗栱之上铺设楼板，并置钩阑，做成环绕一周的挑台。河北蓟县独乐寺观音阁和山西应县佛宫寺木塔，虽然在辽的地区，且年代略早于《营造法式》成书年代约百年，也可借以说明这种结构方法。平坐也可以直接'坐'在城墙之上，如《清明上河图》所见；还可'坐'在平地上，如《水殿招凉图》所见；还可作为平台，如《焚香祝圣图》所见；还可立在水中作为水上平台和水上建筑的基座，如《金明池图》所见。"[1]

梁先生举出了各种平坐的例子，从一个侧面诠释了，平坐，无论在结构上，还是在造型上，都是唐宋时期建筑中十分常见的做法。

永定柱

宋代建筑中的永定柱，分为两种基本情况：一种是用作增强地基作用的，如城墙之地基，其根基部分需要裁永定柱；另外一种是用作支撑建筑屋台座的，即用作支撑立于地面上的平坐的立柱。

第一种情况，见《营造法式》："城基开地深五尺，其厚随城之厚。每城身长七尺五寸，裁永定柱（长视城高，径尺至一尺二寸，）夜叉木（径同上，其长比上减四尺。）各二条。每筑高五尺，横用纴木一条。"[2] 在城墙开挖深度达到5尺时，在其地基中，以城身每长7.5尺，裁入直径为1—1.2尺永定柱2根，并斜插入与永定柱同样直径，但比其长度短4尺（《营造法式》文本未给出永定柱的长度）的夜叉木2条的密度，布置城墙基永定柱。

这种城墙地基处理方式，在元代时仍然沿用："筑城，……开地深五尺，其广视城之厚。每身一十五步，裁永定柱一；长视城之高，径一尺至一尺二寸。夜叉柱各二。每筑高二尺，横用经（"纴"之误）木一。"[3] 可知元代城墙夯筑及加永定柱方式，与宋代十分接近，只是所用永定柱的密度明显少了一些。

第二种情况，《营造法式》："凡平坐先自地立柱，谓之永定柱。"这句话的意

1.梁思成.梁思成全集.第七卷.第116页.注76.中国建筑工业出版社.2001年.
2.[宋]李诫.营造法式.卷三.壕寨制度.城.
3.[民国]柯劭忞.新元史.卷五十二.志第十九.河渠一.河防至正河防记.

思，有一点可以肯定，即：用于房屋中的永定柱，是落在地面上，并承托平坐的。但是，这里的"凡平坐先自地立柱"，似乎没有把落在地面上的平坐，与架在楼层之上的平坐区别开来。（图8-37）

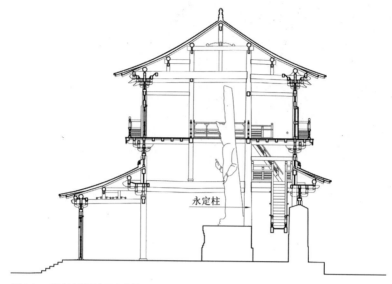

图8-37　唐宋建筑平坐用永定柱示例—河北正定隆兴寺慈氏阁平坐（买琳琳绘）

搭头木与普拍方

《营造法式》："柱上安搭头木，木上安普拍方，方上坐斗栱。"[1]施于永定柱柱头之上的搭头木，梁先生释为："相当于殿阁厅堂的阑额。"[2]而其上再施之以普拍方。这种做法，与单层殿阁或厅堂建筑的柱—额体系，即在柱头之间施阑额，在柱头之上施普拍方的做法是一致的。（图8-38）

永定柱、搭头木、普拍方，如同单层房屋的柱—额体系一样，构成了平坐结构的基础性支撑体系。

造平坐之制

《营造法式》："造平坐之制：其铺作减上屋一跳或两跳。其铺作宜用重栱及逐跳计心造作。"[3]

1. [宋] 李诫.营造法式.卷四.大木作制度一.平坐.
2. 梁思成.梁思成全集.第七卷.第116页.注81.中国建筑工业出版社.2001年.
3. [宋] 李诫.营造法式.卷四.大木作制度一.平坐.

图 8-38　唐宋建筑平坐柱头用搭头木与普拍方做法示例—河北正定隆兴寺转轮藏殿（买琳琳摄）

　　这里的造平坐之制，既包括了立于地面之上，以作为房屋台基的平坐；也包括了位于不同楼层之间，以作为下层房屋之基座与下层房屋之屋盖作用的平坐。因为，这两种情况，在大部分情况下，都可能有"上屋"。当然，也有例外，如其平坐仅仅是一个露台，则其上并无"上屋"。但无论如何，一般情况下，平坐似乎都通过其下的铺作加以承托。

　　故这里给出了两条规则：

　　其一，平坐的铺作，比其所承上屋的铺作，减少一跳，或两跳；

　　其二，平坐下所用铺作，宜采用重栱造与逐跳计心造的做法。

　　因为这两种做法，都能够起到增强斗栱铺作在整体上的强度与稳定性，这也恰恰与平坐所起的承托上屋的结构作用相契合。

　　此外，平坐及其所用铺作，还有两个特殊点：一是，"凡铺作，并外跳出昂；里跳及平坐，只用卷头。"[1]其意是说，平坐出跳斗栱，仅用华栱，不用下昂造。二是，"凡平坐四角生起，比角柱减半。（生角柱法在柱制度内。）"[2]也就是说，平坐也有至角生起做法，但其生起的幅度要小，仅有一般殿阁或厅堂柱子角柱生起高度的1/2。（图 8-39）

---

1. [宋] 李诫 . 营造法式 . 卷四 . 大木作制度一 . 总铺作次序 .

2. [宋] 李诫 . 营造法式 . 卷四 . 大木作制度一 . 平坐 .

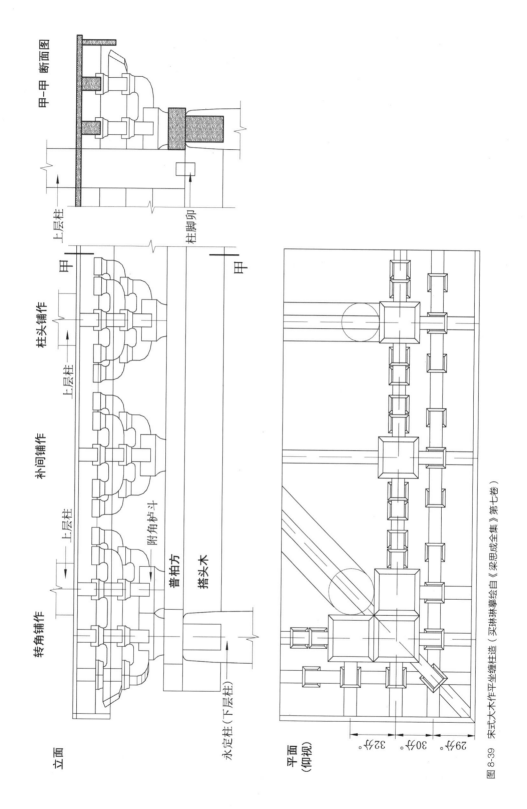

甲—甲断面图

上层柱

柱脚卯

转角铺作　补间铺作　柱头铺作

上层柱　上层柱　上层柱

附角栌斗

普柏方

搭头木

永定柱（下层柱）

立面

平面
（仰视）

29分°　30分°　32分°

图 8-39　宋式大木作平坐缠柱造（买琳琳摹绘自《梁思成全集》第七卷）

叉柱造与缠柱造

若是立于地面上的平坐，其下有栽入土中的永定柱支撑。若是立在下屋之上的平坐，其上屋柱会落在下屋柱柱头之上，并通过平坐铺作，形成对上屋柱的扶持与加固作用。这里就出现了如何将上屋柱稳固地立在下层柱头之上的问题。《营造法式》给出了两种方法：

一是叉柱造："凡平坐铺作，若叉柱造，即每角用栌斗一枚，其柱根叉于栌斗之上。"[1] 这种做法，是将上屋柱直接坐落在下屋柱头栌斗之上。为了保证其稳定性，上屋柱根需要开出叉口，使其柱根与下屋柱头之上所施平坐铺作，有更为紧密的咬合，从而形成上屋结构的一个基座整体。（图8-40）

二是缠柱造："若缠柱造，即每角于柱外普拍方上安栌斗三枚。（每面互见两斗，于附角斗上各别加铺作一缝。）"[2] 这种做法，是将上屋柱向内收，在下屋柱柱头栌斗两侧，再加两个附角栌斗，并使这三个彼此比邻的栌斗，各安铺作一缝，以形成下屋柱头上在转角处的一组加强型铺作。上屋柱根，落在下屋梁栿之上。三个栌斗对上屋角柱柱根起到缠绕作用，增强了上屋角柱的稳定性与坚固性。（图8-41，图8-42）

柱脚方与柱脚卯

《营造法式》："凡平坐铺作下用普拍方，厚随材广，或更加一栔；其广尽所用方木。（若缠柱造，即于普拍方里用柱脚方，广三材，厚二材，上生柱脚卯。）"[3]

关于"柱脚方"，梁思成注："柱脚方与普拍方的构造关系和它的准确位置不明确。'上坐柱脚卯'，显然是用以承托上一层柱脚的。"[4] 梁先生引用的"上坐柱脚卯"，在《营造法式》文本中，为"上生柱脚卯"。可能梁先生采用了不同的版本。但两者的意思相近，都暗示了在柱脚卯，位于柱脚方之上。

以此推测，柱脚方，可能是位于缠柱造情况下永定柱（或下屋柱）柱头标高处与上屋柱柱底间的一个加固性构件。也就是说，柱脚方很可能是叠压于承托上屋柱之草栿上皮的一根方木。柱脚卯，则可能是在柱脚方上开出的卯眼，以令由上屋柱柱底生成的榫，与之咬合。（图8-43）

1.［宋］李诫.营造法式.卷四.大木作制度一.平坐.
2.［宋］李诫.营造法式.卷四.大木作制度一.平坐.
3.［宋］李诫.营造法式.卷四.大木作制度一.平坐.
4.梁思成.梁思成全集.第七卷.第116页.注79.中国建筑工业出版社.2001年.

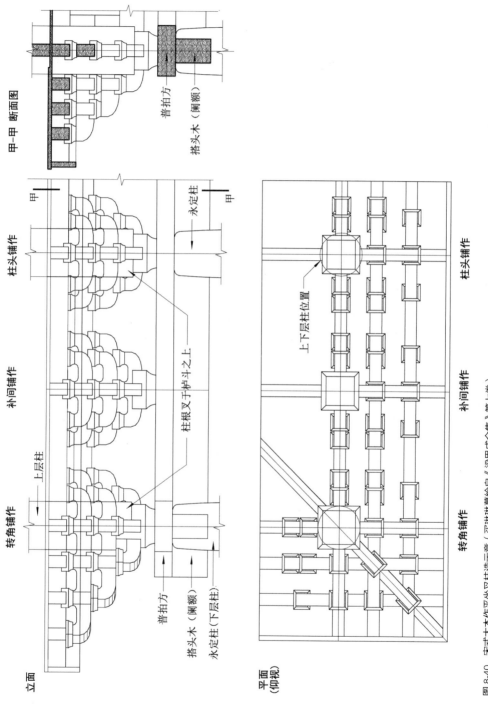

甲-甲 断面图

普拍方

搭头木（阑额）

立面

柱头铺作　　补间铺作　　转角铺作

上层柱

甲

永定柱

甲

柱根叉子栌斗之上

普拍方

搭头木（阑额）

永定柱（下层柱）

平面
（仰视）

上下层柱位置

转角铺作　　补间铺作　　柱头铺作

图 8-40　宋式大木作平坐叉柱造示意（买琳琳摹绘自《梁思成全集》第七卷）

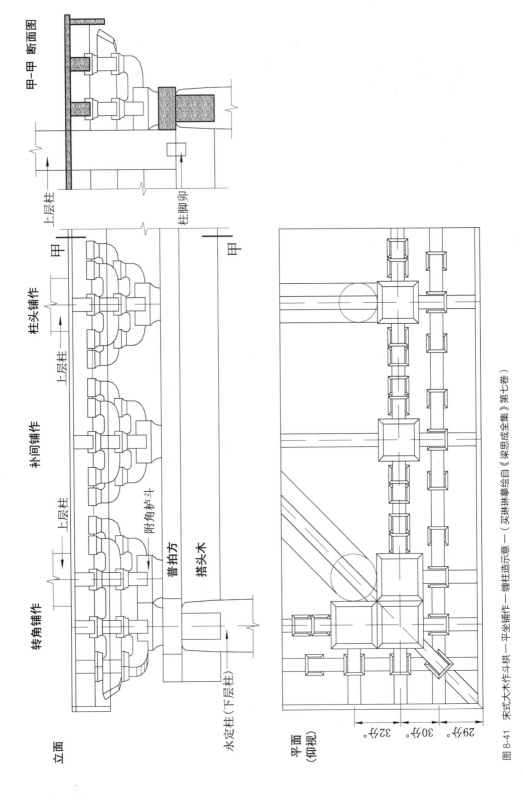

甲-甲 断面图

立面

转角铺作　补间铺作　柱头铺作

上层柱　甲

附角栌斗

普拍方

搭头木

永定柱（下层柱）

上层柱

柱脚卯

平面
（仰视）

29分　30分　32分

图8-41　宋式大木作斗栱—平坐铺作—缠柱造示意一（买琳摹绘自《梁思成全集》第七卷）

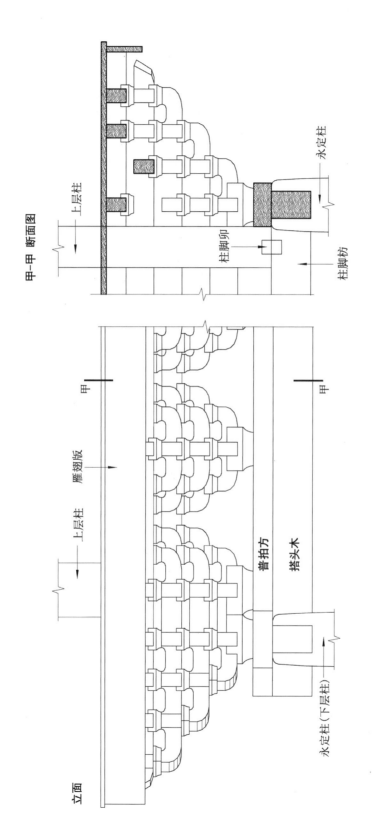

甲-甲 断面图

上层柱

柱脚卯

柱脚枋

永定柱

立面

上层柱

雁翅版

普拍方

搭头木

永定柱（下层柱）

图 8-42 宋式大木作斗栱—平坐铺作—缠柱造示意二（买琳琳摹绘自《梁思成全集》第七卷）

断面图

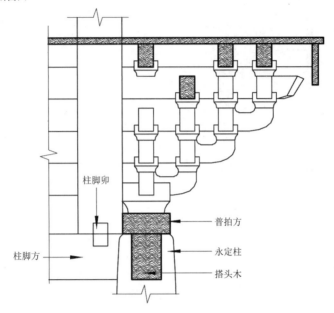

图 8-43 宋式大木作平坐柱用柱脚方与柱脚卯做法示意（买琳琳绘）

平坐内做法

《营造法式》："平坐之内，逐间下草栿，前后安地面方，以拘前后铺作。铺作之上安铺版方，用一材。四周安雁翅版，广加材一倍，厚四分至五分。"[1]

这里提到了平坐之内所施诸构件。

其一，逐间下草栿。即平坐之内，按照开间与进深，对应于上屋的柱头缝，逐间安置草栿，以承上屋结构。这里的草栿位置，并未说的很清楚。从逻辑上看，似乎应该与下文提到的地面方，有某种关联。

其二，前后安地面方。除逐间施加平坐草栿外，似乎还施有地面方，以起到稳固平坐整体的结构作用，也起到承托上屋地面结构的作用。但这里对地面方的准确位置，似乎语焉不详，故其与平坐铺作的关系，也令人不解。故梁先生提出疑问："地面方怎样'拘前后铺作'？它和铺作的构造关系和它的准确位置都不明确。"[2]

其三，铺作之上安铺版方。铺版方的意义比较容易理解，这应该是一种纵横交错布置，以承托上屋地面版的方子，其位置应紧贴上屋地面版。

1. [宋] 李诫 . 营造法式 . 卷四 大木作制度一 . 平坐 .
2. 梁思成 . 梁思成全集 . 第七卷 . 第 116 页 . 注 82. 中国建筑工业出版社 . 2001 年 .

这里可能存在两种构造情况。一种似乎可以理解为：地面方与铺版方是在同一个标高上，交错布置的方子，两者都与逐间安装的平坐草栿发生关联。即在草栿之前后，施地面方，在地面方之间，嵌入铺版方。另外一种似乎可以理解为，地面方上皮与平坐草栿上皮在同一个标高上，在平坐草栿与地面方形成的结构网络之上，再平施铺版方，方上铺设上屋地面版。此处谨存疑？至于铺版方本身，其断面尺寸为1材（高15分，厚10分）。

在平坐四周，还要施雁翅版。雁翅版宽2材（30分），厚约4分至5分。雁翅版，是一种对平坐外观起到美观作用的装饰板。（图8-44）

图8-44 唐宋建筑平坐四周施雁翅版示例—河北正定隆兴寺转轮藏殿（买琳琳摄）

出头木

平坐中，还可能出现一种构件，称为"出头木"，如《营造法式》所云："齐心斗：（亦谓之华心枓。）施之于栱心之上，（顺身开口，两耳；若施之于平坐出头木之下，则十字开口，四耳。）其长与广皆十六分。"[1]出头木，很可能是从平坐斗栱缝上的齐心斗口向外出挑，并承托其上出挑之地面版的木方。

出头木自平坐斗栱之齐心斗斗口伸出，但与同是承托地面版的最外缘一根地面方，呈十字相交，故平坐齐心斗为十字开口。（图8-45）

从结构逻辑分析，抛开至角生起这一概念，则平坐中的出头木，与地面方、铺版方的上皮，应该是在同一标高上，且都承担了承托地面版的作用。

---

1. [宋] 李诫 . 营造法式 . 卷 4. 大木作制度一 . 斗 .

图 8-45　唐宋建筑平坐中用出头木做法示例—天津蓟县独乐寺观音阁平坐（买琳琳摄）

上古时代建筑，在材料上的最重要突破之一，就是屋瓦的出现与使用。有资料证明，由黏土塑形，并入窑烧制而成的陶器，或称瓦器，其产生的时代由来已久。从现代考古发现来看，早在距今5000年之前的仰韶文化时代，就已经出现了各种原始彩陶器物。从文献上推知，古人很早就已熟悉了瓦的制作，《禹贡说断》云："考工记，用土为瓦，谓之抟埴之工。是埴为黏土，故土黏曰埴。"[1]也就是说，瓦，或瓦器，是用黏土烧制而成的。

　　至迟在春秋时代，已经出现了以瓦覆盖屋顶的建筑物。据《春秋左传》记载，鲁隐公八年（公元前715年），"秋七月庚午，宋公、齐侯、卫侯盟于瓦屋"[2]。这里的瓦屋，可能是一个地名，如《春秋左传正义》关于这句话的疏曰："齐侯尊宋，使主会，故宋公序齐上，瓦屋，周地。"[3]尽管这里的"瓦屋"指的是周天子所辖地区的一个地名，但这一地名同时也反映出，在这一地方曾有一座用瓦覆盖屋顶的宫室房屋。由此至少透露了两个信息：一是，在公元前8世纪时，已经有了用瓦葺盖屋顶的建筑；二是，这一时期，以瓦为顶的建筑还十分稀少，故而才会出现以"瓦屋"作为一个地名来称谓的做法。

　　春秋战国时期，瓦顶房屋已经比较多见了，如《史记》载晋平公时（公元前557—前532年），因平公喜好音乐，再三请师旷弹奏悲苦之音："师旷不得已，援琴而鼓之。一奏之，有白云从西北起；再奏之，大风至而雨随之，飞廊瓦，左右皆奔走。平公恐惧，伏于廊屋之闲。"[4]以这时的连廊上已经有瓦，则主要殿堂上用瓦覆盖，应该已经比较普遍了。

　　时代大体接近的墨子时代，甚至城门之上的门楼屋，也采用了瓦顶，如《墨子》云："城百步以突门，突门各为窑灶，窦入门四五尺，为亓门上瓦屋，毋令水潦能入门中。"[5]可知春秋时期的城墙，已经设有防御性的突门，突门之上设有瓦屋，大约相当于后世城墙上的敌楼。作为其功能是防止水潦进入门内的"瓦屋"，恐怕也会部分用到来防

1.钦定四库全书.经部.书类.[宋]傅寅.禹贡说断.卷2.海岱及淮惟徐州.
2.春秋左传.隐公八年.
3.[唐]孔颖达疏.春秋左传正义.卷四.隐六年，尽十一年.
4.[汉]司马迁.卷二十四.乐书第二.
5.[战国]墨翟.墨子.卷十四.备突第六十一.

护房屋根基部分的砖。另《史记》亦载战国时的秦赵战争期间，"秦军军武安西，秦军鼓噪勒兵，武安屋瓦尽振。"[1]这时大约是赵惠文王在位之时（公元前298—前266年）。

有趣的是，古人甚至将瓦的创造权，归在上古夏代最后一位君王——桀的名下。据《史记》："桀为瓦室，纣为象郎。"[2]这里显然是将瓦室，作为一种追求奢侈的象征，故而归在暴君夏桀的名下。《吕氏春秋》中有："奚仲作车，苍颉作书，后稷作稼，皋陶作刑，昆吾作陶，夏鲧作城。"[3]这里是将陶器的始创，归在昆吾的名下。据史料，昆吾很可能是夏代人，如《史记》中关于"桀为瓦室"一语，有注曰："案《世本》曰：'昆吾作陶'。张华《博物记》亦云：'桀为瓦盖'，是昆吾为桀作也。"[4]可知，昆吾与夏桀大约是同一时代的人，这或也是古人批评夏桀为瓦室的一个原因。

《营造法式》中的"瓦作制度"与"窑作制度"是两个互为补充的章节。窑作制度中所给出的瓪瓦与甋瓦尺寸，与瓦作制度中不同等第建筑用瓦尺寸差异等，可以相互印证，从而理解宋代建筑的房屋等第与建筑分类。故梁思成先生对这两作的注释着力较多，相应的分析也十分深入。

当然，由于时代的差异，宋代瓦作与清代瓦作，在形式与做法上有很大差别。如宋代尚用鸱尾，而清代正脊以鸱吻为主，两者在构造上与造型上有很大差异。宋代垒脊，以甋瓦为主，而清代则有一整套相互匹配的瓦件，其垒造的方法也就大相径庭。另宋代所谓"剪边"，与清代常见的"剪边"做法，两者没有什么关联。宋代垂脊、角脊用蹲兽、嫔伽的做法，与清代岔脊上用仙人、走兽的做法，也有很多差别。故而，简单地从清代瓦顶、屋脊及角兽等做法上，推测宋代相应做法，仍然有比较大的难度。

此外，由于时代久远，较为确定的宋代屋顶覆瓦及饰件，几乎难见尚存实例。故很难从《营造法式》的这一相应章节中，还原宋代屋瓦做法的准确形式与构造。但是，《营造法式》文本中透露出来的房屋等第秩序与相应用瓦尺寸的关联性，反而对于今人理解宋代建筑的等第分级，与不同等第与造型建筑彼此之间的差异，有一条较为清晰的线索。

由于烧制屋瓦，以及烧制砌筑墙体所用砖，都需要窑。尤其是中国古代高等级屋瓦——琉璃瓦的烧制，更与窑作制度有关，故这里将窑作制度与瓦作制度放在一起，以方便读者的阅读与理解。

1.[汉]司马迁.卷八十一.廉颇蔺相如列传第二十一.
2.[汉]司马迁.卷一百二十八.龟策列传第六十八.
3.[战国]吕不韦.吕氏春秋.审分览第五.君守.
4.[汉]司马迁.史记.卷一百二十八.龟策列传第六十八.

第一节　瓦作制度

关于瓦作制度，梁思成先生做了详细说明："我国的瓦和瓦作制度有着极其悠久的历史和传统。遗留下来的实物证明，远在周初，亦即在公元前十个世纪以前，我们的祖先已经创造了瓦，用来覆盖屋顶。毫无疑问，瓦的开始制度是从仰韶、龙山等文化的制陶术的基础上发展而来的，在瓦的类型、形式和构造方法上，大约到汉朝就已基本上定型了。汉代石阙和无数的明器上可以看出，今天在北京太和殿屋顶上所看到的，就是汉代屋顶的嫡系子孙。《营造法式》的瓦作制度以及许多宋、辽、金实物都证明，这种'制度'已经沿用了至少二千年。除了一些细节外，明清的瓦作和宋朝的瓦作基本上是一样的。"[1]

结瓦

关于"结瓦"一词，梁思成有注："'结瓦'的'瓦'字（吾化切，去声 wà）各本原文均作'瓦'。在清代，将瓦施之屋面的工作，叫做'瓦瓦'。《康熙字典》引《集韵》，'施瓦于屋也'。'瓦'是名词，'瓦'是动词。因此《营造法式》中'瓦'字凡作动词用的，我们把它一律改作'瓦'，使词义更明确、准确。"[2] 梁先生基于清代建筑实践，及康熙字典诠释所做的这一解释，不仅涉及版本问题，也涉及古人在传抄付印过程中对个别字词可能产生的误解。关于此注，徐伯安再注："'陶本'为'瓦'，误。"[3] 陶本《营造法式》是公认比较可信的一个版本，但在这一字词的使用上，也有讹误，可见梁先生对此条解释的重要。

《营造法式》："结瓦屋宇之制有二等：

一曰甋瓦：施之于殿阁、厅堂、亭榭等。其结瓦之法：先将甋瓦齐口斫去下棱，令上齐直；次斫去甋瓦（图 9-1）身内裹棱，令四角平稳，（角内或有不稳，须斫令平正，）谓之解挢。于平版上安一半圈，（高广与甋瓦同，）将甋瓦斫造毕，于圈内试过，谓之撺窠。下铺仰瓪瓦。（图 9-2）（上压四分，下留六分。散瓪仰合，瓦并准此。）两甋瓦相去，随所用甋瓦之广，匀分陇行，自下而上。（其甋瓦须先就屋上拽勘陇行，修斫口缝令密，再揭起，方用灰结瓦。）瓦毕，先用大当沟，次用线道瓦，然后垒脊。（图 9-3）"[4]

---

1. 梁思成. 梁思成全集. 第七卷. 第 255—256 页. 注 1. 中国建筑工业出版社. 2001 年.
2. 梁思成. 梁思成全集. 第七卷. 第 256 页. 注 2. 中国建筑工业出版社. 2001 年.
3. 梁思成. 梁思成全集. 第七卷. 第 255 页. 脚注 [1]. 中国建筑工业出版社. 2001 年.
4. [宋] 李诫. 营造法式. 卷十三. 瓦作制度. 结瓦.

其文中的"大当沟",本义是结窑过程中,屋面前后坡交汇于屋脊处形成的"当沟"。这里的意思,是指一种瓦,即大当沟瓦(图9-4),如《营造法式·瓦作制度》"垒屋脊"条有:"常行散屋:若六椽用大当沟瓦者,正脊高七层;用小当沟瓦者,高五层。"[1]可知,宋代屋脊,会用大当沟瓦或小当沟瓦。疑与清代正脊上所用"压当条"瓦件相

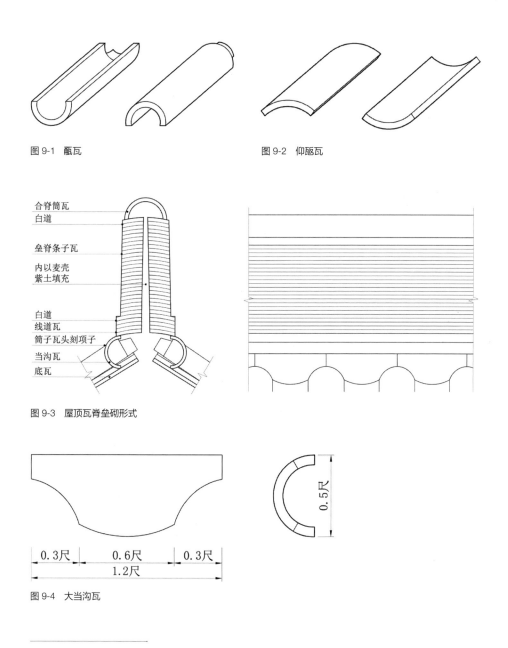

图9-1 瓪瓦

图9-2 仰瓪瓦

图9-3 屋顶瓦脊垒砌形式

合脊筒瓦
白道

垒脊条子瓦

内以麦壳
紫土填充

白道
线道瓦
筒子瓦头刻项子
当沟瓦
底瓦

图9-4 大当沟瓦

0.5尺

0.3尺　0.6尺　0.3尺
1.2尺

1.[宋]李诫.营造法式.卷十三.瓦作制度.垒屋脊.

类似。清代正脊吻兽下，另有称为"吻下当沟"的瓦件，名称似沿袭自古代。"线道瓦"，是与当沟瓦同时使用来垒砌屋脊的瓦，相当于叠造屋脊根部线脚的瓦。疑与清代正脊上所用"群色条"（图9-5）瓦件相类似。

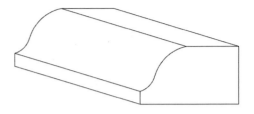

图9-5 宋代线道瓦（以清代正脊上所用群色条为参考）

此段文字为瓪瓦与瓯瓦结合的结窑之法，主要用于高等级殿阁、厅堂及亭榭等建筑中。其方法是下铺仰瓯瓦，上压瓪瓦，两陇瓪瓦的距离，即瓦陇行距，与瓪瓦的宽度相当，同时要匀分陇行，自下而上铺装。（图9-6）正式窑瓦之前，要先在屋面上拽勘（排布？）陇行，并将相接瓦口缝隙修研的严密之后，再将瓦揭开，铺上灰泥，正式窑瓦。"拽勘陇行"这道工序，与清代屋顶窑瓦过程中的"冲垄"有几分类似。据刘大可编著的《中国古建筑瓦石营法》介绍："冲垄是在大面积窑瓦之前先窑几垄瓦，以此作为对整个瓦面的高低及囊相的分区控制。"[1] 窑结完瓯瓦之后，在所留房屋正脊当沟处，先砌大当沟瓦，再砌线道瓦，然后在其上垒砌屋脊瓦。

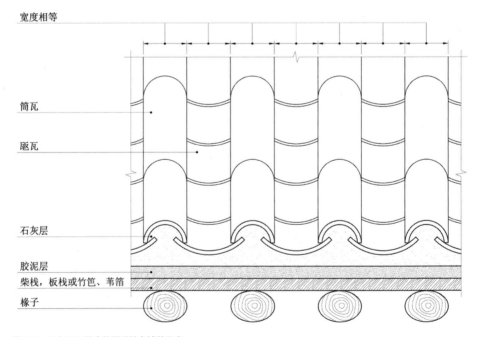

图9-6 瓦与瓯瓦结合的屋顶结窑铺装示意

---

1. 刘大可. 中国古建筑瓦石营法. 第252页. 中国建筑工业出版社. 2015年.

1. 刘大可. 中国古建筑瓦石营法. 第252页. 中国建筑工业出版社. 2015年.

本段文字中，还涉及几个疑难术语，如解挢、撘窠等，梁先生均作了解释：一是瓪瓦："瓯瓦即筒瓦，瓯音同。"[1] 二是解挢："解挢（挢，音矫，含义亦同矫正的矫）这道工序是清代瓦作中所没有的。它本身包括'齐口斫去下棱'和'斫去瓯瓦身内裹棱'两步。什么是'下棱'？什么是'身内裹棱'？我们都不清楚，从文义上推测，可能宋代的瓦，出窑之后，还有许多很不整齐的，但有时烧制过程中不可少的，因而留下来的'棱'。在结窠以前，需要把这些不规则的部分斫掉。这就是'解挢'。斫造完毕，还要经过'撘窠'这一道检验关。以保证所有的瓦都大小一致，下文小注中还说'瓯瓦须……修斫口缝令密'。这在清代瓦作中都是没有的。清代的瓦，一般都是'齐直'、'四角平稳'的，尺寸大小也都是一致的。由此可以推测，制陶的工艺技术，在我国虽然已经有了悠久的历史，而且宋朝的陶瓷都达到很高的水平，但还有诸如此类的缺点；同时由此可见，制瓦的技术，从宋到清初的六百余年中，还在继续改进、发展。"[2]

梁先生此注并非就事论事，而是将宋代建筑的窠瓦做法，与古代制瓦技术的发展历史，融合在屋顶结窠施工中一个具体操作性问题上。透过宋人的这道工序，折射出的是自宋代至清代制瓦技术的发展，以及屋顶窠瓦在施工技术上的进步。

虽然清代制瓦技术有所提高，但在清代屋顶的结窠过程中，类似与解挢或撘窠的工序还是有的。刘大可在"屋面窠瓦"一节中，提到了"审瓦"："在窠瓦之前应对瓦件逐块检查，这道工序叫'审瓦'。"[3] 其意与宋代屋面窠瓦之前，对不达标准的瓦加以"解挢"修整，并"撘窠"检查，在工序上有相通之处。

《营造法式》："二曰瓯瓦：施之于厅堂及常行屋舍等。其结窠之法：两合瓦相去，随所用合瓦广之半，先用当沟等垒脊毕，乃自上而至下，匀拽陇行。（其仰瓦并小头向下，合瓦小头在上。）"[4]

梁思成注："瓯瓦即板瓦；瓯，音板。"[5] 板瓦，为清代称谓。另注"仰瓦"与"合瓦"："仰瓦是凹面向上安放的瓦，合瓦则凹面向下，覆盖在左右两陇仰瓦间的缝上。"[6] 这里的仰瓦与合瓦，都是瓯瓦。

这段文字所言，即是将瓯瓦之仰瓦与合瓦结合的屋顶结窠施工做法，似用于等级较低的厅堂及常行屋舍（散屋）等建筑上。其过程是先用当沟瓦垒砌屋脊，再均匀分布各行瓦陇。两陇合瓦的行距，是所用合瓦宽度的一半。然后，自上而下铺砌仰瓦与合瓦，务使瓦陇均匀分布。窠瓯瓦时，仰瓦小头向下，合瓦小头在上。（图9-7）

---

1. 梁思成. 梁思成全集. 第七卷. 第256页. 注3. 中国建筑工业出版社. 2001年.
2. 梁思成. 梁思成全集. 第七卷. 第256页. 注4. 中国建筑工业出版社. 2001年.
3. 刘大可. 中国古建筑瓦石营法. 第252页. 中国建筑工业出版社. 2015年.
4. [宋] 李诫. 营造法式. 卷十三. 瓦作制度. 结窠.
5. 梁思成. 梁思成全集. 第七卷. 第256页. 注5. 中国建筑工业出版社. 2001年.
6. 梁思成. 梁思成全集. 第七卷. 第256页. 注6. 中国建筑工业出版社. 2001年.

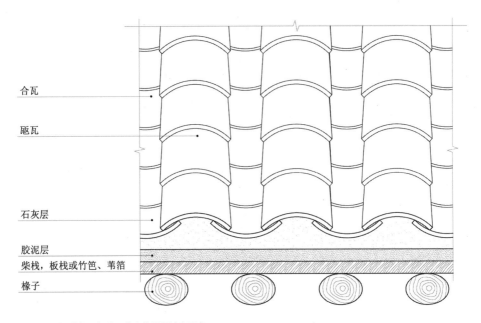

合瓦

瓪瓦

石灰层

胶泥层

柴栈，板栈或竹笆、苇箔

椽子

图9-7　瓪瓦之仰瓦与合瓦结合的屋顶结宽示意

《营造法式》："凡结宽至出檐，仰瓦之下，小连檐之上，用燕颔版，华废之下用狼牙版。（若殿宇七间以上，燕颔版广三寸，厚八分；余屋并广二寸，厚五分为率。每长二尺，用钉一枚；狼牙版同。其转角合版处，用铁叶裹钉。）其当檐所出华头瓪瓦，身内用葱台钉。（下入小连檐，勿令透。）若六椽以上，屋势紧峻者，于正脊下第四瓪瓦及第八瓪瓦背当中用著盖腰钉。（先于栈笆或箔上约度腰钉远近，横安版两道，以透钉脚。）"[1]

关于此段文字，梁先生有5处注释，分别对华废、燕颔版与狼牙版、华头瓪瓦、葱台钉、腰钉做了解释或说明：

其一，"华废就是两山出际时，在垂脊之外，瓦陇与垂脊成正角的瓦。清代称'排山沟滴'。"[2]

其二，"燕颔版和狼牙版，在清代称'瓦口'。版的一边按瓦陇距离和仰瓪瓦的弧线斫造，以承檐口的仰瓦。"[3]

其三，"华头瓪瓦就是一端有瓦当的瓦，清代称'勾头'。华头瓪瓦背上都有一个洞，以备钉葱头钉，以防止瓦往下溜。葱台钉上要加盖钉帽，在'制度'中没有提到。"[4]

1. [宋] 李诫 . 营造法式 . 卷十三 . 瓦作制度 . 结宽
2. 梁思成 . 梁思成全集 . 第七卷 . 第256页 . 注7. 中国建筑工业出版社 . 2001年 .
3. 梁思成 . 梁思成全集 . 第七卷 . 第256页 . 注8. 中国建筑工业出版社 . 2001年 .
4. 梁思成 . 梁思成全集 . 第七卷 . 第256页 . 注9. 中国建筑工业出版社 . 2001年 .

其四，"葱台钉在清代没有专名。"[1]

其五，"清代做法也在同样情况下用腰钉，但也没有腰钉这一专名。"[2]

经梁先生注释后，这段文字就十分容易理解了。值得注意的几点是，檐口部位的小连檐之上，用燕颔版（图 9-8）；出际华废之下，用狼牙版。（图 9-9）两者的当口曲线是不同的。两种版的尺寸，都会随建筑物的等级与大小而变化，如高等级建筑，如七开间以上的殿宇，燕颔版宽 3 寸，厚 0.8 寸；等级较低的余屋，所用燕颔版宽 2 寸，厚 0.5 寸。相信两者之间，还有与之等级与大小相当的其他燕颔版尺寸。要将燕颔版固定在小连檐上，或将狼牙版固定在出际山花上，需每隔 2 尺用钉一枚。在燕颔或狼牙版转角合版处，用铁叶裹压两版接缝，然后用钉。

凡在檐口处用华头瓪瓦，瓦身之内要用葱台钉（图 9-10），使钉钉入小连檐内，但不要钉透。其屋顶跨度达到六架椽屋以上，且屋顶起举高度比较峻峭时，在正脊下第四排瓪瓦与第八排瓪瓦的瓦背中心，要用腰钉将瓦固定在屋面上。腰钉之上，用钉帽覆盖；称"著盖腰钉"。（图 9-11）为使腰钉落在木板上，需要在屋顶所覆作为铺衬之用的柴栈、版栈、竹笆或苇箔上，约度腰钉的可能位置，横安两道木版，以使腰钉有透钉脚处。

这里所提"栈笆或箔"见下文"用瓦之制"条的表述及注释。

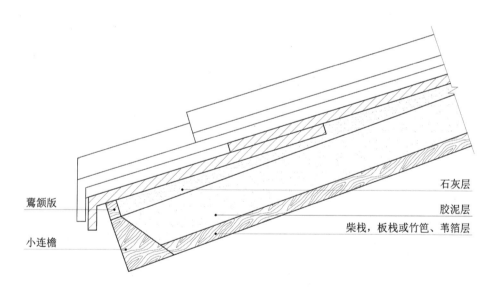

图 9-8　鷰颔版示意

1. 梁思成 . 梁思成全集 . 第七卷 . 第 256 页 . 注 10. 中国建筑工业出版社 . 2001 年 .
2. 梁思成 . 梁思成全集 . 第七卷 . 第 256 页 . 注 11. 中国建筑工业出版社 . 2001 年 .

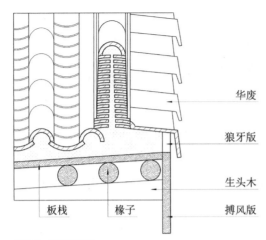

图 9-9　狼牙版示意

华废

狼牙版

生头木

板栈　椽子　搏风版

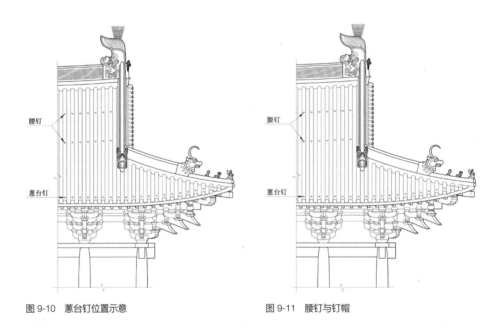

腰钉

蔥台钉

腰钉

蔥台钉

图 9-10　蔥台钉位置示意　　　　图 9-11　腰钉与钉帽

用瓦

《营造法式》："用瓦之制：殿阁、厅堂等，五间以上，用甋瓦长一尺四寸，广六寸五分。（仰瓪瓦长一尺六寸，广一尺。）三间以下，用甋瓦长一尺二寸，广五寸。（仰瓪瓦长一尺四寸，广八寸。）

散屋用甋瓦，长九寸，广三寸五分。（仰瓪瓦长一尺二寸，广六寸五分。）

小亭榭之类，柱心相去方一丈以上者，用甋瓦长八寸，广三寸五分。（仰瓪瓦长一尺，广六寸。）若方一丈者，用甋瓦长六寸，广二寸五分。（仰瓪瓦长八寸五分，广五寸五分。）

如方九尺以下者，用甋瓦长四寸，广二寸三分。（仰瓪瓦长六寸，广四寸五分。）

厅堂等用散瓪瓦者，五间以上，用瓪瓦长一尺四寸，广八寸。

厅堂三间以下，（门楼同，）及廊屋六椽以上，用瓪瓦长一尺三寸，广七寸。或廊屋四椽及散屋，用瓪瓦长一尺二寸，广六寸五分。（以上仰瓪、合瓦并同。至檐头，并用重唇瓪（各版原文这里作'甋'）瓦。其散瓪瓦结瓹者，合瓦仍用垂尖华头瓪瓦。）"[1]

梁思成注："重唇瓪瓦，各版均作重唇甋瓦，甋瓦显然是瓪瓦之误，这里予以改正。重唇瓪瓦即清代所称'花边瓦'，瓦的一端加一道比较厚的边，并沿凸面折角，用作仰瓦时下垂，用作合瓦时翘起，用于檐口上。清代如意头形的'滴水'瓦，在宋代似还未出现。"[2] 这段文字讲三间以下厅堂，及门楼、廊屋用瓦，从等级上看，当皆用瓪瓦。透过上下文，梁先生发现了各版《营造法式》中的这个讹误，从而使其意思比较容易理解。梁先生另有注："合瓦檐口用的垂尖华头瓪瓦，在清代官式中没有这种瓦，但各地有用这种瓦的。"[3]

本段文字描述了宋代不同等级建筑的用瓦制度，列表如下。（表9-1，图9-12）

表9-1 宋代建筑用瓦制度

房屋等级	用瓦房屋	甋瓦屋顶				散瓪瓦屋顶				备注
		甋瓦（尺）		仰瓪瓦（尺）		仰瓪瓦（尺）		合瓦（尺）		
		长	宽	长	宽	长	宽	长	宽	
殿阁厅堂	五间以上	1.4	0.65	1.6	1.0					
	三间以下	1.2	0.5	1.4	0.8					
散屋	用甋瓦	0.9	0.35	1.2	0.65					
小亭榭柱心相去	1丈以上	0.8	0.35	1.0	0.6					
	1丈	0.6	0.25	0.85	0.55					
	0.9丈以下	0.4	0.23	0.6	0.45					
厅堂用散瓪瓦	五间以上					1.4	0.8	1.4	0.8	檐头并用重唇瓪瓦
厅堂门楼	三间以下					1.3	0.7	1.3	0.7	
廊屋及散屋	六椽以上					1.2	0.65	1.2	0.65	檐头合瓦用垂尖华头瓪瓦
	四椽					1.2	0.65	1.2	0.65	

房屋"用瓦之制"，包括瓦下所用铺衬，《营造法式》文本中亦做了说明。

《营造法式》："凡瓦下铺衬，柴栈为上，版栈次之。如用竹笆、苇箔，若殿阁七间以上，用竹笆一重，苇箔五重；五间以下，用竹笆一重，苇箔四重；厅堂等五间

1.[宋]李诫.营造法式.卷十三.瓦作制度.用瓦.
2.梁思成.梁思成全集.第七卷.第257页.注12.中国建筑工业出版社.2001年.
3.梁思成.梁思成全集.第七卷.第257页.注13.中国建筑工业出版社.2001年.

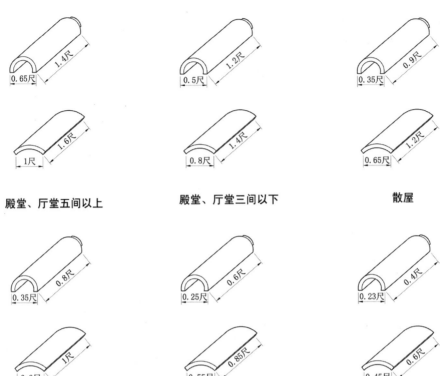

殿堂、厅堂五间以上　　　　　殿堂、厅堂三间以下　　　　　　散屋

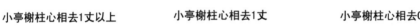

小亭榭柱心相去1丈以上　　　小亭榭柱心相去1丈　　　　小亭榭柱心相去0.9丈

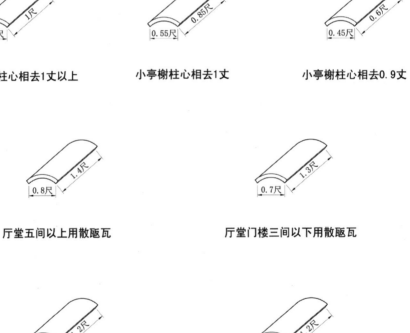

厅堂五间以上用散瓪瓦　　　　厅堂门楼三间以下用散瓪瓦

廊屋及散屋六椽以上　　　　　　廊屋及散屋四椽

图 9-12　各种尺寸瓦件形式示意（结合表内所列）

以上，用竹笆一重，苇箔三重；如三间以下至廊屋，并用竹笆一重，苇箔二重。（以上如不用竹笆，更加苇箔两重；若用荻箔，则两重代苇箔三重。）散屋用苇箔三重或两重。其栈柴之上，先以胶泥遍泥，次以纯石灰施宽。（若版及笆、箔上用纯灰结宽者，不用泥扶，并用右灰随抹施宽。其只用泥结宽者，亦用泥先抹版及笆、箔，然后结瓦。）所用之瓦，须水浸过，然后用之。（其用泥以灰点节缝者同。若只用泥或破灰泥，及浇灰下瓦者，其瓦更不用水浸。垒脊亦同。）”[1]

梁思成注：“柴栈、版栈，大概就是后世所称‘望板’，两者有何区别不详。”[2] 也就是说，对于柴栈与版栈的区别，《营造法式》文本中并没有给出一个解释。栈，有“栅”之意，略近竖排的木条。《艺文类聚》引《庄子》论“治马”：“连之以羁绊，编之以皂栈。”[3] 这里的皂栈，即为马圈的围栏。从文义上推测，柴栈，像是厚度较大的木方；版栈，则似较为平薄的木板。故瓦下铺衬，柴栈为上，版栈次之。另外，还可以用竹笆、苇箔做瓦下铺衬。

梁先生进一步注曰：“荻和苇同属禾本科水生植物，荻箔和苇箔究竟有什么区别，尚待研究。”[4] 从《营造法式》行文看，作为铺衬材料，荻箔比苇箔的质量似乎要高一些。宋人《谈苑》，记宋将夏竦统师西伐，发榜悬赏元昊头颅：“元昊使人入市卖箔，陕西荻箔甚高，倚之食肆门外，佯为食讫遗去。至晚食肆窃喜，以为有所获也，徐展之，乃元昊购竦之榜，悬箔之端。”[5] 可知荻箔既高且挺，可以竖立于门旁。苇箔似更为常用，如《农政全书》，讲养蚕之竖槌之法：“四角，按二长椽。椽上，平铺苇箔。”[6]《授时通考》，讲种植樱桃：“结实时，须张网以惊鸟雀，置苇箔以护风雨。”[7] 从《营造法式》行文看，无论房屋等级大小，须先铺柴栈或版栈，然后在栈（望板）上，再铺竹笆、苇箔，或荻箔，再在栈柴等之上，遍涂胶泥，之后，用纯石灰宽瓦。其宽瓦做法或纯用石灰而不用泥，或用泥，两者亦有差异。

梁先生另有注：“徧即遍，‘徧泥’就是普遍抹泥。”[8]“点缝就是今天所称‘勾缝’。”[9]“破灰泥见本卷‘泥作制度’‘用泥’篇‘合破灰’一条。”[10] 结合这几条注释，可以比较容易理解宋代建筑瓦下铺衬的基本做法。可将《营造法式》瓦下铺衬做法列表如下。（表9-2，图9-13）

1.[宋]李诫.营造法式.卷十三.瓦作制度.用瓦.

2.梁思成.梁思成全集.第七卷.第257页.注14.中国建筑工业出版社.2001年.

3.[唐]欧阳询.艺文类聚.卷九十三.兽部上.马.

4.梁思成.梁思成全集.第七卷.第257页.注15.中国建筑工业出版社.2001年.

5.[宋]孔平仲.谈苑.卷一.

6.[明]徐光启.农政全书.卷三十三.蚕桑.蚕槌.

7.[清]鄂尔泰.授时通考.卷六十三.农馀.果一.樱桃.

8.梁思成.梁思成全集.第七卷.第257页.注16.中国建筑工业出版社.2001年.

9.梁思成.梁思成全集.第七卷.第257页.注17.中国建筑工业出版社.2001年.

10.梁思成.梁思成全集.第七卷.第257页.注18.中国建筑工业出版社.2001年.

表9-2 宋代建筑瓦下铺衬做法

房屋等级	柴栈或版栈	竹笆	苇箔	荻箔	胶泥	纯石灰	备注
殿阁 七间以上	柴栈或 版栈	一重	五重	不详	遍泥	施窊	若不用泥抹 用石灰随抹 施窊
殿阁 五间以下	柴栈或 版栈	一重	四重	不详	遍泥	施窊	
厅堂等 五间以上	柴栈或 版栈	一重	三重	不详	遍泥	施窊	若只用泥结 窊,用泥先 抹版及笆箔 然后结窊
厅堂等 三间以下廊屋	版栈?	一重 或 不用	二重 或 三重	二重	遍泥	施窊	
散屋	版栈?		三重 (二重)	二重	遍泥	施窊	

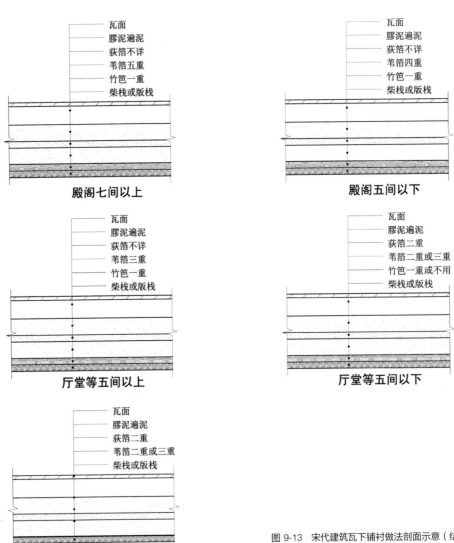

图 9-13 宋代建筑瓦下铺衬做法剖面示意（结合表内所列）

垒屋脊

《营造法式》："垒屋脊之制：殿阁：若三间八椽或五间六椽，正脊高三十一层，垂脊低正脊两层。（并线道瓦在内。下同。）

堂屋：若三间八椽或五间六椽，正脊高二十一层。

厅屋：若间、椽与堂等者，正脊减堂脊两层。（余同堂法。）

门楼屋：一间四椽，正脊高一十一层或一十三层；若三间六椽，正脊高一十七层。（其高不得过厅。如殿门者，依殿制。）

廊屋：若四椽，正脊高九层。

常行散屋：若六椽用大当沟瓦者，正脊高七层；用小当沟瓦者，高五层。

营房屋：若两椽，脊高三层。

凡垒屋脊，每增两间或两椽，则正脊加两层。（殿阁加至三十七层止；厅堂二十五层止；门楼一十九层止；廊屋一十一层止；常行散屋大当沟者九层止；小当沟者七层止；营屋五层止。）正脊，于线道瓦上厚一尺至八寸；垂脊减正脊二寸。（正脊十分中上收二分；垂脊上收一分。）线道瓦在当沟瓦之上，脊之下，殿阁等露三寸五分，堂屋等三寸，廊屋以下并二寸五分。其垒脊瓦并用本等。（其本等用长一尺六寸至一尺四寸瓯瓦者，垒脊瓦只用长一尺三寸瓦。）合脊瓶瓦亦用本等。（其本等用八寸、六寸瓶瓦者，合脊用长九寸瓶瓦。）令合、垂脊瓶瓦在正脊瓶瓦之下。（其线道上及合脊瓶瓦下，并用白石灰各泥一道，谓之白道。）若瓶瓯瓦结窊，其当沟瓦所压瓶瓦头，并勘缝刻项子，深三分，令与当沟瓦相衔。"[1]

《营造法式》文本中本条文字的内容较为复杂难解，梁先生有多条注释：

其一，为对"垒屋脊"条的总释。"在瓦作中，屋脊这部分的做法，以清代的做法，实例和《营造法式》中的'制度'相比较，可以看到很大的差别。清代官式建筑的屋脊，比宋代官式建筑的屋脊，在制作和施工方法上都有了巨大的发展。宋代的屋脊，是用瓯瓦垒成的。所用的瓦就是结窊屋顶用的瓦，按的大小和等第决定用瓦的尺寸和层数。但在清代，脊已经成了一种预制的构件，并按大小，等第之不同，做成若干型号，而且还做成各式各样的线道、当沟等等'成龙配套'，简化了施工的操作过程，也增强了脊的整体性和坚固性。这是一个不小的改进，但在艺术形象方面，由于烧制脊和线道等，都是各用一个模子，一次成坯，一次烧成。因而增加了许多线道（线脚），使形象趋向烦琐，使宋、清两代屋脊的区别更加显著。至于这种发展和转变，在从北宋末到清初这六百年间，是怎样逐渐形成的，还有待进一步研究。"[2]

---

1. [宋] 李诫 . 营造法式 . 卷十三 . 瓦作制度 . 垒屋脊 .
2. 梁思成 . 梁思成全集 . 第七卷 . 第 258 页 . 注 19. 中国建筑工业出版社 . 2001 年 .

这段注文既是对宋、清屋脊做法不同所作的比较，也从制作方法、屋脊结窝方式，及各自利弊方面加以了分析。同时，还将屋脊瓦件制造及结窝方式，纳入到艺术鉴赏趣味的范畴，反映了梁先生在《营造法式》研究中，除了关注技术层面的发展与变化之外，始终坚持从建筑艺术史的视角分析与观察实例不同时代建筑中出现的种种现象。

其二，释"垒屋脊"条所列房屋等第。"在封建社会的等级制度下，房屋也有它的等级。在前几卷的大木作、小木作制度中，虽然也可以多少看出一些等第次序，但都不如这里以脊瓦层数排列举出的，从殿阁到营房等七个等第明确、清楚；特别是堂屋与厅屋，大木作中一般称'厅堂'，这里却明确了堂屋比厅屋高一等。但是，具体地什么样的叫'堂'，什么样的叫'厅'，还是不明确。推测可能是按它们的位置和用途而定的。"[1]

《营造法式》文本中几乎所有的尺寸性规定，都会与房屋的大小与等第序列发生联系，而大部分等第分划，多以不同开间殿阁、不同开间厅堂、亭榭、常行散屋等分列等级，惟有"垒屋脊"条，出现了殿阁、堂屋、厅屋、门楼屋、廊屋、常行散屋、营房屋7个等级。其实，在这一等级分割中，如殿阁、堂屋等，因开间数的不同，其中还可能有进一步的分划。但是，这里所分的7个等级，至少从基本类型上，将宋代建筑的等级制度揭示了出来。梁先生敏锐地捕捉到了这一信息，正反映了他对中国建筑史诸多本质问题的深刻理解与关注。

其三，释宋代垒屋脊用瓦层数及砌筑方法。"这里所谓'层'，是指垒脊所用瓦的层数。但仅仅根据这层数，我们还难以确知脊的高度。这是因为除层数外，还须看所用瓦的大小、厚度。由于一块瓯瓦不是一块平板，而是一个圆筒的四分之一（即90°）；这样的弧面叠压起来，高度就不等于各层厚度相加的和。例如（按卷十五'窑作制度'）长一尺六的瓯瓦，'大头广九寸五分，厚一寸；小头广八寸五分，厚八分。'若按大头相垒，则每层高度实际约为一寸四分强，三十一层共计约高四尺三寸七分左右。但是，这些瓯瓦究竟怎样叠砌？大头与小头怎样安排？怎样相互交叠衔接？是否用灰垫砌？等等问题，在'制度'中都没有交代。由于屋顶是房屋各部分中经常必须修缮的部分，所以现存宋代建筑实物中，已不可能找到宋代屋顶的原物。因此，对于宋代瓦屋顶，特别是垒脊的做法，我们所知还是很少的。"[2]

这段注释与上一段注释一样，既把研究中所遇到的疑难问题提出来，又将其放在建筑史的大背景下，引发一些使人能够深入思考的问题。其中所谈"现存宋代建筑实物中，已不可能找到宋代屋顶的原物"这一判断，对于我们理解现存中国古代木构建筑遗存，也有深刻的意义。

1. 梁思成. 梁思成全集. 第七卷. 第258页. 注20. 中国建筑工业出版社. 2001年.
2. 梁思成. 梁思成全集. 第七卷. 第258页. 注21. 中国建筑工业出版社. 2001年.

其四，释大、小当沟瓦。"这里提到'大当沟瓦'和'小当沟瓦'，二者的区别未说明，在'瓦作'和'窑作'的制度中，也没有说明。在清代瓦作中，当沟已成为一种定型的标准瓦件，有各种不同的大小型号。在宋代，它是否已经定型与之，抑或需要用瓯瓦临时斫造，不得而知。"[1]

其五，释正脊厚度。"最大的瓯瓦大头广，在'用瓦'篇中是一尺，次大的广八寸，因此这就是一块瓯瓦的宽度（广）作为正脊的厚度。但'窑作制度'中，最大的瓯瓦的大头广仅九寸五分，不知应怎样理解？"[2]由此注似可一窥梁先生在研究过程中的所思所考，是如何细致与缜密。

其六，释线道瓦。"这里没有说明线道瓦用几层。可能仅用一层而已。到了清朝，在正脊之下，当沟之上，却已经有了许多'压当条'、'群色条'、'黄道'等等重叠的线道了。"[3]由此仍可看出，梁先生始终是在以一位建筑史学家，而非古代建筑技术专家的视角观察与思考问题。

其七，释刻项子。"在最上一节瓯瓦上还要这样'刻项子'，是清代瓦作所没有的。"[4]这一做法的意思，是如果瓻瓯瓦结宽屋顶时，在屋脊处，当沟瓦会压住最上一节瓯瓦的上端端头，这时要在瓯瓦上端端头项部表面，凿刻一道深约 0.3 寸的沟槽，称为"刻项子"。这道沟槽，是为了与其上所压的当沟瓦相衔接。但清代建筑中，并无这种做法。

综括上述几段释文，可知梁先生对于《营造法式》文本中本段文字的讨论，已经十分全面与深入，这里仅将其文所述房屋等第与屋脊用瓦垒砌层数加以表列，以利直观。（表9-3，图9-14）

表 9-3 宋代不同等第建筑"垒屋脊"做法

房屋等第	房屋间架	正脊垒瓦	房屋差异	垒脊变化	脊高极限	线道瓦外露（寸）	备注
殿阁	三间八椽 五间六椽	31 层	每增两间或增两椽	加 2 层	37 层	3.5 寸	垂脊比正脊低 2 层
堂屋	三间八椽 五间六椽	21 层	每增两间或增两椽	加 2 层	25 层	3.0 寸	垂脊比正脊低 2 层？
厅屋	若间、椽与堂等（如同上）	正脊减 2 层（如 19 层）	每增两间或增两椽	加 2 层	25 层	3.0 寸	垂脊比正脊低 2 层？
门楼屋	一间四椽	11 或 13 层	每增两间或增两椽	加 2 层	19 层	3.0 寸	高不过厅殿门依殿制
	三间六椽	17 层					

1. 梁思成 . 梁思成全集 . 第七卷 . 第 258 页 . 注 22. 中国建筑工业出版社 . 2001 年 .
2. 梁思成 . 梁思成全集 . 第七卷 . 第 258 页 . 注 23. 中国建筑工业出版社 . 2001 年 .
3. 梁思成 . 梁思成全集 . 第七卷 . 第 258 页 . 注 24. 中国建筑工业出版社 . 2001 年 .
4. 梁思成 . 梁思成全集 . 第七卷 . 第 258 页 . 注 25. 中国建筑工业出版社 . 2001 年 .

房屋等第	房屋间架	正脊垒瓦	房屋差异	垒脊变化	脊高极限	线道瓦外露（寸）	备注
廊屋	四椽	9层	每增两间或增两椽	加2层	11层	2.5寸	
常行散屋	六椽大当沟瓦	7层	每增两间或增两椽	加2层	9层	2.5寸	
	六椽小当沟瓦	5层			7层	2.5寸	
营房	两椽	3层	每增两间或增两椽	加2层	5层	2.5寸	
垒脊瓦均用房屋所用本瓦，合脊瓶瓦亦用本瓦。正脊于线道瓦上厚1尺至0.8尺，垂脊厚减正脊0.2尺；正脊收分0.2，垂脊收分0.1。垂脊线道瓦均不外露（在内）。							

宋代建筑屋顶脊饰，除了屋脊、垂脊等本身之外，还有相应的走兽饰件。这一方面的内容，也见于《营造法式》文本"瓦作制度"中的"垒屋脊"条。

《营造法式》："其殿阁于合脊瓶瓦上施走兽者，（其走兽有九品，一曰行龙，二曰飞凤，三曰行师，四曰天马，五曰海马，六曰飞鱼，七曰牙鱼，八曰狻狮，九曰獬豸，相间用之。）每隔三瓦或五瓦安兽一枚。（其兽之长随所用瓶瓦，谓如用一尺六寸瓶瓦，即兽长一尺六寸之类。）正脊当沟瓦之下垂铁索，两头各长五尺。（以备修整绾系棚架之用。五间者十条，七间者十二条，九间者十四条，并匀分布用之。若五间以下，九间以上，并约此加减。）垂脊之外，横施华头瓶瓦及重唇瓯瓦者，谓之华废。常行屋垂脊之外，顺施瓯瓦相垒者，谓之剪边。"[1]

梁思成注："清代角脊（合脊）上用兽是节节紧接使用，而不是这样'每隔三瓦或五瓦'才'安兽'一枚。"[2]其注说明了两个问题：一是，宋代所称"合脊"，与清代的戗脊及角脊（或统称"岔脊"）是一个意思，都是覆压于房屋翼角处角梁之上的瓦屋脊；二是，宋代合脊上用兽，与清代戗脊或角脊上用兽不同。宋代合脊上，兽与兽之间的距离似乎要大一些。

梁先生另有注："这种'剪边'不是清代的剪边瓦。"[3]宋代的"剪边"似仅用于常行散屋，是在垂脊之外，顺施瓯瓦相垒者，称为剪边，故与清代具有装饰性的剪边瓦做法，在意思上似截然不同。

1.［宋］李诫.营造法式.卷十三.瓦作制度.垒屋脊.
2.梁思成.梁思成全集.第七卷.第258页.注26.中国建筑工业出版社.2001年.
3.梁思成.梁思成全集.第七卷.第258页.注27.中国建筑工业出版社.2001年.

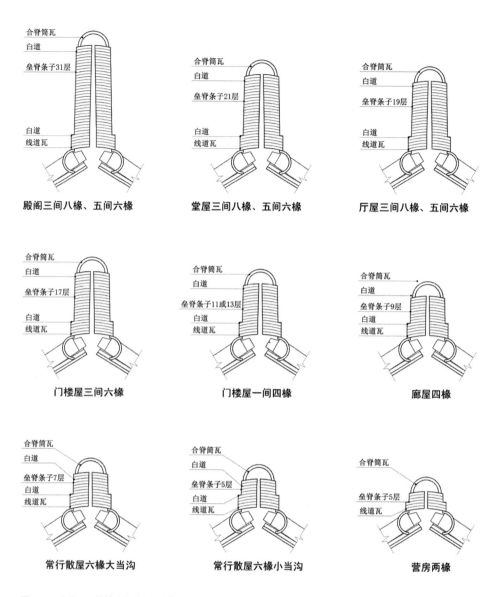

图 9-14　宋代不同等第建筑"垒屋脊"做法（结合表内所列）

宋代合脊甗瓦上走兽，与清代角脊上所用仙人、走兽的排列方法，似乎已经相当接近。据刘大可，清代："小兽（小跑）的名称及先后顺序是：龙、凤、狮子、天马、海马、狻猊、押鱼、獬豸、斗牛、行什（行读作 xíng）。"[1] 或可将两者罗列比较：（表 9-4，图 9-15）

---

1. 刘大可 . 中国古建筑瓦石营法 . 第 268 页 . 中国建筑工业出版社 . 2015 年 .

表 9-4　宋代合脊与清代岔脊上用兽名称比较

宋代	一品	二品	三品	四品	五品	六品	七品	八品	九品		相间用之
合脊	行龙	飞凤	行师	天马	海马	飞鱼	牙鱼	狻狮	獬豸		
清代	第一	第二	第三	第四	第五	第六	第七	第八	第九	第十	顺序用之
岔脊	龙	凤	狮子	天马	海马	狻猊	押鱼	獬豸	斗牛	行什	

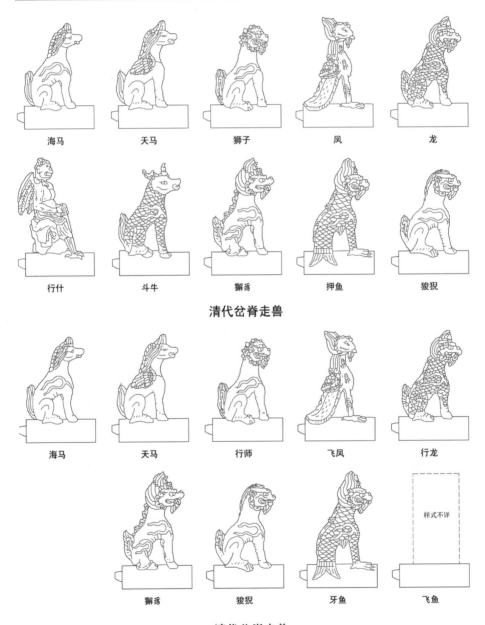

图 9-15　宋代合脊与清代岔脊上用兽名称比较（结合表内所列）

另，宋代建筑在正脊当沟瓦下，要垂两头各长 5 尺的铁索，以备修整屋面时，绾系棚架时所用。五间压 10 条，七间压 12 条，九间压 14 条，均匀分布。推测铁索为一连续铁制链条，覆压于正脊当沟瓦下，则两头用力时不会拽脱。但这种铁索如何覆压，修整屋面时，又如何搭造并绾系棚架，都不清楚。此外，这段文字中还对垂脊之外所施华废、剪边加以了解释。高等级房屋，垂脊之外，横施华头瓪瓦及重唇瓪瓦者，称华废；等级较低之常行屋，在垂脊外，顺垒瓪瓦者，谓剪边。这其实是对不同等级建筑之相同位置所规定的两种不同做法。

用鸱尾

《营造法式》：“用鸱尾之制：殿屋，八椽九间以上，其下有副阶者，鸱尾高九尺至一丈，（若无副阶高八尺；）五间至七间，（不计椽数，）高七尺至七尺五寸，三间高五尺至五尺五寸。

楼阁，三层檐者与殿五间同；两层檐者与殿三间同。

殿挟屋，高四尺至四尺五寸。

廊屋之类，并高三尺至三尺五寸。（若廊屋转角，即用合角鸱尾。）

小亭殿等，高二尺五寸至三尺。

凡用鸱尾，若高三尺以上者，于鸱尾上用铁脚子及铁束子安抢铁。其抢铁之上，施五叉拒鹊子。（三尺以下不用。）身两面用铁鞠。身内用柏木椿或龙尾；唯不用抢铁。拒鹊加襻脊铁索。”[1]

梁思成注：“本篇末了这一段是讲固定鸱尾的方法。一种是用抢铁的，一种是用柏木椿或龙尾的。抢铁，铁脚子和铁束子具体做法不详。从字面上看，乌头门柱前后用斜柱（称抢柱）扶持。‘抢’的含义是‘斜’；书法用笔，‘由蹲而斜上急出’（如挑）叫作‘抢’，‘身迎侧面之风斜行曰抢’。因此抢铁可能是斜撑的铁杆，但怎样与铁脚子、铁束子交接，脚子、束子又怎样用于鸱尾上，都不清楚。拒鹊子是装饰性的东西。铁鞠则用以将若干块的鸱尾鞠在一起，像我们今天鞠破碗那样。柏木椿大概即清代所称‘吻椿’。龙尾与柏木椿的区别不详。”[2]

据《营造法式·诸作料例一》，“瓦作”部分，提到：安卓 3 尺高鸱尾，每一只，用“铁脚子：四枚，各长五寸。……铁束：一枚，长八寸。……抢铁：三十二片，长视身三分之一。（每高增一尺，加八片。大头广二寸，小头广一寸为定法。）”[3] 另用

---

1. [宋] 李诫 . 营造法式 . 卷十三 . 瓦作制度 . 用鸱尾 .
2. 梁思成 . 梁思成全集 . 第七卷 . 第 259 页 . 注 28. 中国建筑工业出版社 . 2001 年 .
3. [宋] 李诫 . 营造法式 . 卷二十六 . 诸作料例一 . 瓦作 .

各长 1 尺的鞠子 6 道。推测铁脚子，可能位于鸱尾根部四隅，略似清式鸱吻之吻座；铁束子长 0.8 尺，还分大小头，大头宽 0.2 尺，小头宽 0.12 尺，不知是否有拉结固定 4 块铁脚子的作用？抢铁为薄铁片状，长约 1 尺，大头宽 0.2 尺，小头宽 0.1 尺，每只鸱尾，用 32 片抢铁。其做法是否会环绕并斜戗于鸱尾四周，起到扶持鸱尾之作用？抢铁之上，再安拒鹊叉子，拒鹊加襻脊铁索，将拒鹊与屋脊拉结在一起。清式鸱吻中似未见有这样一些铁件的使用。

关于鸱尾与拒鹊叉子，《宋史》中有："诸州正牙门及城门，并施鸱尾，不得施拒鹊。"[1] 可知，宋代建筑中，除了宫殿、寺观之外，各级衙门的正堂，及城门楼建筑，也是可以设置鸱尾的。此外，亦可知拒鹊叉子不仅具有功能与装饰作用，而且还具有一定的等级标志性。

重要的是，在《营造法式》的这段文字中，还给出了不同等级与大小建筑所用鸱尾的尺寸。（表 9-5，图 9-16）

表 9-5　宋代建筑用鸱尾之制

房屋等第	房屋间架	鸱尾高（尺）	其他情况	备注
殿屋	八椽九间以上有副阶	9.0—10		
殿屋	八椽九间以上无副阶	8.0		可知九间以上殿屋至少进深八椽
殿屋	五间至七间不计椽数	7.0—7.5		未详有无副阶
殿屋	三间	5—5.5		
楼阁	三层檐	7.0—7.5		
楼阁	二层檐	5—5.5		
殿挟屋		4—4.5		未详与主殿关系
廊屋之类		3—3.5	若廊屋转角，即用合角鸱尾	
小亭殿		2.5—3		
其鸱尾序列，未给出厅堂类建筑，如堂屋、厅屋等的尺寸，不知是否应参照殿屋（五间至七间）的做法？				

1.[元] 脱脱等 . 宋史 . 卷一百五十四 . 志第一百七 . 舆服六 . 臣庶室屋制度 .

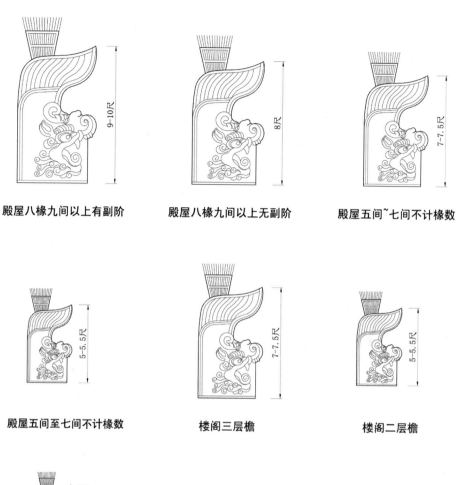

殿屋八椽九间以上有副阶	殿屋八椽九间以上无副阶	殿屋五间~七间不计椽数
殿屋五间至七间不计椽数	楼阁三层檐	楼阁二层檐
殿挟屋	廊屋之类	小亭殿

图 9-16　宋代不同等级与大小建筑所用不同尺寸鸱尾（结合表内所列）

用兽头等

《营造法式》："用兽头等之制：殿阁垂脊兽，并以正脊层数为祖。

正脊三十七层者，兽高四尺；三十五层者，兽高三尺五寸；三十三层者，兽高三尺；三十一层者，兽高二尺五寸。

堂屋等正脊兽，亦以正脊层数为祖。其垂脊并降正脊兽一等用之。（谓正脊兽高一尺四寸者，垂脊兽高一尺二寸之类。）正脊二十五层者，兽高三尺五寸；二十三层者，兽高三尺；二十一层者，兽高二尺五寸；一十九层者，兽高二尺。

廊屋等正脊及垂脊兽祖并同上。（散屋亦同。）正脊九层者，兽高二尺；七层者，兽高一尺八寸。散屋等，正脊七层者，兽高一尺六寸；五层，兽高一尺四寸。

殿阁、厅堂、亭榭至转角[1]，上下用套兽、嫔伽、蹲兽、滴当火珠等。

四阿殿九间以上，或九脊殿十一间以上者，套兽径一尺二寸，嫔伽高一尺六寸；蹲兽八枚，各高一尺；滴当火珠高八寸。（套兽施之于子角梁首，嫔伽施于角上，蹲兽在嫔伽之后。其滴当火珠在檐头华头甋瓦之上。下同。）

四阿殿七间或九脊殿九间，套兽径一尺；嫔伽高一尺四寸，蹲兽六枚，各高九寸；滴当火珠高七寸。

四阿殿五间，九脊殿五间至七间，套兽径八寸；嫔伽高一尺二寸；蹲兽四枚，各高八寸；滴当火珠高六寸。（厅堂三间至五间以上，如五铺作造厦两头者，亦用此制，唯不用滴当火珠。下同。）

九脊殿三间或厅堂五间至三间，斗口跳及四铺作造厦两头者，套兽径六寸，嫔伽高一尺，蹲兽两枚，各高六寸；滴当火珠高五寸。

亭榭厦两头者，（四角或八角撮尖亭子同，）如用八寸甋瓦，套兽径六寸；嫔伽高八寸；蹲兽四枚，各高六寸；滴当火珠高四寸。若用六寸甋瓦，套兽径四寸；嫔伽高六寸；蹲兽四枚，各高四寸，（如斗口跳或四铺作，蹲兽只用两枚）；滴当火珠高三寸。

厅堂之类，不厦两头者，每角用嫔伽一枚，高一尺；或只用蹲兽一枚，高六寸。

佛道寺观等殿阁正脊当中用火珠等数：殿阁三间，火珠径一尺五寸；五间，径二尺；七间以上，并径二尺五寸。（火珠并两焰，其夹脊两面造盘龙或兽面。每火珠一枚，内用柏木竿一条，亭榭所用同。）

亭榭斗尖用火珠等数：四角亭子：方一丈至一丈二尺者，火珠径一尺五寸；方一丈五尺至二丈者，径二尺。（火珠四焰或八焰；其下用圆坐。）

八角亭子，方一丈五尺至二丈者，火珠径二尺五寸；方三丈以上者，径三尺五寸。

凡兽头皆顺脊用铁钩一条，套兽上以钉安之。嫔伽用葱台钉。滴当火珠坐于华头甋瓦滴当钉之上。"[2]

梁思成注："嫔伽在清代称'仙人'，蹲兽在清代称'走兽'。宋代蹲兽都用双数；

---

1. 原文为"殿阁至厅堂、亭榭转角，上下用套兽、嫔伽、蹲兽、滴当火珠等。"梁先生改为："殿、阁、厅、堂、亭、榭转角，上下用套兽、嫔伽、蹲兽、滴当火珠等。"从上下文推测，则"殿阁、厅堂、亭榭至转角，上下用套兽、嫔伽、蹲兽、滴当火珠等"似更逻辑，疑原文有"至"，历代抄印中字序发生讹误。

2. [宋]李诫.营造法式.卷十三.瓦作制度.用兽头等.

清代走兽都用单数。"[1] 这里清楚地说明了清代用兽头之制与宋代用兽头之制，在称谓及排列上的差别。

梁先生另注："滴当火珠在清代做成光洁的馒头形，叫做'钉帽'"。[2] 这一条注，不仅讲清楚了清代瓦饰与宋代瓦饰在术语上的差异，也清晰地解释了《营造法式》文本中原本令人费解的"滴当火珠"的意思与位置。滴当火珠显然具有遮护瓦钉的功能性价值。

关于佛道寺观等殿阁正脊用"火珠"，梁先生注曰："这里只规定火珠径的尺寸，至于高度，没有说明，可能就是一个圆球，外加火焰形装饰。火珠下面还应该有座。"[3] 显然，此火珠非上文"滴当火珠"之火珠，当是具有佛教象征意味的装饰性火珠，其尺寸无疑也比较大。

关于四角亭子所用火珠直径尺寸的描述，梁先生发现了原文中的一处讹误："各版原文都作'径一尺'，对照上下文递增的比例、尺度，一尺显然是二尺之误。就此改正。"[4]

最后，关于安兽头所用铁钩，梁先生注："铁钩的具体用法待考。"[5] 清代安卓仙人、走兽等，并未见用铁钩的构造做法，故这里提到的铁钩，实际用法令人费解。但也反映了较之宋代，清代屋顶瓦饰在构造技术上有了很大进步。

《营造法式》中这段文字对宋代屋顶瓦饰的用兽头之制，叙述的比较仔细。究其要点，建筑物垂脊、角脊等用兽头之制既与房屋建筑等级有关，也与房屋正脊所垒瓯瓦层数有关。故其文中有"殿阁垂脊兽，并以正脊层数为祖"和"堂屋等正脊兽，亦以正脊层数为祖"，及"廊屋等正脊及垂脊兽祖并同上"。

依据《营造法式》文本，可以将宋代不同建筑用兽头之制分别表列如下。（表9-6、表9-7、表9-8）

表9-6　宋代建筑正脊及垂脊用兽头之制

房屋等第	正脊垒瓦层数	正脊兽高（尺）	垂脊兽高（尺）	备注
殿阁	37 层		4.0	原文似未给出正脊兽高度
	35 层		3.5	
	33 层		3.0	
	31 层		2.5	

1. 梁思成. 梁思成全集. 第七卷. 第260页. 注29. 中国建筑工业出版社. 2001年.
2. 梁思成. 梁思成全集. 第七卷. 第260页. 注30. 中国建筑工业出版社. 2001年.
3. 梁思成. 梁思成全集. 第七卷. 第260页. 注31. 中国建筑工业出版社. 2001年.
4. 梁思成. 梁思成全集. 第七卷. 第260页. 注32. 中国建筑工业出版社. 2001年.
5. 梁思成. 梁思成全集. 第七卷. 第260页. 注33. 中国建筑工业出版社. 2001年.

房屋等第	正脊垒瓦层数	正脊兽高（尺）	垂脊兽高（尺）	备注
堂屋	25 层	3.5	3.0	垂脊降正脊兽一等等差参照殿阁垂脊兽高等差
	23 层	3.0	2.5	
	21 层	2.5	2.0	
	19 层	2.0	1.8	
廊屋等	9 层	2.0	1.8	廊屋等正脊及垂脊兽祖并同上
	7 层	1.8	1.6	
散屋等	7 层	1.6	1.4	散屋亦同
	5 层	1.4	1.2	
殿阁、厅堂、亭榭至转角，上下用套兽、嫔伽、蹲兽、滴当火珠等。				

表 9-7 宋代建筑转角上下用套兽等之制

房屋等第	房屋开间	套兽径（尺）	嫔伽高（尺）	蹲兽数（枚）	蹲兽高（尺）	滴当火珠高（尺）	备注
四阿殿	9 间以上	1.2	1.6	8	1.0	0.8	
	7 间	1.0	1.4	6	0.9	0.7	
	5 间	0.8	1.2	4	0.8	0.6	
九脊殿	11 间以上	1.2	1.6	8	1.0	0.8	
	9 间	1.0	1.4	6	0.9	0.7	
	5-7 间	0.8	1.2	4	0.8	0.6	
	3 间	0.6	1.0	2	0.6	0.5	
厅堂厦两头	3-5 间	0.6	1.0	2	0.6	不用滴当火珠	五铺作
厅堂厦两头	3-5 间	0.6	1.0	2	0.6	0.5	斗口跳、四铺作
厅榭厦两头	四角或八角撮尖亭同	0.6	0.8	4	0.4	0.3	如用 0.8 尺瓪瓦
亭堂不厦两头	每角用嫔伽 1 枚	似不用套兽	1.0	1	0.6	不用滴当火珠	或只用蹲兽

表 9-8 佛道寺观殿阁正脊中及亭榭斗尖用火珠

建筑类型	殿阁开间数及亭榭尺寸（尺）	火珠径（尺）	火珠数（火珠并两焰）	备注
殿阁	7 间以上	2.5	1 枚	其夹脊两面造盘龙或兽面。每火珠一枚，内用柏木竿一条。
	5 间	2.0	1 枚	
	3 间	1.5	1 枚	

建筑类型	殿阁开间数 及亭榭尺寸（尺）	火珠径（尺）	火珠数 （火珠并两焰）	备注
亭榭斗尖 四角亭子	方 15—20 尺	2.0	疑仅于斗尖顶用 火珠一枚（下同）	火珠四焰或八焰； 其下用圆坐。
	方 10—12 尺	1.5		
亭榭斗尖 八角亭子	方 30 尺以上	3.5	疑仅 1 枚	这里的"斗尖"或"撮尖"， 相当于清代建筑的"攒尖"。
	方 15—20 尺	2.5		
凡兽头皆顺脊用铁钩一条。套兽上以钉安之。嫔伽用葱台钉。滴当火珠坐于华头甋瓦滴当钉之上。				

《营造法式》文本本条最后一句话所指，很可能是囊括了各种不同等级及类型建筑物，即无论殿阁、亭榭，其兽头均顺脊用铁钩；套兽上皆以钉安之；嫔伽皆用葱台钉；滴当火珠均坐于华头甋瓦之上。

另据《宋史》："凡公宇，栋施瓦兽，门设梐枑。"[1]可知宋代除了宫殿、寺观之外，不同等级的衙署建筑屋顶，也是可以施以瓦饰兽头的。

---

1. [元] 脱脱等．宋史．卷一百五十四．志第一百〇七．舆服六．臣庶室屋制度．

第二节　窑作制度

窑作，指砖、瓦及琉璃作诸构件的烧制工艺与技术。故这一部分，涉及瓦、砖、琉璃瓦、青掍瓦等，及烧变次序、垒造窑做法等。包括了砖、瓦及琉璃件的烧制方法，与烧制窑的式样与筑造方法。

瓦

瓦，主要用于屋顶的覆盖，以防止雨水对屋顶结构造成侵蚀。中国古代建筑，最早的屋顶，为茅草覆盖，所谓上古尧时，"堂高三尺，采椽不斫，茅茨不翦"[1]。自商周至秦汉，覆瓦屋顶渐渐出现。

坡形瓦屋，既有防雨功能，亦有排雨水功能。《周礼》中对草葺屋顶与瓦葺屋顶坡度做了定义："葺屋三分，瓦屋四分。"[2] 宋《营造法式》，在"看详·举折"一条，提到了这句话："葺屋三分，瓦屋四分。郑司农注云：各分其修，以其一为峻。"[3] 葺屋，是指以茅草葺盖的屋顶；瓦屋，则是以瓦覆盖的屋顶。

瓦，古人有两种称谓，一曰瓦，二曰甍。梁思成释之："甍，音斛，hù，坯也。"[4] 则甍有瓦坯之意。

《营造法式》："造瓦坯：用细胶土不夹砂者，前一日和泥造坯。（鸱、兽事件同。）先于轮上安定札圈，次套布筒，以水搭泥拨圈，打搭收光，取札并布筒瞈曝。（鸱、兽事件捏造，火珠之类用轮床收托。）"[5]

梁思成注"布筒"："自周至唐、宋二千年间留下来的瓦，都有布纹，但明、清以后，布纹消失了，这说明在宋、明之间，制陶技术有了一个重要的改革，《营造法式》中仍用布筒，可能是用布筒阶基（疑为'段'）的末期了。"[6]

梁思成注"瞈"："瞈，音 shài，曬字的'俗字'。《改併四声篇海》引《俗字背篇》：'瞈，曝也。俗作。'《正字通·日部》：瞈，俗曬字。"[7]

瓦坯，及鸱尾、走兽等屋顶饰件，皆用不夹砂细胶黏土制作。于烧制前一日和泥造坯。用轮以转动，札圈似为圆模，在轮上转动札圈，以使瓦坯呈圆筒状；用布筒使

---

1. [汉] 司马迁. 史记. 卷八十七. 李斯列传第二十七.
2. 周礼. 冬官考工记第六.
3. [宋] 李诫. 营造法式. 营造法式看详. 举折.
4. 梁思成. 梁思成全集. 第七卷. 第 278 页. 注 1. 中国建筑工业出版社. 2001 年.
5. [宋] 李诫. 营造法式. 卷十五 窑作制度. 瓦.
6. 梁思成. 梁思成全集. 第七卷. 第 278 页. 注 2. 中国建筑工业出版社. 2001 年.
7. 梁思成. 梁思成全集. 第七卷. 第 278 页. 注 3. 中国建筑工业出版社. 2001 年.

坯易与模脱离。其他如鸱尾、走兽等装饰瓦件，则采用类似泥塑的做法捏造。如屋顶等处用火珠，则用轮床，旋转成型后收托。坯成型后，去札及布筒，曝晒于日下，以备入窑烧制。

因为，瓦不仅分瓪瓦、瓯瓦，而且还有大小尺寸的差别，故《营造法式》分别对不同等第的两种瓦加以描述：

"其等第依下项。

瓪瓦：

长一尺四寸，口径六寸，厚八分。（仍留曝干并烧变所缩分数。下准此。）

长一尺二寸，口径五寸，厚五分。

长一尺，口径四寸，厚四分。

长八寸，口径三寸五分，厚三分五厘。

长六寸，口径三寸，厚三分。

长四寸，口径二寸五分，厚二分五厘。"[1]

这里给出了 6 种等第的瓪瓦尺寸。且要求所给尺寸，在制坯时，要留出曝干并烧制过程所发生的缩变余量。但以何种比例留出，这里并未指明，当为经验性数字。另有瓯瓦：

"瓯瓦：

长一尺六寸，大头广九寸五分，厚一寸；小头广八寸五分，厚八分。

长一尺四寸，大头广七寸，厚七分；小头广六寸，厚六分。

长一尺三寸，大头广六寸五分，厚六分；小头广五寸五分，厚五分五厘。

长一尺二寸，大头广六寸，厚六分；小头广五寸，厚五分。

长一尺，大头广五寸，厚五分；小头广四寸，厚四分。

长八寸，大头广四寸五分，厚四分；小头广四寸，厚三分五厘。

长六寸，大头广四寸，（厚同上。）小头广三寸五分，厚三分。"[2]

这里给出了 7 种等第的瓯瓦尺寸。其所给尺寸，在制坯时，亦应留出曝干并烧制过程所发生的缩变余量。（表 9-9，图 9-17）

另外，关于瓦坯做法，《营造法式》中还进一步说明："凡造瓦坯之制：候曝微干，用刀𠜅[3]画，每桶作四片。（瓪瓦作二片；线道瓦于每片中心画一道，条子十字𠜅

---

1. [宋] 李诫. 营造法式. 卷十五. 窑作制度. 瓦.

2. [宋] 李诫. 营造法式. 卷十五. 窑作制度. 瓦.

3. 《营造法式》原字为上左为"牙"，上右为反"文"，下为"历"，梁思成注：该"字不见于字典。"疑为"𠜅"字之误。𠜅，li，意为用刀划、割。

画。）线道条子瓦，仍以水饰露明处一边。”[1] 瓦坯初件为一圆筒，初坯完成微干，即用刀割划成瓦。一般瓪瓦坯，割为4片；瓯瓦坯，割为二片；线道瓦，以一片瓪瓦坯，在中心再画割一道；条子瓦，则用一片瓪瓦坯，按十字划割成4片。

表9-9 不同等第瓯瓦、瓪瓦尺寸一览

用瓦等第	瓯瓦（尺）			瓪瓦（尺）					注释
	长	口径	厚	长	大头		小头		
					宽	厚	宽	厚	
（一等）	1.4	0.6	0.08	1.6	0.95	0.1	0.85	0.08	殿阁等十一间以上
（二等）	1.2	0.5	0.05	1.4	0.7	0.07	0.6	0.06	殿阁等七间以上
（三等）	1.0	0.4	0.04	1.3	0.65	0.06	0.55	0.055	殿阁等五间以上
（四等）	0.8	0.35	0.035	1.2	0.6	0.06	0.5	0.05	殿阁、厅堂等三间以上
（五等）	0.6	0.3	0.03	1.0	0.5	0.05	0.4	0.04	小厅堂、亭榭、散屋等
（六等）	0.4	0.25	0.025	0.8	0.45	0.04	0.4	0.035	余屋类
（七等）				0.6	0.4	0.04	0.35	0.03	余屋类

《营造法式》文中未给出线道瓦、条子瓦的相应尺寸，故上表中亦未列。或对应不同等第的瓯瓦与瓪瓦，有不同尺寸的线道瓦、条子瓦等。

砖

梁思成注：“甓，音辟；瓴甋，音陵的；瑴（原文下为“土”）字不见于字典；瓳甎，音鹿专。”[2]

《营造法式》在这里又一次给出不同等第砖的尺寸及做法：“造砖坯：前一日和泥打造。其等第依下项。

方砖：

二尺，厚三寸。

一尺七寸，厚二寸八分。

一尺五寸，厚二寸七分。

一尺三寸，厚二寸五分。

一尺二寸，厚二寸。

条砖：

1. [宋]李诫.营造法式.卷十五.窑作制度.瓦.
2. 梁思成.梁思成全集.第七卷.第278页.注5.中国建筑工业出版社.2001年.

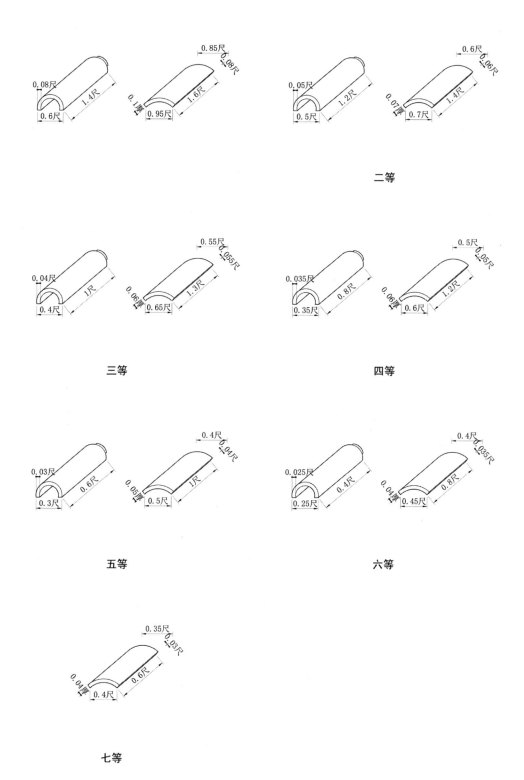

二等

三等　　　　　　　　　　　　　四等

五等　　　　　　　　　　　　　六等

七等

图 9-17　不同等第及尺寸的甋瓦、瓪瓦形式一览（结合表内所列）

长一尺三寸，广六寸五分，厚二寸五分。

长一尺二寸，广六寸，厚二寸。

压阑砖：长二尺一寸，广一尺一寸，厚二寸五分。

砖碇：方一尺一寸五分，厚四寸三分。

牛头砖：长一尺三寸，广六寸五分，一壁厚二寸五分，一壁厚二寸二分。

走趄砖：长一尺二寸，面广五寸五分，底广六寸厚二寸。

趄条砖：面长一尺一寸五分，底长一尺二寸，广六寸，厚二寸。

镇子砖：方六寸五分，厚二寸。

凡造砖坯之制：皆先用灰衬隔模匣，次入泥；以杖剖脱曝令干。"[1]

制作砖坯做法类似瓦坯，于烧制前一日和泥打造。打造方式，先在砖模匣内用灰衬隔，然后将坯泥放入。成型后用杖剖脱模匣，曝晒于日下，令其渐干。

上文中，除了砖碇、镇子砖外，其他各类砖及相应尺寸，已经见于前文"砖作制度•用砖"一节的描述。故需在前文《主要用砖尺寸一览》中再加入这里所增加的两种类型砖，以作补遗。（表9-10）

表9-10 主要用砖尺寸一览（补遗）

用砖位置	用砖	长（尺）	宽（尺）	厚（尺）	注释
不详	砖碇	1.15	1.15	0.43	方砖
不详	镇子砖	0.65	0.65	0.2	方砖

琉璃瓦等（炒造黄丹附）

《营造法式》："凡造琉璃瓦等之制：药以黄丹、洛河石和铜末，用水调匀。（冬月用汤。）甋瓦于背面，鸱、兽之类于安卓露明处，（青掍同，）并遍浇刷。瓪瓦于仰面内中心。（重唇瓪瓦仍于背上浇大头；其线道、条子瓦、浇唇一壁。）"[2]烧造琉璃瓦用药，有黄丹、洛河石与铜末。

黄丹，为中药，呈橙红或橙黄色状。宋代彩画作、琉璃瓦作中多用之。洛河石，据《云林石谱》："洛河石：西京洛河水中出碎石，颇多青白，间有五色斑斓。其最白者，入铅和诸药，可烧变假玉或琉璃用之。"[3]洛河石当研成末用之。铜末，亦可入药。将三种药，用水调匀，冬季用汤调，涂于甋瓦背面，或鸱尾、走兽等安卓后可能露明之处。

1.[宋] 李诫 . 营造法式 . 卷十五 . 窑作制度 . 砖 .

2.[宋] 李诫 . 营造法式 . 卷十五 . 窑作制度 . 琉璃瓦等 .

3.[宋] 杜绾 . 云林石谱 . 卷中 . 洛河石 .

然后，再普遍浇刷一遍。青掍瓦，亦涂于背面等露明处，并遍浇刷。

甋瓦，涂于仰面内中心。重唇甋瓦，除了仰面内中心外，还要在瓦背大头处浇涂。其余如线道瓦、条子瓦等，浇涂外露的唇沿部位。

关于炒造黄丹，《营造法式》云："凡合琉璃药所用黄丹阙炒造之制，以黑锡、盆硝等入镬，煎一日为粗（造字：上户下幼），出候冷，擣罗作末；次日再炒，砖盖罨；第三日炒成。"[1]梁思成注"（造字：上户下幼），同'釉'。"[2]可知，炒造黄丹，是为制作调制琉璃釉的药物而用。如上文所述，其药用黄丹、洛河石末、铜末等调制而成。

黄丹阙，似即黄丹。调制琉璃药所用黄丹阙，要与黑锡、盆硝等入于铁镬中，炒煎一日者，为粗釉。倾倒出后，候其冷却，捣碎过罗筛，使之成末状。第二日再炒，用砖覆盖。第三日方炒造成功。

青掍瓦（滑石掍、荼土掍）

《营造法式》："青掍瓦等之制：以干坯用瓦石磨擦，（甋瓦于背，甋瓦于仰面，磨去布文；）次用水湿布揩拭，候干；次以洛河石掍研；次掺滑石末令匀。（用荼土掍者，准先掺荼土，次以石掍研。）"[3]

掍，其义为"混"或"混合"，亦有"掍边、缘边"的意思。古人的青色，略近黑色。从下文描述其烧制工艺："先烧芟草，次蒿草、松柏柴、羊屎、麻籸、浓油，盖罨不令透烟。"[4]可知这种略近黑色，是通过特殊的烟熏工艺而达成的。

青掍瓦，亦分甋瓦、甋瓦。在烧制前的干坯状态，要先用瓦石将甋瓦背部，甋瓦仰面等外露部分，磨去布文，并用浸水湿布揩拭。待干后，再以洛河石碾磨，此后，掺入滑石末再加磨拭，使其表面光亮。其效果当是一种表面有光泽，且防水性能较好的青黑色瓦。

荼，有白色之意，故荼土，疑指略近白色之土。荼土掍，也是在磨去布纹的坯面上，先掺白土，再用洛河石碾磨，令表面光润，再加烧制。由此推测，滑石掍，其意相类，先磨去布纹，再掺滑石末，以石碾磨入坯面缝隙中，令光润，再加烧制。相信荼土掍与滑石掍，亦应各有其甋瓦、甋瓦的区别。

梁思成注："这三种瓦具体有什么区别，不清楚。"[5]可知这三种瓦在清代已失传。明清时代建筑用瓦，似未见这三种瓦。

1.[宋]李诫.营造法式.卷十五.窑作制度.琉璃瓦等.
2.梁思成.梁思成全集.第七卷.第279页.注7.中国建筑工业出版社.2001年.
3.[宋]李诫.营造法式.卷十五.窑作制度.青掍瓦.
4.[宋]李诫.营造法式.卷十五.窑作制度.烧变次序.
5.梁思成.梁思成全集.第七卷.第279页.注8.中国建筑工业出版社.2001年.

烧变次序

《营造法式》："凡烧变砖瓦之制：素白窑，前一日装窑，次日下火烧变，又次日上水窨，更三日开窑，候冷透，及七日出窑。青掍窑，（装窑、烧变、出窑日分准上法。）先烧芟草，（茶土掍者，止于曝窑内搭带，烧变不用柴草、羊屎、油粇。）次蒿草、松柏柴、羊屎、麻粃、浓油，盖窨不令透烟。琉璃窑，前一日装窑，次日下火烧变，三日开窑，候火冷，至第五日出窑。"[1]

梁思成注："窨，音荫，yìn；封闭使冷却意。"[2]又注："粇，音申，shēn；粮食、油料等加工后剩下的渣滓。油粇即油渣。"[3]

这里给出了主要三种瓦的烧制方法：

其一，素白窑。疑即烧制色近深灰布瓦之窑。其方法为，第一日装窑；第二日下火烧变；第三日，浇水并封闭窑口，三日后开窑，继续冷却，至第七日出窑。

其二，青掍窑（及茶土掍窑）。烧制青掍瓦之窑。其装窑、烧变、出窑的时间节点，与素白窑相同。烧制过程中，先烧芟草。芟。本义为"除"。则这里的芟草，似为芟除而来之杂草。在烧芟草的时候，窑内可以搭带放置一些茶土掍瓦坯，与青掍瓦同时烧制。茶土掍窑的进一步烧制过程，不须加入柴草、羊屎、油粇等物作为燃料。

如烧制青掍瓦，其后还需再加蒿草、松柏柴、羊屎、麻粃、浓油等燃料，进一步烧制。这第二阶段的烧制，要将拟烧之青掍瓦坯加以掩盖，使所起烟雾不致外泄，以达到薰烤青掍瓦面的效果。

其三，琉璃瓦。第一日装窑；第二日下火烧变；第三日开窑。然后，令其自然冷却，到第五日即可出窑。

其文中没有给出滑石掍瓦的烧制方法。或也可以搭带于青掍窑烧制的第一个阶段中？未可知。

垒造窑

《营造法式》："垒窑之制：大窑高二丈二尺四寸，径一丈八尺。（外围地在外，曝窑同。）……凡垒窑，用长一尺二寸、广六寸、厚二寸条砖。平坐并窑门，子门，窑床，踏外围道，皆并二砌。其窑池下面，作蛾眉垒砌承重。上侧使暗突出烟。"[4]

1.[宋]李诫.营造法式.卷十五.窑作制度.烧变次序.
2.梁思成.梁思成全集.第七卷.第279页.注9.中国建筑工业出版社.2001年.
3.梁思成.梁思成全集.第七卷.第279页.注10.中国建筑工业出版社.2001年.
4.[宋]李诫.营造法式.卷十五.窑作制度.垒造窑.

梁思成注:"窑有火窑及曝窑两种。除尺寸,比例有所不同外,在用途上有何不同,待考。"[1] 疑这里的"火窑",是"大窑"之误。《营造法式》原文中似未提及"火窑",仅有大窑与曝窑。

关于"曝窑",《营造法式·诸作料例二》:"琉璃瓦并事件:并随药料每窑计之(谓曝窑。)"[2] 或可由此推知,曝窑,很可能是专门用于烧制琉璃瓦及琉璃饰件的窑。如此,则大窑,则属可以烧制包括布瓦、青掍瓦等各种砖、瓦之窑。

关于"蛾眉",梁思成注:"从字面上理解,蛾眉大概是我们今天所称弓形拱(券)segmental arch,即小于180°弧的拱(券)。"[3]

文中其他尺寸,应为大窑、曝窑、外围,及窑及周围诸部分,如门、子门、池、踏道等部分的具体尺寸。根据这些尺寸与描述,或可以还原宋代烧制砖瓦之大窑与曝窑的可能形式。(表9-11)

表9-11 垒造窑(大窑、曝窑)主要尺寸一览

大窑(尺)		垒砌层数	曝窑(尺)		垒砌层数	备注
窑身主体			窑身主体			
高	22.4		高	15.4		
径	18.0		径	12.8		
窑门高	5.6		窑门高	5.6		
窑门广	2.6		窑门广	2.4		
	平坐上垒5币 每币7层	高7.0尺 35层		平坐上垒3币 每币7层	高4.2尺 21层	每层厚 0.2尺
平坐高	5.6	28层	平坐高	5.6	28层	
平坐径	18.0		平坐径	12.8		
收顶	7币 高9.8尺	49层	收顶	4币 高5.6尺	28层	逐层收入 0.5尺
龟壳窑眼暗突(尺)			龟壳窑眼暗突(尺)			
底脚长	15.9		底脚长	18.0		
上留空分	方4.2		上留空分	方4.2		
实收长	2.4		实收长	2.4		
底脚广	0.5	20层	底脚广	0.5	15层	
窑床(尺)			窑床(尺)			

1. 梁思成. 梁思成全集. 第七卷. 第280页. 注11. 中国建筑工业出版社. 2001年.
2. [宋]李诫. 营造法式. 卷二十七. 诸作料例二. 窑作.
3. 梁思成. 梁思成全集. 第七卷. 第280页. 注12. 中国建筑工业出版社. 2001年.

长	15.0		长	18.0		
高	1.4	7层	高	1.6	8层	每层厚0.2
壁（尺）			壁（尺）			
长	15.0		长	18.0		出烟口子、承重托柱
高	11.4	57层	高	10.0	50层	
门两壁（尺）			门两壁（尺）			
各广	5.4		各广	4.8		
高	5.6	28层	高	5.6	28层	垒脊
子门两壁（尺）			子门两壁（尺）			
各广	5.2		各广	未详		
高	8.0	40层	高	未详		垒脊
外围（尺）			外围（尺）			
径	29.0		径	20.2		
高	20.0	100层	高	18.0	54层	上有暗突
窑池（尺）			窑池（尺）			
径	10.0		径	8.0		窑池下作蛾眉垒砌
高	2.0	10层	高	1.0	5层	
踏道（尺）			踏道（尺）			
长	38.4		长	20.0		
垒窑用砖，长1.2尺，广0.6尺，厚0.2尺条砖。平坐、窑门、子门、窑床、踏外围道，皆并二砌。						

考虑到宋代烧制砖瓦的古窑实例遗存及相关资料十分稀少，仅凭文字的推测，恐多有讹误，且其内容更多涉及砖瓦等建筑材料的生产，而非建筑本身，故这里不对文中所述垒造窑的实际形式附加插图，有意深究的读者可结合上述文字，并参考现代砖瓦窑，加以推测想象。

第十章 房屋装饰装修（上）：小木作制度

导言

　　宋式建筑中的小木作制度，属于房屋装饰装修的部分，但其所涉内容极其复杂繁琐，其中既有房屋之室内外门窗体系，及室内隔墙板、吊顶、梯道等具有空间隔离与连接性质的部件，也有诸如井亭、露篱、照壁等室外小品类建筑，还有佛道帐、转轮经藏等具有宗教性质的木装修内容。

　　正是因为宋式建筑小木作内容过于驳杂，故《营造法式》的作者在小木作制度的分类上，也显得有一些模糊。他将小木作制度分为了6个部分，尽管每一部分中的内容，有一定的关联性，但又很难给出一个逻辑性的分类。本文参照这一分类方式，将小木作制度，分为4个小节。

第一节　小木作制度一

《营造法式》"小木作制度一"，包括了房屋室内外门窗和室内隔断、照壁、版引檐，以及井屋、露篱、水槽、地棚等木制房屋配件与设施。

版门（双扇版门、独扇版门）

版门，其意为由木板拼合制作而成之门，其尺度较大，结构也比较坚固，故一般应作为院落或殿堂的主门。（图10-1）梁思成注："版门是用若干块板拼成一大块板的门，多少有些'防御'的性质，一般用于外层院墙的大门及城门上，但也有用作殿堂门的。"[1]

《营造法式》中给出了版门的一般尺寸："造版门之制：高七尺至二丈四尺，广与高方。（谓门高一丈，则每扇之广不得过五尺之类。）如减广者，不得过五分之一。（谓门扇合广五尺，如减不得过四尺之类。）其名件广厚，皆取门每尺之高，积而为法。（独扇用者，高不过七尺，余准此法。）"[2]

版门的高度可以从7尺至24尺不等，其宽度，以其高度相当。或者说，两扇门的总宽度，相当于门的高度，则每扇门的宽度，是其高度的1/2。如门高10尺，则每扇门的宽度不超过5尺。如果门的宽度要做适当减小，则不得少过其应有宽度的1/5。例如，应该宽为5尺的门，最少不能低于4尺的宽度。换言之，组成版门及其门扇之各个部件的尺寸，都是以门的高度尺寸，按比例推算出来的。

版门，依其门扇可分为双扇版门与独扇版门。如果为独扇版门，则其门的高度不能超过7尺。

构成版门之诸部件，包括两个主要部分：一是门扇，包括肘版、副肘版、身口版，以及用以固定肘版、副肘版和身口版的楅；二是门框，包括门额、鸡栖木、门簪、立颊、地栿，以及门砧等用于启闭门扇的构件。此外还有门关、柱门拐、搕锁柱等用以关锁门扇的部件。关于版门的具体构造细节，这里不再赘述。

乌头门

《营造法式》："乌头门（其名有三：一曰乌头大门，二曰表楬，三曰阀阅，今

---

1. 梁思成.梁思成全集.第七卷.第167页.注1.中国建筑工业出版社.2001年.
2. [宋]李诫.营造法式.卷六.小木作制度一.版门.

呼为棂星门。)"[1] 以其"表楬""阀阅"等别称，可以推知，这是一种能够表明其门之内房屋所有者所具有的高贵身份的门。

梁思成注："乌头门是一种略似牌楼样式的门。牌楼上有檐瓦，下无门扇，乌头门恰好相反，上无檐瓦而下有门扇。乌头门是这种门在宋代的'官名'；'俗谓之棂星门'。到清代，它就只有'棂星门'这一名称；'乌头门'已经被遗忘了，北京天坛圜丘和社稷坛四周矮墙每面都设棂星门，但都是石造的。"[2]

乌头门，大致的形象是将两根挟门柱，伸出门额之上，形成两根冲天柱，柱顶之上再安乌头。在其柱、额之间，安设门扇。门之前后，则斜撑以抢柱，以保持其稳定性。其门的尺度则如《营造法式》："造乌头门之制：（俗谓之棂星门。）高八尺至二丈二尺，广与高方。若高一丈五尺以上，如减广，不过五分之一。……其名件广厚，皆取门每尺之高，积而为法。"[3]

乌头门的高度，可在8尺至22尺之间，其门宽度，与其高度相当，即两扇门总宽，应为门之高度。但如果其门高15尺以上时，若减少门之宽度，不能减过其应有宽度的1/5。组成乌头门各个部件的尺寸，是以门之高度尺寸，按比例推算出来的。（图10-2，图10-3）

梁先生比较形象地描绘了乌头门的外观："乌头门有两个主要部分：一，门扇；二，安装门扇的框架。门扇本身是先做成一个类似'目'字形的框子；左右垂直的是肘（相当于版门的肘版）和桯（相当于副肘版，肘和桯清代都称'边梃'）；上下两头横的也叫桯，上头的是上桯，下头的是下桯，中间两道横的是串，因在半中腰，所以叫腰串；因用两道，上下相去较近，所以叫双腰串（上桯、下桯、腰串清代都称'抹头'）。"[4] 这是门扇的主要情况。

梁先生接着说："安门的'框架'部分，以两根挟门柱和上边的一道额组成。额和柱相交处，在额上安日月版。柱头上用乌头扣在上面，以防雨水渗入腐蚀柱身。乌头一般是琉璃陶制，清代叫'云罐'。为了防止挟门柱倾斜，前后各用抢柱支撑。抢柱在清代叫做'戗柱'。"[5]

此外，如《营造法式》云："凡乌头门所用鸡栖木、门簪、门砧、门关、搕𢭾柱、石砧、铁鞢臼、鹅台之类，并准版门之制。"[6] 可知乌头门之安装与启闭、关锁等所需要的一些相应构件，与版门中的相应部件，大体上是一样的。

---

1. [宋] 李诫. 营造法式. 卷六. 小木作制度一. 乌头门.
2. 梁思成. 梁思成全集. 第七卷. 第169页. 注45. 中国建筑工业出版社. 2001年.
3. [宋] 李诫. 营造法式. 卷六. 小木作制度一. 乌头门.
4. 梁思成. 梁思成全集. 第七卷. 第169页. 注47. 中国建筑工业出版社. 2001年.
5. 梁思成. 梁思成全集. 第七卷. 第171页. 注47. 中国建筑工业出版社. 2001年.
6. [宋] 李诫. 营造法式. 卷六. 小木作制度一. 乌头门.

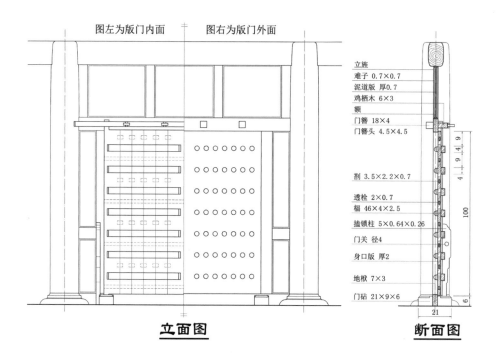

图左为版门内面　图右为版门外面

立旌
难子 0.7×0.7
泥道版 厚0.7
鸡栖木 6×3
额
门簪 18×4
门簪头 4.5×4.5

剳 3.5×2.2×0.7
透栓 2×0.7
楅 46×4×2.5
搕锁柱 5×0.64×0.26
门关 径4
身口版 厚2
地栿 7×3
门砧 21×9×6

立面图

断面图

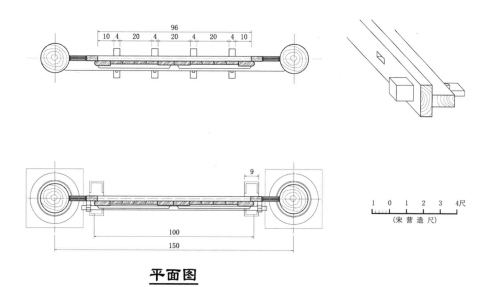

平面图

1 0 1 2 3 4尺
（宋 营 造 尺）

图 10-1　小木作门窗一版门 (闫崇仁摹绘自《梁思成全集》第七卷)

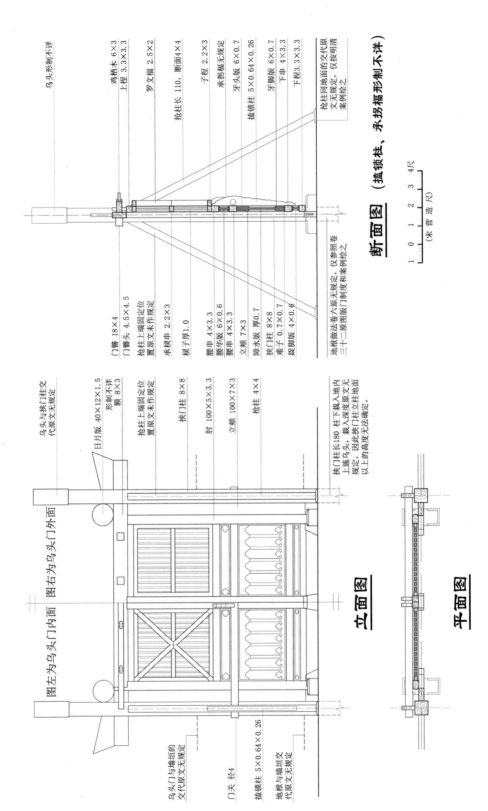

鸡栖木 6×3
上程 3.3×3.3
罗文褔 2.5×2
乌头形制不详

抢柱长 110，断面4×4
子程 2.2×3
承拐褔形制无规定
牙头版 5×0.64×0.26
搤锁柱 6×0.7
牙版 6×0.7
下串 4×3.3
下程 3.3×3.3

抢柱同地面的交代原文无规定，仅参照原文三十二原图版门制度和案例绘之

断面图（搤锁柱、承拐褔形制不详）

1 0   1   2   3   4尺
（宋营造尺）

门簪 18×4
门簪头 4.5×4.5×4.5
抢柱上端固定位置原文未作规定
承棂串 2.2×3
棂子厚1.0

腰串 4×3.3
腰华版 6×0.6
腰串 4×3.3
立颊 7×3

隔水版 厚0.7
搤门柱 8×8
椎子 0.7×0.7
锭脚版 4×0.6

地栿做法卷六原文无规定，仅参照原文三十二原图版门制度门制度和案例绘之

乌头与搤门柱交代原文无规定
日月版 40×12×1.5
额制形不详 8×3
抢柱上端固定位置原文未作规定
搤门柱 8×8
肘 100×5×3.3
立颊 100×7×3
抢柱 4×4

图左为乌头门内面   图右为乌头门外面

搤门柱长180 柱下载入地内上施乌头，载入深度原文无规定，因此搤门柱立柱地面以上的高度无法确定。

立 面 图

平 面 图

乌头门与墙垣的交代原文无规定
门关 径4
搤锁柱 5×0.64×0.26
地栿与墙垣交代原文无规定

图 10-2　小木作门窗—乌头门（闫崇仁摹绘自《梁思成全集》第七卷）

464　　唐宋古建筑辞解——以宋《营造法式》为线索

图 10-3 宋代乌头门示例
（宋张择端《金明池争标
图》局部）

软门（牙头护缝软门、合版软门）

《营造法式》："造软门之制：广与高方；若高一丈五尺以上，如减广者，不过五分之一。用双腰串造。（或用单腰串。）每扇各随其长，除楗及腰串外，分作三分，腰上留二分，腰下留一分，上下并安版，内外皆施牙头护缝。（其身内版及牙头护缝所用版，如门高七尺至一丈二尺，并厚六分；高一丈三尺至一丈六尺，并厚八分；高七尺以下，并厚五分，皆为定法。腰华版厚同。下牙头或用如意头。）其名件广厚，皆取门每尺之高，积而为法。"[1]

梁思成注："'软门'是在构造上和用材上都比较轻巧的门。牙头护缝软门在构造上与乌头门的门扇类似——用楗和串线做成框子，再镶上木板。合版软门在构造上与版门相同，只是板较薄，外面加牙头护缝。"[2]

软门，很可能是施之于房屋内部隔间之间的门，故其不具有防卫功能，只起到隔离与联系两个空间的作用。与版门或乌头门一样，软门的宽度与其高度相当，即两扇软门之宽度，在尺寸上与其门的高度相同。如果软门高过 15 尺，则其门的宽度，不能少于其门高的 4/5。

软门的构造，与门的高度有关系，如门高 7 尺至 12 尺，其门所用身内版即牙头护缝版的厚度，为 6 分；如果其门高 13 尺至 16 尺，其版则厚 8 分；而若如果其门高

1. [宋] 李诫 . 营造法式 . 卷六 . 小木作制度一 . 软门 .
2. 梁思成 . 梁思成全集 . 第七卷 . 第 174 页 . 注 59. 中国建筑工业出版社 . 2001 年 .

度低于 7 尺，则其版厚度仅为 5 分。需要说明的是，这里的"分"，是绝对尺寸，即实际丈、尺、寸、分之分，而非"材分"之分。

所谓"牙头护缝软门"，是使用了牙头护缝的门，即以牙头版叠压在门上的身内版缝隙之间之门（图 10-4）；而"合版软门"（图 10-5），则如梁先生解释的，与版门在构造上相类似，但其上亦又可能加牙头护缝，或如意头护缝。

其中提到的软门一些名称，如腰串、桯、身内版、腰华版、牙头护缝、如意头等，是宋式建筑软门上的一些细部组成部件，这里不再赘述。

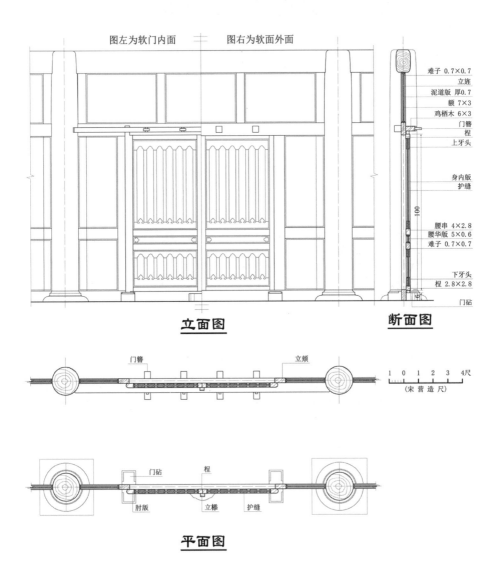

图 10-4　小木作门窗——牙头护缝软门（闫崇仁摹绘自《梁思成全集》第七卷）

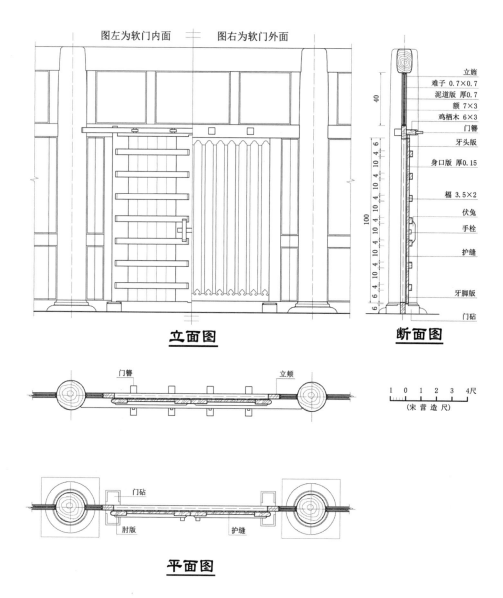

图左为软门内面   图右为软门外面

立旌
难子 0.7×0.7
泥道版 厚0.7
额 7×3
鸡栖木 6×3
门簪
牙头版
身口版 厚0.15
榥 3.5×2
伏兔
手栓
护缝
牙脚版
门砧

立面图   **断面图**

门簪   立颊

1 0 1 2 3 4尺
（宋 营 造 尺）

门砧

肘版   护缝

平面图

图 10-5 小木作门窗—合版软门（闫崇仁摹绘自《梁思成全集》第七卷）

破子棂窗、睒电窗、版棂窗

《营造法式》："造破子棂窗之制：高四尺至八尺。如间广一丈，用一十七棂。若广增一尺，即更加二棂。相去空一寸。（不以棂之广狭，只以空一寸为定法。）其名件广、厚皆以窗每尺之高，积而为法。"[1]（图 10-6）

1.[宋]李诫.营造法式.卷六.小木作制度一.破子棂窗.

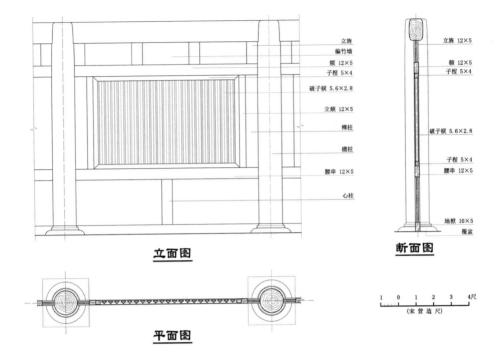

立旌
编竹墙
额 12×5
子桯 5×4
破子棂 5.6×2.8
立颊 12×5
槫柱
檐柱
腰串 12×5
心柱

立旌 12×5
额 12×5
子桯 5×4
破子棂 5.6×2.8
子桯 5×4
腰串 12×5
地栿 10×5
覆盆

立面图   **断面图**

平面图

1 0 1 2 3 4尺
(宋营造尺)

图 10-6　小木作门窗—破子棂窗（闫崇仁摹绘自《梁思成全集》第七卷）

　　梁思成注："破子棂窗以及下文的睒电窗、版棂窗，其实都是棂窗。它们都是在由额、腰串和立颊所构成的窗框内安上下方向的木条（棂子）做成的。所不同者，破子棂窗的棂子是将断面正方形的木条，斜角破开成两根断面作等腰三角形的棂子，所以叫破子棂窗；睒电窗的棂子是弯来弯去，或作成'水波纹'的形式，版棂窗的棂子就是简单的'广二寸、厚七分'的板条。"[1]

　　梁先生阐释得十分清晰，这三种窗，都是在窗框之内，安以窗棂，以其窗棂分隔内外空间；亦以棂间之空隙，采光通风。只是棂子形式不同而已。

　　《营造法式》："造睒电窗之制：高二尺至三尺。每间广一丈，用二十一棂。若广增一尺，则更加二棂，相去空一寸。其棂实广二寸，曲广二寸七分，厚七分。（谓以广二寸七分直棂，左右剜刻取曲势，造成实广二寸也。其广厚皆为定法。）其名件广厚，皆取窗每尺之高，积而为法。"[2]（图 10-7）

　　《营造法式》："造版棂窗之制：高二尺至六尺。如间广一丈，用二十一棂。若广增一尺，即更加二棂。其棂相去空一寸，广二寸，厚七分。（并为定法。）其余名件长及广厚，皆以窗每尺之高，积而为法。"[3]（图 10-8）

1. 梁思成 . 梁思成全集 . 第七卷 . 第 174 页 . 注 59. 中国建筑工业出版社 .2001 年 .
2. [宋] 李诫 . 营造法式 . 卷六 . 小木作制度一 . 睒电窗 .
3. [宋] 李诫 . 营造法式 . 卷六 . 小木作制度一 . 版棂窗 .

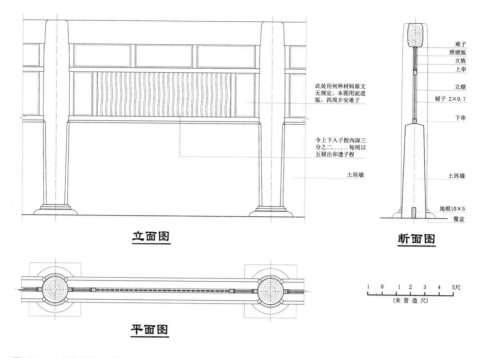

图 10-7　小木作门窗— 睒电窗（闫崇仁摹绘自《梁思成全集》第七卷）

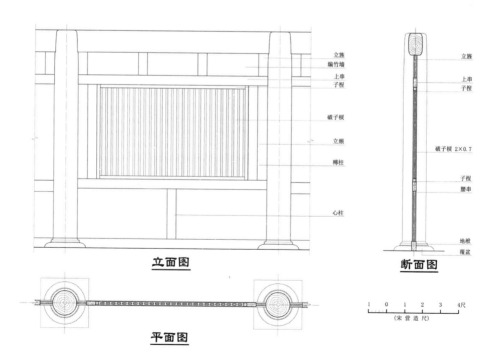

图 10-8　小木作门窗— 版棂窗（闫崇仁摹绘自《梁思成全集》第七卷）

《营造法式》中还提到："凡版棂窗，于串下地栿上安心柱编竹造，或用隔减窗坐造。若高三尺以下，只安于墙上。（令上串与门额齐平。）"[1]这里似乎是说，版棂窗之下槛部分，可以是编竹造槛墙，或隔减窗座造槛墙，也可以直接在墙上洞口之内安之？

同时，《营造法式》中还指出："凡睒电窗，刻作四曲或三曲；若水波文造，亦如之。施之于殿堂后壁之上，或山壁高处。如作看窗，则下用横钤、立旌，其广厚并准版棂窗所用制度。"[2]

相比较之，破子棂窗，是尺度较大之窗，其窗高为 4 尺至 8 尺，当为较大殿阁、厅堂之外窗。睒电窗，尺寸最小，其高仅为 2 尺至 3 尺间，可作殿阁、厅堂之后墙或山墙上的高窗，亦可做较小房屋的外窗，即"看窗"。版棂窗，尺寸较为适中，其高可为 2 尺至 6 尺。似可推知，这种窗的用途应该较广，可以用于较大房屋之外窗，亦可以用于较小房舍之看窗，抑或用于房屋后墙或山墙的高窗？

破子棂窗，因为是较大建筑之外窗，故其窗棂尺寸并不太受局限，只要保证其两棂之间的空隙，不少于 1 寸即可。而睒电窗与版棂窗，因为用于较小建筑，或室内隔墙上，故在尺寸与美观上，更求细腻。这两种窗，除了其两棂空隙需保持 1 寸距离外，其棂子尺寸，也需要有确定尺寸。如睒电窗，其棂实广二寸，曲广二寸七分，厚七分；版棂窗，其棂广二寸，厚七分，且并为定法。

截间版帐

《营造法式》："造截间版帐之制：高六尺至一丈，广随间之广。内外并施牙头护缝。如高七尺以上者，用额、栿、槫柱，当中用腰串造。若间远则立榥柱。其名件广厚，皆取版帐每尺之广，积而为法。"[3]（图 10-9）

梁思成注："'截间版帐'，用今天的语言来说，就是'木板隔断墙'，一般只用于室内，而且多安在柱与柱之间。"[4]梁先生还释"榥柱"："榥柱也可以说是一种较长的心柱。"[5]徐伯安亦补充说：榥柱，"清式或称'间柱'。"[6]

由此可知，截间版帐的高度，一般为 6 至 10 尺，其版帐长度，以两柱之间的间距为准。版帐内外，以牙头护缝的形式，形成隔断。若其高度超过 7 尺时，需要在

1.[宋]李诫.营造法式.卷六.小木作制度一.版棂窗.
2.[宋]李诫.营造法式.卷六.小木作制度一.睒电窗.
3.[宋]李诫.营造法式.卷六.小木作制度一.截间版帐.
4.梁思成.梁思成全集.第七卷.第179页.注84.中国建筑工业出版社.2001年.
5.梁思成.梁思成全集.第七卷.第179页.注86.中国建筑工业出版社.2001年.
6.梁思成.梁思成全集.第七卷.第179页.脚1.中国建筑工业出版社.2001年.

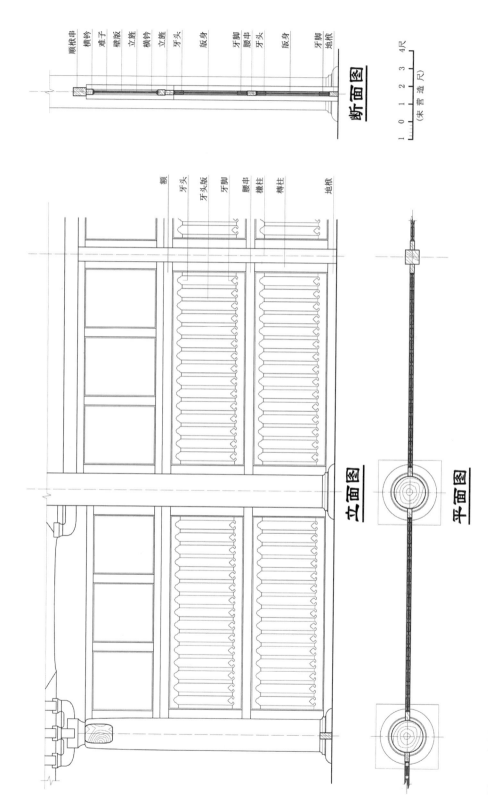

断面图

顺栿串
横铃
难子
槫版
立旌
横铃
立旌
牙头
版身
牙头
腰串
牙头
版身
牙头
地栿

1 0 1 2 3 4尺
(宋营造尺)

立面图

额
牙头
牙头版
牙脚
腰串
槫柱
槫柱
地栿

平面图

图10-9 小木作内檐装修—截间版帐(闫崇仁摹绘自《梁思成全集》第七卷)

其上部用额，下部用地栿，并在额与栿之间的两侧立槫柱，及当中加腰串，以强化截间版帐。

如果两柱之间的间距过大，还需要在版帐内立槏柱，即于两柱之间加立柱，以使截间版帐的面宽适度减小。所有这些措施，都是为了使截间版帐有足够的结构强度与稳定性。

照壁屏风骨（截间屏风骨、四扇屏风骨）

《营造法式》："照壁屏风骨（截间屏风骨（图10-10）、四扇屏风骨（图10-11）。其名有四：一曰皇邸，二曰后版，三曰扆，四曰屏风。）"[1] 其诸名中，后版、扆或屏风，都比较容易理解，指的是位于室内空间后部的一种空间隔版。皇邸一词出于《周礼》，西汉郑玄注之："王大旅上帝，则张毡案，设皇邸。（大旅上帝，祭天于圜丘。国有故而祭亦曰旅。此以旅见祀也。张毡案，以毡为床于幄中。郑司农云：'皇，羽覆上。邸，后版也。'玄谓后版，屏风与？染羽象凤皇羽色以为之。）"[2] 则皇邸，是一种以羽毛覆盖的后版，置于天子祭天时所处的帷幄之中。

《营造法式》："造照壁屏风骨之制：用四直大方格眼。若每间分作四扇者，高七尺至一丈二尺。如只作一段，截间造者，高八尺至一丈二尺。其名件广厚，皆取屏风每尺之高，积而为法。"[3]

梁思成注："从'二曰后版'和下文'额，长随间广，……'的文义中可以看出，照壁屏风是装在室内靠后的两缝内柱（相当于清代之金柱）之间的隔断'墙'。照壁屏风是它的总名称；下文解说的有两种：固定的截间屏风和可以开闭四扇屏风。后者类似后世常见的屏门。"[4]

梁先生认为，《营造法式》文本中所提到的"'照壁屏风骨'指的是构成照壁屏风的'骨架子'。……从'骨'字可以看出，这种屏风不是用木板做的，而是先用条桱做成大方格眼的'骨'，显然是准备在上面裱糊纸或者绢、绸之类的纺织品的。"[5] 梁先生补充说，后世并无这样做法的屏风，也无宋代原物留存，故他在这里的解释，也是一种推测。[6]

---

1. [宋] 李诫 . 营造法式 . 卷六 . 小木作制度一 . 照壁屏风骨 .
2. [汉] 郑玄注、[唐] 贾公彦疏 . 周礼注疏 . 卷六 .
3. [宋] 李诫 . 营造法式 . 卷六 . 小木作制度一 . 照壁屏风骨 .
4. 梁思成 . 梁思成全集 . 第七卷 . 第 182 页 . 注 88. 中国建筑工业出版社 . 2001 年 .
5. 梁思成 . 梁思成全集 . 第七卷 . 第 182 页 . 注 88. 中国建筑工业出版社 . 2001 年 .
6. 参见梁思成 . 梁思成全集 . 第七卷 . 第 182 页 . 注 88. 中国建筑工业出版社 . 2001 年 .

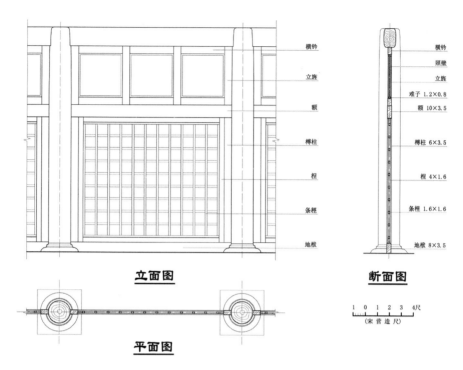

横铃
立颊
额
槏柱
桯
条桱
地栿

横铃
照壁
立颊
难子 1.2×0.8
额 10×3.5
槏柱 6×3.5
桯 4×1.6
条桱 1.6×1.6
地栿 8×3.5

立面图

断面图

1 0 1 2 3 4尺
（宋营造尺）

平面图

图 10-10　小木作内檐装修 — 截间屏风骨 (闫崇仁摹绘自《梁思成全集》第七卷)

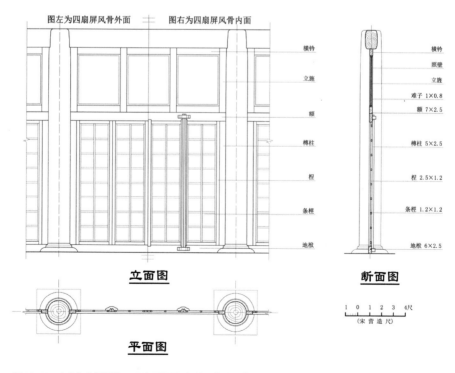

图左为四扇屏风骨外面　　图右为四扇屏风骨内面

横铃
立颊
额
槏柱
桯
条桱
地栿

横铃
照壁
立颊
难子 1×0.8
额 7×2.5
槏柱 5×2.5
桯 2.5×1.2
条桱 1.2×1.2
地栿 6×2.5

立面图

断面图

1 0 1 2 3 4尺
（宋营造尺）

平面图

图 10-11　小木作内檐装修 — 四扇屏风骨 (闫崇仁摹绘自《梁思成全集》第七卷)

这种宋式照壁屏风骨，基本的形式是四直大方格眼，即四方格式的格栅，可以将室内一开间之两柱间的距离内，分为四扇格栅，即"四扇屏风骨"；这时，照壁屏风骨的高度为7至12尺。但如果将一整个开间，即两柱之间，做成一整段有如隔断墙式的格栅，即"截间屏风骨"；其高可以为8至12尺。至于照壁屏风骨各部分构件尺寸，则是依据照壁屏风的大小尺寸而确定的。

《营造法式》中给出了照壁屏风骨的各部分构件名称，如桯、条桱、额、槫柱、地栿、难子等。梁先生分析，"条桱应该是构成方格眼的木条。"[1]而"难子在门窗上是桯和版相接出的压缝条；但在屏风骨上，不知应该用在什么位置上。"[2]

《营造法式》进一步描述说："凡照壁屏风骨，如作四扇开闭者，其所用立桥、搏肘，若屏风高一丈，则搏肘方一寸四分；立桥广二寸，厚一寸六分；如高增一尺，即方及广厚，各加一分；减亦如之。"[3]

梁思成注："搏肘是安在屏风扇背面的转轴。"[4]如果说条桱是构成方格眼的横木条，则立桥应该是与条桱共同组成方格眼的直立木条。

隔截横钤立旌

《营造法式》："造隔截横钤立旌之制：高四尺至八尺，广一丈至一丈二尺。每间随其广，分作三小间，用立旌，上下视其高，量所宜分布，施横钤。其名件广厚，皆取每间一尺之广，积而为法。"[5]

梁思成注："这应译做'造隔截所用的横钤和立旌'。主题是横钤和立旌，而不是隔截。隔截就是今天我们所称隔断或隔断墙。"[6]

《营造法式》进一步描述："凡隔截所用横钤、立旌，施之于照壁、门窗或墙之上；及中缝截间者亦用之。或不用额、栿、槫柱。"[7]

可知，室内隔断墙中所用横钤、立旌，可以用于照壁、门窗或墙上。其隔截尺寸，可为4至8尺高，10至12尺宽。立旌，似为分隔隔截的方木条，可将一间分为三小间，如12尺宽者，可每隔4尺施一立旌。

钤，古为印章，亦为锁，有管束之意。如《尔雅注疏》引"《说文》云：'钤，

1.梁思成.梁思成全集.第七卷.第182页.注91.中国建筑工业出版社.2001年.
2.梁思成.梁思成全集.第七卷.第182页.注92.中国建筑工业出版社.2001年.
3.[宋]李诫.营造法式.卷六.小木作制度一.照壁屏风骨.
4.梁思成.梁思成全集.第七卷.第182页.注88.中国建筑工业出版社.2001年.
5.[宋]李诫.营造法式.卷六.小木作制度一.隔截横钤立旌.
6.梁思成.梁思成全集.第七卷.第182页.注94.中国建筑工业出版社.2001年.
7.[宋]李诫.营造法式.卷六.小木作制度一.隔截横钤立旌.

锁也。'"[1] 以《营造法式》文义，视隔截上下之高度，量所宜分布，施横钤。则横钤，有可能是横置于隔截之上下适中位置上的横木，可以将几扇隔截连锁在一起。

立旌与横钤的尺寸，是以隔房屋开间及所立隔截之尺寸推算而出的。至于其文中提到的"中缝截间"，梁先生也提出质疑："'中缝截间'的含义不明。"[2]

露篱

《营造法式》："《义训》：篱谓之藩。（今谓之露篱。）"[3] 又："露篱（其名有五：一曰櫋，二曰栅，三曰椐，四曰藩，五曰落。今谓之露篱。）"[4] 梁思成注："露篱是木构的户外隔墙。"[5]

《营造法式》："造露篱之制：高六尺至一丈，广八尺至一丈二尺。下用地栿、横钤、立旌；上用榻头木施版屋造。每一间分作三小间。立旌长视高，栽入地；每高一尺，则广四分，厚二分五厘。曲枨长一寸五分，曲广三分，厚一分。其余名件广厚，皆取每间一尺之广，积而为法。"[6]（图 10-12）

关于其文，梁先生解释说："这个'广'是指一间之广，而不是指整道露篱的总长度。但是露篱的一间不同于房屋的一间。房屋两柱之间称一间。从本篇的制度看来，露篱不用柱而用立旌，四根立旌构成的'三小间'上用一根整的榻头木（类似大木作中的阑额）所构成的一段叫做'一间'。这一间之广为八尺至一丈二尺。超过这长度就如下文所说'相连造'。因此，与其说'榻头木长随间广'，不如说间广在很大程度上取决于榻头木的长度。"[7]

这里的立旌、横钤、地栿、榻头木，是构成宋式露篱的主要构件。立旌，相当于露篱的立柱，若以一间长 12 尺，且分为三小间计，每 4 尺距离，可立一根立旌。立旌插入地下，用地栿连接立旌间之根部，用榻头木连接立旌间之上部，中间施以横钤，横钤之内外，可能覆以竹编等，以形成篱笆墙体，露篱顶上再覆以版屋造式露篱顶。至于其文中提到的"曲枨"，梁先生谈道："曲枨的具体形状、位置和用法都不明确。"[8]故这里也不做进一步的分析。

1.[晋]郭璞注、[宋]邢昺疏.尔雅注疏.卷一.序.
2.梁思成.梁思成全集.第七卷.第184页.注95.中国建筑工业出版社.2001年.
3.[宋]李诫.营造法式.卷二.总释下.露篱.
4.[宋]李诫.营造法式.卷六.小木作制度一.露篱.
5.梁思成.梁思成全集.第七卷.第184页.注96.中国建筑工业出版社.2001年.
6.[宋]李诫.营造法式.卷六.小木作制度一.露篱.
7.梁思成.梁思成全集.第七卷.第184页.注99.中国建筑工业出版社.2001年.
8.梁思成.梁思成全集.第七卷.第184页.注100.中国建筑工业出版社.2001年.

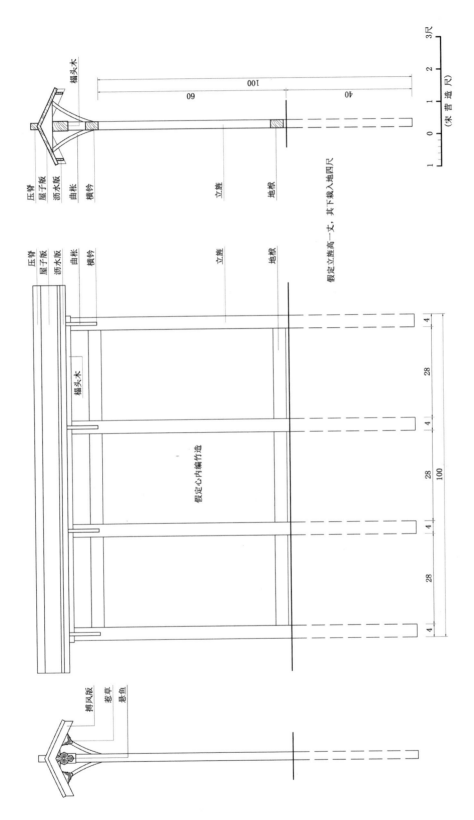

图 10-12　小木作 (外檐装修 — 露篱 (闫崇仁摹绘自《梁思成全集》第七卷)

压脊
屋子版
沥水版
曲枅
横铃
楞头木

立旌

地栿

假定立旌高一丈，其下栽入地四尺

压脊
屋子版
沥水版
曲枅
横铃

立旌

地栿

假定心内编竹造

楞头木

搏风版
惹草
悬鱼

如《营造法式》进一步描述的："凡露篱若相连造，则每间减立旌一条。（谓如五间只用立旌十六条之类。）其横钤、地栿之长，各减一分三厘。版屋两头施搏风版及垂鱼、惹草，并量宜造。"[1]

露篱相连造时，因其整体结构起到稳定与加固作用，故比一间造露篱，可以适当减少立旌。这是就节约材料而言的。至于露篱顶部所覆盖的版屋造，需参照两际式房屋做法，施以搏风版及垂鱼、惹草，既起到保护露篱的作用，又使露篱在形式上显得美观。

版引檐

《营造法式》："造屋垂前版引檐之制：广一丈至一丈四尺，（如间太广者，每间作两段。）长三尺至五尺，内外并施护缝。垂前用沥水版。其名件广厚，皆以每尺之广，积而为法。"[2]（图10-13）

梁思成注："版引檐是在屋檐（屋垂）之外另加的木板檐。"[3] 一般的情况下，版引檐的长度，可以依据房屋开间，大约控制在10尺至14尺左右。但如果开间过于宽广，也可以将一间之外所加的版引檐分作两段。

版引檐向外伸出的部分为3尺至5尺，并在檐之内外，施以护缝。在版引檐的檐口位置，施沥水版，以有利于雨水的排放。版引檐各部分的尺寸，要依据其檐口的长度尺寸加以推算确定。

水槽

《营造法式》壕寨制度之"石作制度"中的"水槽子"，是一种生活或生产用具，但"小木作制度"中的"水槽"，却属于房屋的一种附属构件。如《营造法式》："凡水槽施之于屋檐之下，以跳椽襻拽。若厅堂前后檐用者，每间相接；令中间者最高，两次间以外，逐间各低一版，两头出水。如廊屋或挟屋偏用者，并一头安鼋头版。其槽缝并包底龈牙缝造。"[4]（参见图10-13）

梁先生注："水槽的用途。位置和做法，除怎样'以跳椽襻拽'，来'施之于屋檐之下'一项不太清楚外，其余都解说得很清楚，无须赘加注释。"[5] 以其位置及做法

1.［宋］李诫.营造法式.卷六.小木作制度一.露篱.

2.［宋］李诫.营造法式.卷六.小木作制度一.版引檐.

3.梁思成.梁思成全集.第七卷.第185页.注105.中国建筑工业出版社.2001年.

4.［宋］李诫.营造法式.卷六.小木作制度一.水槽.

5.梁思成.梁思成全集.第七卷.第187页.注106.中国建筑工业出版社.2001年.

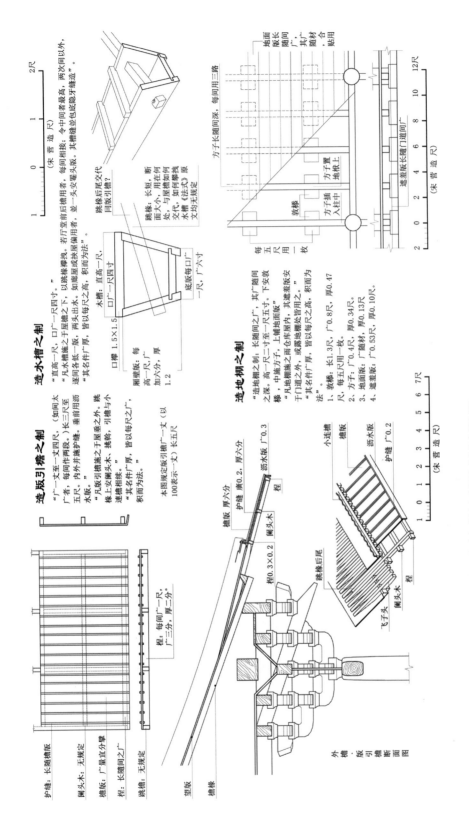

图 10-13 小木作外檐装修与设施—版引檐、水槽、地棚（阎崇二摹绘自《梁思成全集》第七卷）

推测，水槽很可能类似于今日房屋前后檐安装的排雨水用天沟。

《营造法式》："造水槽之制：直高一尺，口广一尺四寸。其名件广厚，皆以每尺之高，积而为法。"[1] 水槽断面，高 1 尺，槽口宽 1.4 尺。其槽有厢壁版、底版、罨头版、口襻、跳椽等构成部件。其中厢壁版、底版，及罨头版，当为构成水槽的各个面；口襻似为施于槽口，起到加固厢壁版作用之构件；而跳椽，则可能是将水槽与房屋檐口拉拽在一起的构件。因无宋代实物遗存，难详其究。

地棚

《营造法式》："造地棚之制：长随间之广，其广随间之深。高一尺二寸至一尺五寸。下安敦桥，中施方子，上铺地面版，其名件广厚，皆以每尺之高，积而为法。"[2]（参见图 10-13）

梁思成注："地棚是仓库内架起的，下面不直接接触土地的木地板。它和仓库房屋的构造关系待考。"[3] 以梁先生的推测，地棚应是施之于古代仓廒建筑内部的一种附属性设施。其尺寸随仓廒结构的相应间广尺寸而定，其高度为 1.2 至 1.5 尺，下面有矮柱（敦桥）支撑，中间纵横木方拉结为整体结构，其上铺地面版。其敦桥、木方、地面版等构件尺寸，依据仓廒尺度大小推算而出。

井屋子

《营造法式》："造井屋子之制：自地至脊共高八尺。四柱，其柱外方五尺。（垂檐及两际皆在外。）柱头高五尺八寸。下施井匮，高一尺二寸。上用厦瓦版，内外护缝；上安压脊、垂脊；两际施垂鱼、惹草。其名件广厚，皆以每尺之高，积而为法。"[4]（图 10-14）

梁思成注："明清以后叫做井亭。在井口上建亭以保护井水清洁已有悠久的历史。汉墓出土的明器中就已有井屋子。"[5] 这里的井屋子，为四柱单檐两际造型，四柱外方（指四方平面之每侧两柱外皮至外皮的距离）5 尺，柱高 5.8 尺，井屋子脊至地面高度 8 尺。显然，这是一座小型建筑物。井屋子四柱之内，为井口，井口四周有井匮。梁先生所释，"井匮是井的栏杆或栏板"，十分恰到。

1.［宋］李诫.营造法式.卷六.小木作制度一.水槽.
2.［宋］李诫.营造法式.卷六.小木作制度一.地棚.
3.梁思成.梁思成全集.第七卷.第189页.注118.中国建筑工业出版社.2001年.
4.［宋］李诫.营造法式.卷六.小木作制度一.井屋子.
5.梁思成.梁思成全集.第七卷.第187页.注107.中国建筑工业出版社.2001年.

井屋子之顶，所用厦瓦版、内外护缝、压脊、垂脊，及两际所施垂鱼、惹草，与一般两际式房屋做法类似，只是尺度较小。其各部分附属构件的尺寸，是依据井屋子的高度确定的。

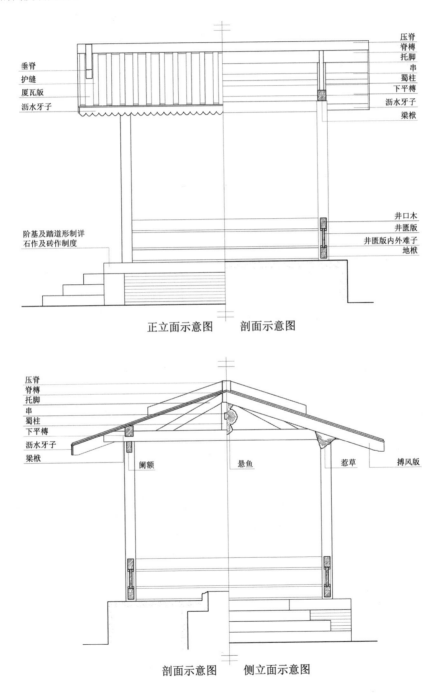

正立面示意图　　剖面示意图

剖面示意图　　侧立面示意图

图 10-14　小木作室外设施一井屋子（闫崇仁摹绘自《梁思成全集》第七卷）

第二节　小木作制度二

《营造法式》"小木作制度二"，包括了具有装饰性意味的房屋门窗，如各式格子门、阑槛钩窗；以及室内隔断，如版壁、殿阁照壁、廊屋照壁、障日版；也包括了胡梯、垂鱼、惹草、栱眼壁版、裹栿版、擗帘竿、护殿阁檐竹网木贴等木制房屋配件与设施。

格子门（四斜毬文格子、四斜毬文上出条桱重格眼、四直方格眼、版壁、两明格子）

《营造法式》："造格子门之制：有六等；一曰四混，中心出双线，入混内出单线；（或混内不出线；）二曰破瓣双混平地出双线，（或单混出单线；）三曰通混出双线，（或单线；）四曰通混压边线；五曰素通混；（以上并撺尖入卯；）六曰方直破瓣，（或撺尖或叉瓣造，）高六尺至一丈二尺，每间分作四扇。（如梢间狭促者，只分作两扇。）如檐额及梁栿下用者，或分作六扇造，用双腰串（或单腰串造。）每扇各随其长，除桯及腰串外，分作三分；腰上留二分安格眼，（或用四斜球文格眼，或用四直方格眼，如就球文者，长短随宜加减，）腰下留一分安障水版。（腰华版及障水版皆厚六分；桯四角外，上下各出卯，长一寸五分，并为定法。）其名件广厚，皆取门桯每尺之高，积而为法。"[1]

梁思成注："格子门在清代装修中称'格扇'。它的主要特征就在门的上半部（即乌头门安装直棂的部分）用条桱（清代称'棂子'）做成格子或格眼以糊纸。这格子部分清代称'槅心'或'花心'；格眼称'菱花'。"[2]

这里的造格子门之制"有六等"，如梁先生所说："这'六等'只是指桯、串起线的简繁等第有六等，越繁则等第越高。"[3]也就是说，这6种桯、串的差别，主要表现在其表面线脚形式上，即：

1. 四混，中心出双线，入混内出单线；

2. 破瓣双混平地出双线（或单混出单线）；

3. 通混出双线（或单线）；

4. 通混压边线；

5. 素通混；

1.［宋］李诫.营造法式.卷七.小木作制度二.格子门.
2.梁思成.梁思成全集.第七卷.第195页.注1.中国建筑工业出版社.2001年.
3.梁思成.梁思成全集.第七卷.第195页.注2.中国建筑工业出版社.2001年.

6. 方直破瓣。

梁先生进一步解释说：在横件边、角的处理上，凡断面做成比较宽而扁，近似半个椭圆形的；或角上做成半径比较大的90度弧的，都叫作"混"。以及在构件表面鼓出的比较细的凸线，叫作"线"或"出线"。而在方形断面之边或角上向里刻入作"L"形正角凹槽的，叫作"破瓣"。整个断面称一个混形线脚的叫作"通混"。两侧在混或线之外留下一道细窄平面的线，比混或线的表面压低一些，叫作"压边线"。[1] 梁先生在其《注释》中，还用了相应的手工绘图，将这些线脚，表述的十分清晰。[2]（图10-15）

除了不同线脚形式的桯、串组成的格子之外，还以其门窗构成，及格眼形式的不同，分为5种不同的格子门：

1. 四斜毬文格子（图10-16）；

2. 四斜毬文上出条桯重格眼（图10-17）；

3. 四直方格眼（图10-18）；

4. 版壁；

5. 两明格子。

但是，梁思成认为："从本篇制度看来，格眼基本上只有毬文和方直两种，都用正角相交的条桯组成。"[3]（图10-19）

梁先生指出，相比较之，方直格比较简单，就是用简单方直的条桯，以水平方向和垂直方向相交组成，即构成了"四直方格眼"格子门；而毬文的条桯，则是以与水平方向两个相反的45度方向相交组成，而且条桯两侧，各鼓出一个90度的弧线，正角相交，四个弧线就组成一个"毬文"。这样组成的毬文，是以45度角的斜向排列的，故称"四斜毬文格子"。[4]

按照梁先生的解释，在四斜毬文格子的基础上，在毬文原有条桯之上，再增加（"采出"）一个条桯，既保留了毬文格眼，又在上面增加了一层相交条桯方格眼，如此就组成了双重格眼——重格眼。这是宋式格子门制度中等级最高的一种格眼，即"四斜毬文上出条桯重格眼"。[5]

此外，版壁格子门，是比较容易理解的形式，其门立桯与腰串等之间，嵌以木板——障水版。

以《营造法式》所述："两明格子门：其腰华、障水版、格眼皆用两重。桯厚更加二分一厘。子桯及条桯之厚各减二厘。额、颊、地栿之厚，各加二分四厘。（其格

1. 梁思成．梁思成全集．第七卷．第195页．注3—注7.中国建筑工业出版社．2001年．
2. 参见梁思成．梁思成全集．第七卷．第195页．注3—注7.中国建筑工业出版社．2001年．
3. 梁思成．梁思成全集．第七卷．第197页．注12.中国建筑工业出版社．2001年．
4. 参见梁思成．梁思成全集．第七卷．第197页．注12.中国建筑工业出版社．2001年．
5. 参见梁思成．梁思成全集．第七卷．第198页．注17.中国建筑工业出版社．2001年．

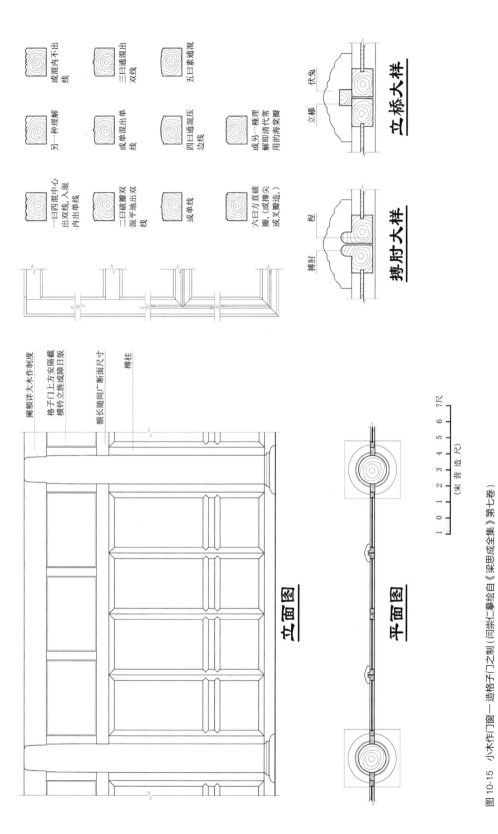

一曰混内不出
线

二曰通混出
双线

五曰素通混

另一种理解

三曰混出单
线

四曰通混压
边线

一种理
解即清代常
用的海棠瓣

一曰四混中心
出双线,入混
内出单线

二曰破瓣双
混平地出双
线

或单线

六曰方直破
瓣,或撺尖
或又瓣造。)

伏兔

立榑

立榑大样

桯

搏肘

搏肘大样

阑额详见大木作制度

格子门上方隔截
横铃立陈或腰隔日版

额长随间广断面尺寸

槫柱

立面图

平面图

0 1 2 3 4 5 6 7尺

（宋营造尺）

图10-15 小木作门窗—造格子门之制 (同崇仁摹绘自《梁思成全集》第七卷)

第十章 房屋装饰装修（上）：小木作制度　　483

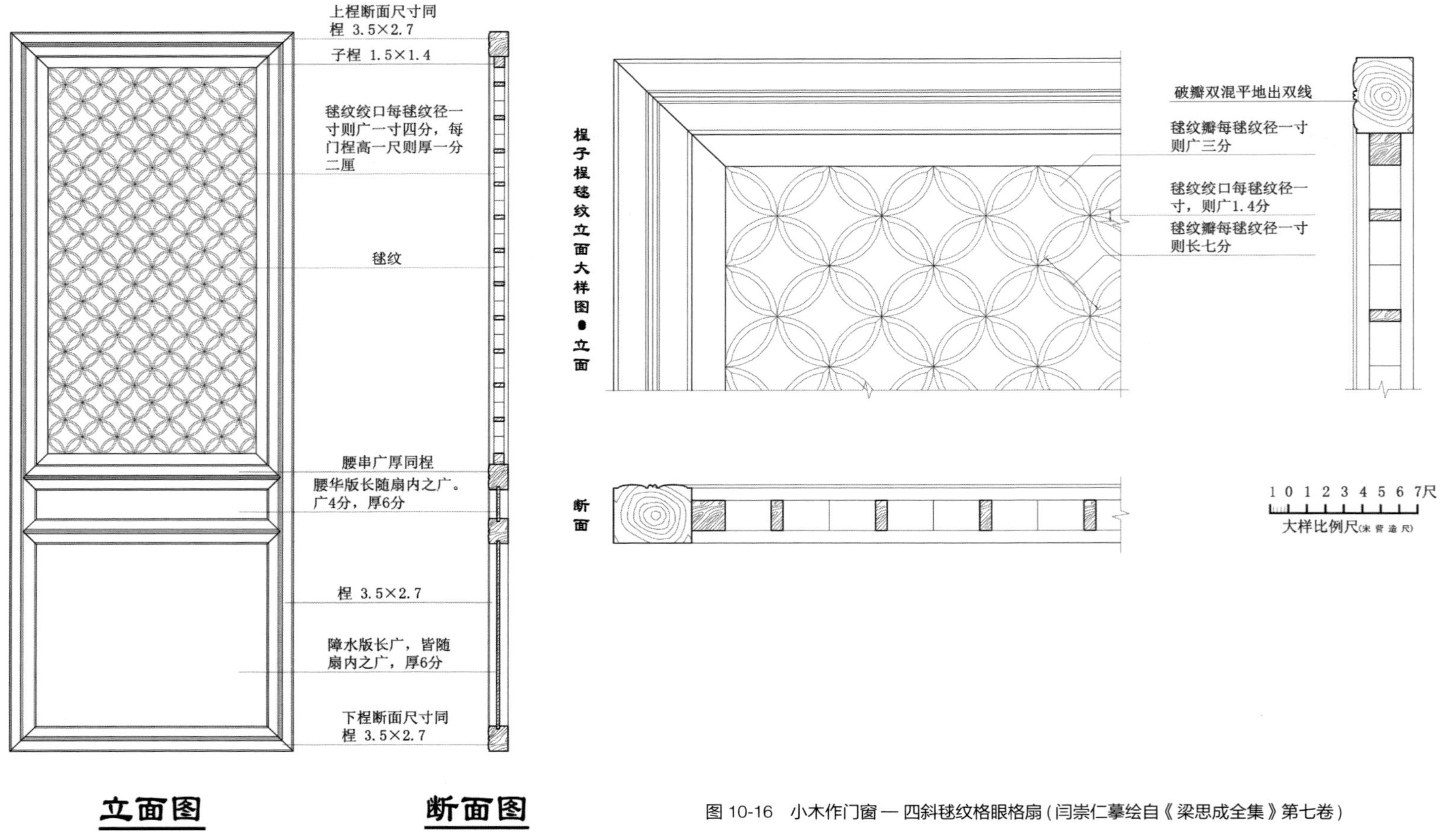

图 10-16　小木作门窗——四斜毬纹格眼格扇（闫崇仁摹绘自《梁思成全集》第七卷）

破瓣双混平地出双线

毬纹瓣每毬纹径一寸
则广三分

毬纹绞口每毬纹径一
寸，则广1.4寸

毬纹瓣每毬纹径一寸
则长七分

大样比例尺（宋 营造尺）

1 0 1 2 3 4 5 6 7尺

挺
子
挺
毬
纹
立
面
大
样
图
●
立
面

断面

断面图

立面图

上挺断面尺寸同
挺 3.5×2.7

子挺 1.5×1.4

毬纹绞口每毬纹径一
寸则广一寸四分，每
门挺高一尺则厚一分
二厘

毬纹

腰串广厚同挺
腰华版长随扇内之广
4分，厚6分

挺 3.5×2.7

障水版长广，皆随
扇内之广，厚6分

下挺断面尺寸同
挺 3.5×2.7

断面图

立面图

484　　唐宋古建筑辞解——以宋《营造法式》为线索

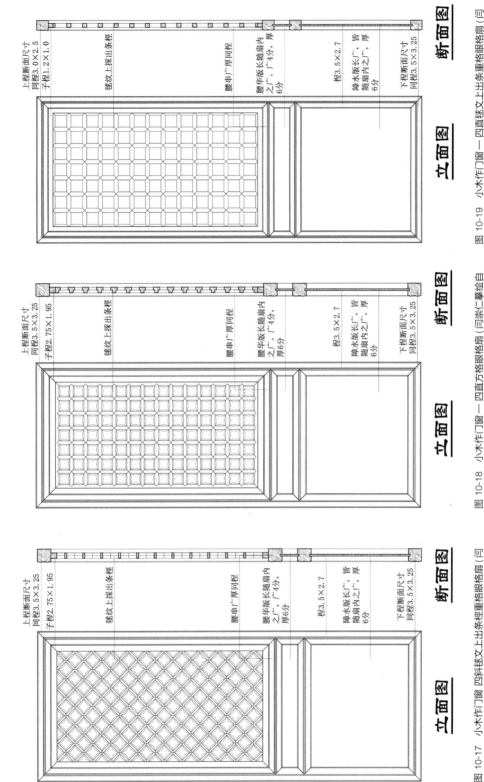

断面图

立面图

上梃断面尺寸
同梃3.0×2.5
子梃1.2×1.0

毬纹上探出条桱

腰串广厚同梃

腰华版长随扇内
之广。广4分，厚
6分

桱3.5×2.7

障水版长广，皆
随扇内之广，厚
6分

下梃断面尺寸
同梃3.5×3.25

断面图

立面图

上梃断面尺寸
同梃3.5×3.25
子梃2.75×1.95

毬纹上探出条桱

腰串广厚同梃

腰华版长随扇内
之广。广4分，厚
6分

桱3.5×2.7

障水版长广，皆
随扇内之广，厚
6分

下梃断面尺寸
同梃3.5×3.25

断面图

立面图

上梃断面尺寸
同梃3.5×3.25
子梃2.75×1.95

毬纹上探出条桱

腰串广厚同梃

腰华版长随扇内
之广，广4分，
厚6分

桱3.5×2.7

障水版长广，皆
随扇内之广，厚
6分

下梃断面尺寸
同梃3.5×3.25

图 10-19 小木作门窗—四直毬文上出条重格眼格扇（闫
崇仁摹绘自《梁思成全集》第七卷）

图 10-18 小木作门窗—四直方格眼格扇（闫崇仁摹绘自
《梁思成全集》第七卷）

图 10-17 小木作门窗 四斜毬文上出条重格眼格扇（闫
崇仁摹绘自《梁思成全集》第七卷）

第十章 房屋装饰装修（上）：小木作制度　　485

眼两重，外面者安定；其内者，上开池槽深五分，下深二分。"[1]可知，两明格子门，是将格子门主要构件，作两重处理，使其内外皆为正面的感觉。但其外面是固定的，里面则可能是可以安装或拆卸的。（图10-20）

阑槛钩窗

《营造法式》："造阑槛钩窗之制：其高七尺至一丈。每间分作三扇，用四直方格眼。槛面外放云栱鹅项钩阑，内用托柱，（各四枚。）其名件广厚，各取窗、槛每尺之高，积而为法。（其格眼出线，并准格子门四直方格眼制度。）"[2]（图10-21）

梁思成注："阑槛钩窗多用于亭榭，是一种开窗就可以坐下凭栏眺望的特殊装修。现在江南民居中，还有一些楼上窗外设置类似这样的阑槛钩窗的；在园林中一些亭榭、游廊上，也可以看到类似槛面板和鹅项钩阑（但没有钩窗）做成的，可供小坐凭栏眺望的矮槛墙或栏杆。"[3]

宋式阑槛钩窗，高度为7至10尺，每间可以分为三扇。其格子用四直方格眼。在钩窗之外，再施以云栱鹅项钩阑。钩阑之内侧下部，用托柱。以梁先生的理解，其每间外施云栱鹅项钩阑四枚，内用托柱四枚。[4]相应的构件尺寸，要以窗、槛之高度尺寸，推算而出。

其钩窗与阑槛，有子桯、条桱、心柱、额、槛、槛面版，及鹅项、云栱、寻杖、心柱、槫柱、托柱、地栿、障水版等配件，各有详细尺寸，此不赘述。其钩窗另有搏肘、卧关等构件，《营造法式》中亦给出了相应尺寸推算方法。

殿内截间格子

《营造法式》："造殿内截间格子之制：高一丈四尺至一丈七尺，用单腰串。每间各视其长，除桯及腰串外，分作三分。腰上二分安格眼；用心柱、槫柱分作二间。腰下一分为障水版。其版亦用心柱、槫柱分作三间。（内一间或作开闭门子。）用牙脚、牙头填心，内或合版拢桯。（上下四周并缠难子。）其名件广厚，皆取格子上下每尺之通高，积而为法。"[5]（图10-22）

1.[宋]李诫.营造法式.卷七.小木作制度二.格子门.

2.[宋]李诫.营造法式.卷七.小木作制度二.阑槛钩窗.

3.梁思成.梁思成全集.第七卷.第198页.注25.中国建筑工业出版社.2001年.

4.参见梁思成.梁思成全集.第七卷.第198页.注26.中国建筑工业出版社.2001年.

5.[宋]李诫.营造法式.卷七.小木作制度二.殿内截间格子.

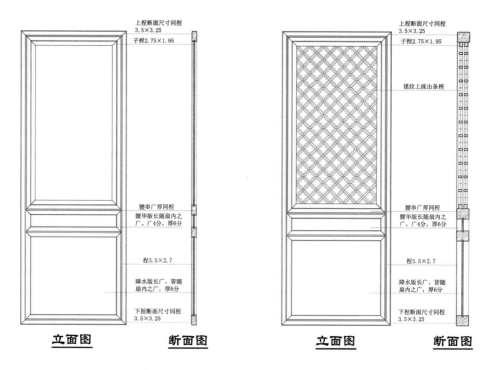

图 10-20　小木作内檐装修—版壁、两明格子门（闫崇仁摹绘自《梁思成全集》第七卷）

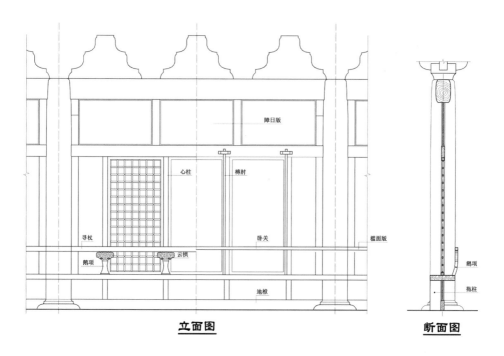

图 10-21　小木作门窗—阑槛钩窗（闫崇仁摹绘自《梁思成全集》第七卷）

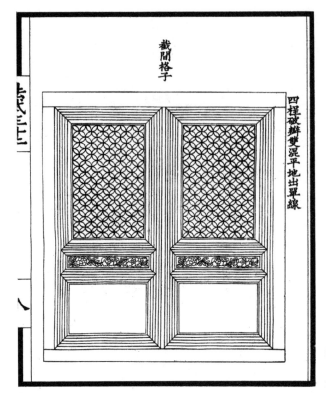

图 10-22　小木作内檐装修一殿内截间格子（自 [宋] 李诫《营造法式》）

　　梁思成注：殿内截间格子，"就是分隔殿堂内部的隔扇。"[1] 截间格子高 14 尺至 17 尺，用单腰串；每间按其长度，除桯及腰串外，分为 3 分，腰串上部的 2 分，为格眼，这部分再用心柱和槫柱，分为 2 间。关于这部分，据《营造法式》所述："凡截间格子，上二分子桯内所用四斜毬文格眼，圜径七寸至九寸。其广厚皆准格子门之制。"[2] 其格子为四斜毬文格眼，形成格眼的圜径为 7 寸至 9 寸。

　　腰串下部的 1 分，为障水版，其版亦用心柱与槫柱，分作 3 间，其中一间可以做成可以开闭的门子。障水版内用牙脚、牙头填心，也可以用合版拢桯。障水版上下四周，以难子缠贴。（图 10-23）

　　造殿内截间格子，除了额、腰串、地栿、上下槫柱、上下心柱、搏肘等之外，还需要有上下桯、条桱、障水子桯、上下左右难子；各部分构件尺寸，以其格子高度，推算而出。

---

1. 梁思成 . 梁思成全集 . 第七卷 . 第 200 页 . 注 29. 中国建筑工业出版社 . 2001 年 .
2. [宋] 李诫 . 营造法式 . 卷七 . 小木作制度二 . 殿内截间格子 .

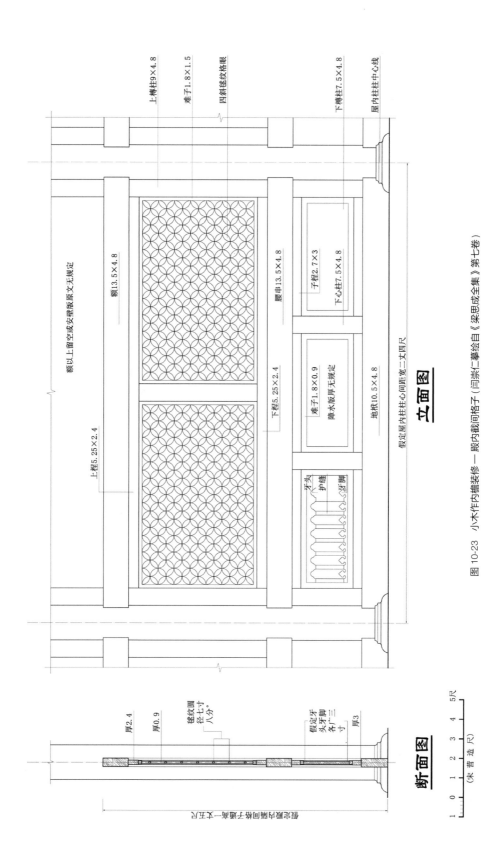

立面图

上槏柱9×4.8

难子1.8×1.5

四斜毬纹格眼

子桯2.7×3

下槏柱7.5×4.8

屋内柱柱中心线

额13.5×4.8

额以上留空或安障水版原文无规定

腰串13.5×4.8

下桯5.25×2.4

上桯5.25×2.4

难子1.8×0.9

障水版厚无规定

下心柱7.5×4.8

地栿10.5×4.8

假定屋内柱柱心间距宽二丈四尺

牙头

护缝

逆脚

断面图

厚2.4

厚0.9

毬纹圆径七寸八分°

假定牙头护缝逆脚各广三寸

厚3

假定障水版回柱距宽于额宽一尺五寸

5尺

（宋营造尺）

0 1 2 3 4

图 10-23　小木作内檐装修一殿内截间格子（罗崇仁摹绘自《梁思成全集》第七卷）

第十章　房屋装饰装修（上）：小木作制度　489

堂阁内截间格子

《营造法式》:"造堂阁内截间格子之制:皆高一丈,广一丈一尺。其桯制度有三等:一曰面上出心线,两边压线;二曰瓣内双混,(或单混;)三曰方直破瓣撺尖。其名件广厚,皆取每尺之高,积而为法。"[1](图10-24)

梁思成注:"本篇内所说的截间格子分作两种:'截间格子'和'截间开门格子'。文中虽未说明两者的使用条件和两者间的关系,但从功能要求上可以想到,两者很可能是配合使用的,'截间格子'是固定的。如两间之间需要互通时,就安上'开门格子'。从清代的隔扇看,'开门格子'一般都用双扇。"[2](图10-25)

造堂阁内截间格子高度,梁先生认为,其文所云"'皆高'说明无论房屋大小,截间格子一律都用同一尺寸。如房屋大或小于这尺寸,如何处理,没有说明。"[3]即堂阁内截间格子,包括截间开门格子,其高度均为10尺,其宽度为11尺。若开门格子,则每扇格子的宽度,当为5.5尺。

堂阁内截间格子,亦如殿内截间格子一样,以腰串而分为上下两部分。其上部亦有格眼,如《营造法式》云:"凡堂阁内截间格子所用四斜毬文格眼及障水版等分数,其长径并准格子门之制。"[4]可知,其格眼仍为四斜毬文格眼,其上部格眼与下部障水版的尺寸分法,与前文所述格子门比例是一致的。

殿阁照壁版

《营造法式》:"造殿阁照壁版之制:广一丈至一丈四尺,高五尺至一丈一尺,外面缠贴,内外皆施难子,合版造。其名件广厚,皆取每尺之高,积而为法。"[5]

梁思成分析了照壁版与截间格子的不同:"照壁版和截间格子不同之处,在于截间格子一般用于同一缝的前后两柱之间,上部用毬文格眼;照壁版则用于左右两缝并列的柱之间,不用格眼而用木板填心。"[6]换言之,截间格子,起到的是隔离室内左右两侧空间之作用,大约接近于"间"的分隔,故称"截间",其上部用毬文格眼,以保持左右间之间的联系;照壁版,起到的是隔离室内前后之空间,其作用更接近类似"屏扆"的功能。故其上部不用格眼,而用木板填心。

1.[宋]李诫.营造法式.卷七.小木作制度二.堂阁内截间格子.
2.梁思成.梁思成全集.第七卷.第203页.注30.中国建筑工业出版社.2001年.
3.梁思成.梁思成全集.第七卷.第203页.注31.中国建筑工业出版社.2001年.
4.[宋]李诫.营造法式.卷七.小木作制度二.堂阁内截间格子.
5.[宋]李诫.营造法式.卷七.小木作制度二.殿阁照壁版.
6.梁思成.梁思成全集.第七卷.第203页.注33.中国建筑工业出版社.2001年.

立面图

堂阁截间格子皆高一丈，广一丈一尺

额上做法留空或镶入壁版均无规定

额8×3.5

子桯1.6×1.4
桯5×3.7
四斜毬纹格眼
棂柱5×3.5
腰串3.5×3.7

腰华版以厚
6分为定法
难子1×0.7
障水版厚同腰华版

地栿7×3.5

桯面线脚形制

面上出心线
两边压线

瓣内双线

方直破瓣

破瓣双混
平地出线

断面图

0 1 2 3 4尺
（宋营造尺）

图10-24 小木作内檐装修—堂阁内截间格子（闫崇仁摹绘自《梁思成全集》第七卷）

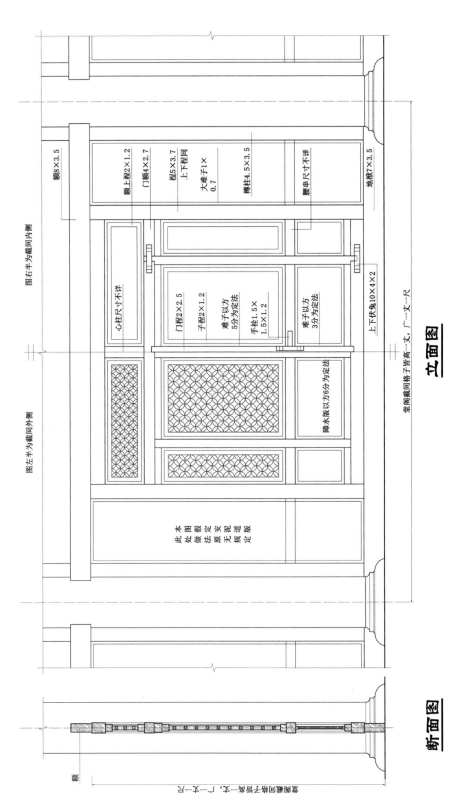

立面图

断面图

额

图左半为截间外侧

图右半为截间内侧

额8×3.5

额上程2×1.2
门额4×2.7
程5×3.7
上下程同
大难子1×
0.7
槫柱4.5×3.5
腰串尺寸不详
地栿7×3.5

心柱尺寸不详

门程2×2.5
子程2×1.2
难子以方
5分为定法
手栓1.5×
1.5×1.2
难子以方
3分为定法

隔水版以方6分为定法

上下伏兔10×4×2

此图原做法安定程无定法规定版

堂阁截间格子皆高一丈，广一丈一尺

堂阁截间格子皆高一丈，广一丈一尺

图 10-25 小木作内檐装修——截间开门格子 (闫崇仁摹绘自《梁思成全集》第七卷)

492   唐宋古建筑辞解——以宋《营造法式》为线索

《营造法式》："凡殿阁照壁版，施之于殿阁槽内，及照壁门窗之上者皆用之。"[1]
照壁版一般设在殿阁内左右两柱柱心槽上，以起到室内分隔前后空间的屏扆之作用。若用于外檐，如前檐缝上，则可用于照壁的门窗之上。

殿阁照壁版，长 10 尺至 14 尺，约为一个开间的距离长度；其高 5 尺至 11 尺。其中，高 11 尺者，大约相当于房屋额下之高度；高 5 尺者，疑为与门窗结合而用，施于门窗之上。照壁版四周，以额、地栿、槫柱，缠贴为框，四周缝之内外用难子贴护，内为合版造。（图 10-26）

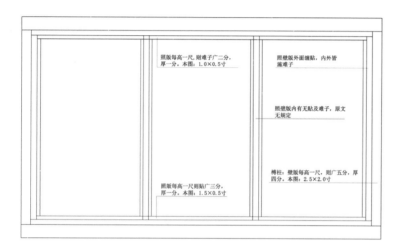

照版每高一尺，则难子广二分，厚一分。本图：1.0×0.5寸

照壁版外面缠贴，内外皆施难子

照壁版内有无贴及难子，原文无规定

槫柱：缠版每高一尺，则广五分，厚四分。本图：2.5×2.0寸

照版每高一尺则贴广三分，厚一分。本图：1.5×0.5寸

版

殿阁照壁版－立面

断面

图 10-26　小木作内檐装修—殿阁照壁版（闫崇仁摹绘自《梁思成全集》第七卷）

障日版

《营造法式》："造障日版之制：广一丈一尺，高三尺至五尺。用心柱、槫柱，内外皆施难子，合版或用牙头护缝造。其名件广厚，皆以每尺之广，积而为法。"[2]（图 10-27）

障日版，大约相当于现代人所称的遮阳板。在建筑物上设障日版的做法，应该出现的很早，如唐人撰《酉阳杂俎》载："平康坊菩提寺：佛殿东西障日及诸柱上图画，是东廊旧迹，郑法士画。"[3] 说明这座佛殿东西方向，很可能有障日版。

障日版长 11 尺，高 3 至 5 尺，以额、心柱、槫柱等为框架，内嵌合版，或牙头护缝，

1. [宋]李诫.营造法式.卷七.小木作制度二.殿阁照壁版.
2. [宋]李诫.营造法式.卷七.小木作制度二.障日版.
3. [唐]段成式.酉阳杂俎.续集卷五.寺塔记上.

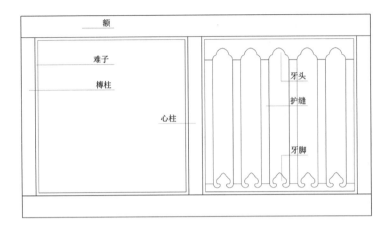

障日版－立面　　　　　　　　　断面

图 10-27　小木作外檐装修—障日版（闫崇仁摹绘自《梁思成全集》第七卷）

四周缠以难子。另据《营造法式》："凡障日版，施之于格子门及门、窗之上，其上或更不用额。"[1] 障日版长度，大约接近宋式建筑一个开间的距离，故其版可能施之于屋檐之下，两柱之间，且施于格子门及门窗之上，以起到遮蔽强烈阳光的作用。其版之上，亦有可能不施额。

廊屋照壁版

《营造法式》："造廊屋照壁版之制：广一丈至一丈一尺，高一尺五寸至二尺五寸。每间分作三段，于心柱、槫柱之内，内外皆施难子，合版造。其名件广厚，皆以每尺之广，积而为法。"[2]

廊屋照壁版，长 10 至 11 尺，高 1.5 至 2.5 尺。很可能施之于廊屋两柱之间的上端，分为三段，以心柱、槫柱等形成框架，内嵌合版，版四周内外施难子。大略接近檐下两柱之间组合式双层阑额，其心柱、槫柱，大约接近双层阑额之间的立旌。只是在立旌之间，嵌以版，版四周压以难子。（图 10-28）

梁思成注："从本篇的制度看来，廊屋照壁版大概相当于清代的由额垫版，安在阑额与由额之间，但在清代，由额垫版是做法中必须有的东西，而宋代的这种照壁版则似乎可有可无，要看需要而定。"[3] 梁先生的解释，暗示了房屋外檐柱头位置，自宋至清，从单一的阑额做法向大、小额方及由额垫板等组合做法变迁的某种过程。

---

1. [宋] 李诫 . 营造法式 . 卷七 . 小木作制度二 . 障日版 .
2. [宋] 李诫 . 营造法式 . 卷七 . 小木作制度二 . 廊屋照壁版 .
3. 梁思成 . 梁思成全集 . 第七卷 . 第 206 页 . 注 35. 中国建筑工业出版社 . 2001 年 .

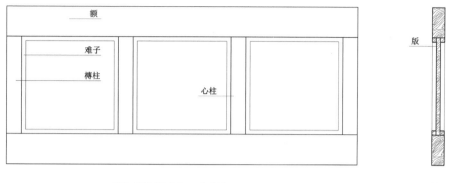

廊屋照壁版 - 立面

断面

图 10-28　小木作外檐装修一 廊屋照壁版（闫崇仁摹绘自《梁思成全集》第七卷）

胡梯

《营造法式》："造胡梯之制：高一丈，拽脚长随高，广三尺；分作十二级；拢颊榥施促踏版，（侧立者谓之促版，平者谓之踏版。）上下并安望柱。两颊随身各用钩阑，斜高三尺五寸，分作四间。（每间内安卧榥三条。）其名件广厚，皆以每尺之高，积而为法。（钩阑名件广厚，皆以钩阑每尺之高，积而为法。）"[1]

梁思成注："胡梯应该就是'扶梯'。很可能是宋代中原地区将'F'读成'H'；反之，有些方言斗将'湖南'读作'扶南'，甚至有'N''L'不分，读成'扶兰'的。"[2]

梁先生的解释，虽然带有一定的推测性，但却非常睿智地厘清了读者可能产生的疑惑。因为，一般理解上，会将胡梯与历史上出现的胡床、胡凳等相联系，以为胡梯也是从西域渐渐影响到中原地区的一种小木做法。但这一理解，使人会认为南北朝之前的中原地区的房屋室内不曾使用梯子。这样一种理解，很难解释汉代明器与画像石、画像砖中出现的大量楼阁式建筑，及其中表现的楼梯形式。因此，以方言读音原因，而将"胡梯"与"扶梯"联系在一起，是一种比较合乎逻辑的解释。

梁先生也解释了："'拢颊榥'三字放在一起，在当时可能是一句常用的术语，但今天读来都难懂。用今天的话解释，应该说成'用榥把两颊拢住'。"[3]

胡梯为古代建筑内一种斜置的步梯，胡梯之高为 10 尺时，其拽脚长亦为 10 尺其宽（广），亦即梯宽 3 尺；将这 10 尺的高度差，分为 12 个步阶，每步高差约 0.83 寸。

1. [宋] 李诫 . 营造法式 . 卷七 . 小木作制度二 . 胡梯 .
2. 梁思成 . 梁思成全集 . 第七卷 . 第 206 页 . 注 35. 中国建筑工业出版社 . 2001 年 .
3. 梁思成 . 梁思成全集 . 第七卷 . 第 207 页 . 注 37. 中国建筑工业出版社 . 2001 年 .

其两侧用长条状侧板形成两颊，两颊之间用楎连接，用侧立的促版与平置的踏板，形成踏步。两颊之上再以钩阑望柱，形成两侧扶手。钩阑斜高 3.5 尺，并施寻杖、盆唇。在 10 尺的高差范围内，以蜀柱分为 4 间（即 5 根蜀柱），两蜀柱间，用卧楎 3 条。其两颊、楎、促版、踏版尺寸，以胡梯高度推算而定；及钩阑上之各名件尺寸，以钩阑高度推算而定。（图 10-29）

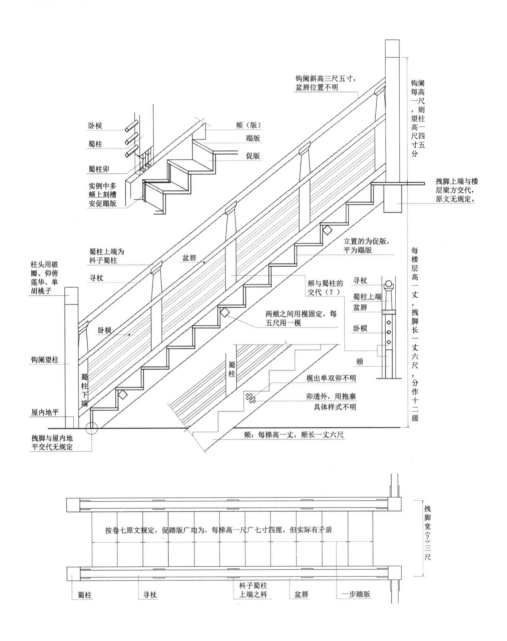

图 10-29　小木作内檐装修 — 胡梯 (闫崇仁摹绘自《梁思成全集》第七卷)

垂鱼、惹草

《营造法式》："造垂鱼、惹草之制：或用华瓣，或用云头造，垂鱼长三尺至一丈；惹草长三尺至七尺，其广厚皆取每尺之长，积而为法。"[1]

此外，《营造法式》进一步描述："凡垂鱼施之于屋山搏风版合尖之下。惹草施之于搏风版之下、搏水之外。每长二尺，则于后面施福一枚。"[2]

垂鱼、惹草是宋式建筑厦两头造屋顶与两际式屋顶，两侧屋山搏风版上的重要构件，垂鱼施于搏风版合尖之下，惹草施于搏风版下，既起到连接两搏风版，并将搏风版固定在两山出际槫头上的作用，也起到对两际屋山的装饰性作用。这里提到的"搏水"，其所指有些令人不解。梁先生也认为："搏水是什么，还不清楚。"[3]

栱眼壁版

《营造法式》："造栱眼壁版之制：于材下额上两栱头相对处凿池槽，随其曲直，安版于池槽之内。其长广皆以斗栱材分为法。（斗栱材分，在大木作制度内。）"[4]

栱眼壁版，是房屋外檐泥道缝上，阑额之上，柱头方之下，两铺作之间的嵌版。其于阑额上，第一层柱头方下，相对两泥道栱下皮，凿以池槽，嵌安栱眼壁版。栱眼壁版，分单栱眼壁版与重栱眼壁版。

另据《营造法式》："凡栱眼壁版，施之于铺作檐头之上。其版如随材合缝，则缝内用剳造。"[5]这里所说的铺作檐头，应该指的是铺作之间，阑额之上的意思。随材合缝，大意是将栱眼内空隙加以严丝合缝地封闭。而其所谓"缝内用剳造"。这里的"剳"，其意类"扎"，似有扎嵌入池槽之内的意思。

裹栿版

《营造法式》："造裹栿版之制：于栿两侧各用厢壁版，栿下安底版，其广厚皆以梁栿每尺之广，积而为法。"[6]（图10-30）

梁思成注："从本篇制度看来，裹栿版仅仅是梁栿外表上赘加的一层雕花的纯装

1.[宋]李诚.营造法式.卷七.小木作制度二.垂鱼、惹草.
2.[宋]李诚.营造法式.卷七.小木作制度二.垂鱼、惹草.
3.梁思成.梁思成全集.第七卷.第207页.注41.中国建筑工业出版社.2001年.
4.[宋]李诚.营造法式.卷七.小木作制度二.栱眼壁版.
5.[宋]李诚.营造法式.卷七.小木作制度二.栱眼壁版.
6.[宋]李诚.营造法式.卷七.小木作制度二.裹栿版.

饰性的木板。所谓雕梁画栋的雕梁，就是雕在这样的板上'裹'上去的。"[1]

裹栿版，就是将经过雕琢的有纹饰的木板，包裹在梁栿的两侧与底面上，以造成梁栿的雕琢装饰效果。

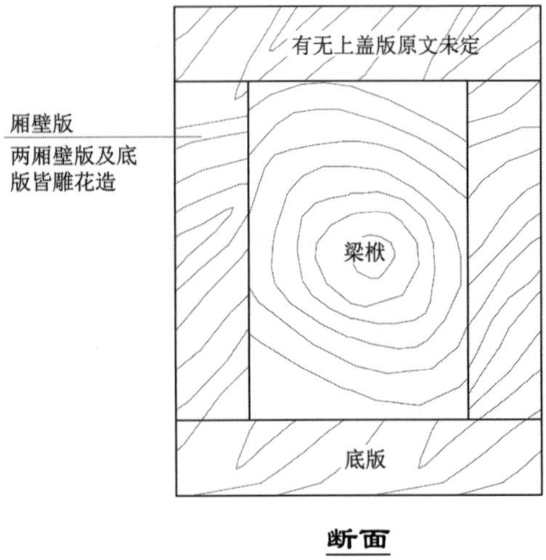

图 10-30　小木作内檐装修—裹栿版（闫崇仁摹绘自《梁思成全集》第七卷）

擗簾竿

《营造法式》："造擗簾竿之制：有三等，一曰八混，二曰破瓣，三曰方直。长一丈至一丈五尺。其广厚皆以每尺之高，积而为法。"[2]

另《营造法式》又言："凡擗簾竿，施之于殿堂等出跳栱之下；如无出跳者，则于椽头下安之。"

梁思成注："这是一种专供挂竹簾用的特殊装修，事实是在檐柱之外另加一根小柱，腰串是两竿间的联系构件，并做悬挂簾子之用。腰串安在什么高度，未作具体规定。"[3]

擗簾竿的长度为 10 尺至 15 尺，应与房屋前檐铺作之出跳华栱下皮（如无铺作则与檐口椽头下皮）的高度相当。其截面有三种形式，一为八混，当是在八角形截面的基础上，将每一面凿为圆混状；二为破瓣，是将竿之四棱，各凿一个直角凹坎，形成破瓣边棱；三是方直，即为简单的方形截面。其截面尺寸，是由其长度推算而出的。两立竿之间有腰串，可以用来悬挂竹簾。

护殿阁檐竹网木贴

《营造法式》："造安护殿阁檐斗栱竹雀眼网上下木贴之制：长随所用逐间之广，其广二寸，厚六分，（为定法，）皆直方造，（地衣簟贴同。）上于椽头，下于檐额之上，压雀眼网安钉。（地衣簟贴，若望柱或碇之类，并随四周，或圜或曲，压簟安钉。）"[4]

1.梁思成.梁思成全集.第七卷.第 209 页.注 43.中国建筑工业出版社.2001 年.
2.[宋]李诫.营造法式.卷七.小木作制度二.擗簾竿.
3.梁思成.梁思成全集.第七卷.第 209—210 页.注 44.中国建筑工业出版社.2001 年.
4.[宋]李诫.营造法式.卷七.小木作制度二.护殿阁檐竹网木贴.

梁思成注："为了防止鸟雀在檐下斗栱间搭巢，所以用竹篾编成格网把斗栱防护起来。这种竹网需要用木条——贴——钉牢。"[1] 这里其实只是给出了压竹网的木条之尺寸。其贴断面为宽 0.2 尺，厚 0.06 尺的木条。网之上部，钉于屋檐椽头处；网之下部，钉于柱头阑额上。

同样需要压以木贴的，还有地衣簟。如梁先生所释："地衣簟就是铺地的竹席。"[2] 铺地竹席的四周边角处，亦应以木贴固定之。所铺地衣簟，遇到平坐钩阑的望柱柱脚，或其他什么贴地而设之构件（磉？）时，就需要随其根部四周，或圜或曲地施以木贴，并安钉压簟。

1. 梁思成 . 梁思成全集 . 第七卷 . 第 209-210 页 . 注 44. 中国建筑工业出版社 . 2001 年 .
2. 梁思成 . 梁思成全集 . 第七卷 . 第 209-210 页 . 注 44. 中国建筑工业出版社 . 2001 年 .

第三节　小木作制度三

《营造法式》"小木作制度一"，包括了房屋室内吊顶部分的一些做法，如殿阁内的平棊、平闇，及斗八藻井；小型殿堂室内的小斗八藻井；室外道路路口设置的拒马叉子、叉子；房屋台基与平坐上所施重台钩阑、单钩阑等，以及棵笼子、井亭子、牌等木制房屋配件或室外设施。

平棊、平闇

前文大木作制度中有关房屋屋顶体系部分已经比较详细地讨论了房屋室内的平棊与平闇。这里仅就平棊、平闇的小木作做法作一些补充。

《营造法式》："平棊（其名有三：一曰平机；二曰平橑；三曰平棊；俗谓之平起。其以方椽施素版者，谓之平闇。）"[1]

梁思成注："平棊就是我们所称天花板。宋代的天花板有两种格式。长方形的叫平棊，这时比较讲究的一种，板上用'贴络华文'装饰。山西大同华严寺薄伽教藏殿（辽，1038年）的平棊就属于这一类。用木条做成小方格子，上面铺板，没有什么装饰花纹，亦即'以方椽施素版者'，叫做平闇。山西五台山佛光寺正殿（唐，857年）和河北蓟县独乐寺观音阁（辽，984年）的平闇就属于这一类。明清以后常用的方格比较大，支条（程）和背上都加彩画装饰的天花板，可能是平棊和平闇的结合和发展。"[2]梁先生在这里将平棊与平闇的各自特点与差别，作了明确的描述，还给出了相应的实例。

《营造法式》："造殿内平棊之制：于背版之上，四边用程；程内用贴，贴内留转道，缠难子。分布隔截，或长或方。其中贴络华文有十三品：一曰盘毬；二曰斗八；三曰叠胜；四曰琐子；五曰簇六毬文；六曰罗文；七曰柿蒂；八曰龟背；九曰斗二十四；十曰簇三簇四毬文；十一曰六入圜华；十二曰簇六雪华；十三曰车钏毬文。其华文皆间杂互用。（华品或更随宜用之。）或于云盘华盘内施明镜，或施隐起龙凤及雕华。每段以长一丈四尺，广五尺五寸为率。其名件广厚，若间架虽长广，更不加减。唯盝顶欹斜处，其程量所宜减之。"[3]（图10-31）

平棊是以四边用程，程内用贴，贴内再缠难子的方式，将平棊版隔截成长方形或方形的格网。版内贴络华文。关于贴络，梁先生提到："这里所谓'贴络'和'华子'，

---

1. [宋]李诫.营造法式.卷八.小木作制度三.平棊.
2. 梁思成.梁思成全集.第七卷.第211页.注1.中国建筑工业出版社.2001年.
3. [宋]李诫.营造法式.卷八.小木作制度三.平棊.

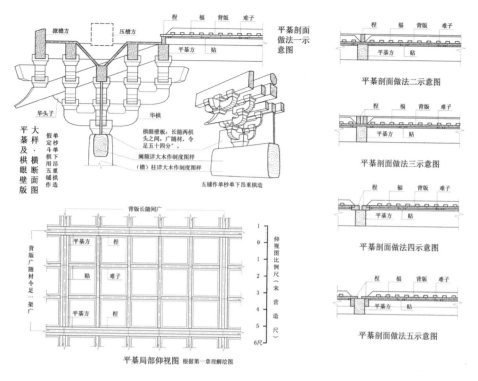

图 10-31　小木作内檐装修—室内平棊（闫崇仁摹绘自《梁思成全集》第七卷）

具体是什么，怎样'贴'，怎样做，都不清楚。从明清的做法，所谓'贴络'，可能就是'沥粉'，至于'雕华'和'华子'，明清的天花上有些也有将雕刻的花饰附贴上去的。"[1]

这里给出的 13 种华文形式，与后文要述及的"彩画作制度"中诸华文有所关联，这里不作赘述。

《营造法式》："凡平棊，施之于殿内铺作算桯方之上。其背版后皆施护缝及福。护缝广二寸，厚六分；福广三寸五分，厚二寸五分；长皆随其所用。"[2] 梁先生认为，这里给出的平棊构件的断面尺寸，是绝对尺寸，无论平棊大小，一律用同一断面的桯、贴和难子，背版的厚度，即"厚六分"也是绝对尺寸。[3] 至于在盝顶欹斜处，因其桯呈斜立状，则可比平置的桯承受更大的压弯荷载，故需要适当减少用桯数量。如此则可以适度减少材料消耗。

1. 梁思成 . 梁思成全集 . 第七卷 . 第 211-213 页 . 注 2. 中国建筑工业出版社 . 2001 年 .
2. [宋] 李诫 . 营造法式 . 卷八 . 小木作制度三 . 平棊 .
3. 参见梁思成 . 梁思成全集 . 第七卷 . 第 213 页 . 注 3. 中国建筑工业出版社 . 2001 年 .

斗八藻井、小斗八藻井

《营造法式》："斗八藻井（其名有三：一曰藻井；二曰圜泉；三曰方井，今谓之斗八藻井。）"[1]（图10-32）《营造法式》中给出的"小斗八藻井"条目，应该是施之于小型殿屋、亭榭之中的斗八藻井。（图10-33）

关于斗八藻井及小斗八藻井的具体做法，在前文有关房屋屋顶体系之室内天花部分，作了比较详细的描述，这里不再赘述。

拒马叉子

《营造法式》："拒马叉子（其名有四：一曰梐枑；二曰梐拒；三曰行马；四曰拒马叉子。）"[2]梁思成注："拒马叉子是衙署府第大门外使用的活动路障。"[3]

《营造法式》："造拒马叉子之制：高四尺至六尺。如间广一丈者，用二十一棂；每广增一尺，则加二棂，减亦如之。两边用马衔木，上用穿心串，下用梬桯连梯，广三尺五寸，其卯广减桯之半，厚三分，中留一分，其名件广厚，皆以高五尺为祖，随其大小而加减之。"[4]（图10-34）

拒马叉子的高度，约为4尺至6尺，可以参照房屋间广尺寸制作，如间广10尺，则用21根棂子；每增加或减少1尺，则增加或减少2根棂子。拒马叉子两边以立木为架，称马衔木。马衔木疑为叉形木架，其出头作装饰性雕刻，其上用穿心串，下用梬桯连梯。疑为将叉形马衔木两根，如梯子形式般连接在一起。梬桯长3.5尺，可知其叉之两脚距离，亦为3.5尺。棂应是施之于穿心串与连梯之间斜置的细长木方，棂之上部出头部位，要加以装饰性雕刻。（图10-35）

拒马叉子诸构件断面尺寸，以其叉子高5尺为基础而推算之。

叉子

《营造法式》："造叉子之制：高二尺至七尺，如广一丈，用二十七棂；若广增一尺，即更加二棂；减亦如之。两壁用马衔木；上下用串；或于下串之下用地栿地霞造。其名件广厚，皆以高五尺为祖，随其大小而加减之。"[5]梁思成注："叉子是用垂直的棂

---

1. [宋]李诫.营造法式.卷八.小木作制度三.斗八藻井.
2. [宋]李诫.营造法式.卷八.小木作制度三.拒马叉子.
3. 梁思成.梁思成全集.第七卷.第217页.注19.中国建筑工业出版社.2001年.
4. [宋]李诫.营造法式.卷八.小木作制度三.拒马叉子.
5. [宋]李诫.营造法式.卷八.小木作制度三.叉子.

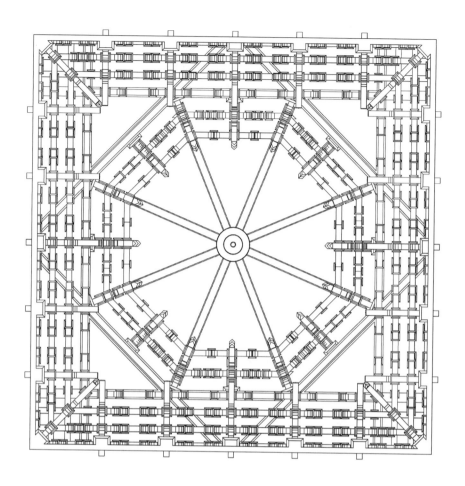

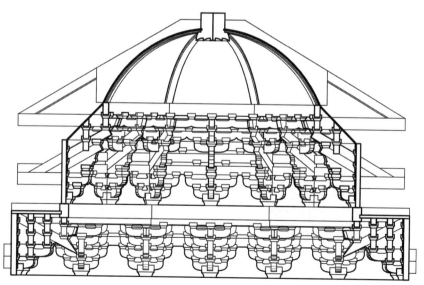

图 10-32　小木作内檐装修—斗八藻井（莫涛绘）

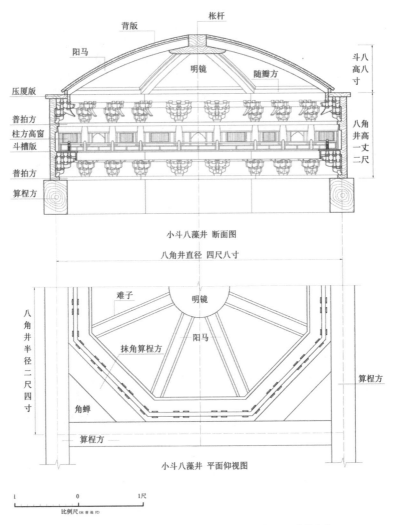

栌杆

背版

阳马

明镜

随瓣方

斗八高八寸

压厦版

普拍方
柱方高窗
斗槽版

八角井高一丈二尺

普拍方

算桯方

小斗八藻井 断面图

八角井直径 四尺八寸

难子

明镜

阳马

抹角算桯方

八角井半径二尺四寸

角蝉

算桯方

算桯方

小斗八藻井 平面仰视图

1   0   1尺

比例尺（宋营造尺）

图 10-33　小木作内檐装修一 小斗八藻井（闫崇仁摹绘自《梁思成全集》第七卷）

图 10-34　宋代拒马叉子示例（［宋］佚名《春游晚归图》局部）

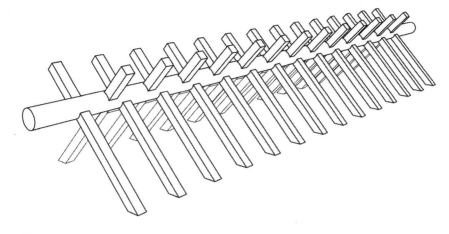

图 10-35　小木作装修室外设施—拒马叉子（闫崇仁摹绘自《梁思成全集》第七卷）

子排列组成的栅栏，棍子的上端伸出上串之上，可以防止从上面爬过。"[1]

　　另《营造法式》："凡叉子若相连或转角，皆施望柱，或栽入地，或安于地栿上，或下用衮砖托柱。如施于屋柱间之内及壁帐之间者，皆不用望柱。"[2]梁思成注："衮砖是石制的，大体上是方形的，浮放在地面上（可以移动）的'柱础'。"[3]

　　叉子可依附于房屋之柱设置，但在较长叉子的连接处，或转角处，还要以望柱为立框；望柱之下，可用衮砖石为础。屋柱或望柱侧壁，要辅以马衔木，马衔木之上下用串；叉子底部采用地栿地霞造形式，即在地栿之下，施以经过雕饰的地霞；地栿以上用直立的棍，穿出上下串，形成伸出上串的棍头。（图10-36）

　　叉子高2至7尺，如广10尺，用棍子27根，广增1尺或减1尺，则增加或减少棍子2根。

钩阑（重台钩阑、单钩阑）

　　前文有关《营造法式》"石作制度"的讨论中，已经对石作单钩阑与重台钩阑作了详细分析。这里所讨论的是"小木作制度"中的钩阑。

　　《营造法式》："钩阑（重台钩阑、单钩阑。其名有八：一曰棂槛；二曰轩槛；三曰栊；四曰梐牢；五曰阑楯；六曰柃；七曰阶槛；八曰钩阑。）"[4]与钩阑有关的这些不同名

1. 梁思成 . 梁思成全集 . 第七卷 . 第217—220页 . 注21. 中国建筑工业出版社 . 2001年 .
2. [宋] 李诫 . 营造法式 . 卷八 . 小木作制度三 . 叉子 .
3. 梁思成 . 梁思成全集 . 第七卷 . 第220页 . 注22. 中国建筑工业出版社 . 2001年 .
4. [宋] 李诫 . 营造法式 . 卷八 . 小木作制度三 . 钩阑 .

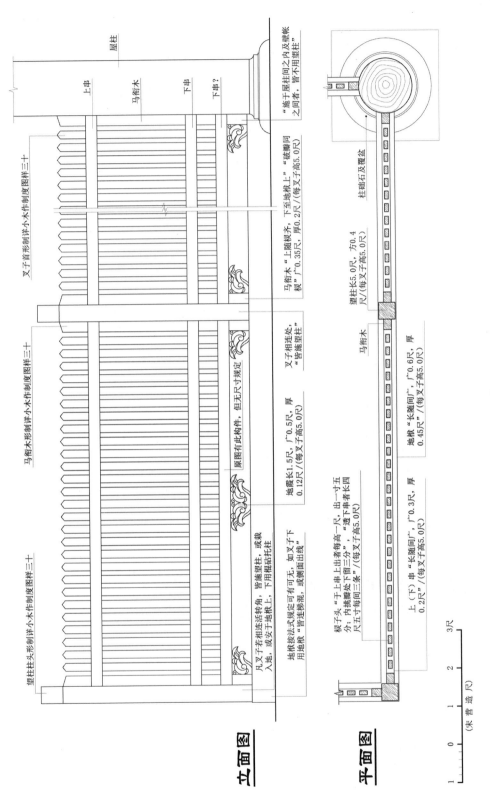

立面图

望柱柱头形形制详小木作制度图样三十

马衔木形形制详小木作制度图样三十

叉子首形形制详小木作制度图样三十

凡叉子若相连活转角，皆施望柱，或栽入地，或安于地栿上，如叉子下用地栿，或用槫栿托柱

地栿按法式规定可有可无，但无尺寸规定

原图有此构件，但无尺寸规定

屋柱

上串

马衔木

下串

下串？

"施于屋柱间之内及壁帐之间者，皆不用望柱"

叉子相连处，"皆施望柱"

地霞长1.5尺，广0.5尺，厚0.12尺/（每叉子高5.0尺）

马衔木 "上随叉子，下至地栿上" "破瓣同栱" 广0.35尺，厚0.2尺/（每叉子高5.0尺）

望柱长5.0尺，为0.4尺/（每叉子高5.0尺）

马衔木

柱础石及覆盆

叉子头 "子上串上出者每高一尺，出一寸五分；内挑瓣处下留三分，"透下串者长四尺五寸/每间三条"/（每叉子高5.0尺）

上（下）串 "长随间"，广0.3尺，厚0.2尺/（每叉子高5.0尺）

地栿 "长随间"，广0.6尺，厚0.45尺/（每叉子高5.0尺）

平面图

（宋营造尺）

3尺

2

1

0

1

图10-36 小木作设施—叉子—相连或转角（闫崇仁摹绘自《梁思成全集》第七卷）

称，还可以详见于《营造法式》"总释下"中的"钩阑"一节。

《营造法式》："造楼阁殿亭钩阑之制有二：一曰重台钩阑，高四尺至四尺五寸；二曰单钩阑，高三尺至三尺六寸。若转角则用望柱。（或不用望柱，即以寻杖绞角。如单钩阑斗子蜀柱者，寻杖或合角。）其望柱头破瓣仰覆莲。（当中用单胡桃子，或作海石榴头。）如有慢道，即计阶之高下，随其峻势，令斜高与钩阑身齐。（不得令高，其地栿之类，广厚准此。）其名件广厚，皆取钩阑每尺之高，（谓自寻杖上至地栿下，）积而为法。"[1]（图 10-37）

梁思成注："以小木作钩阑与石作钩阑相对照，可以看出它们的比例、尺寸，乃至一些构造的做法（如蜀柱下卯穿地栿）基本上是一样的。由于木石材料性能之不同，无论在构造方法上或比例，尺寸上，木石两种钩阑本应由显著的差别。在《营造法式》中，显然故意强求一致，因此石作钩阑的名件就过于纤巧单薄，脆弱易破，而小木作钩阑就嫌沉重笨拙了。"[2] 显然，梁先生从建筑学的有机功能主义理论出发，对中国古代建筑中木、石材料在材料性质的理解与建筑表达上的误区，持批判的态度。

据《营造法式》"石作制度"，石制钩阑的尺寸，似乎比较确定，即重台钩阑每段高四尺，长七尺。单钩阑，每段高三尺五寸，长六尺。而在"小木作制度"中，则给出了在一个幅度范围内的更为灵活的钩阑高度尺寸：重台钩阑，高四尺至四尺五寸；单钩阑，高三尺至三尺六寸。似乎可以推知，木制钩阑有更为广泛与灵活的用途。

小木作钩阑，以其望柱、寻杖、蜀柱、云栱、瘿项或撮项、盆唇、华版、地栿等的组合，形成重台钩阑或单钩阑的做法，与石作制度中钩阑做法与名件十分一致，已见前文"石作制度"中的讨论，这里不再赘述。

小木作制度钩阑中，有寻杖合角的做法，应该是更为贴近木制材料做法的一种钩阑细部处理形式。如梁先生所云："这种寻杖绞角的做法，在唐、宋绘画中是常见的，在日本也有实例。"[3]

此外，钩阑之分间布柱与位置施设，要与其所在建筑物有一定关联。如《营造法式》："凡钩阑分间布柱，令与补间铺作相应。（角柱外一间与阶齐，其钩阑之外，阶头随屋大小，留三寸至五寸为法。）如补间铺作太密，或无补间者，量其远近，随宜加减。如殿前中心作折槛者，（今俗谓之龙池，）每钩阑高一尺，于盆唇内广别加一寸。其蜀柱更出项，内加华托柱。"[4]

---

1. [宋]李诚. 营造法式. 卷八. 小木作制度三. 钩阑.
2. 梁思成. 梁思成全集. 第七卷. 第222页. 注23. 中国建筑工业出版社. 2001年.
3. 梁思成. 梁思成全集. 第七卷. 第222页. 注23. 中国建筑工业出版社. 2001年.
4. [宋]李诚. 营造法式. 卷八. 小木作制度三. 钩阑.

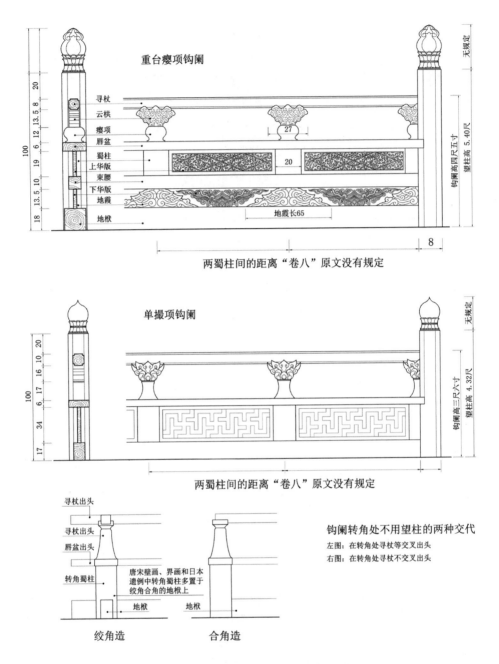

图 10-37　小木作装修—重台钩阑与单钩阑（闫崇仁摹绘自《梁思成全集》第七卷）

钩阑的分间布柱，要与补间铺作相对应，疑即以补间铺作缝所对应处，为设置钩阑之望柱（或蜀柱）处；角柱之外，以房屋台基为据，其外留出 3 至 3.5 寸的阶头。无补间者，则可根据房屋外观情况酌情而定。殿前中心可能做折槛，似乎是将钩阑上的寻杖，在这里留出一个开口，俗称"龙池"。折槛处的盆唇，要适当加宽，在施蜀柱处加华托柱，华托柱疑似在蜀柱下所施有华文装饰的垫托性构件，且其蜀柱不出项。

棵笼子

《营造法式》："造棵笼子之制：高五尺，上广二尺，下广三尺；或用四柱，或用六柱，或用八柱。柱子上下，各用榥子、脚串、版棍。（下用牙子，或不用牙子。）或双腰串，或下用双榥子鋜脚版造。柱子每高一尺，即首长一寸，垂脚空五分。柱身四瓣方直。或安子桯，或揲子桯，或破瓣造，柱首或作仰覆莲，或单胡桃子，或斗柱挑瓣方直，或刻作海石榴。其名件广厚，皆以每尺之高，积而为法。"[1]

梁思成注："棵笼子是保护树的周围栏杆。"[2]（图10-38，图10-39）

棵笼子高5尺，其顶宽2尺，其底宽3尺，略呈梯形。可用4柱、6柱、8柱制成。用榥子、脚串、版棍形成围笼形。这里的榥子似为卧榥。上设榥子，下设脚串，上下连以版棍。版棍下用牙子，或不用牙子。

《营造法式》："凡棵笼子，其棍子之首在上榥子内。其棍相去准叉子制度。"[3]可知，这里的榥子，确为卧榥，其棍子不穿过上榥。棍子的间距，与叉子上所用棍子相同，即若广10尺，用27棍，每增、减1

图10-38　宋代棵笼子（闫崇仁摹自 [宋] 佚名《十八学士图》局部）

图10-39　宋代棵笼子示例（[宋] 佚名《戏猫图》局部）

1.[宋] 李诫．营造法式．卷八．小木作制度三．棵笼子．
2.梁思成．梁思成全集．第七卷．第222页．注29.中国建筑工业出版社．2001年．
3.[宋] 李诫．营造法式．卷八．小木作制度三．棵笼子．

尺，各增、减 2 椝的做法。大约可以每 1 尺宽，安 2 根椝之密度为参考。

上下棵之间，或有双腰串，抑或用双椝子鋜脚版造做法。腰串或椝子，均指棵笼子周围柱之间的上下横向联系构件。鋜脚版，似是将其版椝落于地面上的做法，其下不留垂脚空挡。若其版椝下部需留出垂脚，则其空档为 5 分。

四围之柱子上部要伸出上棵之上，其出头部分高度，大约相当于柱子高度的 1/10。柱身一般为四棱方直断面，柱顶部分，则可以斫作仰覆莲状，单胡桃状，或海石榴花式样。若棵笼子之立面较为宽阔，似可在柱间安子桯，子桯可采用破瓣造形式。

棵笼子各部分名件尺寸，是依据棵笼子的高度尺寸推算而出的。

井亭子

《营造法式》："造井亭子之制：自下鋜脚至脊，共高一丈一尺，（鸱尾在外，）方七尺。四柱，四椽，五铺作一杪一昂。材广一寸二分，厚八分，重栱造。上用压厦版，出飞檐，作九脊结瓂。其名件广厚皆取每尺之高积而为法。"[1]

梁思成注："《营造法式》卷六《小木作制度一》里已有'井屋子'一篇。这里又有'井亭子'。两者实际上是同样的东西，只有大小简繁之别。井屋子比较小，前后两坡顶，不用斗栱，不用椽，厦瓦版上钉护缝。井亭子较大，九脊结瓂式顶，用一杪一昂斗栱，用椽，厦瓦版上钉瓦陇条，做成瓦陇形式，脊上用鸱尾，亭内上部还做平棊。"[2]

梁先生这里说得很清楚，井亭子似为等级较高的保护井口之建筑，其形式为九脊结瓂的做法，而井屋子则等级稍低，仅为两际式屋顶形式。

在进一步的分析中，梁先生特别指出："本篇中的制度尽管例举了各名件的比例、尺寸，占去很大篇幅，但是，由于一些关键性的问题没有交代清楚，或者根本没有交代，（这在当时可能是没有必要的，但对我们来说都是绝对不可少的），所以，尽管我们尽了极大的努力，都还是画不出一张勉强表达出这井亭子的形制的图来。其中最主要的一个环节，就是栿的位置。由于这一点不明确，就使我们无法推算出槫的长短，两山的位置，角梁尾的位置和交代的构造。总而言之，我们就怎样也无法把这些名件拼凑成一个大致'过得了关'的'九脊结瓂顶'。"[3]

《营造法式》："凡井亭子，鋜脚下齐，坐于井阶之上。其斗栱分数及举折等，并准大木作之制。"[4]

---

1. [宋] 李诫 . 营造法式 . 卷八 . 小木作制度三 . 井亭子 .
2. 梁思成 . 梁思成全集 . 第七卷 . 第 224 页 . 注 33. 中国建筑工业出版社 . 2001 年 .
3. 梁思成 . 梁思成全集 . 第七卷 . 第 224 页 . 注 33. 中国建筑工业出版社 . 2001 年 .
4. [宋] 李诫 . 营造法式 . 卷八 . 小木作制度三 . 井亭子 .

大体上说，井亭子是一座坐落于井口台阶之上的平面为 7 尺见方，以 4 根柱子搭构而成的方亭；四柱之间在根部，横施类如地栿的锭脚，锭脚两端各出柱身之外。柱头上用五铺作一杪一昂重栱造斗栱，栱上施栿及槫、椽等构件。脊槫上皮距离柱根的高度差为 11 尺。屋顶为厦两头造形式，斗栱所用材，仅广 1.2 寸，厚 0.8 寸，较宋式建筑最低等级的八等材（材广 4.5 寸，厚 3 寸）还要小很多，故可知，井亭子所施斗栱仅是一种装饰。（图 10-40）

若要解开井亭子的做法之谜，还需要做进一步的深入研究。这里仅就这一小木作建筑形式做一个简略的分析，不做进一步赘述。

牌

《营造法式》："造殿堂、楼阁、门亭等牌之制：长二尺至八尺。其牌首（牌上横出者）、牌带（牌两旁下垂者）、牌舌（牌面下两带之内横施者），每广一尺，即上边绰四寸向外。牌面每长一尺，则首、带随其长，外各加长四寸二分，舌加长四分。（谓牌长五尺，即首长六尺一寸，带长七尺一寸，舌长四尺二寸之类。尺寸不等，依此加减；下同。）其广厚皆取牌每尺之长，积而为法。"[1]

徐伯安注："'牌'即'牌匾'或'匾额'。"[2]

牌，或牌匾（匾额），是中国古代建筑中常见的附属性构件，其主要功能是标志出殿堂、楼阁、亭榭之名称，从而赋予该建筑以意义。牌的高度尺寸，依据于其所附属之房屋，从 2 尺至 8 尺不等。牌由牌面，及环绕牌面而施的牌首（上）、牌带（两侧）、牌舌（下）等构成。牌首与牌带，随牌之大小尺寸向两侧或上下伸出，伸出长度约为牌面宽度的 4/10 左右。

据《营造法式》："牌面：每长一尺，则广八寸，其下又加一分。（令牌面下广，谓牌长五尺，即上广四尺，下广四尺五分之类。尺寸不等，依此加减；下同。）"[3] 则这里所举出的牌长 5 尺，在结合《营造法式》文本中举例给出之牌的基本尺寸：其牌，牌面高 5 尺，牌首长 6.1 尺，牌带长 7.1 尺，牌舌长 4.2 尺；牌面上宽 4 尺，下宽 4.05 尺。如此可以大致了解宋式建筑牌匾的基本比例关系。（图 10-41）

《营造法式》："凡牌面之后，四周皆用楅，其身内七尺以上者用三楅，四尺以上者用二楅，三尺以上者用一楅。其楅之广厚，皆量其所宜而为之。"[4] 这里进一步给

1.[宋]李诫.营造法式.卷八.小木作制度三.牌.
2.梁思成.梁思成全集.第七卷.第 225 页.脚注 1.中国建筑工业出版社.2001 年.
3.[宋]李诫.营造法式.卷八.小木作制度三.牌.
4.[宋]李诫.营造法式.卷八.小木作制度三.牌.

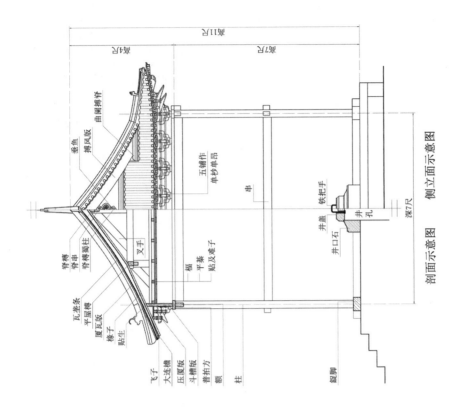

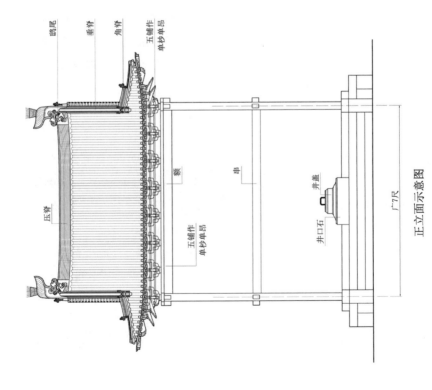

图 10-40 小木作室外设施—井亭子（闫崇仁绘）

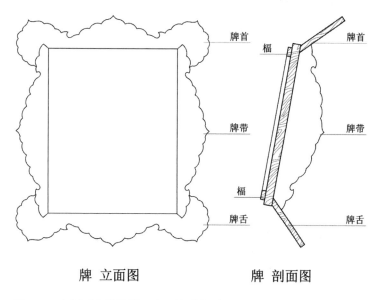

牌 立面图　　　　　　　牌 剖面图

图 10-41　小木作房屋附属设施—牌匾（杨博摹绘）

出了牌的构造做法，即在牌面之后，以其牌的尺寸大小，施以横置的木楅。大致的做
法是，其高 7 尺，用楅 3 根；其高 4 尺，用楅 2 根；其高 3 尺，用楅 1 根。楅，起到
增加牌之强度的作用。

第四节　小木作制度四

本节只有一个主题：佛道帐。顾名思义，这是一种应用于佛寺或道观殿阁楼堂内，用以供奉佛道造像的小木作装置，其目的是通过精美细密的装饰与装修，为佛或神的偶像，营造一个庄严、隆重，受人礼拜的空间。其形式大约类似一座由多个开间组成的放大了的佛龛或神龛。

佛道帐

《营造法式》："造佛道帐之制：自坐下龟脚至鸱尾，共高二丈九尺；内外拢深一丈二尺五寸。上层施天宫楼阁；次平坐；次腰檐。帐身下安芙蓉瓣、叠涩、门窗、龟脚坐。两面与两侧制度并同。（作五间造。）其名件广厚，皆取逐层每尺之高，积而为法。（后钩阑两等，皆以每寸之高，积而为法。）"[1]

这里给出了佛道帐的高度与进深：其高 29 尺，其前后进深 12.5 尺。佛道帐在高度方向分为五个层次：

1. 底为龟脚座；
2. 座上为帐身，帐身之下有芙蓉瓣、叠涩，与门窗；
3. 帐身之上为腰檐；
4. 腰檐之上用平坐；
5. 平坐之上施天宫楼阁。天宫楼阁，一般都会是一些造型精美的小木作殿堂造型。
佛道帐两侧在形式上，要与其正面保持一致。

龟脚

《营造法式》："龟脚：每坐高一尺，则长二寸，广七分，厚五分。"[2]由《营造法式》行文，及其附图看，这里的龟脚之长，其实是龟脚瓣的高度；而龟脚之广，疑为一块龟脚瓣的宽度；其厚则为龟脚瓣的厚度。即佛道帐之龟脚，是由若干个龟脚瓣并置组合而成的。也就是说，龟脚并非用整木雕斫而成，而是用较小的木料，拼合而成，这也反映了古人在材料使用上的精打细算。

佛道帐座下龟脚尺寸，依据其高度尺寸，按比例推算而出。其座高 1 尺，则其龟

1.［宋］李诫.营造法式.卷九.小木作制度四.佛道帐.
2.［宋］李诫.营造法式.卷九.小木作制度四.佛道帐.

脚版长（或可理解为"龟脚高"）0.2 尺，每块龟脚版宽 0.07 尺，龟脚版厚 0.05 尺。龟脚之上，大略以须弥座，甚至钩阑形式，组合而成一个如同房屋基座式样的帐座，以承托其上的帐身。

以其上下文所述，其总高 29 尺，帐身高 12.5 尺，天宫楼阁高 7.2 尺，其上山华蕉叶高 2.77 尺，其龟脚上所承帐座高为 4.5 尺。以座心 1 尺，龟脚瓣长 0.2 尺计，则其龟脚瓣长（龟脚高）0.9 尺。因其帐座组成构件名目繁多，不赘述。

帐身

《营造法式》："帐身：高一丈二尺五寸，长与广皆随帐坐，量瓣数随宜取间。其内外皆拢帐柱。柱下用锃脚隔斗，柱上用内外侧当隔斗。四面外柱并安欢门、帐带。（前一面里槽柱内亦用。）每间用算桯方施平棋、斗八藻井。前一面每间两颊各用毬文格子门。（格子桯四混出双线，用双腰串、腰华版造。）门之制度，并准本法。两侧及后壁，并用难子安版。"[1]

帐身的高度比较明确，其高 12.5 尺，与前文所说"内外拢深"的尺寸一样。若将内外拢深，理解为帐身的平面进深，则其高度与进深相同。帐身的面广与进深，由帐座（即龟脚座）尺寸所确定。

帐身内外用帐柱。柱上、柱下均用隔斗。四面外柱及正面里槽柱，皆安欢门、帐带，以作装饰。前外柱与里槽柱之间，类如房屋前廊，每间安平棋或斗八藻井。正前面（里槽柱）每间施毬文格子门。帐身两侧及后壁，则安版，施难子。

天宫楼阁

《营造法式》："天宫楼阁：共高七尺二寸，深一尺一寸至一尺三寸。出跳及檐并在柱外。下层为副阶；中层为平坐；上层为腰檐；檐上为九脊殿结瓦。其殿身，茶楼，（有挟屋者，）角楼，并六铺作单杪重昂。（或单棋或重棋。）角楼长一瓣半。殿身及茶楼各长三瓣。殿挟及龟头，并五铺作单杪单昂。（或单棋或重棋。）殿挟长一瓣，龟头长二瓣。行廊四铺作，单杪，（或单棋或重棋，）长二瓣，分心。（材广六分。）每瓣用补间铺作两朵。（两侧龟头等制度并准此。）"[2]

天宫楼阁是一组小尺度的小木作殿阁模型。其高 7.2 尺，进深 1.1—1.3 尺。有出跳斗棋及出檐。天宫楼阁或为重檐状，其下层为副阶，中层为平坐，平坐之上设腰檐。

---

1. [宋]李诫.营造法式.卷九.小木作制度四.佛道帐.
2. [宋]李诫.营造法式.卷九.小木作制度四.佛道帐.

在腰檐之上，施九脊殿结窝。

较为复杂的天宫楼阁，其九脊殿，除殿身外，或有茶楼及两侧挟屋，抑或有角楼。殿身、角楼等，其檐下采用六铺作单杪双昂做法；殿挟屋及龟头屋，斗栱用五铺作单杪单昂；行廊斗栱用四铺作单杪。其横栱，可用单栱，亦可用重栱。

其斗栱用材高度为 6 分。由此可知，小木作斗栱用材，已经不包含在《营造法式》"材分制度"中八等材的范围之内了。

这里所用的长度单位——"瓣"，当指下文中所述帐身下所安之"芙蓉瓣"。

关于天宫楼阁，《营造法式》进一步描述："中层平坐：用六铺作卷头造。平坐上用单钩阑，高四寸。（斗子蜀柱造。）"[1] 及"上层殿楼、龟头之内，唯殿身施重檐（重檐谓殿身并副阶，其高五尺者不用）外，其余制度并准下层之法。（其斗槽版及最上结窝压脊、瓦陇条之类，并量宜用之。）"[2]

天宫楼阁中层，施平坐，平坐斗栱用六铺作卷头造。平坐上用高为 0.4 尺的单钩阑。平坐上承殿楼、龟头屋等，除了殿身采用重檐屋顶外，其余挟屋、龟头屋，做法与下层相同。（图 10-42，图 10-43）

《营造法式》中并给出了天宫楼阁中所用单钩阑、重台钩阑各部分组成构件的详细尺寸，兹不赘述。

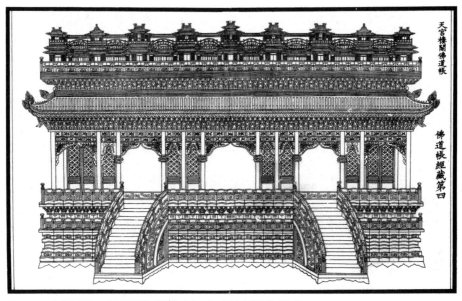

图 10-42　小木作设施—天宫楼阁造佛道帐（自 [宋] 李诫《营造法式》）

---

1. [宋] 李诫 . 营造法式 . 卷九 . 小木作制度四 . 佛道帐 .
2. [宋] 李诫 . 营造法式 . 卷九 . 小木作制度四 . 佛道帐 .

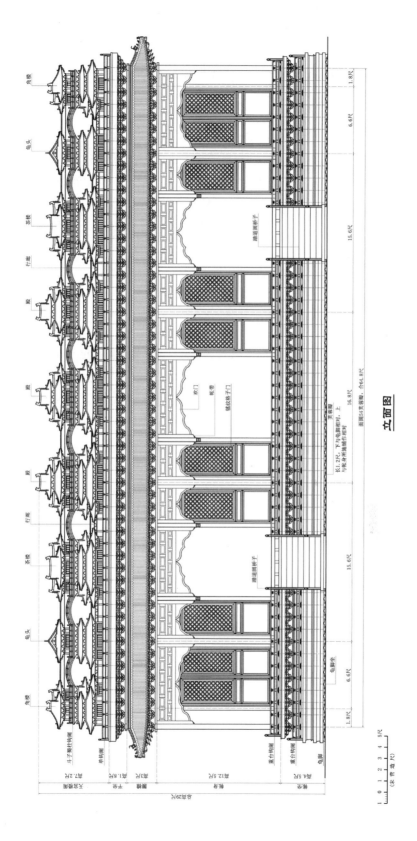

图 10-43　小木作设施—天宫楼阁造佛道帐（杨博绘）

山华蕉叶造

《营造法式》："上层如用山华蕉叶造者，帐身之上，更不用结瓦，其压厦版于橑檐方外出四十分，上施混肚方。方上用仰阳版，版上安山华蕉叶，共高二尺七寸七分。其名件广厚，皆取自普拍方至山华每尺之高，积而为法。"[1]（图10-44）

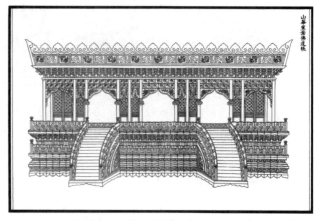

图10-44　小木作设施—山花蕉叶造佛道帐（自[宋]李诫《营造法式》）

这里的山华蕉叶造，是佛道帐结顶的一种方式，即以山华蕉叶的形式，作为佛道帐帐身的顶部造型。如果使用这种做法，则不用再施檐口及屋顶，亦不用结瓦，仅在橑檐方上施压厦版，其版挑出橑檐方外40分。压厦版上施混肚方，方上用仰阳版，版上安山华蕉叶。自橑檐方上皮至山华蕉叶顶部的高度，为2.7尺。这一部分各构件的尺寸，是根据帐身柱头上普拍方上皮至山华蕉叶之间的高度差，推算出来的。（图10-45）

佛道帐芙蓉瓣

《营造法式》："凡佛道帐芙蓉瓣，每瓣长一尺二寸，随瓣用龟脚。（上对铺作。）结瓦瓦陇条，每条相去如陇条之广。（至角随宜分布。）其屋盖举折及斗栱等分数，并准大木作制度，随材减之。卷杀瓣柱及飞子亦如之。"[2]

由上文所知，芙蓉瓣安于佛道帐帐身之下，以承托帐身；但从《营造法式》附图中观察，芙蓉瓣亦有可能安装在腰檐之上，天宫楼阁之下，以承托天宫楼阁。其形或略近仰莲，但花之式样应为芙蓉。帐身座下之龟脚分瓣，与芙蓉瓣相一致；柱头上所施铺作，亦与芙蓉瓣相对应。帐身上用屋盖，其举折与斗栱，应参照大木作制度做法，随其材分比例减缩而定。帐身柱子及飞子的卷杀，亦如之。

1.[宋]李诫.营造法式.卷九.小木作制度四.佛道帐.
2.[宋]李诫.营造法式.卷九.小木作制度四.佛道帐.

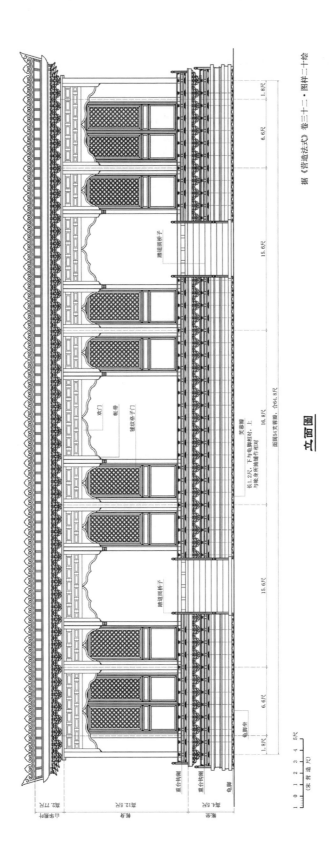

据《营造法式》卷三十二·图样二十绘

立面图

图 10-45 小木作设施—山花蕉叶造佛道帐（杨博绘）

第五节　小木作制度五

本节所述之牙脚帐、九脊小帐，及壁帐，均属置于房屋室内，类似小木作殿屋模型式样的木龛式装置。其功能仍有可能是用作供奉佛道偶像，或用于供奉先祖牌位的神龛。

牙脚帐

《营造法式》："造牙脚帐之制：共高一丈五尺，广三丈，内外拢共深八尺。（以此为率。）下段用牙脚坐；坐下施龟脚。中段帐身上用隔斗；下用锃脚。上段山华仰阳版；六铺作。每段各分作三段造。其名件广厚，皆随逐层每尺之高，积而为法。"[1]

牙脚帐者，基座为牙脚座之帐。帐分上、中、下三段。下为牙脚座，座下施龟脚，类似于前文所说之龟脚座。中段为帐身；帐身下为锃脚，上用隔斗。上段为山华仰阳版，其式或类于前文所说的山华蕉叶版。在帐身之上，山华仰阳版之下，施六铺作斗栱。（图10-46）

其上、中、下三段，即牙脚座、帐身、山华仰阳版，又各分为三段造。

《营造法式》："牙脚坐：高二尺五寸，长三丈二尺，深一丈。（坐头在内，）下用连梯、龟脚。中用束腰压青牙子、牙头、牙脚，背版填心。上用梯盘、面版，安重台钩阑，高一尺。（其钩阑并准佛道帐制度。）"[2]

牙脚座，高2.5尺，长32尺，深10尺。这是牙脚帐基座的平面尺寸。牙脚座用连梯、龟脚。座类如须弥座式，其中部为束腰，上压青牙子、牙头、牙脚。其后用背版填心。上用梯盘、面版，形成牙脚座的上表面。其上安帐身。四周施重台钩阑。具体做法与佛道帐中的钩阑相一致。

《营造法式》："帐身：高九尺，长三丈，深八尺。内外槽柱上用隔斗，下用锃脚。四面柱内安欢门、帐带，两侧及后壁皆施心柱、腰串、难子安版。前面每间两边，并用立颊、泥道版。"[3]

帐身是牙脚帐的主体，其高9尺，长30尺，深8尺，似比其牙脚座，向内缩回1尺。其帐用柱子、隔斗、锃脚承托山华仰阳版；并以柱子之间的欢门、帐带等，形成前立面。两侧及后壁，用心柱、腰串，并以难子安版。前面每间的两侧施立颊，安泥道版。

1.[宋]李诫.营造法式.卷十.小木作制度五.牙脚帐.
2.[宋]李诫.营造法式.卷十.小木作制度五.牙脚帐.
3.[宋]李诫.营造法式.卷十.小木作制度五.牙脚帐.

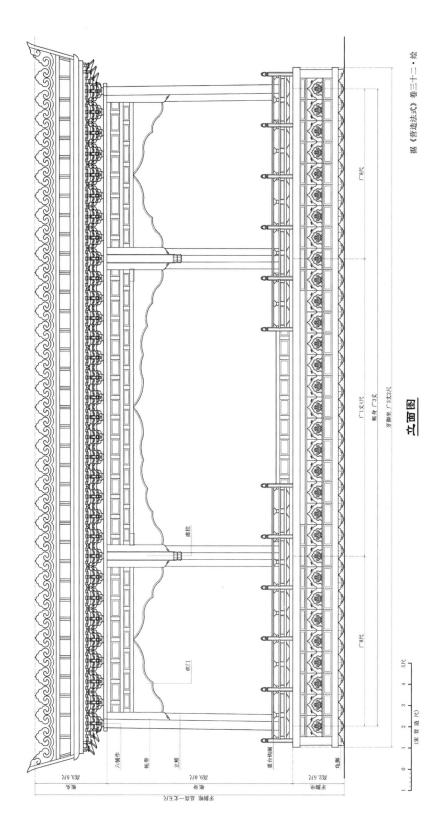

据《营造法式》卷三十二·绘

立面图

图 10-46　小木作设施—牙脚帐（杨博绘）

《营造法式》："帐头：共高三尺五寸。斗槽长二丈九尺七寸六分，深七尺七寸六分。六铺作，单杪重昂重栱转角造。其材广一寸五分。柱上安斗槽版。铺作之上用压厦版。版上施混肚方、仰阳山华版。每间用补间铺作二十八朵。"[1]

这里的帐头，为山华仰阳版造。其形式略近仰斗状，其斗槽长为29.76尺，深为7.76尺。每面各比帐身外廓缩入1.2寸，或为帐身向内收分所致。帐身上，山华仰阳版下，用六铺作斗栱，其材高度为1.5寸。铺作之上用压厦版，版上施混肚方，及仰阳山华版。每间内施补间铺作28朵。反映了在宋代建筑的小木作中，斗栱的装饰作用，已经得到了充分的认识与发挥。

九脊小帐

《营造法式》："造九脊小帐之制：自牙脚坐下龟脚至脊，共高一丈二尺，（鸱尾在外，）广八尺，内外拢共深四尺。下段、中段与牙脚帐同；上段五铺作、九脊殿结窝造。其名件广厚，皆随逐层每尺之高，积而为法。"[2]

所谓九脊，指其帐之屋顶形式为厦两头造，即后世的歇山式屋顶。其高12尺（不含鸱尾高度），面广8尺，进深4尺。因其尺寸较小，故称"小帐"。九脊小帐亦分上、中、下三段。下段与中段，为牙脚座与帐身，与牙脚帐做法相同。上段为九脊殿形式，上覆瓦，檐下用五铺作。各部分构件尺寸，是依据每层高度，推算而出的。

《营造法式》："牙脚坐：高二尺五寸，长九尺六寸，（坐头在内，）深五尺。自下连梯、龟脚、上至面版，安重台钩阑，并准牙脚帐坐制度。"[3]牙脚座高2.5尺，长9.6尺，深5尺。帐身之外，面版四周，安重台钩阑。

《营造法式》："帐身：一间，高六尺五寸，广八尺，深四尺。其内外槽柱至泥道版，并准牙脚帐制度。（唯后壁两侧并不用腰串。）"[4]帐身平面尺寸，略小于牙脚座，其左右比座各缩进8寸，前后比帐座缩进2.5寸。

《营造法式》："帐头：自普拍方至脊共高三尺，（鸱尾在外，）广八尺，深四尺。四柱，五铺作，下出一杪，上施一昂，材广一寸二分，厚八分，重栱造。上用压厦版，出飞檐，作九脊结窝。"[5]帐头为九脊殿式，自普拍方至脊高3尺（不含鸱尾高度）。面广8尺，进深4尺，与帐身同。檐下用五铺作单杪单昂；材高1.2寸，材厚0.8寸。其材尺寸，不在《营造法式》大木作制度中规定的"八等材"之内。斗栱上

1.[宋]李诫.营造法式.卷十.小木作制度五.牙脚帐.
2.[宋]李诫.营造法式.卷十.小木作制度五.九脊小帐.
3.[宋]李诫.营造法式.卷十.小木作制度五.九脊小帐.
4.[宋]李诫.营造法式.卷十.小木作制度五.九脊小帐.
5.[宋]李诫.营造法式.卷十.小木作制度五.九脊小帐.

用压厦版，出飞檐，形成九脊殿形式，其上覆瓦。其牙脚座、帐身与帐头，累加高度为12尺，正与上文所述九脊小帐的总高尺寸相符。（图10-47）

《营造法式》："凡九脊小帐，施之于屋一间之内。其补间铺作前后各八朵，两侧各四朵。坐内壶门等，并准牙脚帐制度。"[1]因九脊小帐，仅有一间，故其在房屋内部的设置，也宜置于一间之内。因采用了九脊屋顶形式，其补间铺作比较细密，前后檐各有补间铺作8朵，左右两山各有补间铺作4朵。再加上四根脚柱上的转角铺作，其檐下所施铺作达28朵之多。

据《营造法式》卷三十二之附图，九脊小帐，若用牙脚座，亦可称为九脊牙脚小帐。（图10-48）

图10-47　小木作设施一九脊牙脚小帐（自 [宋] 李诫《营造法式》）

壁帐

《营造法式》："造壁帐之制：高一丈三尺至一丈六尺。（山华、仰阳在外。）其帐柱之上安普拍方，方上施隔斗及五铺作下昂重栱，出角入角造。其材广一寸二分，厚八分。每一间用补间铺作一十三朵。铺作上施压厦版、混肚方，（混肚方上与梁下齐。）方上安仰阳版及山华。（仰阳版、山华在两梁之间。）帐内上施平棊。两柱之内并用叉子栿。其名件广厚，皆取帐身间内每尺之高，积而为法。"[2]

从《营造法式》行文看，所谓"壁帐"，似直接安于室内墙壁之上的帐，其下无牙脚座。壁帐通高13～16尺（不含顶部的仰阳版及山华）。其形式是在帐柱之上，

1. [宋] 李诫 . 营造法式 . 卷十 . 小木作制度五 . 九脊小帐 .
2. [宋] 李诫 . 营造法式 . 卷十 . 小木作制度五 . 壁帐 .

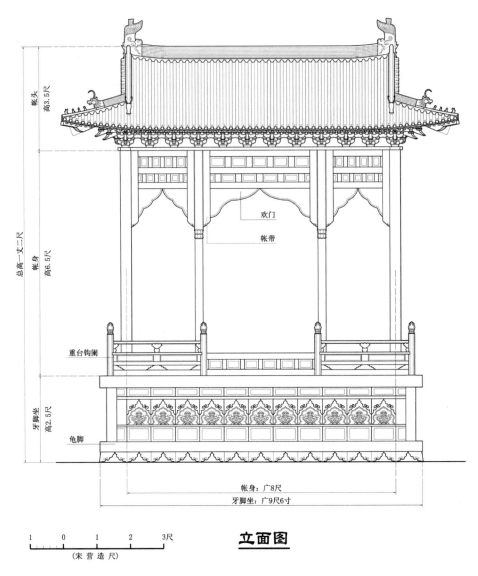

図中标注文字：

帐头 高3.5尺

总高一丈二尺

帐身 高6.5尺

欢门

帐带

重台钩阑

牙脚坐 高2.5尺

龟脚

帐身：广8尺
牙脚坐：广9尺6寸

1　0　1　2　3尺
（宋营造尺）

立面图

图 10-48　小木作设施—九脊牙脚小帐（杨博绘）

安普拍方，方上施隔斗，上用五铺作，（双下昂？），重栱造。其壁帐疑为可沿室内墙壁转角设置，故其檐下斗栱亦为"出角、入角"两种做法。斗栱用材高 1.2 寸，厚 0.8 寸。每一间，施补间铺作 13 朵。斗栱之上施压厦版、混肚方，上安仰阳版与山华。帐内上施平棊。前后两柱之间用"叉子栱"，疑为如同大木作制度平梁上所施"叉手"一样的梁栿形式。其帐身各部分构件尺寸，依据帐身高度尺寸，推算而出。（图 10-49）

《营造法式》："凡壁帐上山华、仰阳版后，每华尖皆施榑一枚。所用飞子、马衔，

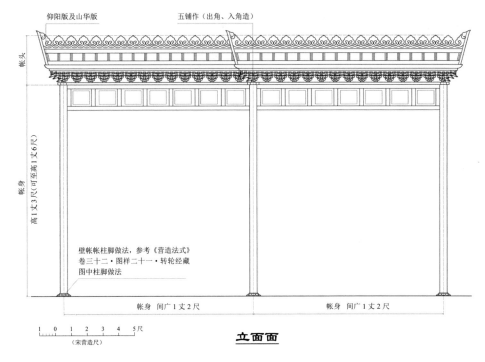

図 10-49 小木作设施 — 壁帐（杨博绘）

皆量宜造之。其斗栱等分数，并准大木作制度。"[1] 壁帐顶之山华、仰阳版后，每华尖施楅 1 枚，其作用是固定山华及仰阳版。飞子用于压厦版下，类如檐口之飞子，其尺寸以帐身间内之广量宜用之。马衔，如《营造法式》卷 8，"造拒马叉子之制"中所提到的："两边用马衔木。"[2] 疑施于壁帐之一间两侧帐柱上侧面的木方。壁帐上所用斗栱，其制度与大木作斗栱相同。

---

1. [宋] 李诚. 营造法式. 卷十. 小木作制度五. 壁帐.
2. [宋] 李诚. 营造法式. 卷八. 小木作制度三. 拒马义子.

第六节　小木作制度六

本节所述转轮经藏与壁藏，与前文所讨论的佛道帐、牙脚帐、九脊小帐、壁帐，根本不同在于，所谓"帐"，实为"龛"，是用于供奉神佛，或牌位的；而所谓"藏"，实为"橱柜"，是用于藏经的，如佛寺中用于贮藏佛经；或道观中，用于贮藏道经的橱柜。因为，无论佛经与道经，都具有某种神圣的象征意义，故转轮经藏或壁藏，也都是造型极其精美，装饰极其华丽的小木作形式。

转轮经藏

《营造法式》："造经藏之制：共高二丈，径一丈六尺，八棱，每棱面广六尺六寸六分。内外槽柱；外槽帐身柱上腰檐、平坐，坐上施天宫楼阁。八面制度并同，其名件广厚，皆随逐层每尺之高，积而为法。"[1]（图10-50）

转轮经藏是由南朝梁时高僧傅大士开创的，据明人撰《客座赘语》："大士傅弘，东阳郡乌伤人。……梁武闻之，延于钟山定林寺，……常以经目繁多，人不能遍阅，乃建大层龛，一柱八面，实以诸经，运行不碍，谓之轮藏。"[2]作为一种可以转动的巨大藏经橱柜，其机械性原理及制造难度，在那个时代，都是相当高的。南北朝时的中国人，能够创造出这样庞大的转动性经藏，也可以称得上是机械史上的一个奇观。

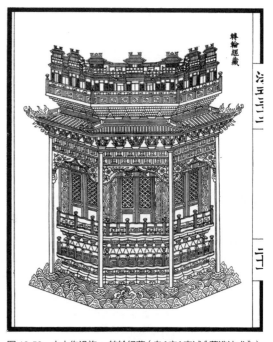

图 10-50　小木作设施—转轮经藏（自 [宋] 李诫《营造法式》）

宋代时的转轮经藏，在设计与制造上，已经相当成熟。按照《营造法式》的规定，其高 20 尺，平面为八角形，直径为 16 尺；八角形每面的宽度为 6.66 尺。

---

1. [宋] 李诫. 营造法式. 卷十一. 小木作制度六. 转轮经藏.
2. [明] 顾起元. 客座赘语. 卷三. 傅大士.

虽然是一个转动的机械性贮藏设施，但其外观仍然保持了一座八角形殿阁的形式，故其外槽帐身柱上，施以腰檐、平坐。檐下与平坐下，应有斗栱。平坐之上，再施以小尺度的木构殿阁造型，寓意佛国世界的天宫楼阁。转轮经藏各部分构件的尺寸，是按照每层的高度，推算而出的。

按照《营造法式》的描述，其中外槽帐身的高度，包括柱上所用隔斗、欢门、帐带等，共高12尺；外槽帐柱上所施腰檐及其结瓮的高度为2尺，斗槽径15.84尺；其腰檐外施六铺作单杪双昂重栱造斗栱，材高1寸，材厚0.66寸，里转三卷头，补间铺作5朵。平坐高1尺；斗槽径亦为15.84尺，用六铺作，卷头重栱做法，材高亦为1寸，用补间铺作9朵。平坐上施单钩阑，其高6寸。

《营造法式》："天宫楼阁：三层，共高五尺，深一尺。下层副阶内角楼子，长一瓣，六铺作，单抄重昂。角楼挟屋长一瓣，茶楼子长二瓣，并五铺作，单抄单昂。行廊长二瓣，（分心，）四铺作，（以上并或单栱或重栱造，）材广五分，厚三分三厘，每瓣用补间铺作两朵，其中层平坐上安单钩阑，高四寸。（斗子蜀柱造。其钩阑准佛道帐制度。）铺作并用卷头，与上层楼阁所用铺作之数，并准下层之制。（其结瓮名件，准腰檐制度，量所宜减之。）"[1]

平坐上所施天宫楼阁的高度，有三层，共高5尺，楼阁进深1尺。天宫楼阁，有副阶、角楼子、茶楼子，及行廊。其中角楼子用六铺作斗栱；茶楼子用五铺作斗栱；行廊用四铺作斗栱。这种不同相邻建筑之间所用斗栱铺作数的差别，在一定程度上，也会反映大木作制度中不同建筑间，铺作的不同用法。其中层平坐之上，亦施钩阑，其高4寸。天宫楼阁屋顶上结瓮做法，参照腰檐瓦顶形式，只是尺寸宜相应减小。

转轮内有里槽座，据《营造法式》："里槽坐：高三尺五寸，（并帐身及上层楼阁，共高一丈三尺；帐身直径一丈。）面径一丈一尺四寸四分；斗槽径九尺八寸四分；下用龟脚；脚上施车槽、叠涩等，其制度并准佛道帐坐之法。内门窗上设平坐；坐上施重台钩阑，高九寸。（云栱瘿项造，其钩阑准佛道帐制度。）用六铺作卷头；其材广一寸，厚六分六厘。每瓣用补间铺作五朵，（门窗或用壸门、神龛。）并作芙蓉瓣造。"[2]

转轮经藏里槽，其座高3.5尺；座上帐身及上层楼阁，共高13尺；里槽面径11.44尺；斗槽径9.84尺。结合其外槽帐身斗槽径15.84尺，可以推算出，内外两槽间的距离为6尺。内外槽之间，形成类似房屋外檐廊子的空间效果。里槽下用龟脚，脚上施车槽、叠涩等。里槽柱上施门窗、平坐；平坐上施重台钩阑。其钩阑高度为9寸，明显高于天宫楼阁中层平坐上所施钩阑。里槽帐身柱上用六铺作斗栱，出三卷头。每

1. [宋] 李诫. 营造法式. 卷十一. 小木作制度六. 转轮经藏.
2. [宋] 李诫. 营造法式. 卷十一. 小木作制度六. 转轮经藏.

瓣有补间铺作 5 朵。其门窗，则表现为壸门、神龛的形式。其内当为藏经之处。里槽座下为芙蓉瓣造。

《营造法式》："转轮：高八尺，径九尺，当心用立轴，长一丈八尺，径一尺五寸；上用铁铜钏，下用铁鹅台桶子。（如造地藏，其辐量所用增之。）其轮七格，上下各剜辐挂辋，每格用八辋，安十六辐，盛经匣十六枚。"[1]

转轮，为转轮经藏可以转动的部分，其高 8 尺，径 9 尺；轮中心施直立的转轴。轴长 18 尺，轴径 1.5 尺。轴之上下两端，嵌于铁铜钏与铁鹅台桶子之间，以承转动之轴。转轮分为 7 格，上下分别剜辐挂辋。每格用 8 辋，共安 16 根辐，可盛装经匣 16 枚。如此，则 8 辋，或盛经匣总数可达 128 枚之多？

《营造法式》："经匣：长一尺五寸，广六寸五分，高六寸。（盝顶在内。）上用趄尘盝顶，陷顶开带，四角打卯，下陷底。每高一寸，以二分为盝顶斜高；以一分三厘为开带。四壁版长随匣之长广，每匣高一寸，则广八分，厚八厘。顶版、底版，每匣长一尺，则长九寸五分；每匣广一寸，则广八分八厘；每匣高一寸，则厚八厘。子口版长随匣四周之内，每高一寸，则广二分，厚五厘。"[2]这里给出了贮藏于转轮经藏内的经匣的具体做法。其匣长 1.5 尺，宽 0.65 尺，高 0.6 尺。匣顶为盝顶形式。说明经匣也被设计为一座盝顶式的小型殿屋。《营造法式》给出了经匣各部分的详细尺寸，据此可以推测出一枚经匣的基本造型。（图 10-51，图 10-52）

《营造法式》："凡经藏坐芙蓉瓣，长六寸六分，下施龟脚。（上对铺作。）套轴版安于外槽平坐之上。其结瓦、瓦陇条之类，并准佛道帐制度。举折等亦如之。"[3]

本节文字的最后一段，其实说了四个方面的问题：

一是经藏座下芙蓉瓣的尺寸，每瓣长 0.66 尺，瓣下有龟脚；其瓣的分布，与经藏帐身柱上的铺作相对应。

二是套轴版，大约相当于现代意义上的"轴承"，安于外槽平坐之上。

三是经藏腰檐，即天宫楼阁所覆瓦及挂瓦陇条等做法，与佛道帐制度相同。

四是转轮经藏上屋顶举折，亦与佛道帐上屋顶举折做法相同。

壁藏

《营造法式》："造壁藏之制：共高一丈九尺，身广三丈，两摆子各广六尺，内外槽共深四尺。（坐头及出跳皆在柱外。）前后与两侧制度并同，其名件广厚，皆取

1.[宋]李诫.营造法式.卷十一.小木作制度六.转轮经藏.

2.[宋]李诫.营造法式.卷十一.小木作制度六.转轮经藏.

3.[宋]李诫.营造法式.卷十一.小木作制度六.转轮经藏.

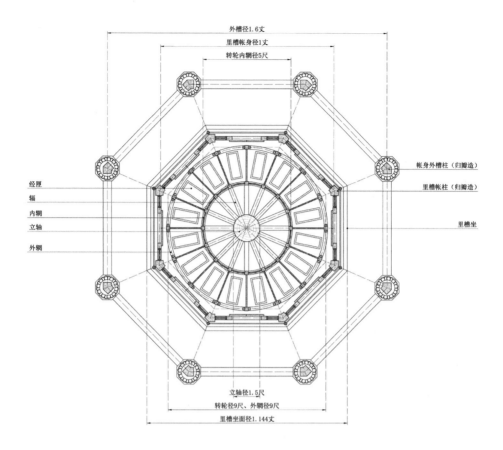

图 10-51　小木作设施—转轮经藏平面（杨博绘）

逐层每尺之高，积而为法。"[1]

　　壁藏，与前文中的壁帐有类似之处，都是紧贴室内墙壁而设的。只是壁藏的功能是贮藏佛经，而壁帐的功能，可能是供奉佛像。

　　这里的壁藏，平面似为"八"字形，其高19尺，通面广30尺，左右两摆子，各广6尺。如此，则中央主体部分面宽18尺，可分为3间，每间间广为6尺；左右两摆子，各为一间，间广亦为6尺。与《营造法式》卷32所附"天宫壁藏"图所示正相契合。（图10-53）

　　其内外槽深4尺，大约相当于壁藏进深。但这一尺寸，不包括经藏座及上部檐口等出跳部分的尺寸。其各部分构件的尺寸，是按照每层的高度，推算而出的。

　　这段文字中，唯一令人不解的是，经藏之前后与两侧的做法相同？其前部与两侧制度相同，容易理解，但后部贴墙壁，当无须与前部做法相类同？

<hr />

1. [宋] 李诫 . 营造法式 . 卷十一 . 小木作制度六 . 壁藏 .

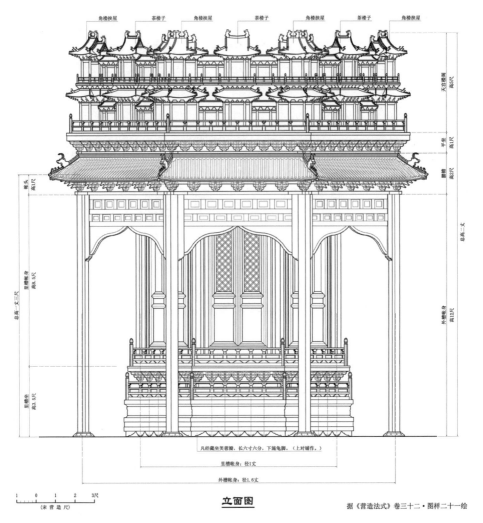

图 10-52　小木作设施一转轮经藏立面（杨博绘）

　　壁藏造型仍颇复杂，包括了壁藏座、帐身、腰檐及压厦版、平坐、天宫楼阁等部分。类似一组包括了复杂殿屋造型的建筑模型。

　　《营造法式》："坐：高三尺，深五尺二寸，长随藏身之广。下用龟脚，脚上施车槽、叠涩等。其制度并准佛道帐坐之法。唯坐腰之内，造神龛、壶门，门外安重台钩阑，高八寸。上设平坐，坐上安重台钩阑。（高一尺，用云栱瘦项造。其钩阑准佛道帐制度。）用五铺作卷头，其材广一寸，厚六分六厘。每六寸六分施补间铺作一朵。其坐并芙蓉瓣造。"[1]

1.[宋]李诫.营造法式.卷十一.小木作制度六.壁藏.

图 10-53　小木作设施—天宫壁藏（自 [宋] 李诫《营造法式》）

壁藏座的高度为 3 尺，进深 5.2 尺，长度与壁藏本体的长度相当。座下用龟脚，脚上施车槽、叠涩等；上设平坐，座上安重台钩阑；平坐用五铺作出两卷头斗栱，其材广 1 寸，厚 0.66 寸；平坐斗栱补间铺作之间的间距，为 6.6 寸；座下仍用芙蓉瓣。此外，其座造型类如须弥座形式，座腰，即束腰内，设壶门、神龛；门外亦施重台钩阑。

《营造法式》："帐身：高八尺，深四尺，帐柱上施隔斗；下用鋜脚；前面及两侧皆安欢门、帐带。（帐身施版门子。）上下截作七格。（每格安经匣四十枚。）屋内用平棊等造。"[1] 帐身，是贮藏经匣的地方，其高 8 尺，深 4 尺。以帐柱、隔斗等，形成房屋造型，前面及两侧，安以欢门、帐带。帐身施版门子，其上下分为 7 格，未知其横向的分隔方式？但每格需安经匣 40 枚，可知其格应该比较大。帐柱以内施以平棊吊顶。

《营造法式》："腰檐：高二尺，斗槽共长二丈九尺八寸四分，深三尺八寸四分，斗栱用六铺作，单杪双昂；材广一寸，厚六分六厘。上用压厦版出檐结宽。"[2] 腰檐的高度为 2 尺，其下斗槽长 29.84 尺，深 3.84 尺。用六铺作单杪双昂斗栱。斗栱用材，其高 1 寸，厚 0.66 寸。腰檐之上用压厦版，出檐结宽。

1. [宋] 李诫 . 营造法式 . 卷十一 . 小木作制度六 . 壁藏 .
2. [宋] 李诫 . 营造法式 . 卷十一 . 小木作制度六 . 壁藏 .

《营造法式》："平坐：高一尺，斗槽长随间之广，共长二丈九尺八寸四分，深三尺八寸四分。安单钩阑，高七寸。（其钩阑准佛道帐制度。）用六铺作卷头。材之广厚及用压厦版，并准腰檐之制。"[1]

腰檐之上，施平坐。其高1尺，平坐斗槽总长29.84尺，深3.84尺。平坐上安单钩阑，高7寸。平坐用六铺作出三卷头斗栱。其材广厚，即所用压厦版等，均与腰檐做法相同。

《营造法式》："天宫楼阁：高五尺，深一尺，用殿身、茶楼、角楼、龟头殿、挟屋、行廊等造。"[2]平坐之上设天宫楼阁，其高5尺，其深1尺。天宫楼阁，有殿屋、茶楼、角楼、龟头殿、挟屋、行廊等丰富的建筑造型，组合成一种琼楼玉宇的天宫景象。天宫楼阁似为重檐，或两层做法，故其下有副阶。

《营造法式》："下层副阶内：殿身长三瓣，茶楼子长二瓣，角楼长一瓣，并六铺作单杪双昂造，龟头、殿挟各长一瓣，并五铺作单杪单昂造；行廊长二瓣，分心四铺作造。其材并广五分，厚三分三厘。出入转角，间内并用补间铺作。中层副阶上平坐：安单钩阑，高四寸。（其钩阑准佛道帐制度。）其平坐并用卷头铺作等，及上层平坐上天宫楼阁，并准副阶法。"[3]

所谓"下层副阶"，指的是天宫楼阁的首层檐，这一层包括：殿身长三瓣；茶楼子长二瓣；角楼长一瓣。这里的"瓣"长，大约相当于小尺度殿及茶楼、角楼的开间？其檐下用五铺作单杪单昂斗栱。行廊长二瓣，用四铺作斗栱。殿身、茶楼、角楼，及行廊的斗栱用材，仅广0.5寸，厚0.33寸。

所谓"中层副阶上平坐"，似指副阶上所设之平坐。其上安单钩阑，高4寸。平坐斗栱，用出卷头铺作。而其上层平坐上天宫楼阁，所用铺作与下层副阶同，疑为六铺作单杪双昂，或五铺作单杪单昂。（图10-54）

此外，壁藏亦有芙蓉瓣，如《营造法式》："凡壁藏芙蓉瓣，每瓣长六寸六分。其用龟脚至举折等，并准佛道帐之制。"[4]壁藏芙蓉瓣，每瓣长6.6寸。其余自龟脚至举折等各部分做法，与佛道帐的做法相同。

1.[宋]李诫.营造法式.卷十一.小木作制度六.壁藏.
2.[宋]李诫.营造法式.卷十一.小木作制度六.壁藏.
3.[宋]李诫.营造法式.卷十一.小木作制度六.壁藏.
4.[宋]李诫.营造法式.卷十一.小木作制度六.壁藏.

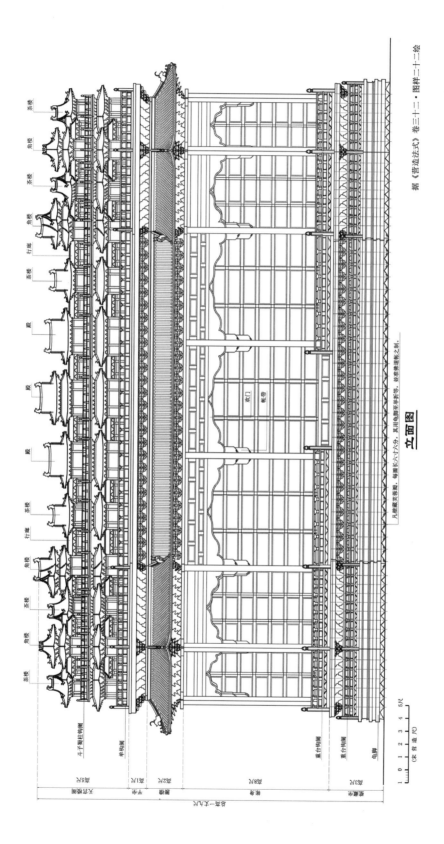

立面图

据《营造法式》卷三十二·图样二十二绘

图 10-54 小木作设施—天宫壁藏立面（杨博绘）

第十一章　房屋装饰装修（下）：彩画作制度

从《营造法式》文本可知，宋代将建筑彩画分为6个等级，并将之应用于不同等级的建筑物中。这6个等级分别是：1.五彩遍装；2.碾玉装；3.青绿叠晕棱间装；4.解绿装；5.丹粉装；6.杂间装。其中，前三种似用于等级最高或较高的殿阁、厅堂、亭榭等建筑；第四与第五种，用于等级较低的一般性屋舍；杂间装，则似可以与不同等级彩画相搭配，用于建筑群中等级稍低之附属性房屋。

第一节　五彩遍装

梁思成注："顾名思义，'五彩遍装'不但是五色缤纷，而且是'遍地开花'的。这是明、清彩画中所没有的。从'制度'和'图样'中可以看出，不但在梁栿、阑额上画各种花纹，甚至斗、栱、椽子、飞子上也画五颜六色的彩画。这和明清以后的彩画在风格上，在装饰效果上有极大的不同，在国内已看不见了，但在日本一些平安、镰仓时期的古建筑中，还可以看到。"[1]

这段注文不仅有建筑史视角，还有国际视角，深刻透析了宋代彩画与明清彩画的根本不同，也透露出中国建筑史与日本建筑史之间的某种关联。这段文字不仅是对本节内容的最好总结与概括，也对理解中国古代建筑彩画的发展历史颇有助益。

一般规则

《营造法式》："五彩遍装之制：梁、栱之类，外棱四周皆留缘道，用青、绿或朱叠晕，（梁栿之类缘道，其广二分。斗栱之类，其广一分。）内施五彩诸华间杂，用朱或青、绿剔地，外留空缘，与外缘道封晕。（其空缘之广，减外缘道三分之一。）"[2]

在这段文字中，梁思成又两条注释：其一，关于彩画缘道之广："原文作'其广二分'，按文义，是指材分之分，故写作'分°'。"[3] 这里的"分°"是梁先生为了便于理解《营造法式》材分制度，而创造的一个字，音同"份"。其二，关于"外留空缘"："空缘用什么颜色，未说明。"[4]

此处将彩画分为外棱四周之"缘道"与"内"两个部分，这里的"内"，结合后文，其义当为"身内"。缘道，又进一步细分为"空缘"与"外缘道"。缘道，一般位于建筑构件边缘部分，大约相当于勾勒出一个建筑构件的外轮廓。缘道所留宽度，梁栿之类为2分°，斗栱之类为1分°，此外，还留有空缘，其宽为外缘道宽度的1/3。具体所留宽度，需以每座建筑所用斗栱之材分值折算而出。

缘道内用青（或绿、朱）叠晕，其方法有如清代彩画中的"退晕"，即以单色由浅入深的刷绘。外缘道之外所留空缘，则与外缘道对晕。其义当是用不同色相的颜色，相对叠晕，以强化对构件边缘的勾勒效果。

身内则绘以诸样华文，或以诸华之间相互交叉错杂之构图而绘之。勾勒出诸华轮

---

1. 梁思成 . 梁思成全集 . 第七卷 . 第 269 页 . 注 10. 中国建筑工业出版社 . 2001 年 .
2. [宋] 李诫 . 营造法式 . 卷十四 . 彩画作制度 . 五彩遍装 .
3. 梁思成 . 梁思成全集 . 第七卷 . 第 269 页 . 注 11. 中国建筑工业出版社 . 2001 年 .
4. 梁思成 . 梁思成全集 . 第七卷 . 第 269 页 . 注 12. 中国建筑工业出版社 . 2001 年 .

廓后，再用朱，或青、绿色剔地，即对华文边线以内部分着以朱，或青、绿色，令华文效果趋于丰满圆润、鲜丽轮奂。

华文九品

《营造法式》："华文有九品：一曰海石榴华，（宝牙华、太平华之类同）；二曰宝相华，（牡丹华之类同）；三曰莲荷华，（以上宜于梁、额、橑檐方、椽、柱、斗栱、材昂、栱眼壁及白版内；凡名件之上，皆可通用。其海石榴，若华叶肥大，不见枝条者，谓之铺地卷成；如华叶肥大而微露枝条者，谓之枝条卷成；并亦通用。其牡丹华及莲荷华，或作写生画者，施之于梁、额或栱眼壁内）；四曰团窠宝照。（团窠柿蒂、方胜合罗之类同；以上宜于方桁、斗栱内、飞子面，相间用之。）五曰圈头合子；六曰豹脚合晕，（梭身合晕、连珠合晕、偏晕之类同；以上宜于方桁内、飞子及大、小连檐，相间用之）；七曰玛瑙地，（玻璃地之类同；以上宜于方桁、斗内，相间用之）；八曰鱼鳞旗脚，（宜于梁、栱下，相间用之）；九曰圈头柿蒂，（胡玛瑙之类同；以上宜于斗内，相间用之）。"[1]

华文，即花纹。宋代彩画中的华文，分为9种题材。前3种华文：1. 石榴华（宝牙华、太平华），2. 宝相华（牡丹华），3. 莲荷华，是可以通用的。

但主要还是相间用于梁栿、阑额（内额）、椽子、柱子、斗、栱、昂、栱眼壁及白版内。（图11-1，图11-2，图11-3，图11-4）

除了这3种通用华文之外，还有几种仅用于特殊位置上的华文。（图11-5，图11-6，图11-7，图11-8）如：

4. 团窠空照（团窠柿蒂、方胜合罗）；相间用于方子、槫桁、斗栱、飞子。

5. 圈头合子。

6. 豹脚合晕（梭身合晕、连珠合晕、偏晕）；相间用于方子、槫桁、飞子、大连檐、小连檐。

7. 玛瑙地（玻璃地）；相间用于方子、槫桁、斗子内。

8. 鱼鳞旗脚；相间用于梁栿下、栱下。

9. 圈头柿蒂（胡玛瑙）；相间用于斗子之内。

琐文六品

《营造法式》："琐文有六品：一曰琐子。（联环琐、玛瑙琐、叠环之类同）；

---

1. [宋] 李诫. 营造法式. 卷十四. 彩画作制度. 五彩遍装.

碾玉雜華第七

海石榴華

寶牙華

太平華

图 11-1　宋代彩画作一五彩杂华一华文九品（自［宋］李诫著、傅熹年校《营造法式合校本》）

寶相華

牡丹華

蓮荷華

图 11-2　宋代彩画作一五彩杂华一华文九品（自［宋］李诫著、傅熹年校《营造法式合校本》）

海石榴華_{枝條}卷成

海石榴華_{鋪地}卷成

牡丹華寫生

图 11-3　宋代彩画作一
五彩杂华—华文九品（自
[宋]李诚著、傅熹年校《营
造法式合校本》）

蓮荷花寫生

團科寶照

團科柿蒂

图 11-4　宋代彩画作一
五彩杂华—华文九品（自
[宋]李诚著、傅熹年校《营
造法式合校本》）

方勝合羅

圈頭合子

豹腳合暈

图 11-5　宋代彩画作—五彩杂华—华文九品（自［宋］李诚著、傅熹年校《营造法式合校本》）

梭身合暈

連珠合暈

偏暈

图 11-6　宋代彩画作—五彩杂华—华文九品（自［宋］李诚著、傅熹年校《营造法式合校本》）

圈頭柿蔕

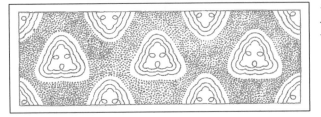

胡瑪瑙

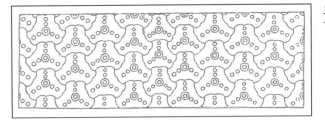

瑣子

图 11-7　宋代彩画作 —
五彩杂华—华文九品（自
[宋]李诚著、傅熹年校《营
造法式合校本》）

瑪瑙地

玻瓈地

魚鱗旗脚

图 11-8　宋代彩画作 —
五彩杂华—华文九品（自
[宋]李诚著、傅熹年校《营
造法式合校本》）

二曰篁文，（金铤、文银铤、方环之类同）；三曰罗地龟文，（六出龟文、交脚龟文之类同）；四曰四出，（六出之类同；以上宜以橑檐方、樽、柱头及斗内；其四出、六出，亦宜于栱头、椽头、方桁，相间用之。）五曰剑环，（宜于斗内，相间用之）；六曰曲水，（或作王字及万字，或作斗底及钥匙头，宜于普拍方内外用之）。"[1]

琐文，是一种更为图案化的装饰纹样。这可能是早在汉代就已经形成的一种樽形式。据《雍录》："汉给事中夕入青琐门，拜。青琐者，孟康曰：以青画户边，镂中，天子制也。师古曰：青琐者为连琐文而青涂也。故给事所拜在此门也。"[2]

《营造法式》彩画琐文图案分为6种。前4种分别是：

1. 琐子（连环琐、玛瑙琐、叠环）；

2. 篁文（金铤、银铤、方环）；

3. 罗地龟文（六出龟文、交脚龟文）；

4. 四出（六出）等。（图11-9，图11-10，图11-11，图11-12）

这4种琐文用途稍微宽泛一些，可用于橑檐方、樽、柱头、斗子内等处，而四出、六出还可以用于栱头、椽头、方桁等处。另外两种为：

5. 剑环。主要用于斗内。

6. 曲水（或作王字、万字、斗底、钥匙头等）。主要用于普拍方内外。

琐子，是一种不仅出现于彩画作，也出现于小木作中的相连琐式图案形式。据载唐代"上（唐玄宗）赐虢国照夜玑，秦国七宝冠，国忠琐子金带，皆希代之宝"[3]。这里的琐子金带，也呈连贯琐文式图案。故文中提到的连环琐、玛瑙琐、叠环等，都属以琐子形态环环相扣的图案形式。

华文及其内形象绘制

《营造法式》："凡华文施之于梁、额、柱者，或间以行龙、飞禽、走兽之类于华内，其飞、走之物，用赭笔描之于白粉地上，或更以浅色拂淡。（若五彩及碾玉装华内，宜用白画；其碾玉华内者，亦宜用浅色拂淡，或以五彩装饰。）如方、桁之类，全用龙、凤、走、飞者，则遍地以云文补空。"[4]

梁思成注："这里所谓'白粉地'就是上文'衬地之法'中'五彩地'一条下所说的'先以白土遍刷，……又以铅粉刷之'的'白粉地'。我们理解是，在彩画全部

---

1. [宋] 李诫.营造法式.卷十四.彩画作制度.五彩遍装.
2. [宋] 程大昌.雍录.卷十.青琐.
3. [宋] 曾慥编.类说.卷一.杜甫诗.
4. [宋] 李诫.营造法式.卷十四.彩画作制度.五彩遍装.

聯環

密環

疊環

图 11-9　宋代彩画作一五彩杂华一琐文六品（自［宋］李诚著、傅熹年校《营造法式合校本》）

篹文

金錠

銀錠

图 11-10 宋代彩画作一五彩杂华一琐文六种（自 [宋] 李诫著、傅熹年校《营造法式合校本》）

方環

羅地龜文

六出龜文

图 11-11　宋代彩画作—五彩杂华—琐文六品（自 [宋] 李诫著、傅熹年校《营造法式合校本》）

交脚龜文

四出

六出

图 11-12　宋代彩画作—五彩杂华—琐文六品（自 [宋] 李诫著、傅熹年校《营造法式合校本》）

完成后，这一遍'白粉地'就全部被遮盖起来，不露在表面了。"[1]

《营造法式》中这段文字，说的是如何在建筑物的木构件上绘制彩画。若在殿阁、厅堂或亭榭的梁栿、阑额、内额或柱子上，绘制华文，并在华文之内穿插绘制行龙、飞禽、走兽等形象者，则是用赭色笔将所绘形象描摹于之前衬地时遍刷的白粉地上，然后，用较浅的颜色，轻拂画面，使画面变得清淡柔和一些。

若在五彩遍装，或碾玉装的华文内的形象则用"白画"方式绘制出来。白画，疑即中国画中的白描。如唐人撰《酉阳杂俎》中提到："南中三门里东壁上，吴道玄白画地狱变，笔力劲怒。……院门上白画树石，颇似阎立德。"[2]

若是在碾玉装中的华文内所绘，这些形象也要用浅色轻拂，使之稍淡，或用五彩在形象周边加以衬托。如果是在方子或桁槫内以绘制行龙、飞禽或走兽为主要题材时，则要在这些形象周围的空地上满布云文。其中原委可能是，这些形象被绘于柱头以上的方子，或是梁栿以上的桁槫之上，故若以表现天空的云文为画面背景，则与室内空间气氛更为协调。

飞仙、飞禽、走兽、云文

《营造法式》："飞仙之类有二品：一曰飞仙；二曰嫔伽。（共命鸟之类同。）

飞禽之类有三品：一曰凤皇，（鸾、鹤、孔雀之类同）；二曰鹦鹉，（山鹧、练鹊、锦鸡之类同）；三曰鸳鸯，（谿鶒、鹅、鸭之类同）。（其骑跨飞禽人物有五品：一曰真人；二曰女真；三曰仙童；四曰玉女；五曰化生。）

走兽之类有四品：一曰师子，（麒麟、狻猊、獬豸之类同）；二曰天马，（海马、仙鹿之类同）；三曰羚羊，（山羊、华羊之类同）；四曰白象，（驯犀、黑熊之类同）。（其骑跨、牵拽走兽人物有三品：一曰拂菻；二曰獠蛮；三曰化生。若天马、仙鹿、羚羊，亦可用真人等骑跨。）

云文有二品：一曰吴云；二曰曹云。（蕙草云、蛮云之类同。）"[3]

梁思成注文中"拂菻"一词："菻，音檩。在我国古史籍中称东罗马帝国为'拂菻'，这里是西方'胡人'的意思。"[4]

本段文字当仍为上文所述华文内"间以行龙、飞禽、走兽之类"的话题的延续，只是将华文内所间绘之形象具体化，其中包括飞仙、飞禽、走兽、云文四个方面的内容。

飞仙有2种：飞仙、嫔伽（共命鸟）。（图11-13，图11-14）

1. 梁思成 . 梁思成全集 . 第七卷 . 第269页 . 注13. 中国建筑工业出版社 . 2001年 .

2. [唐] 段成式 . 酉阳杂俎 . 续集卷五 . 寺塔记上 .

3. [宋] 李诫 . 营造法式 . 卷十四 . 彩画作制度 . 五彩遍装 .

4. 梁思成 . 梁思成全集 . 第七卷 . 第269页 . 注14. 中国建筑工业出版社 . 2001年 .

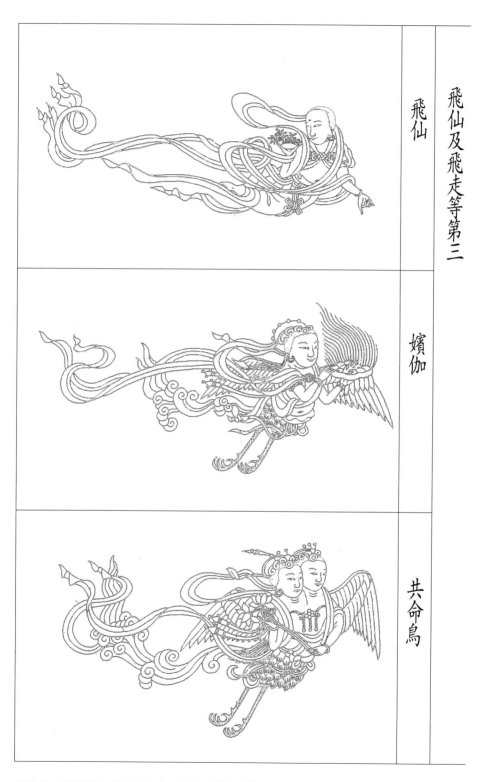

飛仙及飛走等第三

飛仙

嬪伽

共命鳥

图 11-13　宋代彩画作—飞仙（自 [宋] 李诫著、傅熹年校《营造法式合校本》）

图 11-14 宋代彩画作—飞仙（自 [宋] 李诫著、傅熹年校《营造法式合校本》）

飞禽有 3 种：凤凰（鸾、鹤、孔雀）、鹦鹉（山鹧、练鹊、锦鸡）、鸳鸯（鸂鶒、鹅、鸭）（图 11-15，图 11-16，图 11-17）；而骑跨飞禽的人物则有 5 种：真人、女真、仙童、玉女、化生。

走兽有 4 种：狮子（麒麟、狻猊、獬豸）、天马（海马、仙鹿）、羚羊（山羊、华羊）、白象（驯犀、黑熊）；而骑跨、牵拽走兽的人物则有 3 种：拂菻、獠蛮、化生。或较驯顺的动物如天马、仙鹿、羚羊，可由真人骑跨。（图 11-18，图 11-19，图 11-20）

云文有 2 种：吴云、曹云（蕙草云、蛮云）。

五彩遍装之制

关于彩画作制度中的"五彩遍装"，《营造法式》文本中只述及柱、额、椽、飞，及连檐几个方面的彩画绘制，并未论及殿阁、厅堂、亭榭之室内诸梁栿、平棊等名件上的彩画绘制。从直觉上观察，这里的"五彩遍装"，似乎主要指的是房屋外檐之柱额、椽飞等可见部分的彩画绘制，甚至未谈及斗栱、栱眼壁等处。

其原由或是因为，在前文所述的叠晕之法中，重点所谈恰是斗、栱、昂及梁、额之类。或可以推测，宋人是将斗栱、梁额等与室内关联比较密切的构件，纳入到叠晕彩画的范畴之内，而将柱子、外檐的檐额、大额及由额，和室外的椽子、飞子及大连檐等对建筑外观有较大影响的构件，纳入到五彩遍装彩画的范畴之内。

本文对"五彩遍装"的讨论，也按照其文所述的位置，做一个简单的分割，即先谈柱、额部分，后谈椽、飞部分。

《营造法式》："凡五彩遍装，柱头（谓额入处）作细锦或琐文，柱身自柱櫍上亦作细锦，与柱头相应，锦之上下，作青、红或绿叠晕一道。其身内作海石榴等华，（或于华内间以飞凤之类。）或于碾玉华内间以五彩飞凤之类，或间四入瓣窠，或四出尖窠，（窠内间以化生或龙、凤之类。）櫍作青瓣或红瓣叠晕莲华。檐额或大额及由额两头近柱处，作三瓣或两瓣如意头角叶，（长加广之半，）如身内红地，即以青地作碾玉，或亦用五彩装。（或随两边缘道作分脚如意头。）"[1]

这段行文描述了在柱子与檐额、大额及由额上绘制五彩遍装彩画的方法。柱头处（阑额与柱子相接处），绘以细锦文或琐文；柱身部分，在柱櫍之上，亦绘以细锦，以与柱头上的细锦相呼应。细锦文的上（柱櫍之上）与下（柱头之下），各作青色，或红、绿色叠晕一道。而在柱身身内，则绘海石榴华等华文。华文之内间以飞凤等图形。

1.[宋] 李诫 . 营造法式 . 卷十四 . 彩画作制度 . 五彩遍装 .

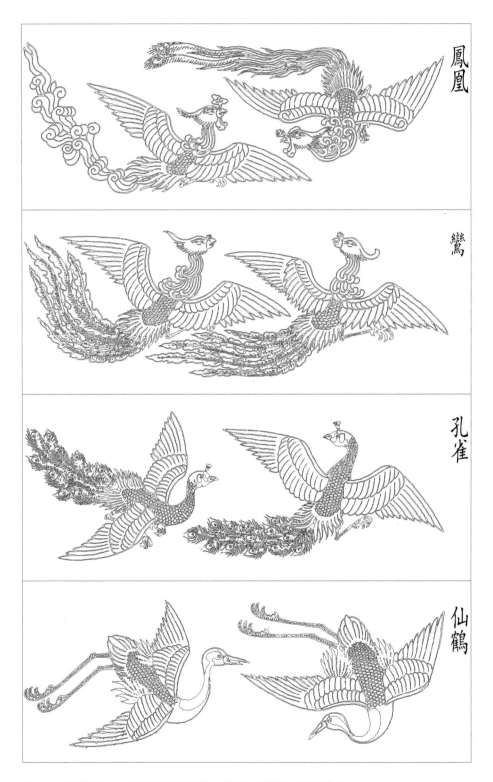

凤凰

鸾

孔雀

仙鹤

图 11-15　宋代彩画作－飞禽（自［宋］李诫著、傅熹年校《营造法式合校本》）

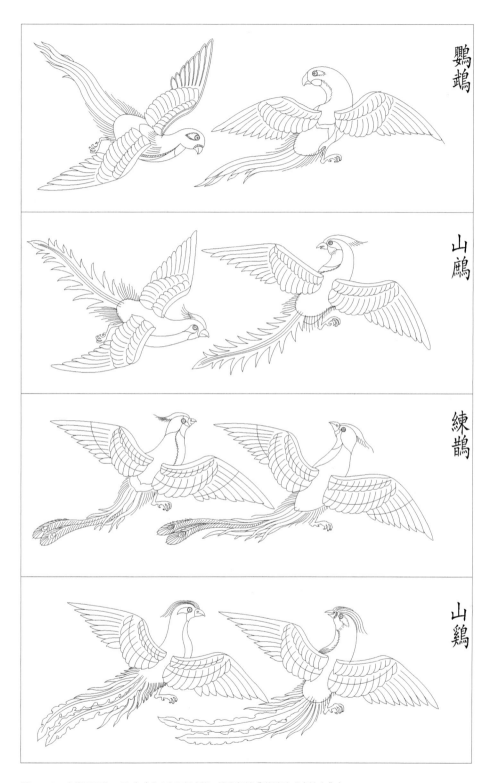

图 11-16　宋代彩画作一飞禽（自 [宋] 李诚著、傅熹年校《营造法式合校本》）

图 11-17 宋代彩画作一飞禽（自 [宋] 李诫著、傅熹年校《营造法式合校本》）

图 11-18　宋代彩画作一 走兽（自 [宋] 李诫著、傅熹年校《营造法式合校本》）

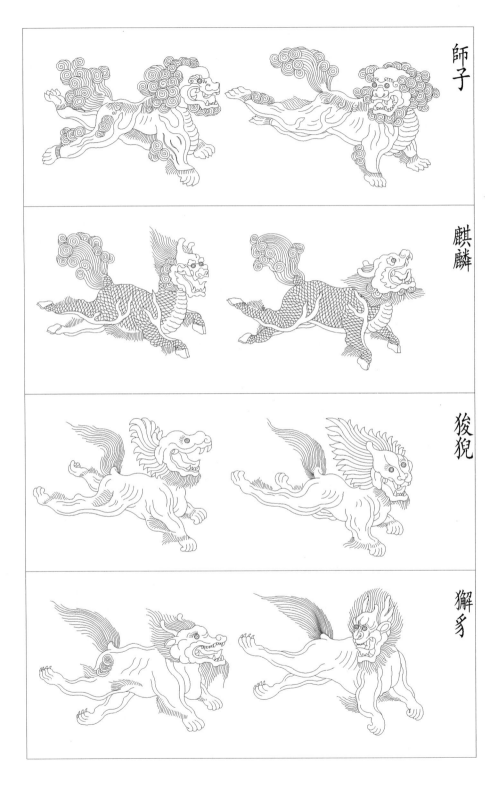

師子

麒麟

狻猊

獬豸

图 11-19　宋代彩画作—走兽（自 [宋] 李诫著、傅熹年校《营造法式合校本》）

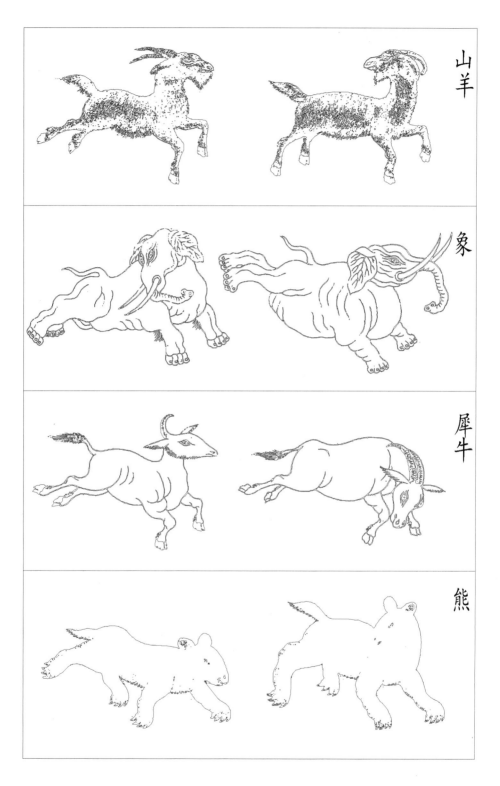

图 11-20 宋代彩画作一走兽（自 [宋] 李诫著一傅熹年校《营造法式合校本》）

五彩遍装之柱、额部分

柱身身内也可以绘碾玉华，并在华内间以五彩飞凤等形象。或者在碾玉华之间，插入四入瓣团窠图案，或四出尖团窠图案。在团窠之内，还可以绘化生，或龙、凤之类的形象。柱子下部的柱櫍表面，则绘以青瓣或红瓣叠晕的莲华。

这里的檐额，是指房屋檐口之下通长的额，故十分显眼。大额，在这里似指阑额；由额位于大（阑）额之下。无论是哪一种额，其彩画基本方法，都是绘作三瓣或两瓣如意头角叶。角叶之长，相当于其宽的1.5倍。如果额身之内所刷为红地，则两头近柱处，用青地作碾玉装，也可以做五彩装。或者，随额两边缘道，绘作分脚如意头。

换言之，柱子之上下两端，或额之左右两端，皆作专门的彩绘处理，如柱之上下用细锦、琐文，并间以红、绿叠晕；额之两端用如意头角叶，或分脚如意头。其柱身内，或额身内，则用碾玉装或五彩装华文。柱身内，还可在华文之内间以五彩飞凤，或间以有化生或龙、凤形象的团窠图案。（图11-21，图11-22，图11-23，图11-24）

图 11-21　宋代彩画作—五彩遍装—柱额（自 [宋] 李诫著、傅熹年校《营造法式合校本》）

単卷如意頭

劍環

雲頭

图 11-22 宋代彩画作一五彩遍装一柱额（自 [宋] 诚著、傅熹年校《营造法式合校本》）

三卷如意頭

簇二

牙脚

图 11-23 宋代彩画作一五彩遍装一柱额（自 [宋] 李诚著、傅熹年校《营造法式合校本》）

第十一章　房屋装饰装修（下）：彩画作制度　　559

海石榴華內間六入團華科

寶牙華內間杮蔕科

枝條卷成海石榴華內間四入團華科

图 11-24　宋代彩画作—五彩遍装—柱额（自 [宋] 李诫著、傅熹年校《营造法式合校本 》）

第二节 碾玉装

关于《营造法式》文本中的这条文字，梁思成注曰："碾玉装是以青绿两色为主的彩画装饰。装饰所用的花纹题材，如华文、琐文、云文等等，基本上和五装间装所用的一样，但不用五彩，而只用青、绿两色，间以少量的黄色和白色做点缀，明、清的旋子彩画就是在色调上继承了碾玉装发展成型的，清式旋子彩画中有'石碾玉'一品，还继承了宋代名称。"[1]梁先生不仅厘清了碾玉装与五彩遍装的区别，而且还从中国建筑史的大视角，对宋代彩画碾玉装对后世彩画的影响，提出了十分清晰而恰到的见解。

碾玉装之梁、栱部分

《营造法式》："碾玉装之制：梁、栱之类，外棱四周皆留缘道，（缘道之广，并同五彩之制，）用青或绿叠晕，如绿缘内，于淡绿地上描华，用深青剔地，外留空缘，与外缘道对晕（绿缘内者，用绿处以青，用青处以绿。）

华文及琐文等，并同五彩所用。（华文内唯无写生及豹脚合晕，偏晕，玻璃地，鱼鳞旗脚，外增龙牙蕙草一品；琐文内无琐子，）用青、绿二色叠晕亦如之。（内有青绿不可隔间处，于绿浅晕中用藤黄汁罩，谓之绿豆褐。）

其卷成华叶及琐文，并旁描笔量留粉道，从浅色起，晕至深色。其地以大青、大绿剔之。（亦有华文稍肥者，绿地以二青；其青地以二绿，随华干淡后，以粉笔傍墨道描者，谓之映粉碾玉，宜小处用。）"[2]

梁思成注："这里的'二青'、'二绿'是指华文以颜色而言，即：若是绿地，华文即用二青；若是青地，华文即用二绿。"[3]

碾玉装绘之于梁、栱部分时，其名件外缘皆留出缘道，所留缘道的宽度，与五彩遍装之制中所留缘道宽度一致。缘道内用青或绿叠晕。如果是在绿缘之内，则先在淡绿上描华，然后用深青色描勒出华文的衬地，其外再留出空缘，并与外缘道对晕，即绿缘之内，凡用绿处，以青色对晕；凡用青处，以绿色对晕。（图11-25，图11-26，图11-27）

凡梁、栱所留缘道之内，即为各名件本身，如梁身、栱身等，其上所绘华文、琐文等，与五彩装中所用华文、琐文一致。只是华文中不用写生华，以及豹脚合晕、偏晕、玻璃地、

1. 梁思成. 梁思成全集. 第七卷. 第269页. 注18. 中国建筑工业出版社. 2001年.
2. [宋]李诫. 营造法式. 卷十四. 彩画作制度. 碾玉装.
3. 梁思成. 梁思成全集. 第七卷. 第269页. 注19. 中国建筑工业出版社. 2001年.

鱼鳞旗脚，以及龙牙蕙草一品等华文；琐文中，不用琐子文。其中原委，或因这几种华文及琐子，需用五彩才能表达清晰？抑或因房屋等级限制方面原因，这类题材不宜使用？未可知。

梁　椽　飛子

图 11-25　宋代彩画作一碾玉装华文（自［宋］李诫著、傅熹年校《营造法式合校本》）

重栱眼

單栱眼

图 11-26 宋代彩画作一碾玉装华文（自 [宋] 李诚著、傅熹年校《营造法式合校本》）

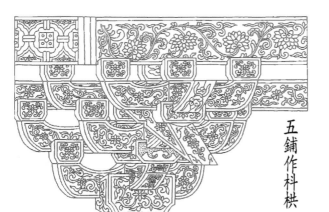

碾玉装名件第十二

五铺作枓栱

四铺作枓栱

图 11-27 宋代彩画作一碾玉装华文（自 [宋] 李诚著、傅熹年校《营造法式合校本》）

第三节　青绿叠晕棱间装

用青、绿两色叠晕，其做法与五彩装亦相同。叠晕之内，若有青、绿两色相接，且不可隔间之处，则在绿浅晕中罩以藤黄汁，这样形成的色彩效果，称为"菉豆褐"。这里的菉豆，即绿豆。绿豆褐当为一种由浅绿与黄色合成的，接近褐色的颜色。

文本中所云"其卷成华叶及琐文……"之义，可能来自上文："其海石榴，若华叶肥大，不见枝条者，谓之铺地卷成；如华叶肥大而微露枝条者，谓之枝条卷成；并亦通用。"[1] 即"铺地卷成"或"枝条卷成"的肥大华叶与琐文，其华文傍以折赭色线条，并留出粉道，粉道之内，由浅而深，形成叠晕。华叶或琐文图案之外的底色（地）上，用色调较重的大青或大绿加以勾勒或衬托。

第四节　解绿装饰屋舍（解绿结华装附）

梁思成注："解绿装饰的主要特征是：除柱之外，所有梁、枋、斗、栱等构件，一律刷土朱色，而外棱用青绿叠晕缘道。与此相反，柱则用绿色，而柱头、柱脚用朱。此外，还有在斗、栱、方、桁等构件的朱地上用青、绿画华的，谓之解绿结华。用这种配色的彩画，在清代彩画中是少见的。北京清故宫钦安殿内部彩画，以红色为主，是与此类似的罕见的一例。

从本篇以及下一篇'丹粉刷饰屋舍'的文义看来，'解绿'的'解'字应理解为'勾'——例如'勾画轮廓'或'勾抹灰缝'的'勾'。"[2]

梁先生这段注文，不仅诠释了解绿装之"解"字的本义，也对解绿装、解绿结华装的基本做法，做了十分简明扼要的说明。

第五节　丹粉刷饰及黄土刷饰

《营造法式》："丹粉刷饰屋舍之制：应材木之类，面上用土朱通刷，下棱用白粉阑界缘道，（两尽头斜讹向下，）下面用黄丹通刷。（昂、栱下面及耍头正面同。）

1.[宋]李诫.营造法式.卷十四.彩画作制度.五彩遍装.
2.梁思成.梁思成全集.第七卷.第270页.注25.中国建筑工业出版社.2001年.

其白缘道长、广等依下项。”[1]

梁思成注：“用红土或黄土刷饰，清代也有，只用于仓库之类，但都是单色，没有像这里所规定，在有斗栱的、比较‘高级’的房屋上也用红土、黄土的，也没有用土朱、黄土、黑、白等色配合装饰的。”[2]这是从建筑史的视角，对丹粉或黄土刷饰屋舍所作的分析。

丹粉，即红色粉末状颜料。宋代将作监下设有专司丹粉烧制的机构，据《宋史》：“丹粉所，掌烧变丹粉，以供绘饰。”[3]丹粉似用铅所烧制，《宋史》中提到：“尚书省言：‘徐禋以东南黑铅留给鼓铸之余，悉造丹粉，鬻以济用。’”[4]另据清人笔记：“方书金、银、玉、石、铜、铁，俱可入汤药，惟锡不入。间用铅粉，亦与锡异。锡白而铅黑，且须锻作丹粉用之。”[5]未知黑色铅粉如何锻成红色丹粉？

也许因为丹粉与黄土刷饰，在各种彩画中所处的等级较低，其使用的范围也就最为宽泛，故在本段文字中，所涉房屋各部分名件范围最广，名目最多，内容也最为丰富。由此或可对宋代建筑内外各部分彩画绘饰有一个较为全面的透视。

第六节　杂间装

《营造法式》：“杂间装之制：皆随每色制度，相间品配，令华色鲜丽，各以逐等分数为法。五彩间碾玉装。（五彩遍装六分，碾玉装四分。）碾玉间画松文装。（碾玉装三分，画松装七分。）青绿三晕棱间及碾玉间画松文装。（青绿三晕棱间装三分，碾玉装二分，画松装四分。）画松文间解绿赤白装。（画松文装五分，解绿赤白装五分。）画松文卓柏间三晕棱间装。（画松文装六分，三晕棱间装一分，卓柏装二分。）”[6]

梁思成注：“这些不同华文‘相间匹配’的杂间装，在本篇中虽然开出它们搭配的比例，但具体做法，我们就很难知道了。”[7]

这里所谓“杂间装”者，其义为色彩相杂而间装之。《荀子》中有云：“衣被则服五采，杂间色，重文绣，加饰之以珠玉。”[8]《太平御览》引《孙卿子》曰：“天子

1.[宋]李诫.营造法式.卷十四.彩画作制度.丹粉刷饰屋舍（黄土刷饰附）.
2.梁思成.梁思成全集.第七卷.第271页.注28.中国建筑工业出版社.2001年.
3.[元]脱脱等.宋史.卷一百六十五.志第一百一十八.职官五.将作监.
4.[元]脱脱等.宋史.卷一百八十五.志第一百三十八.食货下七.坑冶.
5.[清]陆以湉.冷庐杂识.卷二.饧.
6.[宋]李诫.营造法式.卷十四.彩画作制度.杂间装.
7.梁思成.梁思成全集.第七卷.第272页.注32.中国建筑工业出版社.2001年.
8.[战国]荀况.荀子.正论第十八.

至尊重无上矣。衣被则五彩，杂间色，重文绣，加饰之以珠玉。"[1]其义相近，是说天子之衣被，应该用五彩，并杂以相间之色。

一般的规则是，依据每色既有的制度，彼此之间，相间匹配；为了使其华色鲜丽，要以各色制度在其中所占之不同比例为则。《营造法式》中给出了几种杂间装各色制度的匹配比例。

---

1. [宋] 李昉. 太平御览. 卷七百〇七. 服用部九. 被.